DDR-Schmalspurbahn-Archiv

Klaus Kieper
Reiner Preuß

Der Streckenabschnitt, den die Lokomotive 99 1594 am 31. März 1973 befährt, gehört zur ersten Schmalspurstrecke in Sachsen. Er liegt zwischen Wilkau-Haßlau und Kirchberg (Sachs); vgl. Seite 306. Foto: R. Preuß

DDR
Schmalspurbahn-Archiv

Klaus Kieper
Reiner Preuß

trans press
Reprint

Einbandgestaltung: Sven Rauert
Titelbild: Die Deutsche Reichsbahn stationierte in den Jahren 1964/65 drei Heeresfeldbahn-Maschinen der Baureihe 99.465 auf der Insel Rügen. Von 1993 bis 2007 war mit »Nicki + Frank S« wieder eine Heeresfeldbahnlok des Typs HF 110 C auf dem »Rasenden Roland« im Einsatz. In den Jahren 2005/2006 trug die Maschine die Reichsbahn-Nummer 99 4652 (21. Mai 2005 bei Beuchow).
Foto: D. Endisch

Bildnachweis: Die zur Illustration dieses Buches verwendeten Aufnahmen stammen – wenn nichts anderes vermerkt ist – aus den Archiven der Verfasser.

Als Autoren haben mitgewirkt: Dipl.-Ing. Dieter Bäzold, Leipzig (2.7.6.); Hermann Engel, Eppendorf (2.7.7.); Gernot Malsch, Steinbach (2.6.2.); Ing. Wolfgang Hensel, Berlin (1.6., 1.7.); Ing. Klaus Jünemann, Berlin (1.5., 2.3.5. bis 2.3.8., 2.5.3., 2.8.2., 2.8.3.); Wolf-Dietger Machel, Potsdam (2.2.2. bis 2.2.4., 2.2.6. bis 2.2.9.); Ing. Lothar Nickel, Berlin (2.1.4.,2.2.1., 2.2.5., 2.2.6., 2.2.10., 2.3.2., 2.3.3., 2.3.4., 2.5.5.); Dipl. jur., Ing. Erich Preuß, Berlin (2.8.1., 2.8.4.); Dipl.-Ing. Paul Recknagel, Erfurt (2.6.2. , 2.6.3.); Hans Röper, Wernigerode (2.5.1., 2.5.3.); Reiner Scheffler, Oschatz, (2.7.7.); Dipl.-Ing. Wolfgang Scholz, Berlin (2.6.5 .); Dipl.-Ing. Gerhard Zieglgänsberger, Köthen (2.5.4.)

An der Ausarbeitung haben teilgenommen: Wolfgang Herrmann, Radebeul (2.7.16.); Hans Röper, Wernigerode (2.4., 2.5.5.); Reiner Scheffler, Oschatz (2.7.10.)

Als Gutachter waren tätig: Dipl.-Ing. oec. Rudi Dobbert, Saßnitz; Fritz Hager, Dresden

Verlagslektor: Dipl.-Ing. Fritz Borchert (Ausgabe 1982)

ISBN 978-3-613-71405-2

1. Auflage 2011

Sie finden uns im Internet unter www.transpress.de

Lektor: Hartmut Lange
Repro: Medien und Printprodukte, 74321 Bietigheim-Bissingen
Druck und Bindung: L.E.G.O. S.p.A., 36100 Vicenza
Printed in Italy

Vorwort

Immer waren die Auffassungen unterschiedlich, ob es gerechtfertigt sei, wegen finanzieller Schwierigkeiten eine Eisenbahn in Kleinausgabe, eine Schmalspurbahn, zu bauen. Stets wurde aber die Entwicklung schmalspuriger Eisenbahnen mit großem Interesse verfolgt. Mit der fortschreitenden Stillegung von Schmalspurstrecken in der DDR seit Ende der sechziger Jahre sind Schmalspurbahnen noch mehr in den Blickpunkt gerückt; andere schmalspurige Bahnen, die schon früher abgebaut worden sind, wurden fast vergessen. Eine zusammengefaßte Darstellung der Schmalspurbahnen, die auf dem Territorium der DDR in Betrieb bleiben, noch in Betrieb sind oder einmal bestanden haben, erscheint als Würdigung für eine besondere Episode der Eisenbahngeschichte gerechtfertigt.

Es wird in dem vorliegenden Buch bewußt versucht, stets das Besondere der Schmalspurbahnen gegenüber der regelspurigen Eisenbahn hervorzuheben und Gleiches weniger zu betonen.

Manches Detail von lokaler Bedeutung ist nicht erwähnt worden, da diesem wie allen Büchern vom Umfang Grenzen gesetzt sind. Deshalb konnten auch einige Themen nur knapp behandelt werden. Eine ausführliche Darstellung muß speziellen Publikationen vorbehalten bleiben, die in der Reihe „transpress-Verkehrsgeschichte" vorgesehen sind. Auch ließen sich manche wesentlichen Fragen nicht klären, weil im Laufe der Zeit manches verlorenging oder vergessen wurde. Vollständigkeit wurde angestrebt, doch ließen sich manche Lücken oder Hypothesen nicht vermeiden. Für weitere Hinweise sind die Herausgeber deshalb sehr dankbar.

Die Typenskizzen der Fahrzeuge entstanden nach Originalzeichnungen, technischen Daten, exakten Fotos, zum Teil aber auch nach kargen Maßangaben und schlechten Abbildungen. Auch hier konnte aus Platzgründen nicht alles, sondern nur die Seitenansicht dargestellt werden. Weitere Ansichten sollen in den erwähnten Veröffentlichungen publiziert werden.

Die Stationsaufstellungen entsprechen dem letzten Stand vor Betriebseinstellung bzw. dem Stand von 1975.

Dank gilt vielen Behörden und Eisenbahndienststellen sowie zahlreichen Schmalspurbahnfreunden, die den Autoren hilfreich zur Seite standen. Besonderer Dank gilt den Mitarbeitern der Reichsbahndirektion Magdeburg, des VEB Waggonbau Görlitz, des Rates der Stadt Klingenthal, der DMV-Arbeitsgemeinschaft im Modellbahnverband 7/32 Stendal, den Herren Fritz Hager (Dresden), Karl-Julius Harder (Westerholz), Kurt Herbener (Kaltenkirchen), Günter Barthel (Erfurt), Wolfgang Valtin (Berlin) und Rudi Dobbert (Saßnitz).

Für die mühevolle Mitarbeit an einer Vielzahl von Typenskizzen bedanken wir uns bei den Herren Klaus Jünemann (Berlin), Werner Junge (Berlin), Siegfried Pfüller (Burghardtsdorf), Gernot Malsch (Steinbach), Lothar Nickel (Berlin) und Karl-Heinz Uhlemann (Dresden).

Ahrensfelde und Berlin

Klaus Kieper *Reiner Preuß*

Vorwort zur Reprint-Ausgabe

Nach der Besichtigung von Schmalspurstrecken durch eine Arbeitsgruppe der Hauptverwaltungen im Ministerium für Verkehrswesen der DDR kamen einige der Dienstreisende auf den Gedanken, ein Buch über diese Schmalspurbahnen zu schreiben und wandten sich an den Verlag transpress in Berlin. Der schlug ein Autorenkollektiv vor, in dem wir zwei Außenstehende mitwirken sollten, hatten wir uns doch schon früher in der Freizeit mit dem Thema in der Arbeitsgemeinschaft „Verkehrsgeschichte" des Deutschen Modelleisenbahn-Verbandes der DDR beschäftigt. Von dem Autorenkollektiv blieben nicht viele bei der Sache, die Zeit verging. Schließlich waren es nur noch wir zwei, die als Autoren weiter an dem Manuskript arbeiteten und mit Unterstützung mehrerer Freunde der schmalspurigen Eisenbahn das Werk dem Verlag anbieten konnten. Lektor Fritz Borchert hatte die Idee, das Buch als „Schmalspurbahn-Archiv" zu bezeichnen, sodass es in das Archiv-Programm des Verlages, das bisher ausschließlich Lokomotiv-Baureihen behandelte, mit entsprechender Gestaltung aufgenommen werden konnte.

Seinerzeit waren farbige Abbildungen unüblich. Das störte niemanden. Die Käufer waren froh, ein Werk erwerben zu können, das zumindest eine Übersicht zu bestehenden und verschwundenen 72 Schmalspurstrecken des öffentlichen Verkehrs auf dem Gebiet der DDR mit dem geschichtlichen Hintergrund und den eingesetzten Fahrzeugen enthielt. Der Verlag, der immer um ein Papierkontingent kämpfen musste, sah für das Jahr 1979 eine Auflage von 15.000 Exemplare vor. Die waren sofort vergriffen. Die zweite Auflage erschien 1982 mit 10.000 Exemplaren. Eine weitere in weitaus geringerer Stückzahl wurde mit anderer Titelbezeichnung für den Verlag Alba in Düsseldorf gedruckt.

Dass der Verlag transpress in Stuttgart sich aufgrund der Nachfrage nach dem Schmalspurbahn-Archiv für einen Reprint entschloss, zeugt von dem ungebrochenen Interesse, die von Freunden der Eisenbahn diesem besonderen Zweig der Eisenbahn entgegen bringt und sich eine Übersicht wünscht.

Der Einleitungsteil ist gegenüber der Originalausgabe wesentlich gekürzt, begründet damit, dass das Schmalspurbahn-Archiv hauptsächlich als Nachschlagewerk benutzt wird und inzwischen nicht wenige Publikationen zu einzelnen Schmalspurbahnen erschienen sind. Auch wurde der Titel mit „DDR" erweitert. Er soll den neuen Lesern verdeutlichen, dass ausschließlich die Schmalspurstrecken auf dem Gebiet der einstigen DDR behandelt werden.

Der Reprint erlaubte nicht die Korrektur von wenigen Fehlern, die in den zwei Ausgaben übersehen wurden.

Klaus Kieper, Reiner Preuß

1. Besonderheiten der Schmalspurbahnen

2. Beschreibung der Schmalspurbahnen

Abkürzungen

Allgemeine Abkürzungen

Aa	Außenliegende Allan-Steuerung
ADEBG	Allgemeine Deutsche Eisenbahn-Betriebsgesellschaft
Ai	Innenliegende Allan-Steuerung
ALKB	Anklam-Lassaner Kleinbahn
BR	Baureihe
Bv	Bahnverwalterei
CPO	Kleinbahn Casekow-Penkun (Oder)
ČSD	Českolovenské Státni dráhy (Tschechoslowakische Staatsbahnen)
DB	Deutsche Bundesbahn
DHE	Doberan-Heiligendamm-Eisenbahn
DKBO	Demminer Kleinbahnen Ost
DKBW	Demminer Kleinbahnen West
DR	Deutsche Reichsbahn (ab 1945)
DRG	Deutsche Reichsbahngesellschaft (bis 1945)
DRKB	Dessau-Radegast-Köthener Bahn (auch DRCB)
EVA	Eisenbahnverkehrsmittel AG, Berlin
FKB	Franzburger Kreisbahnen
GHE	Gernrode-Harzgeroder Eisenbahn
GJK	Greifswald-Jarmener Kleinbahn
GMWE	Gera-Meuselwitz-Wuitzer Eisenbahn
Ha	Außenliegende Heusinger-Steuerung
HF	Heeresfeldbahn bzw. Eisenbahnbrigade
HHE	Hildburghausen-Heldburger Eisenbahn
Hi	Innenliegende Heusinger-Steuerung
JLKB	Jüterbog-Luckenwalder Kleinbahn
KBE	Köln-Bonner Eisenbahn
KED	Königliche Eisenbahndirektion
KGW	Kleinbahn Greifswald–Wolgast
KJ I	Kleinbahn des Kreises Jerichow I
KKP	Kleinbahn Klockow – Pasewalk
Klb	Kleinbahn
KPEV	Königlich-Preußische Eisenbahnverwaltung
K.Sächs.St.E.B.	Königlich Sächsische Staatseisenbahnen

LAG	Lokalbahn-AG, München
LCB	Lübben-Cottbuser Kreisbahnen
MAV	Magyár állam vasuták (Ungarische Staatsbahn)
Mf	Werkbahn des Mansfeldkombinates „Wilhelm Pieck", Helbra
MFFE	Mecklenburgische Friedrich-Franz-Eisenbahn
MHE	Magdeburg-Hallesche Eisenbahn
MPSB	Mecklenburg-Pommersche Schmalspurbahn AG
NWE	Nordhausen-Wernigeroder Eisenbahn
ÖBB	Österreichische Bundesbahnen
Pkm	Personenkilometer
PKP	Polskie Koleje Pánstwowe (Polnische Staatsbahn)
PLB	Pommersche Landesbahnen
Raw	Reichsbahnausbesserungswerk
Rba	Reichsbahnamt
Rbd	Reichsbahndirektion
RSN	Kreisbahn Rathenow-Senzke-Nauen
RüKB	Rügensche Kleinbahnen
Sächs. Sts. E. B.	Sächsische Staatseisenbahn
SHE	Südharz-Eisenbahn
Sp	Spremberger Stadtbahn
Spree	Spreewaldbahn
Sta	Außenliegende Stephenson-Steuerung
Sti	Innenliegende Stephenson-Steuerung
TB	Trusebahn
Theag	Thüringische Eisenbahn Aktiengesellschaft
tkm	Tonnenkilometer
VDEV	Verein deutscher Eisenbahnverwaltungen
WEM	Waldeisenbahn Muskau
WRE	Weimar-Rastenberger Eisenbahn
ZOJE	Zittau-Oybin-Jonsdorfer Eisenbahn

In den Tabellen verwendete Abkürzungen der Hersteller

Lokomotivwerke

Bab	Lokomotivfabrik Babelsberg (1945–1949)
BBC	Brown, Boveri & Co., Mannheim
Bor	A. Borsig Lokomotivbau, Berlin-Tegel
ČKD	Českomoravska-Kolben-Danek A Sp. Praha
Essl	Maschinenfabrik Esslingen (Neckar)
Gmein	Gmeinder & Co GmbH, Lokomotiv- und Maschinenfabrik, Mosbach (Baden)
Güst	Mecklenburgische Waggonfabrik Güstrow
Hag	Christian Hagans, Erfurt
Hano	Hannover-Linden AG
Hanomag	Hannoversche Maschinenbau-AG
Hart	Sächsische Maschinenfabrik AG, vormals Rich. Hartmann, Chemnitz
Hawthorn	R. & W. Hawthorn, Newcastle
Hen	Henschel & Sohn, Kassel
Hoh	Hohenzollern Aktiengesellschaft für Lokomotivbau, Düsseldorf-Grafenberg
Hum	Klöckner-Humboldt-Deutz AG, Köln
Jung	Lokomotivfabrik Arnold Jung, Jungenthal bei Kirchen (Sieg)
Karl	Maschinenbau-Gesellschaft Karlsruhe
Kol	Kolomnaer Maschinenbaufabrik (1917–1957)
Kra Ma	Lokomotivfabrik Krauss-Maffei AG, München
Kra Mü	Lokomotivfabrik Krauss & Comp., München
Kra Li	Lokomotivfabrik Krauss & Comp., Linz
Krupp	Friedrich Krupp AG, Essen
LHB	Linke-Hofmann-Busch, Breslau (1928–1930)
LHL	Linke-Hofmann-Lauchhammer (1922–1928)
LHW	Linke-Hofmann-Werke, Breslau (1912–1922)
LKM	Lokomotivbau „Karl Marx“, Babelsberg (ab 1949)
Maff	J.A. Maffei AG, München
O&K	Orenstein & Koppel, Drewitz bei Potsdam
Pod	Kraftmaschinenbaubetrieb Nikolajewsk, Werk Podolsk
Schn	Schneider & Cie, Werk Creusot
Schwa	Berliner Maschinenbau AG, vormals Schwartzkopff; Wildau bei Berlin
Škoda	Škoda-Werke Plzen
Smo	Feldbahn- und Lokomotivfabrik Smoschewer & Co, Breslau
STEG	Maschinenfabrik der K. u. K. priv. österr. Staatseisenbahngesellschaft, Wien
Vul	Vulcan, Stettiner Maschinenbau AG, Stettin-Bredow
War	unbekannter polnischer Hersteller aus Warschau

Triebwagen- und Waggonfabriken

Beu	Beuchelt & Co. Grünberg in Schlesien
Both	Both & Tillmann, Dortmund
Briss	Brissenneau & Lotz, Frankreich
Busch	Waggon- und Maschinenfabrik AG, vormals Busch, Bautzen (bis 1928)
Dess	Dessauer Waggonfabrik AG, Dessau
Düss	Düsseldorfer Eisenbahnbedarf (vormals Carl Weyer & Co.) Düsseldorf
Essl	Maschinenfabrik Esslingen (Neckar)
EW	Eigene Werkstätten der Sächsischen Staatsbahn
Fuchs	H. Fuchs, Waggonfabrik AG, Heidelberg-Kirchheim
Fried	Hauptwerkstatt der MPSB in Friedland
Gör	Waggon- und Maschinenbau AG, Görlitz (vormals Aktiengesellschaft für Fabrikation von Eisenbahnmaterial)
Gotha	Gothaer Waggonfabrik AG, Gotha, vormals Bothmann & Gluck
Graz	Grazer Waggon- und Maschinenfabrik
Güst	Mecklenburgische Waggonfabrik Güstrow
HAWA	Hannoversche Waggonfabrik, Hannover
Her	Herbrandt & Co, Köln-Ehrenfeld
Hof	Waggonfabrik Gebr. Hofmann AG Breslau (1892–1912)
Jar	Actienfabrik Jarmen
Köln	von der Zypen & Charlier, Köln-Deutz
Lett	Hauptwerkstatt der Lettischen Staatsbahnen, Riga
Lind	Gottfried Lindner AG, Ammendorf
LOWA	Lokomotiv- und Waggonbau
MAN	Maschinenfabrik Augsburg-Nürnberg
Men	Menzel & Co, Hannover
Nies	Christoph & Unmack, Niesky
Nöll	Waggonfabrik Nöll & Co zu Würzburg
Tal	Waggonfabrik Talbot, Aachen
Wei	Waggonfabrik Weimar
Wer	Waggonfabrik Werdau in Sachsen
Wey	Carl Weyer & Co, Düsseldorf
Wis	Triebwagen- und Waggonfabrik AG, Wismar

In den Tabellen verwendete Abkürzungen der Bahnbetriebswerke bzw. Einsatzstellen

Be	Bernstadt
Bu	Burg (b Magdeburg)
Da	Dahme
Dö	Döbeln
Epp	Eppendorf
Frei	Freital
Frst	Frauenstein
Gey	Geyer
Grü	Grünstädtel
Hai	Hainsberg
Hei	Heidenau
Ho	Hohnstein
Ki	Kirchberg
Kli	Klingenberg-Colmnitz
Klo	Klotzsche
Lo	Lommatzsch
Mei	Meißen-Triebischtal
Mo	Mosel
Mu	Mulda
Mü	Mügeln
Nau	Nauen
No	Nossen
Osch	Oschatz
Ow	Oberwiesenthal
Pe	Perleberg
Pu	Putbus
Ra	Radebeul Ost
Schö	Schönheide
SchöW	Schönfeld-Wiesa
Tbh	Taubenheim (Spree)
Thu	Thum
Wh	Wernshausen
Wi	Wilsdruff
Wil	Wilischthal
Wo	Wolkenstein
Zi	Zittau

Nachdem in Europa einige Bahnen mit Spurweiten von weniger als 1.435 Millimeter, die als Schmalspurbahnen galten, erfolgreich betrieben wurden, entschlossen sich Unternehmen und Bahnen innerhalb des Deutschen Bundes und später des Deutschen Reiches zu solchen Einrichtungen. Mitunter mussten unterschiedliche Auffassungen zur Trassierung oder zum Antrieb – Pferde- oder Lokomotivbahn? – ausgeglichen werden. Bau- und Betriebskosten sollten sich der Aufgabenstellung anpassen und niedriger werden, um einerseits dem aufstrebenden Gewerbe ein gleisgebundenes Verkehrsmittel mit Dampfantrieb anzudienen, anderseits wollte man dem Risiko entgehen, unwirtschaftliche normalspurige Strecken zu bauen und zu betreiben, die entweder von Staatshilfe abhing oder bald in Konkurs gingen.

Erste schmalspurige Eisenbahnlinien des Deutschen Bundes entstanden in Oberschlesien in Spurweite von 785 Millimetern mit der am 1. Januar 1855 eröffneten Strecke von Ratibor nach Leobschütz (37,70 km). Auf dem Gebiet des später gebildeten Deutschen Reiches fuhren auf schmaler Spur erste Züge mit Dampflokomotiven seit 1. Juni 1863 zwischen Hennef [Warth] und Ruppichteroth (22,05 km), verlängert bis 1899 auf 92,24 km. Am 1. September 1876 ging, nunmehr mit 750 Millimeter Spurweite, die Ocholt-Westersteder Eisenbahn in Betrieb (7 km). Drei Jahre später, am 22. Juni 1879, eröffnete die Feldabahn von Salzungen nach Lengsfeld (19,65 km) ihren Betrieb und wurde bis zum Jahre 1880 nach Kaltennordheim erweitert (insgesamt 39 km). Die Bahn belebte das Wirtschaftsleben in der Rhön des Herzogtums Sachsen-Weimar, ohne dass deren Betrieb bedeutende Gewinne abwarf. Die Feldabahn war eine Referenzbahn der Firma Krauss & Comp. in Meterspur, ihr folgten später weitere, zum Beispiel 1883 die Drachenfelsbahn von Königswinter (als Zahnradbahn), auch die Nordhausen-Wernigeroder Eisenbahn 1897. Im Norden fuhren erste Züge 1886 auf der Spur mit 900 Millimeter von Doberan nach Heiligendamm. Welchen Einfluss die Spurweite auf eine Bahn hat, wird noch an anderer Stelle zu erläutern sein.

Die Diskussion um Eisenbahnen in kleiner Spur beruhigte sich keineswegs. Es gab ein Für und Wider. Dennoch verbreitete sich das System der schmalspurigen Bahnen im Deutschen Reich als Kompromiss zwischen keiner und einer Eisenbahn. Gefördert wurden der Schmalspurgedanke und die Ausführung durch das preußische Kleinbahngesetz von 1892 – wobei „Kleinbahn“ sich auf die Bahn, nicht auf die Spurweite bezog. Andere Länder kopierten. So entstanden Begriffe wie Vizinalbahn, Sekundärbahn, immer für Strecken in Normal- und in Schmalspur, jedoch mit geringerer Bedeutung und deshalb mit vom Staat erlaubten einfacheren Bedingungen, sodass die Kosten für Bau und Betrieb wesentlich geringer ausfielen. Nach solchen gesetzlichen Erleichterungen begann die Blüte der Schmalspurbahnen in Deutschland. In den landwirtschaftlich genutzten Gebieten des Nordens schossen schmalspurige Kleinbahnen wie Pilze aus dem Boden und bildeten teilweise Streckennetze, wie das der Mecklenburgisch-Pommerschen Schmalspurbahn (600 Millimeter). Im Norden engagierte sich besonders die Firma Lenz & Co.

Parallel zu den Lokomotiven der normalspurigen Strecken entwickelte sich auch bei den schmalspurigen Maschinen die Antriebsarten. Die Leistung der einfachen Lokomotiven mit zwei gekuppelten Achsen genügte meist nicht, Maschinen mit bis zu fünf Achsen und zwei für die Laufräder wurden gebaut. Die Entwicklung zu größeren Maschinen hielt bis in die fünfziger Jahre des 20. Jahrhunderts an. Für manche Strecke wurde die Elektrizität als Antrieb entdeckt. Viel experimentierten Bahnen und Hersteller mit der Eignung für kleine Krümmungsradien. Erlaubte der Gesetzgeber bei Normalspurbahnen den Halbmesser – von Ausnahmen abgesehen - nicht kleiner als 300 Meter, durften Schmalspurbahnen auf 25 Meter heruntergehen. Solche Werte brachten recht interessante Konstruktionen für die Rahmen der Lokomotiven hervor. Das traf auch auf die Dampfausnutzung zu: von der Naßdampf- zur Heißdampflokomotive, von der einfachen zur Verbundwirkung. Die Verdieselung begann im Gebiete der späteren DDR im Jahre 1929 und wurde mit dem Zweiten Weltkrieg aufgehalten. Bis dahin blieb es bei den zuvor gebauten Strecken, von wenigen Umstellungen auf Normalspur abgesehen. Aber in jene Zeit fällt bereits die Konkurrenz durch den Kraftverkehr.

Ein Kapitel für sich könnte der Güterverkehr sein. Entscheidend blieb für jede Schmalspurbahn, wie die Schnittstelle zwischen ihr und der Normalspurstrecke gestaltet wurde. Da gab es keinesfalls Einheitlichkeit, diese selbst bei einer Bahn nicht. Die Königlich Sächsischen Staatseisenbahnen beispielsweise benutzten, nachdem zuerst nur der Umladebetrieb mit Hand üblich war, Rollfahrzeuge (Rollböcke, Rollwagen), hielt jedoch am Umladebetrieb der Frauensteiner Strecke in Klingenberg-Colmnitz bis zur Stilllegung fest. Andere Bahnen probierten Trucks, die sich nicht durchsetzten. Die Trucks beförderten die schmalspurige Fahrzeuge auf Normalspurgleisen. Sachsen experimentierte mit Umsetzkästen, bevorzugte jedoch nach Rollböcken die Rollwagen. Der Rollfahrzeugbetrieb, bei dem normalspurige Fahrzeuge aufgesattelt werden, bedingte, die Strecken für höhere Achslasten auszubauen, forderte stärkere Lokomotiven. Auf mancher Schmalspurstrecke herrschten nahezu normalspurige Verhältnisse, jedoch mit nicht geringem Personalaufwand. So war das einst nicht gedacht. In den dreißiger Jahren war der Rollbock fast „ausgestorben", beim Rollwagen sahen die Bahnen betriebliche Vorteile. Dagegen behielt die Nordhausen-Wernigeroder Eisenbahn die Rollböcke.

Aus dem zweiten Weltkrieg kamen die Schmalspurbahnen auf dem Gebiet der sowjetischen Besatzungszone glimpflich davon. Dennoch stellte der Krieg auch für diese Bahnen eine Zäsur dar, denn die Nachkriegszeit beeinflusste den Bestand und die Ausdehnung. Zunächst bestimmte die Besatzungsmacht, was an Gleismaterial und Fahrzeugen als Reparation abzuliefern ist. Komplette Strecken zwischen Greifswald im Norden und Taubenheim im Süden verschwanden, insgesamt 650 km an Betriebslänge. Zugleich griff die Besatzungsmacht auf Lokomotiven zu, sodass bei intakten Strecken der Zugbetrieb eingeschränkt werden musste und erst nach Umbeheimatungen leidlich wieder aufgenommen wurde. 1947 verfügte die Sowjetische Militäradministration, die privaten Bahnen in Volkseigentum zu überführen. Manche kamen zu den Landesbahnen, danach bis 1950 zur Deutschen Reichsbahn, nicht zum Schaden dieser Bahnen, für die mitunter stärkere Lokomotiven umgesetzt oder beschafft wurden, und bei denen die Angestellten, als Reichsbahner eingesetzt, höhere Arbeitsvergütungen erhielten. Die Deutsche Reichsbahn verwaltete 1950 insgesamt 1.300 km schmalspurige Streckenlänge (Betriebslänge).

Dabei blieb es nicht. Gleismaterial war schwierig zu beschaffen. Es wurde, zum Beispiel für den Bau des Berliner Außenringes, mit Stilllegungen von Schmalspurstrecken gewonnen. Bald befassten sich Rentabilitätsberechnungen mit den Schmalspurbahnen. Ein Beschluss des Ministerrates vom 14. Mai 1964 gab vor, bis 1970 etwa 70 Prozent an Schmalspurstrecken stillzulegen. Es ging weniger um pekuniäre Erfolge, mehr um die Freisetzung von Arbeitskräften für andere Aufgaben bei der Eisenbahn. Auch wäre der Fahrzeugpark zu erneuern gewesen, wenn die Strecken erhalten blieben. Das geschah nur teilweise mit Neubeschaffungen, Großteilerneuerungen („Rekonstruktionen") usw., da sich die Streckenstilllegungen unter den wirtschaftlichen Verhältnissen der DDR nicht so leicht vollziehen ließen. Die Aufgabe stellte sich für die Deutsche Reichsbahn recht komplex und in der Mangelwirtschaft nicht einfach dar und ließ sich nicht rasch lösen. Bei der Auflassung einer Strecke durften den Werktätigen keine finanziellen Nachteile entstehen, der Personentarif der Kraftverkehrsbetriebe sah höhere Preise vor. Mitunter fehlte es schon an Autobussen und geeigneten Straßen. Die sollten sich auch für den Gütertransport eignen. So kam eins zum anderen, und manche geplante Stilllegung unterblieb sogar bei mißlichen Streckenverhältnissen und fehlendem Personal. Immerhin gelang bis 1970 die Stilllegung von rund 795 km Betriebslänge. Anderseits regte sich bei der Bevölkerung Widerspruch zu geplanten Außerbetriebsetzungen. Der Minister für Verkehrswesen ließ eine Vorlage zu „Touristik- und Traditionsbahnen" erarbeiten, die am 17. September 1973 in Kraft trat. Sieben Strecken galten nunmehr als zu erhaltende Touristikbahnen. Das waren Bad Doberan — Ostseebad Kühlungsborn West, Wernigerode — Nordhausen Nord mit Brockenbahn und Eisfelder Talmühle — Hasselfelde, Gernrode (Harz) — Harzgerode/Straßberg (Harz), Cranzahl — Kurort Oberwiesenthal, Freital-Hainsberg — Kurort Kipsdorf, Zittau — Kurort Oybin/Kurort Jonsdorf und nachträglich hinzu gekommen Putbus — Göhren (Rügen). Die von Radebeul Ost nach Radeburg wurde zur Touristikbahn, aber zusätzlich mit Traditionsbetrieb. Die Touristikbahnen sollten mit Diesellokomotiven und modernen Wagen befahren werden, Altes nur gelegentlich auf der Radebeuler Strecke. Neue Schmalspurwagen konnten nicht beschafft werden, die Verdieselung gelang auch nicht. Die Verfügung des Ministeriums für Verkehrswesen verbesserte die Situation dieser Strecken keinesfalls, aber zumindest blieben die damit ausgewiesenen Strecken und der regelmäßige Dampfbetrieb bestehen. Nach Privatisierung und Sanierung gehören sie heute im 21. Jahrhundert zu den attraktivsten Sehenswürdigkeiten in ihrer Region.

1. Besonderheiten der Schmalspurbahnen

Eine Eisenbahn kann nach verschiedenen Gesichtspunkten charakterisiert werden:
- nach dem Benutzerkreis als Eisenbahn des öffentlichen und des nichtöffentlichen Verkehrs;
- nach Art der Übertragung der Zugkräfte als Reibungsbahn, Zahnrad-, Standseilbahn usw.;
- nach den betrieblichen Verhältnissen und der wirtschaftlichen Bedeutung als Haupt-, Neben-, Klein- oder Lokalbahn;
- nach der Spurweite als Breitspur-, Regelspur- oder Schmalspurbahn;
- nach den topografischen Gegebenheiten als Flachland-, Gebirgs-, Bergbahn usw.

Die Schmalspurbahnen, die sich auf dem heutigen Territorium der DDR befanden oder noch befinden, wurden ausschließlich als Reibungsbahnen gebaut. Den Status als Kleinbahn (mit den gesetzlich ermöglichten Erleichterungen) hatten sie auf dem Gebiet Preußens angenommen, während sich sonst die Betriebsführung nach den Bedingungen und Vorschriften für Nebenbahnen richtete.

Der in Preußen verwendete Begriff „Kleinbahn" für eine Eisenbahn mit überwiegend örtlicher Bedeutung wird heute oft mit Schmalspurbahn gleichgesetzt. Eine Kleinbahn konnte jedoch eine regelspurige Eisenbahn wie auch eine schmalspurige Eisenbahn sein.

In diesem Buch werden grundsätzlich nur Bahnen des öffentlichen Verkehrs behandelt.

1.1. Betriebsführung

Die Betriebsführung hat in der Regel die Betriebssicherheit, Leistungsfähigkeit und Wirtschaftlichkeit zu gewährleisten. Die bei Schmalspurbahnen typische Vereinfachung von Bahnanlagen, Fahrzeugen und im Personaleinsatz sollten ein günstiges Verhältnis zwischen Kosten und Einnahmen herstellen. Die Entwicklung hat gezeigt, daß das auf Dauer in den wenigsten Fällen erreicht wurde. Auch konnten Schmalspurbahnen nicht in jedem Falle die geforderte Leistungsfähigkeit sichern, so daß es schon zeitig zu Umbauten auf Regelspur oder später zur Verlagerung von Transporten auf die Straße kam.

Durch überwiegend organisatorische Mittel wird das notwendige Maß an Sicherheit erreicht. Für den Zugbetrieb gilt auch bei Schmalspurbahnen der Grundsatz, daß sich in einem sicherungstechnisch abgegrenzten Streckenabschnitt (Blockabschnitt) nur ein Zug befinden darf. Wo innerhalb einer betrieblich oder örtlich abgegrenzten Strecke nur eine Zugeinheit verkehrt, entfallen besondere Maßnahmen. Sonst wird die Zugfolge vom Zugmeldeverfahren geregelt, bei dem sich die Fahrdienstleiter von Bahnhof zu Bahnhof über in die Streckenabschnitte einzulassende Züge fernmündlich verständigen.

Bei einfachen Verhältnissen auf Regel- und Schmalspurstrecken wendet die DR „Vorschriften für den vereinfachten Nebenbahndienst" an. Nach diesem Verfahren wird heute auf den meisten Schmalspurstrecken gearbeitet.

Die Bahnhöfe sind durch Trapeztafeln (Bild 1.1) begrenzt. Bei Zugkreuzungen hat der zweite Zug an der Trapeztafel zu halten. Die Weiterfahrt ist erlaubt, nachdem vom ersten Zug, dessen Zugpersonal den Fahrweg für die Kreuzung herge-

Bild 1.1 Trapeztafel des Bahnhofs Schmiedeberg (Bez Dresden) *Foto: Preuß*

Befehl N

Zug ....

a) kreuzt mit Zug .... in ....
Es fahren ein: Zug .... als erster Zug in Gleis .... und
Zug .... als zweiter Zug in Gleis ....

b) kreuzt nicht in ...., sondern in ....
mit Zug ....
Es fahren ein: Zug .... als erster Zug in Gleis .... und
Zug .... als zweiter Zug in Gleis ....

c) überholt Zug .... nicht in ....
wird überholt von Zug
sondern in ....
Es fahren ein: Zug .... in Gleis .... und
Zug .... in Gleis ....

d) hat vor Zuglaufstelle .... zu halten
und vorsichtig einzufahren.

e) hat in .... Zuglaufmeldung zu erstatten.
(neue Zuglaufmeldestelle)

f)

.........., den ..../.......... 19......, ... Uhr ...... Min.

.... Durchschriften erhalten

Der Zugleiter Der Zugführer

Gültiges unter Benutzung der Querlinien umrahmen!
Nichtzutreffendes im umrahmten Teil **schräg** streichen

33948 *

437 04 ZDL Dresden Befehl N 1,3 Bk je 50 Bl Ag 312/66 III /66 III//18/37 4965 K

Bild 1.2 Befehl N

richtet hat, mit der Lokomotivpfeife das Signal „Kommen!" (– . –) gegeben wurde. Die Reihenfolge der Züge bei Einfahrt in den Bahnhof ergibt sich aus dem Buchfahrplan oder bei Fahrplanabweichungen aus dem Befehl N (Bild 1.2).
Eine Strecke mit vereinfachtem Nebenbahndienst ist in Zugleitstrecken eingeteilt, bei denen ein Fahrdienstleiter auf einem Zugleitbahnhof die Zugfolge regelt. Im Beispiel nach Bild 1.3 b wird nach den Grundsätzen des vereinfachten Nebenbahndienstes ab Zittau Vorstadt gefahren. Der Fahrdienstleiter befindet sich in Bertsdorf (Zugleitbahnhof).
Auf Zuglaufstellen, z. B. Kurort Oybin, melden über Streckenfernsprecher die Zugführer dem Zugleiter die Ankunft des Zuges und warten Weisungen zur Weiterfahrt ab.
Das Verfahren ist zwar personalsparend, verlängert aber die Aufenthaltszeit der Züge und kann des-

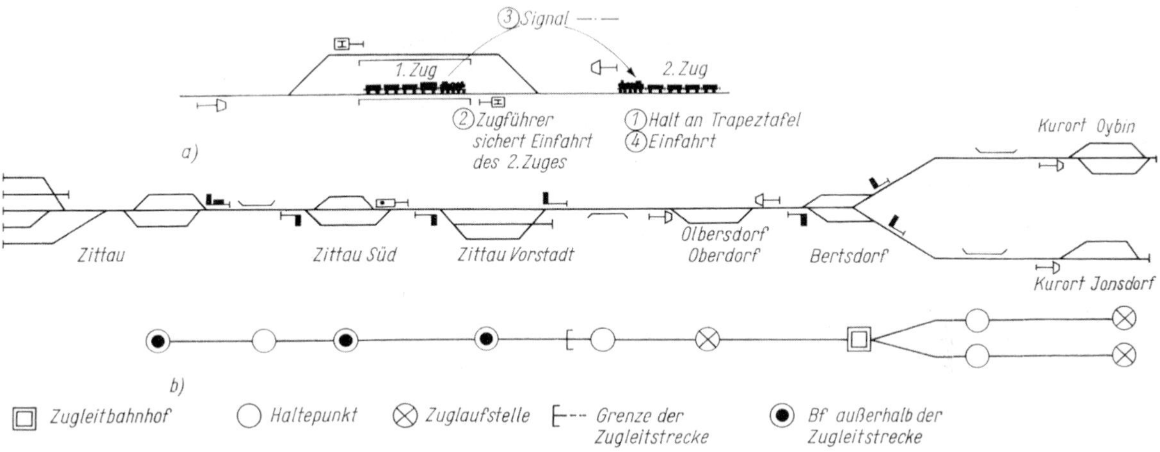

Bild 1.3 Vereinfachter Nebenbahndienst:
a) Zugkreuzung auf einem Bahnhof
b) Betriebliche Einteilung der Strecke Zittau Vorstadt – Kurort Oybin/Kurort Jonsdorf für den „Vereinfachten Nebenbahndienst"

halb nur bei den Strecken angewendet werden, wo eine dichte Zugfolge nicht gefordert wird.
Als Bahnanlagen kommen bei Schmalspurbahnen hauptsächlich die durch Gesetz definierten Arten vor: Bahnhof, Haltepunkt, Haltestelle und Anschlußstelle.
Bahnhöfe sind Betriebsstellen mit mindestens einer Weiche, wo Züge beginnen, enden, kreuzen, überholen oder mit Gleiswechsel (Spitzkehre!) wenden dürfen. Der Bahnhof wird von der freien Strecke durch Hauptsignale, Einfahrweiche oder Trapeztafeln begrenzt.
Ein Haltepunkt ist eine Bahnanlage der freien Strecke ohne Weiche, wo Züge zum Zwecke des Verkehrs planmäßig halten.

Eine Anschlußstelle (auch Anschlußgleis u. ä. genannt) ist eine Bahnanlage der freien Strecke, wo Züge ein an das Streckengleis angeschlossenes Gleis bedienen können, ohne daß das Streckengleis für einen anderen Zug freigegeben wird.
Kombiniert man einen Haltepunkt beispielsweise durch ein Ladegleis mit einer Anschlußstelle und dient die gesamte Anlage dem öffentlichen Verkehr, wird von der Haltestelle gesprochen. Wenn eine Haltestelle durch Abbau von Ladegleisen o. a. zum Haltepunkt zurückgebaut wurde, blieb mitunter die vorhergehende Stationsbezeichnung erhalten (z. B. Kurort Jonsdorf Hst).

1.2. Anlagen und Sicherungstechnik

Bei der Gestaltung von Bahnhofsanlagen war die für Schmalspurbahnen übliche Sparsamkeit maßgebend. Bei einzelnen Bahnhöfen mußten aufgrund des größer werdenden Güter- und Personenverkehrs Gleisanlagen und Gebäude später erheblich erweitert werden (Wernigerode, Kipsdorf, Oybin). Die Ausdehnung der Bahnhöfe reicht von einem einzigen Überholungsgleis (Baabe) bis zur mehrteiligen Anlage (Zittau).
Die Gleise führen meist am Bahnhofsvorplatz des Regelspurbahnhofs vorbei, bei privaten Schmalspurbahnen wurde ein separater Zustieg vor dem Staatsbahnhof vorgesehen (Nauen, Gernrode). Seltener sind Anlagen, die gemischt mit den Regelspurgleisen liegen (Cranzahl).
Mit dem Verkehrsrückgang Ende der 60er Jahre durch Konzentrierung des Güterverkehrs auf Wagen-

Bild 1.4 Gemischte Spurweiten
a) Vierschienengleis mit Schmalspurweiche auf der Muldenbrücke Döbeln
Foto: Meyer
b) Dreischienengleis in Oschatz
Foto: Kluge
c) Dreischienengleis mit Regel- und Schmalspurweiche in Freital-Potschappel
Foto: Scholz †

a

ladungsknotenbahnhöfe sind mehrere Bahnhofsanlagen verkleinert oder zu Haltepunkten (Friedewald) umgewandelt worden.
Wo wegen mangelnder Platzverhältnisse das Schmalspurgleis gemeinsam mit dem Regelspurgleis verlegt werden mußte oder wo Schmalspurlokomotiven für Rangier- und Zugfahrten mit regelspurigen Wagen eingesetzt werden sollten, wurden mehrspurige Gleise gebaut (Tabelle 1.1; Bild 1.4).
Die Verbindungsstelle zur Regelspur ist die Überladerampe, auf der von den regelspurigen Transportwagen schmalspurige Triebfahrzeuge und Wagen auf das Schmalspurgleis abgesetzt werden können (Bild 1.5).
Mit der Einführung des Rollfahrzeugverkehrs mußten am Übergang von dem Regelspurgleis Umsetzanlagen für Rollböcke und für Rollwagen eingerichtet werden. Die Rollböcke müssen dabei unter die auf dem Regelspurgleis stehenden Güterwagen geschoben werden (Bild 1.6). Eine genaue Beschreibung dieses Vorganges ist im Abschnitt 1.6.3. gegeben. Für die Rangierer ist dieses Aufbocken sehr beschwerlich und gefährlich. Etwas leichter ist das Umsetzen auf Rollwagen. Auch dieses Verfahren ist im Abschnitt 1.6.3. ausführlich beschrieben.
An den Ladestellen muß für die Rampen die unterschiedliche Wagenbodenhöhe der verschiedenen Beförderungsweisen mit entsprechenden Rampenhöhen berücksichtigt werden. Das gleiche gilt bei Umladestellen, wo die Wagenbodenhöhe von Regelspur- und Schmalspurwagen durch die Gleislagenhöhe angeglichen wird (Bild 1.5).
Während man bei Regelspurbahnen schienengleiche Kreuzungen auf freier Strecke vermied, werden sie auf Schmalspurbahnen mitunter zugelassen (Tabelle 1.2). Die Sicherungsmittel gegen Flankenfahrten reichen vom Warnkreuz, bei denen sich der Triebfahrzeugführer durch Augenschein vom Freisein der Gleiskreuzung zu überzeugen hat, bis zur Entgleisungsweiche.
Signale mit veränderlichem Signalbild kommen bei Schmalspurbahnen fast nur bei den Weichensignalen vor. Hauptsignale wurden kaum verwendet; wenn, dann nur als Einfahrsignal dort, wo auf mit Eisenbahnern besetzten Bahnhöfen planmäßig Zugkreuzungen vorgesehen waren. Bei den meist unbesetzten Bahnhöfen wurden an Stelle der Einfahrsignale Trapeztafeln verwendet. Ausfahrsignale bilden eine Ausnahme (Bahnhof Zittau, Bahnhof Pritzwalk), da die Aufgabe der Aufsicht mit durch den Fahrdienstleiter

b

c

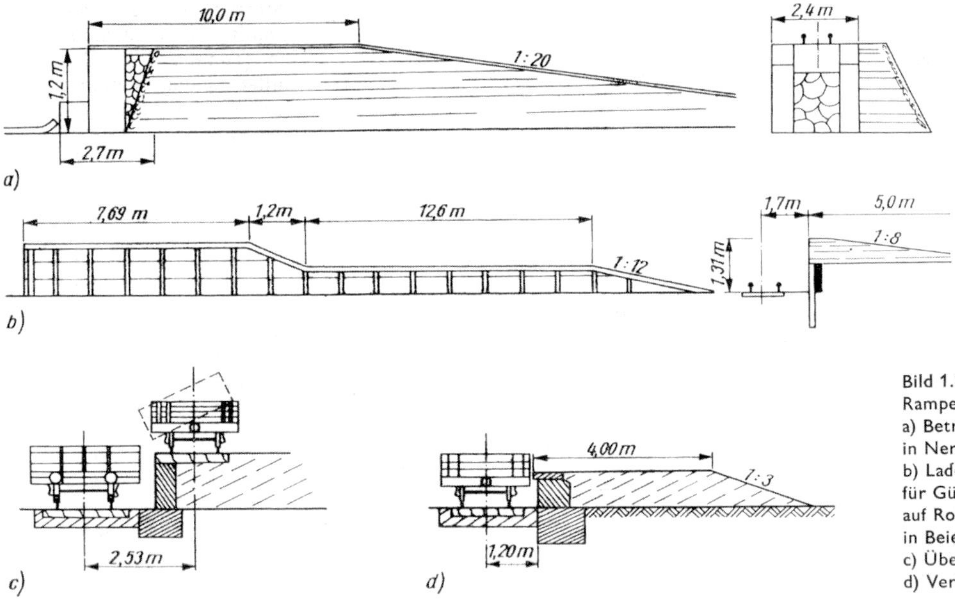

Bild 1.5
Rampen:
a) Betriebsmittelrampe in Nerchau-Trebsen
b) Laderampe für Güterwagen auf Rollböcken in Beiersdorf
c) Überladerampe der FB
d) Verladerampe in Zella

Tabelle 1.1 Zweispurige Gleisanlagen

Streckenbeschreibung im Abschnitt	Lage	Spurweiten mm	Länge der gemischten Spur m	Zahl der Schienen	Bemerkungen
2.1.2.	Barth, Anschluß Hafen und Zuckerfabrik	R[1])/1 000	1 500	3	
2.2.4.	Woldegk—Groß Daberkow	R/750	7 000	3	
2.2.5.	Scheune—Pommerensdorf	R/750	3 800	3	
2.2.6.	Wolgast Hafen—Kröslin	R/750	8 300 (?)	4	
2.2.8.	Demminer Hafenbahn	R/750	2 530	4	
2.3.1.	Kyritz	R/750	?	3	Anschlußgleis
2.4.1.	Wernigerode	R/1 000		3	Für Anschlußbedienung im Umspurbahnhof bis 1973
2.3.6.	Salzwedel—Krickeldorf	R/750	3 000	3	1925 bis 1926
2.5.1.	Loburg—Altengrabow	R/750	16 800	3	Bahnhöfe Loburg, Bomsdorf, Lübars und Altengrabow
2.5.4.	Zörbig—Radegast	R/750	3 500	3	ab 1909
	Köthen	R/750		3	im Kleinbahnhof
2.6.3.	Eisfeld, Werrabrücke	R/1 000	50	3 (?)	1945 bis 1946
2.6.5.	Hardisleben—Rastenberg	R/1 000	2 400	3	
2.6.6.	Wuitz—Mumsdorf	R/1 000		3	Bahnhofsgleise
2.7.2.	Wolkenstein	R/750	1 400	3	
2.7.10.	Döbeln—Signalstation	R/750	ca. 3 200	3,4	bis 1911; einschließlich Bf Großbauchlitz
	Döbeln, Muldenbrücke	R/750		4	für Anschlußgleise
	Oschatz	R/750	520	3	Anschlußgleis
2.7.11.	Potschappel—Niederhermsdorf	R/750	2 280	3	Kohlebahn
	Freital-Potschappel—Hainsberg	R/750	3 000	3	ab 1913; Verbindungs- und Anschlußgleis
2.7.20.	Reichenbach (Vogtl) unt Bf	R/1 000	500	3	

[1]) R = Regelspur = 1435 mm

wahrgenommen wird und dieser die Übersicht hat, ob die Strecke für die Zugfahrt frei ist.
Die durch personelle Trennung zwischen Fahrdienstleiter und Aufsicht im Jahre 1938 beim Bahnhof Bertsdorf erforderliche Unterrichtung über die Streckenfreigabe für den Zug wird bis heute durch transparent leuchtende Buchstaben am Stellwerk und Bahnsteig vorgenommen.
Moderne Lichthauptsignale sind u. a. bei der Harzquerbahn, in Zittau Haltepunkt (als Deckungssignale für die Überwegsicherung) und in Zittau Süd, wo das Signal zeitabhängig mit der Überwegsicherung verbunden ist, zu finden. Auf Vorsignale und Vorsignalbaken wird wegen der geringen Geschwindigkeit verzichtet. An Stelle des Vorsignals steht die Kreuztafel (Bild 1.7).
Charakteristisch sind hingegen die zahlreichen Läute- und Pfeiftafeln, die durch die vielen ungesicherten Wegübergänge notwendig sind.
Die Weichen sind überwiegend, bei den ehemaligen Privatbahnen ausnahmslos, örtlich handbedient. Zum Umstellen dient der Weichenstellhebel mit dem großen Massestück; durch seine Schräglage wird der feste Anschlag der anliegenden Zunge bewirkt. Eine sehr billige und einfache Weichenform, die sogenannte Schleppweiche, war u. a. bei der

Bild 1.6 Rollbockgrube in Forst
Foto: Zentrale Bildstelle DR

Tabelle 1.2 Gleiskreuzungen von Schmalspurbahnen mit anderen Bahnen auf freier Strecke

Strecken-beschreibung im Abschnitt	Lage	Art der Kreuzung	Art der Sicherung
2.1.2.	Stralsund	S[2])/1000	Warnkreuze
2.2.1.	Anklam, Richtung Lassan	R[1])/600	?
2.2.2.	Anklam, Richtung Leopoldshagen	R/600	Hauptsignale für die Schmalspurbahn
	Anklam, ALKB-Anschlußgleis	R/600	?
	Rosenhagen	R/600	Hauptsignale für die Schmalspurbahn
2.2.4.	Klein Reinkendorf	R/750	?
2.2.6.	Greifswald	R/750	Hauptsignale und Entgleisungsweiche für die Schmalspurbahn
2.3.1.	Pritzwalk	R/750	Hauptsignale und Schutzweichen für die Schmalspurbahn
	Perleberg	R/750	Hauptsignale
2.5.1.	Ziesar West	R/750	Lichtsignale für die Schmalspurbahn
2.7.1.	Radebeul, Weißes Roß	S/750	Schranken
2.7.17.	Zittau Haltepunkt	S/750	Warnkreuze
	Zittau Schießhaus	S/750	Warnkreuze
2.8.1.	Cottbus	S/750	Warnkreuze, Blinklicht

[1]) R = regelspurige Eisenbahn [2]) S = Straßenbahn

Bild 1.7 Kreuztafel für das Einfahrsignal des Bahnhofs Wernigerode
Foto: Preuß

MPSB und bei der FB üblich. Hier wird nicht eine Zunge an die Backenschiene angelegt, sondern ein gewöhnliches Schienenstück für die gewünschte Fahrtrichtung bewegt (Bild 1.9). Der Grund für eine solche Weichenart bei der MPSB waren die Doppelflanschäder, die mehr Spursicherheit bieten sollten.

Die DR verwendet nur noch Weichen mit Spitzenverschluß. Um Flankenfahrten durch unabsichtlich rollende Fahrzeuge aus Nebengleisen zu verhindern, werden klappbare Gleissperren verwendet, die das betreffende Fahrzeug entgleisen lassen. Für einfache Verhältnisse genügte auch ein Balken, der quer über das gesperrte Gleis gelegt und arretiert wurde (WEM, MPSB).

Weichen und Gleissperren, die für die Sicherheit von Zugfahrten besondere Bedeutung haben, können in ihrer Grundstellung verschlossen werden. Zum Bedienen dieser Anlagen auf Unterwegsbahnhöfen erhält das Zugpersonal einen Streckenschlüssel, der überall paßt. Er kann aus dem betreffenden Schloß erst wieder abgezogen werden, wenn sich die Weiche bzw. Gleissperre in ihrer Grundstellung befindet. Bei Ankunft auf dem Bahnhof müssen Zugführer dem Fahrdienstleiter als Zeichen, daß alle Weichen und Gleissperren an der Strecke wieder verschlossen sind, diesen Schlüssel vorzeigen.

Stellwerke waren beim Bau der Schmalspurbahnen nicht zu berücksichtigen. Nur auf Bahnhöfen, die besonderen Anforderungen unterlagen, sind Weichen und Gleissperren auf Fernbedienung umgebaut. Die Stellhebel oder Kurbeln für Hauptsignale wurden meist unter freiem Himmel oder in kleinen Holzbuden am Bahnsteig montiert. Selbständige und erhöhte Stellwerksgebäude gibt es nur in Bertsdorf und Kipsdorf.

Bild 1.10 Stellwerk des Bahnhofs Bertsdorf
Foto: Preuß

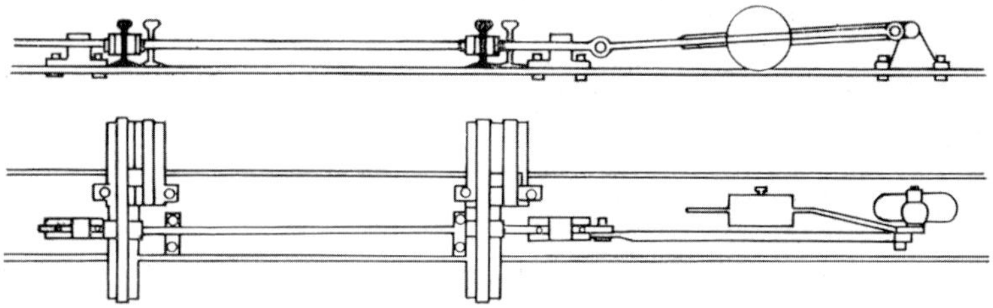

Bild 1.8
Schleppweiche der FB

Bild 1.9
Schleppweiche der MPSB
Foto: Kieper

1.3. Hoch- und Kunstbauten

Das für den Laien einen Bahnhof charakterisierende Empfangsgebäude wurde beim Bau der Schmalspurbahnen nicht immer für notwendig erachtet. Da Zug- und Rangierdienst sowie die Abfertigung von Personen und Gepäck meist Aufgabe des Zugpersonals war, hielt man Gebäude nur dort für erforderlich, wo der Sitz der Bahnverwaltung eingerichtet und Personal ansässig gemacht werden sollte. Im Erdgeschoß wurden Fahrkartenausgabe, Gepäckabfertigung, Dienstraum für Fahrdienstleiter und Betriebsleiter eingerichtet. Die Abfertigung für Stückgüter war mit dem Gebäude unmittelbar verbunden. Im oberen Stockwerk befand sich für den Betriebsleiter eine Wohnung.
Andere Bahnhöfe (sowie Haltepunkte und Haltestellen) erhielten einfache Holzbuden als Wetterschutz für die Reisenden. Eine Reihe von Bahnen mußte aber nach den ersten Betriebsjahren dennoch Empfangsgebäude bauen, weil mitunter das Abfertigungsgeschäft einen solchen Umfang annahm, daß es nur noch von örtlichem Personal bewältigt werden konnte. Genügte bei manchen Strecken (z. B. Thum–Meinersdorf, Cranzahl–Oberwiesenthal) die Einrichtung von Diensträumen in hölzernen Häuschen, entstanden an anderen Stellen Gebäude, die sich mit Empfangsgebäuden der Regelspurbahnhöfe vergleichen lassen.
Oft fügen sich diese Gebäude stilgerecht in die Umgebung ein, mitunter (z. B. bei den sächsischen Schmalspurstrecken) sind typisierte Wartehallen und Holzgebäude verwendet worden (Bild 1.11).

Bild 1.11 Abfertigungshäuschen des Haltepunkts Vierenstraße *Foto: Preuß*

Als Beispiel für Zweckmäßigkeit und gute Form soll das Empfangsgebäude von Wernigerode Westerntor stehen. Es mußte 1936 neu gebaut werden, da der Bahnhof an anderer Stelle eingerichtet wurde. Das Gebäude beherbergt Dienstvorsteher, Zugpersonal, Dispatcher, Fahrkartenausgabe, Gepäckabfertigung und Fahrdienstleiter (Bild 1.12). Neue Empfangsgebäude erhielten mehrere Jahre nach Inbetriebnahme der Bahn u. a. Kühlungsborn, Kipsdorf, Oberwiesenthal, Zittau Vorstadt, Brocken.

Durch die geringe Tritthöhe an Personenwagen sind für Schmalspurbahnen besondere Bahnsteigkanten nicht erforderlich. Meist erkennt man die Bahnsteige nur an der festen Kies- oder Splittfüllung, bei manchen Bahnhöfen an der Pflasterung. Einige sächsische Bahnhöfe (Dippoldiswalde, Cranzahl, Freital-Potschappel, Zittau, Zittau Vorstadt, Bertsdorf) hatten auch eine Bahnsteigüberdachung. Wegen des Betriebs mit Rollfahrzeugen waren die Dachhöhe und der Abstand der Stützsäulen von der Gleisachse den Maßen der Regelspurfahrzeuge anzupassen.

In Hainsberg, Freital-Potschappel, Zittau Vorstadt und Drei Annen Hohne sind auch Bahnsteigunterführungen gebaut worden. Selten waren bei einem Bahnhof mehr als zwei Bahnsteige eingerichtet (Kipsdorf, Zittau Vorstadt, Oybin).

Zur Wartung und Reparatur von Lokomotiven hatte jede Bahn Schuppen mit Untersuchungsgruben. Bei den Lenz-Bahnen befanden sich die Lokomotivschuppen stets am Ende der Strecke. Die Größe reicht von einfachen einständigen Schuppen (Meinersdorf) bis zur großzügigen Reparaturhalle (Wernigerode Westerntor, Krauschwitz).

Die Lage des Lokomotivschuppens

Bild 1.12
Bahnhofsgebäude:

a) Wernigerode Westerntor
Foto: Preuß

b) Seebad Lubmin
Foto: Nickel

c) Cottbus Spreewaldbahn
Foto: Wünschmann

d) Kurort Kipsdorf
Foto: Rbd Dresden

zur Bahnhofsanlage richtet sich in der Regel nach der Stellung der Lokomotiven, die möglichst mit Schornstein, bergan fahren, um das Entblößen der Feuerbüchse vom Wasser zu verhindern. Die Rauchkammerseite der Lokomotive soll zum Schuppentor zeigen, um das Rohrewechseln zu ermöglichen, wenn die Lokomotive im Schuppen steht.
Von Drehscheiben machte die MPSB, und zwar in Anklam und in Friedland, Gebrauch (Bild 1.15). Drehscheiben waren auch in Pritzwalk und in Eisfeld (hier für die Einrichtung der von der HHE über-

Bild 1.14 Lokomotivschuppen in Radeburg; ausnahmsweise fahren hier die Lokomotiven mit Schornstein voran in den Schuppen *Foto: Preuß*

Bild 1.13 Skizze vom Empfangsgebäude des Bahnhofs Moritzburg
1 Abort, 2 Geräteraum, 3 Abfertigung

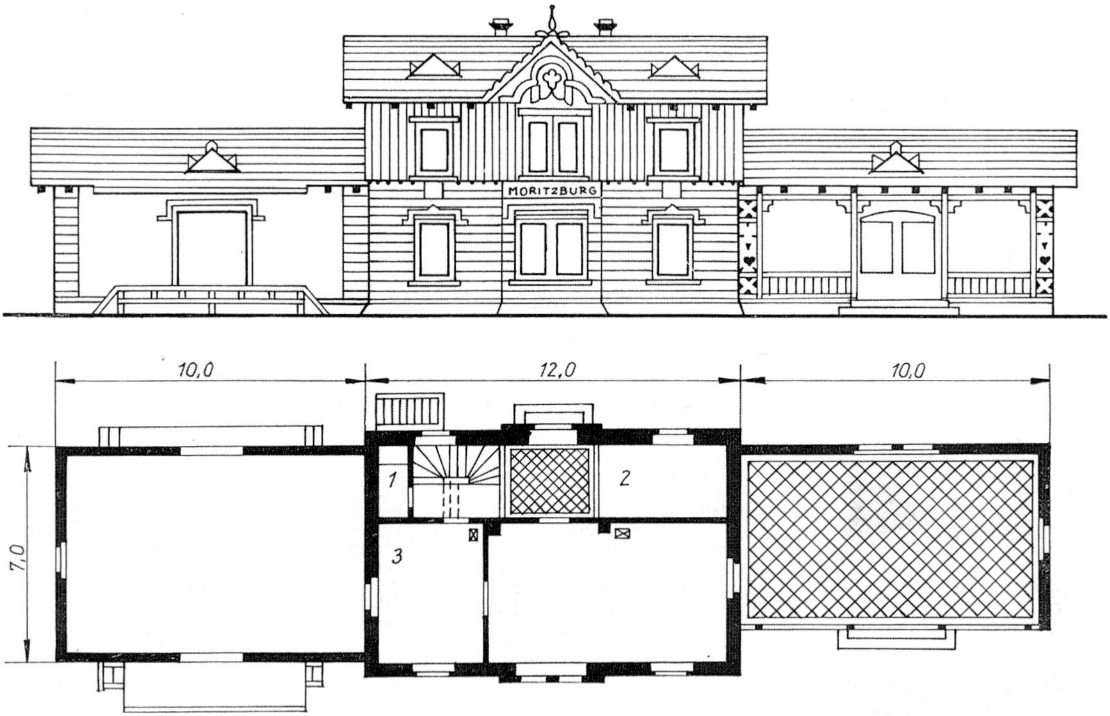

Bild 1.15 Rundschuppen der MPSB in Anklam *Foto: Kieper*

Tabelle 1.3 Brücken der Schmalspurbahnen

Bild	Name, Lage	Art der Brücke	Hindernis	Baujahr	Länge m	max. Höhe m	max. Spannweite m
	Peenebrücke	Drehbrücke	Peene		88,8	3,75	30,0
1.16 a	Feldabrücke bei Lengsfeld	Fachwerkträger	Felda		27,5	1,9	26,0
1.16 b	Feldabrücke bei Dorndorf	Fachwerkträger	Felda		21,0	1,1	20,0
	Flutbrücke bei Lengsfeld	Blechträger	Graben		10,8	3,0	10,0
	Werrabrücke in Eisfeld	Stahlträger	Werra	1945	25[1])	4[1])	8[1])
1.16 c	1. Zschopaubrücke bei Wolkenstein	Vollwandträger mit 1 Bruchsteinpfeiler, obenliegende Fahrbahn	Zschopau, Straße	1892	50	7[1])	
	2. Zschopaubrücke bei Wolkenstein	Vollwandträger	Zschopau	1892	45[1])	8[1])	
1.16 d	Viadukt bei Stützengrün	Gerüstpfeiler mit Fachwerkträger	Seitental	1892/1893	118	25[1])	
	Viadukt bei Stützengrün	Gerüstpfeiler mit Fachwerkträger	Seitental	1892/1893	83	20[1])	
1.16 g	Viadukt bei Schönheide Süd	Bruchsteinpfeiler Pendelpfeiler, Fachwerkträger, Vollwandträger, obenliegende Fahrbahn	Zwickauer Mulde, Straße, regelspurige Eisenbahn	1892	162	15,5	18,35
1.16 f	Oberwiesenthal	Gerüstpfeiler mit Vollwandträger und Unterzug	Hüttenbachtal	1896/1897	110	23	
1.16 n	Greifenbachtal-Viadukt bei Geyer	Gerüstpfeiler mit fischbauchartigen Fachwerkträgern	Greifenbachtal	1904/1905	180,6	35,6	
1.16 o	Ehrenfriedersdorf	Vollwandträger, Fachwerksegmente, Betonpfeiler, Pendelstützen	Tal, Straße	1904/1905	100,0	10,0	
1.16 j	Zschopaubrücke bei Wilischthal	Fachwerkträger, Bruchsteinpfeiler	Zschopau	1886	75,5	8,97	25,15
1.16 p	Viadukt in Gornsdorf	Vollwandträger, Betonpfeiler, obenliegende Fahrbahn	Seitental	1910/1911	120	5,0[1])	
1.16 i	Ortmannsdorf	Gewölbebogen, Vollwandträger, Bruchsteinpfeiler, obenliegende Fahrbahn	Bach, Straße	1885	80[1])	10[1])	
	Muldebrücke in Mulda	Kastenträger	Freiberger Mulde, Straße	1897			
1.16 l	Muldebrücke bei Döbeln	Steinbogen	Freiberger Mulde				

noch Tabelle 1.3 Brücken der Schmalspurbahnen

Bild	Name, Lage	Art der Brücke	Hindernis	Baujahr	Länge m	max. Höhe m	max. Spannweite m
1.16 k	Viadukt bei Kesselsdorf	Vollwandträger, Gerüstpfeiler	Straße, Bach		62,2	10,0	18,2
	Wurgwitzer Brücke	Vollwandträger	Weißeritztal, Straße	1936	80¹)	10¹)	
	Wilsdruffer Brücke	Steinbogen	Tal der Wilden Sau	1899	50¹)		
1.16 e	Muldebrücke in Nossen	Vollwandträger	Freiberger Mulde	1899	100¹)	10¹)	
	Garsebacher Brücke	Vollwandträger	Straße, Bach	1909	200	12	
	Viadukt in Schmiedeberg	Steinbogen	Straßen	1924/1925	191	10,35	
	Röderbrücke bei Hermsdorf	Vollwandträger	Bach	1897	27,0	3,15	13,50
	Kleine Röderbrücke bei Ottendorf-Okrilla	Vollwandträger	Bach	1897	14,4	2,20	14,14
	Brücke bei Hohnstein	Steinbogen	Tal				
	Brücke in Olbersdorf	Vollwandträger, Betonpfeiler, obenliegende Fahrbahn	Straße	1912/1913	124,2	5,5¹)	
1.16 m	Brücke Oppach	Vollwandträger	Fabrikgelände, Straße, Teich		76,0	10,03	24,0

¹) geschätzter Wert

Tabelle 1.4 Tunnel der Schmalspurbahnen

Streckenbeschreibung im Abschnitt	Name, Lage	Baujahr	Länge m	max. lichte Höhe m	max. lichte Breite m	Bemerkungen
2.4.1.	Thumkuhlental zwischen Steinerne Renne und Drei Annen Hohne	1897	70			
2.7.12.	km 3,25 bei Coßmannsdorf	1882	18	4,00	3,34	1904 aufgeschnitten
2.7.16.	Oberer Tunnel bei Goßdorf-Kohlmühle	1897	38¹)	6¹)		
	Unterer Tunnel bei Goßdorf-Kohlmühle	1897	63¹)			

¹) geschätzter Wert

wechselnden Lokomotiven zur richtigen Stellung in der Bergfahrt) vorhanden. In Wilkau-Haßlau befand sich am Bahnsteigende eine Segmentdrehscheibe (Schwenkscheibe) als Ersatzlösung für die sonst notwendige langgestreckte Weichenanlage.
In der Nähe der Lokschuppen liegen Ausschlackgruben und Kohlebansen. Meist wurden die Lokomotiven von Hand mit Körben bekohlt. Ferner finden wir dort die Besandungsanlage und Wasserkrane, die mitunter von Wassertürmen gespeist werden. In Steinbach (b Jöhstadt) ist der Wasserkran direkt am Wasserhaus befestigt. Wasseranlagen mußten auch für Nachspeisungen unterwegs vorgesehen werden, da der Wasservorrat der Tenderlokomotiven begrenzt ist.
Teure Brückenbauten entsprechen

Bild 1.16 Brücken von Schmalspurbahnen

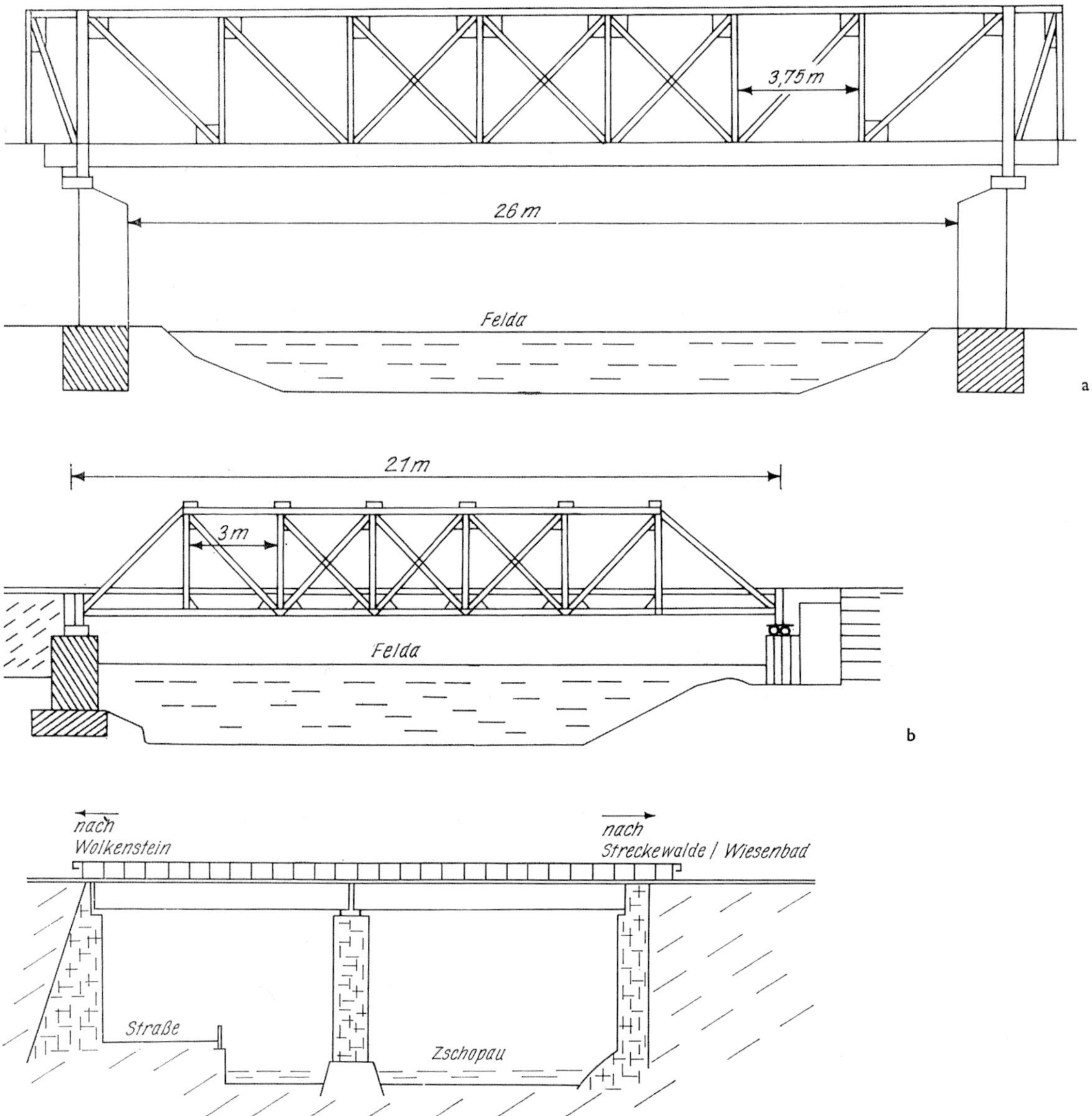

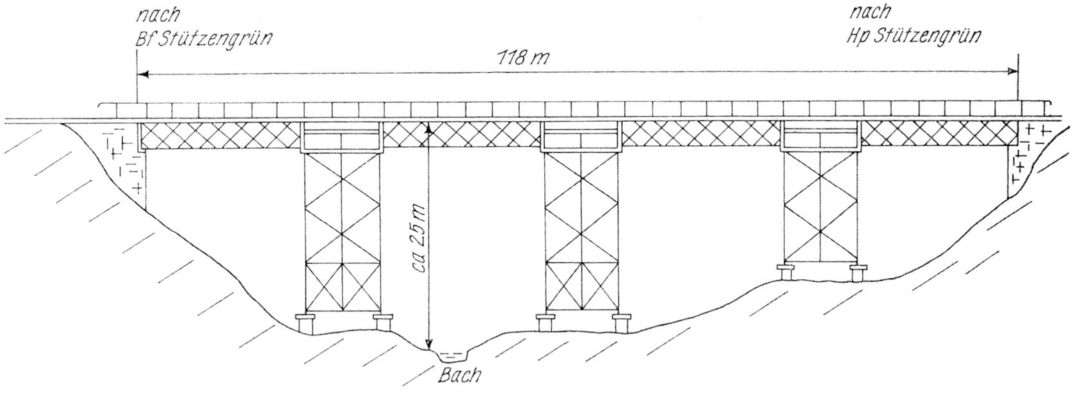
nach
Bf Stützengrün
nach
Hp Stützengrün
118 m
ca 25 m
Bach

d

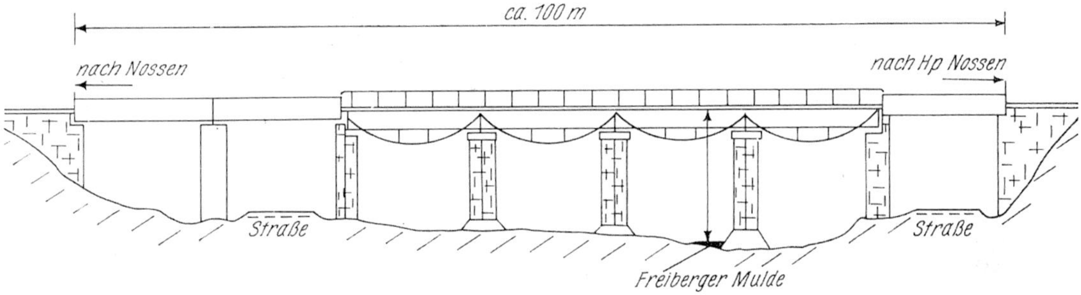
ca. 100 m
nach Nossen
nach Hp Nossen
Straße
Straße
Freiberger Mulde

e

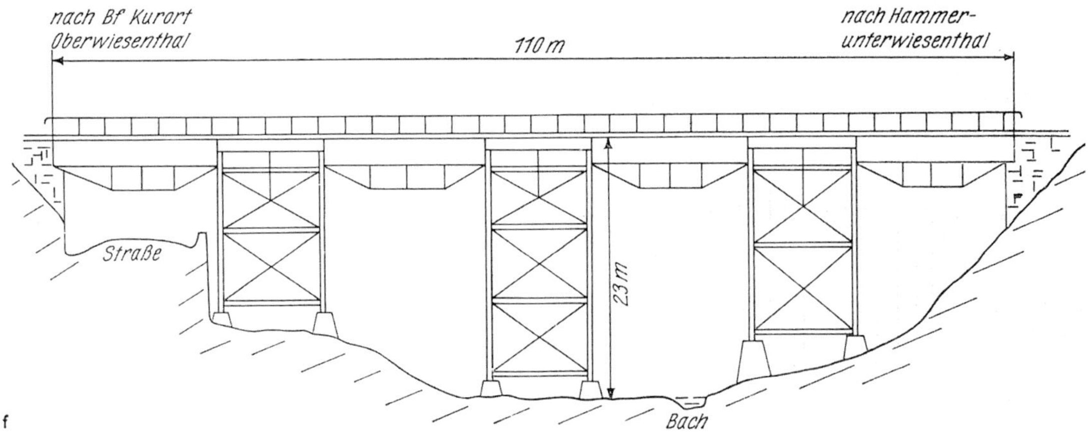
nach Bf Kurort
Oberwiesenthal
nach Hammer-
unterwiesenthal
110 m
Straße
23 m
Bach

f

noch Bild 1.16
Brücken von
Schmalspur-
bahnen

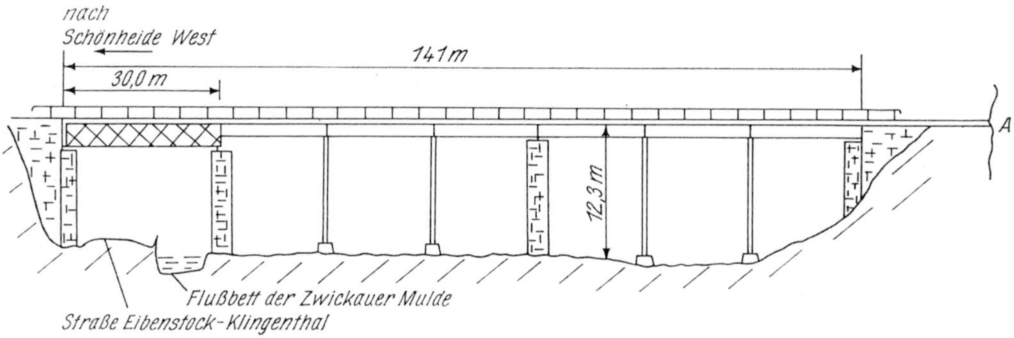

g

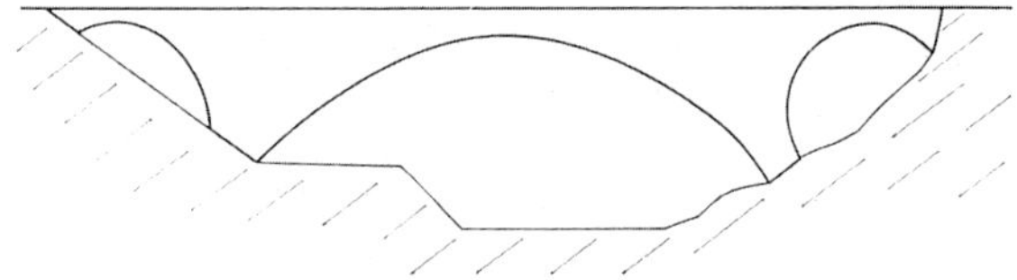

h

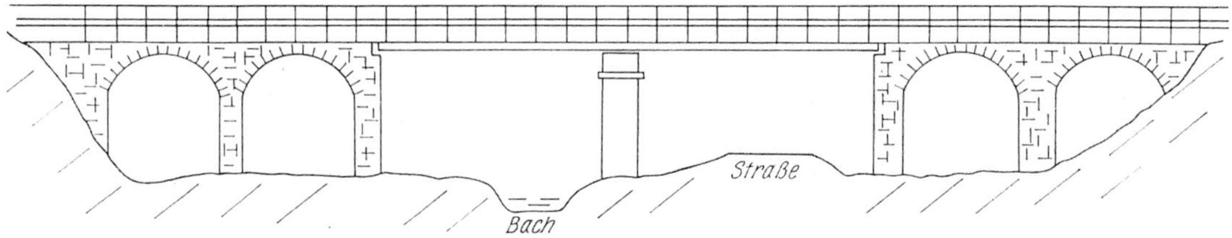

i

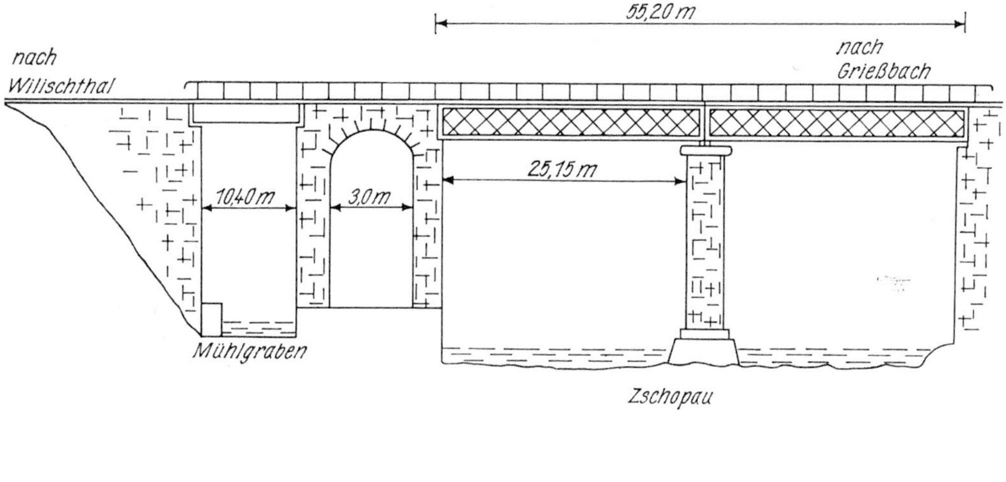

j

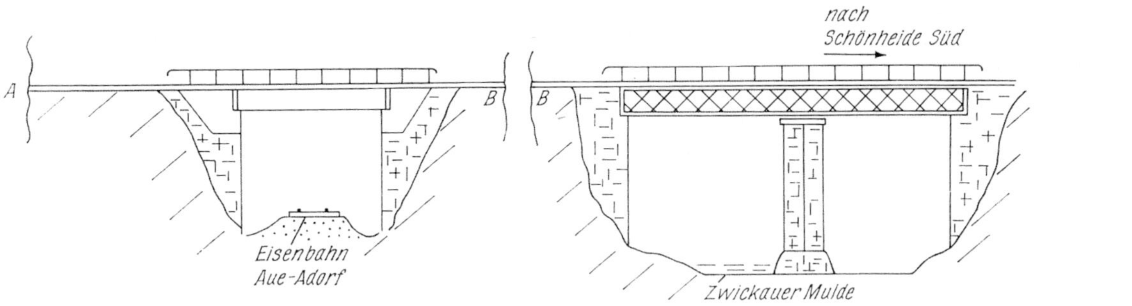
nach
Schönheide Süd
A
B
B
Eisenbahn
Aue-Adorf
Zwickauer Mulde

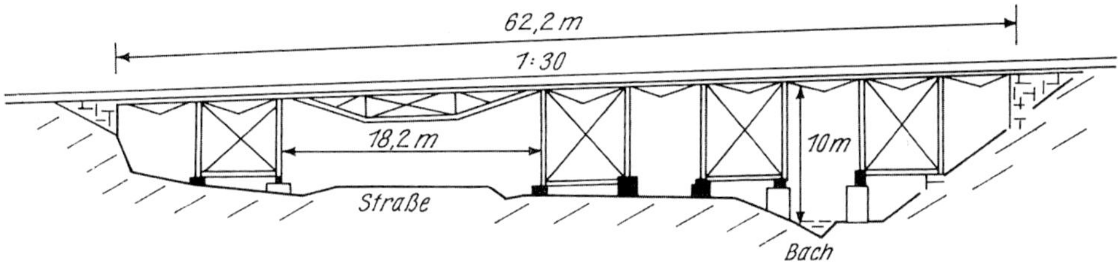
62,2 m
1:30
18,2 m
10m
Straße
Bach

k

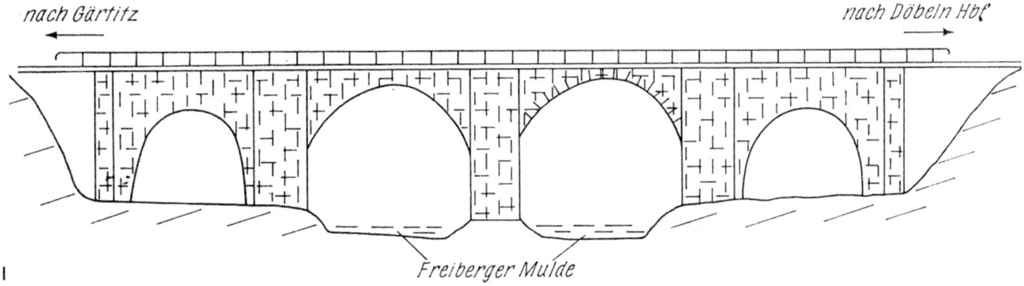
nach Gärtitz
nach Döbeln Hbf
Freiberger Mulde

l

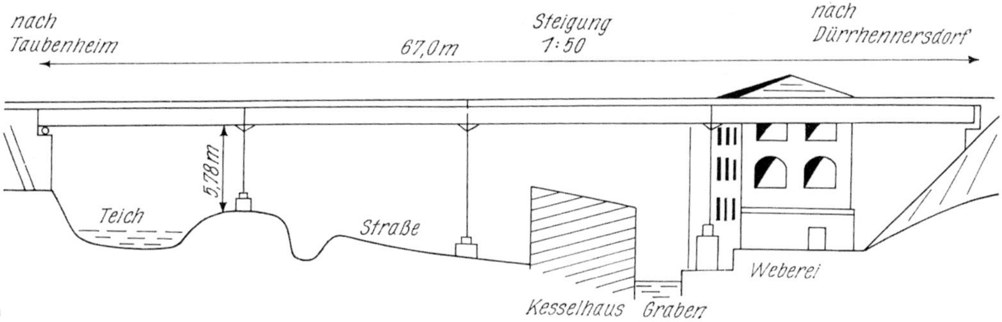
nach
Taubenheim
Steigung
1:50
67,0m
nach
Dürrhennersdorf
5,78m
Teich
Straße
Kesselhaus
Graben
Weberei

m

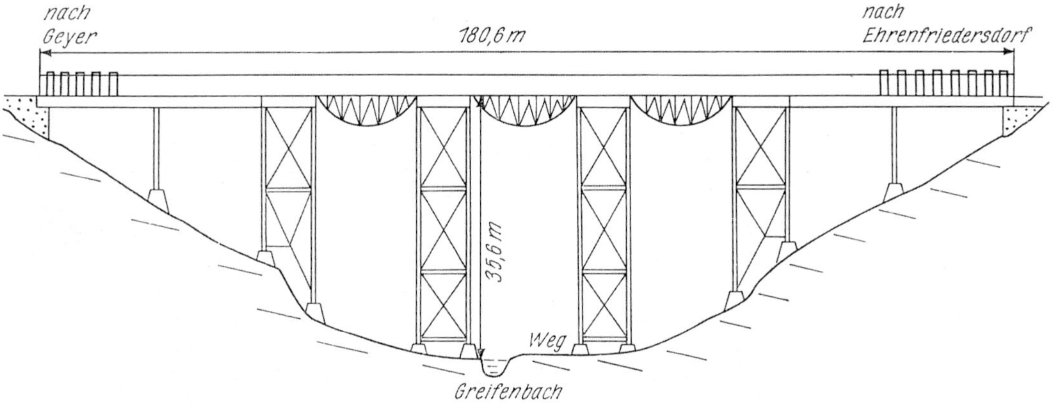

n

noch Bild 1.16 Brücken von Schmalspurbahnen

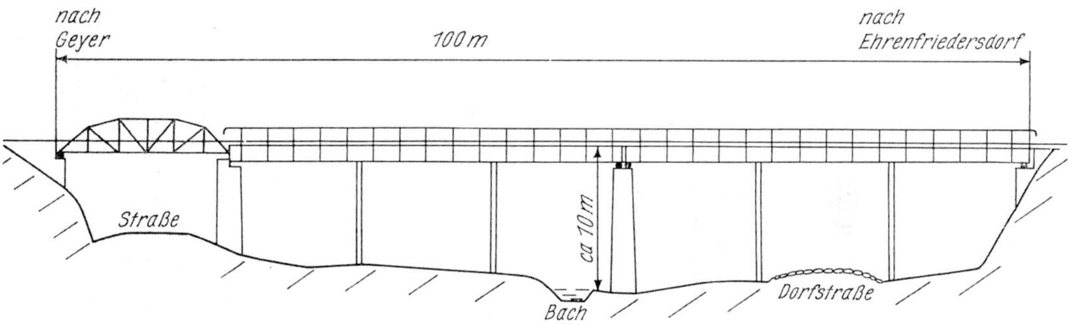

o

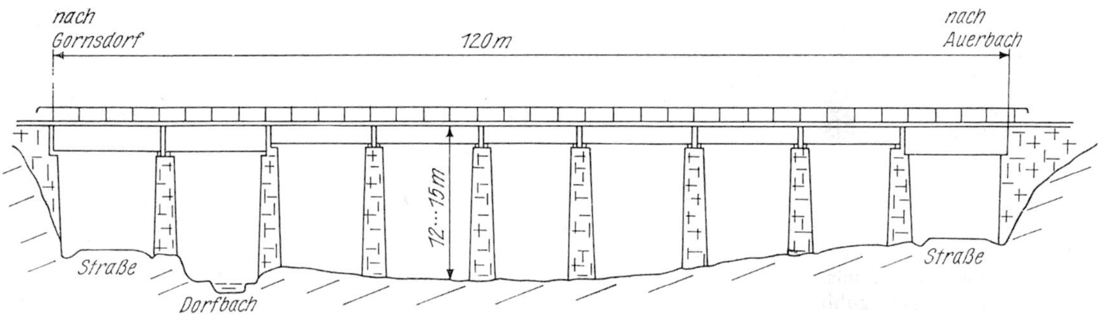

p

Bild 1.17
Schmalspurbahnbrücken:

a) Datzebrücke bei der MPSB
Foto: Sammlung H. Neumann

b) Greifenbachtalbrücke
Foto: Sammlung Pfüller

wegen der laufenden Unterhaltungskosten nicht dem Charakter einer Schmalspurbahn. Bedingt durch die schwierigen Geländeverhältnisse waren in Sachsen jedoch zahlreiche größere Brückenanlagen notwendig, weil sonst unvertretbare Längenentwicklungen zur Überwindung von Talsenken u. ä. erforderlich geworden wären (Tabelle 1.3). Die längste Schmalspurbahnbrücke befand sich an der Strecke Thum—Schönfeld-Wiesa (Bild 1.17 b). Drei große Brücken charakterisierten auch den Streckenabschnitt Rothen-

noch Bild 1.17
Schmalspurbahnbrücken:

c) Große Brücke
bei Stützengrün
Foto: Sammlung Finzel

d) Oberwiesenthaler Brücke
Foto: Kluge

kirchen—Schönheide Süd. Nach Jöhstadt wurden mehrere niedrige Brücken zur Vermeidung von Dammbauten errichtet.
Von den vier Schmalspurbahntunnel (Tabelle 1.4) wird nur noch einer auf der Harzquerbahn durchfahren (Bild 1.18). Bergkuppen, die besonders kostspielige Tunnel erfordert hätten, konnten durch geschickte Wahl der Trasse meist umgangen werden, oder die Erhebungen wurden als Einschnitt durchbrochen (z. B. Schloßberg im Spreewald, Geising—Altenberg).

Bild 1.18
Tunnel am Thumkuhlental
Foto: Scheffler

1.4. Spurweiten

Die Spurweite ist das lichte Maß zwischen den Schienenköpfen, 10 mm unter Schienenoberkante (SO) und senkrecht zur Gleisachse gemessen (Bild 1.19).
In Europa wird die Spurweite von 1 435 mm als Regelspur bezeichnet. Bahnen mit kleineren Maßen sind Schmalspurbahnen. 1878 wurden vom deutschen Bundesrat für Schmalspurbahnen Spurweiten von 750 mm und 1 000 mm zugelassen. Später gestattete der Verband deutsche Eisenbahnverwaltungen den Kleinbahnen auch das Maß von 600 mm.
Während 1862 die Bröhltalbahn noch die altpreußische Spurweite von 785 mm (2 Fuß 6[illegible]Zoll nach preußischer Maßeinheit) aufwies, ist 1879 die Meterspur (Feldabahn), 1881 die 750-mm-Spur (Sachsen) und 1892 die 600-mm-Spur (MPSB) eingeführt worden.
Von der Meterspur wurde besonders in Thüringen und im Harz Gebrauch gemacht. Sie bot sich da an, wo ein starker Güterverkehr (bei Umladungen sollte der Fassungsraum der Schmalspurwagen möglichst dem der Regelspurwagen entsprechen) zu bewältigen und der Einsatz von Rollböcken – wegen der größeren Tragfähigkeit bei Meterspur – vorgesehen war und wo auf langen Strecken den Reisenden durch breitere Wagen eine höhere Bequemlichkeit und durch höhere Geschwindigkeiten kürzere Fahrzeiten geboten werden sollten.
Für den Viehtransport eignete sich die Meterspur ebenfalls besser, da nur deren Wagen das Queraufstellen der Tiere ermöglichte. Doch sind geringfügige Tiertransporte auch bei anderen Bahnen vorgekommen (Bild 1.20).
Die 900-mm-Spur bei der Bahn von Doberan ist auf dem heutigen Territorium der DDR nur einmal vertreten.
Hingegen überwog auf dem beschriebenen Territorium stets die Spurweite von 750 mm (Tabelle 1.5).
Mit dem Einsatz von Rollwagen zur

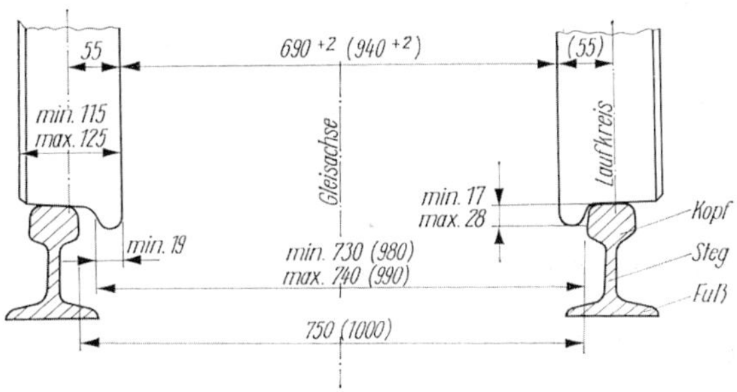

Bild 1.19
Maße für Rad und Spur bei der Spurweite von 750 mm (1 000 mm)

Tabelle 1.5
Anteil der Spurweiten bei Schmalspurbahnen auf dem heutigen Territorium der DDR

Jahr	Streckenlänge	davon Spurweiten in mm			
		600	750	900	1000
	km	%	%	%	%
1892	540,2	11,3	52,1	1,2	35,4
1900	1678,6	11,5	60,5	0,4	27,6
1910	1916,6	13,8	60,2	0,8	25,2
1940	2015,1	14,1	63,4	0,8	21,7
1965	1030,6	8,6	61,8	1,5	28,1
1970	559,1	9,7	59,9	2,8	27,6
1975	335,7	6,7	52,3	4,6	26,6

Tabelle 1.6
Vergleich unterschiedlicher Spurweiten mit der Regelspur; Bezugsjahr 1900

Spurweite	Baukosten	Verhältnis der Baukosten	Allg. höchstzulässige Krümmungshalbmesser	Allg. höchstzulässige Neigungen	Allg. höchstzulässige Geschwindig keiten
mm	Mark/km	%	m	—	km/h
1435	68500	100,0			
1000	45500	66,5	50	1:50	40
750	39100	57,1	40	1:40	25—30
600	22400	32,7	25	1:35	15—25

Aufnahme von Regelspurwagen gelang es den 750-mm-Bahnen, den Nachteil ihrer Wagen mit geringerem Fassungsraum und ihrer Rollböcke mit geringerer Tragfähigkeit gegenüber der Meterspur auszugleichen.
Das 600-mm-Gleis für die zivilen und militärischen Feldbahnen wurde dort bevorzugt, wo für Veränderungen von Ladestellen eine Anpassungsfähigkeit an das Gelände, eine leichte Beweglichkeit der Gleisanlagen und leichter Oberbau anzustreben waren.
Meinungsverschiedenheiten über die zweckmäßigste Spurweite für Schmalspurbahnen wurden ausgetragen, so lange solche Bahnen im Bau waren. Denn die Spurweite bestimmt auch die Größe für den lichten Raum, der für den sicheren Betrieb der Bahn freizuhalten ist (Bild 1.21). Von ihm sind wiederum die Lademaße für die Beladung offener Wagen abhängig. Höhere Baukosten traten für das Freihalten des Regellichtraumes besonders im gebirgigen Gelände und bei Ortsdurchfahrten auf. Der Rollwagenverkehr erforderte zusätzlichen Raum für die aufgebockten Wagen. Auch beim elek-

Bild 1.20 Die Standfestigkeit und der Fassungsraum der Wagen nimmt mit der Spurweite ab. Bei der MPSB sind jedoch auch Elefanten für eine Zirkusveranstaltung befördert worden
Foto: Sammlung Kieper

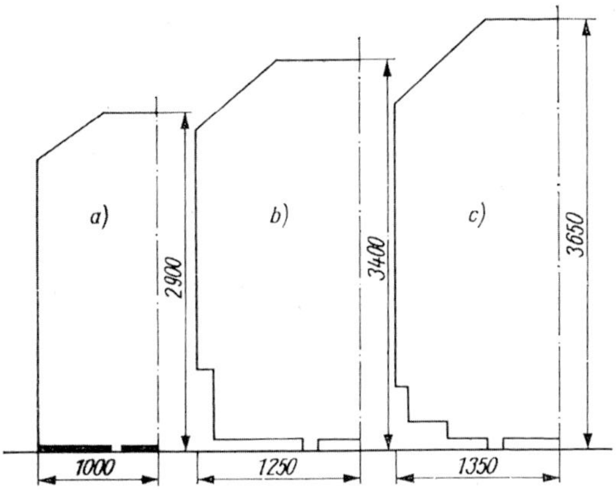

Bild 1.21
Regellichträume:
a) Spurweite 600 mm
b) Spurweite 750 mm
c) Spurweite 1000 mm

Bild 1.22 Für die Überprüfung der Maße beim lichten Raum und bei der Gleislage wurde für einige sächsische Strecken ein Profilmeßwagen in Dienst gestellt
Foto: Preuß

trischen Betrieb muß der Regellichtraum für Oberleitung und Fahrbügel erweitert werden.
Damit – aber auch durch Mitbenutzung von Straßen statt eigenem Bahnkörper und durch unterschiedlich leichteren Oberbau – beeinflußt die Spurweite erheblich die Baukosten (Tabelle 1.6) und den Materialaufwand.

1.5. Triebfahrzeuge

1.5.0. Allgemeines und Kennzeichnung

Unter dem Begriff Triebfahrzeuge werden alle Fahrzeuge verstanden, die sich durch eine eigene Antriebsquelle fortbewegen können und für den regelmäßigen Einsatz vorgesehen sind. Bei den Schmalspurbahnen leisten auch heute noch Dampflokomotiven den Hauptanteil in der Zugförderung und werden vorläufig auch weiterhin dominierend sein. Bei mehreren Schmalspurbahnen waren auch Triebwagen eingesetzt. Sie stellen im wesentlichen einen Wagen mit eigenem Antrieb dar, der der Personen-, mitunter auch nur der Gepäckbeförderung, dient. Für den Antrieb wurde anfangs ein Vergaser-, später ausschließlich der Dieselmotor verwendet.
Unter den vereinzelt auftauchenden Motorlokomotiven werden hier alle Lokomotiven zusammengefaßt, die durch eine Verbrennungskraftmaschine – Vergaser- oder Dieselmotor – angetrieben werden.
Die elektrischen Triebwagen und Lokomotiven der Strecke Klingenthal—Sachsenberg-Georgenthal werden im Abschnitt 2.7.21. näher beschrieben.
Die Vielzahl der einzelnen Triebfahrzeugtypen führte zu bestimmten

Symbolen oder Bezeichnungen, um mit deren Hilfe eine möglichst schnelle Erkennbarkeit gewisser Merkmale zu gewährleisten. Hierbei entwickelten sich Bezeichnungen für die Triebfahrzeuge, die sich in drei Gruppen untergliedern lassen:

- Bauartbezeichnung
- Betriebsnummer
- Reihenbezeichnung

Die Bauartbezeichnung charakterisiert den Fahrzeugtyp technisch. In den Tabellen und Beschreibungen werden in großer Übereinstimmung mit anderer Literatur folgende Kurzzeichen für die einzelnen Triebfahrzeugbauarten benutzt.

Dampflokomotiven z. B. 1'C1'h2t

1 vorn befindliche Anzahl der Laufachsen
C miteinander gekuppelte Achsen (dabei bedeuten B = 2, C = 3, D = 4, E = 5)
1 hinter den gekuppelten Achsen angeordnete Anzahl der Laufachsen
Ein ' bei den Achsen bedeutet, daß diese nicht fest im Hauptrahmen gelagert sind.
h Dampfart (h = Heißdampf, n = Naßdampf)
2 Anzahl der Zylinder (2v = zwei Zylinder in Verbundwirkung)'
t Tenderlokomotive

Triebwagen z. B. VT 4 (Bo'2')

VT Verbrennungsmotor-Triebwagen
4 Anzahl aller vorhandenen Achsen
In der Tabelle der technischen Daten wird außerdem die Achsfolge angegeben (z. B. Bo'2')
Bo' 2 angetriebene Achsen im Drehgestell gelagert, dabei bedeutet o = Einzelachsantrieb
2' 2 im Drehgestell gelagerte Laufachsen

Motorlokomotiven z. B. C – d h

C – Zahl der treibenden Achsen (C = 3 usw., B' = zweiachsiges Drehgestell, C' = dreiachsige Drehgestelle usw.)
d Motorart (d = Dieselmotor, b = Vergasermotor)
h Getriebeart (h = Strömungsgetriebe, m = mechanisches Getriebe)

Die Betriebsnummer dient der Kennzeichnung des einzelnen Triebfahrzeuges. Häufig benutzte jedes Betriebsunternehmen mit 1 beginnend eine Aneinanderreihung aller Lokomotiven in der Folge ihrer Beschaffung. Noch früher sah man die Bezeichnung mit einem Namen mitunter als ausreichend an. Günstiger erwies sich eine Unterteilung der Betriebsnummer in bestimmte Gruppen, um besonders konstruktive Merkmale hervorzuheben.

Eine Reihenbezeichnung führten größere Bahnverwaltungen ein, um Lokomotiven gleicher Konstruktion zusammenzufassen. So bezeichnete die Sächsische Staatseisenbahn ihre Lokomotiven mit einer römischen Ziffer, für alle Spurweiten jeweils mit I beginnend. Bei Schmalspurlokomotiven wurde ein K (Kleinspur = 750 mm) bzw. ein M (Meterspur) hinzugefügt, elektrische Triebfahrzeuge erhielten ein E.

Die Preußische Eisenbahnverwaltung reihte ihre Schmalspurlokomotiven als T 31 bis T 40 ein, jedoch unabhängig von den vorkommenden Spurweiten 785 mm und 1 000 mm.

Ein anderes System verwendete das Eisenbahn-Bau- und Betriebsunternehmen Lenz & Co. Hier wies ein kleiner, später auch ein großer Buchstabe, der der Betriebsnummer als Index beigegeben wurde, auf eine bestimmte Konstruktion hin. Diese Buchstaben wurden auch als Gattung bezeichnet. So bedeuteten z. B.:

i	Bn2t	6 Mp Achslast 1 000 mm Spurweite
ii	B'Bn4vt	6 Mp Achslast 1 000 mm Spurweite
m	Bn2t	6 Mp Achslast 750 mm Spurweite
n	Bn2t	5 Mp Achslast 750 mm Spurweite
o	Cn2t	6 Mp Achslast 750 mm Spurweite
q	Cn2t	4 Mp Achslast 600 mm Spurweite
M	Dn2t	6 Mp Achslast 750 mm Spurweite
Mh	Dh2t	6 Mp Achslast 750 mm Spurweite

Bei der DRG erhielten alle Lokomotiven eine Baureihenbezeichnung und eine Ordnungsnummer. Die Schmalspurdampflokomotiven faßte man einheitlich in der Baureihe 99 zusammen. Um aber beim Schriftverkehr und in der Literatur die einzelnen Lokomotiventypen unterscheiden zu können, setzte man der Baureihenbezeichnung einen Index hinzu, der sich aus der Hunderter- und Zehnerreihe der Ordnungsnummer ergibt. So umfaßt z. B. die Baureihe 99^{73-76} Schmalspurlokomotiven mit den 'Betriebsnummern 99731 bis 99769.

Dieses System wurde bei der DR nach Übernahme der zahlreichen Privatbahnlokomotiven mit Wirkung vom 1. April 1949 erweitert. Für diese schmalspurigen Lokomotiven waren innerhalb der Baureihe 99 folgende Ordnungsnummern vorgesehen:

3 000 bis 3 999 für die Spurweite 600 mm
4 000 bis 4 999 für die Spurweite 750 mm
5 000 bis 6 199 für die Spurweite 1 000 mm

Hierbei gibt die zweite Ziffer die durchschnittliche Achslast an. Die Betriebsnummern mit den Endziffern 01 bis 50 waren dabei den Tenderlokomotiven und mit den Endziffern 51 bis 99 den Lokomotiven mit Schlepptender vorbehalten.

Mit der Einführung der elektronischen Datenverarbeitung (EDV) ab 1. Juni 1970 wurden sämtliche Triebfahrzeuge der DR neu bezeichnet. Bei den Schmalspurdampflokomotiven blieb die Baureihenbezeichnung 99 erhalten. Die Ordnungsnummer wurde grundsätzlich vierstellig festgelegt und nach Spurweiten getrennt:

99 3	Spurweite 600 mm
99 1 und 4	Spurweite 750 mm
99 2	Spurweite 900 mm
99 5 und 7	Spurweite 1 000 mm

Für die schmalspurigen Triebwagen, die bisher gemeinsam mit denen der Regelspur in den Baureihenbezeichnungen VT 133 (zweiachsig, Vergasermotor) und VT 137 (vierachsig, Dieselmotor) enthalten waren, wurde die neue Bezeichnung 187 0 bzw. 187 1 vorgesehen.

Schmalspurige Motorlokomotiven faßte man erst gemeinsam mit den regelspurigen Motorlokomotiven kleiner Leistung in der Baureihenbezeichnung 100 zusammen. Seit 1973 trennte man aber die schmalspurigen Fahrzeuge und gab ihnen die Bezeichnung 199. Aus der Betriebsnummer ist die Spurweite nicht ersichtlich, jedoch gibt die dreistellige Ordnungsnummer einen Hinweis auf die Leistung:

199 0 Motorleistung bis 100 PS
199 3 Motorleistung 300 PS bis 400 PS

Sämtliche EDVgerechten Betriebsnummern besitzen nach einem Bindestrich eine einzelne Selbstkontrollziffer. Diese Ziffer hat nur Bedeutung für die Erfassung und Kontrolle innerhalb der EDV und wird deshalb hier nicht erwähnt oder angegeben.

Die in den Fahrzeugtabellen enthaltenen technischen Daten gestatten Vergleichsmöglichkeiten einzelner Fahrzeuge untereinander und stellen jeweils den letzten bekannten Zustand dar.

In den Dampflokomotivtabellen gibt die Zeile Steuerung und Lage an der ersten Stelle die Steuerungsart (H = Heusinger, A = Allan, St = Stephenson) und an der zweiten Stelle die Lage der Steuerung (a = außerhalb, i = innerhalb des Lokomotivrahmens) an.

Als Heizfläche wurde versucht, stets die feuerberührte Fläche anzugeben. In etlichen Literaturquellen ist aber die Unterscheidung zwischen wasserberührt und feuerberührt nicht eindeutig, so daß hier dieser oder jener Wert erscheinen kann. Der Kohlevorrat gibt die Lademasse an Steinkohle an; dabei gilt, daß 1,0 t Steinkohle 0,8 m³ Laderaum benötigt.

Der Berechnung der Zugkraft liegt der Wert 0,6 · p (p = Kesseldruck) nur bei den Dampflokomotiven mit einfacher Dampfdehnung zugrunde, während er bei Verbundwirkung 0,45 · p beträgt. Unter Leistung ist die indizierte Leistung unter Abzug aller Laufwiderstände und sonstigen mechanischen Widerstände zu verstehen. Zwecks einheitlicher Darstellung wurden für alle Dampflokomotiven die Leistungsangaben nach den Formeln und Nomogrammen des Beitrages „Rechentafeln zur Bestimmung der Kesselabmessungen einer Dampflokomotive" in der Zeitschrift „Deutsche Eisenbahntechnik" Jahrgang 4 (1956) Seite 95 bis 106, bestimmt; hierbei wurde stets mit einer Verdampfungsziffer von 57 kg/m²h gerechnet. Dadurch können Abweichungen zu anderen Literaturquellen entstehen, zumal teils die indizierte, teils die effektive Leistung angegeben wird.

1.5.1. Dampflokomotiven

Als die Schmalspurbahnen entstanden, genügten für die zu befördernden Zuglasten normalerweise zweiachsige Lokomotiven. Allerdings zwangen die zulässigen Achslasten des überwiegend leichten Oberbaues die Lokomotivhersteller häufig zum Einbau einer dritten Achse. Da die zu befahrenden Strecken allgemein recht kurz waren, genügten auch kleine Wasser- und Brennstoffvorräte; sie waren auf der Lokomotive selbst untergebracht, besondere Tender erübrigten sich.

Als Tenderlokomotive konnten diese Triebfahrzeuge für Vorwärts- und Rückwärtsfahrt gleich gut eingesetzt werden. Eine Ausnahme bildeten die Lokomotiven der MPSB, denen zusätzliche Wasserwagen beigestellt wurden, um in dem weit verzweigten Streckennetz unabhängig von Wasserstellen zu sein.

Bei der Konstruktion der kleinen Tenderlokomotive ist der von Krauss entwickelte Gedanke verwirklicht, nach dem Rahmen und Wasserbehälter zum Rahmenwasserkasten vereinigt werden. Diese Anordnung kam auch dem früher angestrebten Ziel einer möglichst tiefen Schwerpunktlage entgegen. Die Brennstoffvorräte finden vor dem Führerhaus seitlich am Kessel ihren Platz (Bild 1.23). Die weiteren baulichen Einzelheiten waren möglichst einfach gehalten. Die Dampfmaschine verwendete Naßdampf, die Zylinder arbeiteten mit einfacher Dampfdehnung.

Diese Merkmale sind bei fast allen älteren Schmalspurlokomotiven wiederzufinden, für die nicht mehr gefordert wurde, als billig in der Anschaffung sowie einfach in Bedienung und Unterhaltung zu sein. Eine Ausnahme bildeten jedoch die Straßenbahnlokomotiven. Technisch glichen sie den Tenderlokomotiven, besaßen aber für den Betrieb auf öffentlichen Straßen eine teilweise bis vollständig überdachte Umkleidung, die mitunter das gesamte die allmähliche Anwärmung des Speisewassers.

Die zwei- bzw. dreiachsigen Lokomotiven genügten anfangs den Anforderungen des Betriebes. Probleme beim Durchfahren von Gleisbögen traten kaum auf. Waren schwerere Züge zu befördern, wurde eine zusätzliche Lokomotive vorgespannt. Eine befriedigende Lösung war dies allerdings jedoch nicht, da II K neu). Im regelmäßigen Streckendienst bedeutete dies jedoch eine große Belastung für das Lokpersonal, so daß diese Bauart keine große Verbreitung fand. Günstiger waren Gelenklokomotiven nach Meyer oder Mallet. Bei der Bauart Meyer sind Dampfkessel, Führerhaus, Wasser- und Brennstoffbehälter auf einem Rahmen angeordnet, der auf zwei Triebgestellen, d. h. auf zwei Dreh

Bild 1.23 Typische Kleinbahnlokomotive mit Wasserkasten innerhalb des Rahmens und Kohlevorräten seitlich des Kessels (Lokomotive Nr. 3[n] der Rügenschen Kleinbahnen) *Werkfoto: Vulcan*

Trieb- und Fahrwerk einschloß, so daß sie äußerlich einem Wagenkasten – daher auch Kastenlok genannt – glichen. Das Lokpersonal hatte zu beiden Seiten des Kessels seinen Platz. In einigen Fällen bestand sogar die Forderung, beim Durchfahren der Straßen keinen Abdampf austreten zu lassen. Dazu ordnete man auf dem Dach ein Röhrenregister an (Bild 1.24), in das der Maschinenabdampf geleitet wurde, kondensierte und dann zur erneuten Kesseleinspeisung diente. Nachteilig waren der Ölanfall sowie stets zwei Personale erforderlich waren. Größere und leistungsfähigere Lokomotiven erforderten jedoch mehr als drei Achsen, was andererseits die Bogenläufigkeit stark einschränkte. Naheliegend erschien daher das Zusammenkuppeln zweier Lokomotiven mit den Führerstandsenden, wodurch ein Personal in der Lage war, beide Maschinen zu bedienen. Dieses Prinzip wandte die Heeresfeldeisenbahn an, aber auch bei den sächsischen Schmalspurbahnen versuchte man es mit zwei derartiger Doppellokomotiven (Reihe gestellen mit eigenen Dampfmaschinen, ruht. Derartige Maschinen sind in der Lage, Gleisbögen mit kleinem Halbmesser zu durchfahren. Der Kessel konnte, da er nicht längenbegrenzt war, leistungsfähig gestaltet werden, und für die Bedienung war nur ein Personal erforderlich. Als nachteilig erwiesen sich die beweglichen Dampfleitungen zwischen Kessel und den Triebgestellen, die besonders bei Hochdruckdampf schwer dicht zu halten waren. Trotzdem war man in Sachsen mit dieser Bauart sehr zufrieden und beschaffte

insgesamt 96 Maschinen von der als IV K bezeichneten Gattung.
Eine Weiterentwicklung der Meyer-Lokomotiven bildet die Bauart Mallet. Hier ist das hintere Triebgestell mit dem Hauptrahmen fest verbunden (Bild 1.25). Mallet-Lokomotiven sind grundsätzlich als Verbundmaschinen gebaut, bei denen der Dampf

Bild 1.24 Straßenbahnlokomotive mit innenliegendem Triebwerk und Röhrenkondensator auf dem Dach zur Niederschlagung des Abdampfes (Lokomotive Nr. 1001 der Doberan-Heiligendammer Eisenbahn)
Foto: Sammlung Loos

Bild 1.25 Tenderlokomotive der Bauart Mallet für 1000 mm Spurweite im Mai 1967 in Barth (ehemalige Lokomotive Nr. 7ii der Franzburger Kreisbahnen)
Foto: Kieper

erst in den kleineren Hochdruckzylindern teilentspannt und dann in den größeren Niederdruckzylindern restentspannt wird. Durch die Anordnung der Hochdruckzylinder im hinteren, festen Triebgestell konnten die beweglichen Hochdruckdampfleitungen der Meyer-Lokomotiven entfallen. Lediglich die Verbinderleitung mit verhältnismäßig geringem Dampfdruck sowie die Austrittsleitung zum Blasrohr blieben beweglich. Bei dieser Anordnung war auch vom Dampfdom bis zum Schornstein ein natürlicher Dampffluß zu verzeichnen. Die Mallet-Lokomotiven haben sich besonders dort, wo größere Zugkräfte verlangt wurden, gut bewährt und laufen bis heute. Bekannt sind die schweren Maschinen der Harzbahnen, bei denen sie lange Zeit den Hauptanteil des Lokparkes bildeten.

In der Triebwerksanordnung sehr verwandt mit der Bauart Meyer ist die Fairlie-Lokomotive. Ihr besonderes Merkmal ist der Doppelkessel mit zwei Langkesseln und nur einem gemeinsamen Stehkessel. Das Führerhaus befindet sich in Fahrzeugmitte, Lokführer und Heizer haben jedoch einen durch den Kessel getrennten Arbeitsplatz. Die Sächsische Staatsbahn bezog 1885 von der Firma Hawthorn-Newcastle in England zwei derartige Lokomotiven für ihre 750-mm-Strecken (Bild 1.26). Die 1902 für die sächsische Meterspur gebauten Fairlie-Lokomotiven (Bild 1.27) waren außerdem als

Bild 1.26 Tenderlokomotive Bauart Fairlie für 750 mm Spurweite, gebaut 1885 von Hawthorn in Newcastle (England) (Reihe II K alt der K. Sächs. Sts. E. B.)
Foto: Sammlung Kieper

Bild 1.27 Tenderlokomotive Bauart Fairlie für 1000 mm Spurweite, Lieferzustand mit langer Überdachung (Reihe I M der K. Sächs. Sts. E. B.)
Werkfoto: Sächs. Maschinenfabrik vorm. Hartmann

Straßenbahnlokomotiven umkleidet. Der Lokführer hatte ursprünglich seinen Platz am Stirnende; später wurde die durchgehende Überdachung wieder entfernt und nur das in der Mitte befindliche Führerhaus belassen. Die Lok war in der Lage, Gleisbögen von nur 15 m Halbmesser zu befahren; diese Forderung bestand zur Bedienung der vielen Fabrikanschlüsse.

Neben den Gelenklokomotiven entstanden mehrere Versuchsausführungen mit geteiltem Triebwerk. So verkehrten auf den sächsischen Strecken insgesamt sechs Lokomotiven der Bauart Klose. Bei diesen C1'-Lokomotiven (Bild 1.28) konnte sich die erste und dritte Kuppelachse im Gleisbogen radial einstellen. Die dazu erforderliche Längenänderung der Kuppelstangen erfolgte über parallelogrammförmige Hebelsysteme, die einerseits mit den Lagerführungen der äußeren Kuppelachsen und andererseits mit der ausschwenkbaren Laufachse in Verbindung standen. Die Vielteiligkeit und die teure Unterhaltung überschatteten die guten Laufeigenschaften und verhinderten damit die weitere Verbreitung dieser Bauart.

Mit einem Hagans-Triebwerk war ursprünglich die auf Rügen eingesetzte 99 4621 (siehe Bild 2.10 g) ausgerüstet. Hierbei waren die ersten drei Achsen fest im Rahmen gelagert, die beiden hinteren Achsen dagegen in einem Drehgestell. Diese hin-

Bild 1.28
Gelenklokomotive mit geteiltem Triebwerk Bauart Klose. Der hintere Teil des Führerstandes befindet sich auf dem schwenkbaren Laufachsgestell (Gattung III K der K. Sächs. Sts. E. B.)
Foto: Sammlung Kieper

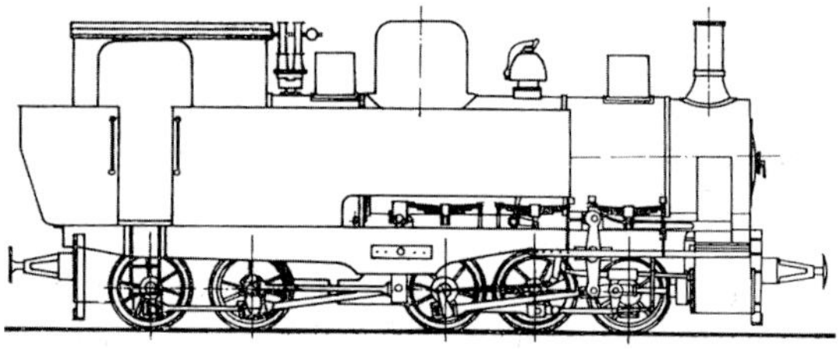

Bild 1.29 Gelenklokomotive mit geteiltem Triebwerk Bauart Hagans für 785 mm Spurweite, geliefert an die ehemaligen Oberschlesischen Schmalspurbahnen
aus: Eisenbahntechnik der Gegenwart 1911

tere Gruppe wurde vom vorderen Triebwerk unter Zwischenschaltung großer Schwinghebel angetrieben (Bild 1.29). Diese Schwinghebel glichen die Bewegungen des Drehgestelles beim Befahren eines Gleisbogens aus. Auch das Hagans-Triebwerk erforderte einen zu hohen Unterhaltungsaufwand und konnte sich nicht durchsetzen. Bei der 99 4621 wurde anläßlich ihrer ersten Umsetzung eine Umspurung von 785 mm auf 750 mm vorgenommen und gleichzeitig das Gelenktriebwerk entfernt; die hinteren Kuppelachsen wurden durch Laufachsen mit gleichem Raddurchmesser ersetzt.

Mehr Erfolg brachte die Verwendung der Hohlachse. Sie ermöglichte die radiale Einstellung gekuppelter Endradsätze. Die Hohlachse besteht aus einem rohrförmigen Teil, an dessen Enden sich die Räder befinden und durch das die Triebwelle geführt ist. Die Triebwelle ist außerhalb der Räder im Lokomotivrahmen starr gelagert und trägt aufgesteckte Kurbeln (Bild 1.30 a). In der Mitte sind Hohlachse und Triebwelle dergestalt verbunden, daß eine radiale Einstellung und seitliche Verschiebung des Radsatzes erfolgen kann und gleichzeitig auch das Drehmoment übertragen wird. Die Lagerung der Triebwelle erfordert stets die Verwendung eines Außenrahmens. Die Lokomotiven der Waldeisenbahn Muskau in der Ausführung als sogenannte „Brigadelokomotive aus dem ersten Weltkrieg" besaßen ursprünglich diese Hohlachsen, die aber später durch feste Achsen ersetzt wurden. Auch die Gattung V K der Königlich sächsischen Staatseisenbahn (Bild 1.31) und die vierfach gekuppelten

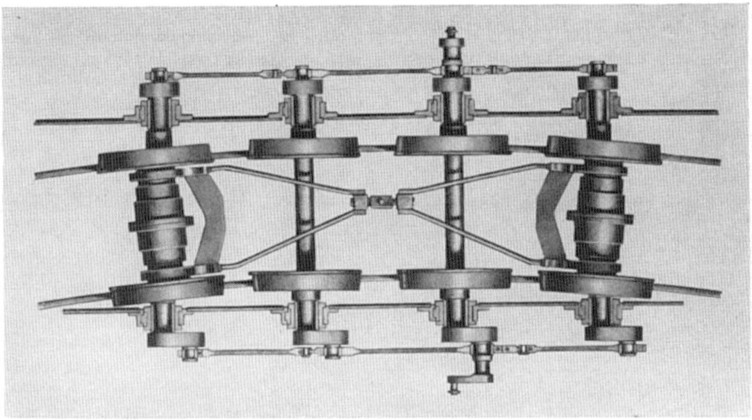

a

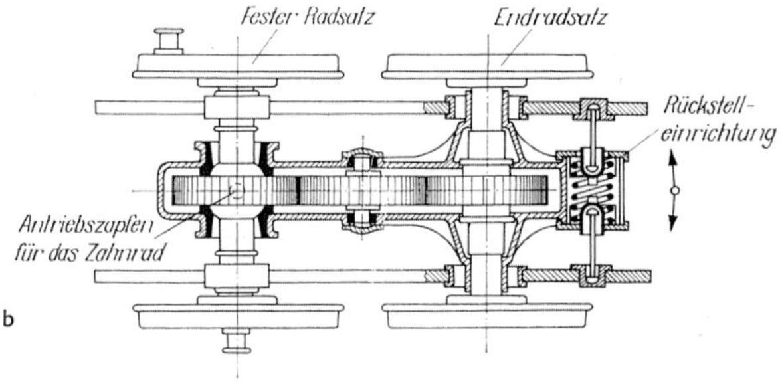

b

Lokomotiven der Trusetalbahn waren mit diesen Hohlachsen ausgerüstet.
Die vielen Versuche von Konstruktionen kurvengängiger Lokomotiven fanden Anfang dieses Jahrhunderts ihren Abschluß mit der Einführung der seitenverschiebbaren Achsen Bauart Gölsdorf. Dieses einfache System ermöglichte die Unterbringung von vier und fünf gekuppelten Radsätzen in einem durchgehenden Rahmen (Bild 1.32). Bestimmte Radsätze erhielten in den Achslagern etwas Seitenspiel und konnten sich somit dem Gleisbogen anpassen. Die Fahrzeugführung übernahmen die außen liegenden Kuppelachsen ohne Seitenspiel. Bei Treibradsätzen, die kein Seitenspiel erhalten können und mittig gelagert sind, begegnete man der tangentialen Abweichung im Gleisbogen durch Schwächen oder auch gänzlichen Fortfall der Spurkränze.
Verschiedene Lokomotiven sind mit Laufachsen ausgerüstet. Sie dienen der Herabsetzung der Achslast und auch der besseren Laufgüte. Wird die Laufachse in einem Deichselgestell über einen im Rahmen festsitzenden Drehzapfen geführt, so ist

Bild 1.30 Systeme schwenkbarer Kuppelachsen:
a) Fahrgestell einer vierachsigen Lokomotive mit zwei Hohlachsen in Bogenstellung
aus: Henschel-Ersatzteilkatalog
b) Zahnradgekuppelter Endradsatz Bauart Luttermöller
aus: Niederstrasser, Leitfaden für den Lokomotivdienst

Bild 1.31 Zweizylinder-Verbundtenderlokomotive mit zwei Hohlachsen um 1920 (Gattung V K der K. Sächs. Sts. E. B.)
Foto: Reinstein

Bild 1.32 Fünffach gekuppelte Tenderlokomotive mit drei seitenverschiebbaren Kuppelachsen Bauart Gölsdorf 1933 auf Bahnhof Heidenau
(Reihe 99^{67-71} der Deutschen Reichsbahn)
Foto: Rbd Dresden

Bild 1.33 Tenderlokomotive mit hinterem Krauss-Helmholtz-Drehgestell im Juli 1960 in Senzke
(ehemalige Lokomotive Nr. 3 der Kleinbahn Rathenow—Senzke—Nauen)
Foto: Pochadt

es eine Bisselachse. Bei beengten Platzverhältnissen hingegen werden Adamsachsen eingebaut. Hier übernehmen schräge Gleitplatten im Rahmen die Führung und die radiale Einstellung der Laufachse. Beim Krauss-Helmholtz-Drehgestell ist die Laufachse mit der benachbarten Kuppelachse über eine Deichsel verbunden, wobei die Laufachse kreisförmig ausschwenkt und die Kuppelachse sich im gegenläufigen Sinne dazu quer verschiebt. Die vielen C1'-Lokomotiven von Krauss (Bild 1.33) besitzen diese Einrichtung. Mit zahnradgekuppelten Endradsätzen nach Luttermöller war die 99183 (Bild 1.34) ausgerüstet. Diese Radsätze sind durch drei Zahnräder mit der jeweils nächsten Kuppelachse verbunden. Das Zahnradgehäuse wirkt dabei wie ein Bisselgestell, wobei eine Kugelwulst an der treibenden Achse den Drehpunkt bildet.
Fast alle technischen Veränderungen gegenüber den älteren zwei- und dreiachsigen Schmalspurlokomotiven sind schließlich bei den leistungsstarken 1'E1'-Einheitsloko-

Bild 1.34 Fünffach gekuppelte Tenderlokomotive mit zahnradgekuppelten Endradsätzen Bauart Luttermöller im Mai 1966 in Gera-Pforten
(Reihe 99^{18} der Deutschen Reichsbahn)
Foto: Kieper

Bild 1.35 Tenderlokomotive für 750 mm Spurweite mit Allan-Steuerung im Mai 1965 in Havelberg
(ehemalige Lokomotive Nr. 07-22 der Prignitzer Kreiskleinbahnen)
Foto: Kieper

motiven der Deutschen Reichsbahn für 750 mm (siehe Bild 2.155) und 1 000 mm Spurweite zu finden. Diese Maschinen arbeiten mit Heißdampf, der dem Kessel entnommene Naßdampf wird durch Rohrschlangen geleitet, die sich innerhalb der größeren Rauchrohre befinden und den heißen Rauchgasen ausgesetzt sind (Rauchrohrüberhitzer). Beim Heißdampf ist der Dampfverbrauch entschieden geringer als beim Naßdampf, auch treten kaum Verluste durch Kondensation in den Zylindern auf.
Die Verwendung von Heißdampf läßt den Einsatz des früher üblichen Flachschiebers wegen der unzureichenden Schmierung nicht mehr zu, die Aufgabe übernimmt der Kolbenschieber. Zum Antrieb der Schieber dient die Heusinger-Steuerung, die an jeder Lokomotivseite nur einen Abtrieb (Gegenkurbel) benötigt. Ältere Lokomotiven wurden mit der Stephenson-Steuerung (siehe Bild 1.23) oder mit der Allan-Steuerung (Bild 1.35) ausgerüstet, beide besitzen stets zwei Exzenter.
Die erwähnten Einheitslokomotiven

Bild 1.36 Tenderlokomotive für 1 000 mm Spurweite mit Barrenrahmen im Mai 1967 in Wernigerode
(ehemalige Lokomotive Nr. 11 der Spremberger Stadtbahn)
Foto: Kieper

haben einen Barrenrahmen, er weist eine geringe Bauhöhe auf, durch seine offene Bauweise sind innerhalb des Rahmens liegende Bauteile von außen gut zu erreichen. Der Barrenrahmen ist häufig bei Borsig-Lokomotiven anzutreffen, sogar bei zweiachsigen Ausführungen (Bild 1.36). Zur Unterbringung des Wasservorrates dienen seitlich des Kessels befindliche Wasserkästen sowie ein weiterer Raum unterhalb des Kohlekastens, der sich früher vor, jetzt aber hinter dem Führerhaus befindet.
Bei den vom VEB Lokomotivbau „Karl Marx“ Babelsberg gelieferten 1'E1'-Neubaulokomotiven sind ganze Baugruppen, wie Kessel und Rahmen, geschweißt. Aus fertigungstechnischen Gründen wurde dabei wieder auf den Blechrahmen zurückgegriffen.

1.5.2. Motorlokomotiven

Eine Anzahl kleinerer Benzin- und Diesellokomotiven für 600 mm Spurweite waren bei der MPSB sowie bei der Waldeisenbahn Muskau für den Anschlußbetrieb eingesetzt. Von ihnen kam ein Teil noch in den Bestand der Deutschen Reichsbahn, wo sie als Kb 0401 und Kb 0402 sowie Kö 0403 und Kö 0409 eingereiht wurden. Während die DR die meisten dieser Lokomotiven bald an Betriebe oder Werkbahnen verkaufte, verblieben einige noch bis in die sechziger Jahre im örtlichen Rangierdienst (Bild 1.37). Alle diese Motorlokomotiven entsprachen normalen Baulokomotiven unterschiedlicher Typen mit einer Leistung bis zu 30 PS, teils mit offenem, teils mit überdachtem Führerstand.
Die älteste Motorlokomotive auf dem 750-mm-Netz war die 1936 von Schwartzkopff an die KJI gelieferte Diesellokomotive des Typs FD 80. Diese Maschine hatte drei durch Kuppelstangen verbundene Achsen, die in einem Außenrahmen gelagert waren. Das Führerhaus war mittig angeordnet; in dem einen Vorbau befand sich der Dieselmotor mit

Bild 1.37
30-PS-Motorlokomotive für 600 mm Spurweite im Januar 1960 in Friedland
(Lokomotive Kö 0407 der Deutschen Reichsbahn)
Foto: Jünemann

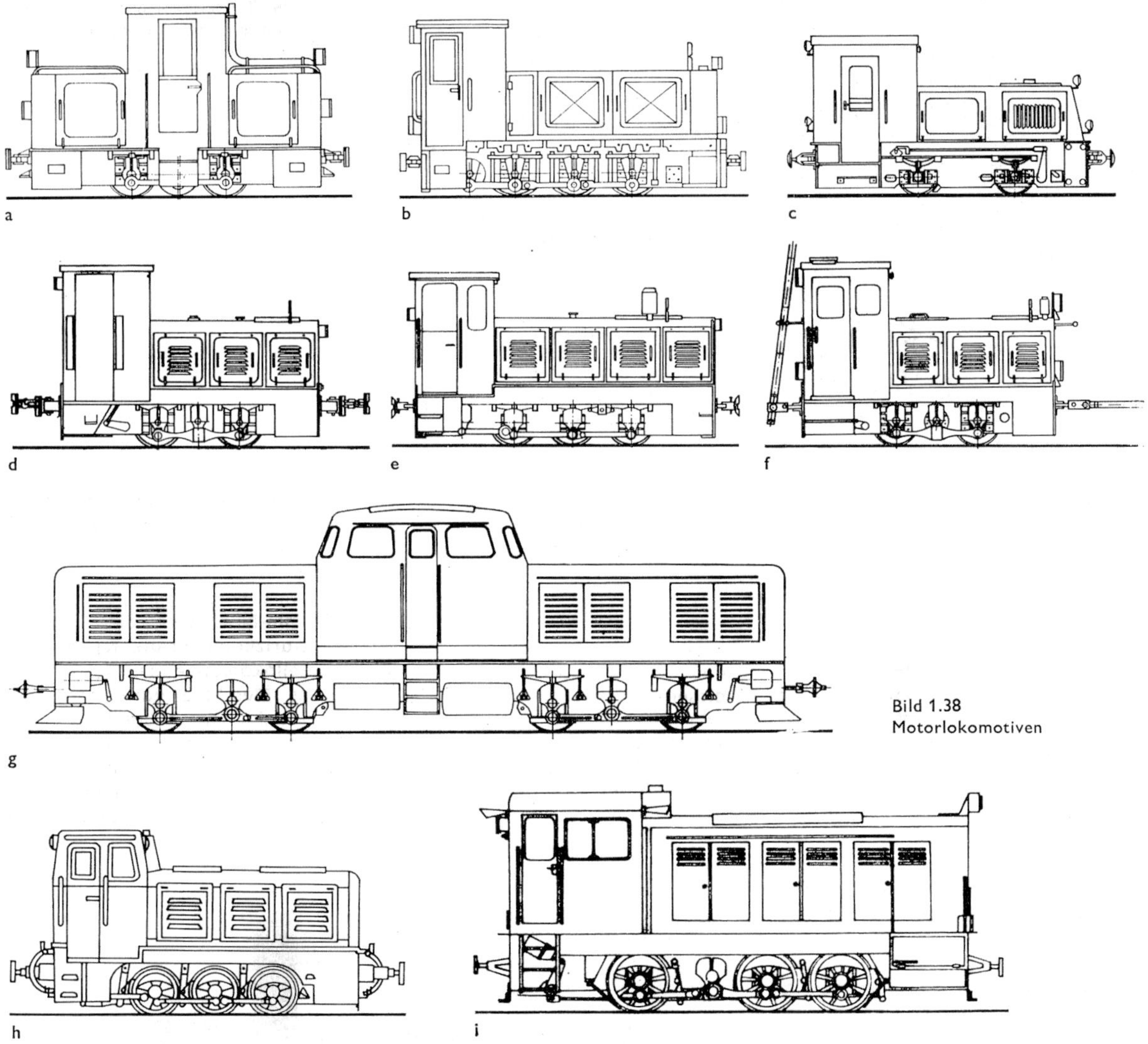

Bild 1.38
Motorlokomotiven

einer Leistung von 80 PS, im anderen Vorbau befand sich das mechanische Viergangschaltgetriebe, von dem eine der Achsen angetrieben wird. Die Höchstgeschwindigkeit betrug 20 km/h; deshalb diente sie, abgesehen von der Beförderung einiger Arbeitszüge, vorrangig als Rangierlokomotive im Umladebahnhof Burg. 1950 wurde sie von der Deutschen Reichsbahn als Kö 6002 übernommen. Kurz darauf erfolgte die Umsetzung zur Strecke Nauen—Senzke—Kriele zur Unterstützung während der Zuckerrübenkampa-

gne. Da jedoch die Unterhaltung des Getriebes große Schwierigkeiten bereitete, blieb die Laufleistung infolge der häufigen Ausfälle sehr gering. Nach Einstellung des Betriebes in Nauen kam die 6002 nach Dahme, wo sie bis zur bald erfolgten Ausmusterung nur abgestellt blieb.
Als Köf 6001 und Köf 6003 wurden zwei Diesellokomotiven bezeichnet, die Anfang der fünfziger Jahre aus dem Park der Schadfahrzeuge aufgearbeitet wurden. Die beiden gleichen Triebfahrzeuge stammten aus einer größeren Serie, die während des Krieges gebaut worden war. Durch Umpressen der Radscheiben war ein wahlweiser Einsatz auf der 600-mm- oder der 750-mm-Spur möglich. Bei der Deutschen Reichsbahn erfolgte der Einsatz nur auf Strecken mit 750 mm Spurweite. Der Führerstand befand sich am Ende des Fahrzeuges; im Vorbau waren der Deutz-Dieselmotor mit 105 PS Leistung und ein Strömungsgetriebe untergebracht. Das anschließende Wendegetriebe mit der Blindwelle lag unterhalb des Führerstandes. Von der Blindwelle aus erfolgte über Kuppelstangen der Antrieb aller drei Radsätze. Die Höchstgeschwindigkeit betrug 20 km/h. Die Köf 6001 wurde in Dahme, die Köf 6003 in Nauen eingesetzt. Besonders während des starken Herbstverkehrs waren die Laufleistungen erheblich. Die Nauener Lokomotive diente nach der dortigen Betriebseinstellung noch zum Streckenabbau und wurde dann nach Dahme übergeführt. Als auch hier kein Zug mehr fuhr, gelangten beide Triebfahrzeuge nach Rügen.
Ebenfalls aus dem Schadpark stammte eine zweiachsige dieselmechanische Lokomotive, die ursprünglich eine Grubenlok mit niedriger Bauhöhe war. 1959 wurde sie im Raw

Tabelle **1.7**
Technische Daten
der Motorlokomotiven

Betriebsnummer		Köf 6001/03
Bild 1.38		b
Spurweite	mm	750
Achsfolge		C
Hersteller		Gmein/KHD
Baujahr		1944
Typenbezeichnung		
Länge über Mittelpuffer	mm	5300
Achsstand	mm	1800
Raddurchmesser	mm	700
Fahrzeugbreite	mm	1650
Fahrzeughöhe	mm	2600
Fahrzeugmasse	t	16,5
Höchstgeschwindigkeit	km/h	20
Zugkraft max.	Mp	
Dieselmotor		A6M 517
Leistung	PS	105
Nenndrehzahl	U/min^{-1}	1250
Kraftübertragungsart		hydr.
Getriebebauart		L 22 Voith
Art des Achsantriebes		Blindwelle Kuppelstg.
Verbleib der Lokomotive		Einsatz in Putbus

Dessau einer Generalreparatur unterzogen; dabei erhielt sie einen neuen 60-PS-Dieselmotor 4 KVD 14,5 vom VEB Dieselmotorenwerk Schönebeck und ein allseitig umschlossenes Führerhaus in normaler Größe. Über ein Rädergetriebe Bauart II und Rollenketten wurde die Motorkraft auf die beiden Achsen übertragen. Die als Kö 6004 bezeichnete Lokomotive war zunächst in Nauen eingesetzt und ab Mai 1961 in Dahme, wo sie vorrangig im Rangierdienst arbeitete. Nach der hier erfolgten Betriebseinstellung wurde sie im Raw Dessau abgestellt, dann aber überholt und im April 1967 an die Ballerstedt-Transport KG in Pretzien (Elbe) verkauft, wo sie unter der Nummer 6004 Kieszüge transportiert.
Eine Neubaulokomotive aus der volkseigenen Industrie ist die 1954 vom VEB Lokomotivbau „Karl Marx" Babelsberg gebaute Kö 6005. Der wassergekühlte Vierzylinderviertaktdieselmotor hat eine Nennleistung von 60 PS. Das Triebfahrzeug ist mit einem dreistufigen Rädergetriebe mit Reibungskupplungen ausgerüstet, mit dem Geschwindigkeiten von 4 km/h, 8 km/h und 15 km/h erreicht werden können. Der Antrieb der beiden Achsen erfolgt über eine mittig liegende Blindwelle und Kuppelstangen. Die Kö 6005 diente ausschließlich dem Rangierverkehr auf dem Schmalspurnetz der Insel Rügen.

Kö 6002 a	Kö 6004 c	Kö 6005 d	V36 4801/02 g	199007 e	Kö 6501/02 f	100905/07 h	199301 i
750 C	750 B	750 B	750 B'B'	750 C	1000 B	1000 C	1000 C
Schw 1937 FD 80	(Raw Dessau) (U. 1959)	LKM 1954 Ns 3	LKM 1961 V 36 K	LKM 1957 Ns 4	LKM 1953 Ns 3	LKM 1964 V10 C	LKM 1966 V 30 C
5200 1500 700 1900 2900	5210 1500 560 1180 2440 12	5520 1250 700 1850 2660 11	12100 8000 800 2250 3400 41,2	5340 1800 700 1720 2660 14,6	4200 1250 700 1850/2800 2660 11	5400 1800 700 1840 2730 16	8020 3100 900 2920 3520 30
20 4,1 6-Zyl-4-Takt 85 mech. Viergang- Rädergetr, Achsgetr. Kuppelstg.	20 4 KVD 14,5 60 1500 mech. Dreigang- Rädergetr. Rollen- ketten	15 2,9 4 KVD 14,5 60 1500 mech. Dreigang- Rädergetr. Blindwelle Kuppelstg.	30 12 6 KVD 18 2 × 180 1500 hydr. Hydr. Getr. GSR 12/3,7 Blindwelle Kuppelstg.	24 4,3 6 KVD 14,5 90 1500 mech. Viergang- Rädergetr. Blindwelle Kuppelstg.	15 2,9 6 KVD 14,5 60 1500 mech. Dreigang- Rädergetr. Blindwelle Kuppelstg.	24 4,9 6 KVD 14,5 102 1500 mech. Viergang- Rädergetr. Blindwelle Kuppelstg.	30 9,9 6 VD18/15-A1 330 1500 hydr. Hydr. Getr. GSU 20/4,2 Blindwelle Kuppelstg.
etwa 1964 ausgemust.	1967 ver- kauft	etwa 1970 ausgemust.	1963 ausgemust.	Einsatz Wilischthal	Einsatz Halle	Einsatz Cottbus	Einsatz Wernigerode

Als hier der Güterverkehr eingestellt wurde, wurde sie abgestellt, denn für den Zugdienst ist sie zu schwach.
Der jüngste Zugang bei der Deutschen Reichsbahn für die Spurweite von 750 mm ist die dreiachsige Diesellokomotive 199007, die auch aus dem VEB Lokomotivbau „Karl Marx" stammt. Ein wassergekühlter Sechszylinderdieselmotor von 90 PS ist mit einem vierstufigen Rädergetriebe gekuppelt. Diesem ist ein unter dem Führerstand befindliches Wendegetriebe nachgeschaltet, dessen Blindwelle über Kuppelstangen die im Außenrahmen gelagerten Achsen antreibt. Die Deutsche Reichsbahn kaufte diese Lokomotive von einem Industriebetrieb und setzte sie auf dem Bahnhof Wilischthal zur Anschlußbedienung ein.
Bei den Motorlokomotiven für 750 mm Spurweite darf ein Triebfahrzeug nicht unerwähnt bleiben, das für die Ablösung der Dampflokomotiven besonders im sächsischen Raum vorgesehen war. Im VEB Lokomotivbau „Karl Marx" Babelsberg entstand eine vierachsige dieselhydraulische Gelenklokomotive, zusammengesetzt aus zwei kurzgekuppelten Triebgestellen und einem in der Mitte angeordneten Führerhaus. Jedes der zweiachsigen Triebgestelle enthielt einen 180-PS-Dieselmotor 6 KVD 18, dem ein Strömungsgetriebe sowie das Wendegetriebe nachgeschaltet waren. Die beiden Radsätze jedes Drehgestelles erhielten ihren Antrieb über Kuppelstangen von der Blindwelle des Wendegetriebes. Die Höchstgeschwindigkeit betrug 30 km/h. Die Probefahrten mit den beiden Baumusterlokomotiven V 364801 und V 364802 begannen 1961 auf Strekken der Rbd Dresden. Da aber die zu hohe Achslast von 10,5 Mp den Einsatzbereich stark einschränkte und sich weiterhin viele konstruktive Mängel zeigten, wurde das Erprobungsprogramm 1962 abgebrochen und beide Lokomotiven 1963 in Zittau ausgemustert.
Auf den Strecken mit 1000 mm Spurweite erschien die erste Dielloko-

Bild 1.39 Zweiachsige Motorlokomotive mit Kuppelbäumen für den ausschließlichen Transport aufgebockter Regelspurwagen 1975 in Halle
(Lokomotive 199 004 – ex Kö 6502 – der Deutschen Reichsbahn) *Foto: Kieper*

motive auf dem Barther Netz. Ihre Betriebsnummer lautete Kö 6501. Im Jahre 1953 gebaut, entsprach sie mit 60 PS der Kö 6005. Im Mai 1965 erfolgte die Umsetzung zur Industriebahn Halle. Gleichzeitig erwarb die Deutsche Reichsbahn eine gleichartige Lokomotive, die sie als Kö 6502 einreihte. Bei der Kö 6501 hatten sich beim Schieben aufgebockter Regelspurwagen schlechte Sichtverhältnisse ergeben, da das Führerhaus mit 1700 mm sehr schmal war. Die Kö 6502 erhielt deshalb noch vor dem Einsatz ein 2800 mm breites Führerhaus, das dem der regelspurigen Kleinlokomotiven weitgehend ähnlich gestaltet wurde. Breiter ausgeführt ist außerdem das vordere Stirnblech und der Umlauf, auch erfolgte der Einbau einer Druckluftbremse (Bild 1.39). Beide Triebfahrzeuge besitzen statt der üblichen Mittelpuffer, Haken und Kette lediglich einen Kuppelbaum, der sich beim Nichtgebrauch hochklappen läßt. Da nur aufgebockte Regelspurwagen befördert werden, genügt diese Anordnung völlig den nicht hohen Anforderungen. Sie wurden in 100903/04 umgezeichnet.

Für die Weiterführung des Anschlußbetriebes der Spreewaldbahn Cottbus wurden zwei Diesellokomotiven beschafft, die zuvor in einem Industriebetrieb in Gotha tätig waren. Die als 100905 und 100906 eingereihten Maschinen stellen als Typ V 10 C die Weiterentwicklung des Typs Ns 4 dar. Zum Antrieb dient der luftgekühlte Dieselmotor 6 KVD 14,5 des VEB Dieselmotorenwerk Schönebeck mit einer Leistung von 102 PS. Zur Kraftübertragung wurde ein mechanisches Viergang-Zahnradgetriebe mit Wendegetriebe eingebaut, dessen Antrieb als Blindwelle gestaltet ist. Diese ist über Kuppelstangen mit den drei Radsätzen verbunden. Beide Lokomotiven sind mit einer Druckluftbremse ausgerüstet.

Die in Wernigerode beheimatete Diesellokomotive 199301 wurde 1966 vom VEB Lokomotivbau „Karl Marx" Babelsberg im Rahmen eines Großauftrages für die Indonesische Staatsbahn (Spurweite 1067 mm) als Erprobungslok hergestellt. Für die eingehenden Versuche, die auf der Harzquerbahn erfolgten, wurde diese Maschine in Meterspur ausgeführt.

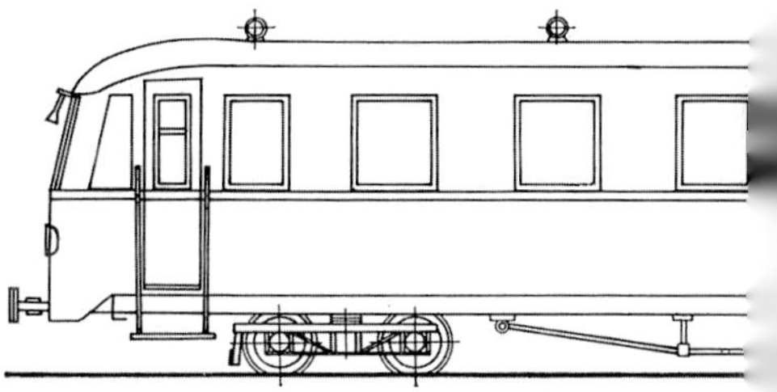

Bild 1.40 a

Nach der erfolgreichen Erprobung verblieb sie auf dieser Bahn und dient nun als Arbeitszug- bzw. Reservelok für die beiden im Rollbockverkehr eingesetzten Dampflokomotiven 99 6101 und 99 6102. Eingebaut wurde ein schnell laufender Sechszylinderdieselmotor mit 350 PS Leistung, der über ein Strömungsgetriebe und das nachfolgende Wendegetriebe mit Blindwelle und Kuppelstangen die Achsen antreibt. Die Blindwelle befindet sich zwischen der zweiten und dritten Achse. Entsprechend den Bedingungen auf der Harzquerbahn hat die Lok eine Vakuumbremse.

1.5.3. Triebwagen

Obwohl die ersten Eisenbahntriebwagen bereits um die Jahrhundertwende verkehrten, erschien auf den Schmalspurbahnen erst 1929 ein Triebwagen, und zwar auf der Gera-Wuitz-Mumsdorfer Eisenbahn. Genauer gesagt war es ein auf Schienen gesetzter Straßenomnibus, den die Linke-Hofmann-Busch-Werke AG in Werdau (Sa) anfertigten. Als reines Einrichtungsfahrzeug mußte es zu jedem Fahrtrichtungswechsel gedreht werden. Wie beim Straßenomnibus konnten die Fahrgäste nur auf der rechten Fahrzeugseite ein- und aussteigen. Zum Unterbringen von größerem Gepäck diente ein Dachgepäckträger. Dieser Schienenomnibus bewährte sich recht gut und wurde noch 1949 durch die Deutsche Reichsbahn übernommen; er erhielt die Bezeichnung VT 133 521. Kurz nach der Übernahme setzte man das Fahrzeug nach Barth um. Dort kam es kurzzeitig zwischen Barth und Ribnitz-Damgarten zum Einsatz und wurde nach langer Abstellzeit 1961 schließlich ausgemustert.

Einen kleinen zweiachsigen Triebwagen setzten 1933 die Gernrode-Harzgeroder Eisenbahn und 1936 die Nebenbahn Weimar—Großrudestedt ein. Diese Wagen gehören zu einer Serie, die die Firma Orenstein & Koppel in Zusammenarbeit mit der Waggonfabrik Gotha auch an andere Schmalspurbahnen auslieferte. Dieser Triebwagentyp besaß die übliche Fahrzeugkupplung, denn das Mitführen eines Beiwagens war vorgesehen. Lediglich der Wagen der GHE verkehrte wegen der starken Neigungen stets als Einzelfahrzeug und erhielt nur eine vereinfachte Notkupplung. Der Wagen gelangte auch in den Bestand der Deutschen Reichsbahn und erhielt die Betriebsnummer VT 133 522. Um ihn ständig im Reiseverkehr einsetzen zu können, war das Angebot von 34 Sitzplätzen jedoch zu gering; zweckmäßiger erschien die Umrüstung in einen Gerätewagen. Als solcher dient er noch heute auf seiner alten Stammstrecke zur Behebung von Havarien.

Einen Triebwagen erhielt 1934 auch die Spreewaldbahn (Bild 1.41). Bemerkenswert an diesem Fahrzeug waren die Trommelbremsen und 2 m lange Blattfedern. Der Triebwagen diente neben der Auflockerung des Reiseverkehrs (er hatte anfangs die Bezeichnung „Fliegender Spreewälder") vor allem dem Schülerverkehr. Obwohl eine Kupplungsvorrichtung vorhanden war, verkehrte er stets als Einzelfahrzeug. Bis zur Betriebseinstellung im Jahre 1970 gehörte der Wagen mit der Bezeichnung VT 133 523 zum einsatzfähigen Bestand der Spreewaldbahn.

Zwei Triebwagen mit charakteristischer Bauform waren seit 1939 bei den Prignitzer Kreiskleinbahnen im Einsatz (siehe Bild 2.69). Sie stammten aus einer Typenreihe der Waggonfabrik Wismar, die derartige Fahrzeuge seit 1932 in größerer Stückzahl mit geringen Unterschieden für Spurweiten von 750 mm bis 1 435 mm lieferte. Ausschlaggebend für diese Konstruktion war die Verwendung von Vergasermotoren und Viergangschaltgetrieben aus dem Lastkraftwagenbau. Die Motoren

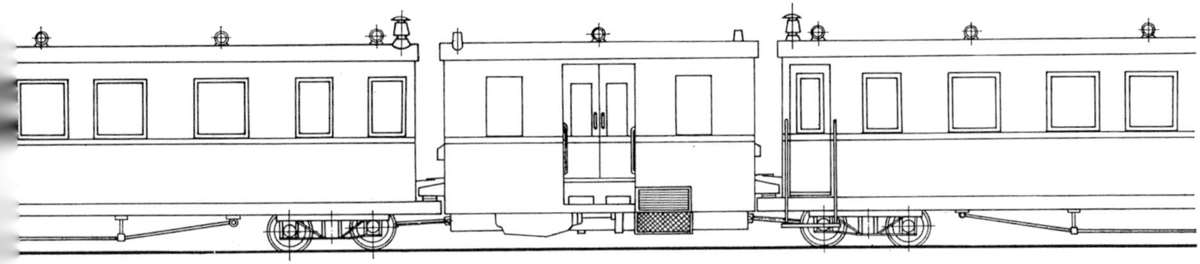

noch Bild 1.40
Schmalspurtriebwagen

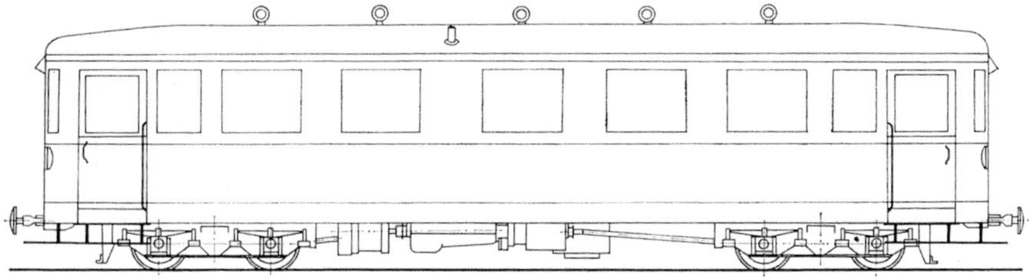

b

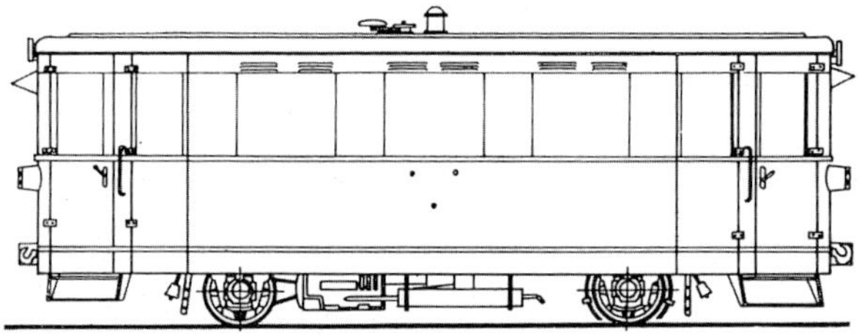

c

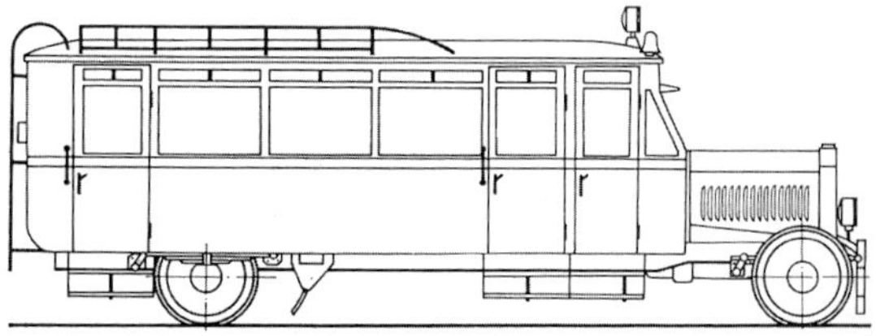

d

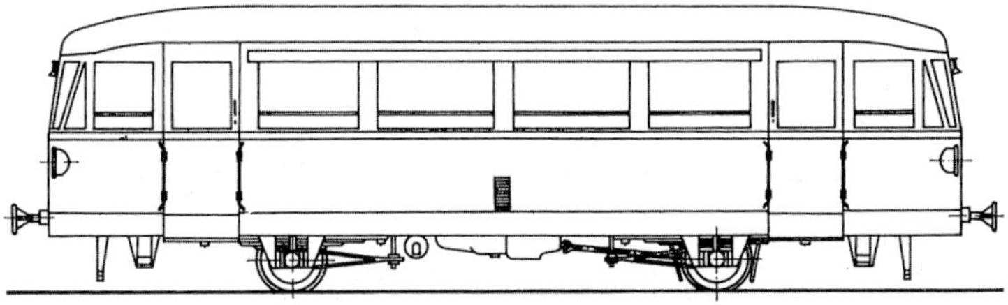

e

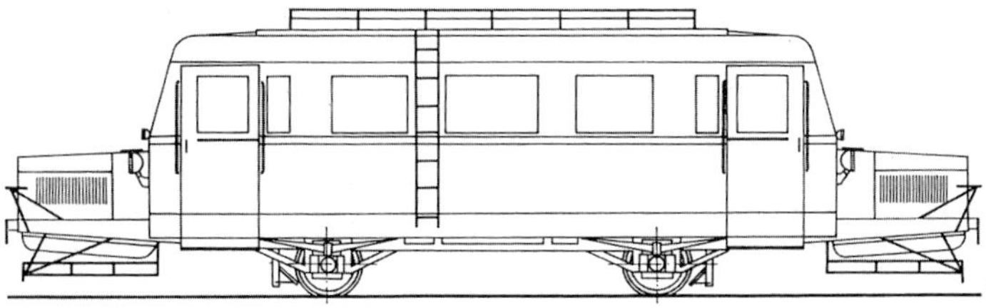

f

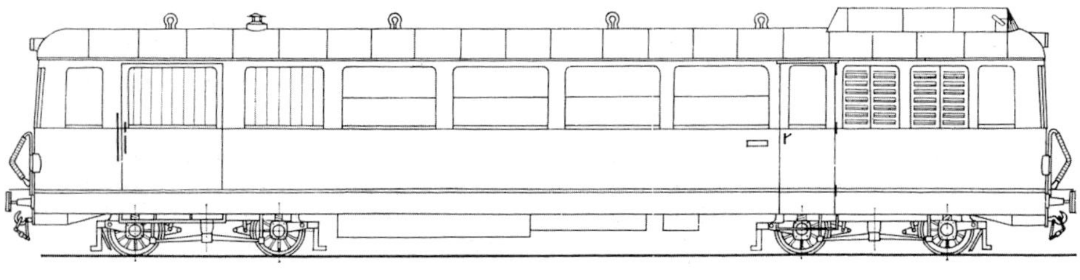

g

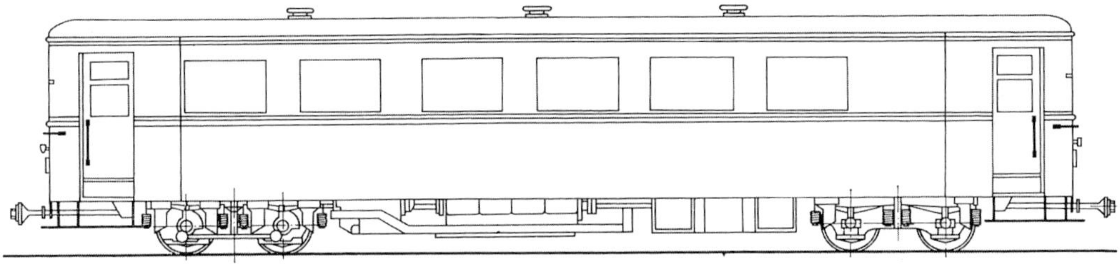

h

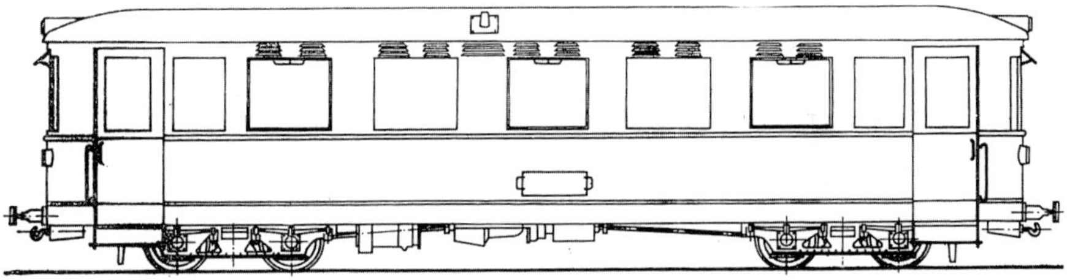

i

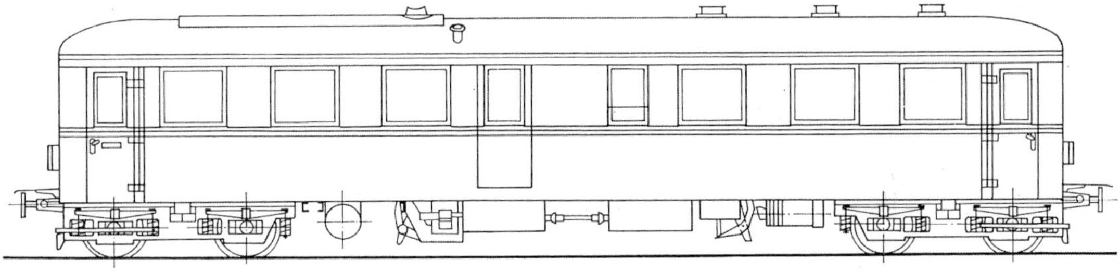

j

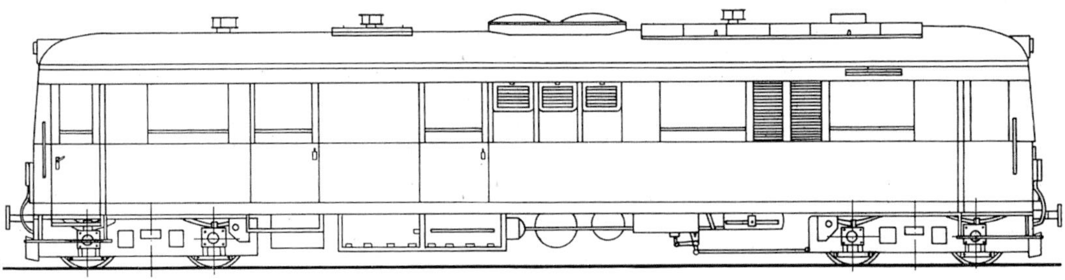

k

fanden ihren Platz in besonderen Vorbauten auf dem verlängerten Fahrzeugrahmen und trieben nur die nächstliegende Achse an. Gefahren wurde stets mit der in Fahrtrichtung vorn liegenden Antriebsanlage. Zur Erzielung einer guten Laufruhe dienten Gummielemente zwischen Radscheibe und Radreifen sowie zwischen Tragfederenden und Fahrzeugrahmen. Arteigen waren außer der auf dem Dach befindlichen Gepäckablage die neben den Vorbauten angebrachten Gitterroste mit Halterungen, so daß auch Fahrräder befördert werden konnten. Die untereinander gleichen Triebwagen mit der späteren Bezeichnung VT 133524 und VT 133525 wiesen hohe Laufleistungen auf. Während der VT 133525 bis zur Betriebseinstellung des Prignitzer Schmalspurnetzes im Einsatz war, mußte das andere Fahrzeug wegen Achsenbruchs bereits Mitte 1968 in Perleberg abgestellt werden.

Größere vierachsige Triebwagen fertigte die Waggonfabrik in Dessau für die ehemaligen Pommerschen Landesbahnen. So erhielten im Jahre 1937 die Rügenschen Kleinbahnen (siehe Bild 2.8), die Greifswald-Jarmener Kleinbahn und die Kleinbahn Casekow—Penkun je einen Triebwagen, während zwei ähnliche Fahrzeuge an die Franzburger Kreisbahnen geliefert wurden (1935 bzw. 1939). Die Wagen für die Meterspur (siehe Bild 2.18) waren bei gleichem Gesamtaufbau etwas länger und breiter. Im planmäßigen Einsatz konnten bis zu zwei Beiwagen mit insgesamt sechs Achsen mitgeführt werden. In den Bestand der Deutschen Reichsbahn kamen nur die beiden meterspurigen Triebwagen (VT 137531 und VT 137532).

Bei den Franzburger Kreisbahnen wurden neben den beiden dieselmechanischen noch drei dieselelektrische Triebwagen eingesetzt. Sie gelangten während des zweiten Weltkrieges dorthin und wurden 1939 von der Brissenneau & Lotz, Frankreich, gebaut. Der Dieselmotor war zusammen mit dem Generator in einem besonderen Maschinenraum an einem Wagenende untergebracht. Das Drehgestell am anderen Wagenende enthielt die beiden Tatzlagermotoren. Diese Triebwagen bekamen ab 1950 die Betriebsnummer VT 137562 bis VT 137564.

Tabelle 1.8 Technische Daten der Triebwagen

Betriebsnummer		VT 133 524/525	T 1	VT 137 322
Bild 1.40		f	b	h
urspr. Einsatzgebiet		Prignitz	Rü KB	Zittau
Spurweite	mm	750	750	750
Achsfolge		A 1	(1 A) (A 1)	B'2'
Hersteller		Wis	Dess	Bau
Baujahr		1939	1936	1938
Länge über Mittelpuffer	mm	10250	12650	14860
Achsstand/Drehzapfenabstand	mm	3500	8900	10300
Drehgestellachsstand	mm	—	1400	1300
Raddurchmesser	mm	700	650	
Fahrzeugbreite	mm	2300	2250	2030
Fahrzeughöhe	mm	2850	2925	3200
Fahrzeugmasse	t	6,5	etwa 12,5	21
Höchstgeschwindigkeit	km/h	45		60
Sitzplätze		34	36	34
Dieselmotor		Garant 32	OM 79	Vomag
Leistung	PS	47	95	180
Kraftübertragungsart		mech.	hydr.	hydr.
Getriebebauart		LKW-Getr.	Mylius	Voith
Art des Achsantriebes		Kardanw.	Kardanw.	Kardanw. u. Kuppelstg.
Verbleib des Triebwagens		1968/96 ausgemust.	1942/45 als T 2 bei GJK	1964 abgestellt

¹) Trieb-/Laufgestell bzw. Radsatz ²) Länge über Rahmen

Da bei den VT 137564 und VT 137531 die Maschinenanlagen schadhaft wurden und keine Dringlichkeit für den Einsatz von fünf Triebwagen bestand, baute man diese Triebwagen zu Beiwagen um und setzte sie dann als VB 147561 bzw. VB 147562 ein. Bei Einstellung des Betriebes am 4. Januar 1971 waren die drei verbliebenen Triebwagen noch einsatzfähig. Während 1974 der VT 137532 an die Museumseisenbahn Bruchhausen-Vilsen (BRD) verkauft wurde, verblieben die beiden dieselelektrischen Triebwagen abgestellt in Barth, da sich kein Einsatzgebiet fand.

Als die Nordhausen-Wernigeroder Eisenbahn den ersten Triebwagen bestellte, erhob sie hinsichtlich der Leistungen erhebliche Forderungen. Das Programm sah den Einsatz auf der Brockenstrecke mit ihren ununterbrochenen Neigungen und vielen engen Gleisbogen vor; zudem erforderte der Reiseverkehr das Mitführen von drei bis vier Personenwagen. Aufgrund dieses Programms entstand ein dieselelektrischer Triebwagen. Die Größe der Maschinenanlage – der 400-PS-Dieselmotor war stehend angeordnet – einschließ-

VT 137600 a	VT 133521 d	187001 c	VT 133 523 e	VT 137531 i	VT 137561 j	VT 137562 g	185025 k
Freital	GMWE	GHE	Spree	FKB Nord	NWE	FKB Nord	NWE
750	1000	1000	1000	1000	1000	1000	1000
2′ (1A)′ (A1)′ 2′	1A	A 1	A 1	(1A)′ (A1)′	Bo′ Bo′	Bo′2′	Bo′Bo′
Lett	Wer	Dess	Tal	Dess	MAN	Brill	Wis
U. 1944	1929	1933	1934	1935	1936	1939	1940
34000	7790[2])	8700	10600	12960	15600	13900	15600
28290	5700	4000	4500	8900	13000	10590	13000
1270/1250[1])	—	—	—	1400	1900	1880	1900
700/600[1])	900	700	700	700	800	700	800
2250		2600	2550	2600	2700	2360	2650
3095	2720	3165	3160	3270	3800	3220	3520
39		8,0	12,7	13,4	35,5	20,4	34,5
30	35	40	55	60	60	60	60
36	38	—	36	50	23	32	—
6 KVD	Vomag	EM4-20	4 KVD 14,5	OM 67	MAN	A6M 517	MAN
2 × 75	60	70	70	105	420	150	470
mech.	mech.	mech.	mech.	elektr.	elektr.	elektr.	elektr.
Mylius	KOM-Getr.	Mylius	Mylius	Malius	—	—	—
Kardanw.	Kardanw.	Kardanw.	Kardanw.	Kardanw.	Tatzl.-Mot.	Tatzl.-Mot.	Tatzl.-Mot.
1965 ausgemust.	1962 ausgemust.	Gernrode (Gerätew.)	1970 ausgemust.	1971 abgestellt	1965 ausgemust.	1971 abgestellt	Wernigerode (Gerätew.)

Bild 1.41 Zweiachsiger Triebwagen für 1000 mm Spurweite im Mai 1966 in Straupitz (VT 133 523 der ehemaligen Spreewaldbahn) *Foto: Kieper*

Bild 1.42
Dreiteiliger Schmalspurtriebwagen VT 137 600 1965 in Burg
Foto: Kieper

lich des dazugehörigen Kühlaggregates beanspruchte knapp die Hälfte des gesamten Wagenkastens, und da für die Zugheizung noch ein ölgefeuerter Heizkessel eingebaut wurde, verblieb nur noch Raum für 23 Sitzplätze. Der Wagen wurde ab 1936 als T 1 eingesetzt. Bei den nächsten zwei Triebwagen T 2 und T 3, die 1940 von der Waggonfabrik Wismar geliefert wurden, blieb die maschinelle Ausrüstung im wesentlichen gleich, jedoch verzichtete man auf die wenigen Sitzplätze und richtete dafür ein Gepäckabteil mit einem Platz für den Zugführer ein. Bei allen drei Triebwagen waren die Drehgestelle weit nach außen gerückt, so daß an diesen der Mittelpuffer mit der Zugvorrichtung angebracht werden konnte. Zu den Personenwagen bestand eine Übergangsmöglichkeit. Der erfolgversprechende Einsatz dieser zugkräftigen Schlepptriebwagen kam jedoch durch den zweiten Weltkrieg und die damit verbundene Treibstoffbewirtschaftung nicht mehr zur Geltung. 1949 gingen die Triebwagen T 1 bis T 3 in den Bestand der Deutschen Reichsbahn über und erhielten die Bezeichnungen VT 137561, VT 137565 und VT 137566. Mit dem Einsatz der 700-PS-Neubau-Lokomotiven und durch die inzwischen eingetretenen Verschleißerscheinungen an Wagenkästen und Maschinenanlagen war eine regelmäßige Verwendung auf der Harzquerbahn nicht mehr gerechtfertigt. Der VT 137561 wurde 1962 zur Spreewaldbahn umgesetzt, wo er noch bis zum Herbst 1963 im Personenzugdienst diente, jedoch nur als Schlepptriebwagen, um dann endgültig abgestellt zu werden. Während der VT 137565 im Jahre 1965 ausgemustert wurde, rüstete man den VT 137566 in einen Gerätewagen um. Er ist weiterhin in Wernigerode beheimatet.

Zwei vierachsige benzolelektrische Triebwagen erschienen während des Krieges auf der Nebenbahn Weimar—Großrudestedt. Sie stammten von der Köln-Bonner Eisenbahn, die den letzten meterspurigen Teilabschnitt umbaute und seit dem 7. Oktober 1934 regelspurig betrieb. In Weimar waren beide Wagen erst längere Zeit abgestellt, ehe einer 1943 aufgearbeitet und als Triebwagen eingesetzt wurde; der andere diente nach Ausbau der Antriebsanlagen als Personenwagen. Der Triebwagen gehörte 1946 mit zu den Reparationsleistungen, während der als Personenwagen hergerichtete Triebwagen, nach Umbau auf Regelspur, weiter im Einsatz blieb.

Alle bisher erwähnten Triebwagen waren Anschaffungen ehemaliger Privatbahnen. Aber auch die Deutsche Reichsbahn ließ 1938 von der Waggonfabrik Bautzen vier Triebwagen bauen, die für die vom Urlauberverkehr stark belastete Strecke Zittau nach Oybin bzw. Jonsdorf vorgesehen waren. Sowohl für den Wagenkasten als auch für die Drehgestelle wählte man geschweißte Leichtbaukonstruktionen. Da wegen der beengten Platzverhältnisse nur die erste Achse eines Drehgestelles von der Maschinenanlage angetrieben werden konnte, verwendete man zum Antrieb der anderen Achse außenliegende Kuppelstangen. Die Triebwagen mit den Betriebsnummern VT 137322 bis VT 137325 sind nach zwei verschiedenen Grundrissen erbaut worden. Die Wagen 322 und 324 hatten nur Sitzplätze, während die beiden anderen Wagen außerdem noch ein Traglastenabteil besaßen. Unter Verwendung

einer bewährten Vielfachsteuerung sowie der automatischen Scharfenberg-Kupplung mit Kontakten für die Steuerleitungen konnten die Fahrzeuge im Zugverband eingesetzt werden. Durch die Kriegsereignisse verblieb nur der VT 137322 im Bestand der Deutschen Reichsbahn. Für seinen Einsatz rüstete man einige Personenwagen zu Beiwagen um, die auch den typischen Anstrich (weinrot/creme) erhielten. Wegen eines Schadens am Getriebe mußte dieser Triebwagen 1969 abgestellt werden.
Nach dem zweiten Weltkrieg tauchten plötzlich im sächsischen Raum drei mehrteilige Triebwagenzüge für 750 mm Spurweite auf, die aber wegen mehrerer Schäden nicht einsatzfähig waren. Hergestellt waren sie Anfang der vierziger Jahre in der Hauptwerkstatt der ehemaligen lettischen Staatsbahn in Riga. Man hatte jeweils zwei altbrauchbare vierachsige Personenwagen durch ein achsloses Mittelteil verbunden, das sich auf beide Wagen abstützte. Im Mittelteil befanden sich die beiden Antriebsanlagen, ein Gepäckabteil sowie ein Platz für den Zugführer. Jede Antriebsanlage trieb die nächstliegende Achse eines der beiden inneren Drehgestelle an. Durch die Abmessungen der Achsgetriebe waren die Räder der Treibachsen im Durchmesser größer als die der Laufachsen. Aus den schadhaften Triebwagenteilen wurde im Bahnbetriebswerk Dresden-Pieschen ein Triebwagen wieder aufgebaut. Er verkehrte ab August 1951 auf dem Streckennetz um Wilsdruff mit der Bezeichnung VT 137600 als Solofahrzeug ohne Kupplungsmöglichkeit. 1954 gelangte er zur Strecke Zittau—Oybin/Jonsdorf. Hier wie auch in Wilsdruff zeigte sich, daß der Triebwagen für neigungsreiche Strecken wenig geeignet und dadurch sehr reparaturanfällig war. Auch störte die geringe Zahl von Einstiegmöglichkeiten und die schwach bemessene Motorleistung, die nur eine Höchstgeschwindigkeit von 30 km/h erlaubte. 1957 versuchte man, dieses Fahrzeug auf dem Rügenschen Schmalspurnetz einzusetzen. Nach einer Entgleisung kam es 1958 in das Ausbesserungswerk Wittenberge. Hier erhielt jeder Einzelwagen je Seite drei Einstiege, die Motoren wurden getauscht und die Heizung verändert. Bereits vorher erfolgte der Umbau der Bremse, und die ursprünglich vorhandene Kupplungsmöglichkeit wurde wieder hergestellt. Trotzdem kam der Triebwagen in Putbus über einige Probefahrten nicht hinaus und stand meist wegen Schäden an Achsen und Getriebe abgestellt. Auch beim versuchsweisen Einsatz auf dem Prignitzer Schmalspurnetz ab Juli 1962 blieb es nur bei Einzelfahrten, weshalb er 1963 nach Burg gelangte (Bild 1.42). Wegen mehrerer Entgleisungen kam es auch hier nicht zum planmäßigen Einsatz. Bis zur Ausmusterung im Jahre 1965 blieb dieses im Aufbau interessante Fahrzeug abgestellt.

1.6. Wagen

1.6.0. Allgemeines und Kennzeichnung

Die Wagen sind grundsätzlich den technischen und verkehrlichen Gegebenheiten der Schmalspurbahnen angepaßt. Die Länge der Wagen, ihre Breite und Höhe folgen der Spurweite, den zur Verfügung stehenden Profilen und freien Räumen und den zu durchfahrenden Halbmessern. Bei einigen Bahnen ergeben sich beim Bau der Wagen zusätzliche Einschränkungen durch besondere Verhältnisse oder die Zweckbestimmung der Bahn.

Die Kennzeichnung der Wagen erfolgte bei den Privatbahnen in der Regel durch eine laufende Numerierung der Wagen. Die Wagen der Staatsbahnen wurden mit speziellen Nummernreihen ihrer Heimatbezirke versehen und erhielten mit Übernahme durch die Deutsche Reichsbahn einheitliche Buchstabenkennzeichnung (Tabelle 1.9).
Mit Übernahme aller Bahnen in die Betriebsführung der Deutschen Reichsbahn im Jahre 1949 wurden die Buchstabenkennzeichnungen für Güterwagen beibehalten, die Buchstabenkennzeichnungen für Reise-

Tabelle 1.9 Gattungszeichen der DR

Personen-, Gepäck- und Postwagen	Hauptgattungszeichen		
	B	=	Personenwagen 2. Klasse
	C	=	Personenwagen 3. Klasse
	BC	=	Personenwagen 2./3. Klasse
	Pw	=	Gepäckwagen
	Post	=	Postwagen
	Zusätze zu den Hauptgattungszeichen		
	Achszahl	=	nur bei mehr als 2 Radsätzen
	i	=	Wagen mit Durchgang und offenen Übergangsbrücken
	Beispiele: C, BC4i, Bi, PwPost4		
Güterwagen	Hauptgattungszeichen		
	G	=	2- oder 3achsiger gedeckter Güterwagen
	GG	=	4achsiger gedeckter Güterwagen
	O	=	2achsiger offener Güterwagen
	OO	=	4achsiger offener Güterwagen
	R	=	2achsiger Rungenwagen
	RR	=	4achsiger Rungenwagen
	SS	=	4achsiger Schienenwagen
	H	=	2achsiger Schemelwagen
	HH	=	4achsiger Schemelwagen
	K	=	Klappdeckelwagen
	Nebengattungszeichen		
	k	=	(Schienenwagen) unter 15 m Ladelänge
	l	=	großräumiger Wagen
	m	=	Wagen mit 20 t Ladegewicht
	n	=	Wagen mit Druckluftbremse oder Druckluftleitung
	p	=	Wagen mit mindestens 15 t Ladegewicht
	t	=	Selbstentlader
	w	=	Ladegewicht unter 15 t bei 2achsigen und unter 30 t bei 4achsigen Wagen

zugwagen jedoch geringfügig umgestellt. Die Angaben hierzu enthält Tabelle 1.10.

Alle Schmalspurwagen tragen nunmehr auch eine einheitliche Nummernkennzeichnung. Sie wird allerdings trotz Einführung der EDV-Kennzeichnung im Bereich der Regelspur in der bisher praktizierten Form weitergeführt und ist auch für Neubaufahrzeuge noch ergänzungsfähig (Tabelle 1.11).

1.6.1. Reisezugwagen

Zu den Reisezugwagen zählen Sitz-, Liege-, Schlaf-, Speise-, Gepäck- und Bahnpost- sowie Salonwagen. Schmalspurbahnen führten meist nur Sitz- und Gepäckwagen, vereinzelt Salonwagen, häufiger aber kombinierte Wagen.

Die Reisezugwagen wurden in den Entstehungsjahren der Schmalspurbahnen zweiachsig gebaut. Erst um die Jahrhundertwende begann der Trend zum Bau vierachsiger Wagen. Die Konstruktion der Wagen erfolgte sehr unterschiedlich und richtete sich nach den Prinzipien der verschiedenen Herstellerfirmen. Die Entwicklungsrichtungen zeigen sich deutlich im äußeren Aussehen der Wagen.

Bereits in den Anfängen wurden stählerne Untergestelle verwendet. Auf den Langträgern wurden Hartholzbohlen angebracht, die den gesamten hölzernen Wagenkastenaufbau tragen. Die äußere Verkleidung bestand ebenfalls aus Holz, wurde aber von verschiedenen Herstellern bereits durch Blech ersetzt.

Die Wagen hatten Gleitachslager und Blatttragfedern, die zumeist über ovale Schaken mit dem Untergestell verbunden waren.

Bei den vierachsigen Wagen reichten die Bauformen vom reinen hölzernen Wagenkasten über den hölzernen Wagenkasten mit Blechverkleidung bis zum Ganzstahlwagen, der dem Einheitswagen der Deutschen Reichsbahn-Gesellschaft aus den zwanziger Jahren sehr ähnlich sieht. Wagen älterer Bauarten besaßen Tonnendächer oder Dächer mit Oberlichtaufbau. Neuere Wagen hingegen gibt es ausschließlich ohne Oberlichtaufbau.

Die Drehgestelle sind in der Regel genietete Flachrahmendrehgestelle mit einer Abfederung über Blatttragfedern oder über Schraubentragfedern.

Einige Drehgestellbauarten sind bereits mit Wiegenträgern und einer zusätzlichen Wiegenfederung ver-

Tabelle 1.10
Gattungszeichen für Personen- und Gepäckwagen der Schmalspurbahnen nach 1945

Hauptgattungszeichen	
KA	= Personenwagen 1. Klasse
KB	= Personenwagen 2. Klasse
KD	= Gepäckwagen
Zusätze zu den Hauptgattungszeichen	
tr	= Abteil für Traglasten
i	= Wagen mit Durchgang und offenen Übergängen
Achszahl	= nur bei mehr als 2 Radsätzen

Beispiele: KB 4, KA 4, KBtr, KBD 4

sehen. Sie entsprechen damit hinsichtlich ihrer Laufgüte den im Regelspurbereich gebräuchlichen Bauarten. Zur besseren Kraftübertragung sind bei einzelnen Bauarten gelegentlich Ausgleichhebel zwischen Feder, Schake und Federaufhängung eingebaut.
Sonderkonstruktionen sind im schmalspurigen Bereich häufig anzutreffen und zeigen oft interessante technische Lösungen, wie die für die ersten Wagen der Nordhausen-Wernigeröder Eisenbahn verwendeten Drehgestelle (Bild 1.43). Deutlich erkennbar ist hier die Achsaufhängung durch unter den Lagern angeordnete Blatttragfedern.

Tabelle 1.11 Kennzeichnung der Schmalspurwagen ab 1963

Reisezugwagen

Stammnummer	Spurweite	Achszahl	Bauart
960	600 mm	4	Durchgangswagen
964		4	Gepäckwagen
970	750 mm	4	Durchgangswagen
971		2	Durchgangswagen
972		4	Durchgangswagen
973		4	Gepäckwagen
974		4	Gepäckwagen
975		2	Gepäckwagen
976		4	Gepäckwagen mit Postabteil
979		4	Gepäckwagen mit Postabteil
990	900 mm	4	Durchgangswagen
996		4	Gepäckwagen und Gepäckwagen mit Postabteil
900	1000 mm	4	Durchgangswagen
901		2	Durchgangswagen
903		2	Gepäckwagen mit Postabteil
904		4	Gepäckwagen
905		2	Gepäckwagen mit Postabteil
906			Gepäckwagen mit Postabteil
907		2	Gepäckwagen mit Postabteil

Die Ordnungsmummer ist dreistellig und beginnt bei Wagen der 1. Klasse mit 0.

Beispiel: KA 4 970—003

Güterwagen und Rollfahrzeuge

Gattungsnummer	Spurweite	Rbd
96—	600 mm	Greifswald
97—01— bis 97—73—	750 mm	Cottbus, Dresden
97—38—		Erfurt
97—40— bis 97—94—		Greifswald
97—50— bis 97—59—		Schwerin
97—60— bis 97—69—		Magdeburg
97—70— bis 97—76—		Berlin
97—77—		Greifswald
98—	900 mm	Schwerin
99—01— bis 99—19—	1000 mm	Magdeburg
99—20— bis 99—29—		Erfurt
99—30— bis 99—39—		Greifswald
99—40— bis 99—49—		Dresden
99—50— bis 99—59—		Cottbus
99—60— bis 99—69—		Erfurt
99—70— bis 99—97—		Magdeburg
99—80—		Halle

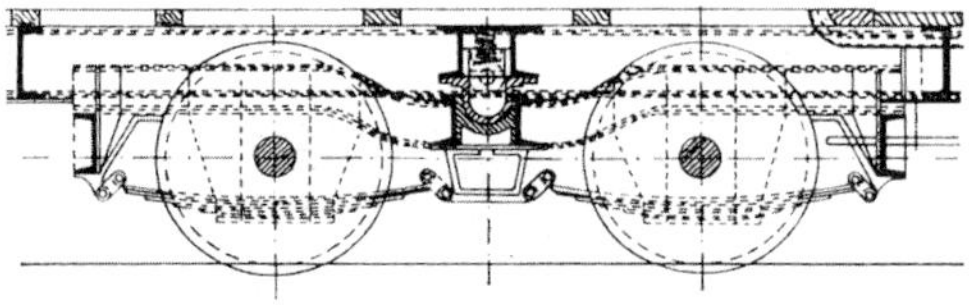

Bild 1.43
Schematische Darstellung des Drehgestells eines 1899 für die Nordhausen-Wernigeroder Eisenbahn gebauten Personenwagens

Der Achsstand in den Drehgestellen beträgt je nach Spurweite und Ausführungsform zwischen etwa 600 mm und 1450 mm bei einem Laufkreisdurchmesser der Räder von etwa 450 mm bis 650 mm.

Je nach Wunsch der Auftraggeber wurden die Reisezugwagen mit den verschiedensten, meist einfachen Einrichtungen ausgeliefert. Dies beginnt bei Wagen mit und ohne Toiletteneinrichtung und erstreckt sich über unterschiedliche Ausstattungen in den vier Wagenklassen bis zu bestimmten Forderungen an die technischen Einrichtungen.

Die 4. Klasse wurde in der Regel mit längs zu den Seitenwänden angeordneten Bretterbänken ausgerüstet. In der 3. Klasse wurden die den Körperformen angepaßten Lattenbänke bevorzugt. Die 2. Klasse wies Polstersitze in unterschiedlichen bequemen Ausführungen auf (Bild 1.44).

Seltener war die 1. Klasse, die sich aber nicht wesentlich von den Ausführungen der 2. Klasse unterschied. Zu den Ausnahmen gehörten Salonabteile und Salonwagen bei einzelnen Bahnen.

Die Aufteilung der Wagen in Fahrgast- und Gepäckabteil oder in Gepäck- und Postabteil wurde häufig praktiziert und erwies sich insbesondere auf Bahnen mit geringem Personenverkehrsaufkommen als vorteilhaft (Bild 1.45).

Bild 1.44
Abteil der 2. Wagenklasse eines Wagens der Nordhausen-Wernigeroder Eisenbahn (um 1900)

Bild 1.45
Kombination von Fahrgastabteil und Gepäckabteil eines 1909 gebauten Wagens der Spreewaldbahn
Foto: Kieper

Bild 1.46
Leichter zweiachsiger offener Wagen der Jüterbog-Luckenwalder Kreisbahn
Foto: Ministerium für Verkehrswesen, Hv W

Das Wagenäußere ist nicht nur durch die Dachform und die Art der Kastenverkleidung gekennzeichnet, sondern auch durch die Anordnung der Fenster. Ausgehend vom Bedürfnis nach möglichst sparsamer Gestaltung finden sich in den Wagen der 3. und 4. Klasse oft schmale Fenster, die zudem noch in verhältnismäßig großen Abständen in die Seitenwände eingelassen sind. Die Ausführung reicht weiter vom Doppelfenster der 1. und 2. Klasse über Fenster mit unterschiedlicher Breite und verschiedener Bauart (Holz- oder Metallrahmen) bis zum breiten Aussichtsfenster.
Die Einstiege der Reisezugwagen sind vorwiegend stirnseitig angeordnet, so daß der Zutritt zu den Abteilen nur über Plattformen erfolgen kann. Nur bei wenigen Bauarten finden wir an den Wagenlängsseiten angeordnete Abteiltüren.

1.6.2. Güterwagen

Die Güterwagen entsprechen in ihrer Grundkonzeption denen der regelspurigen Bahnen. In den ersten Betriebsjahren der Schmalspurbahnen waren die zweiachsigen Güterwagen vorherrschend. Sie besaßen nur eine geringe Tragfähigkeit, boten aber den Vorteil geringer Achslast und erforderten damit nur einen leichten Oberbau.
Die zweiachsigen Wagen besitzen einen Achsstand bis höchstens 4 m und eine Tragfähigkeit zwischen 2,5 t und 10 t (Bild 1.46).
Die vierachsigen Wagen weisen eine entsprechend höhere Tragfähigkeit auf und besitzen entweder genietete Flachrahmendrehgestelle oder die vielfach wegen ihrer leichten Bauart verwendeten Diamonddrehgestelle.
Die Abfederung der Drehgestelle erfolgt nur über Blatttragfedern oder über Schraubentragfedern.
Die Bahnen, die Güterzüge ohne selbsttätig wirkende durchgehende Bremse beförderten, besaßen einen hohen Anteil von Wagen mit Bremsersitzen (Bild 1.47) sowie Wagen mit Plattformen und Spindelbremse. Teilweise wurden gedeckte Wagen gebaut, die zwei Plattformen aufwiesen und den Zutritt zum Lade-

Bild 1.47 Wagen mit Bremsersitz der GHE (1907)
Werkfoto: Sammlung Preuß

Bild 1.48 Spezialwagen der MPSB
Foto: Kieper

raum von den Bühnen aus gestatteten (sogenannte Fakultativwagen für Personen- oder Güterverkehr).

1.6.3. Spezialwagen

Die Palette der Spezialwagen reicht vom Schneepflug über Profilmeßwagen bis zu Wagen für die Beförderung von Milch, Wasser oder Jauche. Drehschemelwagen und Selbstentladewagen sind ebenso auf den verschiedenen Bahnen zu finden wie die gebräuchlichen offenen, gedeckten und flachen Wagen (Bild 1.48).

Der zunehmende Güterumschlag von den Regelspurbahnen zur Schmalspurbahn und umgekehrt führte zur Entwicklung von Rollfahrzeugen, die sich als schmalspurige Spezialwagen zur Beförderung von regelspurigen Wagen unterteilen lassen in Rollböcke und Rollwagen.

Rollböcke wurden erstmals in Forst, später in Reichenbach und auf anderen Bahnen verwendet. Durch die unterschiedliche Beschaffung gibt es die verschiedensten Ausführungen und Abmessungen. Das Prinzip ihres Aufbaues und ihrer Verwendung wiederholt sich jedoch:

Auf die Tragklauen eines zweiachsigen ungefederten Schmalspurgestells (Rollbock) wird jeweils eine Achse des zu befördernden zweiachsigen Regelspurwagens gesetzt. Die Befestigung der Achse erfolgt

Bild 1.49
Rollbock
in der Spurwechselgrube
Foto: Preuß

Bild 1.50
Beladener Rollbock
vor dem Abziehen
aus der Spurwechselanlage
Foto: Kieper

durch zwei Gabeln, die hochgeklappt werden und die Achse umfassen. Die Übernahme der Wagen erfolgt in einer Spurwechselgrube (Bilder 1.49 und 1.50).
Zwischen dem Regelspurgleis ist das Schmalspurgleis so abgesenkt, daß der Rollbock unter den Wagen gefahren werden kann. Nach dem Aufrichten der Gabeln werden die Rollböcke mit dem Wagen langsam aus der Spurwechselgrube herausgezogen, die Tragklauen der Rollböcke beginnen die Last des Wagens zu tragen.
Die Verbindung der Rollbockgruppen untereinander erfolgt durch die Kupplungen der Regelspurwagen oder Kuppelstangen, die Verbindung zur Lokomotive über Zwischenwagen.
Als Rollwagen werden schmalspurige Untersetzwagen bezeichnet, die einen zweiachsigen Regelspurwagen oder je ein Drehgestell eines vierachsigen Wagens aufnehmen können. Die Rollwagen bestehen aus einer Rahmenkonstruktion mit zwischen den äußeren Langträgern liegenden Drehgestellen. Sie werden in den verschiedensten Bauformen und üblichen Baulängen zwischen 5500 mm und 9000 mm verwendet.
An einer niedrigen Rampe werden die Rollwagen mit den Regelspurwagen beladen (Bild 1.53). Beim Beladen mehrerer Rollwagen werden sie unmittelbar hintereinandergeschoben an die Rampe gestellt und durch Klammern miteinander verbunden, so daß sie gleichsam eine Verlängerung des Regelspurgleises darstellen und das Überfahren mehrerer Rollwagen durch einen Regel-

Bild 1.51 Niedriger regelspuriger Transportwagen (Truck) zur Beförderung von Betriebsmitteln der schmalspurigen KGW vor der Auslieferung in Görlitz (1902)
Werkfoto: Sammlung Preuß

Bild 1.52 Hoher regelspuriger Transportwagen in Wernigerode mit einem Zwischenwagen der Harzquerbahn (1969)
Foto: Preuß

Bild 1.53 Spurwechselanlage für Rollwagen. Der Rollwagen wird zur Übernahme des Regelspurwagens vorbereitet. Deutlich sind die zahnstangenartigen Segmente zur Sicherung der Radvorleger unterhalb der Fahrbühne zu erkennen
Foto: Rbd Dresden

spurwagen möglich wird. Nach der Beladung werden die Rollwagen auseinandergezogen und durch Kuppelstangen miteinander verbunden.
Zur Zugbildung werden Bremsleitungen an die Kuppelstangen und die Kuppelstangen selbst mit Hilfe von Ketten in die unbenutzten Zughaken der Regelspurwagen eingehängt.

Die Rollwagen weisen eine mehrfache Sicherung für die Befestigung der Wagen auf. Neben der Fahrbühne werden Laufschienen geführt, auf denen sich hochklappbare Radvorleger befinden. Die Sicherung der Radvorleger kann außerdem je nach Bauart der Rollwagen durch zahnstangenartige Segmente neben der Laufschiene erfolgen oder durch einfache Einsteckverbindungen, für die die Löcher auf der Fahrbühne der Rollwagen vorhanden sind, vorgenommen werden (Bild 1.54).
Eine weitere Sicherung der Achsen des Regelspurwagens erfolgt durch Spannketten von der Stirnseite der Rollwagen aus.
Zur Beförderung schwerer Regelspurwagen mit hohen Achsdrücken wurden Rollwagen mit dreiachsigen Drehgestellen gebaut, die sich je-

Bild 1.54
Rollfahrzeuge der Strecke Eisfeld–Schönbrunn. Die Sicherung der Radvorleger erfolgt durch die Bohrungen auf der Fahrbühnenebene
Foto: Ministerium für Verkehrswesen, Hv W

doch nicht bewährten. Sie sind zu Rollwagen mit zweiachsigen Drehgestellen umgebaut worden. Rollwagen können mit anderen Schmalspurwagen in gemischter Zugbildung befördert werden. [70]

1.7. Einrichtungen an Fahrzeugen

1.7.1. Zug- und Stoßeinrichtungen

Wie bei der Entwicklung der Fahrzeugformen allgemein haben auch bei der Konstruktion und der Entwicklung der Zug- und Stoßeinrichtungen die entsprechenden Einrichtungen an regelspurigen Wagen Pate gestanden.
Der beengte freie Raum zwang bei niedrigen Zug- und Stoßebenen ebenso zu besonderen Konstruktionen wie die kleinen zu durchfahrenden Kurvenradien. In der Mehrzahl wurden Kombinationen aus Zug- und Stoßeinrichtungen verwendet. Alle Systeme weisen das Mittelpufferprinzip auf.
Die einfachste Kupplungsform der Fahrzeuge ist die Verbindung mit Zugeisen (Trichterkupplung). Sie besteht aus einem hinter dem Kopfträger der Fahrzeuge verschraubten Puffer, der durch eine Kegelfeder gedämpft wird. Der Puffer besitzt in seinem Teller eine große Öffnung, in die ein Zugeisen eingesetzt und bei den hier beschriebenen Bahnen durch einen nach oben herauszuziehenden Steckbolzen gesichert wird (Bild 1.55).
Diese Fahrzeugkupplung wurde in verschiedenen Varianten verwendet, die sich nur in abweichenden Formen von Puffern und Zugeisen unterscheiden.
Eine Form dieser Kupplungsart finden wir auch an den Rollwagen wieder, für die nur diese Kupplungsart anwendbar ist. In die Kopfträger der Rollwagen sind die Trichter eingelassene mit den Steckbolzensicherungen, die durch Kegelfedern gedämpft werden und die Zugkräfte über durchgehende, durch Hebel-

Bild 1.55
Trichterkupplung mit eingesetzten Zugeisen (rechts). Links ist der Kopf einer Scharfenberg-Kupplung zu erkennen
Foto: Preuß

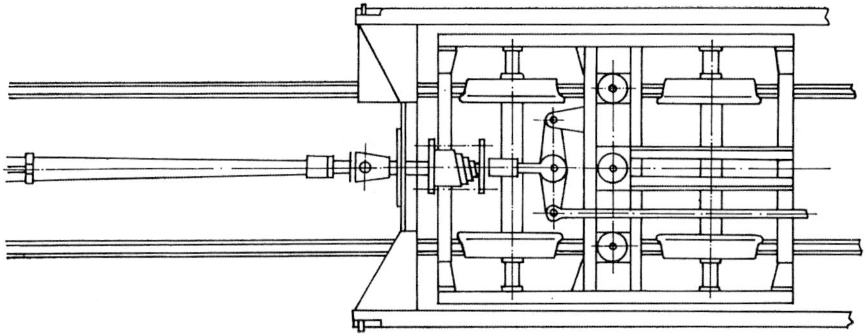

Bild 1.56
Prinzipskizze der Zugeinrichtung an einem Rollwagen

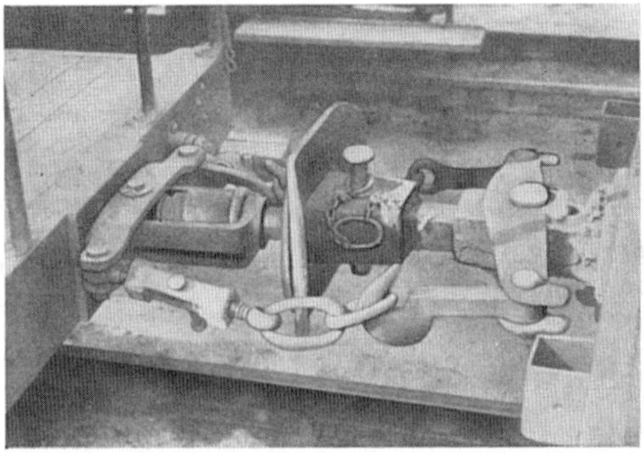

Bild 1.57
Ausgleichkupplungen mit vor dem Kopfträger liegenden Hebeln. Als Kupplung dient eine Rundgliederkette mit Spannschloß
Foto: Kieper

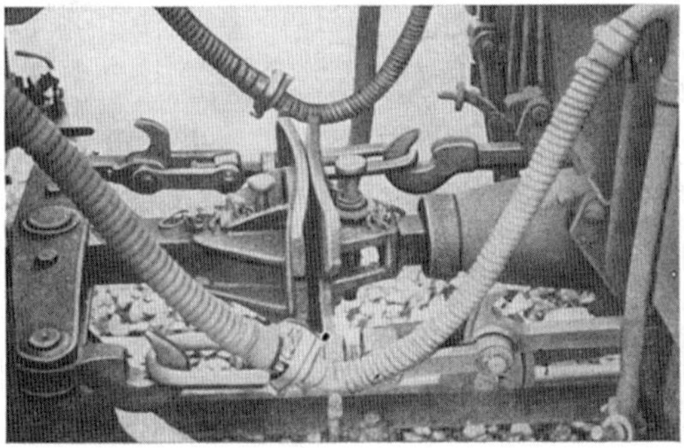

Bild 1.58
Am rechten Fahrzeug befindet sich der Hebel hinter dem Kopfträger. Als Kupplungsorgane werden Schraubenkupplungen verwendet
Foto: Kieper

systeme mehrfach umgeleitete Zugeinrichtungen übertragen (Bild 1.56). Da die Trichterkupplungen nicht für alle Ansprüche ausreichten, entstanden auch zwei Typen von Schwinghebel- oder Ausgleichkupplungen, die bei den Schmalspurbahnen wohl am weitesten verbreitet sind.

Bei der einen Gruppe werden Zug und Stoß durch nur eine Kegelfeder gedämpft, während die zweite Gruppe separate Zug- und Stoßfederungen besitzt.

Bei der ersten Kupplungsgruppe wird der Pufferstößel durch den Kopfträger des Fahrzeuges geführt und hinter ihm verschraubt. Vor dem Kopfträger befindet sich, mit dem beweglichen Pufferstößel in der Mitte, ein ein- oder zweiteiliger Hebel, der an seinen Enden die eigentliche Kuppeleinrichtung aufweist. Zwischen Hebel und Pufferstößel ist eine Kegelfeder angeordnet, die bei Stoß- und bei Zugbeanspruchungen Druckkräfte aus der jeweils entgegengesetzten Richtung aufnehmen kann (Bild 1.57).

Bei der zweiten Gruppe wird ein separater Puffer in der Mitte des Kopfträgers angeordnet, die Ausgleicheinrichtung und ihre Fede-

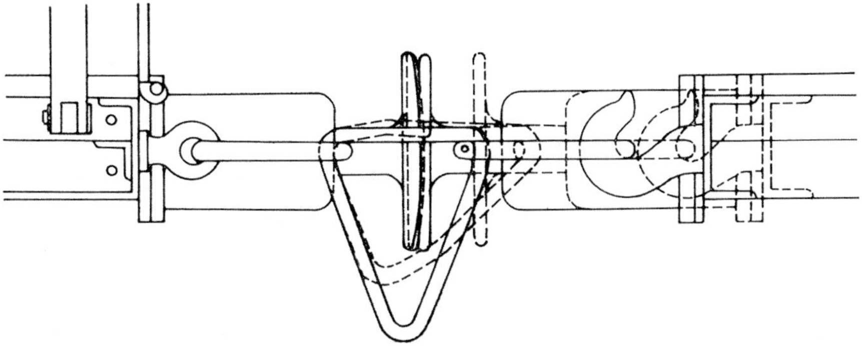

Bild 1.59
Dreieckförmig ausgebildetes Kettenglied an den Kupplungen der Feldabahn

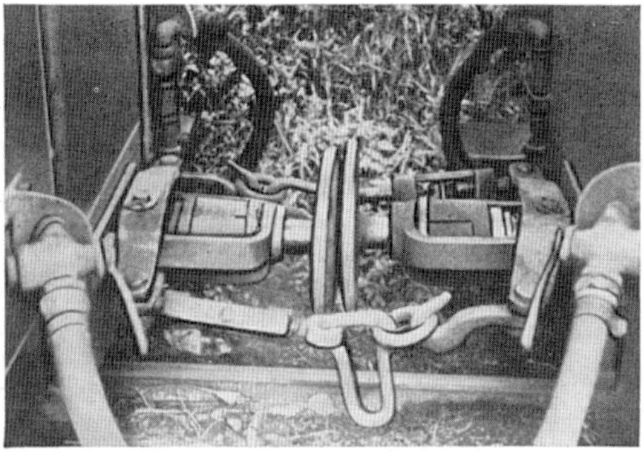

Bild 1.60
Kupplung der KJI
Foto: Kieper

rung jedoch im Untergestell hinter dem Kopfträger befestigt. Rechts und links ragen in der Pufferebene zwei kurze Zugstangen aus dem Kopfträger heraus, die die Kupplung bzw. den Zughaken aufnehmen (Bild 1.58).

Als Kuppelorgane wurden in der einfachsten Form nur gewöhnliche Haken auf der einen und dreigliedrige Rundketten auf der anderen Seite verwendet. Häufig wurde zum Spannen der Kupplung das Mittelglied der Kette dreieckförmig ausgebildet (Bild 1.59). Höheren Ansprüchen genügte bereits eine Anordnung der Kuppelorgane, bei der zwischen einem gefederten Hebel und dem ersten Kettenglied ein Spannschloß eingefügt war.
Die Weiterentwicklung der Kuppeleinrichtungen erfolgte in Anlehnung von Zughaken und Schraubenkupplungen an die regelspurigen Fahrzeuge. Damit wurde die Aufnahme größerer Zugkräfte ermöglicht.
Eine Ausnahmeerscheinung bei den Ausgleichkupplungen stellt die Zug- und Stoßeinrichtung der Bahn Bad Doberan—Ostseebad Kühlungsborn West dar (Bild 1.61). Hier ordnete man den Hebel nicht wie gewöhnlich in horizontaler Lage mit symmetri-

Bild 1.61 Kupplung an Fahrzeugen der Strecke Bad Doberan—Ostseebad Kühlungsborn *Foto: Kieper*

Bild 1.62 Janney-Kupplung im Eingriff an Fahrzeugen der Strecke Eisfeld—Schönbrunn *Foto: Preuß*

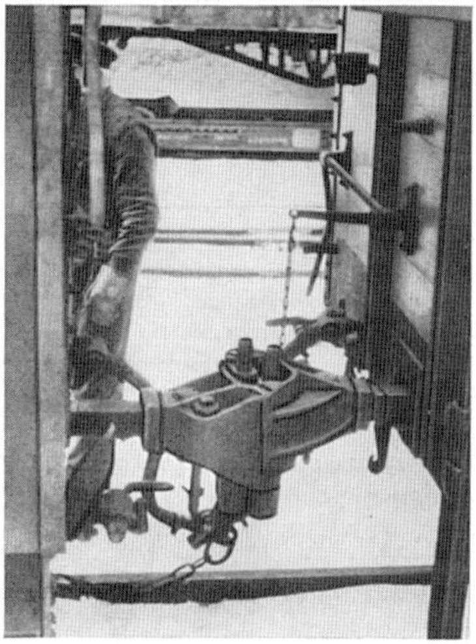

Bild 1.63 Zwei Scharfenberg-Kupplungen im Eingriff. Die Bremskupplung der Saugluftbremse ist an ihrer gerippten Ummantelung zu erkennen. Die glatte nach unten durchhängende Kupplung dient der Turbozugbeleuchtung, die Dampfheizkupplung ist nach oben gebogen *Foto: Preuß*

schen Angriffspunkten an beiden Seiten an, sondern verlagerte ihn in die vertikale Ebene. Oberhalb des Puffers befindet sich der Zughaken am Hebel, während der Hebel unterhalb des Puffers an einem Festpunkt gelagert ist. Die dazugehörige Schraubenkupplung ist hier loses Bestandteil und wird über beide Zughaken gelegt und wegen des beengten Raumes und dem unmittelbar darunterliegenden Puffer mit einem separaten Knebel angezogen. Durch die eigenwillige Anordnung dieses Systems werden die Zughaken stark einseitig beansprucht.
Der umständliche Kuppelvorgang der bisher beschriebenen Systeme führte schließlich zu den automatisch funktionierenden Zug- und Stoßeinrichtungen der Bauarten Janney und Scharfenberg.
Die Mittelpufferkupplung der Bauart Janney besitzt ein vertikal angeordnetes Klauensystem, das beim Zusammenstellen der Fahrzeuge selbsttätig einkuppelt und für den Kupplungsvorgang keiner weiteren Nacharbeit bedarf. Das Entkuppeln erfolgt über ein von der Wagenseite aus zu bedienendes Hebelgestänge so, daß ein Betreten der Wagenzwischenräume nur zur Herstellung der Brems-, Heizungs- und Beleuchtungsverbindungen erforderlich wird (Bild 1.62).
Die Mittelpufferkupplung der am stärksten verbreiteten Bauart Scharfenberg weist einen gefederten Mittelpuffer auf, der an seiner Stirnseite je einen Trichter und einen Kupplungskegel besitzt. Der Kupplungskegel hat eine Nase, die entsprechend einem im Kupplungstrichter vorhandenen Kupplungshaken ausgebildet ist. Die Kupplungen sind mit oben oder mit oben und unten angebrachten Führungshörnern versehen, die ein Eingreifen der Kupplungen bei unterschiedlichen Pufferständen und in Kurven ohne manuelle Ausrichtung sichern (Bild 1.63).
Das Entkuppeln erfolgt durch Ziehen eines Handgriffes.
Bei den Franzburger Kreisbahnen wiederum wurde eine Zug- und Stoßeinrichtung verwendet, bei der unter gewöhnlichen Mittelpuffern Zugeinrichtungen nach der Art der regelspurigen Bahnen angeordnet waren, d. h. die geteilten oder durchgehenden gefederten Zugeinrichtungen besaßen Zughaken mit hinter dem Zughakenmaul angeordneten Schraubenkupplungen. In einen zweiten, beweglichen Zughaken konnte die gegenüberliegende Kupplung eingehängt werden. Sie diente so als zusätzliche Sicherheit. Diese Kupplung war als künftige Schmalspureinheitskupplung vorgeschlagen.
Die Puffer, ausgenommen die der Bauarten Janney und Scharfenberg, besitzen alle eine leichte Wölbung nach außen und garantieren damit gute Beweglichkeit bei Weichen- und Kurvenfahrten.
Die Pufferstände, d. h. die Abstände zwischen Schienenoberkante und Kupplungsmittel- bzw. Puffermittellinie der beschriebenen Systeme, betragen je nach Bauart und Spurweite zwischen 350 mm und 800 mm.

Bild 1.64
Stark vereinfachte Kupplungsform bei der Waldeisenbahn Muskau
Foto: Preuß

1.7.2. Bremsen

Niedrige Fahrgeschwindigkeiten und geringe Zugmassen erlaubten es bei einigen Bahnen auf dem flachen Lande, auf eine durchgehende Bremsausrüstung des Wagenzuges zu verzichten. Die Bremsung des Zuges erfolgte dann ausschließlich durch die Lokomotive oder durch die Lokomotive und einige Wagen mit Spindelbremse. Höhere Fahrgeschwindigkeiten, größere Zugmassen und stärkere Neigungen der Strecken im hügeligen Gelände verlangten aber ein höheren Anforderungen genügendes Bremssystem.
Eine der ältesten Bremsen, die selbsttätig wirken und durchgehend mechanisch arbeiten, ist die Heberleinbremse. Sie wurde ursprünglich auch auf Bahnen mit Regelspur benutzt und hat bei den Schmalspurbahnen ihre Aufgabe bis zum heutigen Tage erfüllt.
Das Wirkungsprinzip der Bremse besteht darin, daß die Bewegungsenergie des fahrenden Zuges für das Wirken der Bremse ausgenutzt wird. Über die ganze Länge des Zuges wird eine Bremsleine auf Rollen geführt. Die Leine beginnt auf der Lokomotive, verschiedentlich auch im Gepäckwagen, an einer dort in-

stallierten Leinenhaspel. Durch Anschlußeinrichtungen können die einzelnen Wagen des Zuges an die durchgehende Bremsleine angeschlossen werden. Beim Spannen der Leine werden Gewichte angehoben und damit die Bremse gelöst. Beim Nachlassen oder beim Zerreißen der Leine (im Notfall) werden die Bremsen im Zug wirksam.

Die Leinenhaspel ist eine Handkurbel, die mit einer Sperrklinke gegen selbsttätiges Bewegen versehen ist. Sie ermöglicht das Bremsen oder Lösen in unterschiedlichen Bremsstufen. Die Wirkungsweise ist in Bild 1.65 dargestellt: Eine Druckrolle und eine Kettenrolle sitzen auf einer gemeinsamen Welle, die mit dem Bremsgestänge verbunden ist. Bei entspannter Bremsleine drückt das Gewicht die Druckrolle gegen die auf der Achse des Wagens angebrachte Achsrolle. Durch die dabei entstehende Reibung wird die Kette über die Führungsrolle auf der Kettenrolle aufgewickelt. Die dabei in der Kette entstehende Spannung drückt die Druckrolle immer fester gegen die Achsrolle und sichert bei verstärktem Nachlassen der Bremsleine eine verstärkte Bremswirkung. Ein Hebelsystem überträgt die entstehenden Kräfte auf die Bremsklötze.

Durch die Hebelwirkung ist eine verhältnismäßig geringe Kraft in der Bremsleine zum Lösen der Bremsen erforderlich.

Die Bremsleinen werden zusammengesetzt, ihre Einzellängen sind den Längen der Wagen angepaßt.

Die Bremsprobe kann aufgrund der Eigenart der Bremse nur während der Fahrt des Zuges ausgeführt werden.

Die Heberleinbremse wirkt nicht auf die Achsen der Lokomotive. Sie werden durch eine Druckluft-, Saugluft- oder durch eine Handbremse getrennt gebremst.

Auf den ersten Blick nicht ohne weiteres von der Heberleinbremse zu unterscheiden, ist die Gewichtsbremse eine ebenfalls häufig verwendete Seilbremse.

Die Gewichtsbremse ist eine mechanische, durchgehend wirkende und selbsttätige Bremse. Die Brems-

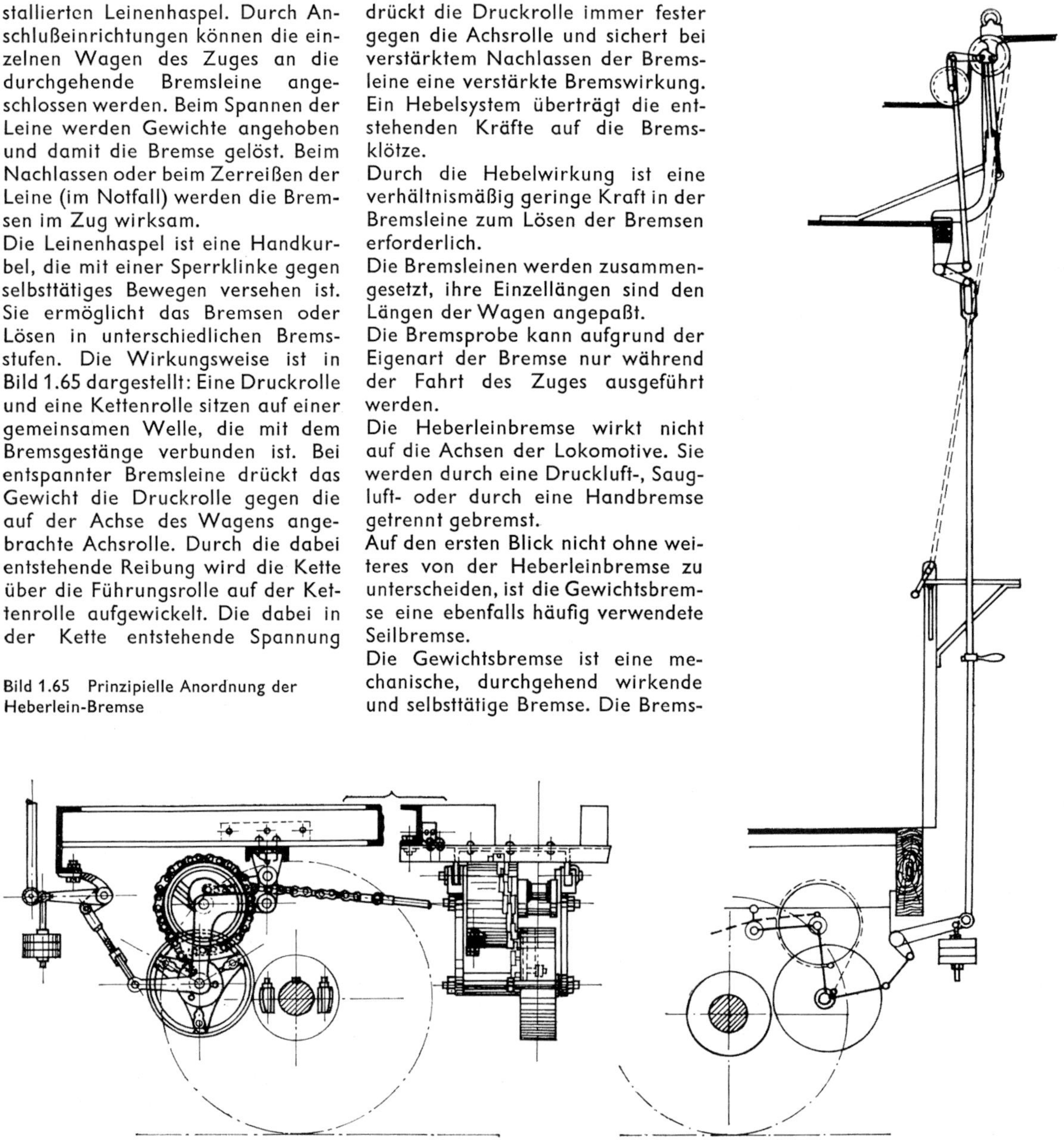

Bild 1.65 Prinzipielle Anordnung der Heberlein-Bremse

leitung wird, wie bei der Heberleinbremse, auf Rollen über die gesamte Zuglänge geführt.
Das Seil kann, wie bei der Heberleinbremse, von einer auf der Lokomotive oder im Gepäckwagen befindlichen Haspel gespannt und gelockert und damit die Bremsen gelöst oder angelegt werden.
Die Bremskraft wird jedoch ausschließlich durch ein Gewicht hervorgerufen, das direkt auf das Bremsgestänge und die Bremsklötze wirkt.
Die Seile der Bremsleitung sind der Länge der Wagen angepaßt und werden durch Ösen bzw. Ringe miteinander verbunden. Die Bremsprobe kann beim Stillstand des Zuges ausgeführt werden.
Die weiteste Verbreitung fanden bei schmalspurigen Bahnen die Saugluftbremsen der Systeme Körting und Hardy. Die Saugluftbremsen sind durchgehende, selbsttätig wirkende mehrlösige Zweikammerbremsen.
Die Bremsen sind betriebsbereit, wenn im gesamten Bremssystem des Zuges ein bestimmter Unterdruck herrscht. Die Bremsen können stufenweise gebremst und gelöst werden.
Als äußeres Unterscheidungsmerkmal zur Druckluftbremse gilt neben der vertikalen Anordnung der Bremszylinder auch die Verringerung des Kolbenhubes im angebremsten Zustand, entgegen der Vergrößerung des Hubes bei Druckluftbremsen. Außerdem besitzen die aus Gummi hergestellten beweglichen Bremskupplungen zwischen den einzelnen Fahrzeugen eine innen liegende Drahtspirale, die sich äußerlich deutlich abzeichnet und die gesamte Saugluftbremseinrichtung damit auch für den Laien sofort erkennbar macht.
Die Triebfahrzeuge sind mit Doppelluftsaugern (Dampfstrahlsaugern) oder mit Vakuumpumpen ausgerüstet, die einen Unterdruck von 52 mm Quecksilbersäule herstellen können. Als allgemeine Ausrüstungsteile kommen auf den Triebfahrzeugen die Führerbremsventile, bei Dampfluftsaugern ein Schalldämpfer und die lokeigene Bremseinrichtung hinzu.
Die Wagen besitzen eine Hauptluftleitung, je nach Eigenmasse einen oder zwei Bremszylinder, einen Kolbenhubanzeiger, einen oder zwei Hilfsluftbehälter, ein Löseventil, entsprechende Absperr- und Kuppelorgane, das Bremsgestänge und für Reisezug- und Gepäckwagen die Notbremseinrichtung. Während Personenwagen auf der Plattform einen verschließbaren Notbremskasten besitzen, ist die Notbremsklappe im Gepäckwagen gut sichtbar und unverschlossen.
Zur Bremskraftregulierung bei verschiedenen Beladezuständen der Güterwagen und Rollfahrzeuge kann bei Vorhandensein von zwei Bremszylindern ein Bremszylinder zu- oder abgeschaltet werden.
Über die an allen Fahrzeugen vorhandenen Löseventile können die Bremsen belüftet und damit von Hand gelöst werden.
Die Hardy-Bremse unterscheidet sich nur in technischen Details von der Körting-Bremse. Die Wirkungsprinzipien sind gleich. Verschieden sind z. B. die Formen der Hilfsluftbehälter und das Prinzip der Kolbenabdichtung, das bei der Körting-Bremse mit Hilfe einer Manschette und bei der Hardy-Bremse mit Hilfe eines Rollringes gelöst ist. Beide Bremssysteme können zusammenarbeiten.
Zusätzlich zur Saugluftbremsausrüstung können auf Lokomotiven saugluftgesteuerte Druckluftbremsen vorhanden sein. Diese Bremse dient ausschließlich dem Bremsen der Lokomotive und wirkt im Prinzip über ein Vakuum-Druckluftventil und einen zusätzlichen Arbeitsluftbehälter. Unterdruck- und Druckluftteil sind im Vakuum-Druckluftventil so miteinander verbunden, daß bei der Lokomotive und im Wagenzug stets die gleichen Bremswirkungen erzielt sind.
In einer Anzahl von Fällen wurden für die Bremseinrichtungen der Schmalspurbahnen Druckluftbremsen gewählt. Neben den bei den regelspurigen Bahnen gebräuchlichen Systemen Knorr, Westinghouseschnellbremse, fanden auch die Bauarten Schleifer und Knorr-Zweikammerbremse Anwendung.
Die Schleifer-Bremse und die Knorr-Zweikammerbremse sind durchgehende, selbsttätig wirkende Druckluftbremsen. Sie arbeiten mit einem Betriebsdruck von 5 kp/cm².
Die Ausrüstung der Triebfahrzeuge besteht aus den üblichen für den Druckluftbremsbetrieb erforderlichen Bauteilen mit einem speziellen Führerbremsventil für die Knorr-Zweikammerbremse bzw. mit einem Führerbremshahn für die Schleifer-Bremse.
Die Bremsausrüstung der Wagen besteht aus der Hauptluftleitung, dem Bremszylinder, dem Hilfsluftbehälter, dem Löseventil und ggf. dem Auslaßventil, den Absperr- und Kuppelorganen, einem Steuerventil und dem Bremsgestänge.
Die Bremsen erreichen ihre höchste Bremswirkung bei einem Bremszylinderdruck von 1,5 kp/cm².
Die ebenfalls verwendeten Einkammer-Druckluftbremsen der Systeme Knorr und Westinghouse arbeiten nach dem gleichen Prinzip. Allerdings läßt sich der Lösevorgang der Bremsen nicht unterbrechen, die

Bremsen lösen also in einem Gang vollständig aus. Bei kurz aufeinanderfolgender Wiederholung des Brems- und Lösevorganges können die Bremsen erschöpft werden, d. h. sie bleiben beim nochmaligen Einleiten des Bremsvorganges wirkungslos. [68, 71, 74]

1.7.3. Beleuchtung

Einige Bahnen rüsteten ihre Wagen anfänglich nicht mit Beleuchtungseinrichtungen aus, da nachts keine Züge verkehrten. Andere Bahnen verwendeten Beleuchtungseinrichtungen einfachster Art oder ließen bereits die erste Generation ihrer Wagen mit elektrischer Beleuchtung ausrüsten.

In Preußen bestand bereits vor Eröffnung der ersten Schmalspurbahn ein Erlaß des Kabinettsministers von Bodelschwing vom 11. November 1844, der die Beleuchtung der Eisenbahnwagen während der Nacht anwies.

Eine der verwendeten einfachen Systeme war die Beleuchtung mit Rüböleuchten. Nachteilig wirkte sich das im Winter aus, da bei Temperaturen unter 0° ein Entzünden von Pflanzenölen nur nach vorherigem Erwärmen möglich ist.

Die Leuchten wurden entweder von oben durch Öffnungen in die Abteilung gehängt, in separaten Glasschränkchen im Wagen untergebracht oder an Halterungen befestigt.

Weite Verbreitung fanden Petroleumleuchten, bei denen die Flamme zusätzlich durch einen Glaszylinder geschützt wurde. Zur Beleuchtung von Lokomotiven dienten verschiedentlich Karbidleuchten.

Mit fortschreitender technischer Entwicklung hat sich die elektrische Zugbeleuchtung und besonders bei den Schmalspurbahnen die Turbozugbeleuchtung durchgesetzt. Bei diesem System wird der Zug von einem auf der Lokomotive befindlichen Turbogenerator mit Elektroenergie versorgt. Die Beleuchtung der Fahrzeuge bei abgespannter Lokomotive übernimmt ein im Gepäckwagen installierter Batteriesatz.

Als Turbogeneratoren für die Lokomotiven stehen zwei Ausführungen mit 2,5 kW und 5 kW zur Verfügung. Die Betriebsspannung beträgt 85 V, die Stromstärke ist maximal mit 65 A bemessen.

Der dampfbetriebene Turbogenerator ist so geschaltet, daß ein getrennter Beleuchtungs- und Ladebetrieb möglich ist. Der Batteriesatz im Gepäckwagen besteht aus Nickel-Kadmium-Sammlern mit 70 Zellen und einer Kapazität von 60 Ah oder aus Blei-Sammlern mit 42 Zellen bis 44 Zellen und einer Kapazität von 90 Ah. Wagen und Lokomotive werden durch entsprechende Kupplungen verbunden.

Der erste Zug mit einer Turbozugbeleuchtung auf einer der in diesem Buch beschriebenen Bahnen wurde auf der Strecke Hainsberg—Kipsdorf eingesetzt. Die Anlage bestand aus einem 5-kW-Turbogenerator und einem Bleisammler aus 44 Zellen.

Eine von der Lokomotive unabhängige Beleuchtung ist die Einzelwagen- oder Zugbeleuchtung mit Achsgenerator und Batterie. Die Anordnung der Beleuchtungseinrichtung erfolgt häufig so, daß der Gepäckwagen mit einem Generator und einer Batterie ausgerüstet wird und zwei bis drei Wagen – früher teilweise der ganze Zug – mitbeleuchtet werden. Als zweckmäßig hat es sich erwiesen, etwa jeden dritten bis vierten Wagen mit Generator und Batterie auszurüsten und entsprechende Wagengruppen zu bilden.

Seltener auf Schmalspurbahnen ist die Einzelwagenbeleuchtung, bei der jeder Wagen mit Generator und Batterie ausgerüstet ist.

Nach 1945 wurde auf einigen Bahnen eine Wagenbeleuchtung mit Propangas eingerichtet. [66, 67]

1.7.4. Heizung

Die ersten auf schmalspurigen Bahnen eingesetzten Reisezugwagen waren sogenannte Sommerwagen und besaßen keine Heizeinrichtung. Man ging davon aus, daß sich die Reisenden nur kurze Zeit in den Wagen aufhalten.

Bahnen, die von vornherein für umfangreicheren Personenverkehr eingerichtet wurden, besaßen jedoch bereits von Anfang an Wagen mit Heizeinrichtungen, die von der Ofen- bis zur Niederdruckumlaufheizung reichten.

Bei der einfachsten Art, der Ofenheizung, wird ein eiserner Ofen im Großraum des Wagens auf einer feuerfesten Unterlage befestigt. Der Rauchabzug ist durch das Dach geführt.

Von den möglichen Dampfheizungssystemen ist das einfachste die Hochdruckdampfheizung. Jeder Wagen ist mit einer Hauptdampfleitung ausgerüstet. Von dieser Hauptdampfleitung zweigen die Heizleitungen für die Abteile ab. Der Dampf gelangt mit dem von der Lokomotive abgegebenen Druck ungedrosselt in die Heizkörper des Wagens.

Zur Heizeinrichtung gehören Heizkörper mit Einrichtungen zum An- und Abstellen. Die Entwässerung der Heizung erfolgt über Entlüftungsröhrchen, die in die Heizrohre eingebaut sind.

Eine besser regelbare Heizung ist die Niederdruckheizung. Der Dampf für die Heizkörper wird aus der Hauptdampfleitung entnommen und über ein Drosselventil so entspannt, daß er fast drucklos in die Heizrohre strömt. Neben diesem Drosselventil weist die Niederdruckdampfheizung am Dach des Wagens Abdampfrohre und unter dem Wagen Abtropftrichter auf. Weiterhin sind Verteilungsschieber mit Anzeigevorrichtungen oder Dampfregelventile mit Stellschildern vorhanden.
Die Hoch- und die Niederdruckdampfheizung werden auch in kombinierter Form eingebaut.
Als energiesparendes Heizungssystem findet bei den schmalspurigen Reisezugwagen auch die Umlaufdampfheizung (Nieder- und Unterdruckheizung) Verwendung. Hierbei wird die Hauptdampfleitung nur an einer Stelle im Wagen angezapft. Durch den Einbau verschiedener Düsen wird ein ausreichender Dampfumlauf ab etwa 0,2 kp/cm^2 Überdruck gewährleistet. Vom Hauptheizstrang zweigen die einzelnen Heizkörper für die Abteile ab. Diese Zweigleitungen enden wieder in der Hauptdampfleitung. Durch die bei diesem Umlauf entstehende Saugwirkung wird die Dampferneuerung in den Heizkörpern beschleunigt. Das Ende der Hauptdampfleitung wird von einem Ausdehnungsrohr gebildet, da je nach ankommender Dampfmenge regelnd auf das Einlaßventil und damit auf die Neuzuführung von Frischdampf wirkt.
Die gesamte Heizleitung ist geneigt in die Wagen eingebaut, so daß das auftretende Niederschlagwasser über Entwässerungseinrichtungen sofort ins Freie abfließen kann. Durch ihre Anordnung ist die Heizung verhältnismäßig gut gegen Einfrieren geschützt und muß bei Außerbetriebsetzung nicht zusätzlich von Hand entwässert werden. [63, 69]

2. Beschreibung der Schmalspurbahnen

2.1. Bahnen der Ostseeküste

2.1.0. Bau und Betriebsführung

Die meisten schmalspurigen und regelspurigen Kleinbahnen in Pommern und Mecklenburg wurden von der Eisenbahnbaugesellschaft Lenz & Co. in Stettin (später Berlin) gebaut und gleichzeitig in den ersten Jahren auch betrieben. Folgende in den Abschnitten 2.1. und 2.2. behandelte Bahnen gehörten dazu (sogenannte Lenz-Bahnen):

Rügensche Kleinbahnen
Anklam-Lassaner Kleinbahn
Franzburger Kreisbahnen
Doberan-HeiligendammerEisenbahn
Kleinbahn Casekow—Penkun-Oder
Greifswald-Jarmener Kleinbahn
Kleinbahn Greifswald—Wolgast
Demminer Kleinbahnen Ost
Demminer Kleinbahnen West

Um die Bahnen mit möglichst geringen Mitteln errichten und betrei-

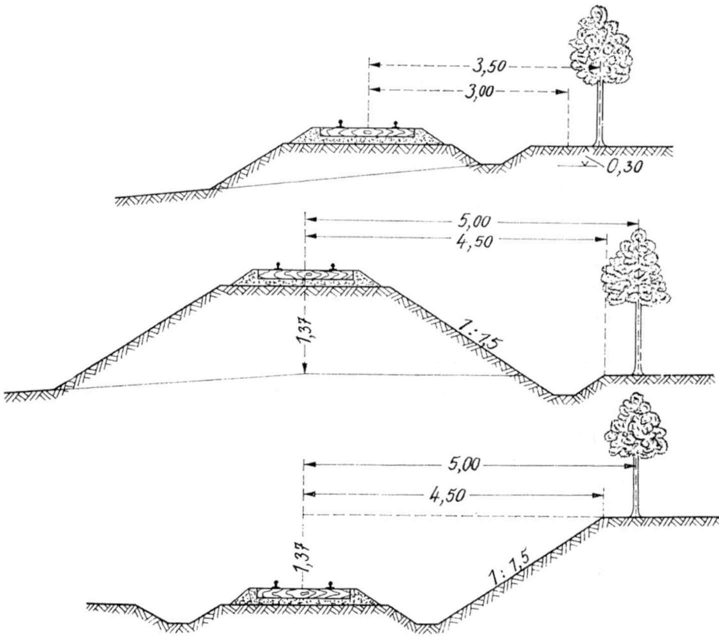

Bild 2.1 Lenz-Normalien für Bahnkörper mit 750 mm Spurweite
Bahnkörper an Wegen

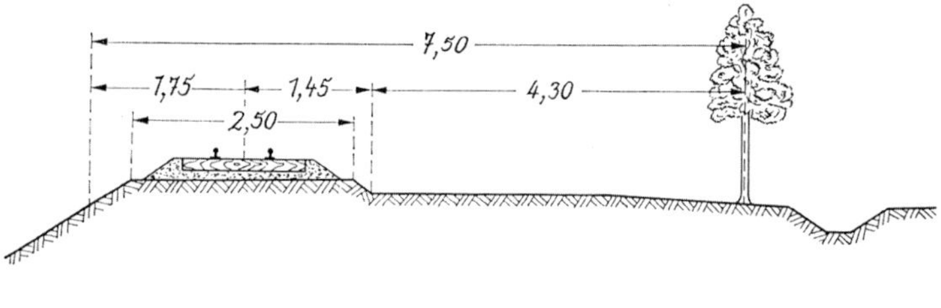

Bild 2.2 Lenz-Normalien für Bahnkörper mit 750 mm Spurweite
Bahnkörper auf Wegen

ben zu können, errichtete die Gesellschaft Lenz alle Bahnen nach einheitlichen Bau- und Betriebsvorschriften, den sogenannten Lenz-Normalien. Zudem setzte sie vereinheitlichte Fahrzeuge ein. Dadurch war es möglich, die Fahrzeuge nach den betrieblichen Erfordernissen von einer Strecke auf die andere umzusetzen.
Die Lenz-Normalien erstreckten sich von Vorschriften über das Anlegen der Trassen (Bilder 2.1 und 2.2) bis zu Wagen- und Lokomotivbauvorschriften. Die Wagen wurden von der Aktien-Gesellschaft für Fabrikation von Eisenbahnmaterial zu Görlitz und der Fa. Beuchelt & Co, Grünberg, geliefert. Die Typisierung der Wagen war am deutlichsten an den zweiachsigen Reisezugwagen der RüKB (750 mm Spurweite) und FKB (1 000 mm Spurweite) erkennbar (siehe Bilder 2.11 und 2.20). Auch die Güterwagen (offene, gedeckte sowie Schneepflüge) waren fast identisch. Eine Typenbezeichnung ist aber nicht bekannt. Die Lokomotiven waren ebenfalls streng typisiert und wurden durch kleine Buchstaben gekennzeichnet (siehe Abschnitt 1.5.0.) Generell entsprachen die Lenz-Normalien den Preußischen Normalien und insgesamt weitestgehend den Forderungen des Heeres.
Nachdem die Eisenbahnbaugesellschaft Lenz & Co die von ihr erbauten Bahnen einige Jahre betrieben hatte, wurden sie entweder vom Staat aufgekauft (z. B. Doberan-Heiligendammer Eisenbahn) oder die Betriebsführung dem Provinzialverband der Provinz Pommern in Stettin übergeben. Dieser regionale Verband für die Betriebsführung von Kleinbahnen wechselte im Laufe der Jahre mehrmals seine Bezeichnung:

Provinzialverband der Provinz Pommern, Stettin von 1906 bis 1919
Vereinigung Vorpommerscher Kleinbahnen, Stralsund von 1919 bis 31. März 1937
Landesbahndirektion Pommern, Stettin von April 1937 bis 1939
Pommersche Landesbahnen, Stettin von 1940 bis 1945

Die Pommerschen Landesbahnen führten ein durchgängiges System von Wagen- und Lokomotivnummern ein, deren Reihenfolge bei den einzelnen Spurweiten nach dem Baujahr geordnet war – unabhängig von der Zugehörigkeit zu einer Kleinbahn.
Nach 1945 wurden die noch verbliebenen Kleinbahnen vom Landesbahnamt Demmin weiterbetrieben, bis sie 1949 von der Deutschen Reichsbahn übernommen und nach deren System eingeordnet wurden (siehe Abschnitte 1.5.0. und 1.6.0.).

2.1.1. Altefähr—Putbus, Putbus—Göhren und Bergen—Altenkirchen (Rügensche Kleinbahnen, 750 mm)

Nachdem bis zum Jahre 1891 auf den Regelspurstrecken Altefähr—Saßnitz mit Abzweig Bergen—Lauterbach der Betrieb aufgenommen worden war, stellten die Anlieger die Forderung, auch das Hinterland verkehrlich zu erschließen. Am 17. Juni 1895 erteilte der Regierungspräsident in Stralsund die Konzession zum Bau einer Schmalspurbahn auf Rügen.
Es wurde die Aktiengesellschaft Rügensche Kleinbahnen (RüKB) mit Sitz in Bergen gegründet. Die Baukosten ohne Grunderwerb von 3 092 000 M wurden mit 1 200 000 M Prioritätsstammaktien (davon 700 000 M Lenz & Co), 1 323 000 M Stammaktien und Darlehen des Staates (300 000 M), der Provinz (420 000 M) und des Kreises (140 000 M) aufgebracht. Da zwischen Altefähr und Poseritz schwieriges Gelände überwunden werden mußte, waren die Baukosten mit 35 810 M/km relativ hoch.
Am 21. Dezember 1896 war das gesamte Netz eröffnet. Die Bauausführung und die erste Betriebsführung übernahm die Eisenbahnbaugesellschaft Lenz & Co. Ab 1. April 1910 erfolgte die Betriebsführung durch den Provinzialverband der Provinz Pommern, ab 1919 durch die Vereinigung Vorpommerscher Kleinbahnen.
Während des ersten Weltkrieges wurde aus militärischen Gründen ein Abzweig von Wiek auf die Halbinsel Bug zum Forsthaus gebaut, der kurz nach Kriegsende 1918 in Betrieb genommen wurde. Für den weiteren Ausbau des Streckennetzes wurden folgende Genehmigungen für Personen- und Güterverkehr erteilt:

- 1907 durch den Minister für Öffentliche Arbeiten Preußen für eine Kleinbahn von Bubkevitz über Gingst und Samtens nach Garz; mit dieser Strecke wären die beiden Teilnetze schmalspurig verbunden worden
- 1914 und 1926 Beratungen mit dem Ministerium für Öffentliche Arbeiten über die Streckenverlängerung von Altenkirchen nach Kap Arkona; eine Staatsbeihilfe von 75 000 M für die Erweiterung wurde zugesagt
- 1926 durch den Minister für Handel und Gewerbe für eine Kleinbahn von Trent nach Schaprode mit Abzweig in Lehsten nach Üdars

Alle Projekte scheiterten aus finanziellen Gründen. Durch zwei Merkmale unterschied sich der Betrieb der

Tabelle 2.1 Strecken der RüKB

Streckenabschnitt	Länge	Eröffnung	Einstellung		max. Neigung	min. Krümmungsradius	max. Geschwindigkeit	Bemerkung
			Reiseverkehr	Güterverkehr				
	km				1 : n	m	km/h	
Putbus—Binz	10,95	22. 7. 1895	—	11. 12. 1967	1 : 50	100	30	Bäderstrecke
Binz—Sellin West	7,10	20. 3. 1896	—	11. 12. 1967			30	
Sellin West—Sellin Ost	1,20	23. 5. 1896	—	11. 12. 1967			30	
Sellin Ost—Göhren	5,10	13. 10. 1899	—	11. 12. 1967			30	
Altefähr—Putbus	35,27	4. 7. 1896	3. 12. 1967	3. 12. 1967			20	
Bergen—Wittower Fähre	22,50	21. 12. 1896	19. 1. 1970	19. 1. 1970			20	
Fährhof—Altenkirchen	14,70	21. 12. 1896	10. 9. 1968	10. 9. 1968			20	
Buhrkow Abzweig —Starrvitz-Gramtitz	1,30	1. 11. 1918	1955	1955				Militärischer Zubringer
Starrvitz-Gramtitz—Bug	6,70	16. 12. 1918	1936	1936				"

Bild 2.3
Rangierbetrieb
im Bahnhof
Wittower Fähre
(1966)
Foto: Kieper

Rügenschen Kleinbahnen von dem anderer Bahnen:

- die Strecke Altefähr—Göhren hatte keine schmalspurige Verbindung zur Strecke Bergen—Altenkirchen,
- die Teilstrecke Bergen—Altenkirchen war durch den Breetzer Bodden unterbrochen, jedoch durch einen bahneigenen Fährbetrieb verbunden, der planmäßig nur Güterwagen trajektierte. Die beiden Fährschiffe „Wittow" und „Jasper von Malzahn" (später umgetauft in „Bergen") wurden 1949 von der DR übernommen und unterstanden bis zum 30. April 1975 der Rbd Greifswald. Seitdem gehören sie zur Weißen Flotte und dienen ausschließlich den Straßenbenutzern.

Die Strecken waren sehr kurvenreich, da die Aktionäre nur Geld investierten, wenn ihrem Wirtschaftsbereich ein eigener Verladebahnhof oder Anschluß gesichert war. Zwölf Bahnhöfe und Haltestellen erhielten Feldbahnzubringer, mit denen die

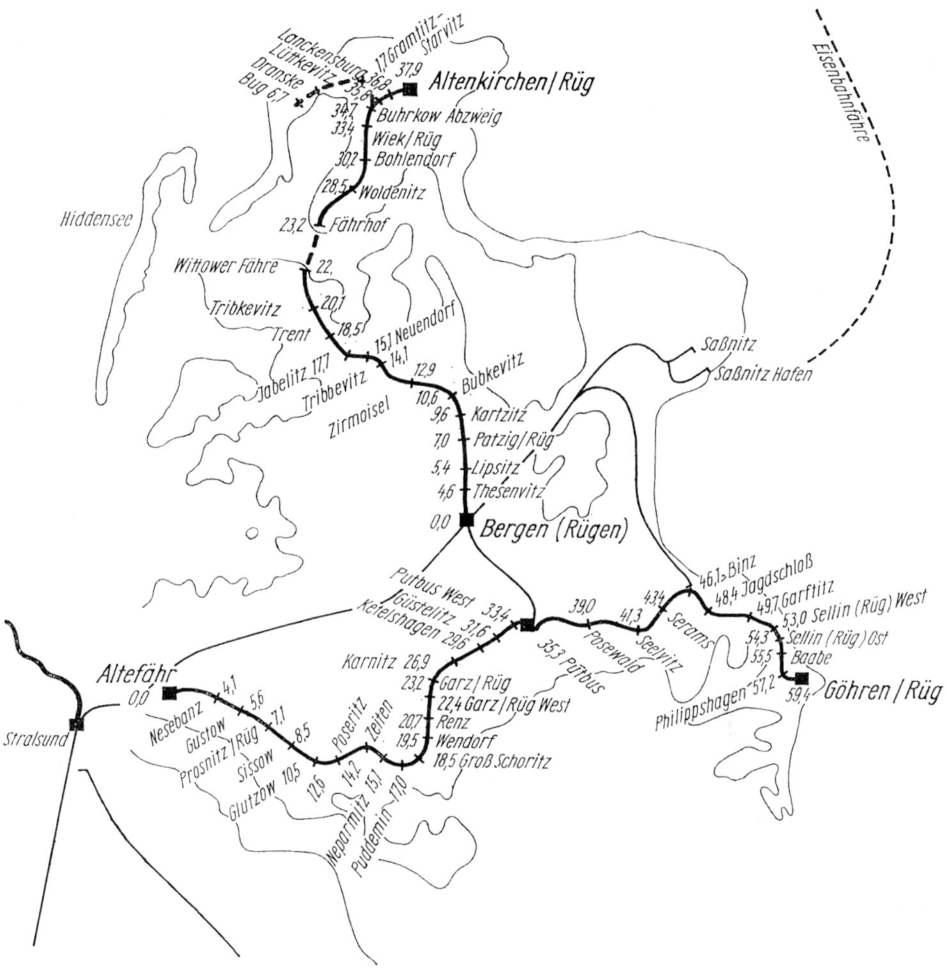

Güter an die Bahn befördert wurden. Größere Anschlüsse für die RüKB existierten in Garz West (Werkbahn zum Kreidebruch Klein-Stubben von 1907 bis 1945 sowie von 1952 bis 1959). Zum Hafen Puddemin (dort wurde die in Klein-Stubben gebrochene Kreide verladen) sowie zum Hafen Wiek (Rügen). In Wiek hatte man 1914/1915 einen großen Kreidehafen gebaut, dessen Reste heute noch stehen (siehe Bild 2.5). Der Hafen war dann jedoch nicht in Betrieb genommen worden, da das vorgesehene Abbaugebiet Arkona nicht freigegeben wurde. [76]

Der landschaftlich reizvollste Streckenabschnitt liegt zwischen Binz Ost und Sellin. Von Binz steigt die Strecke durch herrliche Wälder bis Jagdschloß (Bedarfshaltestelle) auf 50 m ü. NN an, um dann nach Garftitz wieder abzufallen. Die größten landwirtschaftlichen Transportleistungen

a

b

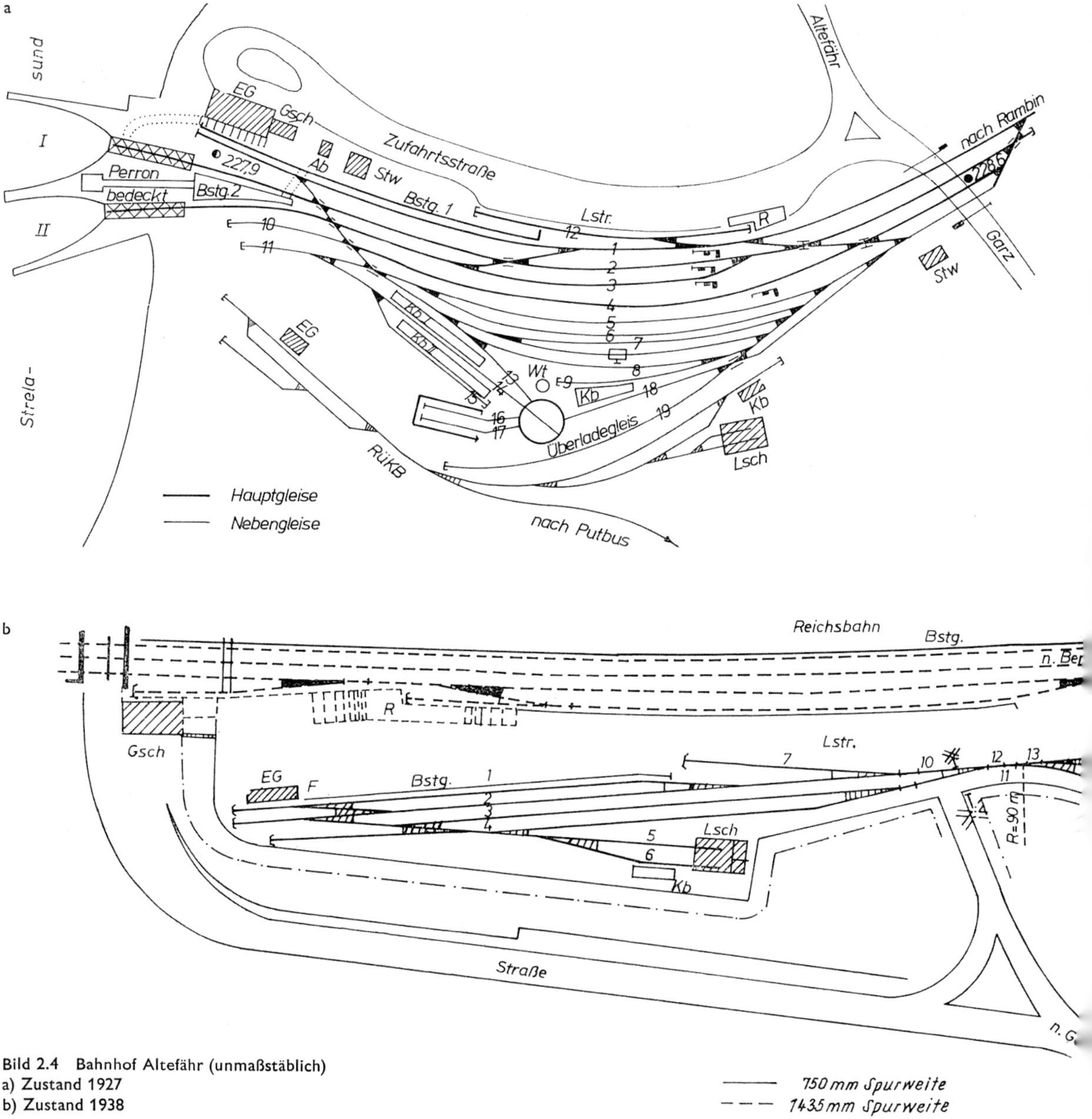

Bild 2.4 Bahnhof Altefähr (unmaßstäblich)
a) Zustand 1927
b) Zustand 1938

fielen auf der Strecke Bergen Ost—Altenkirchen an (Zuckerrüben, Kohl).
Die Gleise lagen und liegen ausnahmslos auf eigenem Bahnkörper. Die Schienen (12,5 kg/m und 15,5 kg/m) waren ursprünglich auf neun bis zwölf hölzernen Querschwellen 9 m Schienenlänge montiert, später wurden Schienenlängen von 7,5 m bis 15 m verlegt; die DR baute zum Teil Betonschwellen und schwere Schienen ein. Auf der Strecke Bergen—Wittower Fähre wurde die Fernstraßenüberquerung bei Bergen durch eine Blinklichtanlage gesichert. Einfahrtsignale besaßen Putbus (aus Richtung Göhren), Binz, Göhren, Sellin, Bergen Ost und Altefähr.
Die Empfangsgebäude entstammen dem Baustil dreier Generationen. Die Bauten aus der Gründerzeit (bis 1900) sind als Fachwerkbauten mit Pultdach ausgeführt (Bahnhof Sellin u. a.). Das Gebäude in Baabe entspricht dem Stil der Zeit um 1912, während das Empfangsgebäude in Göhren den modernen Stil verkörpert. Haltepunkte und kleinere Bahnhöfe (z. B. Gustow) besaßen nur eine Wellblechbude.
Zweiständige Lokomotivschuppen in Fachwerkbauweise gab es in Altefähr, Garz, Altenkirchen, Putbus und Göhren. Die in Putbus und Göhren existieren noch. Einständige Schuppen waren in Wittower Fähre und Fährhof vorhanden. Der Lokomotivschuppen in Bergen war ursprünglich einständig, wurde dann bei Umbauarbeiten durch die DR auf die andere Seite des Ausfahrgleises verlegt und zweiständig aufgebaut. Die Werkstatt der RüKB befand sich in Putbus.
An Kunstbauten war ein Viadukt auf der Strecke Putbus—Altefähr errichtet worden, gleich hinter der Ausfahrt aus Putbus zur Überquerung der regelspurigen Strecke Putbus—Bergen.
Mit den bereits beim Streckenbau eingesetzten sechs Lokomotiven der Gattung n von Lenz wurde der Betrieb eröffnet. Sie waren nur für Flachlandstrecken vorgesehen. Die stärkeren Lokomotiven der Gattung m (siehe Bild 1.23) besaßen einen um 200 mm größeren Achsstand, der eine bessere Laufruhe gewährleistete, und eine um 20 Prozent höhere Leistung. Beide Gattungen hatten Stephenson-Steuerung mit runden Schieberschubstangen; der Wasservorrat war im Innenrahmen untergebracht.
Aufgrund der schnell wachsenden Betriebsleistungen mußten bald stärkere Mallet-Lokomotiven der Gattung nn (RüKB 31 bis RüKB 35) beschafft werden (Nr. 31 bis Nr. 34 von Vulcan, Nr. 35 in gleicher Ausführung von Hanomag). Die Gattung nn entsprach im wesentlichen der meterspurigen Gattung ii (siehe Bild 1.25). Wasser- und Kohlevorräte befanden sich seitlich vom Kessel. Im Gegensatz zur Gattung ii besaß jedoch das im Hauptrahmen gelagerte Hochdrucktriebwerk Außenrahmen; die Niederdrucktriebwerke hingegen waren weitgehend identisch. Die nächsten vierfach gekuppelten Lokomotiven (Lenz-Gattung M; RüKB 51 und RüKB 52) besaßen bereits einen durchgehenden Rahmen mit einer seitlich verschiebbaren Kuppelachse System Gölsdorf. 1925 lieferte Vulcan die Heißdampflok RüKB 53 der Gattung M^h. Da sie leistungs-

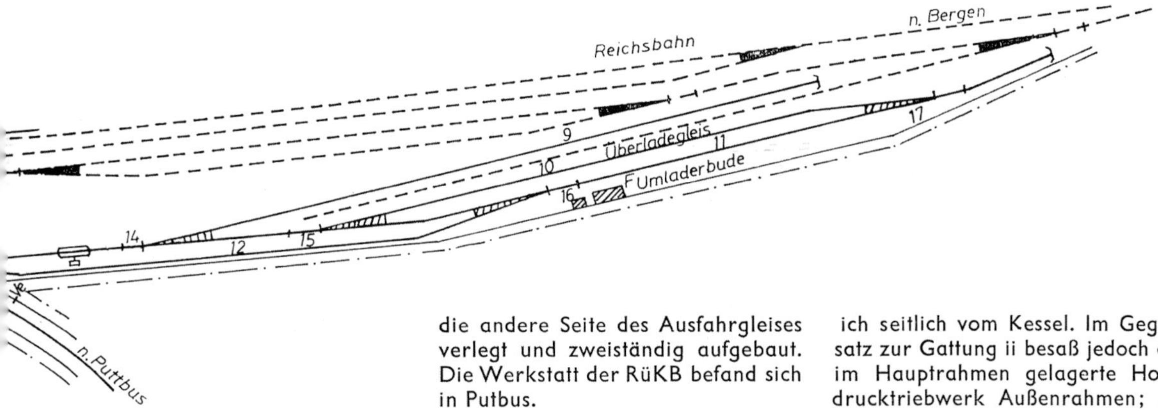

fähiger und sparsamer im Verbrauch war, wurden die beiden Naßdampflokomotiven 51 und 52 im Jahre 1927 ebenfalls auf Heißdampfbetrieb umgebaut. Diese drei Lokomotiven bilden seitdem das Rückgrat des gesamten Bäderverkehrs mit täglichen Laufleistungen bis zu 200 km.

1928 übernahmen die RüKB von der Altmärkischen Kleinbahn zwei von Hanomag gebaute C n2t-Lokomotiven und ordneten sie als Gattung o ein. Sie besaßen Außenrahmen mit innenliegenden Wasserkästen, Joy-Steuerung und Flachschieber. Ihr Einsatz erfolgte vorwiegend während der Zuckerrübenkampagne. Unter den nach 1945 im Netz auf Rügen eingesetzten Lokomotiven befanden sich zwei Lokomotiven mit besonderen Merkmalen:

- die 99 4621; es war dies eine für das ehemalige oberschlesische Netz mit Hagans-Triebwerk gebaute CB'n2t für 785 mm Spurweite. Von den insgesamt vier Lokomotiven dieser Bauart kam die spätere 99 4621 über die Rosenberger Kleinbahn zur Zuckerfabrik Stavenhagen und nach Betriebseinstellung der Demminer Kleinbahnen West zur RüKB. Zu diesem Zeitpunkt erhielt die Lok die nicht amtliche PLB-Nr. 265 (Herkunft ungeklärt).
- die 99 4511; sie war 1899 mit der Fabriknummer 4113 als C1'n2t von Krauss gebaut und auf der Kreisbahn Rathenow — Senzke — Nauen als Nr. 3 betrieben worden. 1965 wurde sie im Raw Görlitz zu einer Cn2t umgebaut, so daß sie mit der ursprünglichen Lok nur noch das Nummernschild gemeinsam hatte und ansonsten der rekonstruierten Lok mit der Betriebsnummer 99 4701 des Prignitzer Netzes entsprach.

Bild 2.5
Handdraisine
im Bahnhof Wiek (Rügen)
(1966)
Foto: Kieper

Tabelle 2.2 Statistische Angaben zur RüKB

Jahr	1895	1906	1911	1935	1963
Lokomotiven gesamt	6	11	13	15	16
davon mit 2 Kuppelachsen	6	8	8	5	2
mit 3 Kuppelachsen	—	—	—	2	1[1])
mit 4 Kuppelachsen	—	3	5	8	13
Triebwagen gesamt	—	—	—	1[2])	—
davon zweiachsig				—	
vierachsig				1	
Personenwagen gesamt	8,5	24,5	33	45	57
davon zweiachsig	8,5	24,5	28	29	19
vierachsig	—	—	5	16	38
Gepäckwagen gesamt	3,5	3,5	7	8	11
davon Postabteil	1,5	1,5	—	—	—
davon zweiachsig	3,5	3,5	5	5	4
vierachsig			2	3	7
Güterwagen gesamt	40	127	168	219	279
davon zweiachsig	40	127	164		256
vierachsig	—	—	4		23[3])
Spezialwagen		6	6	6	6
beförderte Personen		250148[4]) 42172[5])	335294[4]) 70440[5])		
beförderte Güter in t		74914[4]) 11913[5])	132330[4]) 23134[5])		
Lokomotivkilometer		171521[4]) 55633[5])	253712[4]) 8539[5])		

[1]) C2'n2t [2]) 1937—1940 [3]) davon 4 dreiachsige offene Wagen
[4]) Altefähr—Putbus und Putbus—Göhren [5]) Bergen—Altenkirchen

Tabelle 2.3 Triebfahrzeuge der RüKB

Betriebsnummer/Name			Bauart	Hersteller	Baujahr	Fabriknummer	Bild	übernommen von	abgegeben an	Bemerkungen
RüKB	PLB[1])	DR								
Dampflokomotiven bis 1949										
1^{n}	—	—	Bn2t	Vul	1895	1488	2.10 a			+ 1922
2^{n}	—	—	Bn2t	Vul	1895	1489	2.10 a			+ 1932
3^{n}	—	—	Bn2t	Vul	1895	1490	2.10 a			+ vor 1928
4^{n}	201	—	Bn2t	Vul	1895	1491	2.10 a			+ 1948
5^{n}	—	—	Bn2t	Vul	1895	1492	2.10 a			+ etwa 1928
6^{n}	202	—	Bn2t	Vul	1895	1494	2.10 a			+ 1948
7^{m}	203	99 4602	Bn2t	Vul	1896	1560	2.10 b			+ 1964
8^{m}	204	—	Bn2t	Vul	1896	1561	2.10 b			+ etwa 1949
9^{m}	205	99 4603	Bn2t	Hen	1912	11347	2.10 c			+ 1965
11°	221	—	Cn2t	Hano	1902	3809	2.10 e			+ etwa 1947
12°	222	—	Cn2t	Hano	1910	5966	2.10 e			+ etwa 1947
31^{nn}	241	99 4521	B'Bn4vt	Vul	1902	2010	2.10 d			+ 1965
32^{nn}	242	99 4522	B'Bn4vt	Vul	1902	2013	2.10 d			+ etwa 1963
33^{nn}	243	99 4523	B'Bn4vt	Vul	1905	2172	2.10 d			+ 1965
34^{nn}	244	99 4524	B'Bn4vt	Vul	1908	2451	2.10 d			+ 1965
35^{nn}	245	99 4525	B'Bn4vt	Hano	1911	6227	2.10 d			+ 1966
51^{M}	257	99 4631	Dn2t[2])	Vul	1913	2896	2.10 f			
52^{M}	258	99 4632	Dn2t[2])	Vul	1914	2951	2.10 f			
53^{Mh}	259	99 4633	Dh2t	Vul	1925	3851	2.10 f			
—	265	99 4621	C2'n2t	Hag	1901	441	2.10 g			+ 1965
Von der DR nach 1949 zusätzlich eingesetzte Dampflokomotiven										
		99 525	B'Bn4vt	Hart	1894	2031	2.155 l	Thu 1956	Mü 1956	
		99 530	B'Bn4vt	Hart	1896	2134	2.155 l	Mü 1952	Epp 1952	
		99 542	B'Bn4vt	Hart	1899	2384	2.155 l	No 1956	Mü 1959	
		99 545	B'Bn4vt	Hart	1908	2847	2.155 l	Mü 1963	—	+ 1967
		99 552	B'Bn4vt	Hart	1908	3205	2.155 l	Mü 1956	Mü 1956	
		99 553	B'Bn4vt	Hart	1908	3206	2.155 l	Nau 1955	Mü 1961	
								Mü 1961	—	+ 1968
		99 556	B'Bn4vt	Hart	1908	3209	2.155 l	Dö 1961	—	+ 1968
		99 562	B'Bn4vt	Hart	1909	3215	2.155 l	Mü 1955	Mü 1959	
		99 567	B'Bn4vt	Hart	1910	3449	2.155 l	Mü 1964	—	+ 1966
		99 570	B'Bn4vt	Hart	1910	3420	2.155 l	Epp ? 1958	—	+ 1966
		99 575	B'Bn4vt	Hart	1912	3557	2.155 l	Zi 1957	Wolk 1958	
		99 587	B'Bn4vt	Hart	1913	3607	2.155 l		—	+ 1970
		99 589	B'Bn4vt	Hart	1913	3669	2.155 l	Mü 1965	Ki 1956	
		99 591	B'Bn4vt	Hart	1913	3671	2.155 l	Ki 1959	Ki 1960	
		99 595	B'Bn4vt	Hart	1914	3735	2.155 l	Zi 1963	Mü 1963	
								Mü 1964	—	+ 1966
		99 4511	C1'n2t	Kra	1899	4113	2.90 e	Nau 1961	Raw	
		99 4511	Cn2t	Raw Gör	1966			Raw	Perl 1966	nur abgestellt in Altenkirchen
		99 4532	Dn2t	O&K	1924	10844	2.145 a	Wern 1962	Zi 1963	
		99 4643	Dn2t	O&K	1922	9682	2.118 d	Perl 1969	—	+ 1970
		99 4644	Dn2t	O&K	1923	10501	2.118 b	Perl 1969	—	+ 1970
		99 4651	Cn2	Hen	1941	25979	2.90 i	Da 1964		+ 1968

noch Tabelle 2.3 Triebfahrzeuge der RüKB

Betriebsnummer/Name RüKB	PLB[1]	DR	Bauart	Hersteller	Baujahr	Fabriknummer	Bild	übernommen von	abgegeben an	Bemerkungen
noch Von der DR nach 1949 zusätzlich eingesetzte Dampflokomotiven										
		99 4652	Cn2	Hen	1941	25983	2.90 i	Da 1964		+ 1969[3])
		99 4653	Cn2	Jung	1944	10123	2.90 i	Da 1964		1968 verkauft an Betonwerk Ückermünde
		99 4801	1'Dh2t	Hen	1938	24367	2.118 e	Bu 1965		
		99 4802	1'Dh2t	Hen	1938	24368	2.118 e	Bu 1965		
Motorlokomotiven										
	Köf 6001	100 901		Gmein	1944	4205	1.38 b	Da	—	Einsatz in Putbus 1970
	Köf 6003	100 902		Gmein	1944	4205	1.38 b	Da	—	Einsatz in Putbus 1970
	Kö 6005	—		LKM	1954	249109	1.38 d		—	
Triebwagen										
T1	—	—		Des			1.40 b			Verbleib ungeklärt
—	VT 137600			Lett	1944		1.40 a	1957 von Rbd Dresden	1962 Perl	
Fährschiffe										
Wittow	4F 899			Vul	1896	—	—	—	—	1975 an Weiße Flotte Stralsund
Bergen (ehem. „Jasper von Maltzahn")	4F 900			Nüske & Co	1911	—	—	—	—	1975 an Weiße Flotte Stralsund

[1]) Nummern nicht angeschrieben [2]) Umbau in Dh2t [3]) Umbau auf 600 mm in Wernigerode; ab 1974 Dampfkleinbahn Mühlenstroth (BRD)

Wegen des geringen Personenverkehrs wurde am 1. Februar 1937 auf der Strecke Bergen—Altenkirchen ein vierachsiger Triebwagen T1 in Dienst gestellt, der noch zwei Beiwagen mit insgesamt sechs Achsen mitführen konnte. Anfang des zweiten Weltkrieges (1942) wurde der Triebwagen wegen zu hoher Reparaturkosten an die GJK weitergegeben und dort als TZ geführt. Der 1957 nach Rügen umgesetzte VT 137 600 (siehe Bild 1.42) kam über Versuchsfahrten nicht hinaus und wurde schließlich

Bild 2.6
Lokomotive 33^{nn}
im Bahnhof Altefähr
(um 1930)
Foto: Harder

Bild 2.7
Lokomotive 8^{m}
beim Verladen
Foto: Sammlung Harder

im Jahre 1962 nach Perleberg abgegeben.
Die Diesellokomotiven Kö 6005, Köf 6001 und Köf 6003 arbeiteten vornehmlich im Rangierbetrieb in Altefähr und Bergen.
Bis 1911 waren im Reiseverkehr nur die zweiachsigen Lenz-Gattungen eingesetzt, zum Teil kombiniert als Personen- und Gepäck- oder Postwagen. Sie hatten genietete Untergestelle und Vereinslenkachsen. Später wurden die hölzernen Wagenwände mit Blech verkleidet; vier Wagen verblieben in der Original-

Tabelle 2.4 Technische Daten der Dampflokomotiven der RüKB

Betriebsnummer RüKB		1^{n}–6^{n}	7^{m}, 8^{m}	9^{m}	11°, 12°	31^{nn}–35^{nn}	51^{M}, 52^{M}	53^{Mh}	—	—
Betriebsnummer DR		—	99 4602[1])	99 4603[2])	—	99 4521 — 99 4525	99 4631, 99 4632	99 4633	99 4621	99 4511
Bild 2.10		a	b	c	e	d	f	f	g	—
Bauart	—	Bn2t	Bn2t	Bn2t	Cn2t	B'Bn4vt	Dn2t	Dh2t	C2'n2t	Cn2t
Höchstgeschwindigkeit	km/h	25	30	30	30	30	30	30	25	25
Zylinderdurchmesser	mm	210	230	230	270	225/340	350	350	350	250
Kolbenhub	mm	300	360	360	340	360	400	400	400	330
Steuerung	—	Sta	Sta	Sta	Joy	Ha	Ha	Ha	Ha	Ha
Kesseldruck	kp/cm²	12	12	12	12	12	12	12	12	14
Rostfläche	m²	0,43	0,44	0,52	0,60	0,73	0,90	0,90	1,10	0,71
Heizfläche Feuerbüchse	m²						3,52	3,52	4,41	2,7
gesamt	m²	17,3	21,5	26,3	30,5	34,9	46,7	33,7	51,6	25,1
Überhitzer	m²	—	—	—	—	—	—	13,0	—	—
Wasservorrat	m³	1,2	1,3	1,3	2,0	2,0	2,2	2,2	2,5	1,8
Kohlevorrat	t	0,5	0,5	0,5	0,8	0,7	0,8	0,8	1,0	0,75
Treibraddurchmesser	mm	650	720	720	720	720	850	850	810	780
Laufraddurchmesser	mm	—	—	—	—	—	—	—	810	—
Achsstand gesamt	mm	1 500	1 700	1 700	2100	3775	3 400	3 450	4650	2000
Länge über Puffer	mm		5 860	6 070		7 063	7 724	8 000	8 200	6045
Lokbreite	mm		1 960	1 970		1 960	2 200	2 200	1 920	2250
Lokhöhe über SO	mm		3 050	3 050		3 140	3 150	3 200	3 000	3750
Lokmasse leer	t		10,0	9,5	11,8	17,5	18,5	20,5	23,2	15,1
betriebsfähig	t	10,6	12,5	12,5	15,6	20,8	23,5	25,5	27,2	18,1
Zugkraft	Mp	1,46	1,91	1,91	2,47	3,12	4,15	4,15	4,36	2,22
Leistung	PS	60	80	95	115	145	200	235	215	100

[1]) Vulcan [2]) Henschel

ausführung. Die Wagen hatten Gewichtsbremse, Ofenheizung und Petroleum- bzw. Kerzenbeleuchtung. Ihr Einsatzgebiet war nach 1911 vorwiegend die Strecke Bergen—Altenkirchen mit Ausnahme eines Wagens 2./3. Klasse auf der Strecke Altefähr—Putbus. Für die Bäderstrecke reichten die zweiachsigen Wagen nicht aus, so daß von 1911 bis 1915 zehn vierachsige Personenwagen (HAWA) und zwei vierachsige Post-Gepäck-Wagen (Beuchelt) mit offenem Übergang eingesetzt wurden. Nach sieben weiteren Zweiachsern von Beuchelt schlossen sechs moderne vierachsige Personenwagen der Waggonfabrik Wismar das Reisezugwagenbeschaffungsprogramm der RüKB ab. Erst nach der Übernahme durch die DR wurden freigewordene sächsische Reisezugwagen der verschiedensten Bauarten sowie drei Wagen vom Netz Burg

Bild 2.8
Triebwagen
mit zwei Beiwagen
im Bahnhof Bergen
Foto: Sammlung Kieper

Bild 2.9
Bahnhof Göhren
(1975)
Foto: Preuß

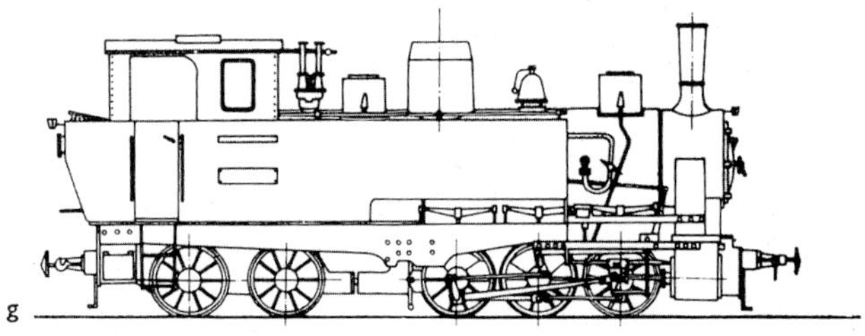

Bild 2.10
Lokomotiven der RüKB

nach Rügen umgesetzt. Für einen versuchsweisen Speisewagenbetrieb hatte man je zwei HAWA-Wagen (970-761 und 970-152 sowie 970-155 und 970-763) zu Stammeinheiten verbunden. In den Abteilen befanden sich 400 mm × 600 mm große Klapptische; ein Abteil war als Schankraum eingerichtet. [78]
Die Reisezüge bestehen heute meist aus acht vierachsigen Personenwagen und einem Gepäckwagen.
Um 1965 wurden die Reisezugwagen und die Lokomotiven mit Druckluftbremsen ausgerüstet.

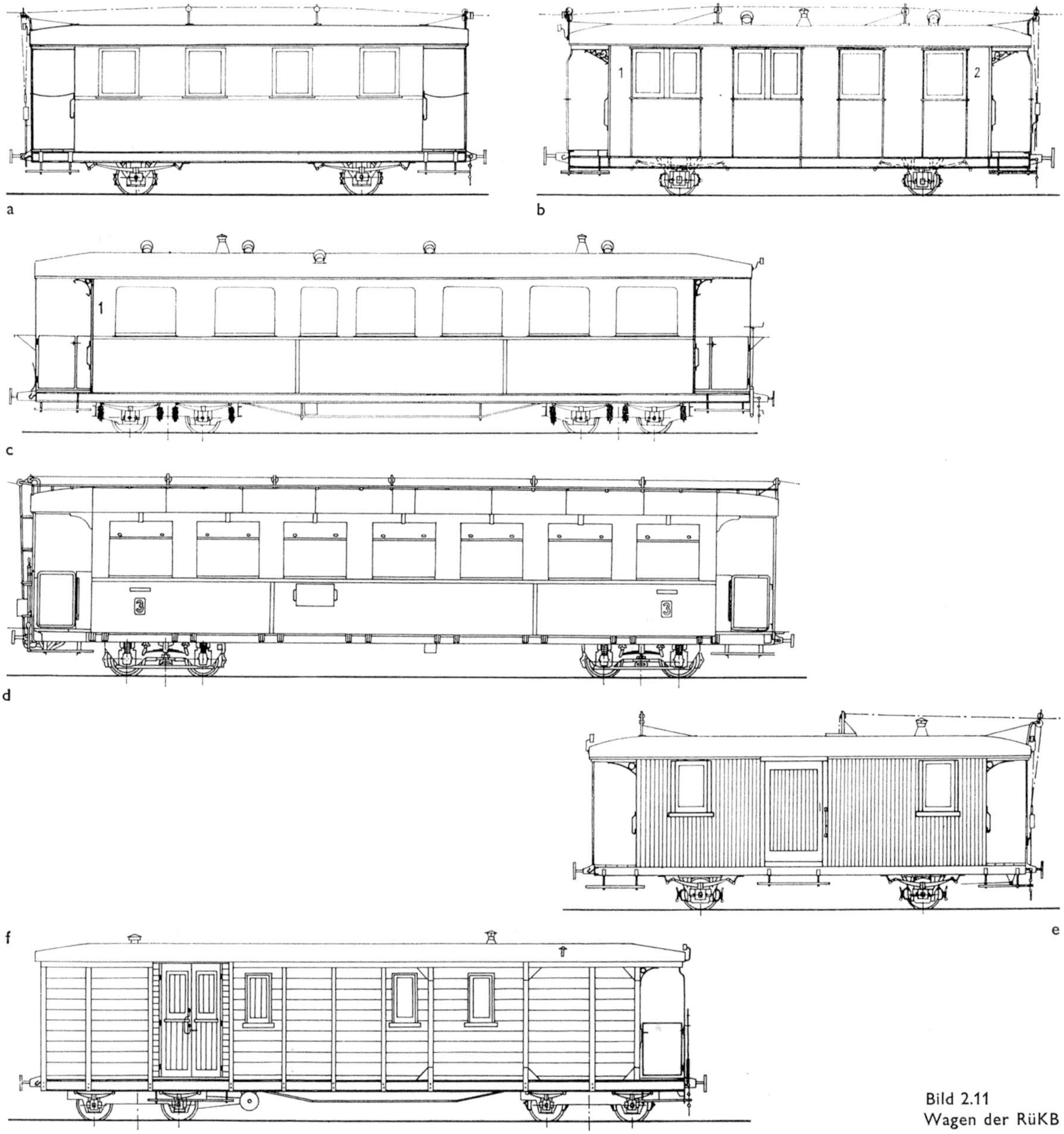

Bild 2.11
Wagen der RüKB

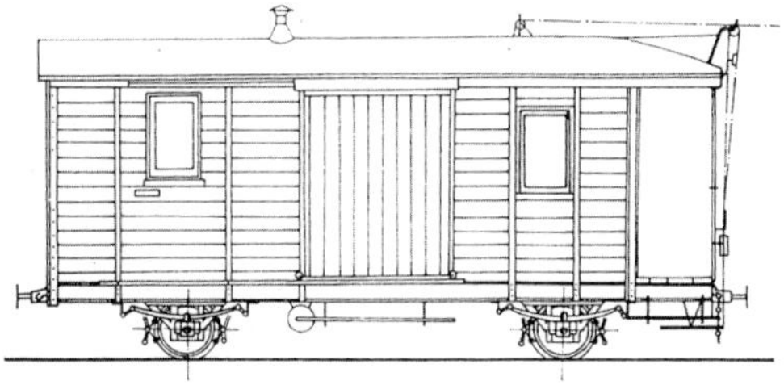

g

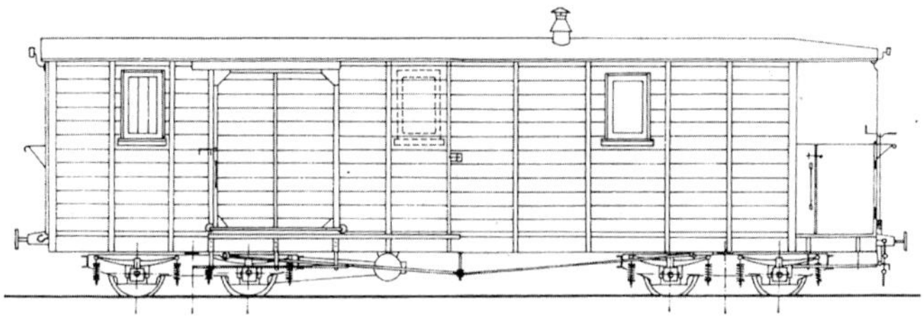

h

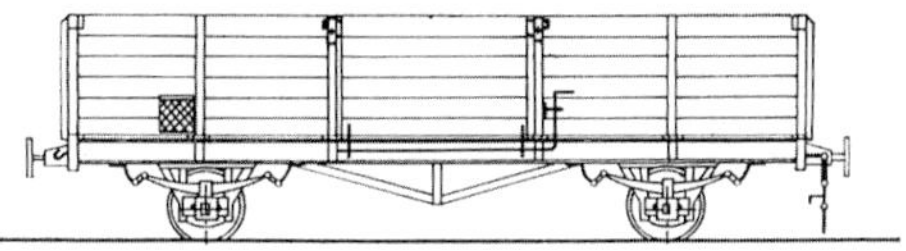

i

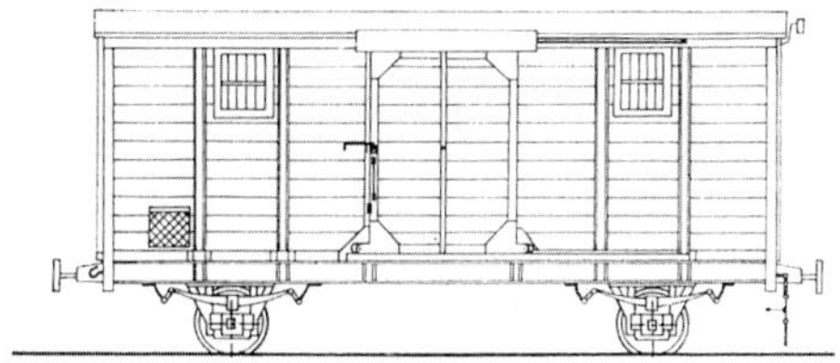

j

Tabelle 2.5 Technische Daten der Wagen der RüKB

Gattung		C	BC	BC 4, C4	C4	PwPost	PwPost4	Pw	PwPost4	Ow	Gw
Bild 2.11		a	b	c	d	e	f	g	h	i	j
Hersteller	—	Gör	Beu	HAWA	Wis	Gör	Gör	Gör	Beu	Gör, Beu	Beu
Baujahr	—	1895—1900	1905	1911—1915	1927	1895	1918	1895	1911	1895—1918	1914
Anzahl	Stck	10	4	10	6	2	1	1	2	123¹)	14
Länge über Puffer	mm	7840	8330	12420	12400	7800	11300	6700	9600	6400	7800
Wagenkastenlänge	mm	5750	6250	9930	9920					5500	
Wagenkastenbreite	mm	2050	2250	2270	2230		2300	2000	2100	1850	2000
Achsstand/Drehzapfenabstand	mm	3750	4000	7500	7560	3500	7500	3500	5800	3500	3800
Drehgestallachsstand	mm	—	—	1200	1200	—	1400	—	1200	—	—
Sitzplätze 2. Klasse	—	—	10	8	—	—	—	—	—	—	—
3. Klasse	—	24	12	20, 28	35	—	—	—	—	—	—
4. Klasse	—	—	—	—	—	—	—	—	—	—	—
Tragfähigkeit	Mp									7,5	7,5
Ladefläche	m²	—	—	—	—						
Laderaum	m³	—	—	—	—						

¹) z. T. mit Bremserbühne

Die Güterwagen wiesen keine Besonderheiten auf (Lenz-Gattungen Gw, Ow, Fakultativwagen, Schneepflug). Ein Teil besaß eine handbetätigte Gewichtsbremse. 1911 wurden sechs offene Wagen und nach 1950 einige vierachsige gedeckte Wagen aus Sachsen beschafft. Vom Netz Burg kamen 1965 vier dreiachsige offene Wagen mit 10 Mp Tragfähigkeit zum Netz Rügen.

Wegen einer geplanten Stillegung der noch verbliebenen Bäderstrecke Putbus—Göhren wurden umfangreiche Straßenbauarbeiten durchgeführt, um den Verkehr durch Omnibusse abwickeln zu können. In Anbetracht des starken Urlaubsverkehrs ist aber die Entscheidung gefallen, diese Bahn auch weiterhin als touristische Attraktion betriebsfähig zu erhalten. [76–81]

2.1.2. Stralsund—Barth—Ribnitz-Damgarten Ost (Franzburger Kreisbahnen, 1000 mm)

Um den Transport landwirtschaftlicher Güter nördlich der regelspurigen Strecke Rostock—Stralsund zu beschleunigen, wurde am 21. Februar 1894 vom Regierungspräsidenten in Stralsund der Aktiengesellschaft Franzburger Kreisbahnen (FKB) in Barth auf 50 Jahre die Konzession zum Bau einer schmalspurigen Kleinbahn von Stralsund über Barth nach Damgarten erteilt. Die Trasse wurde etwa so geführt, wie der ursprüngliche Verlauf einer regelspurigen Strecke Stralsund—Barth—Rostock geplant war. Mit dem Bau beauftragte man die Eisenbahnbaugesellschaft Lenz & Co. Die Ausführungskosten beliefen sich einschließlich Grunderwerb auf 2331000 M. Lenz & Co beteiligte sich daran mit 654000 M Prioritätsaktien und übernahm auch bis 1910 die Betriebsführung, die dann, wie bei allen Lenz-Bahnen, in die Betriebsführung des Provinzialverbandes der Provinz Pommern überging. Am 4. Mai 1895 konnte das gesamte Streckennetz eröffnet werden. Haupttransportgut waren Zuckerrüben für die Fabriken in Barth und Stralsund. Von der Eröffnung bis zur Einstellung blieb der Personenverkehr etwa konstant. Auf den Strecken Stralsund—Klausdorf, Stralsund—Barth und Barth—Damgarten ver-

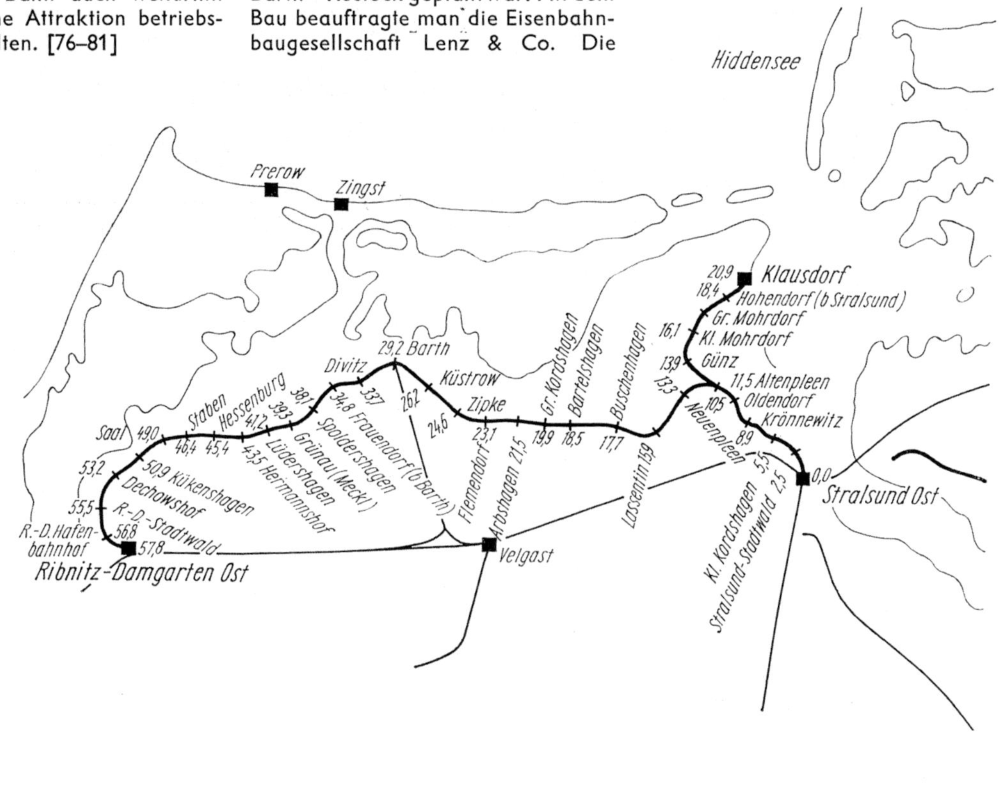

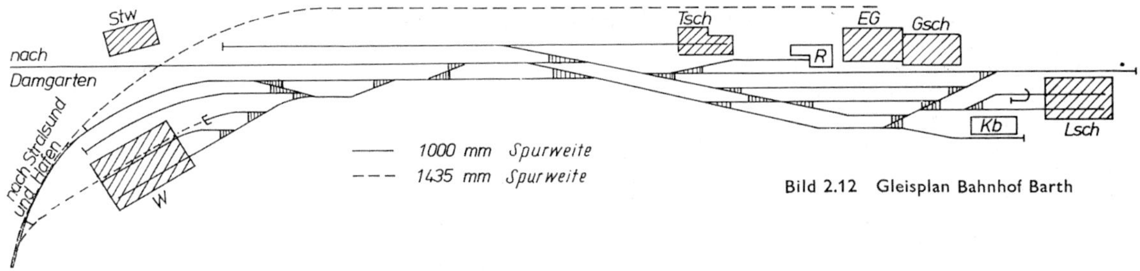

Bild 2.12 Gleisplan Bahnhof Barth

Bild 2.13 Personenzug mit Güterwagen im Bahnhof Stralsund Ost (1958)
Foto: Lehmann

kehrten durchschnittlich zwei bis vier Zugpaare täglich. Seit Mitte der dreißiger Jahre wurde mit dem Einsatz von Triebwagen dem geringen Personenverkehr Rechnung getragen. Der Triebwagenverkehr bewährte sich so, daß in den letzten 20 Jahren der Personenverkehr vorwiegend mit Triebwagen abgewickelt wurde.

Die Trasse verlief ohne große Umwege oder Kunstbauten in flachem Land, 680 m lagen auf öffentlichen Straßen.

In Stralsund fuhren die Züge nach dem Verlassen des Bahnhofs Stralsund Ost zunächst auf dem Triebseer

Tabelle 2.6 Strecken der FKB

Streckenabschnitt	Länge	Eröffnung	Stillegung		max. Neigung	min. Krümmungsradius	max. Geschwindigkeit	Bemerkung
			Reiseverkehr	Güterverkehr				
	km				1 : n	m	km/h	
Stralsund Ost—Barth	29,2	4. 5. 1895	30. 11. 1968[1]	30. 11. 1968[1]	1:60	60	25	
Abzweig Altenpleen—Klausdorf	9,4	4. 5. 1895	30. 11. 1968	30. 11. 1968	1:100	200	30[3]	
Barth—Damgarten (später Ribnitz-Damgarten Ost)	8,5	4. 5. 1895	4. 1. 1971[2]	31. 5. 1969	1:100	100	40[4]	

[1]) Stralsund Ost—Stralsund Stadtwald (2,5 km): 16. 6. 1961
[2]) Ribnitz-Damgarten Ost—Hermannshof (13,5 km): 29. 6. 1965
[3]) für Dampflokomotiven
[4]) für Triebwagen

Bild 2.14 Abfahrbereiter Frühzug im Bahnhof Klausdorf (1968) *Foto: Nickel*

Tabelle 2.7 Statistische Angaben zur FKB

Jahr	1895	1906	1911	1935	1966
Lokomotiven gesamt	6	7	8	9	8
davon mit 2 Kuppelachsen	6	6	6	6	4
mit 3 Kuppelachsen	—	—	—	1	2¹)
mit 4 Kuppelachsen	—	1	2	2	2
Triebwagen gesamt	—	—	—	1	3
davon zweiachsig				—	—
vierachsig				1	3
Personenwagen gesamt	7	9	11	12	19²)
davon zweiachsig	7	9	9	8	8
vierachsig	—	—	2	4	11²)
Gepäckwagen gesamt	3	3	4	4	8
davon Postabteil	1	1	1,5	1,5	—
davon zweiachsig	3	3	4	4	4
vierachsig	—	—	—	—	4
Güterwagen gesamt	88	145	149	192	206
davon zweiachsig	88	145	145		193
vierachsig	—	—	—	4	13
Spezialwagen	—	4	4	4	7³)
beförderte Personen		109339	94536	186300	
beförderte Güter in t		100915	109395	101510	
Lokomotivkilometer		175667	176240		

¹) davon eine C1' ²) davon zwei Beiwagen für Triebwagen
³) davon drei Schneepflüge, zwei Hilfsgerätewagen und zwei Bahndienstwagen

Damm parallel zu den Gleisen der Straßenbahn und überquerten dann den Bahnhofsvorplatz. Diese zwar romantische, aber den Straßenverkehr stark behindernde Überquerung führte 1961 zur Einstellung des Betriebes in Stralsund. Dadurch fiel der Teilabschnitt Stralsund Ost—Barth für den Güterverkehr aus. Als neuer Endpunkt wurde der Bahnhof Stralsund Stadtwald mit lediglich einem Umfahrgleis und einer kleinen Drehscheibe für den Schneepflug angelegt. Der als Ersatz vorgesehene Autobuszubringer konnte den Rückgang des Personenverkehrs nicht verhindern. Da die Bahn auch keine attraktiven landschaftlichen Reize aufwies, gab es kaum einen touristischen Reiseverkehr.
Der Oberbau bestand aus Vignolschienen von 15,5 kg/m bzw. 24,39 kg/m auf hölzernen Querschwellen (neun bis elf auf 9 m bis 10 m) in Kiesbettung. Es bestanden 35 Bahnhöfe, ein Haltepunkt, fünf Anschlüsse (u. a. zur Tonwarenfabrik Saal) und eine Ladestelle. Elf Bahnhöfe hatten Feldbahnanschluß. Verbindungen an die Regelspur bestan-

Bild 2.15
Reger Betrieb
im Bahnhof Barth (1966)
Foto: Kieper

Bild 2.16
Kleinbahnzug vor
dem Hauptbahnhof Stralsund
Foto: Stadtarchiv Stralsund

den an den Endpunkten Stralsund Ost und Damgarten (später Ribnitz-Damgarten Nord) sowie in Barth. Sitz der Verwaltung und die zentrale Werkstatt befanden sich in Barth; Lokomotivschuppen gab es in Barth (vierständig), Damgarten (zweiständig), Klausdorf (einständig) und Stralsund Ost (zweiständig). Die Ge-

Bild 2.17 Personenzug mit Lok 99 5611 vor Barth (1966) *Foto: Kieper*

bäude sind vorwiegend in Fachwerkbauweise mit ausgemauerten roten Klinkern errichtet.
1960 waren in Klausdorf und Ribnitz-Damgarten Nord je eine Bn2t-Lokomotive der Baureihe 99^{560}, in Stralsund die 99 5622 sowie die 99 5631 und in Barth alle anderen Triebfahrzeuge stationiert. Alle sind – bis auf die später hinzugekommene 9° – Lenz-Lokomotiven. [75]
Von der Gattung i, einer B-Tenderlokomotive mit 6 t Achslast, dem sogenannten Typ Pommern, wurden von Vulcan insgesamt 38 Lokomotiven gebaut. Sie sind die älteste Lenz-Gattung, von der bereits einige Maschinen beim Streckenbau eingesetzt wurden und die gleichzeitig am längsten in Betrieb waren – zwei bis zur Betriebseinstellung im Jahre 1969. Das spricht für die robuste, zweckmäßige Konstruktion. Kennzeichnend für diese Baureihe ist die Wahl von nur zwei gekuppelten Achsen, der innerhalb des Rahmens liegende Wasserkasten und der niedrig liegende domlose Kessel.
Die beiden einzigen Mallet-Lokomotiven von Vulcan für Meterspur Lok 7^{ii} und Lok 8^{ii} (siehe Bild 1.25) entsprachen in den wesentlichen technischen Daten der Gattung nn für 750 mm Spurweite (außer Radstand, Breite und Länge). Sie hatten außerordentlich geringe Auspuffgeräusche. Beide Triebgestelle besaßen Innenrahmen. Die später von

Hanomag gelieferte Lok 9^{ii} war äußerlich anders gestaltet und entsprach den Lokomotiven 8^{ii} bis 10^{ii} der ehemaligen Kolberger Kleinbahn. Sie wurde im ersten Weltkrieg requiriert und ging verloren.
1928 wurde die Betriebsnummer 9 durch die Nr. 5 (Cn2t) der ehemaligen Salzwedeler Kleinbahn zum zweiten Mal besetzt. Diese Lokomotive war die letzte, die bis zur Betriebseinstellung einsatzfähig war. 1972 wurde sie im Bw Wernigerode Westerntor für die Museumsbahn Dunieres-Saint Agreve in Frankreich aufgearbeitet. Eine letzte Lokomotive der Gattung i steht als Denkmal am Werkeingang eines Modelleisenbahnherstellers in Nürnberg, eine weitere im Erholungspark Minidorm bei Düsseldorf.
Besondere Außenseiter im Lokpark waren zwei im zweiten Weltkrieg aus Frankreich nach Deutschland geschaffte Schmalspurlokomotiven, von denen eine von Hildburghausen über Gernrode und Wernigerode 1958 nach Barth kam. Es handelt sich um eine C 1'n2t-Maschine der Fa. Schneider, Frankreich, Typ 110, Baujahr 1890, Fabrik-Nr. zwischen 2456 und 2467. Die Lokomotive erhielt 1952/1953 im Raw Halberstadt einen neuen Kessel. Aufgrund ihrer guten Laufeigenschaft wurde die Lok vom Personal gern gefahren.
Für den leichten Rangierdienst stand eine zweiachsige Diesellok Kö 6501 zur Verfügung. Sie wurde 1966 an die Industriebahn Halle abgegeben.
Bereits 1935 begann zur Erhöhung der Wirtschaftlichkeit im Reiseverkehr der Betrieb mit Triebwagen. Als notwendige Folge konnte auf freier Strecke eine Geschwindigkeit von 40 km/h zugelassen werden. Um den Fahrplan bei Ausfall des Trieb-

Tabelle 2.8 Triebfahrzeuge der FKB

Betriebsnummer/Name			Bauart	Hersteller	Baujahr	Fabriknummer	Bild	Bemerkungen
FKB	PLB	DR						
Dampflokomotiven								
1^{i}	119	99 5601	Bn2t	Vul	1893	1347	2.19 a	+ 1966
2^{i}	120	99 5602	Bn2t	Vul	1893	1348	2.19 a	verkauft 1967
3^{i}	121	99 5603	Bn2t	Vul	1893	1349	2.19 a	+ 1962
4^{i}	122	99 5605	Bn2t	Vul	1894	1363	2.19 a	verkauft 1970
5^{i}	123	99 5606	Bn2t	Vul	1894	1379	2.19 a	verkauft 1970
6^{i}	124	99 5604	Bn2t	Vul	1894	1359	2.19 a	+ vor 1957
7^{ii}	165	99 5621	B'Bn4vt	Vul	1902	2008	2.19 b	+ 1969
8^{ii}	166	99 5622	B'Bn4vt	Vul	1910	2652	2.19 b	+ 1967
9^{ii}	—	—	B'Bn4vt	Hanomag	1913	6997	2.19 c	+ im 1. Weltkrieg
9	130	99 5611	Cn2t	Hen	1903	6526	2.19 d	1928 von Salzwedeler Klb
—	—	99 5631	C1'n2t	Schn	1890	¹)	2.19 e	+ 1966
Motorlokomotiven								
—	—	Kö 6501	B-dm	LKM	1953	49084	1.38 f	1965 nach Halle
Triebwagen								
—	1121	VT 137 531	(1A)' (A1)'	Dess	1935	3073	1.40 i	umgebaut in VB 147 562
—	1124	532	(1A)' (A1)'	Dess	1939	3214	1.40 i	T 42 Bruchhausen-Vilsen (BRD) ab 1974
—	1125	VT 137 562	Bo'2'	Briss	1939		1.40 g	
—	1126	563	Bo'2'	Briss	1939		1.40 g	
—	1127	564	Bo'2'	Briss	1939		1.40 g	umgebaut zu VB 147 561
—	—	VT 133 521	1A		1929		1.40 d	etwa 1952 von Gera, + 1961

¹) zwischen 2456 und 2467

Bild 2.18 VT 137 532 im Bahnhof Altenpleen (1967) *Foto: Kieper*

Tabelle 2.9
Technische Daten der Dampflokomotiven der FKB

Betriebsnummer FKB		1^{i}–6^{i}	7^{ii};8^{ii}	9^{ii}	9°	—
Betriebsnummer DR		99 5601 — 99 5606	99 5621, 99 5622	—	99 5611	99 5631
Bild 2.19		a	b	c	d	e
Bauart	—	Bn2t	B'Bn4vt	B'Bn4vt	Cn2t	C1'n2t
Höchstgeschwindigkeit	km/h	30	30	30	30	25
Zylinderdurchmesser	mm	210	2×225/340	2×225/340	300	320
Kolbenhub	mm	400	360	360	430	380
Steuerung	—	Ha	Ha	Ha	Aa	Sta
Kesseldruck	kp/cm²	12	12	12	12	12
Rostfläche	m²	0,40	0,73	0,73	0,72	0,83
Heizfläche gesamt	m²	20,5	34,9	35,7	42,0	53,12
Überhitzer	m²	—	—	—	—	—
Wasservorrat	m³	1	2,0	2,5	1,7	2,5
Kohlevorrat	t	0,35	0,8	0,9	0,6	1,5
Treibraddurchmesser	mm	800	720	720	860	800
Laufraddurchmesser	mm	—	—	—	—	590
Achsstand gesamt	mm	1700	3900	3590	2000	3550
Länge über Puffer	mm	5800	7000	6260[1]	6600	6970
Lokbreite	mm	2020		2120		
Lokhöhe über SO	mm	3300	3170		3500	3250
Lokmasse leer	t	9,9	17,2	18	18,0	20,1
betriebsfähig	t	12	20,6	22	20,8	25,1
Zugkraft	Mp	1,60	3,12	3,07	3,20	3,50
Leistung	PSi	85	145	150	175	200

[1]) Rahmenlänge

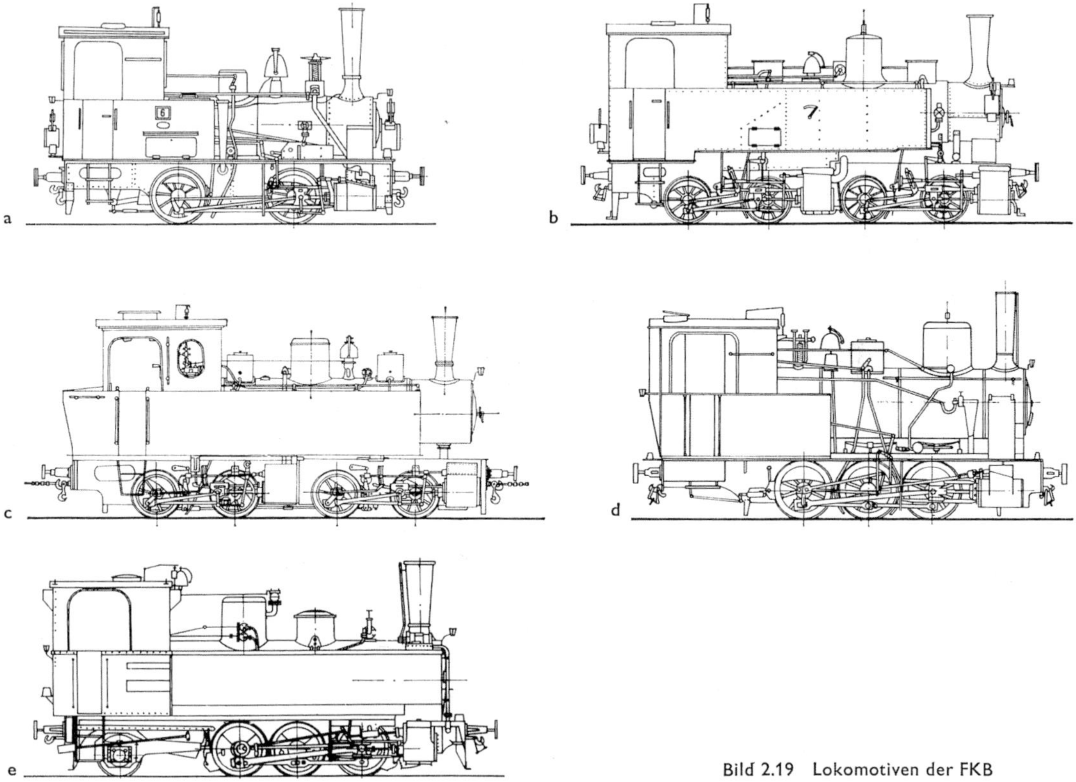

Bild 2.19 Lokomotiven der FKB

wagens einhalten zu können, erhielt die Lok 5^{i} eine Luftdruckbremse; somit vermochte sie mit einem vierachsigen Personenwagen als Triebwagenersatz ebenfalls 40 km/h zu fahren.

Der Triebwagenverkehr war so überzeugend, daß 1939 ein zweites Fahrzeug beschafft wurde. Drei französische Triebwagen kamen dann während des zweiten Weltkrieges hinzu. Von beiden Triebwagenbauarten wurde je ein Triebwagen nach der Übernahme durch die DR zu einem Beiwagen umgebaut. Abgesehen von dem Dampfzugpaar Klausdorf–Barth erledigten in den letzten Jahren vor der Betriebseinstellung die Triebwagen den gesamten Reiseverkehr. Heute versieht der VT 137532 auf der Museumseisenbahn Bruchhausen-Vilsen (BRD) als T 42 weiterhin Dienst; die anderen sind verschrottet. Der von Gera nach Barth umgesetzte VT 137521 wurde etwa 1951/52 zwischen Barth und Ribnitz-Damgarten Ost eingesetzt. Dafür wurden an beiden Endpunkten die erforderlichen Dreheinrichtungen geschaffen. Bis zur Ausmusterung blieb er dann in Barth abgestellt.

Der Personenverkehr war 1895 mit den typischen zweiachsigen Lenz-Wagen mit zwei offenen Endbühnen, Türen an den Stirnwänden, flachem Dach und vier Fenstern an jeder Längsseite eröffnet worden. Ein Wagen hatte ein Salonabteil. Die Fahrzeuge waren mit der Gewichtsbremse ausgerüstet und hatten Ofenheizung. Gepäckwagen mit Bedienhaspel für die Gewichtsbremse waren ebenfalls zweiachsig. In dem kastenartigen Dachaufbau wurde

Tabelle 2.10 Technische Daten der Wagen der FKB

Gattung		AC	BC, C	C 4[2])	BC4, C4	C 4[2])	Pw Post	BCPw	GC
Bild 2.20		a	b	c	d	e	j	i	g
Hersteller	—	Gör	Gör	Dü	Wis	Düs	Beu	Gör	Beu
Baujahr	—	1894	1895	1899	1911	1910	1906	1894	1906
Anzahl	Stck	1	5	1	2	1	1	1	4
Länge über Puffer	mm	8750	8750	11800	12500	11800	7550	8750	7100
Wagenkastenlänge	mm	6355	6355	7800	9600	8200	6750	6355	5000
Wagenkastenbreite	mm	2380	2380	2450	2600		2280	2380	2420
Achsstand/Drehzapfenabstand	mm	4000	4000	6700	7300	6700	3800	4000	3500
Drehgestellachsstand	mm	—	—	1250	1250	1250	—	—	—
Sitzplätze 2. Klasse		9[1])	6	—	16	—	—	6	—
3. Klasse		15	23/30	44	28/44	44	—	—	—
4. Klasse		—	—	—	—	—	—	8	—
Tragfähigkeit	Mp		9		12,6		5,25	5,25	7,8
Ladefläche	m²	—	—	—	—	—	5,1	5,1	11,75
Laderaum	m³	—	—	—	—	—			

[1]) Salon [2]) übernommen von Kehdinger Kreisbahn [3]) Kasten für Ballast [4]) Pflugschar

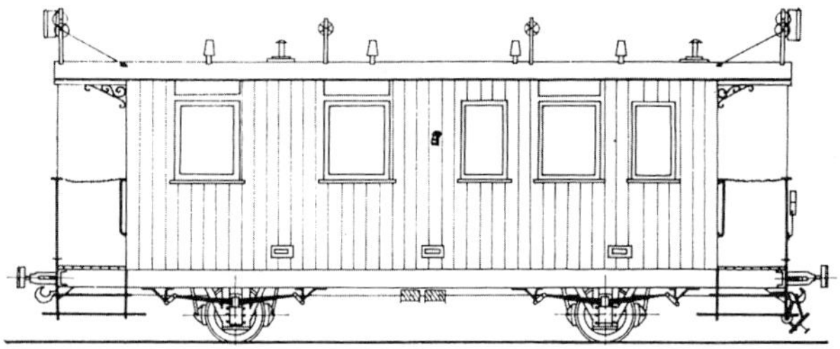

a

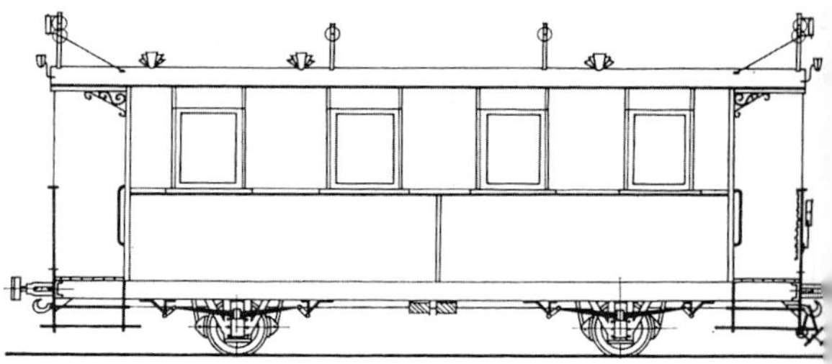

b

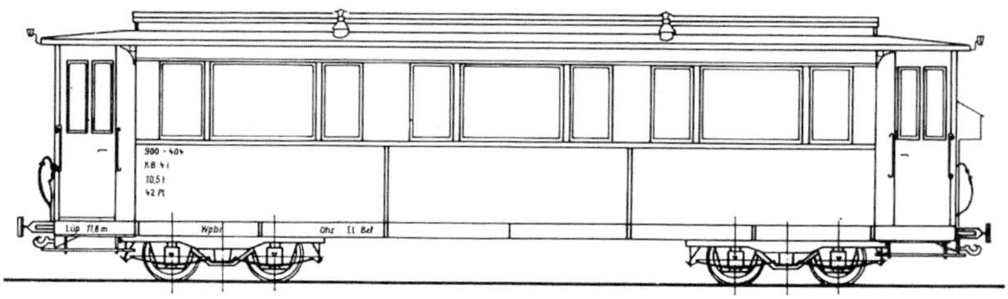

c

Bild 2.20
Wagen der FKB

Gw	Ow	BC	Gw	Gw	GGw	OOw	Schneepflug
h	o	f	k	n	l	p	m
Köln	Gör	Beu	Gw	Wis	Beu	Beu	Gör
1898	1894	1906	1894	1936	1913	1911	1901
12	17	2	15	10	5	2	2
6500	6900	8800	6900	6700	11400	10800	7600
5600	6000	6350	5300	5300	10100	9900	2100³)
2300	2280	2400	2400	2400	2300	2400	2860⁴)
2500	2600	4000	2600	3500	6400	6400	3500
—	—	—	—	—	1400	1200	—
—	—	16					—
—	—	16					—
—	—	—					—
7,8	7,8	—	7,8	7,8	15,75	15,75	7,8
10,6	12,6	—	12,3	12,35	21,4	24	4,3
19,9	9,2	—	24,4	23,7	44	14,3	3,2

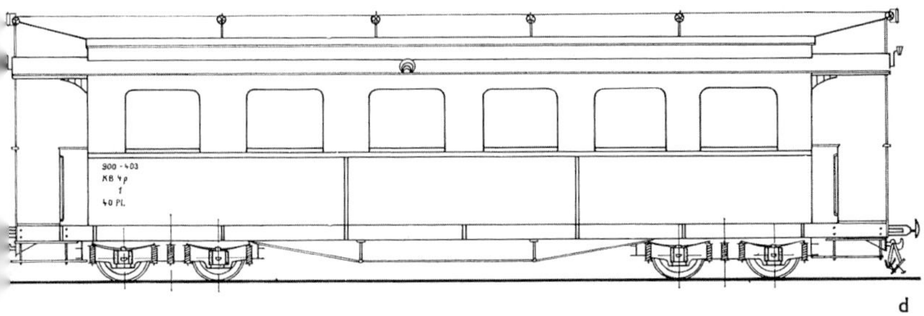

d

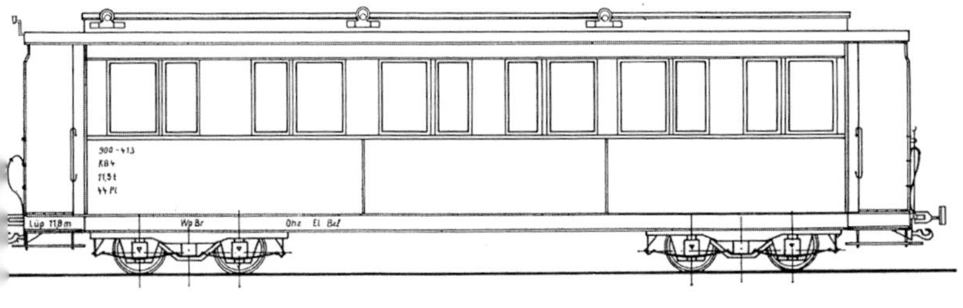

e

das Seil der Gewichtsbremse zur Bremshaspel geführt, die der Zugschaffner bediente. Alle Wagenkästen waren holzverkleidet. Vier Fakultativwagen dienten wahlweise als Behelfspersonenwagen oder als gedeckte Güterwagen. Einer dieser Wagen wurde jedem Reisezug beigestellt. 1911 ließ die FKB bei der Waggonfabrik Wismar zwei vierachsige Personenwagen 2./3. Klasse bauen. Zu diesen Vierachsern kamen nach 1933 zwei weitere 2./3.-Klasse-Wagen der eingestellten Kehdinger Kreisbahn. Ein 2.-Klasse-Abteil eines Wagens war als Salonabteil hergerichtet.
Weitere fünf vierachsige Personenwagen sowie ein vierachsiger Gepäckwagen wurden erst von der DR nach Schließung der Strecke Reichenbach—Oberheinsdorf umgesetzt. Einen Gepäckwagen sowie einen vierachsigen Personenwagen mit Traglastenabteil ließ die DR in Bahndienstwagen umbauen.
Die vorwiegend zweiachsigen Güterwagen waren ebenfalls offene und gedeckte Lenz-Wagen. Einige Wagen besaßen Gewichtsbremsen, einige Spindelbremsen mit offenen Kutschersitzen bzw. überdachter Bremsbühne. 1929 wurden als Gelegenheitskauf weitere zweiachsige offene Güterwagen von der Köln-Bonner Eisenbahn erworben. Ein Rollbockverkehr erfolgte nur von Damgarten bis Püttnitz. Mit den Spezialwagen (z. B. Schneepflug) genügte der Wagenpark allen Anforderungen bis zur Betriebseinstellung.
Da der Fahrzeugpark der FKB für alle meterspurigen Lenz-Bahnen typisch war, sind von dieser Bahn einige Fahrzeuge für museale Zwecke erhalten geblieben, so u. a. ein Fakultativwagen und ein offener Güterwagen bei der Museumseisenbahn Bruchhausen-Vilsen (BRD). [83–86]

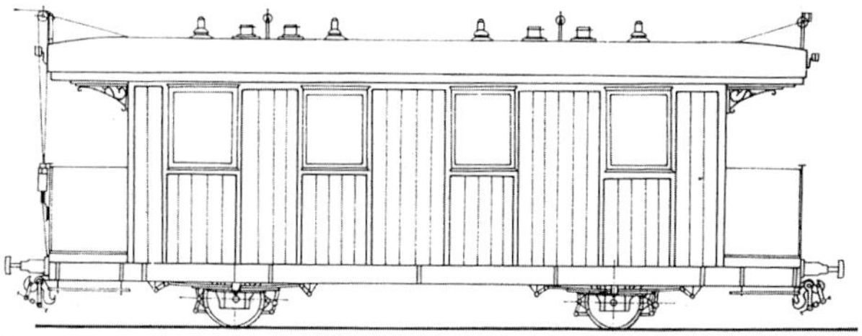

f

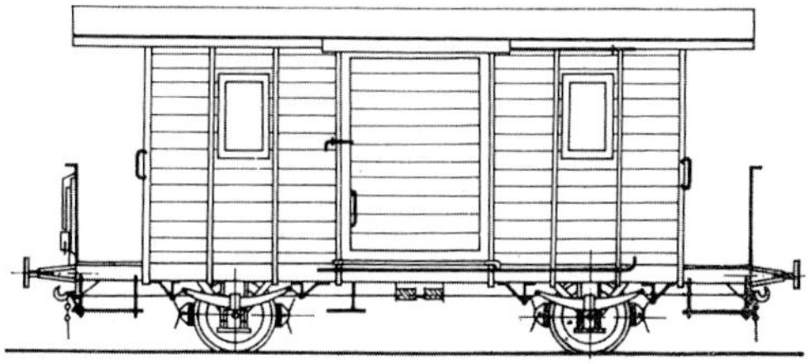

g

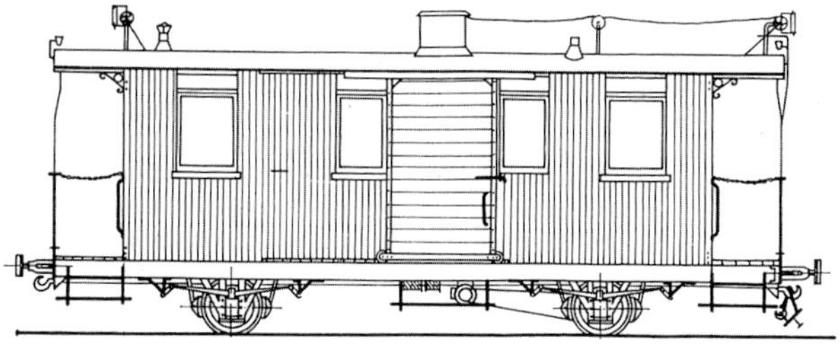

i

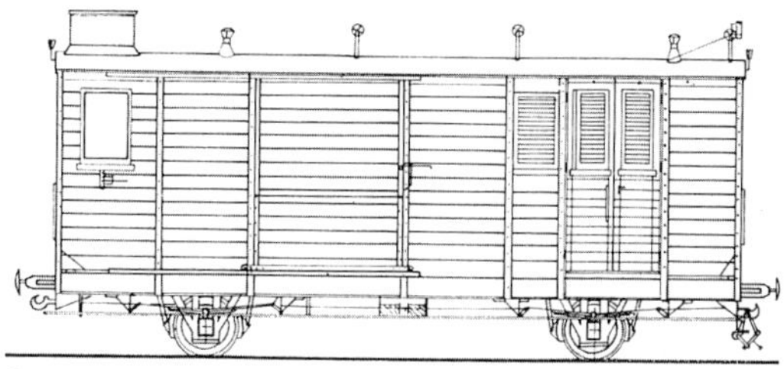

j

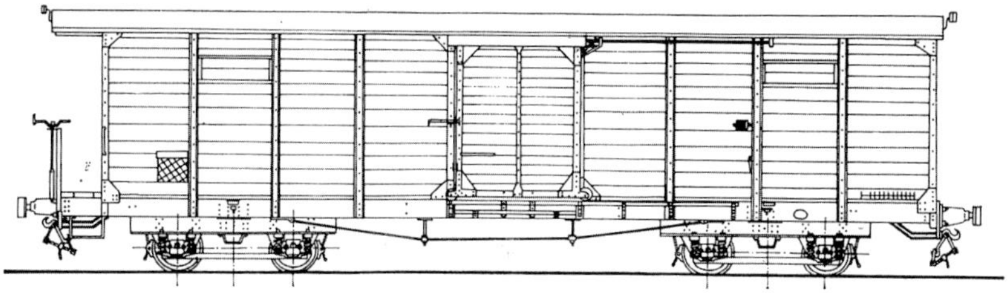

l

noch Bild 2.20
Wagen der FKB

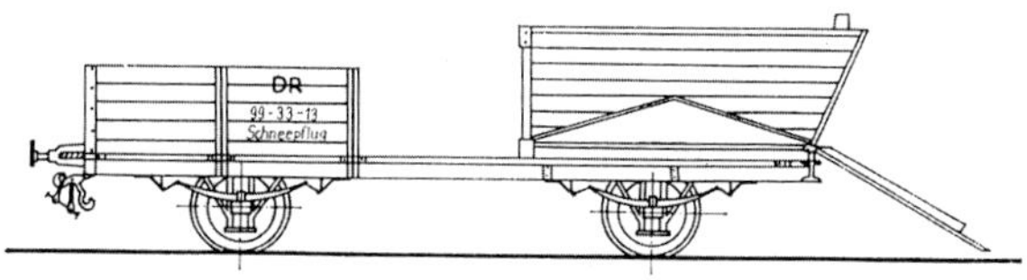

m

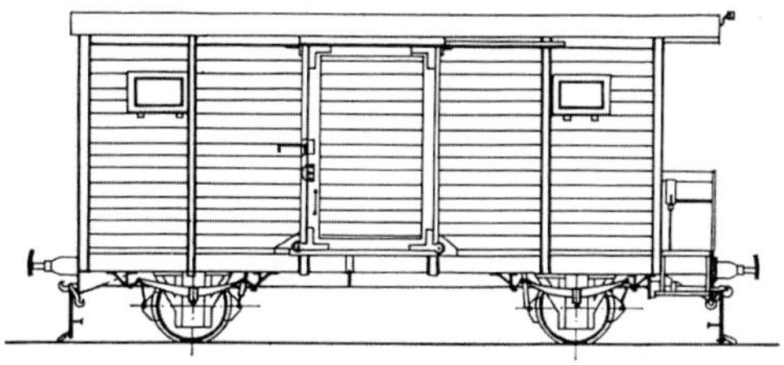

n

o

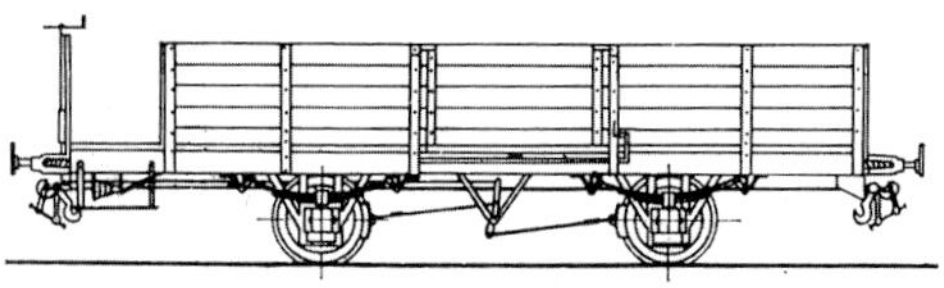

p

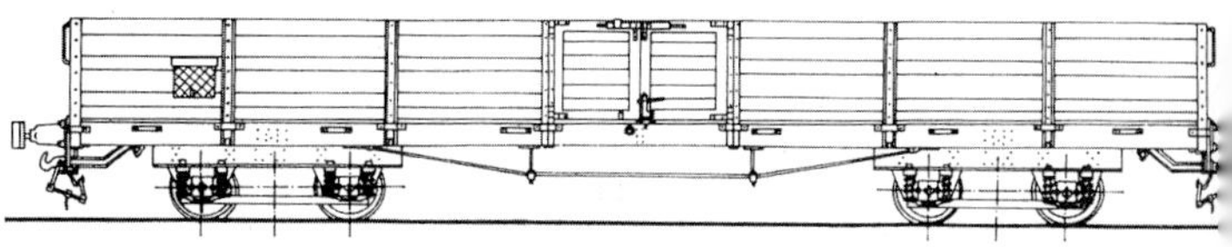

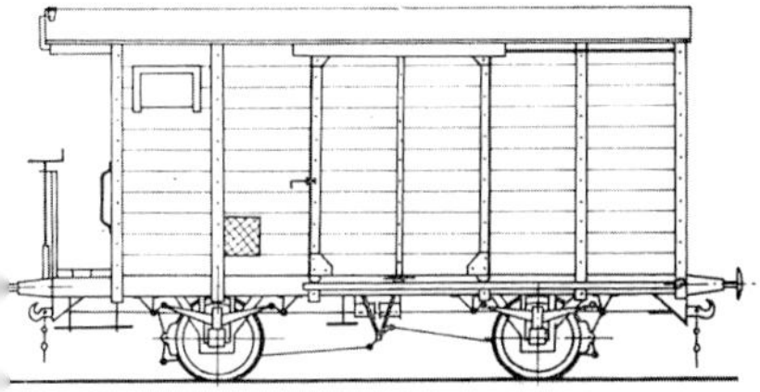

h

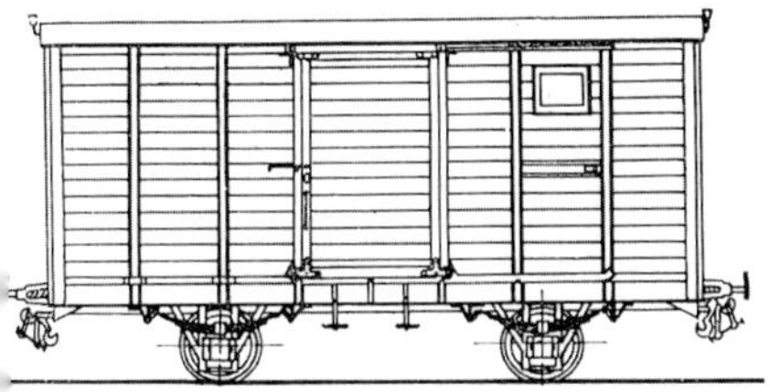

k

2.1.3. Bad Doberan—Ostseebad Kühlungsborn West (Doberan-Heiligendammer Eisenbahn; 900 mm)

Die älteste Schmalspurbahn im Norden der DDR ist die am 9. Juli 1886 eröffnete Doberan-Heiligendamm-Eisenbahn (DHE) von Doberan nach Heiligendamm. Sie stellt die Verbindung zwischen dem Ostseebad Heiligendamm und der Strecke Rostock—Wismar her. Der Eisenbahnbau- und Betriebsunternehmer Lenz in Stettin (später Lenz & Co, Stettin, danach Berlin) errichtete die Bahn in der relativ seltenen Spurweite von 900 mm (vorrangig für Werkbahnen verwendet). 1890 erwarb die Großherzogliche Regierung Mecklenburg-Schwerin die gesamte Bahn als Staatseigentum und unterstellte sie der Verwaltung der Mecklenburgischen Friedrich-Franz-Eisenbahn (MFFE). Der Betrieb wurde zunächst nur während der Badesaison von Mitte Mai bis Ende September durchgeführt – abgesehen von Ex-

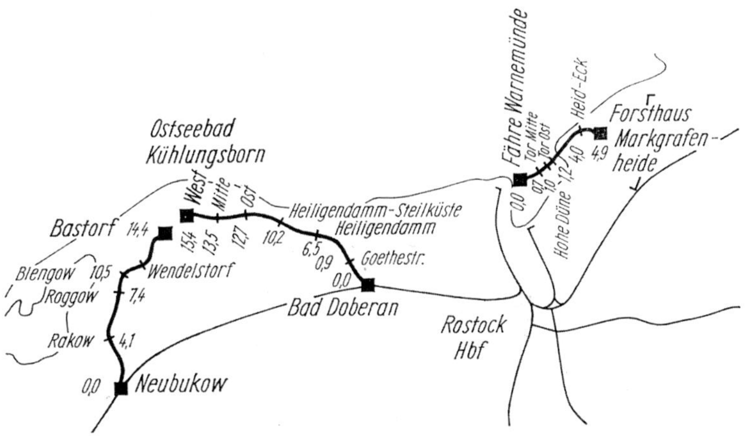

Tabelle 2.11 Streckenübersicht der DHE

Streckenabschnitt	Länge	Eröffnung	Stillegung: Reiseverkehr	Stillegung: Güterverkehr	max. Neigung	min. Krümmungsradius	max. Geschwindigkeit	Bemerkung
	km				1 : n	m	km/h	
Doberan—Heiligendamm	6,6	9. 7. 1886	—	31. 5. 1969	1 : 60	100	1886 : 25 1975 : 40	Bäderbahn
Heiligendamm—Arendsee	8,8	12. 5. 1910	—	31. 5. 1969			40	Bäderbahn
Neubukow Ow—Bastorf	14,4	1892/1893	—	1948			15	Rübenbahn

Bild 2.21 Bauzug mit Lok 1003 und Tracteur im Bahnhof Arendsee (um 1909)
Foto: Sammlung Schaft

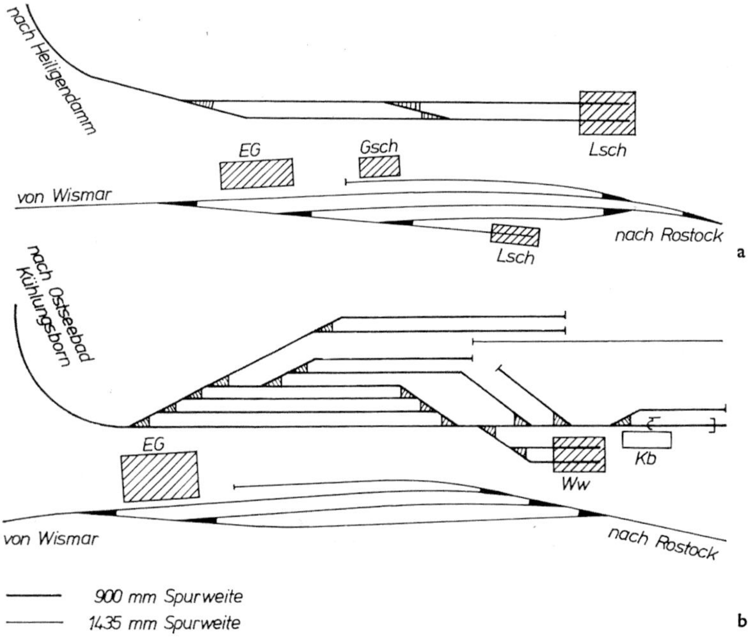

Bild 2.22 Gleisplan des Bahnhofs Doberan
a) um 1912
b) um 1970

trazügen zu Festlichkeiten bzw. an Feiertagen. Im Unterschied zu den anderen Schmalspurbahnen des Nordens lag schon immer der Schwerpunkt der Transportleistungen im Reisezugverkehr. Am 2. Mai 1910 wurde die Erweiterung über Heiligendamm hinaus bis Arendsee eröffnet (Bauunternehmer Großherzogliche General-Eisenbahn-Direktion zu Schwerin i. M.), gleichzeitig begann damit der Ganzjahresbetrieb auf der nun 15,4 km langen Schmalspurbahn. 1920 übernahm die Deutsche Reichsbahn-Gesellschaft (DRG) die Betriebsführung. Abgesehen von einigen Ortsnamensänderungen (1938 wurden Brunshaupten und Arendsee zum Ostseebad Kühlungsborn vereinigt, die Haltepunkte Fulgen und Doberaner Chaussee sowie der Bahnhof Doberaner Rennbahn wurden geschlossen) blieb die Strecke bis heute unverändert. Lediglich im Jahre 1969 wurde der Haltepunkt Heiligendamm Steilküste aufgrund des zunehmenden Badebetriebes eröffnet.

Für die Bewältigung des Reiseverkehrs sind heute ständig zwei Zugpaare mit mindestens acht Personenwagen, einem Gepäckwagen und einem Gepäckhilfswagen (GGw) im Einsatz, die in Spitzenzeiten um weitere fünf Personenwagen verstärkt werden können. 13 Zugpaare verkehren täglich. Diese Beförderungsleistungen können vom Kraftverkehr nicht übernommen werden, so daß eine Stillegung in absehbarer Zeit nicht vorgesehen ist. [86, 87]

Der Fahrzeugbestand wird modernen Erfordernissen angepaßt werden.

Der Güterverkehr spielte auf der DHE nie eine große Rolle; er wurde am 31. Mai 1969 eingestellt. Hingegen war 1892 der Bau einer Güterbahn mit 900 mm Spurweite begonnen worden. Sie führte von Neubuckow Ow (Ow = obere Weiche) nach Bastorf. Diese 14,4 km lange Strecke wurde etwa 1893 eröffnet. Der Betrieb erfolgte nur während der Rübenerntezeit und bei Bedarf im Winter (Beförderung von Kalkschlamm und Kohle).

Es standen eigene Lokomotiven und Kippwagen zur Verfügung. Später setzte man auch die bei der DHE freigewordenen Lokomotiven zu dieser als „Rübenbahn" bekannten Strecke um.

Da diese Bahn von der MFFE [88] betrieben wurde, kam sie, wie die DHE, 1920 zur DRG. Sie besaß 17 Ladestellen, zwei Anschlußstellen und bei Kilometer 5,4 am Hellbach eine Wasserstelle (Entnahme des Wassers über Pulsometer). Jede Ladestelle war mit ein bis drei Weichen ausgerüstet, in Neubuckow waren es sieben, in Bastorf vier Weichen; insgesamt gab es 40 Weichen. Die maximale Geschwindigkeit betrug 15 km/h, in der Ortsdurchfahrt Roggow 10 km/h. Die Züge wurden nur mit Handbremsen gesichert, wobei mindestens 37 Prozent aller Achsen gebremst werden mußten (einschließlich der Lokomotive). [89]

Tabelle 2.12 Statistische Angaben zur DHE

Jahr	1886	1906	1911	1935	1966
Lokomotiven gesamt	2	2	3	5	6
davon mit Kuppelachsen	2	2	2	2	—
davon mit 3 Kuppelachsen	—	—	1	3	—
mit 4 Kuppelachsen	—	—	—	—	6[1])
Triebwagen gesamt	—	—	—	—	—
davon zweiachsig					
vierachsig					
Personenwagen gesamt	8	8	17	22	33
davon zweiachsig	—	—	—	—	—
vierachsig	8	8	17	22	33
Gepäckwagen gesamt	1	2	3	3	4
davon Postabteil	—	0,6	0,8	0,8	—
davon zweiachsig	1	1	1	1	—
vierachsig	—	1	2	2	4
Güterwagen gesamt	6	—	3	15	51
davon zweiachsig	6	—	—	—	4[2])
vierachsig	—	—	3	15	47
Spezialwagen	—	—	—	—	1
beförderte Personen	72806[3])	96017	255928		
beförderte Güter in t		65	3128		
Lokomotivkilometer		19640	81383		

[1]) davon drei 1'D1' [2]) Schienentransportwagen, ehemals Untergestell der Kastenkipper [3]) 1889

Bild 2.23 Zug mit Lok 99 323 im
Bahnhof Bad Doberan (1960)
Foto: Lokbildarchiv Bellingrodt

Tabelle 2.13 Dampflokomotiven der DHE

Betriebsnummer/Name		Bauart	Hersteller	Baujahr	Fabriknummer	Bild	Bemerkungen
MFFE	DR						
1001	—	Bn2t	Hoh	1886	304	2.26 a	+ 1915
1002	—	Bn2t	Hoh	1887	307	2.26 a	+ 1915
1003	—	Cn2t	Kra	1891	2554	2.26 b	Einsatz in Neubukow; + 1923
1004	—	Cn2t	Kra	1898	3780	2.26 b	Einsatz in Neubukow; + 1924
1005	99 301	Cn2t	Hen	1910	9845	2.26 c	1930 nach Neubukow; + 1948
1006	99 302	Cn2t	Hen	1911	10699	2.26 c	+ 1932
1007	99 303	Cn2t	Hen	1914	12884	2.26 c	1930 nach Neubukow; + 1948
—	99 311	Dn2t	Hen	1923	19747	2.26 d	im 2. Weltkrieg nach Dänemark
—	99 312	Dn2t	Hen	1923	19748	2.26 d	1961 verkauft an Bau-Union Rostock
—	99 313	Dn2t	Hen	1924	20223	2.26 d	1961 verkauft an Bau-Union Rostock
—	99 321	1'D1'h2t	O & K	1932	12400	2.26 f	umgezeichnet in 99 2321
—	99 322	1'D1'h2t	O & K	1932	12401	2.26 f	umgezeichnet in 99 2322
—	99 323	1'D1'h2t	O & K	1932	12402	2.26 f	umgezeichnet in 99 2323
Wismut 22	99 331	Dh2t	LKM	1951	30011	2.26 e	umgezeichnet in 99 2331
Wismut 44	99 332	Dh2t	LKM	1951	30013	2.26 e	umgezeichnet in 99 2332
Wismut 1	99 333	Dn2t	LKM	1950	16501	2.26 e	+ 1969; Kessel für stationäre Zwecke umgebaut in Görlitz

Tabelle 2.14 Technische Daten der Dampflokomotiven der DHE

Betriebsnummer DHE		1001[1]), 1002[1])	1003[2]), 1004[2])	1005—1007	—	—	—	—
Betriebsnummer DR				99301—99303	99311—99313	99321—99323	99331—99332	99333
Bild 2.26		a	b	c	d	f	e	e
Bauart	—	Bn2t	Cn2t	Cn2t	Dn2t	1'D1'h2t	Dh2t	Dn2t
Höchstgeschwindigkeit	km/h	15	30	30	30	50	35	35
Zylinderdurchmesser	mm	200; 220	260	260	350	380	370	370
Kolbenhub	mm	350	400	400	400	550	400	400
Steuerung	—	Joy i	Steph.a	Steph.a	Ha	Ha	Ha	Ha
Kesseldruck	kp/cm^2	12	12	12	12	14	14	14
Rostfläche	m^2	0,38	0,43	0,56	1,1	1,62	1,6	1,6
Heizfläche Feuerbüchse	m^2			2,64	4,87	5,8	6,04	6,04
gesamt	m^2	13,4; 15,4	28,9	30,05	50	61	42,9	54,44
Überhitzer	m^2	—	—	—	—	30,6	18	—
Wasservorrat	m^4	0,8	1,7	1,7	3,5	3	3,4	3,4
Kohlevorrat	t	0,16	0,75	0,75	1,5	1,7	2,2	2,2
Treibraddurchmesser	mm	650	700	700	830	1100	800	800
Laufraddurchmesser	mm	—	—	—	—	550	—	—
Achsstand gesamt	mm	1250	1800	1800	3400	8075	3000	3000
Länge über Puffer	mm	4000	5530	5650	7900	10595	8860	8860
Lokbreite	mm				2400		2500	2500
Lokhöhe über SO	mm	3300	3705	3330	3400	3400	3490	3490
Lokmasse leer	t	7,5; 8,5	13	13	25,45	35,1	25	25
betriebsfähig	t	8,5; 9,5	15,98	16,2	31,9	43,8	30,5	30,5
Zugkraft	Mp	1,55; 1,88	2,78	2,34	4,25	6,05	5,75	5,75
Leistung	Psi	50; 60	120	125	210	460	320	230

[1]) Trambahnlok [2]) Rübenbahn

Erst 1948, als die Loks 99301 und 99303 aus dem Bestand der DR ausschieden, stellte die Rübenbahn den Betrieb ein. Über Pläne, die DHE mit der Rübenbahn zu verbinden (zwischen Arendsee und Bastorf betrug der Abstand etwa 5 km), ist Genaues nicht bekannt.

Die Baukosten der Bäderbahn Doberan—Heiligendamm betrugen einschließlich Grunderwerb 38757 M je km. Die Trasse benutzt auf 430 m Länge die öffentliche Straße. Hier liegen die Schienen (15,75 kg/m) auf stählernen Längsschwellen, auf den restlichen 6,65 km hingegen auf 1500 mm langen hölzernen Querschwellen bzw. bei den in neuerer Zeit durchgearbeiteten Gleisabschnitten auf Betonschwellen.

Charakteristisch für die Bahn ist die Streckenführung durch die engen Straßen von Bad Doberan. Zugelassen ist eine Geschwindigkeit von 10 km/h. Zwischen Bad Doberan und Heiligendamm verläuft die Trasse neben der Straße.

In Heiligendamm durchquert die Bahn einen herrlichen Buchenwald und fährt anschließend etwa 300 m parallel zur Ostseeküste bis Kühlungsborn Ost. Der restliche Teil der Strecke verläuft zwischen Kleingärten bis Kühlungsborn West.

Die stärkste Neigung beträgt 16,6 ‰ (1:60), der kleinste Krümmungsradius 100 m. Als Höchstgeschwindigkeiten sind zugelassen: auf freier Strecke 40 km/h (früher 25 km/h), durch Bad Doberan 10 km/h, an übersichtlichen Übergängen 15 km/h. Kreuzungen der

Bild 2.24
Zug mit mecklenburgischer T 7/1005 in Bad Doberan (1921)
Foto: Sammlung Schaft

Tabelle 2.15 Technische Daten der Wagen der DHE

Gattung		AC4, BC4	C4	B4, C4	C4	C4	B4	Pw	PwPost4	PwPost4
Bild 2.27		b	d	e	c	i	—	f	a	g
Hersteller	—	Her	Her	Wis	Wis	Wis	Wis	Her	Her	Wis
Baujahr	—	1886	1886	1910/14	1922	1928	1930	1886	1902	1913/14
Anzahl	Stck	1,2	5	2,10	4	4	4	1	1	2
Länge über Puffer	mm	8700	11 210	10710	11 625	11 715	11 530	5620	7200	9100
Wagenkastenlänge	mm	6000	8500	8050	9025	9045	10 900	5000	6500	8500
Wagenkastenbreite	mm	1 900	1 900	2100	2150	2140	2313	1750	1910	2050
Achsstand/Drehzapfenabstand	mm	4150	6200	6000	6500	6500	6000	2500	4000	5000
Drehgestellachsstand	mm	1 000	1 000	1 300	1 300	1 300	1 300	—	1 200	1 300
Sitzplätze 2. Klasse	—	6,6	—	—	—	—	30	—	—	—
3. Klasse	—	8,12	28	36	36	36	—	—	—	—
4. Klasse	—	—	—	—	—	—	—	—	—	—
Tragfähigkeit	Mp							5,25	7,8	8,3
Ladefläche	m^2	—	—	—	—	—	—	15	14,8	16,3
Laderaum	m^3									

[1]) ohne Bremserstand [2]) mit Bremserstand [3]) Müller, Teterow (10), Friedländer, Berlin (32), (alle Rübenbahn)

Bild 2.25
Haltestelle
Bad Doberan Goethestraße
(1970)
Foto: Kieper

PwPost4	OOw	GGw	K
h	k	l	j
Wis	HAWA, Wis	Wis, HAWA	[3])
1930			
1	21	22	42
9350	8650[1])	9330[1])	5975[2])
8050	8050	8050	4700
2313	2060	2060	1700
5000	5000	5000	2400
1300	1300	1300	—
—	—	—	—
—	—	—	—
—	—	—	—
8,8	16	16	8
	12,8	12,8	8

Züge waren auf allen Zwischenbahnhöfen (Doberaner Rennbahn, Heiligendamm, Brunshaupten) möglich, erfolgen heute jedoch generell in Heiligendamm. Die Haltepunkte werden durch das Signal So 9 (Haltepunkttafel) angekündigt. Einfahrsignale stehen in Bad Doberan, Heiligendamm, Kühlungsborn Ost und Kühlungsborn West; Ausfahrsignale gibt es nicht. Schranken sichern die Straßenkreuzungen in Heiligendamm und Kühlungsborn Ost.

Lokschuppen befinden sich in Bad Doberan (einständig für Schmalspur mit Regelspur kombiniert) und Kühlungsborn West (vierständig). Bahnhofsgebäude sind in Heiligendamm, Kühlungsborn Ost und Kühlungsborn West (beide Anfang der dreißiger Jahre aufgebaut bzw. erweitert) vorhanden, Wagenhallen befinden sich in Bad Doberan und Kühlungsborn West.

Die ersten Lokomotiven von der Lokomotivfabrik Hohenzollern waren dem Charakter nach Dampfstraßenbahnen; der Kessel war, wie die Standplätze für Lokführer und Heizer, in die Überdachung einbezogen (siehe Bild 2.21). Diese zweiachsigen „Trakteure" hatten ferner ein verkleidetes Triebwerk, der Rahmen lag außen, die Joy-Steuerung innen. Die Triebwerksverkleidung sollte Unfälle verhindern und dem Triebwerk Schutz bieten. Zur Minderung des Abdampfes mitsamt seinen Geräuschen befand sich auf dem Dach ein Abdampfkondensator. Geheizt wurden die Lokomotiven mit Koks.

Die 1891 und 1898 von der MFFE beschafften dreiachsigen Loks von Krauss wurden nur auf der Rüben-

Bild 2.26
Lokomotiven der DHE

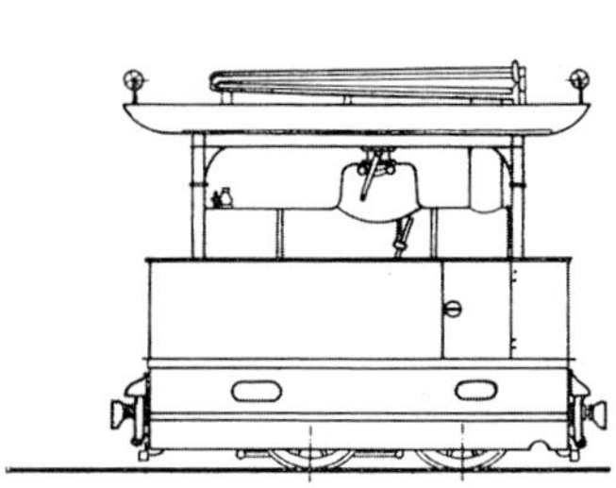

a

b

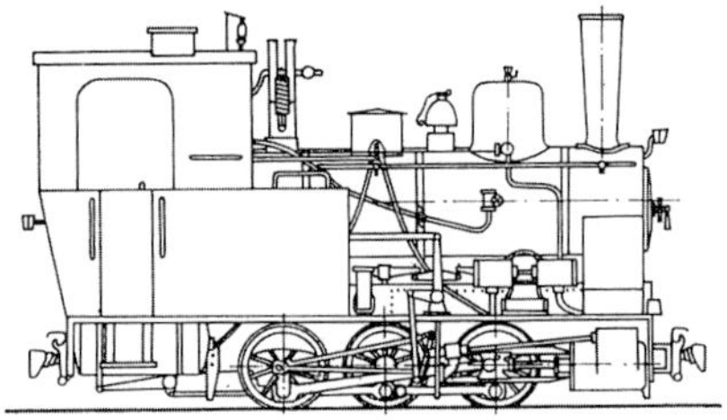

c

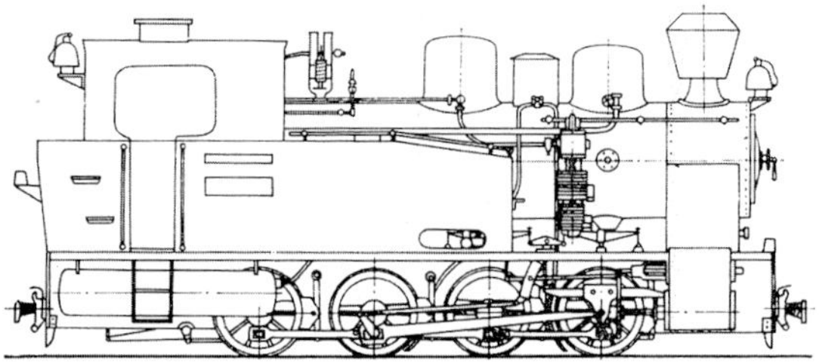

d

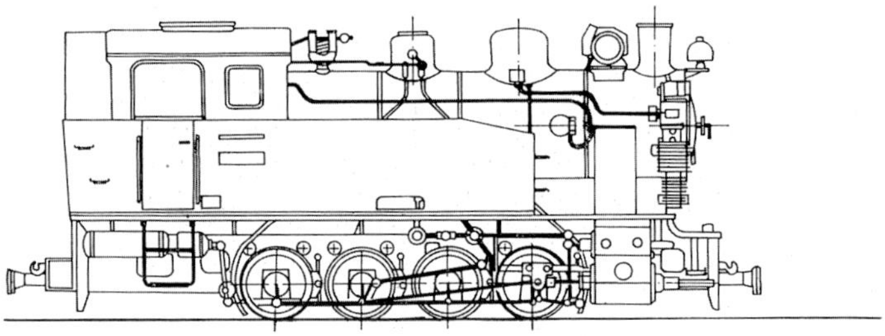

e

f

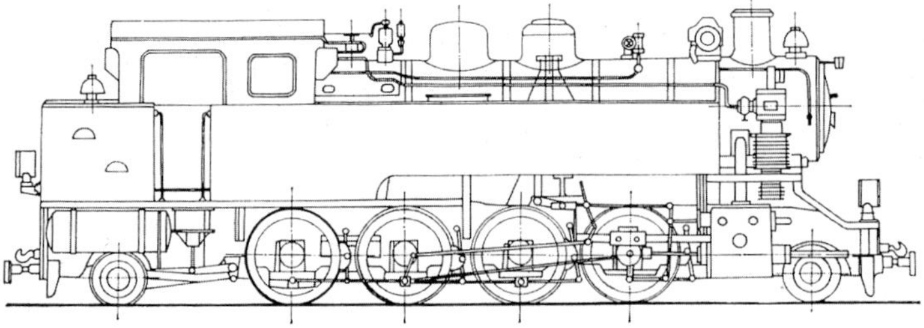

bahn eingesetzt. Sie hatten eine außenliegende Stephenson-Steuerung und gegenüber den Straßenbahnlokomotiven bereits die doppelte Leistung (120 PS). Eine dieser beiden Lokomotiven arbeitete während der Bauarbeiten zur Erweiterung der Strecke von Heiligendamm nach Arendsee wegen ihrer größeren Zugleistung nebst einigen Kastenkippwagen vorübergehend bei der DHE. Bis zur Übernahme durch die DRG blieb ihr Triebwerk verkleidet. Von den DHE-Lokomotiven wurden 1930 die 99301 und die 99303 zur Rübenbahn nach Neubuckow umgesetzt; die 99302 wurde 1932 verschrottet. Diese Lokomotiven waren freigeworden, als Henschel 1923/1924 drei vierachsige Naßdampflokomotiven 99311 bis 99313 geliefert hatte. Sie sowie alle weiteren Bauarten sind durch gedrungene Bauweise charakterisiert, die sich

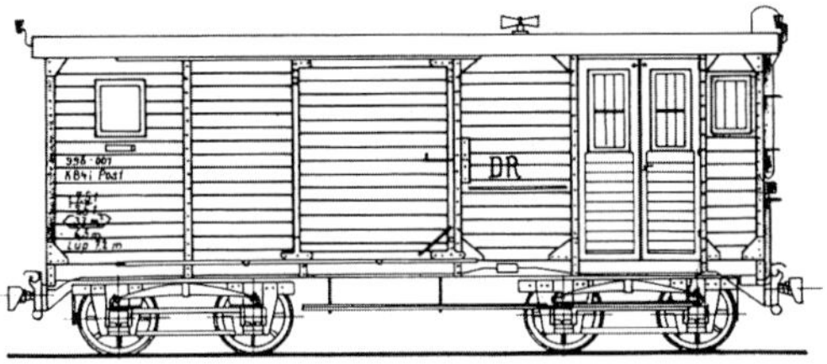

a

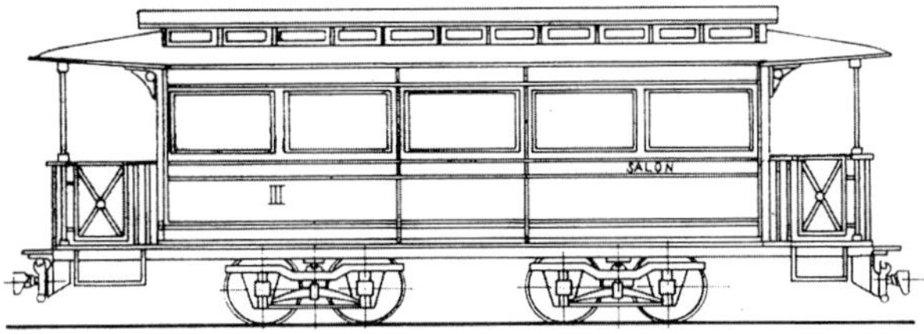

b

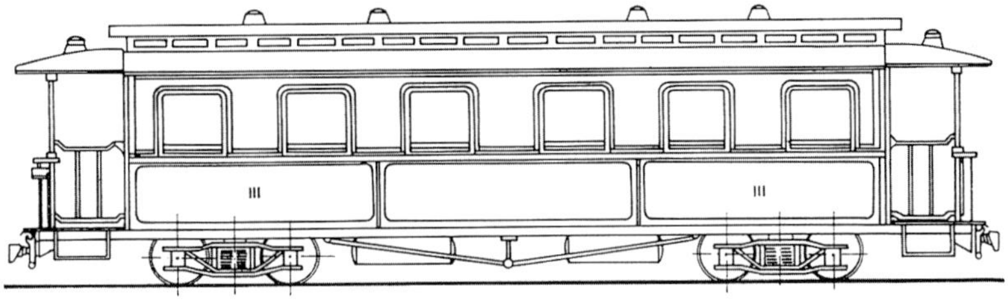

c

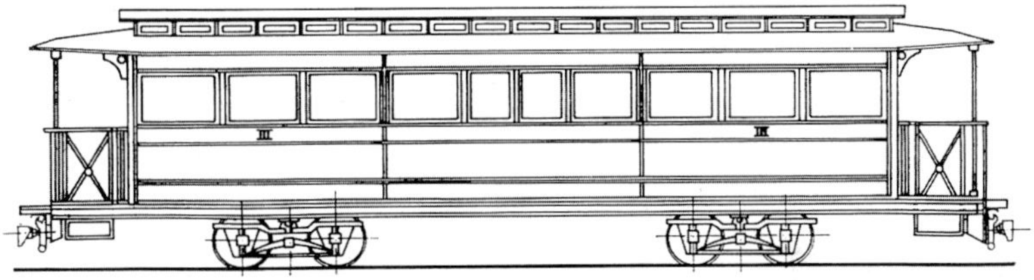

d

Bild 2.27
Wagen der DHE

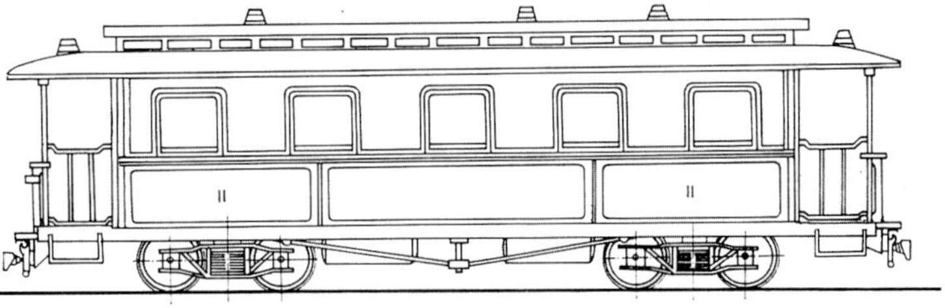

e

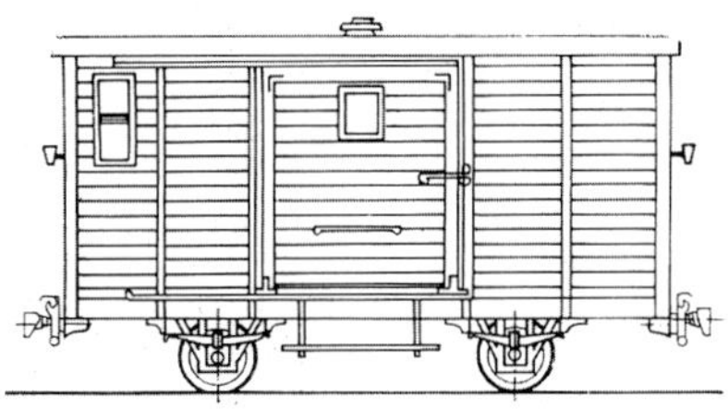
f

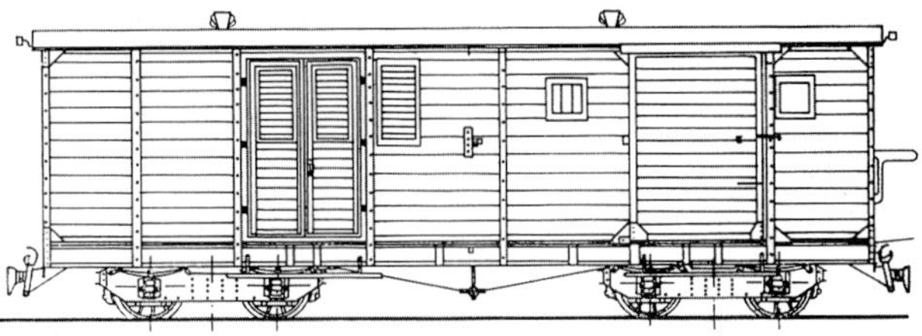
g

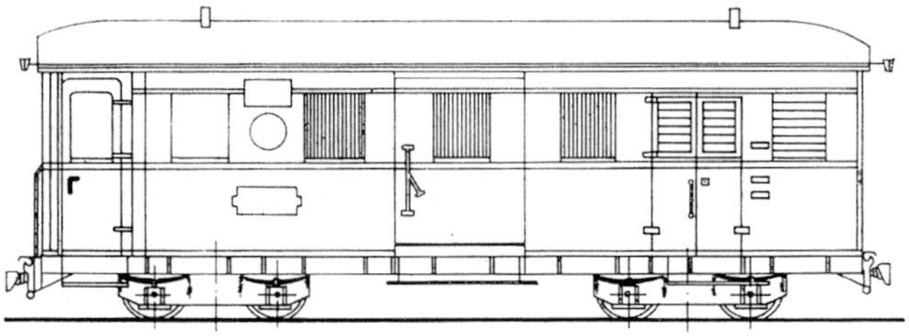
h

aus dem engen Lichtraumprofil ergab. Die Lokomotiven erhielten zwei Läutewerke und eine Knorr-Zweikammerdruckluftbremse. Das galt auch für die 1932 von Orenstein & Koppel gelieferten 99321 bis 99323. Da diese Baureihe zudem viele bei der DR genormte Bauteile enthält, zählt sie mit zu den Einheitslokomotiven. Sie ist für eine Höchstgeschwindigkeit von 50 km/h ausgelegt, darf jedoch wegen der zulässigen Streckenhöchstgeschwindigkeit nur 40 km/h fahren.

Zwei der drei Lokomotiven wickelten jeweils den gesamten Betrieb ab. Die 1961 als Ersatz für die 99311 bis 99313 von der Wismut-AG erworbenen und für Reichsbahnzwecke umgebauten 99331 bis 99333 waren wenig im Einsatz. Zwei der Wismut-Lokomotiven, die 99331 und 99332, wurden im Raw Görlitz auf Heißdampfbetrieb umgebaut, alle drei erhielten stärkere Lichtmaschinen, Druckluftbremse sowie das abgeschrägte Führerhaus. 1969 musterte man die Naßdampflok 99333 aus, an die 99332 wurde ein Schneepflug angebaut, und die 99331 dient als Reservelok.

Der Bahnbetrieb war mit acht vierachsigen Personenwagen von Herbrandt & Co aus Köln-Ehrenfeld mit insgesamt 246 Sitzplätzen, einem

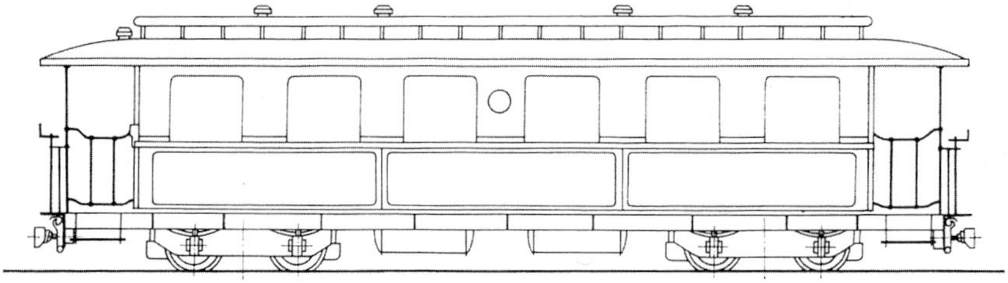
i

noch Bild 2.27
Wagen der DHE

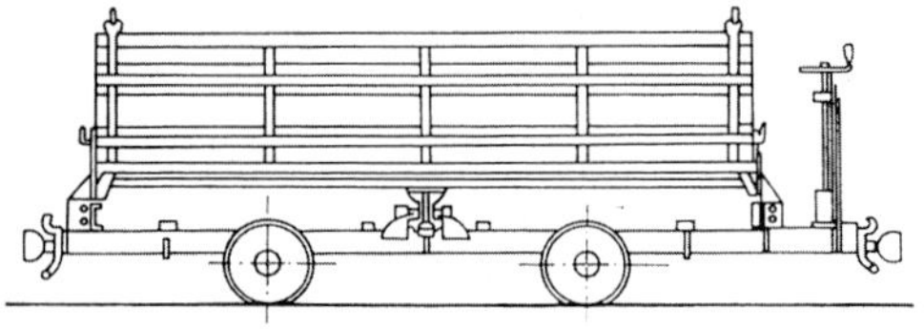
j

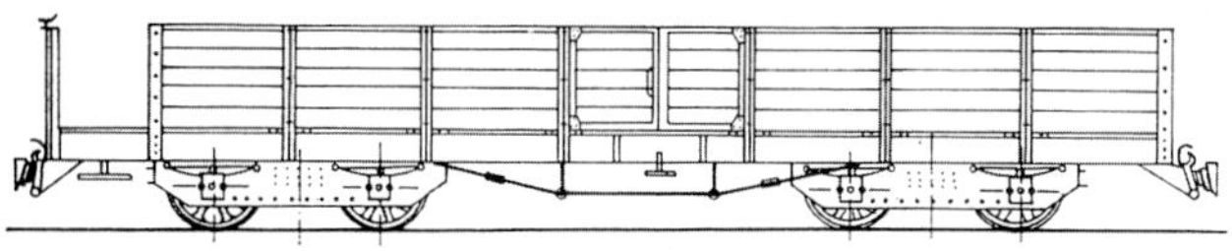
k

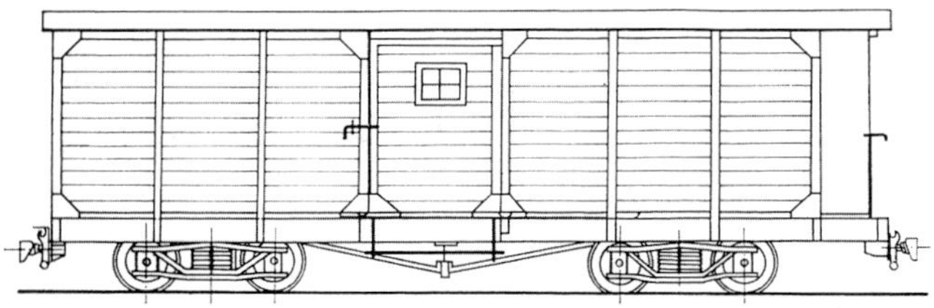
l

zweiachsigen Gepäckwagen mit einer Tragfähigkeit von 5 t sowie sechs zweiachsigen offenen Güterwagen (wahrscheinlich Kastenkipper) eröffnet worden. Der Charakter der ersten, leichten, straßenbahnähnlichen Reisezugwagen paßte sich bei den weiteren Lieferungen der Waggonfabrik Wismar (1910–1936) mehr und mehr der Konstruktion üblicher Schmalspurwagen an. Die Diamond-Fachwerkdrehgestelle der Reisezugwagen aus der Zeit zwischen 1910 bis 1927 tauschte man später gegen die als „Einheitsdrehgestell" aufzufassende Flachrahmenbauart aus. Die anfangs verwendete Heberleinbremse wurde später durch eine Zweikammerdruckluftbremse ersetzt. Die Oberlichtfenster sind heute geschlossen.

Die letzten Personenwagen wurden 1935 von der Waggonfabrik Wismar geliefert. Diese vier Wagen mit geschlossenen Endbühnen und Tonnendach haben je 30 Sitzplätze der damaligen 2. Klasse (heute 1. Klasse). Alle Wagen sind elfenbein/weinrot gestrichen und werden dampfbeheizt. Die 1. Wagenklasse ist inzwischen abgeschafft.

Mit dem Einsatz der Lokomotivbaureihe 99^{32} konnte die Gasbeleuchtung der Reisezugwagen durch eine von der Lok gespeiste elektrische Beleuchtung (Turbobeleuchtung) ersetzt werden. Dazu erhielten die Lokomotiven eine Lichtmaschine mit größerer Leistung.

Der alte zweiachsige Post-Gepäckwagen (heute noch als Bahndienstwagen eingesetzt) wurde durch vier vierachsige Post-Gepäckwagen ersetzt, die alten sechs zweiachsigen offenen Güterwagen bereits vor 1908 zur Rübenbahn umgesetzt. Erst nach 1912 beschaffte man wieder vierachsige offene und gedeckte Güterwagen. Die offenen dienten vornehmlich dem Kohletransport; bis zu acht Güterwagen konnten an die fahrplanmäßigen Züge – meist abends – angehängt werden. Heute existieren nur noch einige als Hilfsgepäckwagen verwendete gedeckte Güterwagen.

Als Besonderheiten gegenüber anderen Schmalspurbahnen sind die Kupplung (loses Spannschloß, siehe Bild 1.61) und die unsymmetrisch angeordneten Heiz- und Bremsleitungen zu erwähnen. Die Wagen müssen deshalb gleich vom Raw seitenrichtig übergeführt werden. Die Reisezugwagen befinden sich in gutem Zustand, so daß sie noch etwa 20 Jahre den Betrieb versehen können.

Zu erwähnen ist noch, daß seit 1976 ein Gleiskraftwagen (regelspuriges Oberteil auf Schmalspurfahrwerk) die Arbeit der Oberbaubrigade erleichtert.

Von 1951 bis in die sechziger Jahre diente die Strecke als Lehrstrecke zur Berufsausbildung junger Eisenbahner. Die Bäderbahn, im Volksmund „Molli" genannt, gehört zu den acht Schmalspurbahnen, die in der DDR erhalten bleiben. Sie wird also auch weiterhin zur Freude der Urlauber und Einwohner durch die Straßen von Bad Doberan rollen, später eventuell allerdings von Diesellokomotiven gezogen, doch darüber ist noch nicht das letzte Wort gesprochen.

2.2. Bahnen in Mecklenburg/Pommern

2.2.1. Anklam-Lassaner Kleinbahn (ALKB); (600 mm)

Im einstigen Vorpommern war die von der Firma Lenz & Co erbaute und ab 1910 vom Provinzialverband betriebene ALKB neben der MPSB (siehe Abschnitt 2.2.2.) die einzige 600-mm-Bahn. Sie war aus dem Bestreben entstanden, die Verkehrsbedingungen im sogenannten Lassaner Winkel nordöstlich Anklams zu verbessern. In den neunziger Jahren gab es bis dahin zwischen den beiden Städten nur eine Pferdeomnibusverbindung zweier Anklamer Fuhrunternehmer, die auch einen regelmäßigen Frachtverkehr unterhielten.

Im Jahre 1894 konstituierte sich in Greifswald eine Aktiengesellschaft, die die Erschließung der Dörfer und Güter dieses Gebietes durch eine Kleinbahn plante. Am 14. Mai 1895 erfolgte die Eintragung des Unternehmens in das Handelsregister des Amtsgerichtes Greifswald. Die Genehmigung zum Bau und Betrieb der Kleinbahn mit den Strecken Anklam—Crenzow—Lassan und Crenzow—Buddenhagen (an der Staatsbahnstrecke Züssow—Wolgast) erteilte der Regierungspräsident in Stralsund am 3. November 1895; bereits am 17. April 1896 konnte die Bahn dem Betrieb übergeben werden.

Der Anklamer Bahnhof der ALKB befand sich zu dieser Zeit östlich der Greifswalder Straße am Nordufer der Peene. Die einzige Brücke über den Fluß – eine Holzkonstruktion mit zwei Wippen – war nur für Straßenfahrzeuge geeignet. Sämtliche ankommenden und abgehenden Güter der Kleinbahn mußten, sofern nicht ein Umschlag Schiff/Bahn erfolgte, in

Tabelle 2.17
Statistische Angaben zur ALKB

Jahr	1901	1906	1911	1927	1935	1938
Lokomotiven gesamt	3	3	4	3	3	2
davon mit 2 Kuppelachsen	—	—	1	—	—	—
mit 3 Kuppelachsen	3	3	3	3	3	2
mit 4 Kuppelachsen	—	—	—	—	—	—
Triebwagen gesamt	—	—	—	—	—	—
Personenwagen gesamt	4	4	4	4	3	—
davon zweiachsig	4	4	4	4	3	—
vierachsig	—	—	—	—	—	—
Gepäckwagen gesamt	1	1	1	1	1	1
davon mit Postabteil	—	—	—	—	—	—
davon zweiachsig	1	1	1	1	1	1
vierachsig	—	—	—	—	—	—
Güterwagen gesamt	91	91	92	94	94	94
davon zweiachsig	91	91	92	94	94	94
vierachsig	—	—	—	—	—	—
Spezialwagen	2[1])	2[1])	2[1])	—	—	—
beförderte Personen		41368	47110	11704	3621	—
beförderte Güter in t		51933	30275	22705	18004	16189
Lokomotivkilometer		62202	47463			

[1]) vierachsige Möbeltransportwagen

Fuhrwerke umgeladen werden oder umgekehrt. Dieser „Inselbahncharakter" wurde aber bald beseitigt. Als 1899 der Getreidespeicher im Anklamer Hafen fertiggestellt war, hatte die ALKB eine wesentliche Erweiterung erfahren, die am 5. Oktober 1899 in Betrieb genommen wurde: um den Anschluß an die MPSB und damit auch an die Staatsbahn herzustellen, war der Peenebahnhof der ALKB am südlichen vom Fluß abzweigenden Stichkanal angelegt worden. Hierzu mußte eine Eisenbahnbrücke über die Peene errichtet werden, die mit Rücksicht auf die Schiffahrt wie die Straßenbrücke beweglich sein mußte. Im Gegensatz zu dieser hatte die auf Holzpfeilern ruhende Stahlkonstruktion nur eine Wippe. Das Bauwerk befand sich östlich neben der Holzbrücke. Der Peenebahnhof war nur über eine Spitzkehre in der Ravelinstraße an der Kartoffelflockenfabrik, zu der ein Anschlußgleis führte, erreichbar.

In der Nähe des Getreidespeichers mündete das MPSB-Anschlußgleis in die ALKB-Anlagen. Fortan gab es einen Güterwagenübergang beider Kleinbahnen. Auch Wagenvermietungen der MPSB an die ALKB sind aus den Geschäftsberichten bekannt.

Obwohl die MPSB bereits ein Anschlußgleis zu der 1893 erbauten Zuckerfabrik Anklam hatte, das die Hauptbahn Angermünde—Stralsund südlich des Hauptbahnhofs niveaugleich kreuzte, wurde von der ALKB ebenfalls ein Anschlußgleis erbaut. Es war in der Folge eine potentielle Gefahrenquelle, da die Kreuzung am Ende einer Neigung des Schmalspurgleises lag. Hin und wieder kam es vor, daß Rübenzüge der ALKB wegen zu geringer Lokomotivleistung die Hauptbahn blokkierten. Erst nach 1920 beseitigte man den neuralgischen Punkt durch Abbau des Gleises.

Die ALKB hatte mit diesen Anlagen eine Streckenlänge von insgesamt 32,62 km erreicht. Die Länge aller Gleise betrug 36,42 km. Die Strecke Anklam—Lassan war 19,4 km (ohne Lassaner Hafenbahn), der Abschnitt Crenzow—Buddenhagen 10,6 km lang. Der Oberbau bestand aus 9 m langen Vignolschienen von 13,92 kg/m auf jeweils 9 Holzschwellen. In den von der Bahn benutzten städtischen Straßen hatte man Rillenschienen von 26,5 kg/m eingepflastert. Sie lagen auf einer Packlage aus Granitsteinen. Die Ausführungskosten der

Bild 2.28 Gleispläne der ALKB
a) Bahnhof Anklam Nord
b) Bahnhof Lassan

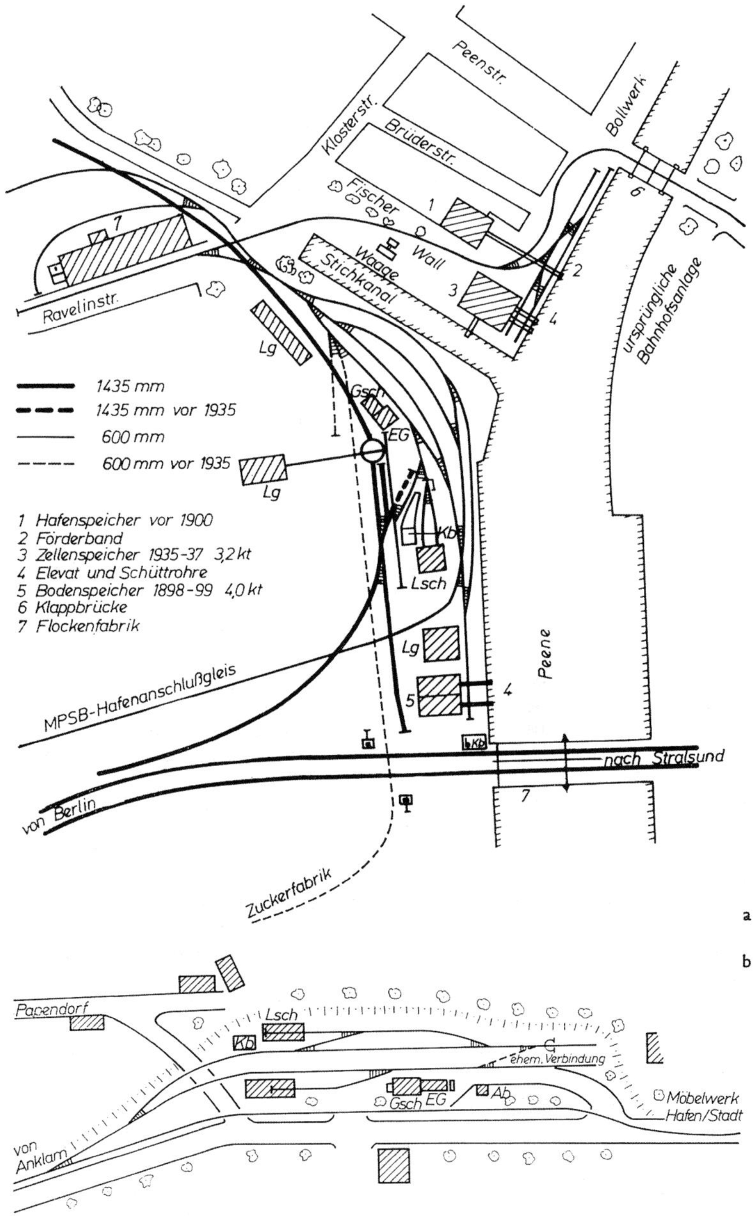

Bahn beliefen sich auf 824500 M ohne Grunderwerb.
Die aus der Stadt führende Strecke kreuzte in der Greifswalder Straße ebenfalls niveaugleich die Hauptbahn. Die Gefahrenstelle wurde von der Kleinbahn durch Entgleisungsweichen – ähnlich einer Gleissperre –, von der Hauptbahn durch Formsignale an der Kleinbahnstrecke gesichert. In ähnlicher Weise erfolgte auch die Deckung der beweglichen Brücke.
Durch die Straßenbenutzung kam es zu gelegentlichen Unfällen. Nicht ohne Komik ist eine Darstellung hierzu im Geschäftsbericht 1921/22 zu lesen: „Am 2. Dezember 1921 stieß ein Bedarfsgüterzug mit einem auf dem Gleis stehenden Fuhrwerk des Spediteurs Pense in Anklam zusammen. Der Wagen und das Pferd des Fuhrwerks wurden beschädigt ..."
Die Strecke folgte im allgemeinen vorhandenen Wegen und Straßen. Anschlußgleise gab es zu einigen Gütern wie z. B. Papendorf, Lentschow und Zarrenthin. In Lassan lag der Bahnhof unmittelbar am Stadteingang. Ein wegen vorhandener Niveauunterschiede schon vor dem Bahnhof von der Strecke abzweigendes Gleis verlief eingepflastert durch die Stadt bis an das Bollwerk des Fischerhafens. Von diesem Gleis zweigte ein Anschluß zur Lassaner Möbelfabrik ab.

Der Streckenzweig nach Buddenhagen durchschnitt hinter Wahlendow größere Waldungen. Wie auch durch den Forst zwischen Crenzow und Lentschow fielen hierdurch der Bahn Langholztransporte zu. Die Umladung erfolgte in Buddenhagen mit Hilfe spezieller Holzladekrane.

Die hauptsächlichen Transportgüter in Richtung Anklam waren Rüben, Kartoffeln, Getreide und Möbel. Von Anklam aus kamen Saatgut, Dünger, Rübenschnitzel, Briketts und Bretter zum Versand.

Der Reiseverkehr war schwach. Bis 1914 verkehrten täglich zwei Zugpaare zwischen Anklam und Lassan, die an den Markttagen durch ein zusätzliches Paar ergänzt wurden. Nach Buddenhagen gab es nur mittwochs, sonn- und feiertags ein Zugpaar mit jahreszeitlich bedingten Einschränkungen.

Ab 1920 war die ALKB Zuschußbetrieb. Im Oktober 1920 wurde die Einstellung des Reiseverkehrs zum 1. Januar 1921 genehmigt. Als Ersatz wurde dann eine „Reichskraftlinie" eröffnet, die aber schon nach kurzer Zeit den Betrieb aufgab.

Am 1. Oktober 1927 eröffnete die ALKB eine eigene Buslinie Anklam—Lassan (16 km). Kurz zuvor war am 15. September 1927 in Anklam eine neue Peenebrücke eingeweiht worden, die man an Stelle der beiden alten Wippbrücken errichtet hatte. Es war eine zweiteilige, elektromotorisch betriebene Klappbrücke, in deren Fahrbahn das ALKB-Gleis eingebettet lag. Der ständig wachsende Kraftverkehr erforderte eine Verlegung des Streckengleises vom Nord- zum Südrand der Greifswalder Chaussee. Hierdurch wurden Gleiskreuzungen vermindert.

1929 wurde ein weiteres Streckenstück Wahlendow — Pamitz des Zweigstranges abgebrochen. Eine Erweiterung hingegen erfuhren die Gleisanlagen am Peenebollwerk in Anklam bei Fertigstellung des Zellenspeichers im Jahre 1936.

Neben dem Busbetrieb wurde bis 1927 auch ein beschränkter Reiseverkehr auf der Schiene beibehalten. Im März des gleichen Jahres baute man die Zweigstrecke bis nach Rubkow bei Crenzow zurück und betrieb anschließend diesen Rest als Anschlußgleis. Danach konnte man den Fahrzeugbestand um eine Lokomotive vermindern.

Nach dem Ende des zweiten Weltkrieges nahm die ALKB im Juni 1945 nochmals den Betrieb auf. Zweimal wöchentlich bestand wieder eine – allerdings unvollständige – Verbindung für Reisende zwischen Anklam und

Bild 2.29
Wagen der ALKB
im Bahnhof Lassan
(1934)
Foto: Sammlung Herbener

Tabelle 2.18
Dampflokomotiven der ALKB

Betriebsnummer/ Name ALKB	PLB	Bauart	Hersteller	Baujahr	Fabriknummer	Bild	Bemerkungen
1q	301	Cn2t	Vul	1895	1480	2.31 g	
2q	302	Cn2t	Vul	1895	1481	2.31 g	
3q	—	Cn2t Bn2t	Vul	1895	1482	2.31 g	+ nach 1935

Lassan. Güter wurden nach Bedarf befördert. Die beiden Omnibusse waren nicht mehr vorhanden. Die Peenebrücke der schwer zerstörten Stadt Anklam war stark beschädigt. Sie durfte nicht mehr von der Bahn befahren werden. So endeten die Züge bereits in Relzow, da in Anklam keine Möglichkeit mehr zum Umsetzen der Lokomotiven bestand. Anfang August 1945 erfolgte die endgültige Betriebseinstellung. Die Strecke wurde bis Ende September des gleichen Jahres abgebaut. Das Material und die Betriebsmittel fielen unter die Reparationsleistungen an die UdSSR.

Der Bestand der Betriebsmittel war während der Existenzzeit der ALKB nahezu unverändert geblieben. Zur Eröffnung lieferte Vulcan drei Naßdampflokomotiven der Lenz-Gattung q, die sich in größeren Stückzahlen bereits bei anderen Kleinbahnen im Einsatz befand. Zur Einhaltung der zulässigen Achslast verwendete der Hersteller drei Treibachsen an Stelle der damals bei allen größeren Spurweiten noch üblichen zwei. Die zierlichen Fahrzeuge hatten einen Innenrahmen und einen Treibraddurchmesser von nur 580 mm, Stephenson-Steuerung und eine Dienstmasse von 10,4 t (Bild 2.30).

Um 1910 gab es eine offensichtlich gebraucht übernommene zweifach gekuppelte Lok bei der ALKB. Sie war im Reisezugdienst eingesetzt,

Bild 2.30
Lok 1q im Bahnhof Lassan
Foto: Sammlung Schulz

Tabelle 2.19
Technische Daten
der Wagen der ALKB

Gattung		Pw	C	Ow	Gw	GGw[1])	Drais
Bild 2.31		a	b	c	e	d	f
Hersteller	—	Gör	Gör	Gör, Beu	Gör	Gör	Gör
Baujahr	—	1895	1896	1895/98	1895	1897/1907	
Anzahl	Stck	1	4	70	9	3	1
Länge über Puffer	mm	6050	6050	4600	4600	9100	3300
Wagenkastenlänge	mm	5450	5450	3860	3800	8000	2500
Wagenkastenbreite	mm	1610	1620	1700	1620	1610	
Achstand/Drehzapfenabstand	mm	3000	2900	2300	2300	6200	1700
Drehgestellachsstand	mm	—	—	—	—	1000	—
Sitzplätze 2. Klasse	—	—	—	—	—	—	—
3. Klasse	—	—	—	—	—	—	—
4. Klasse	—	—	—	—	—	—	—
Tragfähigkeit	t	—	—	5,25	5,25		
Ladefläche	m²	4,6	—	6,1	5,9	12,8	

[1]) für Möbel

Bild 2.31 Fahrzeuge der ALKB

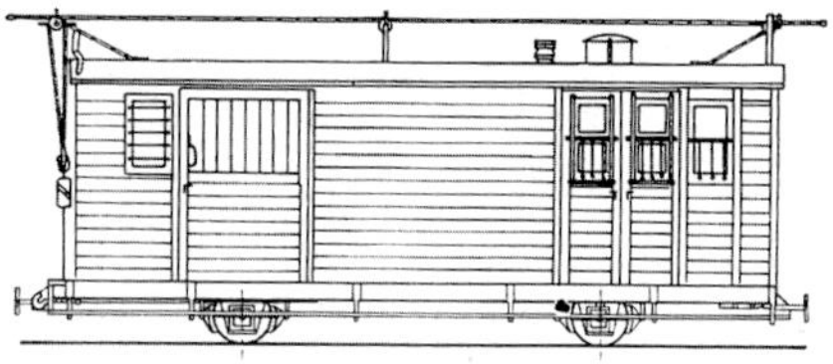
a

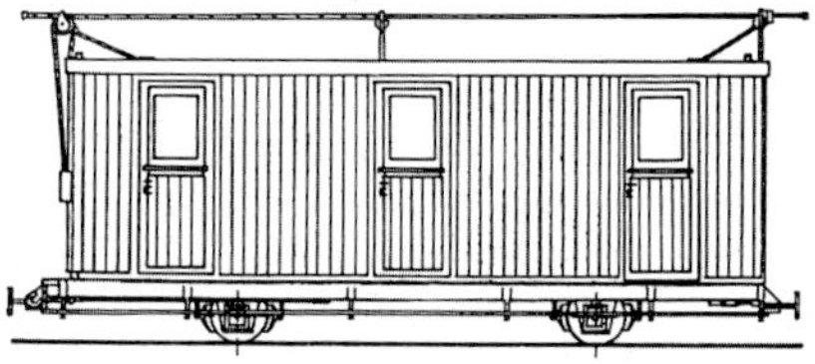
b

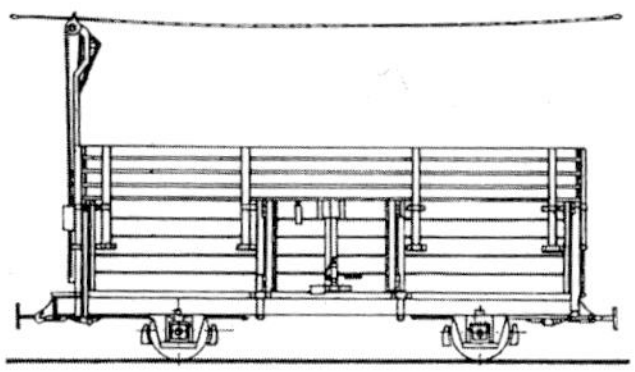
c

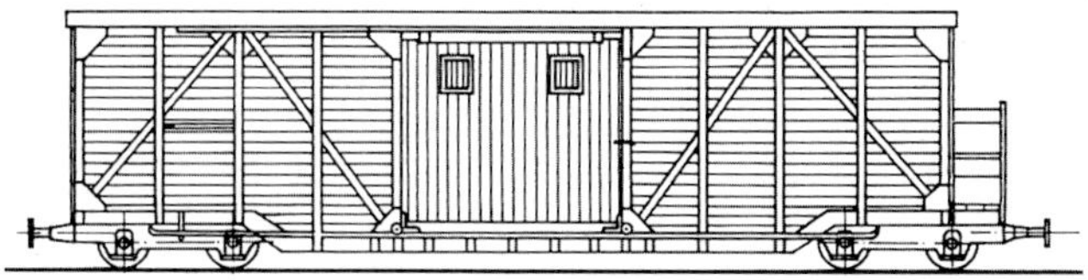
d

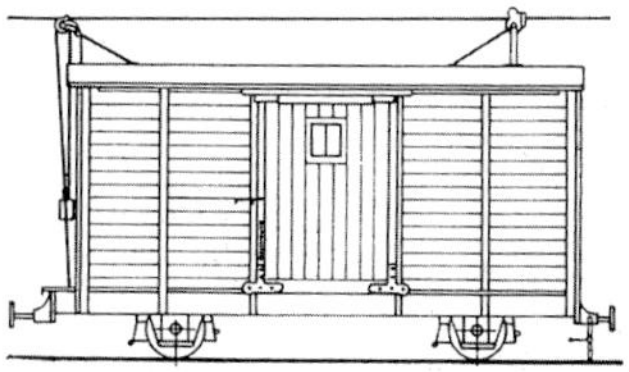
e

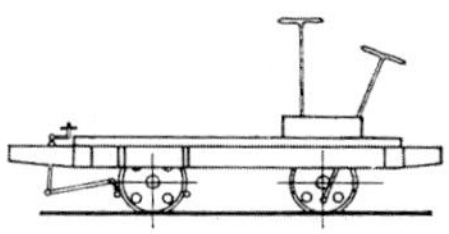
f

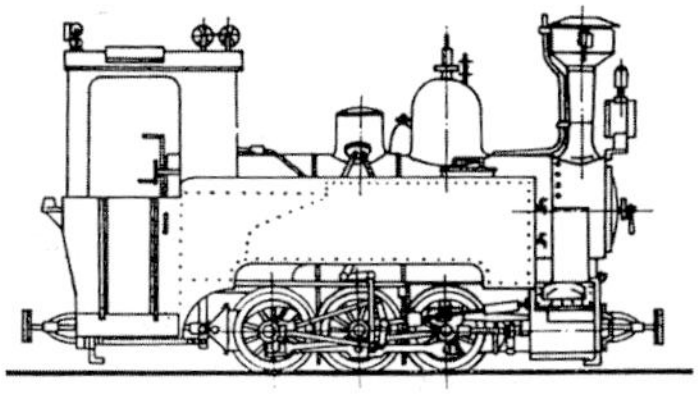
g

wurde aber wegen zu geringer Leistung verkauft. Nach bisherigen Ermittlungen wird vermutet, daß es sich um eine Lokomotive der Zuckerfabrik Anklam handelte, die im Jahre 1899 einst die Firma Hagans unter der Fabriknummer 387 lieferte.
Die 18 Personen Platz bietenden Abteilwagen entsprachen wie alle Betriebsmittel der ALKB der Lenz-Grundausstattung für 600-mm-Bahnen. Es gab neben der 3. Klasse mit einfachsten Holzbänken auch Abteile 2. Klasse mit leidlicher Polsterung. In der kalten Jahreszeit konnten die Abteile durch bereits glühende, in Blechkästen befindliche Briketts beheizt werden. Die Kästen wurden durch Klappen in der Wagenwand von außen unter die Sitzbänke gestellt. Eine Besonderheit der ALKB-Abteilwagen waren die nur auf einer Seite vorhandenen Türen, die vermutlich – wie von anderer Seite bekannt – während der Fahrt verschlossen wurden. Die Strecke verlief dicht an den Chausseebäumen entlang, und man vermied dadurch Unfälle durch etwa offenstehende, aus dem Lichtraumprofil ragende Türen. Ob diese Anordnung der Türen schon bei der Lieferung der Wagen bestand, ist nicht bekannt. Der Gepäckwagen war äußerlich den Personenwagen angepaßt. Vom Gepäckraum aus wurde die Gewichtsbremse bedient (Bild 2.29).
Die offenen und gedeckten zweiachsigen Güterwagen hatten eine Tragfähigkeit von 5 t. Auch sie waren mit der Gewichtsbremse ausgerüstet. Aus jeweils 25 offenen Wagen wurden im Herbst die Rübenzüge gebildet. Eine seltene Ausführung war der vierachsige gedeckte Güterwagen als Tieflader, der dem Möbeltransport diente (Bild 2.31 d).

2.2.2. Anklam West—Friedland, Friedland—Ferdinandshof (Mecklenburg-Pommersche Schmalspurbahn; 600 mm)

Noch heute steht der Begriff Mecklenburg-Pommersche Schmalspurbahn (MPSB) für eine der bekanntesten und interessantesten Kleinbahnen auf dem Territorium der DDR.
Die Entstehungsgeschichte der MPSB geht auf das Jahr 1884 zurück. Damals wurde, dem Wunsch einiger Gutsbesitzer entsprechend, die Entwässerung der Friedländer Wiesen durch das Culturtechnische Bureau von Schweder, Lichterfelde bei Berlin, in Angriff genommen. Eine Voraussetzung für diese Meliorationsarbeiten nach der dafür entwickelten Rimpauschen Moor-Dammkulturmethode war die Anlage einer Feldbahn, weil das Gebiet von Fuhrwerken nicht passiert werden konnte. So verlegte die Firma Schweder, deren Spezialität außerdem der Bau von Tertiärbahnen war, ein Gleis von dem an der Staatsbahn Angermünde—Stralsund gelegenen Bahnhof Ferdinandshof westlich in das Moor.
Auf leichten Feldbahngleisen auf einer 300 mm hohen Sandaufschüttung transportierte man mit Hilfe von Pferden die zur Entwässerung erforderlichen Güter. Nach einiger Zeit gelang es den Oberbau so zu verstärken, daß kleine, zweiachsige Lokomotiven eingesetzt werden konnten, zumal schon bald die Produkte des urbar gemachten Bodens abgefahren werden mußten.
Schon wenige Jahre danach entstand das Bedürfnis, die bestehende Wirtschaftsbahn nach Friedland, dem Sitz einer um 1890 gegründeten Zuckerfabrik, zu verlängern, weil sie inzwischen auch zur Abfuhr der Zuckerrüben diente. Am 1. November 1891 wurde dann der durchgehende Güterverkehr zwischen Ferdinandshof und Friedland eröffnet. Die Betriebsführung der im Handelsregister als Friedland-Schwichtenberg-Ferdinandshofer Bahn bezeichneten Strecke erfolgte zunächst durch ihren Besitzer Schweder.
Eine Besonderheit dieser Bahn waren die durch die extrem leichte Gleisbauweise bedingten Radsätze mit Doppelflanschrädern, mit deren Hilfe ein seitliches Ausweichen der Schienen vermieden wurde. Dieses System erforderte die ausschließliche Anwendung von Schleppweichen, die auch von der späteren MPSB noch lange Zeit beibehalten wurden (siehe Bild 1.9). Erst im Jahre 1920 sind die letzten Fahrzeuge mit normalen Radsätzen ausgerüstet worden, nachdem man in den vorangegangenen Jahren die Schleppweichen stark befahrener Gleise gegen übliche Weichenanlagen ausgewechselt hatte.
Großgrundbesitzer aus dem Raum Mecklenburg und Vorpommern gründeten im Frühjahr 1892 eine Aktiengesellschaft Mecklenburg-Pommersche Schmalspurbahn AG mit Sitz in Friedland und einem Kapitalaufwand von 1 000 000 M. Sie kaufte die bestehende Strecke auf und veranlaßte die Firma Schweder zum Ausbau der Bahn von Friedland über Dennin nach Jarmen bis an das Peenebollwerk. Die Hauptaktionäre stellten den Grund und Boden zum Bahnbau unentgeltlich zur Verfügung. Am 20. Januar 1892 erteilte das Ministerium für öffentliche Arbeiten in Berlin die Konzession zur Inbetriebnahme der MPSB, und am 1. Oktober des gleichen Jahres erfolgte die offizielle Eröffnung.
Während sämtliche Strecken (einschließlich des Abzweiges Dennin—

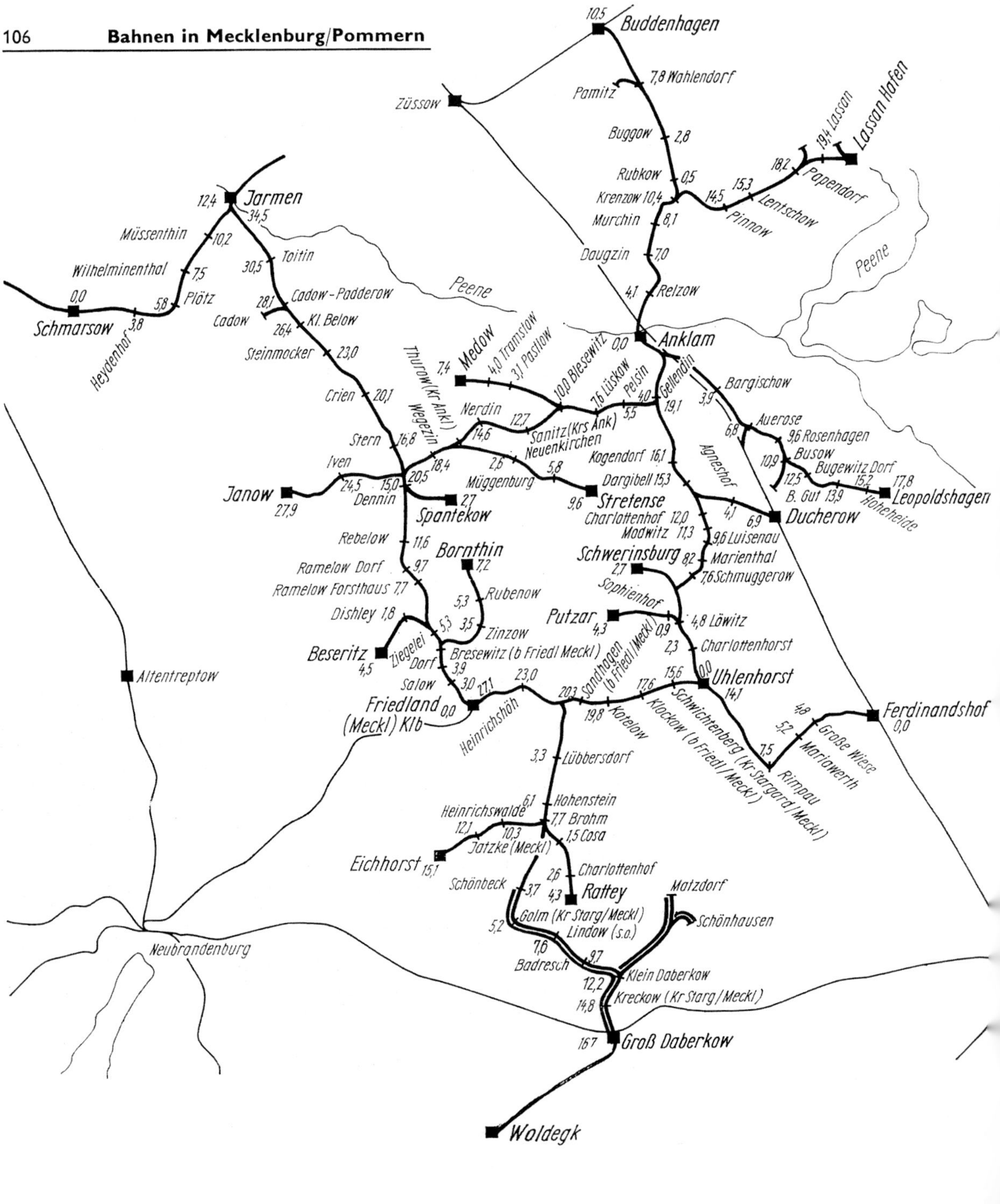
Buddenhagen
Wahlendorf
Pamitz
Züssow
Buggow
Rubkow
Krenzow
Murchin
Daugzin
Relzow
Lassan Hafen
Lassan
Papendorf
Lentschow
Pinnow
Peene
Jarmen
Müssenthin
Wilhelminenthal
Plötz
Schmarsow
Heydenhof
Toitin
Cadow-Padderow
Cadow
Kl. Below
Steinmocker
Crien
Stern
Medow
Tramstow
Pastow
Thurow (Kr Ankl)
Wegezin
Blesewitz
Lüskow
Pelsin
Anklam
Gellendin
Bargischow
Nerdin
Sanitz (Krs Ank)
Neuenkirchen
Müggenburg
Kagendorf
Dargibell
Stretense
Agneshof
Auerose
Rosenhagen
Busow
Bugewitz Dorf
B. Gut
Leopoldshagen
Hoheheide
Ducherow
Iven
Janow
Dennin
Spantekow
Charlottenhof
Modwitz
Luisenau
Rebelow
Bornthin
Schwerinsburg
Marienthal
Ramelow Dorf
Ramelow Forsthaus
Schmuggerow
Sophienhof
Rubenow
Dishley
Putzar
Löwitz
Zinzow
Beseritz
Ziegelei
Dorf
Bresewitz (b Friedl Meckl)
Sandhagen (b Friedl Meckl)
Charlottenhorst
Uhlenhorst
Altentreptow
Salow
Friedland (Meckl) Klb
Heinrichshöh
Kotelow
Klockow (b Friedl/Meckl)
Schwichtenberg (Kr Stargard/Meckl)
Ferdinandshof
Große Wiese
Mariawerth
Rimpau
Lübbersdorf
Hohenstein
Heinrichswalde
Brohm
Cosa
Jatzke (Meckl)
Eichhorst
Charlottenhof
Schönbeck
Rattey
Matzdorf
Schönhausen
Golm (Kr Starg/Meckl)
Lindow (s.o.)
Badresch
Klein Daberkow
Kreckow (Kr Starg/Meckl)
Neubrandenburg
Groß Daberkow
Woldegk

Tabelle 2.20
Strecken der MPSB

Streckenabschnitt	Länge	Eröffnung		Stillegung	
	km	Reiseverkehr	Güterverkehr	Reiseverkehr	Güterverkehr
Ferdinandshof—Friedland	27,1	ab 1893	1. 11. 1891	1945	1945
Ferdinandshof—Uhlenhorst		7. 11. 47	7. 11. 1947	30. 11. 1960	30. 11. 1960
Friedland—Uhlenhorst				29. 5. 1965	1. 6. 1966
Friedland—Dennin—Jarmen	34,5	ab 1893	1. 10. 1892	31. 5. 1969[1])	29. 9. 1969[1])
Dennin—Neuenkirchen	6,4	—	1. 10. 1892	—	1945
Uhlenhorst—Schmuggerow	7,6	ab 1895	27. 4. 1893	1945	1945
Abzw. Schweringsburg	2,7	—	27. 4. 1893	—	1945
Bresewitz—Beseritz	4,5	—	19. 12. 1893	—	1945
Dennin—Janow	7,4	nach Güterverkehr	24. 4. 1894	1945	1945
Neuenkirchen—Dennin	6,0	—	24. 4. 1894	—	1945
Anklam—Dennin	20,8	nach Güterverkehr	19. 4. 1895	31. 5. 1969	29. 9. 1969
Nerdin—Medow	3,7	—	10. 4. 1895	—	28. 11. 1906
Schmuggerow—Gellendin	12,6	nach Güterverkehr	6. 7. 1895	1945	1945
Anklam—Bugewitz	13,9	nach Güterverkehr	2. 5. 1896	1945	1945
Bugewitz—Leopoldshagen	3,9	nach Güterverkehr	28. 8. 1896	1945	1945
Dargibell—Ducherow	4,8	nach Güterverkehr	1. 9. 1897	—	1945
Dennin—Spantekow	2,7	nach Güterverkehr	7. 10. 1897	—	1945
Blesewitz—Medow	7,4	—	6. 11. 1905	—	1945
Bresewitz—Bornthin	7,2	—	1. 8. 1907	—	1945
Heinrichshöh—Jatzke	12,11	ab 1911	4. 1. 1908	1945	1945
Löwitz—Putzar	4,3	—	1. 11. 1908	—	1945
Brohm—Rattey	4,4	—	15. 7. 1910	—	1945
Brohm—Groß Daberkow	16,7	nach Güterverkehr	1. 4. 1926	1945	1945
Jatzke—Eichhorst	4,4	—	1928	—	1945

[1]) Dennin—Jarmen: 1945

Bild 2.32 Salonwagen der MPSB (um 1895)
Foto: Sammlung Schulz

Tabelle 2.21 Statistische Angaben zur MPSB

Jahr	1892	1906	1911	1944	1963
Lokomotiven gesamt	7	18	21	27	8
davon mit 2 Kuppelachsen	7	9	9	1	1
mit 3 Kuppelachsen	—	9	12	12	4
mit 4 Kuppelachsen	—	—	—	14[3])	3
Triebwagen gesamt	—	—	—	—	—
davon zweiachsig					
vierachsig					
Personenwagen gesamt		15	18	31	12
davon zweiachsig		6	6		—
vierachsig		9	10		12
Gepäckwagen gesamt		8	10		9
davon Postabteil		—	1,3		
davon zweiachsig		—	—	—	—
vierachsig		8	10		9
Güterwagen gesamt		645	594[2])	768	238
davon zweiachsig		110			8
vierachsig		529[1])			230
Spezialwagen		16	19		8[2])
beförderte Personen		139018	189637	320120	51000[4])
beförderte Güter in t		279944	256681	340000	73000[4])
Lokomotivkilometer		508984	489479		

[1]) davon zwei achtachsig [2]) davon vier achtachsig [3]) davon zwei mit 5 Kuppelachsen [4]) 1964

Thurow—Neuenkirchen) einer gemeinschaftlichen Betriebsführung unterlagen, übergab das Culturtechnische Bureau von Schweder erst ab 1. April 1893 die nördlich von Friedland und in Richtung Jarmen führenden Streckenabschnitte der MPSB. Etwa zum gleichen Zeitpunkt nahm man zwischen Ferdinandshof, Friedland und Jarmen den regelmäßigen Reiseverkehr auf, nachdem sich schon in vorangegangenen Jahren herausgestellt hatte, daß die Beförderung von Personen notwendig geworden war. Eine 1892 geplante Stichbahn von Dishley über Schwanebeck, Siedenbollenthin nach Treptow a. d. Tollense wurde nicht gebaut.

Mit Eröffnung der Strecke Schmuggerow—Gellendin am 6. Juli 1895 wurde das Grundnetz, zu dem auch die Strecke Anklam—Leopoldshagen gerechnet werden muß, fertiggestellt. Die später entstandenen Stichbahnen dienten fast ausschließlich dem Güterverkehr.

Erst nach dem ersten Weltkrieg setzte eine neue Bauperiode ein. Besondere Bedeutung hatte die 1926 eröffnete Strecke Brohm—Groß Daberkow, die man teilweise auf dem Planum der 1917 stillgelegten Woldegker Kleinbahn aufbaute (siehe Abschnitt 2.2.4.). Der Vollständigkeit halber soll auch die im Jahre 1934 errichtete und von der MPSB betriebene Kieszubringerbahn Jarmen—Tutow erwähnt werden. Diese Strecke schloß zwar an das bestehende Streckennetz an, um den aus bahneigenen Kiesgruben der MPSB gewonnenen Kies zum Aufbau des Flugplatzes nach Tutow zu schaffen, gehörte aber zur Vereinigung vorpommerscher Kleinbahnen, Stralsund.

Die MPSB erreichte in den dreißiger Jahren eine Streckenlänge von 216,98 km. Die aufgeführten Strecken sind aber nicht mit der gesamten Netzlänge identisch, weil größere Anschlüsse (z. B. Hafenbahnanlagen in Anklam und Jarmen) unberücksichtigt bleiben.

Die MPSB blieb bis 1945 eine Aktiengesellschaft. Nach dem zweiten Weltkrieg fiel der größte Teil des Streckennetzes und des Fahrzeugparkes unter die Reparationsleistungen. Erhalten blieb die 36 km lange Verbindung von Anklam nach Friedland, die von der Mecklenburg-Vorpommerschen Treuhandgesellschaft m. b. H. Schwerin als landeseigener Kleinbahnbetrieb verwaltet wurde. Infolge unzureichender Straßenverhältnisse war die Versorgung der Dörfer im Raum Friedland, Ferdinandshof und Anklam nicht gesichert. Daher erteilte der Kommandant der Sowjetischen Armee in Friedland, Major Jakowlew, im Februar 1946 im Auftrage des Marschalls der UdSSR Shukow der MPSB die Weisung, die Strecken Friedland—Ferdinandshof, Friedland—Groß Daberkow, Anklam—Uhlenhorst mit insgesamt etwa 72 km Länge wieder aufzubauen. Die Strecke Friedland—Ferdinandshof wurde am 7. November 1947 dem Betrieb übergeben.

Am 18. Oktober 1946 war die Betriebsführung wieder der MPSB übergeben worden, am 23. Oktober 1947 erfolgte die Löschung der MPSB aus dem Handelsregister. Mit Wirkung vom 1. April 1949 übernahm dann die Deutsche Reichsbahn das aus den Strecken Anklam—Friedland und Friedland—Uhlenhorst—Ferdinandshof bestehende Kleinbahnnetz.

1958 begann eine umfassende Entwässerung der Friedländer Großen Wiese, die vor der Jahrhundertwende nur zum Teil kultiviert worden war. In diesem Zusammenhang erfolgten umfangreiche Straßenneubauten. Daher verlor die Strecke Ferdinandshof—Friedland allmählich ihre Bedeutung im Reise- und Güterverkehr. Am 30. November 1960 konnte der Zugverkehr zwischen Ferdinandshof und Uhlenhorst eingestellt werden. Nach weiterem Ausbau des Straßennetzes erfolgte am 29. Mai 1965 auf der Strecke Friedland—Uhlenhorst die Übernahme der Personenbeförderung und ab 1. Juni 1969 die verbliebenen Transportleistungen durch den Kraftverkehr.

Der Teilabschnitt Anklam—Friedland war am längsten in Betrieb, weil er den Hafen von Anklam mit dem Hinterland verband sowie insbesondere die Zuckerfabriken Anklam und Friedland bediente. Nachdem bereits im Jahre 1967 durch die Bildung von Wagenladungsknoten 13 Gütertarifbahnhöfe geschlossen worden waren, konnte am 31. Mai 1969 zunächst der Reiseverkehr eingestellt werden, während der Güterverkehr noch bis zum 27. September 1969 bestand. Somit fiel auch die letzte Strecke des einstmals so bedeutungsvollen Kleinbahnnetzes dem wirtschaftlichen Fortschritt zum Opfer, jedoch nicht ohne vorher noch zahlreiche Sonderfahrten erlebt zu haben.

Schon in der Anfangszeit der MPSB gab es recht großzügige Anlagen. Dazu gehörten beispielsweise die Ringlokschuppen in Friedland (15-ständig) und in Anklam (8ständig). Auf größeren Bahnhöfen befanden sich Drehscheiben bzw. Gleisdreiecke, wie in Uhlenhorst, Dennin und Friedland.

Neben den bedeutenden Anschlußgleisen zur Peene in Jarmen bzw. Anklam verfügten außerdem die

Bild 2.33
Lok 4
mit Wagen 9 und 68
im Bahnhof
Groß Daberkow
Foto: Harder

Tabelle 2.22 Triebfahrzeuge der MPSB

Betriebsnummer/Name MPSB 1.	2.	3.	Name	DR	Bauart	Hersteller	Baujahr	Fabriknummer	Bild	Bemerkungen
Dampflokomotiven										
1	—	—		—	Bn2t	Hen	1887	2448	2.41 a	+ um 1895
2	4	—		—	Bn2t	Hen	1888	2539	2.41 b	1905 verkauft
3	20	—		—	Bn2t	Hen	1888	2616	2.41 b	+ 1913
4	—	—		—	Bn2t	Hen	1886	2211	2.41 c	+ 1895
5	9	—		—	Bn2t	Hen	1892	3637	2.41 d	+ nach 1916
6	21	—		—	Bn2t	Hen	1892	3784		+ um 1930
7	22	—		—	Bn2t	Hen	1892	3785		+ 1931
8	20	—		—	Bn2t	Jung	1893	172	2.41 i	+ 1929
9				—	Cn2t	Güst	1893	702	2.41 e	1907 verkauft
10	10	—		—	Cn2t	Güst	1894	703	2.41 e, f	Umbau in C1′; + 1928
11	11	23[1])		—	Cn2t	Jung	1895	197	2.41 g, h	Umbau in C1′ bis 1925; + 1935
12	12	24[2])		—	Cn2t	Jung	1895	198	2.41 g, h	Umbau in C1′ bis 1925
13	13	27[1])		—	Cn2t	Jung	1895	199	2.41 g, h	Umbau in C1′ bis 1925
14	14	25[1])		—	Cn2t	Jung	1895	200	2.41 g, h	
15	15	15[1])		—	Cn2t	Jung	1895	201	2.41 g, h	
16	16	—	FRIEDLAND	—	Bn2t	Hag	1896	335	2.41 j	1934 verkauft
17	17	16[2])	ANCLAM	—	Bn2t	Hag	1896	336	2.41 j	
18	18	—	JARMEN	—	Bn2t	Hag	1896	377	2.41 j	+ 1918
19	19	25	DENNIN	—	Bn2t	Hag	1895	390	2.41 j	+ 1935
—	1	1	JAKOBI	993351	C1′n2t	Jung	1906	989	2.41 k	1970 verkauft
—	2	2[1])	REUSS	—	C1′n2t	Jung	1906	990		
—	3	3[1])	FREIHERR VON TROSCHKE	—	C1′n2t	Jung	1907	1137	2.41 l	
—	4	4	KAYSER	993352	C1′n2t	Jung	1907	1138	2.41 l	1973 Museumszug in Friedland
—	5	5	GRAF SCHWERIN LÖWITZ	993353	C1′n2t	Jung	1908	1261	2,41 q	1972 verkauft
—	6	6[1])	KATTER	—	C1′n2t	Jung	1911	1639	2.41	
—	7	7[1])	RAT VOSS	—	C1′n2t	Jung	1913	1974	2.41 l	
—	8	8	V. D. LANCKEN	993451	C1′h2t	Jung	1914	2155	2.41 o	+ 1966
—	—	9		993461	Dh2	Vul	1925	3852	2.41 m	1972 verkauft
—	—	10[1])		—	Dh2	O & K	1930	12178	2.41 r	
—	—	11[1])		—	Dh2	O & K	1934	12494	2.41 r	
—	—	12		993462	Dh2	O & K	1934	12518	2.41 r	1970 verkauft
—	—	13[1])		—	Dh2	O & K	1937	12894		
—	—	14	—	993361	Dh2	O & K	1938	13200	2.14 o	1972 verkauft
—	—	17[1])		—	En2t	O & K	1918	8713	2.41 s	1934 gekauft, Lutter-
—	—	18[1])		—	En2t	O & K	1918	8719	2.41 s	möller-Endachsen
—	—	19[1])			Dn2t	O & K	1916	8249	2.223 b	um 1934 gekauft
—	—	20[1])			Dn2t	Kra	1919	7551	2.223 b	um 1926 gekauft
—	—	21[1])			Dn2t	Hen	1914	13309	2.223 b	1934 gekauft
—	—	22			Dn2t	Bor	1914	9205	2.223 b	1934 gekauft
—	—	23			Dn2t	O & K	1918	8682		um 1939 gekauft
—	—	26			Dn2t	Bor	1914	3319		1938 gekauft

noch Tabelle 2.22 Triebfahrzeuge der MPSB

Betriebsnummer/Name				Bauart	Her-steller	Baujahr	Fabrik-nummer	Bild	Bemerkungen
MPSB			DR						
1.	2.	3.							
noch Dampflokomotiven									
—	—	21³)	99 3652	Bn2t	Jung	1941	9296	2.41 p	1949 beschafft
—	—	31			O & K	1938	39..		kurzzeitig für
—	—	32			O & K	1938	39..		Versuchszwecke
—	—	33			O & K	1938	39..		eingesetzt
—	—	32	99 3651	Bn2t	Kra/Ma	1940	15793		1956 verkauft
—	—	—	99 3001	Bn2t	Hen	1924	20452	2.41 t	für Jarmen-Schmarsow beschafft; + 1958, zerlegt 1966
Motorlokomotiven									
—	—	—	Kö 0405	B-dm	O & K		35005		für Jarmen-Scharsow beschafft;
—	—	—	Kö 0408	B-dm	Hum	1940	27202		1965 verkauft
30	—	—	C-dm	Schw	1938				1956 verkauft

¹) Reparationsleistung ²) vermutlich Reparationsleistung ³) 4. Besetzung

Bild 2.34
Lok 12" vor Güterzug in Dishley Abzweig (1940)
Foto: Sammlung Herbener

Bild 2.35
Lok 8"
im Bahnhof Groß Daberkow
Foto: Harder

Bild 2.36
Rübenzug mit Jung-Lok
vor Friedland
(1934)
Foto: Harder

drei Zuckerfabriken in Anklam, Friedland und Jarmen über eine unmittelbare Gleisverbindung mit dem Streckennetz der MPSB. Als größere Bahnhöfe wurden außer den Endpunkten noch Uhlenhorst und Dennin angelegt. Sie und einige Haltestellen waren mit einer Fernsprechleitung verbunden. Zahlreiche Stichbahnen zu Gutsladestellen zweigten in der Regel von der freien Strecke ab.

An verschiedenen Bahnhöfen begannen auch gutseigene Anschlußbahnen, die überwiegend mit Pferden betrieben wurden, so z. B. Spantekow—Drewelow, Klein Beelow—Gützkower Fähre und Lübbersdorf—Gehren. Letztere baute man 1944 noch für den Maschinenbetrieb um, weil eine Verlängerung dieser Strecke zur Zuckerfabrik Strasburg (Meckl.) vorgesehen war, jedoch nicht mehr zustandekam.

Zu anderen Bahnen bestanden folgende Anschlüsse: in Anklam und Ferdinandshof zur Staatsbahn, in Friedland zur Neubrandenburg-Friedländer Eisenbahn (NFE), in Groß Daberkow zur Mecklenburgischen Friedrich-Wilhelms-Eisenbahn (MFWE), in Jarmen zur Greifswald-Jarmener Kleinbahn und zu den Demminer Kleinbahnen. Auf dem Bahnhof Anklam existierte ein unmittelbarer Übergang zur ebenfalls 600-mm-spurigen Anklam-Lassaner Kleinbahn, dessen Bedienung vertraglich besonders geregelt war.

Im Bahnhof Friedland gab es die größten Anlagen der MPSB. Neben den zur Reparatur erforderlichen Werkstätten befanden sich hier zahlreiche Abstellmöglichkeiten für die außerhalb der Rübensaison nicht benutzten Güterwagen.

Alle größeren Bahnhöfe waren durch Einfahrsignale gesichert. Die Strecke Anklam—Leopoldshagen überquerte in der Nähe des Bahnhofs Anklam die zweigleisige Hauptbahn Angermünde—Stralsund schienengleich. Diesen seltenen Übergang im Schrankenbereich eines Überweges sicherten kleinbahnseitig zwei Deckungssignale. Besonders interessante Signaleinrichtungen bestanden bis 1945 in Uhlenhorst. Die drei hier einmündenden Strecken aus Ferdinandshof, Anklam und Friedland verfügten über Einfahrsignale eigener Bauart. Die zur Betätigung der Signale erforderlichen Seile endeten in entsprechenden Winden, die sich an den Ecken des im Gleisdreieck befindlichen Bahnhofsgebäudes befanden.

Die Planumbreite des Gleiskörpers betrug 2300 mm, vereinzelt auch 2500 mm. Eingebaut waren grundsätzlich Holzschwellen (Kiefer, Länge 1200 mm, Querschnitt 80 mm × 160 mm, Schwellenabstand 600 mm). In den sechziger Jahren wurden durch die DR verschiedentlich Be-

tonschwellen eingebaut. Anfangs verwendete man Schienen von 7,8 kg/m, auf der Moorstrecke bei Mariawerth ursprünglich sogar von 6,7 kg/m. Gleisverwerfungen und umfangreiche Betriebsstörungen bei einem derart schwachen Oberbau waren die Folge, beim Austausch dieser Gleisanlagen durch Schienen mit 10 kg/m bis 12 kg/m entstanden erhebliche Mehrausgaben.
In der Regel bestanden auf dem Netz Neigungen von maximal 1:100; die 1926 eröffnete Strecke Brohm—Groß Daberkow bildete mit 1:80 eine Ausnahme. Der kleinste Krümmungshalbmesser betrug 80 m, bei Anschlußgleisen mit Pferdebetrieb nur 15 m.
Der Lokomotivpark der MPSB war umfangreich und vielfältig. Insgesamt hatte die Bahn 44 Lokomotiven, von denen jedoch maximal 24 zu gleicher Zeit im Bestand waren. Abgesehen von einer 1934 beschafften Diesellok für eine Kiesgrube erfolgte der gesamte Betrieb mit Dampflokomotiven.
Die ersten acht Lokomotiven stammten z. T. noch aus der Feldbahnzeit vor 1892. Da ihre Leistungen für die hohen Anforderungen während der Rübenernte nicht ausreichten, wurden 1893 vier Doppelloks der Eisenbahnbrigade zur Unterstützung eingesetzt. Obgleich man mit diesen dreifach gekuppelten Lokomotiven gute Erfahrungen machte, so daß sieben Cn2t bei Lenz bestellt wurden, beschaffte die MPSB 1896 von Hagans wieder vier zweifach gekuppelte. Die weiteren Neubeschaffungen waren dann C 1'-Lokomotiven von Jung. Sie bewährten sich gut, so daß die C-gekoppelten zwischen 1900 und 1925 ebenfalls in C 1'-gekoppelte Lokomotiven umgebaut wurden.
Bedingt durch die Streckenlängen erhielten alle Lokomotiven einen zweiachsigen Wassertender, der auch zusätzlich Kohle mitführen konnte. Diese Tender wurden in der bahneigenen Zentralwerkstatt in Friedland gebaut. Bei späteren Aufträgen bestellte die MPSB nur noch Schlepptenderlokomotiven. Durch Umbauten an Schornsteinen und Führerhaus änderte sich die äußere Gestalt der Lokomotiven häufig. Bei der Auswahl der Skizzen für Bild 2.41 wurden diese Umbauten nicht alle berücksichtigt. 1914 lieferte Jung die erste Heißdampflok, der ab 1925 weitere von Vulcan sowie von Orenstein & Koppel folgten; es waren vierfach gekuppelte Schlepptenderlokomotiven. Als wohl am formschönsten gilt die 150-PS-Lokomotive 9''' von Vulcan. Der freie Kesseldurchblick sowie das zierlichere Führerhaus gegenüber der stärkeren 12''' (200 PS) beeindruckten jeden Eisenbahnliebhaber.
Nach dem ersten Weltkrieg gelangten einige Heeresfeldbahnlokomotiven durch Gelegenheitskauf zur MPSB. Nach dem zweiten Weltkrieg hingegen blieben nur sieben Lokomotiven übrig, die von der DR übernommen wurden. Von den drei Baulokomotiven, die nach 1945 den Bestand auffüllten, erhielt eine den Zusatztender und bediente die Inselstrecke Jarmen—Schmarsow; die beiden anderen wurden 1956 verkauft.
Die DR unterstellte die in Anklam stationierten Lokomotiven dem Bw Pasewalk, die in Friedland dem Bw Neubrandenburg. Die Erhaltung erfolgte für alle Triebfahrzeuge im Raw Görlitz.
Von den bei der Betriebseinstellung am 31. Mai 1969 vorhandenen sechs Lokomotiven verblieb die 99 3352 als Denkmal in Friedland; die anderen wurden an Eisenbahnfreunde in verschiedenen Ländern verkauft.
Um den Reiseverkehr wirtschaftlicher

zu gestalten, verkehrte von Ende Januar bis Mitte März 1929 versuchsweise ein von der HAWA gebauter Benzoltriebwagen. Dazu gab es eine besondere Vereinbarung zwischen Hersteller und MPSB. Offenbar bewährte er sich nicht, da man auf den weiteren Einsatz dieses Fahrzeuges verzichtete.

Für Güterverkehr kaufte die Bahnverwaltung in den dreißiger Jahren verschiedene Lokomotiven der ehemaligen Eisenbahnbrigaden des ersten Weltkrieges. Über die in den Jahren 1938 und 1939 zeitweilig eingesetzten Feldbahnlokomotiven des Heeres sind bisher noch keine vollständigen Herstellerangaben ermittelt worden. Für die Rangierarbeiten in der bahneigenen Kiesgrube Heinrichshöh kaufte die MPSB Mitte der dreißiger Jahre eine klei ne Diesellok, die sich aber nicht bewährte und später verschrottet wurde.

Die Wagenbreite mit 1300 mm bis 2200 mm je nach Gattung entsprach

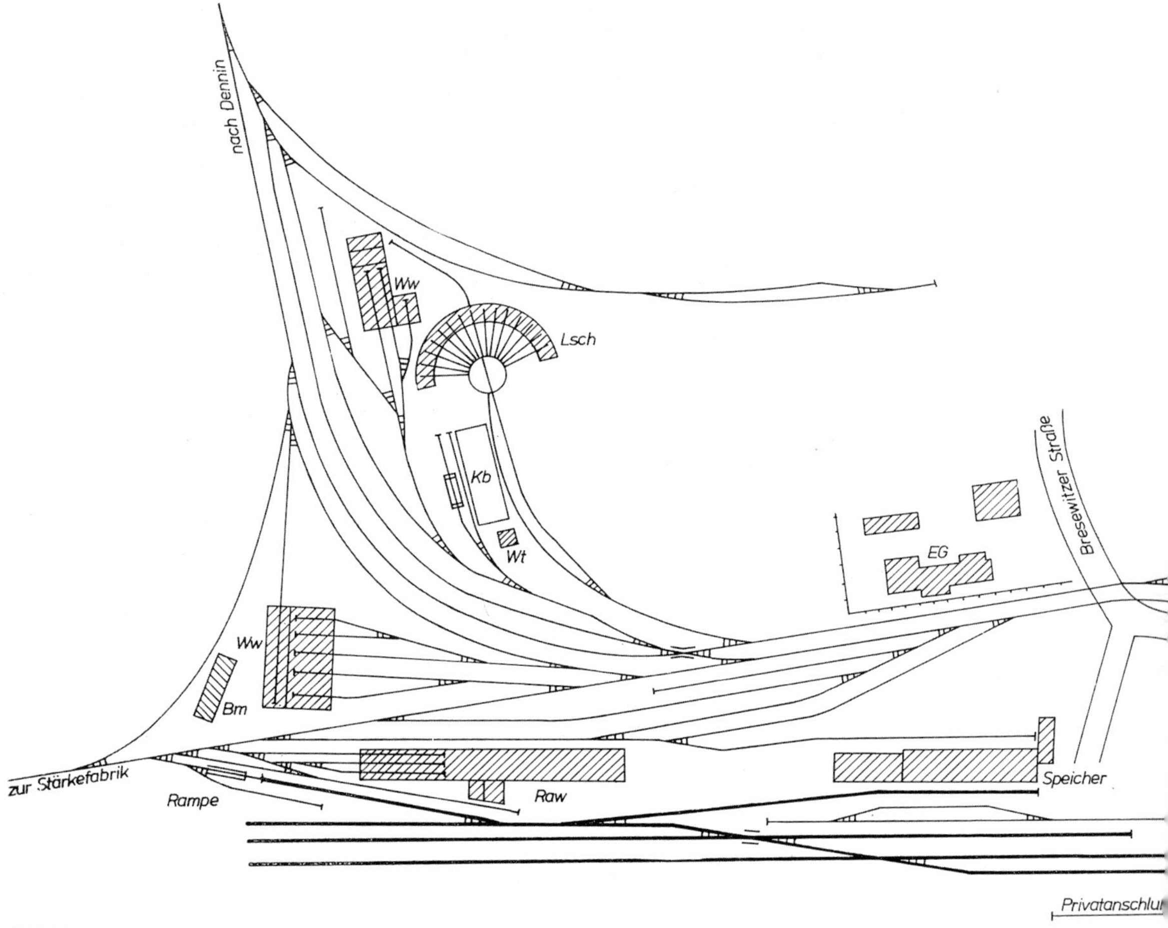

Bild 2.37 Gleisplan des Bahnhofs Friedland

Bild 2.38
Zug mit Lok 99 3361
auf typischer Strecke
bei Rebelow
Foto: Kieper

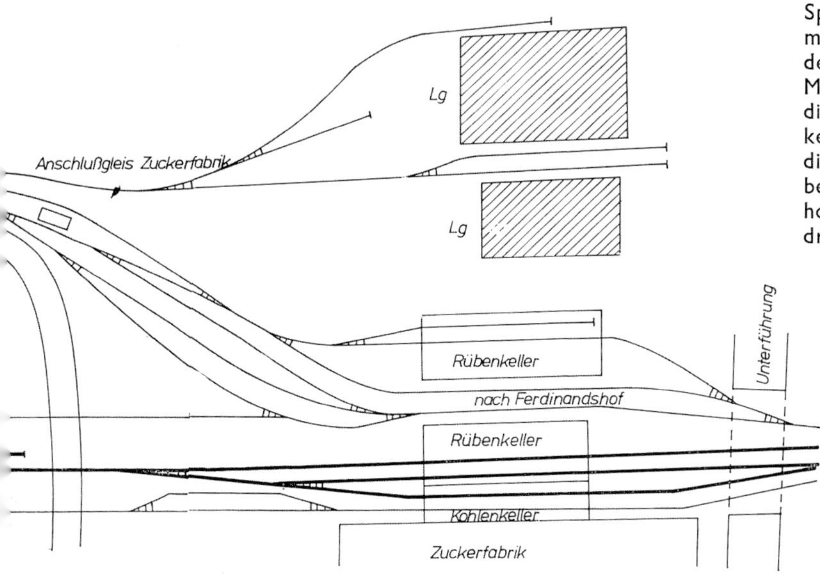

etwa dem Zwei- bis Vierfachen der Spurweite von 600 mm. Deshalb mußten zunächst verschiedene Hürden überwunden werden, bis das Ministerium für öffentliche Arbeiten die Einführung des Personenverkehrs gestattete. Wenig später wurde die Verwaltung der MPSB vom selben Ministerium veranlaßt, in Uhlenhorst, Dennin und Friedland Winddruckmesser aufzustellen. Von einer

Tabelle 2.23 Technische Daten der Dampflokomotiven der MPSB

Betriebsnummer MPSB		1′	2,3′	4′	5′	6,7′	8′	9′, 10′	10″	11–15′	11–15″	16–19′
Betriebsnummer DR		—	—	—	—	—	—	—	—	—	—	—
Bild 2.41		a	b	c	d	—	i	e	f	g	h	j
Bauart	—	Bn2t	Bn2t	Bn2t	Bn2t	Bn2t	Bn2t	Cn2t	C1′n2t	Cn2t	C1′n2t	Bn2t
Höchstgeschwindigkeit	km/h										25	25
Zylinderdurchmesser	mm	130	150	110	170		180	210	210	210	210	170
Kolbenhub	mm	200	250	180	300		300	300	300	300	300	300
Steuerung	—	Aa	Aa	Aa	Aa	Aa	Aa	Aa	Aa	Ha	Ha	Aa
Kesseldruck	kp/cm²	12	12	12	12	14	12	12	12	12	12	14
Rostfläche	m²	0,25	0,31	0,19	0,41		0,33	0,45	0,45	0,45	0,45	0,6
Heizfläche Feuerbüchse	m²		1,46	0,91	1,85		1,3	2,19	2,19			
gesamt	m²	7,48	10,34	6,08	13,69	13,7	16,4	22,16	22,16	22,16	22,16	13,7
Überhitzer	m²	—	—	—	—	—	—	—	—	—	—	—
Wasservorrat	m³	0,4	0,5	0,3	0,51	0,6	0,5	1,4	1,4	1,4	1,4	0,6
Kohlevorrat	t	0,25	0,35	0,17	0,35		0,35	0,4	0,4	0,4	0,4	0,3
Treibraddurchmesser	mm	450	550	420	600	600	600	600	600	600	600	600
Laufraddurchmesser	mm	—	—	—	—	—	—	—	450	—	450	—
Achsstand gesamt	mm	900	1 000	1 000	1 100	1 300	1 800	1 400	2 850	1 400	2 850	1 300
Länge über Puffer	mm	3 910	4 840	3 500	4 570		4 920	5 465	5 465	5 505	5 505	4 980
Lokbreite	mm											
Lokhöhe über SO	mm	2 600	2 750	2 500	2 900		2 550					
Lokmasse leer	t	4,44	5,46	2,95	6,63		5,96	8		8	9,5	7,75
betriebsfähig	t	5,34	6,58	3,7	7,74	7,91	7,11	10		9,5	12	8,75
Zugkraft	Mp	0,54	0,74	0,37	1,03		1,16	1,6	1,6	1,6	1,6	1,01
Leistung	PSi	13	18	10	24		30	40	40	40	40	25

¹) Rahmenlänge ²) einschließlich Tender bzw. Hilfstender

bestimmten Windgeschwindigkeit ab war dann der Personenverkehr einzustellen.

Damit die Wagen einem Winddruck auf der Seitenfläche von 76 kg/m² standhielten, legte man den Schwerpunkt tiefer; es wurde ein zweiter Fußboden eingebaut und in den entstandenen Zwischenraum Ballast gefüllt.

Der erste Personenwagen ging aus einem in eigener Werkstatt umgebauten gedeckten Güterwagen hervor. Er war 4000 mm lang und bot 16 Personen Platz. Wenig später beschaffte die MPSB zwei- und vierachsige Personenwagen vom Waggonbau Güstrow. Unter ihnen befand sich auch ein halboffener Sommerwagen. Von 1896 bis 1905 lieferte der Waggonbau Weyer aus Düsseldorf 10 vierachsige Abteilwagen, die bereits einen wesentlich höheren Reisekomfort boten. Neben diesen Fahrzeugen gab es mehrere Fakultativwagen, die wahlweise für den Güter- oder Personenverkehr hergerichtet werden konnten. Den Höhepunkt des Personenwagenbauprogramms bildeten die 1913 vom Waggonbau Wismar gefertigten sieben Fahrzeuge. Diese vierachsigen Pullmannwagen waren noch bis 1969 eingesetzt und hatten 44 Sitzplätze in drei Abteilen. Sie bildeten das Rückgrat des Reiseverkehrs der MPSB. Für Museumszwecke blieb ein solches Fahrzeug erhalten. Der Wagen steht in Friedland.

Ferner gab es einen kombinierten Personen-/Post-/Gepäckwagen, der 1911 für die Strecke Friedland—Jatzke beschafft worden war. Außerdem verkehrte auf der Jarmener Strecke zeitweilig zwischen Anklam und Crien ein Postwagen. Für die Beförderung von Expreßgut, Gepäck sowie leichtverderblichen Gütern

1'''	3.4,7'''	5,6'''	8'''	9'''	10–12'''	14'''	17–18'''	19'''	21''''	—	Lok der ALKB
993351	993352	993353	993451	993461	993462	993361	—	—	993652	993001	—
k	l	q	n	m	r	o	s	—	p	t	Bild 2.31 g
C1'n2t	C1'n2t	C1'n2t	C1'h2t	Dh2	Dh2	Dh2	En2t	Dn2t	Bn2t	Bn2t	Cn2t
25	25	25	25	25	25	25	25	25	18	20	25
215	215	215	255	290	310	270	270	270	240	235	210
300	300	300	300	300	300	300	300	240	300	300	280
Ha	Ha	Ha	Ha	Ha	Ha	Ha	Ha	Ha	Ha	Ha	Sta
12	12	12	12	12	14	13	14	15	12	12	12
0,45	0,45	0,45	0,52	0,6	0,76	0,52	0,7	0,425	0,47	0,45	0,4
2,02	2,02	2,02	2,46	2,46	3,2	2,5				2,5	
20,67	20,67	20,67	20,7	22,26	20,8	19,63	28,26	25,425	21,4	19,7	17,1
—	—	—	8,5	7,65	12,4	9,2	—	—	—	—	—
0,6	0,6	0,6	0,55	2,4	3,5	3,5	1,1	1,25	0,8	0,8 + 3	0,4
0,55	0,55	0,55	0,6	0,8	1,2	1,1	0,4	0,3	0,5	0,55	1,2
630	630	630	650	650	650	650	600	600	630	630	580
500	500	500	500	—	—	—	—	—	—	—	—
2900	2900	2900	3000	2400	2400	2400	2992	2260	1300	1400	1320
9480[2]	9480[2]	9480[2]	9620[2]	9790[2]	10325[2]	9678[2]	4962[1]	5980	5570	8500[2]	—
1800	1800	1800	2010	1860						1800	
2960	2960	2960	2965	2650	2886	2800			2800	2800	
11,22	11,22	11,22	12,4	13,0	15,5	12,65	12,5	10	8,37	7,8	
13,2	13,2	13,2	14,0	14,7	16,5	13,25	15	11,6	10,7	9,7	10,7
1,585	1,585	1,585	2,16	2,80	3,72	2,63	3,07	2,17	1,97	1,89	1,5
90	90	90	140	150	200	140	90	70	65	80	70

setzte man mehrere Gepäckwagen ein. Alle ab 1896 gebauten und oben aufgeführten Fahrzeuge hatten Gasbeleuchtung und die bewährte Körting-Bremse.

Der Güterwagenpark bestand aus geschlossenen und offenen Wagen. Ihre Tragfähigkeit betrug im Durchschnitt 5 t bzw. 7,5 t, ihre Länge überschritt nicht 5000 mm bis 6000 mm. Der größte Teil dieser Wagen wurde in der Hauptwerkstatt Friedland gebaut. Aber auch der Waggonbau Wismar und die Firma Glässing, Berlin, lieferten für die MPSB Güterwagen. Sämtliche Wagen hatten einen durchschnittlichen Raddurchmesser von 450 mm. Der Drehgestellachsstand mit 600 mm bis 1100 mm war der Spurweite entsprechend und relativ gering.

Die anfangs üblichen zweiachsigen Wagen wurden im Laufe der Entwicklung fast ausschließlich durch Vierachser ersetzt. Viele geschlossene und offene Wagen besaßen den Kutschersitz mit Spindelbremskurbel. Zwei recht interessante Besonderheiten waren zum einen die halben G-Wagenkästen, die auf bestimmte O-Wagen aufgesetzt werden konnten und sie in einen G-Wagen verwandelten. Zum anderen verlegte man zur Erntezeit von den Bahnhöfen tragbare Gleisjoche bis auf die Felder; die Güterwagen konnten dann mit Pferden auf das Feld gezogen und dort beladen werden.

Von der MPSB wurden beachtliche Transportleistungen erbracht, die hauptsächlich aus der außerordentlich günstigen verkehrsgeographischen Lage des gesamten Streckennetzes resultierten. Um z. B. vor dem ersten Weltkrieg die Aufgaben während der Rübenkampagne zu bewältigen, mußten für diese Zeit zusätzli-

Tabelle 2.24 Technische Daten der Wagen der MSPB

Gattung		C	BC	C4	C4	BC	C	BC4	C
Bild 2.42		a	b	c	d	e	g	f	i
Hersteller			Güst			Güst	Güst	Dü	
Baujahr		vor 1893	1893	vor 1893	vor 1893	1894	1894		
Anzahl	Stck	1	2	1	1	1	1	1	1
Länge über Puffer	mm								
Wagenkastenlänge	mm								
Wagenkastenbreite	mm								
Achsstand/Drehzapfenabstand	mm	3000	2500	4150	3100	2500	2000	4600	2500
Drehgestellachsstand	mm	—	—	750	600	—	—	800	—
Sitzplätze 2. Klasse	—	—		—	—		—		—
3. Klasse	—	24			16				
4. Klasse	—	—	—	—	—	—	—	—	—

noch Tabelle 2.24 Technische Daten der Wagen der MPSB

Gattung		GGw	OOw	Ow	OOw	OOw	OOw	SS
Bild 2.42		s	x	y	z	a′	b′	w
Hersteller	—	Güst	Güst			Fried		
Baujahr	—	1894	vor 1893	vor 1893	1894	1894		
Anzahl	Stck	19	100	40	100	24		4
Länge über Puffer	mm							12740
Wagenkastenlänge	mm						6000	12000
Wagenkastenbreite	mm							1800
Achsstand/Drehzapfenabstand	mm	3200	3500	2500		4000	3600	8000
Drehgestellachsstand	mm	600	600	—	600	600	1100	2160/900
Sitzplätze 2. Klasse	—	—	—	—	—	—	—	—
3. Klasse	—	—	—	—	—	—	—	—
4. Klasse	—	—	—	—	—	—	—	—
Tragfähigkeit	Mp	5,25	3,15	4,15	4,15	5,25	7,75²)	15,75

¹) Umbau in G ²) Ladefläche 9,6 m²

che Fahrzeuge von den Eisenbahnbrigaden des Heeres ausgeliehen werden. Dann fuhren mitunter zwischen Sandhagen und Lübbersdorf vier Züge hintereinander auf Sicht. Während andere Kleinbahnverwaltungen im früheren Vorpommern Mitte der dreißiger Jahre zur Reduzierung oder sogar zur Stillegung einzelner Strecken gezwungen waren (siehe Abschnitte 2.2.1. und 2.2.6.), erreichte das Verkehrsaufkommen der MPSB seinen Höhepunkt. Außerhalb der Saison beförderte die Bahn hauptsächlich Kohle, Kalksteine und auch größere Mengen von Feld-

Bild 2.39 Bahnhof Friedland mit Lok 99 3361 (Juli 1966) *Foto: Kieper*

BC4	C4	BC4	BC4	C4	CPost4	Pw4	GGw	BC4	GGw	GGw[1])	Gw	Gw
h	k	j	l	m	n	p	r	t	o	q	u	v
	Fried	Düss				Wis	Wis	Wis				Güst
	1900		1910	1898	1911	1914	1914	1914	1896	vor 1893	1893	1893
6	1	1	1	1		6		6	27		36	1
			9640	8590	9865	9640		12500	5840			
		8840	8900	7100	9125	8900		11760	5100			
			1700	1800	1780	1800		2100	1710			
5000	2500	5500	5470	5700	6400	6400	4600	9250	3200	4000	2500	2500
800	—	700	1100	900	900	1100	1100	1100	900	600	—	—
	—			—	—	—	—		—	—	—	—
							—	44	—	—	—	—
—	—	—	—	—	—	—	—	—	—	—	—	—
							7,75		5,25	3,15	4,15	5,25

Bild 2.40 Lok 23 in der Kiesgrube (1934) *Foto: Sammlung Kieper*

Bild 2.41 Lokomotiven der MPSB [95]

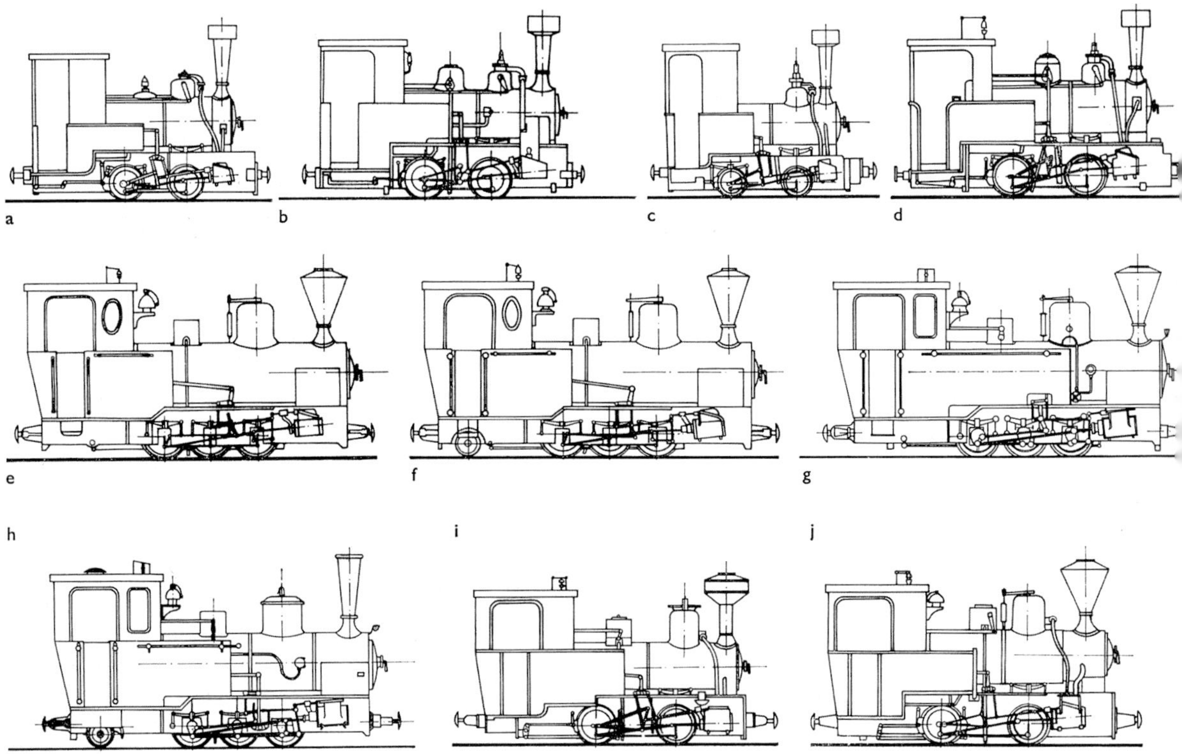

Tabelle 2.25 Anschließer der MPSB

Bahnhof	Anschließer	Bemerkungen
Anklam	Zuckerfabrik	Stillegung 1966
	Peenefafen	Stillegung 1969
	Flockenfabrik (ALKB-Bereich)	
	Falksche Mühle	
Jarmen	Zuckerfabrik	Stillegung 1945
	Peenehafen (Bollwerk)	Stillegung 1945
	Ein- und Verkaufsverein	Stillegung 1945
	Kunstmühle	Stillegung 1945
Friedland	Zuckerfabrik	Stillegung 1969; ab 1966 keine Rübenzufuhr mehr
	Gasanstalt	Stillegung 1969
	Kartoffelstärkefabrik	Stillegung 1969

steinen für den Molenbau in Swinemünde (heute: Swinoujscie).
Dagegen war der Personenverkehr nicht bedeutend. Er resultierte vorwiegend aus dem Geschäftsverkehr. Zur attraktiven Gestaltung des Reiseverkehrs richtete die MPSB in den dreißiger Jahren verschiedene Kraftomnibuslinien ein, die weit über das Einzugsgebiet der Bahn hinausgingen und somit wichtige Zubringerfunktionen erfüllte. Weiterhin bestand ein bahneigener Güterkraftverkehr, um hauptsächlich die nicht von den MPSB-Strecken erschlossenen Gebiete zu versorgen.
Zweifellos hat die ehemalige MPSB

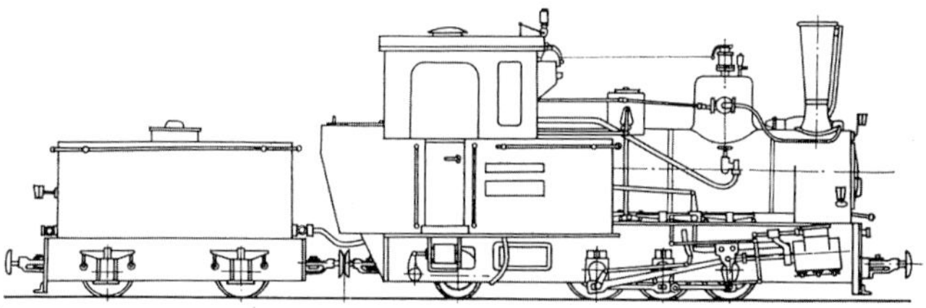

k

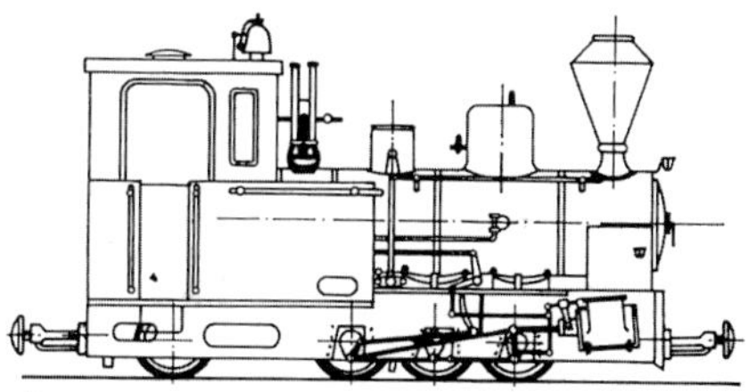

l

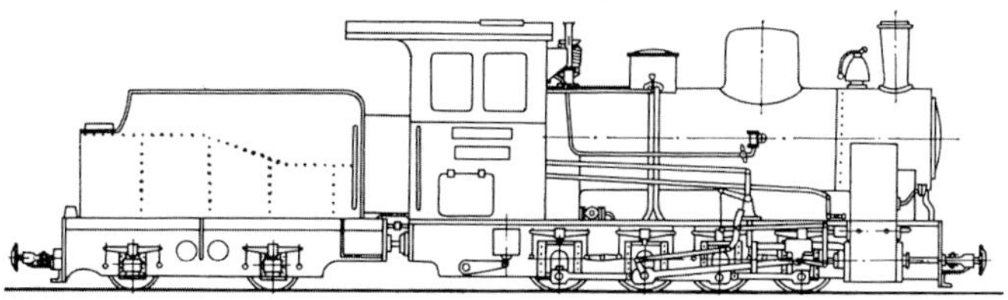

m

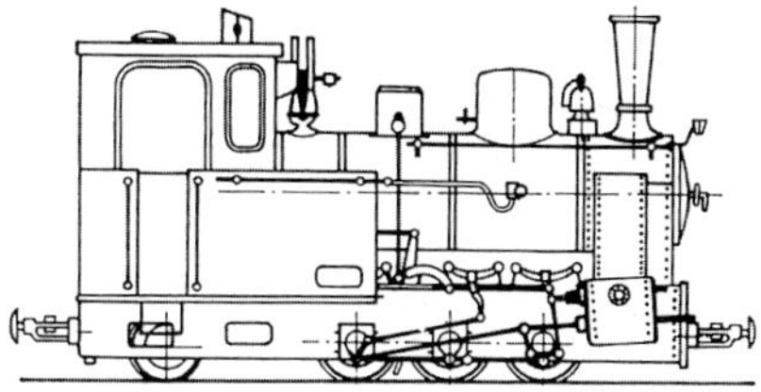

n

o

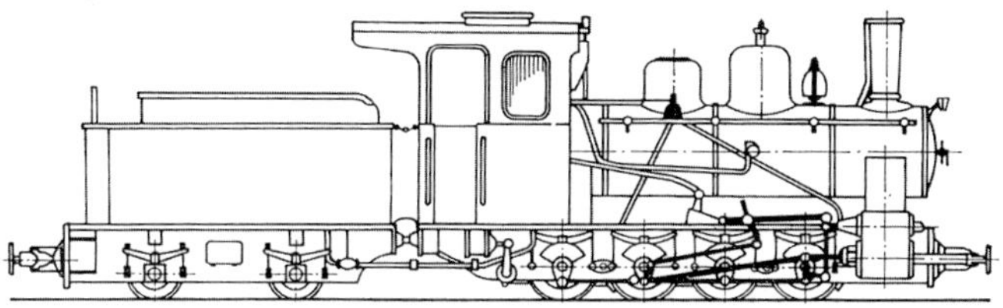

p

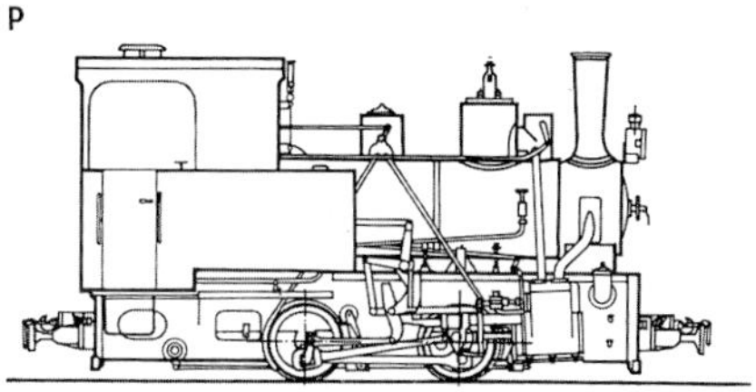

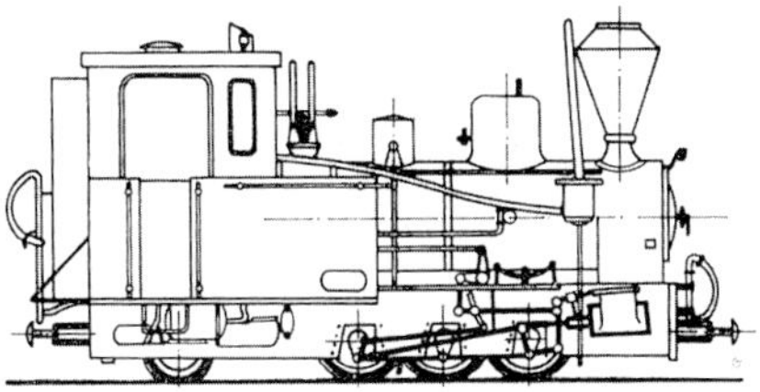

q

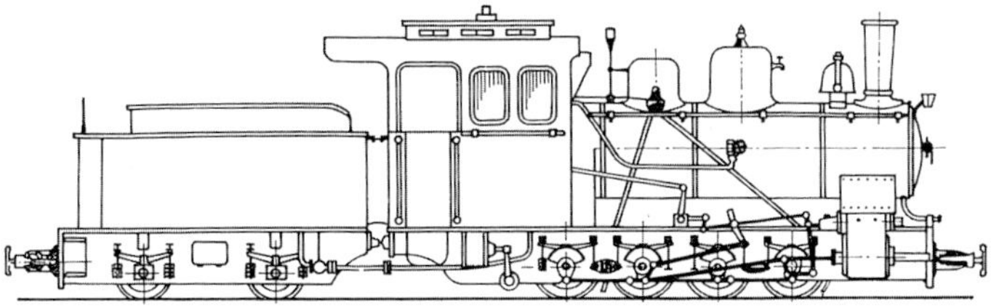

r

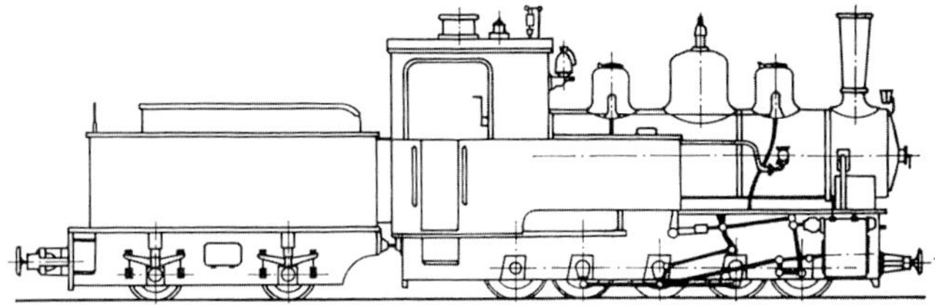

s

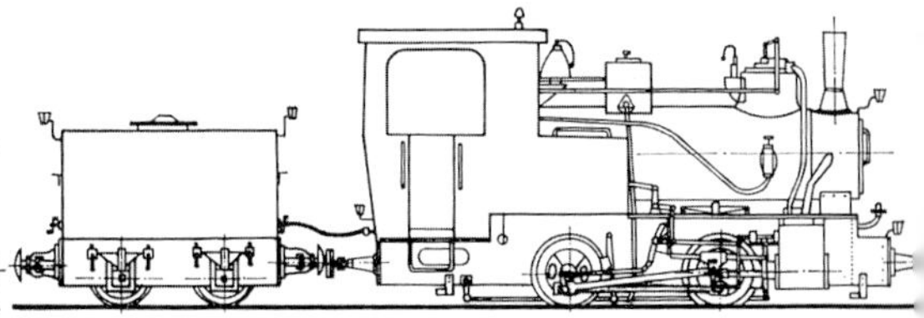

t

noch Bild 2.41 Lokomotiven der MPSB

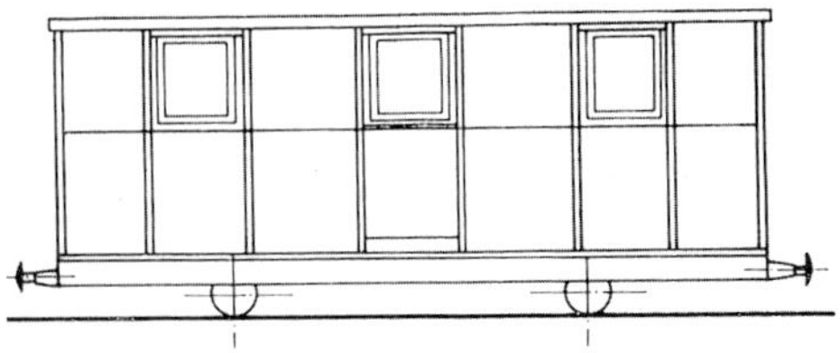

a

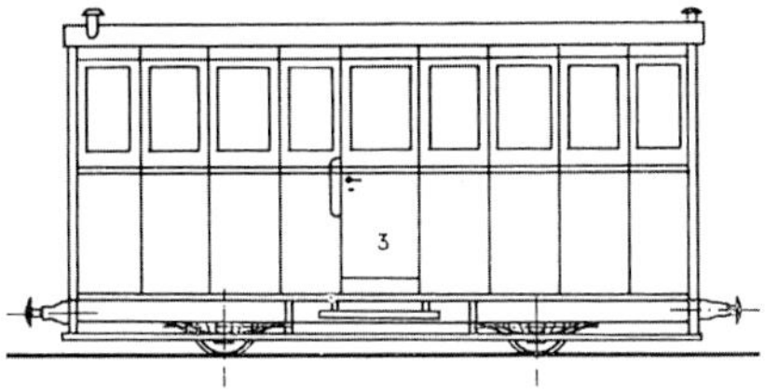

b

c

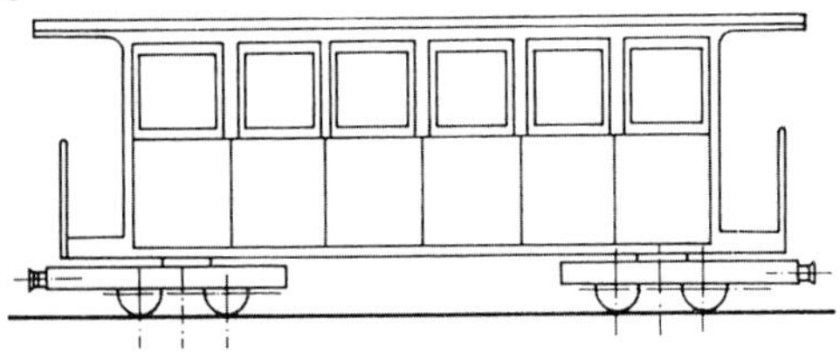

d

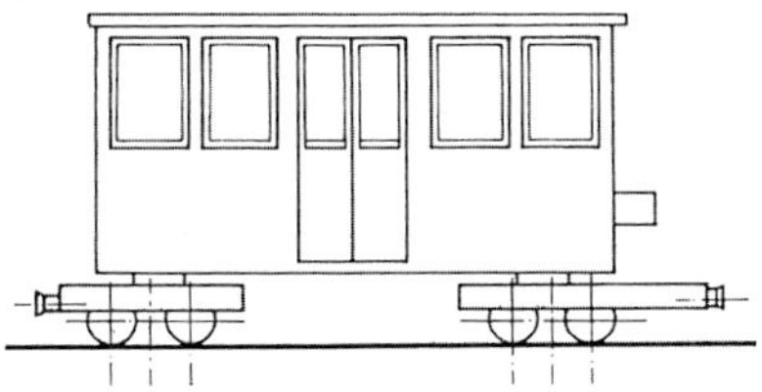

Bild 2.42
Wagen der MPSB [95]

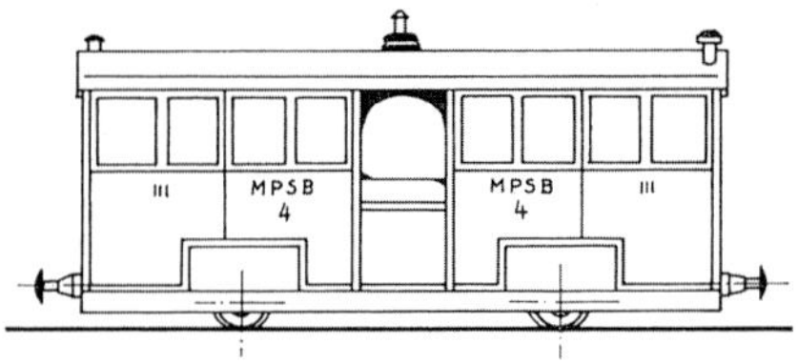
III
MPSB
4
MPSB
4
III
e

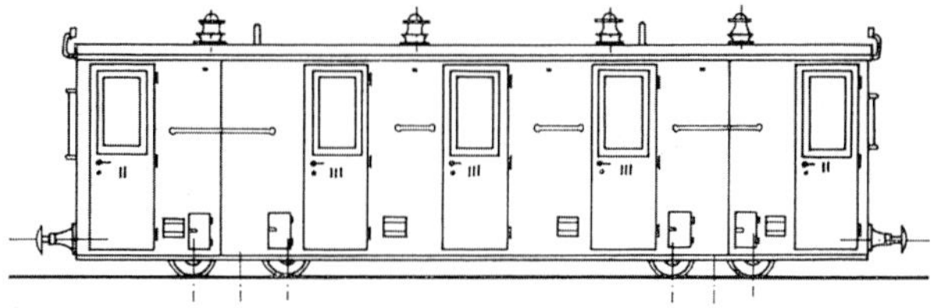
II
III
III
III
II
f

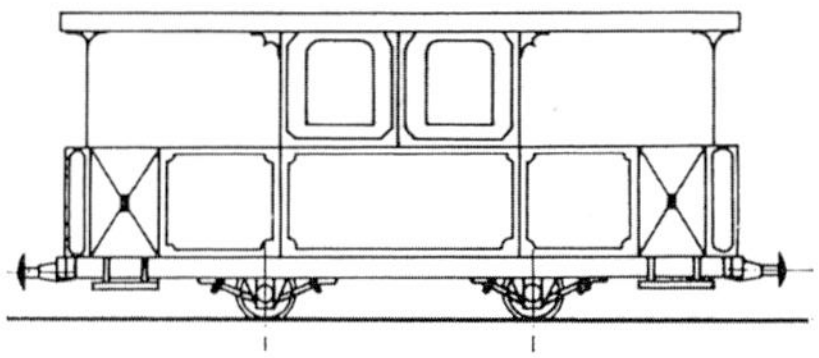
g

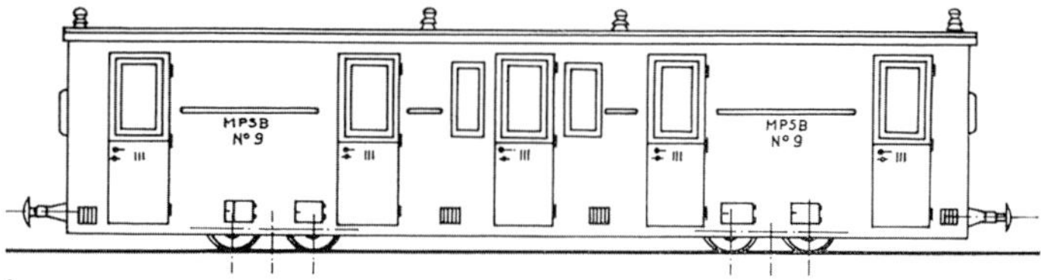
MPSB
N° 9
III
III
III
III
MPSB
N° 9
III
h

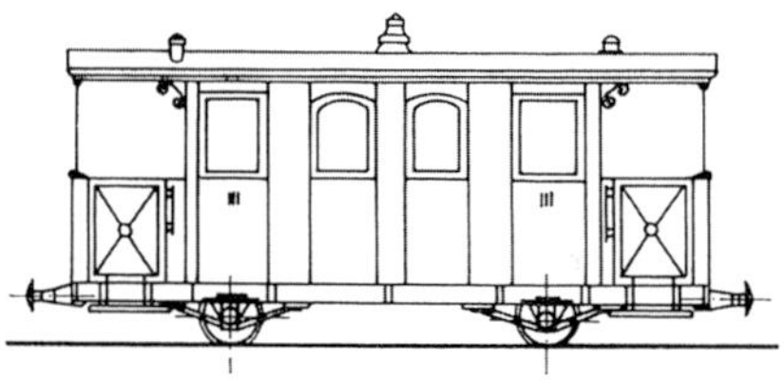
III
III
i

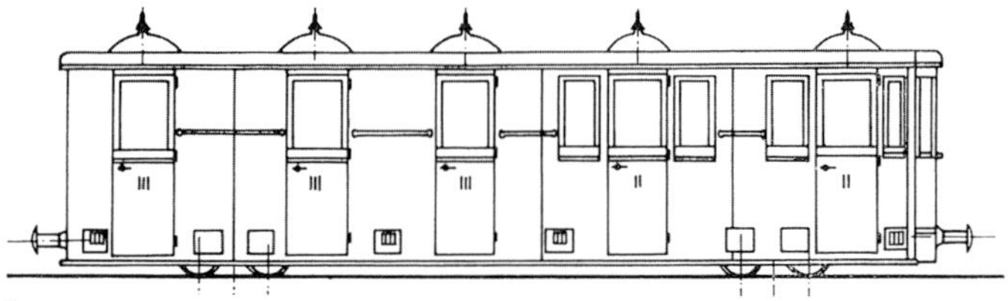
III
III
III
II
II
j

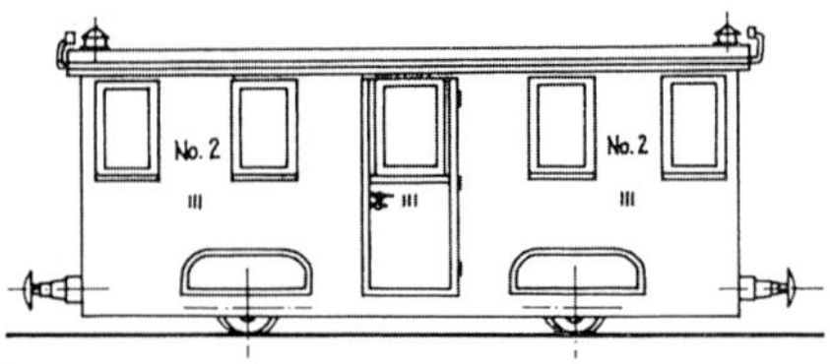
No. 2
III
III
No. 2
III
k

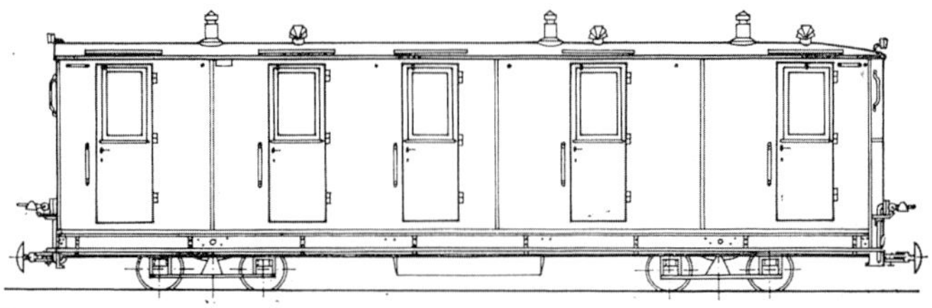
l

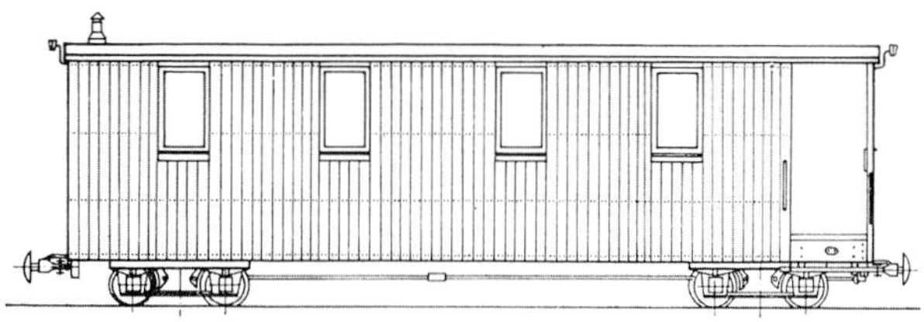
m

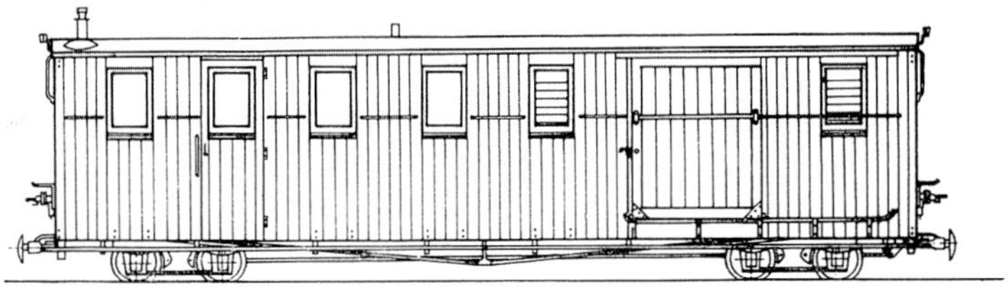

n

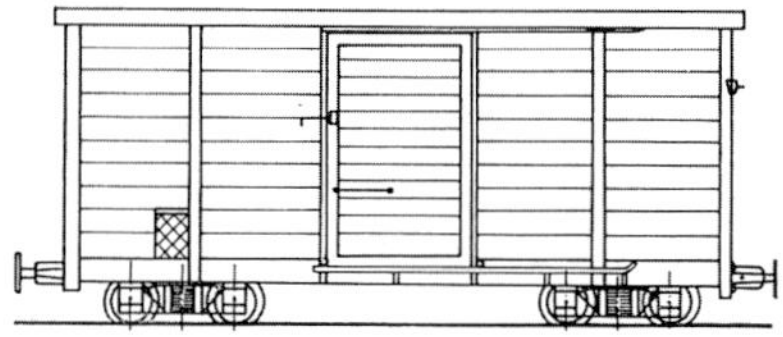

o

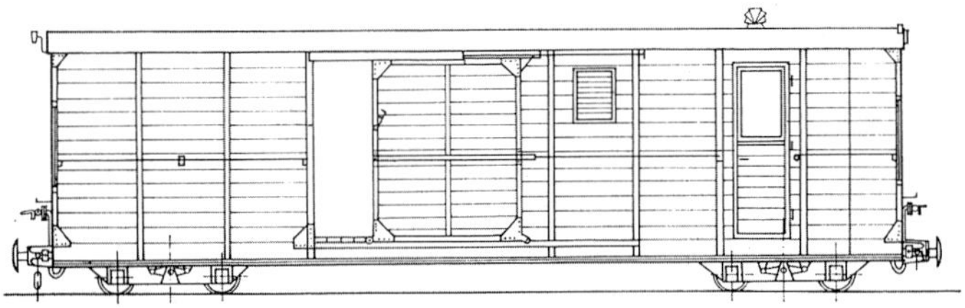

p

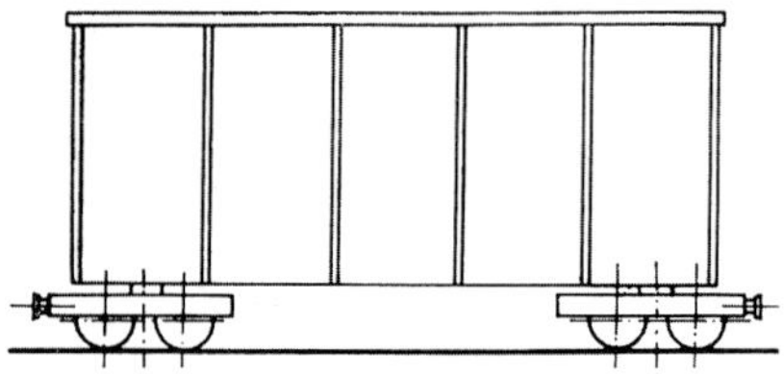

q

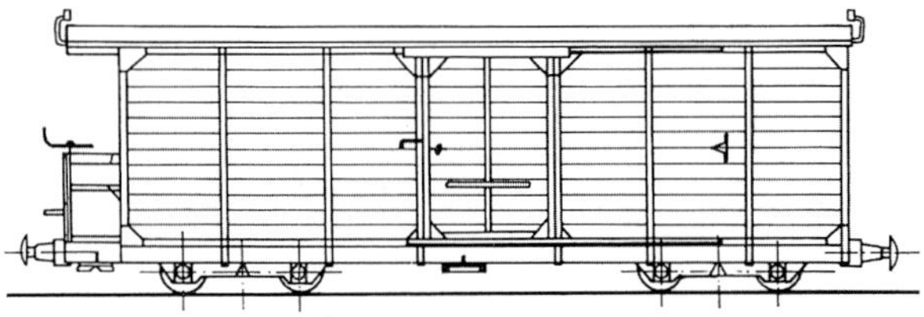

r

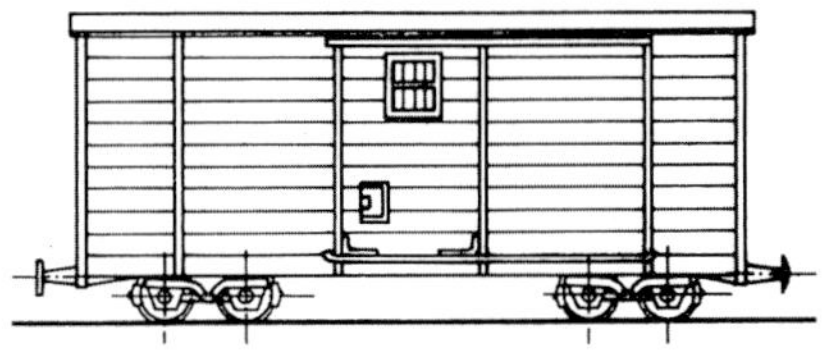

s

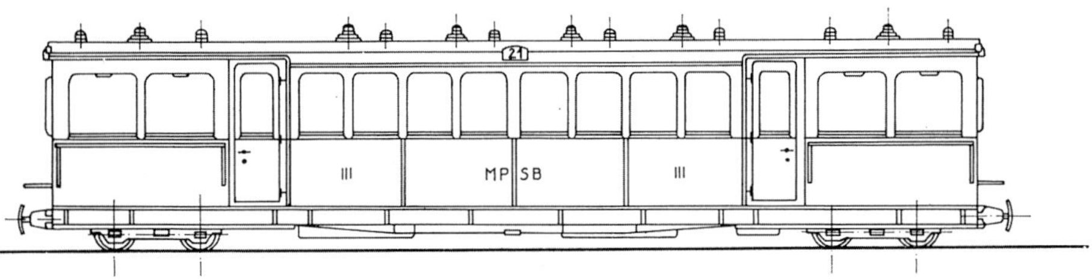

t

u

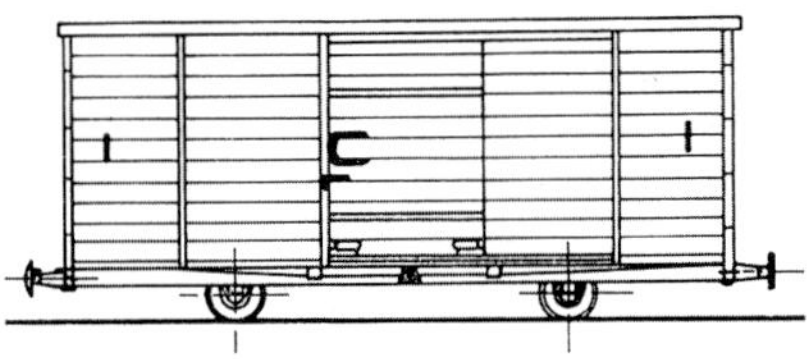

v

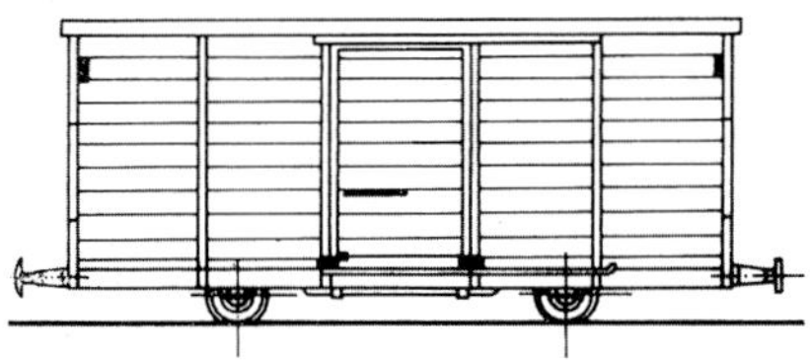

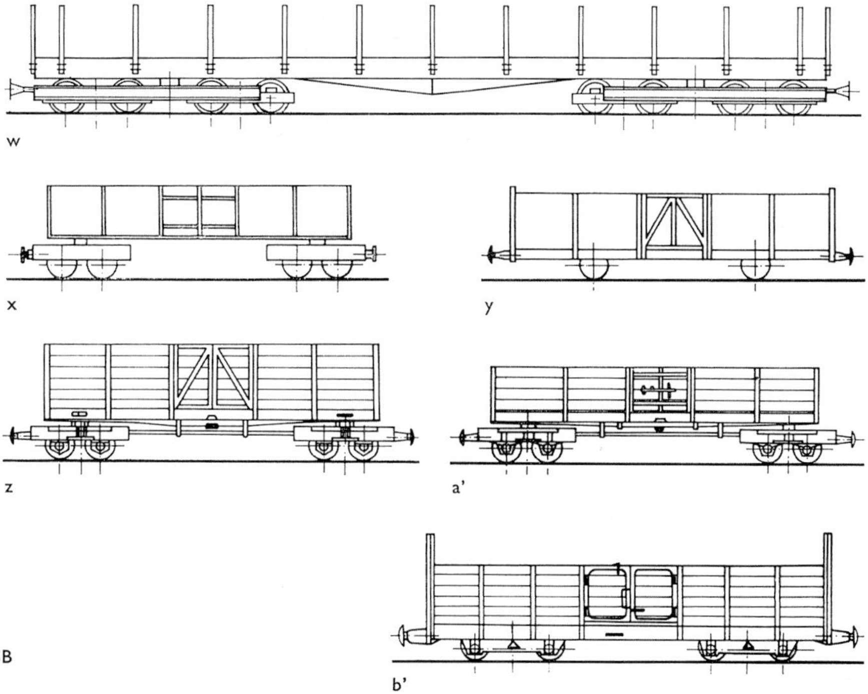

noch Bild 2.42 Wagen der MPSB

in den 76 Jahren ihres Bestehens die Kleinbahngeschichte wesentlich mitgestaltet. Der Initiative verschiedener Institutionen des Verkehrswesens der DDR ist es zu verdanken, daß die Lokomotive 99 3352 und einige charakteristische Wagen dieser Bahn als technisches Denkmal in Friedland aufgestellt wurden. Es wird dazu beitragen, daß eine der leistungsfähigsten und größten mitteleuropäischen Schmalspurbahnen der 600-mm-Spur in ständiger Erinnerung bleibt. [82, 90–96]

2.2.3. Jarmen Nord—Schmarsow (600 mm)

Laut Befehl Nr. 333 der Sowjetischen Militäradministration in Deutschland sollten im Einzugsbereich ehemaliger vorpommerscher Kleinbahnen (einschließlich MPSB) verschiedene, 1945 zunächst demontierte Strecken wieder aufgebaut werden. In einer Betriebsratssitzung der MPSB am 22. November 1945 wurde deshalb u. a. festgelegt, die Strecke Dennin—Jarmen (20 km) wieder einzurichten.
Durch ein Versehen (!) wurde jedoch von Jarmen in Richtung Demmin auf dem Planum der ehemaligen DKBO, eine 600-mm-Schmalspurbahn aufgebaut und bis Schmarsow geführt (12,4 km). Infolge Materialmangels konnte kein weiterer Ausbau der Strecke erfolgen, so daß sie am 22. Juni 1949 mit recht bescheidenen Gleisanlagen für den öffentlichen Personen- und Güterverkehr freigegeben wurde. Ihre Bedeutung lag vorrangig in der Beförderung landwirtschaftlicher Güter zur Zuckerfabrik Jarmen, die durch den zweiten Weltkrieg sämtliche Kleinbahnanschlüsse (DKBO, GJK, MPSB) verloren hatte.
Obwohl man die Landesbahnstrecke Jarmen Nord—Schmarsow zunächst durch die VVB Demmin verwalten

Bild 2.43
Pmg mit Lok 99 3001 auf der Strecke Jarmen—Schmarsow in Plötz (1958)
Foto: Meyer

ließ, arbeitete sie als Teilbetrieb der früheren MPSB. Von dort wurde auch ausschließlich der zum Betrieb erforderliche Wagenpark gestellt.
Als Triebfahrzeuge für diese Bahn wurden beschafft: die zweiachsige Kö 0405 von O & K, eine weitere zweiachsige Kö von Deutz (Baujahr 1940) sowie die 993001, eine Bn2t aus dem Jahre 1924 von Henschel (technische Einzelheiten siehe Tabelle 2.23 und Bild 2.43). Zusätzlich waren hier wechselseitig die 993651 und die 993652 tätig. Alle Dampflokomotiven hatten den bei der MPSB üblichen zweiachsigen Wassertender erhalten. Während des Einsatzes auf dieser Strecke unterstanden die Lokomotiven dem Bw Pasewalk.
Im Güterverkehr wurden ein vierachsiger G-Wagen und 15 vierachsige O-Wagen eingesetzt. Sämtliche Fahrzeuge kamen nach der Betriebseinstellung wieder auf ihre Stammstrecke zurück.
Mitte der fünfziger Jahre erfolgte die Aufnahme umfangreicher Straßenbauarbeiten im Raum Demmin, Schmarsow und Jarmen, so daß ab 1956 eine stark rückläufige Tendenz der Beförderungsleistungen eintrat.
Nach weiteren zwei Betriebsjahren konnten am 15. Oktober 1958 der Betrieb eingestellt und die restlichen Transportaufgaben dem Kraftverkehr übergeben werden. Damit war die Geschichte der „Pseudo-DKBO" (siehe Abschnitt 2.2.8.) endgültig zu Ende.

2.2.4. Woldegker Kleinbahn (750 mm)

Die von der Mecklenburgischen Friedrich-Wilhelm-Eisenbahn-Gesellschaft (MFWE) betriebene Nebenstrecke Blankensee—Strasburg berührte auch die Kleinstadt Woldegk. Hier entstand bereits im Jahre 1880 eine Zuckerfabrik, an der sich mehrere Großgrundbesitzer mit Kapital beteiligten. Ihnen in erster Linie gehörten die nördlich von Woldegk und jenseits der Staatsbahnstrecke Neubrandenburg—Strasburg liegenden Güter. Obwohl in Groß Daberkow ein Eisenbahnumschlag zur Zuckerfabrik Woldegk möglich gewesen wäre, bereitete die Anfuhr der Hackfrüchte dorthin auf den z. T. unbefestigten Wegen größte Schwierigkeiten. Daher wurde von der Woldegker Actien-Zuckerfabrik veranlaßt, eine schmalspurige Rübenbahn anzulegen. Am 1. Oktober 1893 erfolgte die Inbetriebnahme der Woldegker Kleinbahn.
Die Streckenlänge betrug einschließlich des im Jahre 1905 zum Gut Schönhausen eröffneten Anschlußgleises 28,5 km. Während der kleinste Krümmungshalbmesser 100 m aufwies, war die stärkste Neigung 1:80.
Eine interessante Streckenführung bestand zwischen Woldegk und Groß Daberkow; auf einer Länge von 7 km wurde das Gleis der MFWE durch Einlegen einer dritten Schiene mitbenutzt. Dafür war der Zuckerfabrik auf Veranlassung der MFWE vom Land Mecklenburg die Konzession ausschließlich auf den Rübentransport beschränkt, um konkurrenzmäßige Benachteiligungen zu verhindern. So bestand bei der Woldegker Kleinbahn lange Zeit kein öffentlicher Güter- oder Personenverkehr, und es scheiterten auch 1898 die Verhandlungen der Zucker-

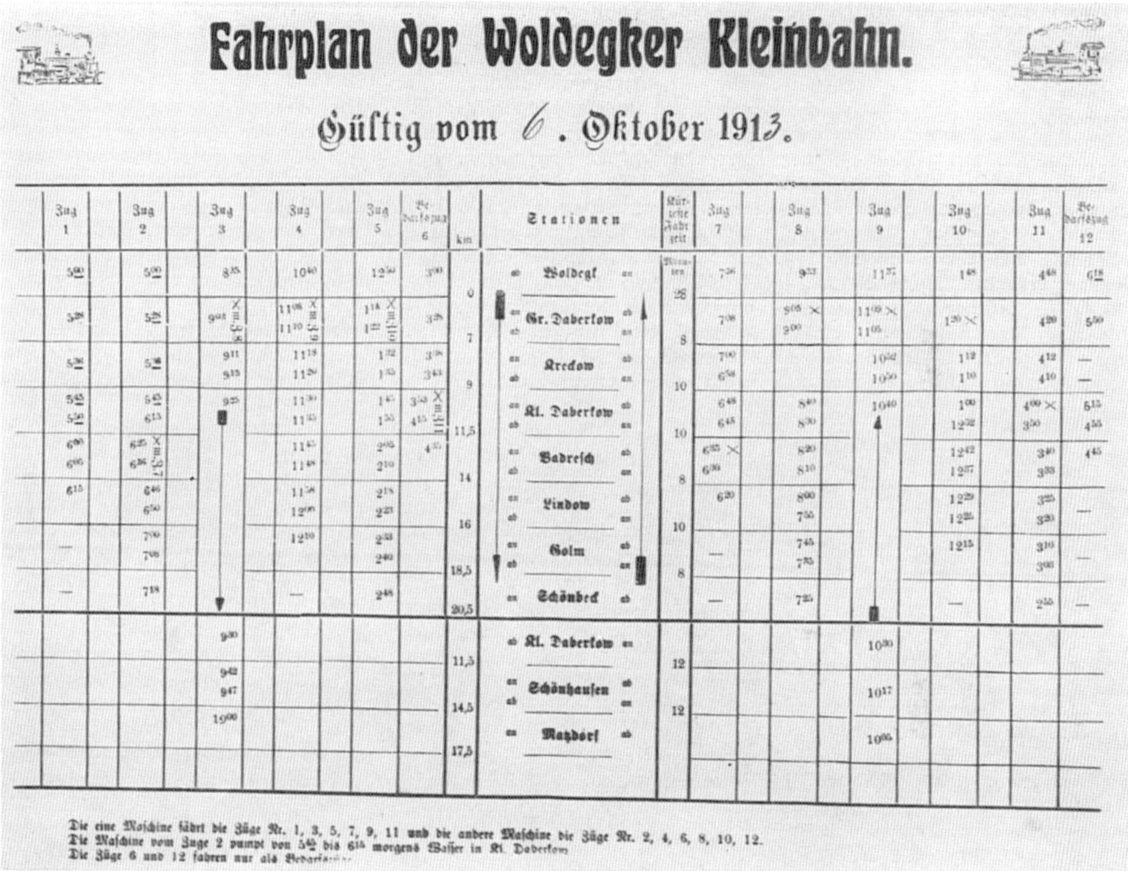

Fahrplan der Woldegker Kleinbahn.

Gültig vom 6. Oktober 1913.

Zug 1	Zug 2	Zug 3	Zug 4	Zug 5	Bedarfszug 6	km		Stationen		Kürzeste Fahrzeit	Zug 7	Zug 8	Zug 9	Zug 10	Zug 11	Bedarfszug 12
5^{00}	5^{00}	8^{35}	10^{40}	12^{50}	3^{00}	0	ab	Woldegk	an	Minuten	7^{38}	9^{33}	11^{37}	1^{48}	4^{48}	6^{18}
5^{28}	5^{25}	9^{01} × III,3,8	11^{08} × III,3,9 11^{10}	1^{18} × III,3,10 1^{22}	3^{25}	7	an ab	Gr. Daberkow	ab an	28	7^{08}	9^{05} × 9^{00}	11^{09} × 11^{05}	1^{20} ×	4^{20}	5^{50}
5^{38}	5^{38}	9^{11} 9^{15}	11^{18} 11^{20}	1^{32} 1^{35}	3^{38} 3^{43}	9	an ab	Kreckow	ab an	8	7^{00} 6^{58}		10^{52} 10^{50}	1^{12} 1^{10}	4^{12} 4^{10}	— —
5^{45} 5^{50}	5^{45} 6^{15}	9^{25}	11^{30} 11^{35}	1^{45} 1^{50}	3^{53} × III,3,11 4^{15}	11,5	an ab	Kl. Daberkow	ab an	10	6^{48} 6^{45}	8^{40} 8^{30}	10^{40}	1^{00} 12^{52}	4^{00} × 3^{50}	5^{15} 4^{55}
6^{00} 6^{05}	6^{35} × III,3,7 6^{36}		11^{45} 11^{48}	2^{05} 2^{10}	4^{35}	14	an ab	Badresch	ab an	10	6^{35} × 6^{30}	8^{20} 8^{10}		12^{42} 12^{37}	3^{40} 3^{33}	4^{45}
6^{15}	6^{46} 6^{50}		11^{58} 12^{00}	2^{18} 2^{23}		16	an ab	Lindow	ab an	8	6^{20}	8^{00} 7^{55}		12^{29} 12^{25}	3^{25} 3^{20}	—
—	7^{00} 7^{08}		12^{10}	2^{33} 2^{40}		18,5	an ab	Golm	ab an	10	—	7^{45} 7^{35}		12^{15}	3^{10} 3^{00}	—
—	7^{18}		—	2^{48}		20,5	an	Schönbeck	ab	8	—	7^{25}		—	2^{55}	—
		9^{30}				11,5	ab	Kl. Daberkow	an				10^{30}			
		9^{42} 9^{47}				14,5	an ab	Schönhausen	ab an	12			10^{17}			
		10^{00}				17,5	an	Matzdorf	ab	12			10^{05}			

Die eine Maschine fährt die Züge Nr. 1, 3, 5, 7, 9, 11 und die andere Maschine die Züge Nr. 2, 4, 6, 8, 10, 12.
Die Maschine vom Zuge 2 pumpt von 5^{45} bis 6^{15} morgens Wasser in Kl. Daberkow
Die Züge 6 und 12 fahren nur als Bedarfs...

Bild 2.44 Informatorischer Fahrplan der Woldegker Kleinbahn für die Anlieger
Foto: Archiv Rbd Schwerin

fabrik Woldegk über eine Erweiterung des Güterverkehrs. Erst um 1905 wurde eine Genehmigung zum Transport anderer Güter erteilt.

Für den Betrieb der Rübenbahn wurden drei Lokomotiven, fünf geschlossene und 80 offene Güterwagen sowie ein Personenwagen mit sechs Plätzen und einem kleinen Laderaum für Gepäck und Post beschafft, der gelegentlich als Direktionswagen verkehrte. Sämtliche Wagen waren vierachsig. Ein Viertel des Wagenparkes besaß Spindelbremsen. Die Lokomotiven waren eine Bn2t (O & K, 1893, Fabriknummer 12), eine Cn2t (Güstrow 1893, Fabriknummer 1) sowie eine C1'n2t (Krauss, 1893, Fabriknummer 2860).

Da die Bahn nur Rüben- und Schnitzeltransporten diente, war sie zumindest bis zur Jahrhundertwende

nur vom 1. Oktober bis 31. Dezember jeden Jahres in Betrieb. 1904 beförderte die Bahn beispielsweise 26 031 t, 1915 nur noch 21 873 t Güter.
Zu Beginn des ersten Weltkrieges zeichneten sich für die Zuckerfabrik Woldegk wirtschaftliche Schwierigkeiten ab. Am 26. September 1917 erfolgte die Stillegung der Rübenbahn. Sämtliche Fahrzeuge erwarb ein Berliner Industriebahnhändler.
Durch die vordergründigen Gewinninteressen der ehemaligen MFWE war es in der 25jährigen Geschichte der Rübenbahn nicht gelungen, sie für den öffentlichen Verkehr nutzbar zu machen. Da nach Stillegung der Woldegker Kleinbahn nach wie vor das dringende Bedürfnis bestand, in ihrem ehemaligen Einzugsbereich über ein zweckentsprechendes Verkehrsmittel verfügen zu können, richtete die MPSB neun Jahre später für das von der Woldegker Kleinbahn erschlossene Gebiet eine Kleinbahnverbindung in 600-mm-Spur von Groß Daberkow nach Brohm ein. Sie wurde am 1. April 1926 für den öffentlichen Personen- und Güterverkehr eröffnet (siehe Abschnitt 2.2.2.). [97]

2.2.5. Kleinbahn Casekow–Penkun–Oder (CPO; 1435/750 mm)

Der ehemalige Kreis Randow, nordöstlich von Angermünde gelegen, wurde verkehrstechnisch durch staatliche und private Eisenbahnen der Regelspur weitgehend erschlossen. Der Kreis war in seinem nördlichen Teil – begrenzt etwa durch die Staatsbahnstrecke Pasewalk–Stettin (Szczecin) – von riesigen Wäldern bedeckt. Der südliche Teil dagegen war und ist ein Agrargebiet. Das den Kreis in Nord-Süd-Rich-

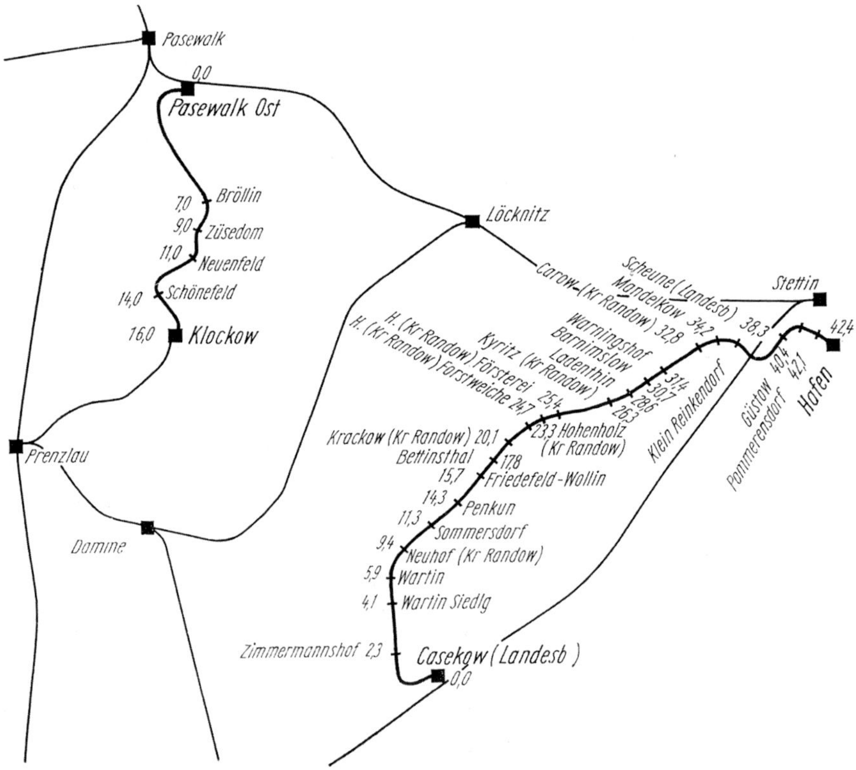

Tabelle 2.26
Statistische Angaben zur CPO

Jahr	1901	1906	1911	1928	1935	1940
Lokomotiven gesamt	5	7	7	7	8	8
davon mit 2 Kuppelachsen	1¹)	3¹)	3¹)	1¹)		
mit 3 Kuppelachsen	4	4	4	5²)	5²)	5²)
mit 4 Kuppelachsen	—	—	—	1	3³)	3³)
Triebwagen gesamt	—	—	—	—	—	1
davon zweiachsig						—
vierachsig						1
Personenwagen gesamt	6	7	7	6	7	7
davon zweiachsig		—	—			
vierachsig		7	7			
Gepäckwagen gesamt	—	—	—	3	1	1
davon Postabteil						
davon zweiachsig						
vierachsig						
Güterwagen gesamt	97	124	126	130	141	141
davon zweiachsig		124	124			
vierachsig		—	2			
Spezialwagen	4	5	5	4	1	1
beförderte Personen		67911	69221		93080	
beförderte Güter in t		153937	192230		125158	
Lokomotivkilometer		130220	119882			

¹) Regelspurlok
²) davon eine Regelspurlok
³) davon eine 1'D1' und eine Regelspurlok

tung durchziehende breite Randow-Bruch stellte eine natürliche Grenze dar, die von keiner weiteren Eisenbahnlinie in west-östlicher Richtung überschritten wurde. Die in größerer Entfernung von Angermünde nach Stettin verlaufende Hauptbahnstrecke mit relativ wenigen Stationen war für die meisten ländlichen Gemeinden und Güter nur schwer erreichbar. Gegen Ende des 19. Jahrhunderts konstituierte sich deshalb in Stettin eine Aktien-Gesellschaft, die am 9. Januar 1897 die Konzession für 50 Jahre zum Bau einer schmalspurigen Kleinbahn erhielt. Die Stahlbau-Werke Freudenstein & Co., Berlin, wurden mit der Ausführung beauftragt.

So entstand in den Jahren 1898/1899 eine Strecke, die von Casekow, einem an der Strecke Pasewalk—Stettin gelegenen Bahnhof, hauptsächlich einer größeren Landstraße folgte, einen großen Bogen beschrieb, an dem die Stadt Penkun die wichtigste Station mit Lokschuppen war, um bei Klein Reinkendorf von Nordwesten kommend schließlich wieder die Strecke Angermünde—Stettin zu erreichen. Die Staatsbahn wurde hier durch einen Tunnel unterfahren. Dann liefen beide Strecken 1,7 km parallel bis Scheune (heute: Szczecin-Gumieńce), wo die Hauptwerkstatt der Bahn errichtet wurde und sich eine Zuckerfabrik befand. In diesen Bahnhof mündete außerdem die Strecke von Pasewalk. Diese Station war wichtigster Knotenpunkt der Kleinbahn. Im Reiseverkehr war sie Umsteigebahnhof nach Stettin. Für den Güterverkehr begann hier eine dreischienige Strecke, auf der Staatsbahnwagen wie auch regelspurige Wagen der CPO von den ebenfalls regelspurigen Lokomotiven der Kleinbahn zum Oderhafen in Pommerensdorf (heute: Szczecin-Pomorzany) befördert wurden. Der Reiseverkehr erfolgte jedoch bis hierher schmalspurig.

Die Schmalspurstrecke benutzte auf einer Länge von 5,44 km öffentliche Straßen. Für den Oberbau des schmalspurigen Teils der Bahn sind 9 m lange Vignolschienen von

Bild 2.45
Bahnhof Penkun;
Personenzug mit Lok 10^{M}
und Güterzug mit Lok 21^{1D1}
(1933)
Foto: Sammlung Dobbert

15,5 kg/m auf 12 Holzschwellen verwendet worden. Der Regelspurteil dagegen war mit 7,5 m langen Schienen von 24,5 kg/m auf 9 und 10 Schwellen ausgebaut.
Die Kleinbahn wurde in zwei Etappen dem Betrieb übergeben: am 8. April 1899 die Schmalspurstrecke Casekow—Penkun—Scheune (38,3 km), und am 25. Oktober 1899 folgte der dreischienige Streckenteil Scheune—Pommerensdorf (4,1 km). Rasch stellte sich aber heraus, daß der kleinste Radius der Schmalspurstrecke zahlreiche Entgleisungen verursachte. So waren umfangreiche Umbauarbeiten nötig, die sich bis zum 31. März 1901 hinzogen.
Die Betriebsführung übernahm für die ersten 10 Jahre die Firma Lenz & Co., anschließend durch Vertrag vom 11. September 1909 der Provinzialverband Pommern. Die Gesamtkosten erreichten eine Höhe von

Bild 2.46
Lokomotivschuppen der CPO
in Pommerensdorf
(1935)
Foto: Sammlung Herbener

1924650 M einschließlich Grunderwerb.
Der Verkehr entwickelte sich unterdurchschnittlich. Es wurde deshalb um 1908 ein Projekt zur Verlängerung der Strecke nach Stettin, Fürstenstraße, diskutiert. Da die Finanzierung ungeklärt blieb, mußte die Absicht aufgegeben werden.
Ein Vorgang läßt die Aufgeschlossenheit des Unternehmens für Rationalisierungsmaßnahmen erkennen: Als eine der ersten und wenigen deutschen Kleinbahnen führte die Bahn 1914 für den gesamten Schmalspurfahrzeugpark die Scharfenberg-Kupplung ein. Die Maßnahme erforderte einen Aufwand von 46960 M. Vergleichsweise hierzu kostete im gleichen Jahr eine vierfach gekuppelte Naßdampflokomotive von Vulcan etwa 25500 M. Sie wurde über eine Anleihe von der Zuckerfabrik Scheune beschafft.
Zum 1. April 1920 wurde der Betriebsvertrag durch die Kleinbahnabteilung des Provinzialverbandes Pommern gekündigt. Am 29. Juli 1919 beschloß die Gesellschaft deshalb die Beteiligung an der Mittelpommerschen Kleinbahn-Betriebsgesellschaft.
1927 erfuhr die Werkstatt in Scheune eine grundlegende Modernisierung durch Anschaffung neuester Werkzeugmaschinen. 1930 wurden neue Lokomotiven in Auftrag gegeben. Aus diesem Anlaß erweiterte man den Lokbahnhof Pommerensdorf. Im folgenden konnte der Verkehr durch Anschaffung moderner Triebfahrzeuge verbessert werden. Durch Gelegenheitskauf kamen 10 regelspurige O-Wagen von den Kyritzer Kleinbahnen zur CPO.
Wie bei vielen Kleinbahnen führte man auch bei der CPO vorteilhaft die Trennung des Reiseverkehrs vom Güterverkehr ein und erzielte damit höhere Reisegeschwindigkeiten. Eine von der Generalversammlung der Vereinigung mittelpommerscher Kleinbahnen im Januar 1931 beschlossene Streckenverlängerung bis in das Stettiner Stadtgebiet scheiterte aus unbekannten Gründen erneut. Ebenfalls nicht realisiert wurde die am 10. Dezember 1937 vom Aufsichtsrat der CPO erwogene Verschmelzung der CPO mit der regelspurigen Randower Kleinbahn.
Die noch verhältnismäßig positiv verlaufene Entwicklung – die Bahn hatte damals 68 Beschäftigte – wurde jäh durch den zweiten Weltkrieg abgebrochen, nachdem die CPO ab 1. April 1937 noch in den Verband der Pommerschen Landesbahnen übergegangen war. Die Betriebsführung erfolgte durch die Landesbahndirektion Pommern in Stettin.
Das Ende des Krieges beendete die Geschichte der Kleinbahn, die unter die Reparationsleistungen an die UdSSR fiel und 1945 abgebaut wurde. Nach der Festlegung der Oder-Neiße-Grenze wurde von der Polnischen Staatsbahn (PKP) der regelspurige Streckenabschnitt Szczecin-Gumieńce—Pomorzany weiterbetrieben.
Bezüglich ihres Fahrzeugbestande

Tabelle 2.27 Dampflokomotiven der CPO

Betriebsnummer/Name CPO	PLB	Bauart	Hersteller	Baujahr	Fabriknummer	Bild	Bemerkungen
1^{d}	—	Bn2t	Hoh	1898	1060		Regelspurlok; 1931 verkauft
2^{o}	224	Cn2t	Hoh	1898	1061		
3^{o}	225	Cn2t	Hoh	1898	1062		
4^{o}	226	Cn2t	Hoh	1898	1063		
5^{o}	227	Cn2t	Hoh	1900	1224		
6^{c}	—	Bn2t	Hoh	1906	2038		Regelspurlok; 1922 verkauft
7	—	Bn2t	Vul	1881	808		Regelspurlok; ex Altdamm—Kolberg Nr. 2; 1917 verkauft
7^{b}	—	Cn2t					Regelspurlok; 1917 gekauft; um 1929 verkauft
10^{M}	256	Dn2t	Vul	1914	2894	2.10 f	
11^{c}	27	Cn2t	Hen	1892	3598		Regelspurlok pr T 3; um 1931 gekauft
21^{1D1}	271	1'D1'h2t	Hen	1930	21781	2.90 a	
51^{D}	73	Dh2t	Han	1930	10726		Regelspurlok; DR 92 6487
3							Regelspurlok; 1936 gekauft, 1938 abgegeben, weitere Angaben fehlen

Bild 2.47
Personenzug mit Lok 4^m im Bahnhof Penkun (1933)
Foto: Sammlung Dobbert

wich die CPO von der allgemein üblichen Grundausstattung der Lenz-Bahnen ab, denn die vier dreifach gekuppelten Lokomotiven wurden nicht von Vulcan, sondern von der Lokomotivfabrik Hohenzollern in Düsseldorf geliefert. Das lag wahrscheinlich daran, daß Lenz zwar den Betrieb führte, aber nicht Erbauer der Bahn war. Die Lokomotiven gehörten im Lenz-System der seltenen Gattung „o" an, hatten Innenrahmen und Heusinger-Steuerung. Für die Dreischienenstrecke hatte man vom gleichen Hersteller eine zweifach gekuppelte Regelspurlok beschafft, der nach acht Jahren eine weitere folgte. Später kamen gebrauchte Maschinen dorthin, die meist nach längerem Einsatz weitergegeben worden sind. Nur eine Neubeschaffung in Form einer ELNA-Lok Typ 6 (Dh2t) erfolgte 1930. Die Schmalspurlokomotiven erhielten erst 1914 Zuwachs durch eine Vulcan-Lok (Dn2t) der erfolgreichen Lenz-Gattung „M". Zuletzt wurde 1930 eine moderne 1'D1'h2t-Lok beschafft.

Zur Erhöhung des Reisekomforts, der Reisegeschwindigkeit und der Wirtschaftlichkeit wurde ab Januar 1937 ein vierachsiger Verbrennungstriebwagen der Waggonfabrik Dessau eingesetzt (siehe Bild 1.40b und Abschnitte 1.5.3.). Als Beiwagen hierfür rüstete man einen vierachsigen Reisezugwagen um (Druckluftbremse, elektrische Beleuchtung, Triebwagenanstrich). Dem Triebwagen durften insgesamt 6 Achsen beigestellt werden.

Die Personenwagen der Kleinbahn waren vierachsig und entsprachen nicht der üblichen Lenz-Ausstattung. Eine Besonderheit stellte z. B. der kombinierte Personen-/Postwagen Nr. 7 von der Görlitzer Waggon-

Bild 2.48 Reisezugwagen der CPO (GC und PwBC4) im Bahnhof Penkun (1935)
Foto: Sammlung Herbener

bauanstalt dar. Erst spätere Vierachser von der HAWA glichen den Wagen bei anderen pommerschen Schmalspurbahnen. 1919 kam von der Bleckeder Kleinbahn ein Gepäck-/Postwagen hinzu.
Die schmalspurigen Güterwagen waren größtenteils zweiachsig. Eine Reihe der offenen Wagen war mit Bremserhäuschen versehen; weitere hat man später damit ausgerüstet, indem man die offenen Bremsersitze umbaute. Nach dem ersten Weltkrieg wurden zwei Güterwagen als Wassertender für Lokomotiven hergerichtet. Außerdem kamen vierachsige gebrauchte Güterwagen zum Einsatz. Der regelspurige Güterwagenbestand rekrutierte sich fast ausschließlich aus Gebrauchtfahrzeugen.

Bild 2.49
Lok 1m der KGW
Foto: Sammlung Kieper

2.2.6. Kleinbahn Greifswald—Wolgast (KGW; 1435/750 mm)

Zu den wohl technisch interessantesten vorpommerschen Schmalspurbahnen zählte das Streckennetz der KGW. Erste Vorstellungen über ein derartiges Verkehrsmittel existierten bereits im April 1893 beim Ministerium für Landwirtschaft, Domänen und Forsten zu Berlin. Doch die Gründung des eigentlichen Unternehmens fand erst nach zunächst endlos erscheinenden Verhandlungen über Linienführung und Finanzierung am 14. September 1897 statt.
Wenige Monate später erteilte der Regierungspräsident in Stralsund durch Genehmigungsurkunde vom 21. Juli 1898 die Konzession zum Betrieb auf 50 Jahre. Nachdem dann am 1. Oktober 1898 die Strecken Greifswald—Wolgast Schlachthof und Kemnitz—Boltenhagen landespolizeilich abgenommen worden waren, erfolgte am 20. Dezember 1898 ihre Eröffnung. Am 16. Mai 1899 konnte auch die 700 m lange Teilstrecke Wolgast Schlachthof—Wolgast Hafen dem Verkehr übergeben werden. Somit bestand in Greifswald und in Wolgast Staatsbahnanschluß.
Da in Greifswald nur ein regelspuriges Anschlußgleis der Staatsbahn zum Hafen führte, beschaffte die Kleinbahngesellschaft zur Überführung schmalspuriger Güterwagen dorthin im Jahre 1902 zwei regelspurige Spezialwagen. Dieser Rollwagenbetrieb wurde am 21. Januar 1903 aufgenommen.
Um den Einzugbereich der KGW weiter auszubauen, entstanden Ende 1905 neue Streckenprojekte. Mit diesen Anregungen wollte man vorwiegend die bereits nach Eröffnung der Bahn aufgetretenen wirtschaftlichen Schwierigkeiten überwinden. Daher wurde von Bahnhof Lubmin (später Lubmin Dorf) eine Zweigstrecke bis zum Badeort Lubmin angelegt und am 26. Juni 1907 eröffnet. Der neue Endbahnhof erhielt die Bezeichnung Lubmin Seebad. Vorwiegend zur Abfuhr landwirtschaftlicher Erzeugnisse diente die ab 3. Juli 1907 betriebene Anschlußstrecke Boltenhagen—Kühlenhagen.
Nach dem ersten Weltkrieg konnte über einen Kredit der Bau eines eigenen Anschlußgleises zum Greifswalder Hafen finanziert werden. Bereits am 21. November 1919 erfolgte die landespolizeiliche Abnahme der 910 m langen Hafenbahn. Die KGW verfügte nun über drei Hafengleise, wobei der bereits im Jahre 1898 errichtete Anschluß in Eldena vorwiegend dem Rübenumschlag diente. Der Rollwagenverkehr in Greifswald wurde damit eingestellt, die Fahrzeuge wurden 1920 verkauft.
Erst reichlich spät folgte 1934 die 700 m lange Verbindungskurve hinter Vierow nach Lubmin Seebad. Bis dahin verkehrten sämtliche Züge aus Richtung Greifswald zunächst nach Lubmin Dorf. Von dort mußten sie zum Seebad gedrückt werden, weil die ursprünglich eingerichtete Stichbahn in das Gleis nach Wolgast mündete. Neben Fahrzeitverkürzungen ergab sich auch eine rationellere Betriebsführung.
So erreichte Mitte der dreißiger Jahre das Streckennetz die maximale Ausdehnung mit 58,42 km.

Greifswald Reichsb
Greifswald (Landesb)
Klein Schönwalde
Potthagen-Weitenhagen
Grubenhagen
Neu Dargelin
Dargelin
Klein Zastrow
Sestelin
Neu Negentin
Alt Negentin
Neumorgenstr.
Greifswald-Hohenzollernplatz
Normandie
Wieck-Eldena
Eisenhain
Diedrichshagen
Weiße Buche
Busdorf
Behrenhoff
Kammin (Kr Gwd)
Dargezin Gut
Fritzow (Kr Gwd)
Dargezin
Vargatz
Gützkow
Kölzin Weiche
Gribow
Ramzin
Gützkow Stärkefabrik
Gützkower Fähre
Neuendorf (Kr Gwd)
Jarmen Nord
Züssow (Landesb)
Hanshagen Gut
Kemnitzerhagen
Kemnitz
Rappenhagen
Boltenhagen
Lockmannshagen
Kühlenhagen
Vierow
Gahlkow
Lubmin Seebad
Lubmin Dorf
Wusterhusen
Pritzwald
Rubenow (Kr Gwd)
Vaddow
Loissin
Neuendorf (b Kemnitz (Pom))
Kröslin (Kr Gwd)
Karrin
Groß Ernsthof
Tannenwäldchen
Wolgast Schlachthof
Wolgast Klb
Anklam
Demmin Landesb
Eugenienberg
Siedenbrünzow
Vanselow
Schmarsow
Heydenhof
Plötz
Wilhelminenthal (Pom)
Müssentin
Lindenfelde (b Demmin)
Lindenhof (b Demmin)
Pentz
Metschow
Borrentin
Osten (Pom)
Alt Tellin
Siedenbüssow
Daberkow (Pom)
Hedwigshof
Pritzenow
Bartow
Wüstenberg
Groß Below
Breest
Kölln (Pom)
Wodarg
Siedenbollentin
Werder (Kr Demmin)
Grischow (Kr Demmin)
Grapzow
Altentreptow Landesb
Alt-Sommerfeld
Neu-Sommerfeld
Wolkwitz
Gnevezow
Schwichtenberg
Hohenbollentin
Gehmkow
Törpin
Sarow (b Altentrept)
Altenhagen (b Altentreptow)
Neuenhagen (b Altentreptow)
Tützpatz
Schossow
Japzow
Wildberg (b Altentreptow)
Wischershaus
Wolkow (b Altentrept)
Rottenhof
Klein Tetzleben
Thalberg
Grammentin
Grammentin Holzverladestelle
Wüstgrabow
Stavenhagen Anschlußbf
Stavenhagen
Neubauhof
Pribbenow b. Stavenhg
Rottmannshagen Weiche
Rottmannshagen
Zettemin
Rützenfelde
Mittelhof
Kittendorf
Neu Bredenfelde
Bredenfelde (b Stavenhagen)
Friedland
Neubrandenburg

Tabelle 2.28
Statistische Angaben zur KGW

Jahr	1901	1906	1911	1928	1935	1939
Lokomotiven gesamt	4	4	5	6	6	6
davon mit 2 Kuppelachsen	4	4	4	4	4	4
mit 3 Kuppelachsen	—	—	—	—	—	—
mit 4 Kuppelachsen	—	—	1	2	2	2
Triebwagen gesamt	—	—	—	—	—	1
davon zweiachsig						—
vierachsig						1
Personenwagen gesamt	8	8	11	15	16	17
davon zweiachsig	8	8	9	13	12	13
vierachsig	—	—	2	2	4	4
Gepäckwagen gesamt	2	2	3	3	3	3
davon Postabteil	—	—	—	—	—	—
davon zweiachsig	2	2	3	3	3	3
vierachsig	—	—	—	—	—	—
Güterwagen gesamt	61	66	94	123	119	119
davon zweiachsig	61	66	94		113	113
vierachsig	—	—	—		6	6
Spezialwagen	4	4	4		2	1
beförderte Personen		151439	155100		80727	
beförderte Güter in t		40050	47238		42546	
Lokomotivkilometer		119029	137840			

Bild 2.50
Zug der KGW
im Bahnhof Wolgast
(1932)
Foto: Sammlung Umlauft

Bild 2.51 Vierschieniger Streckenabschnitt der KGW in Wolgast
Foto: Sammlung Herbener

Bild 2.52 Zug mit Lok 1m der KGW in Greifswald *Foto: Sammlung Dobbert*

Ursprünglich übernahm das Bau- und Betriebsunternehmen Lenz & Co. die Betriebsführung. Ab 1. April 1920 war die Vereinigung vorpommerscher Kleinbahnen für den Betrieb verantwortlich, bis 1940 die Betriebsführung an die Pommerschen Landesbahnen überging.

Eine interessante Besonderheit bildete die 2,36 km lange Streckenführung durch das Stadtgebiet von Greifswald. Alle Züge in Richtung Wolgast mußten zunächst auf dem mit der Greifswald-Jarmener Kleinbahn (GJK) gemeinschaftlich genutzten Kleinbahnhof zusammengestellt werden. Dann drückte man sie bis zum gegenüber dem Staatsbahnhof gelegenen Personenbahnhof, da die Strecke nach Wolgast noch vor dem Kleinbahnhof abzweigte. Kurz danach überquerte das Gleis die Hauptbahn Angermünde—Stralsund. Hier bestanden für die KGW Sicherungsanlagen. Vor dem Abzweig stand ein Ausfahrsignal, das vom Stellwerk der Staatsbahn bedient wurde. Dieses Signal konnte nur dann auf „Fahrt frei" gestellt werden, wenn die Abzweigweiche auf das Wolgaster Gleis gestellt war.

Obwohl alle Lokomotiven über ein kräftiges Läutewerk verfügten, kam es auf den von der KGW benutzten Strecken Greifswalds häufig zu Unfällen. Besonders nach Eröffnung der Kleinbahn waren diese Begebenheiten oftmals Anlaß, um gegen die Existenz des so „gefährlich" verlaufenden Schienenstranges vorzugehen. Innerhalb der Stadt Greifswald bestanden drei Stationen. Die wichtigste und zentral gelegene war der Bahnhof Roßmarkt, der spätere Hohenzollernplatz. Hier zweigte die Hafenbahn ab.

Der Streckenabschnitt Kröslin—Wolgast Hafen war vierschienig ausgebaut. Er konnte von regel- und schmalspurigen Fahrzeugen befahren werden. Seine Bedeutung lag vorwiegend in der durchgehenden Abfertigung von Regelspurgüterwagen mit leicht verderblichen Gütern aus dem Fischerdorf Kröslin.

Zur Eröffnung der KGW beschaffte Lenz & Co. zunächst drei zweiachsige Lokomotiven von Hohenzollern. Eine weitere für die KGW bestimmte Lokomotive dieses Typs lieferte der Hersteller wahrscheinlich gleich an die Wehlau-Friedländer Kreisbahnen im damaligen Ostpreußen. Aus zum Teil noch ungeklärten Gründen wurden dann die schon an die KGW gelieferten Triebfahrzeuge Ende 1899 an die Königsberger Kleinbahn, die mit den Wehlau-Friedländer Kreisbahnen eine Betriebsgemeinschaft bildete, abgegeben. Dafür erhielt die KGW vier Union-Lokomotiven von den genannten Bahnen.

Die Mehrzahl der eingesetzten Wagen entsprach den üblichen Lenz-Typen. Für den Fischversand auf der Strecke Kröslin—Wolgast Hafen beschaffte die KGW neben zwei regelspurigen Güterwagen zwei schmalspurige Zwischenwagen. Mit ihnen konnten die Schmalspurlokomotiven auf dem vierschienigen Gleis regelspurige Güterwagen befördern; sie hatten an beiden Enden Zug- und Stoßvorrichtungen der Regelspur- und der Schmalspurfahrzeuge.

Neben zwei- und vierachsigen Personenwagen gab es Fakultativwagen (Bild 2.91 c). Das waren ge-

Tabelle 2.29 Triebfahrzeuge der KGW

Betriebsnummer/Name KGW	PLB	Bauart	Hersteller	Baujahr	Fabriknummer	Bild	Bemerkung
Dampflokomotiven vor 1900							
1^{m}	—	Bn2t	Hoh	1898	1106	—	Lok 1^{m} bis 3^{m} wurden Ende 1899 an die Königsberger Klb abgegeben
2^{m}	—	Bn2t	Hoh	1998	1107	—	
3^{m}	—	Bn2t	Hoh	1898	1123	—	
4^{m}	—	Bn2t	Hoh	1900	1335	—	Lok wurde wahrscheinlich an Kreisbahn Wehlau-Friedland ausgeliefert
Dampflokomotiven ab 1900							
$1^{m''}$	216	Bn2t	Union	1898	949	2.90 b	Lok $1^{m''}$ bis $4^{m''}$ wurden Ende 1899 von der Kreisbahn Wehlau-Friedland übernommen.
$2^{m''}$	217	Bn2t	Union	1898	950	2.90 b	
$3^{m''}$	—	Bn2t	Union	1898	947	2.90 b	
$4^{m''}$	—	Bn2t	Union	1898	946	2.90 b	Lok $3^{m''}$ und $4^{m''}$ um 1940 verschrottet
11^{nn}	250	B'Bn4vt	Vul	1909	2497	2.10 d	
51^{M}	255	Dn2t	Vul	1914	3019	2.10 f	
Regelspurige Triebfahrzeuge der Strecke Wolgast Hafen—Kröslin							
	04	Bn2t	Vul	1894	1390		ex Randower Klb Nr. 1^{d}; später DR 986004; 1964 verschrottet
	1032	Cvt	Gör	1934			ex Naugarder Klb; später DR VT 135512

Bild 2.53
Sonntagsbetrieb in Lubmin-Seebad (1934)
Foto: Sammlung Herbener

deckte Güterwagen mit vier Fenstern auf jeder Längsseite und zwei offenen Bühnen. Die Wagen konnten nach Bedarf als Behelfspersonenwagen oder für den Gütertransport hergerichtet werden. Nachdem 1930 drei derartige Wagen an die Demminer Kleinbahnen West abgegeben worden waren, übernahmen die KGW 1938 und 1939 zwei vierachsige Personenwagen von den Jüterbog-Luckenwalder Kreiskleinbahnen.

Bei der KGW stand zunächst die Güterbeförderung im Vordergrund. Bereits nach den ersten Betriebsjahren blieb die erhoffte Wirtschaftlichkeit aus, obwohl sich zwischen Greifswald und Lubmin ein umfangreicher Bäderverkehr entwikkelte. Um das entstandene Defizit auszugleichen, beantragte die KGW schon damals finanzielle Unterstützung durch den Staat. Inflation und Weltwirtschaftskrise brachten den mit ständig steigenden Verlusten arbeitenden Kleinbahnbetrieb fast völlig zum Erliegen. Zudem beeinträchtigte die lange und sehr umwegreiche Streckenführung von Greifswald nach Lubmin das Verkehrsaufkommen nach Einrichtung privater Kraftomnibusverbindungen empfindlich. Daher wurde am 1. April 1926 ein bahneigener Kraftomnibusverkehr mit zwei Fahrzeugen eröffnet und etappenweise weiter ausgebaut. Die Anzahl der Busse stieg schließlich auf acht. Dennoch war man gezwungen, ab 1. Januar 1933 aus wirtschaftlichen Gründen den Personen- und Stückgutverkehr auf der Strecke Kemnitz—Kühlenhagen einzustellen. Am 14. Mai 1939 erfolgte dann die Stillegung der Strecke Lubmin Dorf—Wolgast Hafen. Von jeher war dieser Streckenabschnitt besonders unrentabel, da von Lubmin aus die geschäftlichen Bindungen mit Greifswald, nicht aber mit Wolgast bestanden.

Im Verlaufe des zweiten Weltkrieges wurde auf dem letztgenannten Streckenteil der Reise- und Güterverkehr wieder aufgenommen, weil durch Kraftstoffmangel der Kraftverkehr gänzlich aufgegeben werden mußte. Auch zwischen Greifswald und Wiek-Eldena wurden Personenzüge im Berufsverkehr gefahren.

1945 wurde der Kleinbahnbetrieb eingestellt und die Gleisanlagen zwischen Greifswald und Kröslin abgebaut. Auf dem Streckenteil Wolgast Hafen—Kröslin konnte der Reise- und Güterverkehr nach dem zweiten Weltkrieg, allerdings ausschließlich mit regelspurigen Fahrzeugen, wieder aufgenommen werden und erreichte ein nie gehabtes Ausmaß. Der Reiseverkehr wurde 1962 eingestellt. Gegenwärtig wird diese Strecke von Wolgast Hafen aus noch immer als regelspuriges Anschlußgleis im Güterverkehr betrieben.

2.2.7. Greifswald-Jarmener Kleinbahn (GJK; 750 mm)

Am 1. März 1897 erteilte der Regierungspräsident in Stralsund die Konzession zum Betrieb einer schmalspurigen Kleinbahn von Greifswald nach Jarmen mit den Zweigstrecken Dargezin—Züssow und Wiek-Gützkow—Gützkower Fähre auf 50 Jahre. Bereits wenige Monate später waren die Bauarbeiten so weit vorange-

Tabelle 2.30
Statistische Angaben zur GJK

Jahr	1900	1906	1911	1928	1935	1939
Lokomotiven gesamt	4	4	4	6	5	5
davon mit 2 Kuppelachsen	4	4	4	4	4	4
mit 3 Kuppelachsen	—	—	—	—	—	—
mit 4 Kuppelachsen	—	—	—	2	1	1
Triebwagen gesamt	—	—	—	—	1	1[1])
davon zweiachsig					—	—
vierachsig					1	1
Personenwagen gesamt	6	6	6	8	9	9
davon zweiachsig	6	6	6	6	6	6
vierachsig	—	—	—	2	3	3
Gepäckwagen gesamt	3	3	3	3	3	3
davon Postabteil	—	—	—	—	—	—
davon zweiachsig	3	3	3	3	3	3
vierachsig	—	—	—	—	—	—
Güterwagen gesamt	74	80	104	145	154	154
davon zweiachsig	74	80	102		136	136
vierachsig	—	—	2		18	18
Spezialwagen	2	2	3		2	2
beförderte Personen		111282	143933		86789	
beförderte Güter in t		62412	64229		75400	
Lokomotivkilometer		102144	123902			

[1]) 2 ab 1942

schritten, daß ab 5. September 1897 zwischen Greifswald Kleinbahnhof und Gützkow ein provisorischer Personenverkehr eingerichtet werden konnte. Am 16. September 1897 erfolgte die offizielle Betriebseröffnung der GJK auf allen Strecken. Nach Fertigstellung einer Fußgängerbrücke über die Gleisanlagen des Staatsbahnhofs in Greifswald wurde schließlich ab 14. Januar 1898 das 800 m lange Verbindungsgleis zum dort hergestellten Personenbahnhof, der von der Kleinbahn Greifswald—Wolgast mitbenutzt wurde, freigegeben. Die Betriebslänge des Streckennetzes der GJK betrug nun 44,23 km.
Bereits um 1902 stellten mehrere Interessenten einen Antrag, die westlich der Strecke Greifswald—Jarmen liegenden Güter an das Netz anzuschließen. Es folgten langwierige Verhandlungen über die Finanzierung des Projektes, das den Bau einer Strecke Grubenhagen—Klein Zastrow—Loitz zum Inhalt hatte, bis der Minister für öffentliche Arbeiten in seiner Erklärung vom 4. August 1910 den geplanten Bau bis Klein Zastrow, beginnend aber in Busdorf, befürwortete. Erst am 23. März 1912 wurde dann die 8,93 km lange Anschlußstrecke eröffnet. Sie diente, wie der Streckenabschnitt Wiek-Gützkow—Gützkower Fähre, nur dem Güterverkehr.
Den Bau und die Betriebsführung hatte die am 1. Mai 1897 gegründete Bau- und Betriebsabteilung Greifswald der Fa. Lenz & Co. übernommen. Ab 22. September 1919 führte die Vereinigung vorpommerscher Kleinbahnen GmbH, Stettin, den Betrieb. 1929 wollten die GJK und die KGW fusionieren. Vom preußischen Ministerium für Handel und Gewerbe wurden jedoch hierzu nicht realisierbare Bedingungen gestellt. Ab 1940 wurde die Bahn den Pommerschen Landesbahnen angeschlossen.
Die Bahnhöfe Greifswald und Jarmen waren als Gemeinschaftsbahnhöfe eingerichtet. Während in Greifswald die Kleinbahn Greifswald—Wolgast sämtliche Gleisanlagen mitbenutzte, wurde der Bahnhof Jarmen zusammen mit den Demminer Kleinbahnen auf der Grundlage vertrag-

Tabelle 2.31
Dampflokomotiven der GJK

Betriebsnummer/Name GJK	PLB	Bauart	Hersteller	Baujahr	Fabriknummer	Bild	Bemerkungen
1^{m}	212	Bn2t	Vul	1897	1584	2.10 b	
2^{m}	213	Bn2t	Vul	1897	1585	2.10 b	
3^{m}	214	Bn2t	Vul	1897	1586	2.10 b	
4^{m}	215	Bn2t	Vul	1897	1612	2.10 b	
10^{M}	254	Dn2t	Vul	1913	2895	2.10 f	1931 an DKBW verkauft; Umzeichnung durch PLB erfolgte dort
11^{Mh}	260	Dh2t	Vul	1925	3850	2.10 f	

licher Regelungen genutzt, unterhalten und verwaltet.
Eine Besonderheit bildete die 88,8 m lange Drehbrücke über die Peene bei Jarmen. Der drehbare Mittelteil der von Beuchelt & Co. erbauten Brücke war in der Grundstellung geöffnet. Hierbei ruhten die beiden Enden auf im Strom gegründeten Pfeilern. Zehn Minuten vor einer Zugfahrt mußte die Brücke durch einen Wärter geschlossen werden. Das erfolgte mit einem Steckschlüssel über ein Zahnradvorgelege.
Die größte Neigung der Strecke betrug 1:60, der kleinste Krümmungshalbmesser 120 m. Beim Oberbau fand die übliche Lenz-Normalie Anwendung. Erwähnenswert ist noch die Drehscheibe im Bahnhof Gützkower Fähre. Ihre Bedeutung lag wohl in der rangierdienstlichen Behandlung des Fahrzeugparks für den dortigen Frachtenumschlag.
Massive Güterschuppen befanden sich in Greifswald, Dargezin und Wiek-Gützkow, dem späteren Bahnhof Gützkow. Die übrigen Stationen verfügten über solide Wellblechbuden.
In Greifswald gab es einen zweigleisigen Lokomotivschuppen. Im Bahnhof Jarmen befanden sich die Lokomotiv- und Wagenwerkstätten, in denen man auch sämtliche Fahrzeuge der Demminer Kleinbahnen und der Kleinbahn Greifswald—Wolgast unterhielt.
Zur Eröffnung der GJK beschaffte Lenz & Co. vier zweiachsige Lokomotiven ihrer Gattung „m“. Dieser Park wurde in den folgenden Jahren durch zwei vierachsige Maschinen der Gattungen „M“ und „Mh“ ergänzt.
Um den Reiseverkehr in verkehrsschwachen Zeiten wirtschaftlicher zu gestalten, setzte die GJK 1935 einen vierachsigen Dieseltriebwagen vom Waggonbau Dessau ein. Das als T 1 bezeichnete Fahrzeug (siehe Bild 1.40 b) verkehrte auf den Strecken Greifswald—Jarmen und zwischen Züssow und Jarmen, gelegentlich mit einem als Beiwagen hergerichteten vierachsigen Personenwagen.
Die eingesetzten Wagentypen entsprachen im wesentlichen dem der anderen Lenz-Bahnen und wurden von den bekannten Herstellern in

Bild 2.54 Triebwagen der GJK im Bahnhof Greifswald
Foto: Archiv VEB Waggonbau Dessau

Bild 2.55 Zug im Abzweigbahnhof Dargezin (1934)
Foto: Sammlung Herbener

Bild 2.56 Rübenzug mit Lok 10^M bei Jarmen (1928)
Foto: Sammlung Umlauft

Görlitz und Grünberg geliefert. Sämtliche Reisezugwagen waren mit der Görlitzer Gewichtsbremse oder dem modernen Körting-Bremssystem ausgerüstet. Der Güterwagenpark verfügte nur zum Teil über Bremsen.
Auch bei der GJK stand der Güterverkehr im Vordergrund. Neben dem Wagenladungsverkehr für die einzelnen Güter bediente sie auch verschiedene Betriebe, wie die Stärkefabrik Gützkow, die Zuckerfabrik Jarmen sowie die Hafenanschlüsse in Jarmen und an der Gützkower Fähre. Außer diesen Leistungen mußten verschiedene Durchgangsfrachten von der Kleinbahn Greifswald—Wolgast zu den genannten Betrieben befördert werden.
Der Personenverkehr bestand überwiegend aus mäßigem Einkaufs- bzw. Geschäftsverkehr. Der Konkurrenzkampf zwang die Bahnverwaltung, Ende der zwanziger Jahre zusätzlich bahneigene Kraftverkehrslinien einzurichten. Versuche, ein durchgehendes Zugpaar zwischen Greifswald und Demmin einzusetzen, schlugen wegen zu hoher Unrentabilität fehl.
Die GJK wurde zum Ende des zweiten Weltkrieges stillgelegt und danach abgebaut. Auch die Peenebrücke bei Jarmen wurde demontiert und als Fußgängerbrücke im Bw Stralsund wiedererrichtet.

2.2.8. Demminer Kleinbahnen Ost (DKBO; 1435/750 mm)

Um den Abtransport landwirtschaftlicher Erzeugnisse zu verbessern, berieten bereits im Jahre 1893 mehrere Interessenten des Kreises Dem-

Tabelle 2.32
Statistische Angaben zur DKBO

Jahr	1900	1906	1911	1928	1935	1939
Lokomotiven gesamt	6	5	5	8	8	8
davon mit 2 Kuppelachsen	5	5	5	5	5	5
mit 3 Kuppelachsen	1	—	—	—	—	—
mit 4 Kuppelachsen	—	—	—	3	3	3
Triebwagen gesamt	—	—	—	—	—	—
davon zweiachsig						
vierachsig						
Personenwagen gesamt	6	6	11	10	10	10
davon zweiachsig	6	6	9	8	8	8
vierachsig	—	—	2	2	2	2
Gepäckwagen gesamt	3	3	4	4	4	4
davon Postabteil	—	—	—	—	—	—
davon zweiachsig	3	3	4	4	4	4
vierachsig	—	—	—	—	—	—
Güterwagen gesamt	109	110	143	166	176	176
davon zweiachsig	109	110	133		159	159
vierachsig	—	—	10		17	17
Spezialwagen	3	2	5		3	3
beförderte Personen		77718	121163		63333	
beförderte Güter in t		94827	102760		115348	
Lokomotivkilometer		176015	218019			

Bild 2.57 Gemeinsamer Bahnhof Demmin der DKBO und DKBW
Foto: Sammlung Herbener

Bild 2.58
Güterzug mit Lok 51^M
im Bahnhof Bartow
(1935)
Foto: Sammlung Herbener

min über die Anlage einer schmalspurigen Kleinbahn. Schon zwei Jahre später, am 29. Mai 1895, wurde durch den Regierungspräsidenten in Stralsund der Bau von zwei Kleinbahnstrecken für die inzwischen gegründete Demminer Kleinbahn-Aktien-Gesellschaft (DKB) genehmigt.
Am 23. Januar 1897 erfolgte zunächst die Inbetriebnahme der Strecke Demmin—Schmarsow—Jarmen. Gleichzeitig nahm man von Schmarsow nach Treptow a. T., dem späteren Altentreptow, einen beschränkten Güterverkehr auf. Als der zuletzt genannte Streckenabschnitt endgültig fertiggestellt war, wurde auch er ab 5. Juni 1897 in den öffentlichen Personen- und Güterverkehr einbezogen.
Zur reibungslosen Bewältigung des Hafenumschlages in Demmin veranlaßten die DKB die Firma Lenz & Co., den Bau eines dreischienigen Hafenanschlußgleises mit Regelspurteil vorzubereiten. Auf dieser Anschlußbahn konnte bereits am 3. November 1899 mit dem Einsatz von schmalspurigen Zugmitteln der Verkehr für Fahrzeuge beider Spurweiten eröffnet werden. Die Demminer Kleinbahnen verfügten nun über ein insgesamt 62,98 km umfassendes Streckennetz.
Nachdem im Jahre 1910 die Kleinbahnabteilung des Provinzialver-

Tabelle 2.33 Dampflokomotiven der DKBO

Betriebsnummer/Name DKBO	PLB	Bauart	Hersteller	Baujahr	Fabriknummer	Bild	Bemerkungen
1^m	206	Bn2t	Vul	1896	1516	2.10 b	
2^m	207	Bn2t	Vul	1896	1517	2.10 b¹)	
3^m	—	Bn2t	Vul	1896	1518	2.10 b	vor 1939 aus Bestand
4^m	208	Bn2t	Vul	1896	1559	2.10 b²)	
5^m	209	Bn2t	Vul	1897	1590	2.10 b	
6°	223	Cn2t	Hoh	1899	1290		
11^{nn}	246	B'Bn4vt	Vul	1909	2571	2.10 d	
51^M	251	Dn2t	Vul	1914	3018	2.10 f	
52^{Dh}	261	Dh2t	Maf	1912	3745	—	ex Schlawer Klb Nr. 8, ex Bleckeder Klb Nr. 5

¹) aus Teilen der 2^m und 4^m neu aufgebaut, ab 1948 als Werklok in Zuckerfabrik Jarmen; 1949 von der DR als 994601 registriert, jedoch zugleich Ausmusterung beantragt ²) Ersatzteilspender zum Wiederaufbau der 2^m; siehe Fußnote¹)

bandes von Pommern in Stettin den Betrieb übernommen hatte, erhielt das Unternehmen 1913 nach Eröffnung eines westlich der Hauptbahn Neubrandenburg—Stralsund gelegenen Kleinbahnnetzes (siehe Abschnitt 2.2.9.) die Bezeichnung Demminer Kleinbahnen Ost (DKBO). Während in Demmin und Treptow gemeinsame Endpunkte mit den Demminer Kleinbahnen West existierten sowie jeweils Staatsbahnanschluß bestand, war im Bahnhof Jarmen ein unmittelbarer Übergang zur Greifswald-Jarmener Kleinbahn gegeben. Über die zuletzt genannte Bahn bestand hier ferner eine Berührung mit der 600-mm-spurigen Mecklenburg-Pommerschen Schmalspurbahn.

Zur Bewältigung der Transportaufgaben beschaffte Lenz & Co. die bewährten Lokomotiven der weit verbreiteten Gattung „m". Ein Außenseiter war die Lok Nr. 6°. Sie entsprach den bei der Kleinbahn Casekow–Penkun–Oder eingesetzten Maschinen der Erstausstattung. Spätere Bestellungen erfolgten wieder bei Vulcan. Als letzte Lok kam die Nr. 52^{Dh} auf das Netz, ein Gelegenheitskauf von der Schlawer Kleinbahn.

Die Wagen der DKBO entsprachen der Lenz-Norm. Zwei Zwischenwagen dienten dem Überführungsbetrieb regelspuriger Fahrzeuge im Demminer Hafen. Einige Reisezugwagen älterer Bauart wurden bereits im Verlaufe der dreißiger Jahre ausgemustert.

Im Güterverkehr überwog die Beförderung von Hackfrüchten, Getreide, Kohle und Baustoffen. Bedeutende Gleisanschlüsse außer der Demminer Hafenbahn bestanden in Jarmen (Zuckerfabrik, Hafen, Kunstmühle) und in Treptow (Ziegelei, Molkerei, Ein- und Verkaufsverein). Die Anschlüsse in Jarmen wurden von der Greifswald-Jarmener Kleinbahn und von der DKBO gemeinschaftlich genutzt, wie auch die Anschlüsse in Treptow von den Demminer Kleinbahnen West mitbenutzt wurden.

Der stärkste Personenverkehr entwickelte sich zwischen Demmin und Jarmen. Er resultierte hauptsächlich aus dem Berufsverkehr. Ende der zwanziger Jahre wurden auch im Einzugsbereich der Demminer Kleinbahnen bahneigene Kraftverkehrslinien eingerichtet, die teilweise sogar das Areal der benachbarten Greifswald-Jarmener Kleinbahn aufgrund besonderer Verträge miterschlossen.

Als Folge des zweiten Weltkrieges wurden die Demminer Kleinbahnen im Juli 1945 stillgelegt und danach abgebaut. Lediglich verblieb bis vor einigen Jahren wenige Kilometer von Altentreptow entfernt der Stahlviadukt über die Tollense als größtes Brückenbauwerk der ehemaligen pommerschen Kleinbahnen.

2.2.9. Demminer Kleinbahnen West (DKBW; 750 mm)

Während das östlich der Hauptbahn Neubrandenburg—Stralsund liegende Gebiet eine bereits seit 1897 bestehende Kleinbahn verkehrstech-

Tabelle 2.34 Statistische Angaben zur DKBW

Jahr	1913	1928	1935	1939
Lokomotiven gesamt	6	8	8	8
davon mit 2 Kuppelachsen	3	3	2	2
mit 3 Kuppelachsen	—	—	—	—
mit 4 Kuppelachsen	3	5	6	6
Triebwagen gesamt	—	—	—	—
davon zweiachsig				
vierachsig				
Personenwagen gesamt	8	10	10	10
davon zweiachsig	5	5	5	5
vierachsig	3	5	5	5
Gepäckwagen gesamt	5	5	5	5
davon Postabteil				
davon zweiachsig	4	4	4	4
vierachsig	1	1	1	1
Güterwagen gesamt		171	195	215
davon zweiachsig			188	208
vierachsig			7	7
Spezialwagen	—	—	—	—
beförderte Personen			59 510	
beförderte Güter in t			85 328	
Lokomotivkilometer				

Bild 2.59
Lok 102 der DKBW mit G-Wagen der DKBO (1934) in Saarow
Foto: Sammlung Herbener

Bild 2.60
Post- und Gepäckwagen der DKBW
Foto: Sammlung Fiebig

nisch erschloß, bereitete der Abtransport landwirtschaftlicher Erzeugnisse aus den südwestlichen Teilen des Kreises Demmin Schwierigkeiten. Deshalb erörterte man um 1910 die Einrichtung eines Kleinbahnnetzes, obwohl zu jener Zeit in Pommern der Bau ganzer Kleinbahnnetze abgeschlossen war und nur noch die bestehenden Unternehmen durch einzelne Strecken ergänzt wurden. 1912 erteilte der Regierungspräsident in Stralsund die Konzession zur Herstellung der Demminer Kleinbahnen West (DKBW). Der Bau erfolgte durch die Betriebsgesellschaft Lenz & Co.

Am 1. Juli 1913 wurde der Betrieb auf der insgesamt 93,0 km langen Strecke Demmin—Metschow—Stavenhagen—Bredenfelde mit dem Abzweig von Metschow nach Treptow a. T. aufgenommen. Die Betriebsführung unterstand dem Provinzialverband Pommern. Die Folge der späteren Betriebsführer ist die gleiche wie bei den übrigen pommerschen Kleinbahnen.

Um das Güterverkehrsaufkommen bewältigen zu können, wurde in Demmin neben den Anlagen der DKBO ein neuer eigener Bahnhof für die DKBW eingerichtet. Lediglich die Reisezüge fuhren von gemeinschaftlich angelegten Gleisen ab. In Treptow nutzten beide Kleinbahnen den ursprünglichen, zur Inbetriebnahme des Westnetzes um mehrere Aufstell- und Abstellgleise erweiterten Bahnhof. Besondere Bedeutung für den Güterverkehr hatten die beiden 1,15 km voneinander entfernten Bahnhöfe Stavenhagen Anschlußbahnhof und Stavenhagen (Stadt). Der Anschlußbahnhof diente hauptsächlich dem Umladen von Gütern zur Staatsbahn Neubrandenburg—Güstrow. Außerdem zweigte hier die Anschlußstrecke zur Zuckerfabrik ab, die ausschließlich von werkeigenen Lokomotiven bedient wurde.

Im Bahnhof Stavenhagen (Stadt) befanden sich ein zweigleisiger Lokomotivschuppen, ein größeres Dienstgebäude und mehrere Ladegleise. Der Trennungsbahnhof Metschow

Tabelle 2.35 Dampflokomotiven der DKBW

Betriebsnummer/Name		Bauart	Hersteller	Baujahr	Fabriknummer	Bild	Bemerkungen
DKBW	PLB						
101^{nn}	247	B'Bn4vt	Han	1912	6653	2.10 d	
102^{nn}	248	B'Bn4vt	Han	1912	6654	2.10 d	
103^{nn}	249	B'Bn4vt	Han	1912	6655	2.10 d	
111^{m}	210	Bn2t	Hen	1912	11345	2.10 c	
112^{m}	211	Bn2t	Hen	1912	11346	2.10 c	
113^{m}	205	Bn2t	Hen	1912	11347	2.10 c	1932 verkauft an RüKB, dort Nr. 9^{m}; Umzeichnung der PLB erfolgte dort
151^{M}	252	Dn2t	Vul	1914	2952	2.10 f	
152^{M}	253	Dn2t	Vul	1914	2953	2.10 f	
153^{M}	254	Dn2t	Vul	1912	2895	2.10 f	ex GJK Nr. 10^{M}, Ankauf 1931

verfügte über eine Lokomotivwerkstatt. Der Lokomotivpark selbst entsprach im wesentlichen der üblichen Lenz-Ausstattung. Allerdings traten nunmehr neben Vulcan auch Hanomag und Henschel als Hersteller in Erscheinung; jedoch lieferte Vulcan die damals modernsten Vierkuppler der Gattung „M".

Wie die Triebfahrzeuge, so entsprachen auch die Wagen den Lenz-Normalien (siehe Bild 2.91 e). Unter den Güterwagen dienten drei Schemelwagenpaare größeren Holztransporten vom Forstwirtschaftsbetrieb Grammentin an der Strecke Metschow—Stavenhagen.

Obwohl die Krisen der zwanziger und dreißiger Jahre auch an den DKBW nicht spurlos vorübergegangen sind, wurde auf allen Strecken ein relativ hohes Verkehrsaufkommen im Güterverkehr registriert. Pläne, das bestehende Kleinbahnnetz um 1935 von Bredenfelde nach Waren (Müritz) zu verlängern, scheiterten jedoch aus finanziellen Gründen. Doch im Jahre 1943 richtete man infolge des rüstungsbedingten steigenden Güterverkehrs auf der Strecke Stavenhagen — Bredenfelde die Ladestelle Zettemin ein.

Die Personenbeförderung diente hauptsächlich dem Geschäfts- und Einkaufsverkehr, wobei Ende der zwanziger Jahre bestehende Zugrelationen durch bahneigene Kraftverkehrslinien reduziert und ergänzt wurden. 1945 wurden die inzwischen als Landesbahnen betriebenen Strecken stillgelegt und abgebaut.

2.2.10. Pasewalk Ost — Klockow (Kleinbahn Klockow — Pasewalk; 750 mm)

„Vom Kreise Prenzlau wird der Bau einer schmalspurigen, mit Lokomotiven zu betreibenden Kleinbahn für den Personen- und Güterverkehr von Pasewalk über Klockow nach Prenzlau geplant mit etwaiger Heranführung an die Staatsbahnhöfe Pasewalk und Prenzlau, Fortsetzung bis an die Uecker bei Pasewalk und Verbindung mit der Kleinbahn Prenzlau-Strasburg." So kann man es in der Zeitschrift für Kleinbahnen 1899, Seite 263, lesen. Die Praxis dagegen nahm sich recht bescheiden aus, denn die bereits seit 1893 bestehende, mit Pferden als Zugkraft betriebene Schmalspurbahn Pasewalk — Klockow wurde für den Betrieb mit Dampflokomotiven ausgebaut — 9 Jahre nach vorgenanntem Plane. Prenzlau — Klockow hingegen wurde als Teil der Prenzlauer Kreiskleinbahnen regelspurig erbaut.

Die KKP wurde für reinen Güterverkehr vom Zweckverband Kleinbahn Klockow–Pasewalk (GmbH) erbaut und betrieben. Die Konzession erteilte der Regierungspräsident in Potsdam am 18. Juni 1908. Die Eigentümer der Bahn waren die Grundbesitzer der Güter Broellin, Züsedom, Neuenfeld, Schönfeld und Klockow. Die 15,9 km lange Strecke war am 8. Juni 1909 in Betrieb genommen worden, nachdem man schon am 7. Oktober 1908, also ein dreiviertel Jahr zuvor, ein Teilstück eröffnet hatte.

Ausgehend vom Bahnhof Pasewalk Ost, wo wie in Klockow eine Umlademöglichkeit bestand, verlief das Streckengleis durch zwei Vorstadtstraßen Pasewalks auf insgesamt 1,07 km Länge. Sonst war das Gleis auf eigenem Bahnkörper verlegt. Im wesentlichen folgte die Strecke den bestehenden Straßen und Landwegen. Hierbei mußten Umwege in Kauf genommen werden, um die Ladestellen der einzelnen Gutsbezirke zu erreichen. Da die Strecke bis auf den Abschnitt Broellin—Pasewalk im Flachland verlief, konnte auf größere Kunstbauten verzichtet werden. Der kleinste Radius der Strecke betrug 100 m, die stärkste Neigung 1:30. Die Gleisanlagen wiesen 26 einfache Weichen und sechs doppelte Kreuzungsweichen auf.

Die Stationen der Strecke entsprachen im allgemeinen nicht den Anlagen von Bahnhöfen. Die Anschluß- und Ladegleise waren an der jeweils günstigsten Stelle an das Stammgleis angeschlossen. Die Anlage erhielt dadurch den typischen Charakter einer Feld- und Wirtschaftsbahn. Auch die Gleisanlagen der Endstationen waren auf das Notwendigste beschränkt. Der Bahnhof Klockow hatte nur drei Weichen. Der Gleisstumpf im Anschluß an das Umfahrgleis war parallel zu den Regelspurgleisen zu einem längeren Umladegleis ausgebaut worden. Ein drittes Gleis führte zum Stückgutschuppen. Weitere Hochbauten hatte man dort nicht errichtet.

Die Baukosten der KKP beliefen sich auf 467515 M. Da die Eigentümer der Bahn und des Bodens identisch waren, entfiel ein Grunderwerb. Die Betriebsführung war den Erfordernissen der Landwirtschaft angepaßt, und bis zum Ende des zweiten Weltkrieges erfuhr die KKP keine nennenswerten Veränderungen.

Im Zuge der Bodenreform wurde die Bahn durch Anordnung des Kreiskommandanten der Sowjetischen Armee den Prenzlauer Kreiskleinbahnen (Landesbahn Brandenburg) angegliedert und von ihnen verwaltet. Die neue Verwaltung führte am 1. Februar 1948 den Reiseverkehr auf der KKP ein, da unter anderen die Regelspurstrecke von Klockow nach Prenzlau als Reparationsleistung zeitweise demontiert

Bild 2.61
Lok 99 4613 vor Gmp
in Pasewalk
Foto: Sammlung Kieper

Bild 2.62
Lok 99 4612 rangiert
Personenwagen in Pasewalk
Foto: Meyer

war. Nach Übernahme der KKP durch die Deutsche Reichsbahn im Jahre 1949 wurde sie der Rbd Greifswald unterstellt. Der zunächst stark einsetzende Reiseverkehr nahm im Laufe der fünfziger Jahre derart ab, daß die Einstellung erwogen wurde. Nach zeitweiser Aufgabe des Reiseverkehrs im Sommerfahrplan 1958 stellte man den Gesamtverkehr endgültig am 4. Oktober 1963 ein und baute anschließend die Strecke von Klockow her ab.
An Betriebsmitteln besaß der Zweckverband zwei Cn2t-Lokomotiven (O & K, Fabriknummer 3009 und 3010, erbaut 1908) mit den Betriebsnummern KKP 1 und KKP 2 (siehe Bild 2.90 c). Die Maschinen hatten Innenrahmen und Allan-Steuerung. Mit einer Achslast von etwas über 6 Mp genügten sie den Anforderungen. Beide waren in Pasewalk stationiert. Fremdlokeinsätze sind nicht bekannt. Lediglich in den letzten Monaten vor der Betriebseinstellung kam leihweise die 99 4501 von den Prignitzer Kreiskleinbahnen auf die Strecke, da die Untersuchungsfristen beider KKP-Maschinen abgelaufen waren. So fuhr diese Lokomotive die letzten Züge.
Die Güterwagen waren zum größten Teil offene, vierachsige Feldbahnwagen mit schrägen Seitenwänden zum Abklappen. Zur Eröffnung der KKP waren 60, in späteren Jahren 80, bei der Überführung in Volkseigentum 67 dieser Wagen sowie drei zweiachsige, gedeckte Güterwagen vorhanden. Ein Teil der Güterwagen hatte eine Handbremseinrichtung.
Zur Einführung des Reiseverkehrs stellte die Rbd Dresden einige vierachsige Personenwagen und einen Gepäckwagen zur Verfügung. Dazu gesellten sich noch zwei zweiachsige Lenz-Wagen der Pommerschen Landesbahn. Die Reisezüge hatten eine durchgehende Bremse (Heberlein- und Görlitzer Gewichtsbremse). Die Güterverkehrsleistungen betrugen 1911 etwa 33 000 t, 1935 etwa 24 000 t und 1938 etwa 28 600 t. Die Anzahl der Beschäftigten lag zwischen 13 und 16.

2.3. Bahnen der Mark Brandenburg

2.3.0. Bau- und Betriebsführung

Nachdem der Preußische Staat bis 1880 mit Ausnahme der Berlin-Hamburger Eisenbahn alle von Berlin ausgehenden großen Eisenbahnen in die KPEV, die Königlich Preußische Staats-Eisenbahn-Verwaltung, übernommen hatte und ab 28. Juli 1892 das preußische Kleinbahngesetz den Bau von Kleinbahnen wesentlich erleichterte, war der Startschuß gegeben, auch in der Mark Brandenburg Kleinbahnen zu errichten. Die Stadt Buckow (Märkische Schweiz) beantragte auch bald nach der Verkündung des o. g. Gesetzes die Konzession, eine Schmalspurbahn von Buckow nach Dahmsdorf-Müncheberg bauen zu dürfen.
Da von Berlin als Hauptstadt des ehemaligen Deutschen Reiches viele Hauptbahnen abgingen, waren es im Vergleich zu anderen Provinzen relativ wenige Kleinbahnen, die schmalspurig angelegt wurden. Man hatte offensichtlich die Nachteile einer Schmalspurbahn frühzeitig erkannt. Nur in den dünn besiedelten Gebieten der Prignitz, des Havellandes um Rathenow, des Spreewaldes und im Fläming wurde auf kostengünstigere Schmalspurbahnen zurückgegriffen. Die in der Altmark angelegten vier Schmalspurbahnen werden in diesem Abschnitt mitbehandelt, obgleich sie politisch nicht zur Mark Brandenburg gehörten. Dafür wurden die Spreewaldbahn und die Kleinbahn Klockow—Pasewalk hier ausgeklammert (Abschnitte 2.8.1. und 2.2.10.). Den Bau der einzelnen Bahnen führten meist örtliche Betriebe (auch Straßenbaubetriebe) aus. Lediglich bei der JLKB konnte ein Eisenbahn-Pionier-Regiment zur Unterstützung herangezogen werden. So gab es keine großen umfassenden Vereinheitlichungen bezüglich der Fahrzeuge.
Die Betriebsführung lag in den Händen der entsprechenden Eigentümer (Kleinbahn-Aktiengesellschaft z. B. in der Altmark), dem Provinzialamt Brandenburg (z. B. JLKB) bzw. der Prignitzer Eisenbahngesellschaft. Nach dem ersten Weltkrieg übernahm das Landesverkehrsamt Brandenburg (spätere Landesverkehrsdirektion Brandenburg) die Betriebsführung der vielen regel- und schmalspurigen Kleinbahnen.
Zur Vereinfachung der Verwaltung wurde ab 1941 ein Nummernsystem mit Kennzeichnung der Bahnen und der Lokomotivtypen sowie der laufenden Loknummern eingeführt.
Für die Schmalspurbahnen soll dieses System kurz angeführt werden:

07 – Ostprignitzer Kreiskleinbahnen
08 – Westprignitzer Kreiskleinbahnen
09 – Spreewaldbahn

(Die Buckower Kleinbahn und die JLKB wurden vorher umgespurt bzw. eingestellt und erhielten deshalb keine Nummernbezeichnung.)
10 – Lokomotiven der Bauart Bn2t
20 – Lokomotiven der Bauart Cn2t
30 – Lokomotiven der Bauart Cn2t
80 – Lokomotiven der Bauart 1Cn2t
Nach dem zweiten Weltkrieg führte die Generaldirektion der Provinzialbahnen, Mark Brandenburg, und ab 1947 die VVB Landesbahnen Brandenburg den Betrieb bis zur Übernahme durch die DR weiter.

2.3.1. Kyritz—Perleberg/Breddin, Pritzwalk—Glöwen (Kleinbahnen der Kreise Ost- und Westprignitz; 750 mm)

Die Kreise Ost- und Westprignitz gehörten zu den landwirtschaftlich ertragreichen Kreisen der einstigen Mark Brandenburg. Vorwiegend wurden Kartoffeln, Rüben und Getreide angebaut. Aber erst kurz vor der Jahrhundertwende konnte dieses Gebiet durch ein umfangreiches Schmalspurnetz verkehrsgünstig erschlossen werden. Das Streckennetz (etwa 100 km) bestand aus fünf selbständigen Kleinbahnen, die zwischen dem 15. Oktober 1897 und dem 2. Juli 1912 eröffnet wurden (Tabelle 2.36). Die Bau- und Betriebsführung lag in den Händen der Prignitzer Eisenbahn-Gesellschaft in Perleberg. Die Eisenbahndirektion Altona führte die eisenbahntechnische Aufsicht. Eigentümer der Kleinbahnen waren die Kreise Ost- und Westprignitz.
Bezeichnend für die damaligen politisch-wirtschaftlichen Verhältnisse war die Tatsache, daß die durchgehende Strecke Perleberg—Kyritz durch zwei selbständige Eisenbahnunternehmen der Kreise Ostprignitz und Westprignitz verwaltet wurde. Nach dem ersten Weltkrieg oblag die Betriebsführung dem Landesverkehrsamt Brandenburg der Landeseisenbahndirektion in Berlin. Diese Behörde faßte 1941 alle acht regel- und schmalspurigen Kleinbahnen beider Kreise zu den Ost- und Westprignitzer Kreiskleinbahnen zusammen.
Neben den genannten Strecken existierten noch Anschlüsse zu einigen Gütern und zur Kyritzer Kartoffel-, Flocken- und Stärkefabrik sowie die nicht zur Kleinbahn gehörende „Zichtower Ochsenbahn", eine 4 km lange 600-mm-Bahn vom Gut Zichtow nach dem Bahnhof Barenthin Abbau.
Anfang der zwanziger Jahre gingen die Betriebsergebnisse ständig zurück. 1929 zog man den Umbau auf Regelspur in Erwägung, um das unwirtschaftliche Umladen zwischen Regel- und Schmalspur zu vermeiden; denn lediglich auf den Strecken Viesecke—Glöwen und Lindenberg—Kreuzweg bestand ein Rollbockverkehr. Die erforderlichen 5,5 Millionen Mark standen jedoch nicht zur Verfügung.
1948 wurde die Dreieckverbindung Viesecke—Kreuzweg abgebrochen und für die Strecke Glöwen—Havelberg verwendet. Die DR faßte dann 1949 die in der Prignitz liegenden Schmalspurstrecken (Ost- und Westprignitzer Kreiskleinbahnen, Glöwen – Havelberg) zu dem Netz Prignitz zusammen. Zentrales Bahnbetriebswerk für alle Lokomotiven wurde Perleberg (später Einsatzstelle des Bw Wittenberge).
Wie aus der Streckenübersicht hervorgeht, hatte das Schmalspurnetz an fünf Orten Anschluß an die Regelspur, Bedeutung besaßen davon jedoch nur Perleberg, Kyritz und Glöwen. Der Hauptknotenpunkt war

Tabelle 2.36 Strecken der Prignitzer Kreiskleinbahnen

Kleinbahnstrecke	Länge km	Eröffnung	Stillegung des Güterverkehrs	max. Neigung g 1:n	min. Krümmungsradius m	Bemerkung
Kyritz—Hoppenrade mit Abzweig	31,19	15. 10. 1897	31. 5. 1969	1:100	60	Ostprignitzer Kreiskleinbahn
Rehfeld—Breddin	10,56					
Lindenberg—Pritzwalk	18,68	29. 7. 1909	31. 5. 1969	1:70	150	
Lindenberg—Kreuzweg	10,20	2. 7. 1912	31. 12. 1967	1:100	60	Westprignitzer Kreiskleinbahn
Perleberg—Hoppenrade	17,70	15. 10. 1897	31. 5. 1969	1:70	100	
Viesecke—Glöwen	15,18	15. 7. 1900	31. 12. 1967[1])	1:100	150	

[1]) Viesecke—Kreuzweg 1948

Lindenberg – gleichzeitig Kopfbahnhof für durchgehende Züge zwischen Pritzwalk und Glöwen. Die Gleise lagen in ungesiebtem Grubenkies, das Planum hatte eine Breite von 3000 mm und einen Böschungswinkel 1:1,5. Die Gleise bestanden aus 9 m langen Schienen mit einer Masse von 16,8 kg/m (später 23,8 kg/m) auf 12 bis 13 Kiefernschwellen.

Als Höchstgeschwindigkeiten waren zulässig bei der Eröffnung auf freier Strecke 20 km/h und in den Ortschaften 12 km/h; 1906 für die freie Strecke 25 km/h, 1910 30 km/h, auf einigen Teilabschnitten später 40 km/h; zuletzt nur noch 30 km/h. Die zulässige Zuglänge betrug auf allen Strecken 50 Achsen. Die Bahn erreichte auf der Strecke Lindenberg – Pritzwalk zwischen Mesendorf und Klenzenhof mit 96,8 m über NN den höchsten Punkt.

Abgesehen von der auf etwa 12 km Länge parallel zur Fernverkehrsstraße 5 geführten Strecke Viesecke – Perleberg verliefen die Strecken sehr kurvenreich (etwa 25 Prozent der Gesamtstrecke). Bei Perleberg wurde innerhalb des Schrankenbereiches der Fernverkehrsstraße 5 die Regelspurstrecke Pritzwalk – Perleberg gekreuzt. Diese ungewöhnliche Kreuzung war gesichert durch je zwei Hauptsignale mit den Stellungen Hf 0 und Hf 1. Die Sicherung der Kreuzung in Pritzwalk erfolgte durch Lichtsignale (Hl 1, Hl 10 und Hl 13) sowie Schutzweichen. Alle Endbahnhöfe und der Bahnhof Lindenberg hatten nur Einfahrsignale mit den Stellungen Hf 0 und Hf 1, die durch Kreuztafeln So 6 angekündigt wurden.

In Perleberg wurde die Kleinbahnbrücke über die Stepenitz noch zum Kriegsende 1945 sinnlos gesprengt, so daß der Betrieb bis zum 21. Januar 1948 bereits in der Stadt (Wilsnacker Straße) endete. Etwa 1959 nahm man die Gleise aus der Stadt

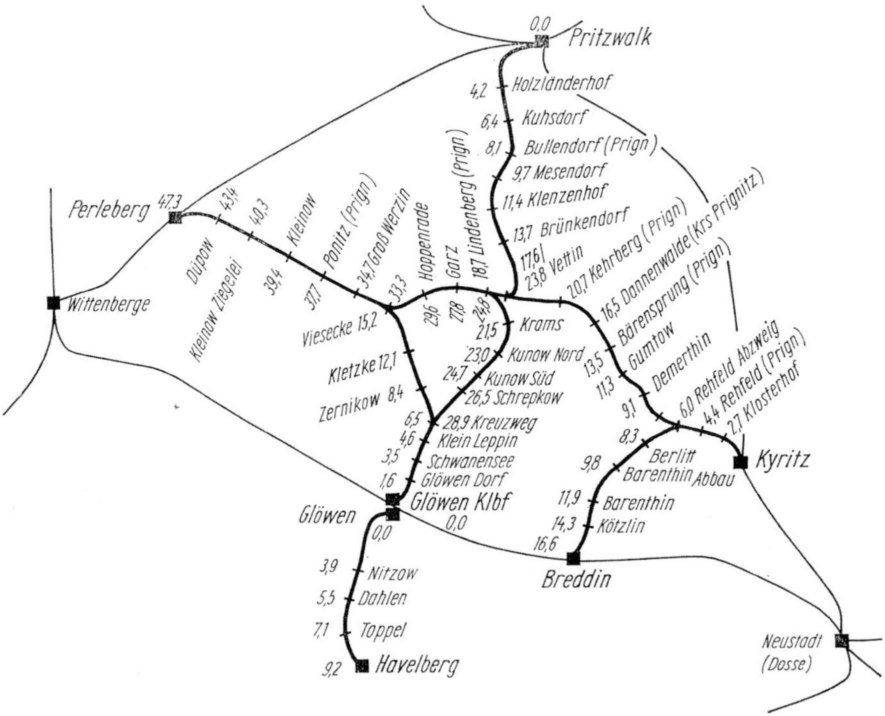

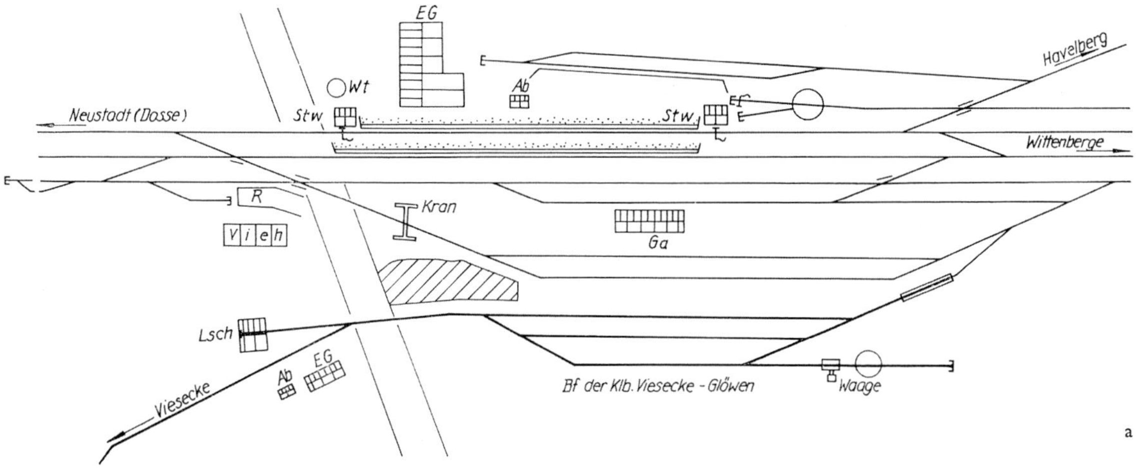

a

b

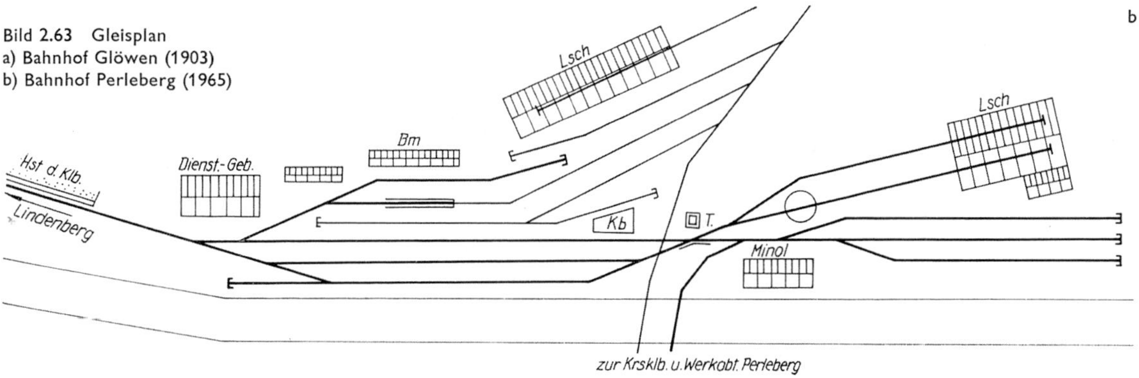

Bild 2.63 Gleisplan
a) Bahnhof Glöwen (1903)
b) Bahnhof Perleberg (1965)

heraus und verlegte sie entlang der regelspurigen Strecke Pritzwalk–Perleberg.
Seit Gründung der Ost- und Westprignitzer Kreiskleinbahnen wurden ihre Fahrzeuge und die Fahrzeuge der regelspurigen Westprignitzer Kreisbahn (mit Ausnahme der Güterwagen) in der Hauptwerkstatt der Ost- und Westprignitzer Kreiskleinbahnen in Perleberg repariert

Bild 2.64
Lokomotive 12
der Westprignitzer
Kreiskleinbahn
Foto: Sammlung Meyer

Bild 2.65 Lokomotive 16 der Ostprignitzer Kreiskleinbahn *Foto: Sammlung Valtin*

Bild 2.66 Zug mit aufgebockten regelspurigen Güterwagen in Lindenberg (etwa 1935) *Foto: Sammlung Herbener*

Bild 2.67 Personenzug mit Lok 20 der Ostprignitzer Kreiskleinbahnen (etwa 1930) *Foto: Sammlung Herbener*

Bild 2.68 Lok 99 4701 vor Zug mit Rollwagen in Kyritz (1957) *Foto: Otte*

(heute Abteilung Perleberg des Raw Wittenberge).

Jede Bahn hatte eigene Lokomotivschuppen (zweiständig in Kyritz, Perleberg und Pritzwalk; einständig in Glöwen und Viesecke). In Kyritz kam später ein Schuppen für den Triebwagen hinzu.

Ab 1950 wurden die Lokomotiven im Raw Wittenberge und kurze Zeit später im Raw Schlauroth, die Wagen weiterhin in Perleberg aufgearbeitet.

Größere Gleisanlagen waren in den Endbahnhöfen und in Lindenberg vorhanden, die übrigen Bahnhöfe bestanden nur aus zwei Gleisen (ein Durchgangsgleis, ein Lade- oder Ausweichgleis). Im Bahnhof Dannenwalde kam noch ein zweites Ausweichgleis hinzu, da dort die Züge kreuzen konnten. In Glöwen bestand eine Umsetzanlage für den Rollbockverkehr, die durch die DR für den Rollwagenverkehr umgebaut wurde. Gleichzeitig erhielten Perleberg und Kyritz moderne Umsetzanlagen.

Die Empfangsgebäude waren vorwiegend einfache Fachwerk-Ziegelbauten. Güterschuppen fand man nur in Lindenberg (Holzbauweise), Demerthin und den Endbahnhöfen.

Während der 71 Betriebsjahre gab es nur 1944 einen ernstlichen Unfall auf der Regelspurkreuzung vor Perleberg, während Brände (z. B. 1937 der Güterschuppen in Demerthin oder Ende 1945 das Haltestellengebäude in Klosterhof) häufiger vorkamen – nicht gerechnet die Schäden durch die Kriegseinwirkungen.

Tabelle 2.37 Statistische Angaben zu den Prignitzer Kreiskleinbahnen

Jahr	1897	1906	1911	1935	1963
Lokomotiven gesamt	6	7	7	11	12
davon mit 2 Kuppelachsen	3	3	3	1	—
mit 3 Kuppelachsen	3	4	4	10	8
mit 4 Kuppelachsen	—	—	—	—	4
Triebwagen gesamt	—	—	—	—	2
davon zweiachsig	—	—	—	—	2
vierachsig	—	—	—	—	—
Personenwagen gesamt	6	9	11	13	20
davon zweiachsig	—	—	—	—	—
vierachsig	6	9	11	13	20
Gepäckwagen gesamt		4	5	7	8
davon Postabteil		1,7	2		—
davon zweiachsig		4	4	6	6
vierachsig		—	1	1	2
Güterwagen gesamt	76	88	128	232	234
davon zweiachsig	76	88	128		200
vierachsig	—	—	—		34
Spezialwagen	11	5	5	14[1])	65[2])
beförderte Personen		150298	206782		
beförderte Güter in t		89917	123705		
Lokomotivkilometer		186095	256978		

[1]) Rollböcke [2]) Rollwagen

Tabelle 2.38 Triebfahrzeuge der Prignitzer Kreiskleinbahnen

Betriebsnummer/Name				Bauart	Hersteller	Baujahr	Fabriknummer	Bild	Bemerkungen
alt		LVD[1])	DR						
Lokomotiven									
1	v. JAGOW	—	—	Bn2t	Hag	1897	350	—	umgezeichnet in Nr. 11
2	WEST-PRIGNITZ	—	—	Bn2t	Hag	1897	351	—	umgezeichnet in Nr. 12
3	HOPPEN-RADE	—	—	Bn2t	Hag	1897	352	—	umgezeichnet in Nr. 13
11		—	—						+ 1910
12	—	—	—	siehe Nr. 1 bis 3					+ 1910
13	—	—	—						+ 1910
14		07-20	99 4501	Cn2t	Hart	1897	2262	2.71 l	+ 31. 5. 1966
15	KYRITZ	07-21	—	Cn2t	Hart	1897	2263	—	Reparationsleistung 1945
16	DANNEN-WALDE	07-22	99 4502	Cn2t	Hart	1897	2264	2.71 l	+ 23. 5. 1966
17	WITTEN-BERGE	08-21	99 4503	Cn2t	Hart	1900	2622	2,71 l	Reko; + 1969
18		07-23	—	Cn2t	Hen	1914	13021	—	Reparationsleistung 1945
19		08-20	99 4701	Cn2t	Hen	1914	13022	2.71 b	Reko + 1971
20		07-80	99 4711	C1'n2t	Hart	1920	4420	2.71 d	+ 26. 8. 1966
21		07-24	—	Cn2t	O & K	1907	2087	—	Reparationsleistung 1945
22		07-25	99 4504	Cn2t	O & K	1906	2129	2.71 c	+ 10. 10. 1966
23	LINDEN-BERG	07-26	99 4505	Cn2t	Bor	1912	8388	2,71 a	+ 9. 9. 1963
11II		—	—	Bn2t	O & K	1910	4111	—	
Nach 1950 von der DR zusätzlich eingesetzte Lokomotiven									
—		—	99 557	B'Bn4vt	Hart	1908	3212	2.155 e	von Mügeln; + 1971
—		—	99 576	B'Bn4vt	Hart	1912	3558	2.155 e	von Kirchberg; + 1960
—		—	99 593	B'Bn4vt	Hart	1913	3713	2.155 e	von Kirchberg; + 1971
—		—	99 1401	Dh2	Bab	1948	15101	2.71 g	+ 30. 1. 1968
—		—	99 4511	Cn2t	Raw	1966			von Putbus 1966; + 1971
—		—	99 4712[2])	C1'n2t	Kra	1899	4183	2.71 f	+ 15. 11. 1965
—		—	99 4641	Dn2t	O & K	1912	5216	2.118 d	von Burg 1966; verkauft 1969
—		—	99 4643	Dn2t	O & K	1922	9682	2.118 b	von Burg 1966, nach Putbus 1969
—		—	99 4644	Dn2t	O & K	1923	10501	2.118 d	
—		—	99 4645	Dn2t	O & K	1924	10862	2.118 b	von Burg 1966, + 1969
Triebwagen									
			VT 133 524	A1	Wis	1939	21118	1.40 f	+ 1969
			VT 133 525	A1	Wis	1939	21117	1.40 f	+ 1968
			VT 137 600	2'(1A)'(A1)'2'	Lett	1944		1.40 a	1962 von Putbus; 1963 nach Burg

[1]) Landesverkehrsdirektion Brandenburg

[2]) ex FBB Nr. 11, ex ČSD U 37.007, ex DR 99 791

Bild 2.69 VT 133 525 im Bahnhof Bärensprung (1967) *Foto: Kieper*

Die bis 1900 beschafften Lokomotiven waren Zwei- und Dreikuppler von Hagans und Hartmann; drei Cn2t erlebten noch die Umzeichnung mit Reichsbahnnummern (siehe Bild 1.35). Drei Lokomotiven (07-21, 07-23 und 07-24) fielen 1945 unter die Reparationsleistungen. Das letzte Exemplar, die 99 4503, hat 1974 ein Lokomotivführer aus Zepernick bei Berlin erworben und in seinem Garten als Denkmal aufgestellt. Abgesehen von Veränderungen am Führerhaus und an der Ventilbetätigung blieben die Lokomotiven während ihrer gesamten Einsatzzeit unverändert. Da sie gegenüber den später beschafften Typen geringere Achslasten besaßen, konnten sie nach 1949 von der DR freizügig auf anderen Schmalspurstrecken eingesetzt werden. So waren z. B. auf der Strecke Nauen—Kriele die 99 4502 vom 10. September 1954 bis zum 29. März 1955 und noch einmal vom 12. November 1956 bis zum 22. März 1960 sowie die 99 4503 vom 16. Oktober 1954 bis zum 8. März 1956 eingesetzt. Ihr Haupteinsatzgebiet war nach 1950 die Strecke Glöwen—Havelberg. Dafür wurden die leistungsstärkeren Lokomotiven 99 1401 und 99 4721 auf die Prignitzer Stammstrecken umgesetzt.

Für die Einführung des Rollwagenverkehrs in der Prignitz stellte die Rbd Dresden drei sächsische Lokomotiven der ehemaligen Gattung IVK zur Verfügung. Die eine (99 576) lief in der letzten Zeit vor der Betriebseinstellung als 2'B'n2t, das Niederdruckfahrwerk war stillgelegt. Nach der Betriebseinstellung der KJI konnten vier Vierkuppler nach Perleberg umgesetzt werden. Zwei von ihnen wurden noch 1969 nach Bergen bzw. Putbus umgesetzt, wo sie jedoch nicht zum Einsatz kamen. Die 99 4645 entgleiste und wurde an Ort und Stelle verschrottet. Den letzten Lokomotivzugang stellte die rekonstruierte 99 4511 dar, die schließlich noch zum Streckenabbau eingesetzt war.

Als Anfang der dreißiger Jahre die Einnahmen im Personenverkehr zurückgingen, versuchte man dem mit einfachen, robusten Triebwagen zu begegnen. Eine der typischen Bauarten solcher Schienenbusse ist die Bauart Hannover der Waggonfabrik Wismar. Die beiden „Wismarer" der Prignitzer Kreiskleinbahn wickelten den größten Teil des Personenverkehrs ab und haben sich bestens bewährt. Bei Betriebseinstellung war nur noch ein Triebwagen im Einsatz; der andere (VT 133 524) mußte bereits 1968 wegen Achsenbruches abgestellt werden.

Die Personenwagen waren alle vierachsig und hatten offene Endbühnen. Sie besaßen auf jeder Seite fünf einfache oder zweifache gekoppelte Fenster und z. T. Oberlichtaufsätze. Bei einem Teil der Wagen waren die Seitenwände unten eingezogen. Alle Reisezugwagen besaßen eine Gewichtsbremse. Ein Gepäckwagen war vierachsig, die anderen zweiachsig (für Güter- und Reisezüge). Der große Dachaufbau diente zum Umlenken des Seiles der Gewichtsbremse zur Handwinde des Zugführers.

Bild 2.70 Eröffnungszug der Strecke Glöwen—Havelberg
Foto: Sammlung Umlauft

Tabelle 2.39 Technische Daten der Dampflokomotiven der Prignitzer Kreiskleinbahnen

Betriebsnummer		14, 16, 17	22	23	19	20	—	—
Betriebsnummer DR		994501—994503	994504	994505	994701	994711	994712	991401
Bild 2.71		e	c	a	b	d	f	g
Bauart	—	Cn2t	Cn2t	Cn2t	Cn2t	C1'n2t	C1'n2t	Dh2
Höchstgeschwindigkeit	km/h	30	30	30	35	35	35	35
Zylinderdurchmesser	mm	250	300	240	265	250	290	370
Kolbenhub	mm	380	350	400	360	400	400	400
Steuerung		Aa	Aa	Ha	Ha	Ha	Ha	Ha
Kesseldruck	kp/cm²	12	12	12	12	12	12	13
Rostfläche	m²	0,55	0,6	0,5	0,71	0,6	1,0	1,6
Heizfläche Feuerbüchse	m²	2,6	2,95		2,89	2,95	4,5	6,04
gesamt	m²	26,73	33,0	26,0	26,38	30,32	45,9	42,89
Überhitzer	m²	—	—	—	—	—	—	18,0
Wasservorrat	m³	2,0	1,75	1,5	1,8	2,4	3,2	5,5¹)
Kohlevorrat	t	0,5	0,8	0,6	0,85	0,8	1,36	3,0¹)
Treibraddurchmesser	mm	680	750	800	800	780	845	800
Laufraddurchmesser	mm	—	—	—	—	480	580	—
Achsstand gesamt	mm	1800	1900	2000	2000	3220	4000	2800²)
Länge über Puffer	mm	6200	6400	6059	6410	7190	7590	12014³)
Lokbreite	mm	1980		2100	2250	2250	2200	2320
Lokhöhe über SO	mm	3200	3200	3110	3250	3200		3400
Lokmasse leer	t	18,1	13,0	12,3	14,3	19,5	19,5	23,4
betriebsfähig	t	20,0	15,5	15,5	18,2	25,0	24,0	25,6⁴)
Zugkraft	Mp	2,64	3,02	2,07	2,28	2,3	2,86	5,35
Leistung	Psi	110	135	105	110	125	190	300

¹) Angaben gelten für Schlepptender ²) mit Schlepptender 8258 mm ³) mit Schlepptender ⁴) mit Schlepptender 39,6 t

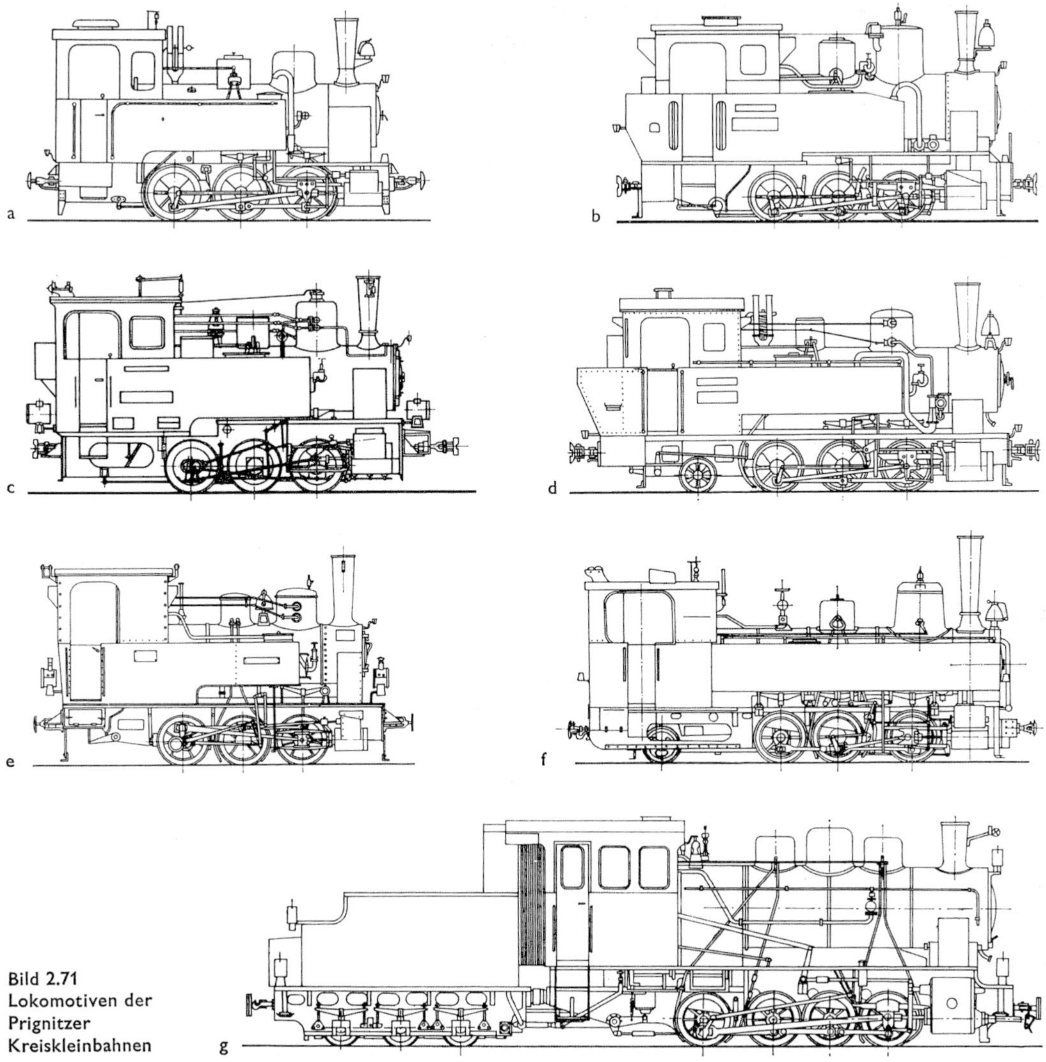

Bild 2.71
Lokomotiven der Prignitzer Kreiskleinbahnen

Als Folge des zweiten Weltkrieges mußten drei Gepäckwagen, drei Personenwagen, 25 offene und fünf gedeckte Güterwagen als Reparationsleistungen abgegeben werden. Ein Gepäckwagen und zwei Personenwagen brannten durch Kriegseinwirkungen aus.

Die Güterwagen waren zweiachsig ohne besondere Merkmale (ähnlich den Lenz-Typen). Einige gedeckte Güterwagen besaßen eine über-

Tabelle 2.40 Technische Daten der Wagen der Prignitzer Kreiskleinbahnen

Gattung		PwPost	C4,C4tr	C4	Ow	Gw	Gw	RRw	Pw	C4	C4
Bild 2.72		a	c	d	h	f	e	g	b	i	j
Hersteller	—	Wer	Düss	Wer	Wer	Wer	Wer	LOWA	Düss	Düss	Düss
Baujahr	—	1907	1900	1906	1897	1915	1915	1947	1897/1914	1897	1912
Anzahl	Stck	1	4	2					4	3	2
Länge über Puffer	mm	9000	10100	10400	7050	6900	6900	8800	7400	10100	10000
Wagenkastenlänge	mm	8100	7800	7900	6100	5470	6080	6900	6500	—	—
Wagenkastenbreite	mm		2100	2100	1900	1900	1900	2000		2110	2150
Achsstand/Drehzapfenabstand	mm	4400	5300	5500	3500	3500	3500	4500	3800	6000	6000
Drehgestellachsstand	mm	1030	900	1040	—	—	—	1000	—	1030	1030
Sitzplätze 2. Klasse	—	—	—	—	—	—	—	—	—	—	—
3. Klasse	—	—	30	30	—	—	—	—	—	26	26
4. Klasse	—	—	—	—	—	—	—	—	—	—	—
Tragfähigkeit	Mp	5,57	—	—	5,25	5,25	5,25	7,5	5,25	—	—
Ladefläche	m²		—	—	10,8	10,3	11,4	13,8	7,2	—	—

dachte Plattform mit Handbremse, einige offene Güterwagen den Kutschersitz mit Handbremse.

Die seit Betriebseröffnung auf der Strecke Glöwen—Lindenberg eingesetzten Rollböcke wurden 1953 durch vier- und sechsachsige Rollwagen abgelöst. Gleichzeitig wurde auch auf der Strecke Kyritz—Perle-

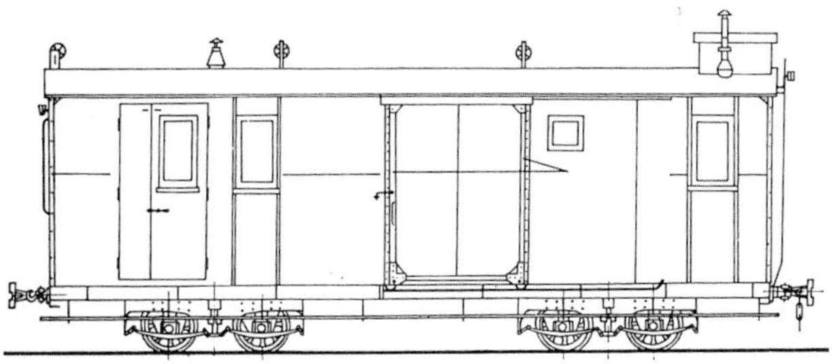

a

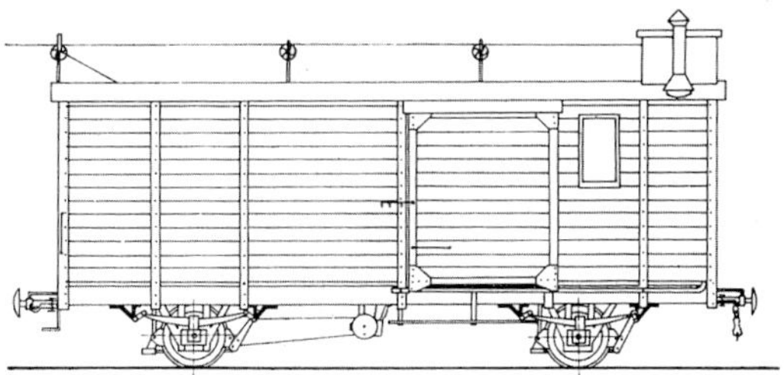

b

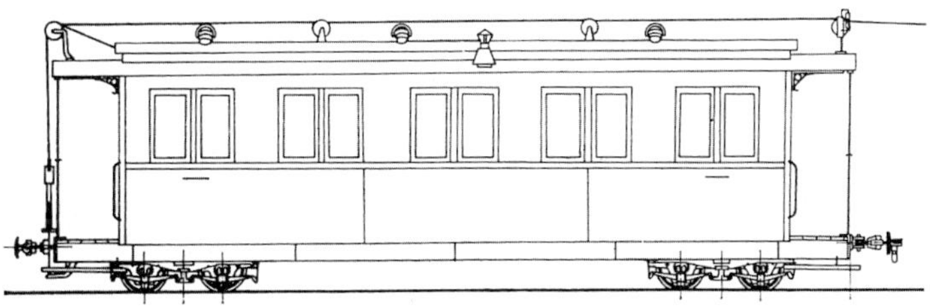

c

Bild 2.72 Wagen der Prignitzer Kreiskleinbahnen

noch Bild 2.72 Wagen der Prignitzer Kreiskleinbahnen

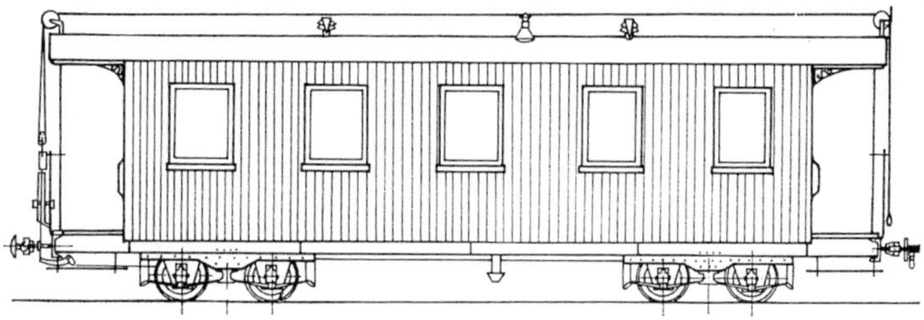
d

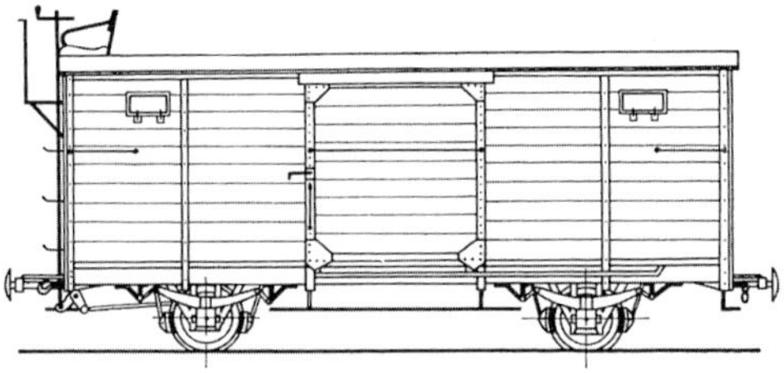
e

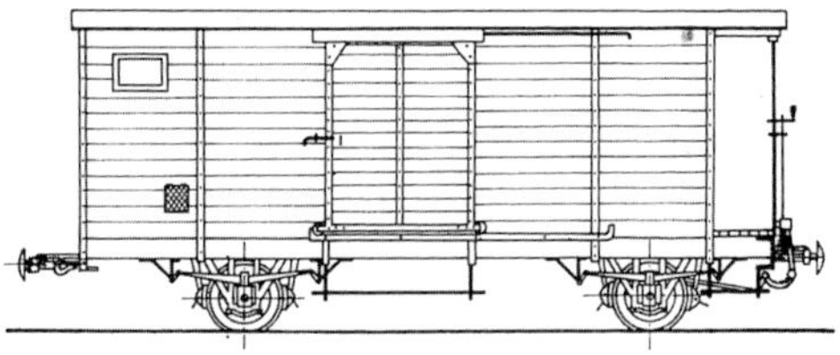
f

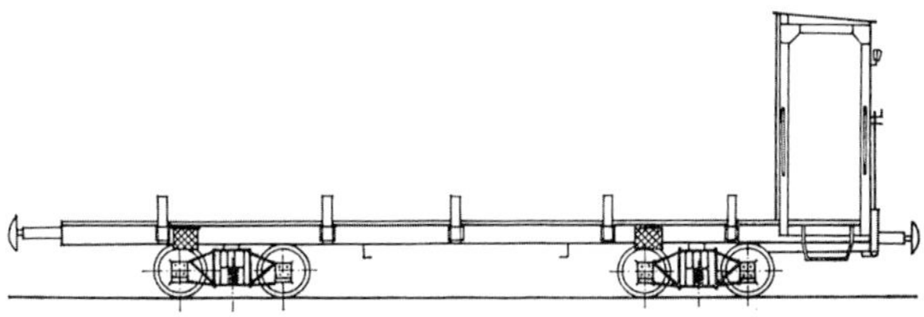
g

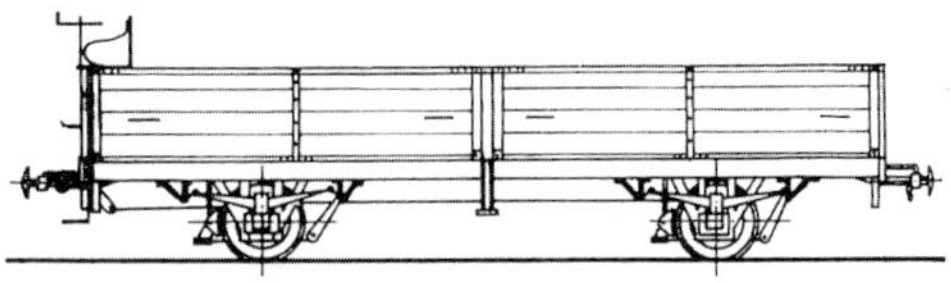
h

berg der Rollwagenverkehr eingeführt. Dazu erhielten einige Lokomotiven und Wagen neue Puffer (Schlitzpuffer), um die Kuppelstangen aufnehmen zu können.

Jeder gemischte Zug bzw. Güterzug führte jetzt einen „Stangenwagen“ zum Transport der Kuppelstangen für die Rollwagen mit. Diese Wagen baute der VEB Waggonbau Weimar (1947/1948).

Mit dem 31. Mai 1969 begann das Kapitel „Moderner Transport“ oder „Verkehrsträgerwechsel“ auch in der Prignitz. Der „Pollo“, wie die Bahn im Volksmund hieß, hatte ausgedient. [98, 99, 100, 101, 102, 103, 104]

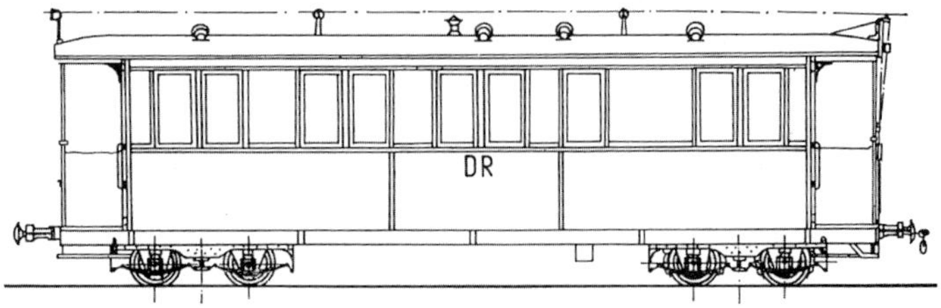

i

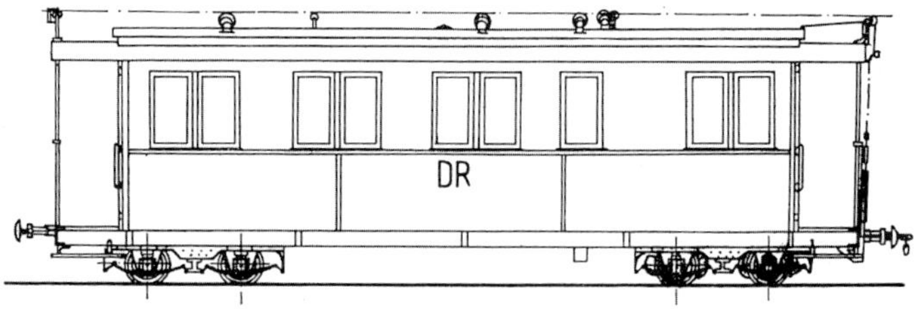

j

2.3.2. Glöwen – Havelberg (750 mm)

1945 wurde die regelspurige Nebenbahn Glöwen – Havelberg im Rahmen der Reparationsleistungen abgebaut. Da die Kleinstadt Havelberg unter großen Versorgungsschwierigkeiten litt, wurde ein Wiederaufbau dringend erforderlich. Die VVB Landesbahnen Brandenburg stellte dafür einen Teil des Oberbaues ihrer Schmalspurstrecke und die Rbd Dresden einige Fahrzeuge zur Verfügung. So wurden die Gleise der Dreiecksverbindung Viesecke – Kreuzweg (8,6 km) der Westprignitzer Kreiskleinbahnen und der Streckenabschnitt Dahme – Görsdorf (2 km) der JLKB abgebrochen und auf der alten Regelspurtrasse Glöwen – Havelberg wieder aufgebaut. Für den Ab- und Aufbau benötigte man nur wenige Wochen. Die feierliche Einweihung bzw. Betriebseröffnung der 9,24 km langen Strecke fand am 3. September 1948 statt. Der kleinste Krümmungshalbmesser betrug 290 m, die größte Neigung 1:100; 3,94 km lagen in der Waagerechten. Neben den Fahrzeugen der Rbd Dresden – einer Lokomotive C1'n2t (99791, später 99 4712), sechs vierachsigen Reisezugwagen, einigen gedeckten Güterwagen und einigen Rollwagen – konnte eine Neubaulokomotive (die spätere 991401) des VEB Lokomotivbau „Karl Marx" in Babelsberg erworben werden, die aus einer Exportserie für die UdSSR stammte. Der Tenderaufsatz für die vorgesehene Holzfeuerung wurde entfernt, die Lok zusätzlich zur vorhandenen Luftdruckbremse mit einer Seilzugbetätigung umgerüstet. Nach der Übernahme der Bahn in den Bestand der DR erfolgte der Einsatz der Lokomotiven der Prignitzer Schmalspurbahnen und der Strecke Glöwen – Havelberg (zusammen als Netz Perleberg bezeichnet) vom Bw Perleberg. Jetzt wurden die Lokomotiven ausgetauscht, die stärkeren Typen (991401 und 99 4712) wurden auf die Prignitzer Strecke umgesetzt, während die leistungsschwächeren dreiachsigen Prignitzer Lokomotiven freizügig für den Betrieb zwischen Glöwen und Havelberg bereitgestellt wurden. In Havelberg befand sich die Bekohlungsanlage und der eingleisige, regelspurige Lokomotivschuppen, in dem zwei Schmalspurlokomotiven Platz fanden. Eine Lokomotive reichte für die Betriebsabwicklung aus, die andere diente als Reservelok. Die Bahnhöfe Glöwen Klb. und Glöwen lagen rechts und links der Strecke Berlin – Wittenberge, eine schmalspurige Verbindung existierte nicht, die Fahrzeuge mußten mit regelspurigen Überführungswagen umgesetzt werden. Auch die Umsetzanlagen mußten für die neue Schmalspurstrecke nochmals angelegt werden.

Die Beförderung von Regelspurwagen auf Rollwagen wurde gleich mit der Betriebsaufnahme eingeführt, Profilfreiheit, entsprechend große Krümmungsradien sowie geringe Neigungen waren ja durch die ehemals regelspurige Trasse vorhanden. Der Betrieb wurde von allen Strecken des Netzes Perleberg auf der Strecke Glöwen – Havelberg zuletzt eingestellt: der Güterverkehr am 5. April 1971, der Reisezugverkehr am 26. September 1971. Deshalb transportierte die DR alle restlichen Lokomotiven des Netzes Perleberg nach Glöwen. Die Lokomotiven 99 4701 und 99557 (Reserve) standen noch bis zum Betriebsende im Dienst.

Von Glöwen, wo fünf Lokomotiven (99 4503, 99 4511, 99 4701, 99557, 99593) noch Jahre nach der Stillegung abgestellt waren, wurde die 99 4503 an einen Eisenbahnfreund aus Berlin verkauft.

2.3.3. Nauen – Senzke – Kriele (Kreisbahn Rathenow – Senzke – Nauen; 750 mm)

Im Kreis Westhavelland wurde um die Jahrhundertwende wegen unzureichender Straßenverhältnisse und mangels leistungsfähiger Transportmittel eine Kleinbahn als Zubringer zwischen den Staatsbahnstrecken Berlin – Hannover und Berlin – Hamburg projektiert. Am 2. April 1900 wurde nach der am 28. Oktober 1898 erfolgten Konzessionserteilung die den Kreis in nordöstlicher Richtung von Rathenow nach Paulinenaue durchziehende Strecke eröffnet.

Der Bau hatte durch erhebliche Neigungen besonders in der ersten Streckenhälfte sowie durch Umgehungen in den Sumpfgebieten des Havelländischen Luchs mit Dammschüttungen einigen Aufwand erfordert. Das Durchschneiden des Rathenower Stadtforstes hatte das Schlagen einer mehrere Kilometer langen Schneise notwendig gemacht. Das Hohe Rott, ein Höhenzug in der Nähe des Dorfes Kotzen, mußte an seinem nördlichen Ausläufer mit einer etwa 1000 m langen Neigung mit 17 m Höhenunterschied überschritten werden. Die gesamte Strecke war 31,5 km lang. Um die Zuckerfabrik in Nauen ebenfalls an die Kleinbahn anzuschließen, wurde am 1. Oktober 1901 eine 20,1 km lange Zweigstrecke, beginnend in Senzke (km 22,5), in Betrieb genommen. Die Konzession war bereits am 20. Januar 1899 erteilt worden. Damit hatte die RSN ihre maximale Länge von 51,6 km erreicht. Die ge-

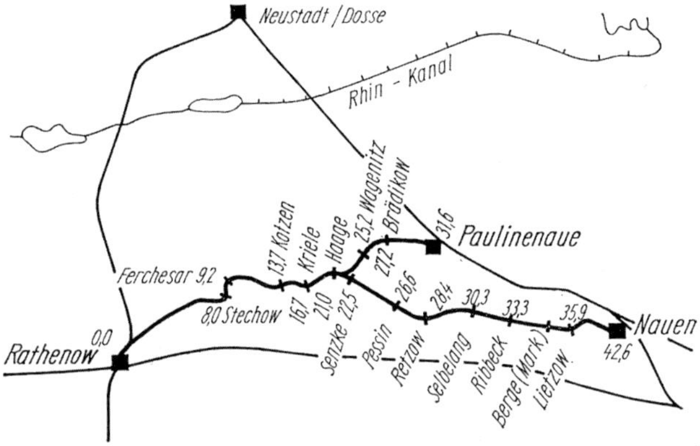

samte Gleislänge einschließlich aller Nebengleise betrug 57,43 km. Es wurde ausschließlich ein eigener Bahnkörper benutzt. An drei Stellen überquerte die Bahn den Havelländischen Hauptkanal.

Der Oberbau war aus 9 m langen Vignolschienen mit einer Masse von 15 kg/m auf 13 Holzschwellen hergestellt. Die Baukosten erreichten eine Höhe von 1 525 602 M ohne Grunderwerb. Neben der Landwirtschaft diente die Bahn in erheblichem Maße auch dem Reise- und zwischen Rathenow und Ferchesar auch einem lebhaften Ausflugsverkehr. Die Einnahmen aus dem Personenverkehr lagen fast durchweg bei 35 Prozent. Die Verwaltung befand sich in Rathenow. Es waren vor 1914 etwa 50 Arbeiter und 30 Beamte angestellt. Die Einnahmen deckten die Ausgaben und gestatteten die Rücklagen für den Erneuerungsfonds, das heißt, die Verzinsung war gleich Null.

Die amtliche Bezeichnung des Unternehmens lautete ursprünglich Eisenbahn Rathenow–Paulinenaue, doch schon bald wurde die Relation Rathenow—Nauen zur Stammstrecke, und die Namensänderung in Kreisbahn Rathenow—Senzke—Nauen (RSN) trug dieser Tatsache Rechnung. Ein Blick auf die Streckenübersicht weckt Verständnis für ihren Spitznamen „Krumme Pauline".

Der Bahnhof Rathenow der RSN war als wichtigste Betriebsstelle mit allen notwendigen Anlagen ausgestattet. Es gab hier ein respektables Verwaltungsgebäude mit großem Stückgutschuppen, Freiladegleis, Waage, eingleisigem, aber sehr langem Lokschuppen und eine Drehscheibe (wie auch in Paulinenaue, obwohl nur Tenderlokomotiven im Einsatz waren). Lokschuppen gab es in allen Endbahnhöfen sowie in Senzke. In Rathenow und in Nauen befanden sich die Halteplätze für den Reiseverkehr am durchgehenden Gleis außerhalb des eigentlichen Bahnhofs. Man hatte die Haltestellen in die Nähe der Staatsbahn-Empfangsgebäude gelegt. In Rathenow lag das Gleis eingepflastert zwischen zwei Verkehrsinseln auf dem Bahnhofsplatz.

Außer den Weichensignalen (schräg aufwärts weisende drehbare Pfeile an etwa 1,5 m hohen Stangen) hat es bei der RSN nie mechanische, ortsfeste Signale gegeben.

Bis zum ersten Weltkrieg verkehrten täglich drei Zugpaare, im Sommer sonntags ein zusätzliches Paar zwischen Rathenow und Ferchesar, das wegen des großen Andrangs oft noch gedeckte Güterwagen zur Verstärkung mitführen mußte. Dem setzte der Krieg ein Ende. Die defizitäre Entwicklung ab 1918 veranlaßte den Kreistag 1921, die Stillegung des unwirtschaftlichen Streckenteils Senzke—Paulinenaue zu beschließen. Mit Wirkung vom 1. April 1924 wurde der Verkehr eingestellt. Zwischen Senzke und Wagenitz wurden weiterhin bedarfsweise Güter befördert (Rübenzüge). Das Streckengleis Brädikow—Paulinenaue wurde abgebaut und als Reserve gelagert.

Auf der Strecke Rathenow—Nauen verkehrten täglich zwei Zugpaare, deren Lokomotiven jeweils bis Senzke liefen und von dort mit dem Gegenzug zu ihrem Ausgangsort zurückkehrten.

Einschließlich der Zuckerfabrik Nauen existierten fünf Gleisanschlüsse, von denen zwei Spritbrennereien dienten.

Durch das Abholzen des Rhinsmühlen-Waldes bei Ferchesar hatte die Bahn 1927 hohe Einnahmen aus dem Güterverkehr. Dieses gute Geschäftsjahr befähigte die RSN 1929 zur Beschaffung einer modernen, vierfach gekuppelten Lokomotive. In der Folge wurde eine der alten Maschinen ausgemustert.

Zum Beginn des zweiten Weltkrieges war ein starkes Ansteigen des Reiseverkehrs durch Ausfall von Buslinien wegen Treibstoffmangels zu verzeichnen. Die Lokomotiven liefen nun über die ganze Strecke. Am 31. März 1943 stellte man den Bedarfsgüterverkehr Senzke—Wage-

Tabelle 2.41
Statistische Angaben zur RSN

Jahr	1901	1906	1911	1936	1944	1946
Lokomotiven gesamt	3	5	5	5	5	2
davon mit 2 Kuppelachsen	—	—	—	—	—	—
mit 3 Kuppelachsen	3	5	5	5	5	2
mit 4 Kuppelachsen	—	—	—	—	—	—
Personenwagen gesamt	4	4,5	4,5	9	10	—
davon zweiachsig	—	—	—			
vierachsig	4	4,5	4,5			
Gepäckwagen gesamt	—	3,5	3,5	3	4	—
davon Postabteil		0,9	0,9			
davon zweiachsig						
vierachsig						
Güterwagen gesamt	31	76	86	88	86	36
davon zweiachsig		4	9			
vierachsig		72	77			
Spezialwagen	—	8	8	4	1	—
beförderte Personen		104347	112101	38443	80912[1]	
beförderte Güter in t		51916	48607	31585	40638[1]	
Lokomotivkilometer		128115	130762			

[1]) 1940

Bild 2.73
Zug mit Lok 6 der RSN in Nauen
(etwa 1935)
Foto: Sammlung Machel

Bild 2.74
Lok 3 überquert in Nauen die Dammstraße
(etwa 1947)
Foto: Sammlung Machel

Bild 2.75 Einer der beiden kombinierten Personenwagen 2./3. Klasse mit Postabteil in Senzke (1961) *Foto: Sammlung Nickel*

nitz ein und entfernte anschließend das Gleis.

Nach dem Kriegsende begann von Rathenow aus der Streckenabbau für Reparationszwecke. Die Demontage wurde jedoch durch einen Befehl der SMAD eingestellt. Dadurch blieb der Streckentorso Nauen—Kriele als wichtiger Zubringer für die Zuckerfabrik erhalten. Da sich die Verwaltung außerstande sah, die in Rathenow abgestellten Fahrzeuge – darunter sämtliche Personenwagen – zur Reststrecke zu überführen, unterlag dieser Bestand später noch den Reparationsleistungen.

Zur Wiederaufnahme des Betriebs mußte die gesprengte Kanalbrücke bei Senzke instandgesetzt werden. Nach einer Abnahmefahrt konnte am 9. Februar 1946 mit zwei Lokomotiven und 36 Güterwagen der Betrieb zweimal wöchentlich aufgenommen werden. Auch Reisende wurden in Güterwagen befördert, bis 1947 aus Oschatz drei vierachsige Personen- und ein zweiachsiger Gepäckwagen eintrafen. Ebenso wurde der Güterwagenpark durch Fahrzeuge sächsischer Herkunft ergänzt.

Die Bahn gehörte nun zur VVB Landesbahn – Land Brandenburg. 1947 veranlaßte die Landesbahn die Überführung der Rathenower Werkstattausrüstung zum Bw Ketzin der ehemaligen Osthavelländischen Eisenbahn (OHE), dem die Lokomotiven dann zugeordnet waren. Später, nach Übernahme durch die DR, wechselte das Heimat-Bw nach Wustermark. Bis zur Betriebseinstellung verkehrten täglich drei Zugpaare, von denen ein Zug als Güterzug von Nauen nach Kriele fuhr und die Personenwagen leer mitnahm.

1954 erfolgte eine generelle Oberbauerneuerung von Berge bis Ribbeck. So konnte der Betrieb noch einige Jahre aufrechterhalten werden. Wegen des schlechten Gleiszustandes und unwirtschaftlicher Über-

Bild 2.76
Lok 99 4512
mit einem für die RSN typischen Güterwagen kurz vor Nauen (etwa 1955)
Foto: Malsch

Bild 2.77
Kurze Pause nach dem Umsetzen der Lok 99 4511 im Bahnhof Senzke (1960)
Foto Pochadt

führungen der Loks zum Auswaschen in das Bw Wustermark wurde zunächst am 24. Januar 1961 der Reiseverkehr auf der Schiene eingestellt (Schienenersatzverkehr). Am 1. April 1961 erfolgte die Einstellung des Güterverkehrs.

Die ersten RSN-Lokomotiven waren von Krauss und hatten die Achsfolge C1' und Heusinger-Steuerung. Die Maschinen hatten einen Innenrahmen, der sich hinter der letzten Kuppelachse zum Außenrahmen erweiterte und die Laufachse umschloß. Laufachse und hintere Kuppelachse waren zum Krauss-Helmholtz-Drehgestell vereinigt.

Mit ihrer Dienstmasse von 14 t genügten die Maschinen den Anforderungen des RSN-Betriebes. Eine der Lokomotiven kam noch zur DR und wurde später rekonstruiert.

Zur Eröffnung der Strecke Senzke—Nauen wurden zwei Lokomotiven gleicher Achsfolge, diesmal jedoch von Orenstein & Koppel beschafft. In ihren Hauptabmessungen ähnelten sie ihren Vorgängerinnen, hatten aber einen durchgehenden Außenrahmen. Die Laufachse war eine Bisselachse. Die Lenkersteuerung nach dem Patent von A. Koppel verursachte durch die schlechte Reguliermöglichkeit in beiden Fahrtrichtungen ungleichmäßige Auspuffschläge und brachte der Lok den Spitznamen „Röchelanna" ein. Diese Loks erhielten erst später einen hinteren Kohlekasten. Dadurch trat eine schlechte Lastverteilung ein, die häufig Entgleisungen zur Folge hatte. Auch von diesen beiden Fahrzeugen gelangte ein Exemplar in den Bestand der DR.

Die moderne Lokomotive aus dem Jahre 1929 wurde von Borsig geliefert. Sie war ein leistungsfähiger Vierkuppler mit Innenrahmen und Heusinger-Steuerung. In den ersten Jahren wurde sie hauptsächlich auf dem neigungsreichen Streckenteil Rathenow—Senzke eingesetzt.

Eine der Maschinen, entweder Nr. 1 oder Nr. 2 oder Nr. 4, zählte nach 1929 nicht mehr zum Bestand der RSN. Die 99 4511 (ex Nr. 3) gelangte zunächst nach Rügen, wurde 1966

Tabelle 2.42
Dampflokomotiven der RSN

Betriebsnummer/Name RSN	Betriebsnummer/Name DR	Bauart	Hersteller	Baujahr	Fabriknummer	Bild	Bemerkungen
1	—	C1'n2t	Kra	1899	4111	2.90 e	
2	—	C1'n2t	Kra	1899	4112	2.90 e	
3	99 4511	C1'n2t	Kra	1899	4113	2.90 e	
4	—	C1'n2t	O & K	1901	845	2.90 f	
5	99 4512	C1'n2t	O & K	1901	846	2.90 f	+ 18. 3. 1964
6	—	Dn2t	Bor	1929	12090	—	

rekonstruiert und war bei den früheren Prignitzer Kreiskleinbahnen bis zu deren Betriebseinstellung eingesetzt.

Nach dem Krieg gelangte eine Diesellokomotive der ehemaligen Wehrmacht (Köf 6003) zur Strecke Nauen—Kriele. Sie war hauptsächlich zur Rübenkampagne im Einsatz und wurde etwa 1963 nach Dahme übergeführt. Eine weitere bis zu einem Unfall am 31. Dezember 1957 in Nauen beheimatete Diesellokomotive (Kö 6002) ging nach Aufarbeitung ebenfalls nach Dahme, wo sie zerlegt wurde. Sie stammte von der früheren Kleinbahn des Kreises Jerichow I, wo sie in Burg als Rangierlok gedient hatte. Während der letzten Jahre war eine Vielzahl „fremder“ Triebfahrzeuge zur Aushilfe in Nauen: aus der Prignitz die 99 4502 und die 99 4503, aus Dahme die 99 4651 und die 99 4653, aus Trusetal die 99 4541 und die 99 4611 sowie aus Sachsen die 99 525, die 99 534, die 99 542, die 99 552, die 99 553 sowie die 99 555. Unter den sämtlich vierachsigen Personenwagen gab es zwei interessante Exemplare mit Abteilen 2. und 3. Klasse sowie einem Postabteil. Auch von den drei Gepäckwagen hatte einer ein Postabteil.

Die offenen Güterwagen waren vierachsig und wie die zweiachsigen gedeckten Wagen zum Teil mit einer Handbremseinrichtung versehen. Unter den Spezialwagen gab es einige Kesselwagen zum Transport von Sprit. Eine durchgehende Bremseinrichtung war nicht vorhanden.

2.3.4. Buckower Kleinbahn; (750 mm)

Eng mit der Entwicklung der Märkischen Schweiz als beliebtes Ausflugsziel und Erholungszentrum östlich Berlins ist die Geschichte der Buckower Kleinbahn verbunden. Es begann 1892 damit, daß der Buckower Bürgermeister kurz nach dem Erlaß des preußischen Kleinbahngesetzes den Bau einer Bahn vom Bahnhof Dahmsdorf-Müncheberg an der Ostbahn nach dem 5 km entfernten idyllischen Buckow vorschlug. Da dadurch eine Belebung des Fremdenverkehrs in Aussicht stand, fiel sein Vorschlag im Stadtrat auf fruchtbaren Boden. Die Ausführung als Schmalspurbahn kam der finanziellen Situation entgegen. Ein Kostenvoranschlag ergab eine Summe von 180 000 M.

Der Baubeginn wurde für den Anfang des Jahres 1896 und die Inbetriebnahme der Bahn für Juni/Juli des gleichen Jahres geplant. Es waren 5813 m Gleis bei einer Streckenlänge von 4,7 km zu verlegen. Der Oberbau entstand aus 90 mm hohen Vignolschienen von 9 m Länge mit einer Masse von 13,99 kg/m auf 1,50 m langen Kiefernholzschwellen. Die Strecke hatte eine maximale Neigung von 1:50 auf 600 m Länge, die bei Hochbetrieb zuweilen Anlaß war, die männlichen Fahrgäste zum Aussteigen zu bitten, da die Lokomotive sonst den Zug nicht ans Ziel gebracht hätte. Der kleinste Krümmungsradius war mit 150 m festgelegt worden.

Die gesamte Streckenlänge betrug, einschließlich der 0,19 km regelspurigen Gleises im Bahnhof Dahmsdorf-Müncheberg, jetzt Müncheberg (Mark), 5,19 km.

Der Bau und die Betriebsführung in den ersten 10 Jahren lag in den Händen der Firma Philipp Balke. Die Betriebseröffnung verzögerte sich um ein Jahr. Nachdem am 20. November 1896 die Hauptgenehmigung zum Betrieb für unbegrenzte Zeit durch den Regierungspräsidenten in Frankfurt (Oder) erteilt worden war, fand die Inbetriebnahme am 26. Juli 1897 statt. Die Ausführungskosten hatten mit 328151 M den Voranschlag weit überschritten. Die Differenz mußte durch Aufnahme

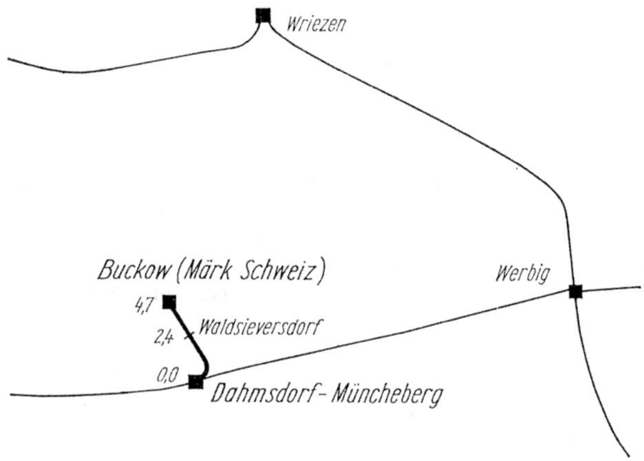

verschiedener Darlehen aufgebracht werden.
Die Kleinbahn diente in erster Linie dem Reiseverkehr; die Betriebsziffern lassen deutlich die untergeordnete Bedeutung des Güterverkehrs erkennen. Interessant ist der Vergleich mit den Betriebsergebnissen der späteren regelspurigen elektrischen Kleinbahn, wobei allerdings die vorausgegangene Weltwirtschaftskrise berücksichtigt werden muß.
Den Betriebsablauf regelten insgesamt 8 Beschäftigte.
Die Anlagen der Bahn in Dahmsdorf-Müncheberg und in der einzigen Zwischenstation Wald Sieversdorf bestanden im wesentlichen aus

Bild 2.78
Eröffnungszug der Buckower Kleinbahn (26. Juli 1897)
Foto: Sammlung Nickel

Bild 2.79
Zug kurz vor der Einstellung des Schmalspurbetriebes in Waldsieversdorf
Foto: Sammlung Nickel

einem Umfahr- bzw. Ausweichgleis und dem Hauptgleis. Umfangreicher war der Bahnhof Buckow ausgebaut. Hier hatte man einen zweigleisigen Lokomotiv- und Wagenschuppen, einen Wasserturm, ein Dienstgebäude mit Gepäckabfertigung errichtet. Als Besonderheit ist ein Formsignal zu nennen, denn sein Standort war nicht die Bahnhofsausfahrt, sondern am Dienstgebäude.

Die Betriebsführung übernahm nach dem ersten Weltkrieg das Landesverkehrsamt Brandenburg. Eigentümer blieb weiterhin die Stadt Buckow, deren Einwohnerzahl ständig anwuchs.
In den zwanziger Jahren war die Grenze der Leistungsfähigkeit der Schmalspurbahn erreicht. Eine weitere Steigerung war nur durch einen regelspurigen Ausbau der Strecke bei gleichzeitiger Elektrifizierung zu erwarten. So begann man 1928 mit dem Bau der neuen Strecke. Während der Bauzeit lief der Schmalspurbahnbetrieb weiter. Die neue Trasse entstand mit einigen Begradigungen wenige Meter neben der alten, und die Kleinbahn diente auch den Materialtransporten für die regelspurige Strecke. Mit deren Betriebseröffnung am 15. Mai 1930

Tabelle 2.43
Statistische Angaben
zur Buckower Kleinbahn

Jahr	1906	1911
Lokomotiven gesamt	2	2
davon mit 2 Kuppelachsen	—	—
mit 3 Kuppelachsen	2	2
mit 4 Kuppelachsen	—	—
Triebwagen gesamt	—	—
davon zweiachsig		
vierachsig		
Personenwagen gesamt	4	4
davon zweiachsig	—	—
vierachsig	4	4
Gepäckwagen gesamt	1	1
davon Postabteil	0,4	0,4
davon zweiachsig		
vierachsig		
Güterwagen gesamt	2	4
davon zweiachsig	—	—
vierachsig	2	4
Spezialwagen	1	1
beförderte Personen	86231	126146
beförderte Güter in t	2656	6150
Lokomotivkilometer	20070	25070

wurde der Schmalspurbetrieb eingestellt und das Gleis entfernt.
Während der 33jährigen Existenz der schmalspurigen Bahn standen stets zwei Cn2t-Lokomotiven zur Verfügung, deren Herkunft bislang nicht eindeutig geklärt werden konnte. Sie stammten wahrscheinlich vom Waggonbau Güstrow, hatten Innenrahmen und eine Dienstmasse von je 13 t. Eine dieser Maschinen, die Nr. 2, ist später ersetzt worden durch eine Lokomotive der Firma Krauss/München. Diese war mit Heusinger-Steuerung ausgerüstet. Es handelt sich hierbei wahrscheinlich um einen Ankauf von der Oppenheimschen Industriebahn in Rüdersdorf bei Berlin (Fabriknummer 2377, Baujahr 1891).

Die Untersuchungen der Triebfahrzeuge führte ursprünglich die Werkstatt der Jüterbog-Luckenwalder Kreiskleinbahnen in Dahme, seit 1912 aber die Hauptwerkstatt der Oderbruchbahn in Müncheberg durch. Nach der Betriebseinstellung wurden beide Fahrzeuge zum Verschrotten an die Firma Erich am Ende verkauft.
Als Reisezugwagen verwendete man vierachsige Aussichtswagen mit je 10 großen, nur durch schmale Streben getrennten Fenstern in den Seitenwänden und zwei weiteren Fenstern in jeder Stirnwand zur offenen Einstiegbühne hin. Jeder Wagen hatte ein Platzangebot von insgesamt 54 Sitz- und Stehplätzen. Äußerlich dazu passend war der ebenfalls vierachsige kombinierte Gepäck-/Postwagen. Er hatte nur eine Endbühne auf der Seite des Gepäckraumes. Mit ihm waren insgesamt fünf Reisezugwagen im Bestand. Dem geringen Güterverkehr dienten fünf vierachsige Güterwagen, teils offen, teils gedeckt. Über den Verbleib der Wagen ist nichts bekannt. Die Betriebsleistungen betrugen je Jahr etwa 6000 t bis 7700 t Güter sowie zwischen 100000 und 130000 Personen.

2.3.5. Dahme—Jüterbog/Luckenwalde (Jüterbog-Luckenwalder Kreiskleinbahnen; 750 mm)

Im Kreis Jüterbog-Luckenwalde wurde zum Ende des 19. Jahrhunderts eine grundlegende Verbesserung der Verkehrssituation unumgänglich. Unter den Interessenten war die Überzeugung verbreitet, daß das am schnellsten und am wirkungsvollsten durch den Bau von Kleinbahnstrecken geschehen könnte. Hierdurch sollte eine gute Verbindung mit den den Kreis durchschneidenden Eisenbahnhauptlinien erzielt werden, was bis dahin auf Landstraßen nur schwer möglich war. Ausschlaggebend waren nicht zuletzt die stetig sinkenden Preise für landwirtschaftliche Erzeugnisse. Eine der Voraussetzungen für den Bahnbau war, daß unter Inkaufnahme von Umwegen alle erforderlichen Ortschaften von einer Kleinbahnstrecke berührt werden sollten, um den Gutsbesitzern den Empfang und Versand ohne Benutzung von Landstraßen zu ermöglichen. Die Spurweite von 750 mm genügte diesen Anforderungen und ermöglichte außerdem an beliebigen Stellen vorübergehende Feldbahnanschlüsse.

Bild 2.80
Lok 6 der JLKB
Foto: Sammlung Goltzsch

Der notwendige Grund und Boden sollte von den beteiligten Gütern und Gemeinden zur Verfügung gestellt werden.
Am 14. Mai 1897 faßte der Kreistag den Beschluß zur Ausführung der Vorarbeiten, und am 20. Dezember 1900 konnten die Jüterbog-Luckenwalder Kreiskleinbahnen (JLKB) in der gesamten Länge von 80,3 km in Betrieb genommen werden. Das Netz umfaßte die Strecken Dahme—Hohenseefeld—Jüterbog (38,2 km), Hohenseefeld—Luckenwalde (35,2 km) und Dahme—Görsdorf (6,9 km). Betriebsführer war von Beginn an das Provinzialamt Brandenburg.
Der Bau hatte erhebliche Schwierigkeiten bereitet durch die Überschreitung des Niederen Fläming, denn die Bahn mußte dadurch einen Höhenunterschied von 62 m überwinden. Es waren beträchtliche Erdbewegungen auszuführen, weil die Gegend um Stülpe am Hohen Golm einer Mittelgebirgslandschaft ähnelt. So waren in mehreren Fällen Einschnitte bis zu 5 m Tiefe und Dammaufschüttungen bis zu 7 m Höhe anzulegen. Um die Erdarbeiten in erträglichen Grenzen zu halten, wurden maximale Neigungen von 1:70 zugelassen. Auch die Überschreitung der damaligen Militärbahnstrecke Zossen—Jänickendorf—Jüterbog erforderte lange Rampen. Die Krümmungshalbmesser der freien Strecke betrugen im allgemeinen 100 m, vereinzelt 80 m. In einem Fall mußte auf der Dorfstraße in Stülpe ein Radius von 50 m angewendet werden. Viele Ortschaften durchquerte die Bahnlinie auf der Straße, wobei mitunter der Dorfteich das Kesselspeisewasser liefern mußte. Außerhalb der Ortschaften lag das Gleis auf eigenem Bahnkörper mit einer Kronenbreite von 3 m.
Einschließlich aller Nebengleise sind rund 97 km Gleis und 160 Weichen verlegt worden. Für Gleise der freien Strecke sind 9 m lange Schienen von 13,95 kg/m auf 12 (in Krümmungen 13) Stahlschwellen verwendet worden. Die Arbeiten führte eine Berliner Straßenbau-Gesellschaft (Zoeller, Wolfers, Droege) aus sowie zu einem Teil ein in Kummersdorf stationiertes Eisenbahn-Pionier-Regiment. Diese Aktion stellte einen Versuch dar, die Anlagen einer öffentlichen Kleinbahn in militärischer Weise herzustellen.

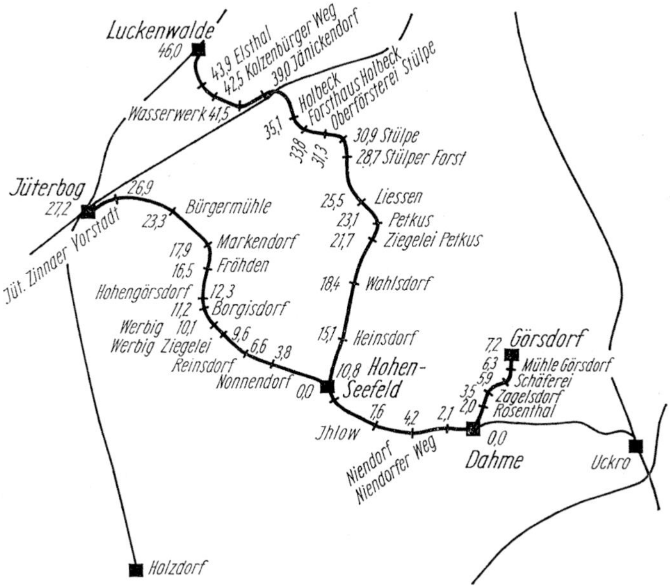

Tabelle 2.44
Statistische Angaben zur JKLB

Jahr	1900	1906	1911	1935	1948	1956
Lokomotiven gesamt	6	6	7	7	7	3[1]
davon mit 2 Kuppelachsen	—	—	—	—	1	—
mit 3 Kuppelachsen	6	6	7	7	3	3[1]
mit 4 Kuppelachsen	—	—	—	—	3	—
Triebwagen gesamt	—	—	—	—	2[2]	2[2]
davon zweiachsig						
vierachsig						
Personenwagen gesamt	7	7	7	10	9	8
davon zweiachsig	—	—	—			
vierachsig	7	7	7			
Gepäckwagen gesamt	5	5	5	5	3	3
davon Postabteil	1,7	1,7	1,7	1,7	—	—
davon zweiachsig						
vierachsig						
Güterwagen gesamt	166	172	162	196	84	60
davon zweiachsig		—	—			
vierachsig		172	162			
Spezialwagen	4	4	14	—	6	—
beförderte Personen		68975	69378	5215	138729	
beförderte Güter in t		49722	49313	22886	24547	
Lokomotivkilometer		208260	204079			

[1]) mit Schlepptender
[2]) Motorlokomotiven

Bild 2.81
Lok 7
mit den beiden Gepäckwagen eines Doppelzuges im Bahnhof Hohenseefeld (1930)
Foto: Sammlung Nickel

In den Dorfstraßen sind durch Spurstangen verbundene 12 m lange Schienen mit einer Masse von 20 kg/m verlegt worden. An Stelle von Querschwellen ruhten die Schienen auf 35 cm breiten und 30 cm hohen Steinschlagkoffern. Die zulässige Achslast für die Strecken betrug 6 Mp.
Für die Landwirtschaft sind 8 Kletterweichen und 1 000 m tragbares Gleis in fertig montierten Jochen von 5 m Länge angeschafft worden. So konnten die Felder direkt von Kleinbahnwagen erreicht werden. Der gesamte Bahnbau hatte eine Summe von 2794200 M erfordert, das sind durchschnittlich 35000 M je Kilometer.
Die Verwaltung der Kleinbahn hatte ihren Sitz in Dahme; hier war auch die Hauptwerkstatt eingerichtet worden. Die Betriebsleitung lag später zeitweise in den Händen der regelspurigen Dahme-Uckroer Eisenbahn (DUE). Bis zum Jahre 1912 erfolgten in Dahme auch die Haupt- und Nebenuntersuchungen der Lokomotiven der Buckower Kleinbahn (siehe Abschnitt 2.3.4.) sowie der regelspurigen Strausberger Kleinbahn.
Die Dienstgebäude der vier wichtigsten Bahnhöfe Dahme, Luckenwalde, Jüterbog und Jänickendorf wurden als zweigeschossige Bauten errichtet. Die Bahn hatte damals 71 Beschäftigte.
Auf dem Trennungsbahnhof Hohenseefeld gab es einen der vier Lokomotivschuppen der Kleinbahn. Die aus Dahme kommenden Reisezüge wurden in Hohenseefeld getrennt und liefen weiter nach Jüterbog und Luckenwalde. Weitere Lokomotivschuppen befanden sich in den Endbahnhöfen sowie bei der Werkstatt in Dahme.
Ursprünglich war eine Ergänzungsstrecke von Ihlow über Schönewalde nach Holzdorf an der Staatsbahnstrecke Jüterbog—Falkenberg (Elster) geplant. Wahrscheinlich scheiterte das Vorhaben an der dann notwendigen Grenzüberschreitung von Preußen nach Sachsen.
Im Netz gab es vor dem ersten Weltkrieg 13 Privatanschlußgleise, später in den zwanziger Jahren waren es nur noch 5 Anschlüsse. Durch die Nähe des Truppenübungsplatzes Markendorf am Jüterboger Streckenast hatte die Bahn insbesondere während des ersten Weltkrieges größere Militärtransporte durchzuführen. Im Jahre 1913 wurde durch die Militärverwaltung von der Haltestelle Markendorf aus ein 4 km langes Anschlußgleis erbaut, das mit einer eigenen Lokomotive, jedoch Wagen der Kleinbahn betrieben wurde. 1916 wollte man den Streckenabschnitt Jüterbog–Markendorf sogar dreischienig (750 mm und 1 435 mm) ausbauen, um die Militärtransporte ohne Umladung durchführen zu können.
Bis zum Beginn des ersten Weltkrieges waren auf den Strecken Dahme—Jüterbog und Dahme—Luckenwalde täglich drei Zugpaare im Einsatz. Nach Görsdorf verkehrten nur zwei Zugpaare. Es standen 7 Lokomotiven zur Verfügung. Die Reisezüge wurden in der Regel aus einem Gepäckwagen und drei Personenwagen gebildet. Der Reiseverkehr war im Vergleich zur Ausdehnung des Netzes mittelmäßig; die Anzahl der jährlich beförderten Personen lag vor 1914 bei 70000. Der Güterverkehr hatte zu dieser Zeit einen ständigen Zuwachs, 1914 hatte er 80845 t erreicht. Die durch die Militärtransporte bedingte „gute" Wirtschaftslage ermöglichte es, noch 1919 eine Lokomotive anzuschaffen, die allerdings in ihren Laufeigenschaften nicht befriedigte und im Jahr darauf den schwersten Unfall dieser Kleinbahn verursachte, als sie mit mehreren Wagen eines mit Steinen beladenen Güterzuges die Böschung der Brückenrampe bei Jänickendorf hinabstürzte.
Die zwanziger Jahre brachten mit der Inflation die allgemeine Verschlechterung des Betriebszustandes. Die Tarife der Kleinbahn stiegen um 50% über die der Staatsbahn. Ähnlich war es beim Güteraufkommen, das auf ein Drittel der Vorkriegsziffern sank. So wurde schließlich am 15. Januar 1932 der Reiseverkehr mit bahneigenen Bussen aufgenommen.
Die erwarteten Verbesserungen blieben jedoch aus; 1939 hatte der Güterverkehr mit etwa 20000 t seinen Tiefstand erreicht.
Für die unumgängliche Erneuerung des Oberbaues, der Lokomotiven und Güterwagen wären in den Jahren 1940 bis 1943 bis zu 3,5 Millionen M notwendig gewesen, ohne jedoch die Wirtschaftlichkeit verbessern zu können.
Trotz aller Anstrengungen zur Verbilligung des Betriebes und Hebung des Güterverkehrs hätte eine Rentabilität nur durch den Umbau in eine regelspurige Eisenbahn erreicht werden können. Dazu jedoch war die Linienführung ungeeignet. Deshalb fand am 15. Februar 1939 die letzte Fahrt statt.
Der Kreis verkaufte die gesamte Kleinbahn für 1,45 Millionen M an den Militärfiskus, der während des zweiten Weltkrieges die Strecken zu Ausbildungszwecken benutzte. Schon im 19. Jahrhundert war vom preußischen Militär der Heeresfeldbahnpark Rehagen-Klausdorf an der sogenannten Kanonenbahn Zossen—Jüterbog eingerichtet worden, auf dem Eisenbahn- und Brückenbaupioniere ausgebildet sowie Artilleriewaffen erprobt wurden. Von der

Bild 2.82 Abschiedsfahrt in Dahme (1939)
Foto: Sammlung Machel

ehemaligen Wehrmacht wurde das Areal, in dem es regel- und schmalspurige Übungsbahnen gab, als Schwerlasten- und Gerätepark Mellensee/Rehagen/Klausdorf bezeichnet. Nach 1939 wurde zur Schaffung einer Überführungsmöglichkeit zwischen dem Kleinbahnnetz und dem Militärgelände eine Verbindungsstrecke gebaut, die ihren Anfang zwischen den Stationen Holbeck und Jänickendorf südlich der Kanonenbahn hatte und parallel zu dieser in nordöstlicher Richtung verlief. Die Strecke überschritt mehrere Straßen auf pioniermäßig errichteten Stahlbrücken. Durch die Heeresfeldbahn kamen in der Kriegszeit drei-, vier- und sogar schwere fünffach gekuppelte Lokomotiven auf die Kleinbahnstrecken. Neben den Dampflokomotiven kamen auch Diesellokomotiven und sogar ein zweiachsiger Verbrennungstriebwagen auf die ehemaligen Kleinbahnstrecken.
Mit dem Bau der Anschlußstrecke erfolgte auch die Änderung der Streckenführung beim Dorf Stülpe, da der Radius von nur 50 m ein Unsicherheitsfaktor in der Strecke war. Das Gleis wurde südwestlich am Ort vorbeigeführt. Der Güterverkehr wurde durch die Heeresbahn aufrechterhalten; er gehörte vermutlich zum Ausbildungsprogramm.
Zum Kriegsende zog das Militär alle einsatzfähigen Triebfahrzeuge in den Schwerlasten- und Gerätepark ab und sprengte die Brücken der Anschlußstrecke.
Nie aber waren Verkehrsverbindungen zur Versorgung der Menschen wichtiger gewesen als in der Nachkriegszeit! Von der Dahme-Uckroer Eisenbahn ging die Initiative zur erneuten Inbetriebnahme der Kleinbahn aus. Im Bahnhof Dahme standen einige betriebsunfähige Beute-Dampf-Lokomotiven sowie mehrere Gruben-Diesellokomotiven, die in Rehagen-Klausdorf als Bunkerlokomotiven gedient hatten und der schon erwähnte Triebwagen unbekannter Herkunft und Bauart, dessen Motor nicht mehr repariert werden konnte. Das Fahrzeug wurde zerlegt.
Die sowjetische Militärverwaltung stellte noch 1945 bei der Auflösung des Schwerlasten- und Geräteparks eine einsatzfähige Lokomotive zur Verfügung. Da die Verbindungsbahn unterbrochen war, wurde die Maschine mit einem Tieflader nach Stülpe transportiert, wo sie auf das noch in der Dorfstraße vorhandene Gleis gesetzt und mit „Gemeinde-Kohle" angeheizt wurde. Vom Militärflugplatz Reinsdorf bei Jüterbog kam eine Diesellok der Heeresfeldbahn hinzu, die instandzusetzen war. So kehrte langsam das Leben zur alten JLKB zurück. Nachdem im Herbst durch notwendige Streckenbauarbeiten das Netz wieder befahrbar gemacht worden war, fand die Wiederaufnahme des öffentlichen Betriebes schon am 8. Dezember 1945 statt. Die Bezeichnung lautete jetzt Luckenwalde-Jüterboger Kleinbahn.
Zwei der alten, noch vorhandenen Personenwagen und eine Reihe von Güterwagen hatten die Eisenbahner instandgesetzt. Da nur eine Lokomotive zur Verfügung stand, wurde anfangs im täglichen Wechsel nach Jüterbog und Luckenwalde gefahren. In Jüterbog endeten die Züge in der ersten Zeit noch im Bahnhof Zinnaer Vorstadt. Die Situation besserte sich erst, nachdem eine der

Bild 2.83 Die aufgerichtete Lok 8 nach dem schweren Unfall bei Jänickendorf (1920) *Foto: Sammlung Nickel*

vorgefundenen Beutelokomotiven in Betrieb genommen werden konnte. Bereits 1947 mietete man drei Baulokomotiven von einer Berliner Firma, um den Betrieb reger zu gestalten. Nach Görsdorf wurden nur noch Güter abgefertigt.
Ende 1946 baute man das Gleis der Anschlußstrecke zum Militärgelände ab und brachte das dringend benötigte Material nach Dahme. 1947 beschloß die Verwaltung die Streckenverlängerung um einige hundert Meter vom damaligen Endpunkt bei Luckenwalde bis in die Nähe des Elektrizitätswerkes, um den Bahnhof Luckenwalde Süd näher an das Stadtgebiet verlegen zu können. Auch vom alten Kleinbahnhof in Jüterbog wurde ein Gleis bis in die Nähe des Empfangsgebäudes des Hauptbahnhofs vorgestreckt. Am 31. Dezember 1947 wurde der Güterverkehr zwischen Dahme und Görsdorf eingestellt und das Gleis demontiert. Von dem Oberbaumaterial wurden 2 km zur Unterstützung des Baues der Schmalspurstrecke Glöwen—Havelberg abgegeben. Das übrige Material wurde zur Erneuerung des Streckenabschnittes Werbig—Fröhden verwendet. Im Jahre 1948 konnten zwei weitere Lokomotiven aus Rehagen-Klausdorf beschafft werden, die in einen betriebsfähigen Zustand versetzt werden mußten. Die Reichsbahndirektion Dresden stellte fünf Personenwagen zur Verfügung. Der Waggonbau Weimar lieferte 30 Güterwagen.
Ab 1949 wurde die bis dahin der Landesbahn Brandenburg angehörende Schmalspurbahn von der DR verwaltet und der Rbd Berlin zugeordnet. Die Betriebsführung blieb unverändert, jedoch baute die DR sofort einen Kohlekran mit elektrischem Antrieb im Bahnhof Dahme, wo die Lokomotiven bis dahin mit Körben, die eine Stiege hinaufgeschleppt werden mußten, bekohlt worden waren.
Wegen des zunehmenden Straßenverkehrs wurde das durch Hohenseefeld verlaufende Streckengleis aus der Straßenmitte seitlich verlegt. Da sich in den fünfziger Jahren immer stärker die Überalterung des Oberbaues bemerkbar machte und auch der Güterverkehr zurückging, wurde am 25. Mai 1963 der gesamte Reiseverkehr und am 31. Dezember 1963 der Güterverkehr auf den Abschnitten Jüterbog—Werbig und Luckenwalde Süd—Petkus eingestellt. Auf den Reststrecken des Netzes lief der Güterverkehr noch bis zum 1. Februar 1965.
Zur Betriebseröffnung sind sechs der bekannten und weit verbreiteten dreifach gekuppelten Krauss-Loks mit hinterer Laufachse beschafft worden. Mit einer Leistung von 100 PS und einer Dienstmasse von 19 t genügten diese Maschinen auch in den Steigungen allen Anforderungen. Wegen längerer Ortsdurchfahrten und Waldstrecken legte man anfangs Wert auf die Ausrüstung mit amerikanischen Funkenfängern. Später kam noch eine derartige Lokomotive, jedoch mit einem größeren Tenderraum, hinzu. Alle Lokomoti-

Tabelle 2.45 Triebfahrzeuge der JLKB

Betriebsnummer/Name JLKB	DR	Bauart	Hersteller	Baujahr	Fabriknummer	Bild	Bemerkung
Dampflokomotiven bis 1939							
1 JÜTERBOG		C1'n2t	Kra	1900	4190	2.90 e	1939 an HF verkauft
2 LUCKENWALDE		C1'n2t	Kra	1900	4191	2.90 e	Verbleib unbekannt
3 GÖRSDORF		C1'n2t	Kra	1900	4192	2.90 e	Verbleib unbekannt
4 NONNENDORF		C1'n2t	Kra	1900	4193	2.90 e	Verbleib unbekannt
5 MARKENDORF		C1'n2t	Kra	1900	4194	2.90 e	Verbleib unbekannt
6 PETKUS		C1'n2t	Kra	1900	4195	2.90 e	1939 an HF verkauft
7 HOHENSEEFELD		C1'n2t	Kra	1906	5820	2.90 e	Verbleib unbekannt
8 TECHOW		Cn2t	Hen	1919	16424	2.90 g	1934 verkauft an Baryt-Werke Bad Lauterberg seit **1970** als Museumslok HELENE auf der Strecke Möckmühl—Dörzbach (BRD)
Dampflokomotiven nach 1945							
1″	99 4652	Cn2(t)	Hen	1941	25983	2.90 i	1964 nach Rügen umgesetzt
2″	—	Dh2	War	1936	427	—	Beutelok; Rückgabe 1950
3″	—	Dh2	War	1936	428	—	Beutelok; Rückgabe 1950
4″	—						+ vor 1950
5″	—	Dh2		1936		—	Beutelok; Rückgabe 1950
4‴	99 4651	Cn2(t)	Hen	1941	25979	2.90 i	1964 nach Rügen umgesetzt
5‴	99 4653	Cn2(t)	Jung	1944	10123	2.90 i	1965 nach Rügen umgesetzt
Gemietete Dampflokomotiven nach 1945 (Baulok)							
ERNST oder RUDOLF		Bn2t	O & K	1935	12596	—	1953 an Mansfelder Werkbahn
RUDOLF oder ERNST		Bn2t	O & K	1939	13201	—	+ um 1950 in Dahme
LOTTE		Bn2t	O & K	1939	13202	—	+ um 1950 in Dahme; war nicht im Einsatz
Motorlokomotiven nach 1949							
	Köf 6001	C-dh	Gmein	1944	4205	1.38 b	ex HF, um 1964 nach Rügen umgesetzt
	Kö 6002	C-dm	Schwa	1937	10699	1.38 a	ex KJI, + vor 1965
	Köf 6003	C-dh	Hum	1942 (?)		1.38 b	ex HF, um 1964 nach Rügen umgesetzt
	Kö 6004	B-dm		1942	1185	1.38 c	entstand aus HF-Bunkerlok; 1967 an Kiesbahn Gommern—Pretzien

ven trugen Namen nach den von der Bahn berührten Orten.
Darüber hinaus lieferte Henschel im Jahre 1919 eine Cn2t-Lokomotive. Zu Ehren des im gleichen Jahr durch einen Autounfall ums Leben gekommenen Baurates von Techow erhielt sie seinen Namen. Leider bewährte sich die Maschine nicht, schlingerte stark und verursachte in Gleiskrümmungen Beschädigungen des Oberbaues. Sie war deshalb wenig im Einsatz und wurde 1934 an die Baryt-Werke in Bad Lauterberg (Harz) verkauft, wo sie als „Helene" bis 1970 im Einsatz war. Sie wurde von Eisenbahnfreunden erworben und stellt heute die einzige einsatzfähige 750-mm-Lok in der Bundesrepublik Deutschland dar.
Zur Zeit des Verkaufs der Bahn an den Militärfiskus waren noch sechs Maschinen vorhanden. Von den Lokomotiven Nr. 2 bis Nr. 5 war eine bereits ausgemustert. Nr. 1 ist zur Göttinger Kleinbahn gelangt und war dort als Nr. 3 bis 1953 im

Bild 2.84
Güterzug vor Dahme (1956)
Foto: Dr. Lehnert

Einsatz. Der Abschiedszug im Jahre 1939 wurde von der Nr. 6 geführt. Über den Verbleib der Maschinen konnte nichts Genaues ermittelt werden. Sie sollen teils zur Heeresfeldbahn und teils nach Finnland gelangt sein.

Nach dem zweiten Weltkrieg kam eine dreiachsige Halbtenderlokomotive mit Schlepptender zur Luckenwalde-Jüterboger Kleinbahn. Sie war während des Krieges von Henschel und Jung für die Heeresfeldbahn gebaut worden. Sie hatte die Möglichkeit, kürzere Strecken ohne Tender zu fahren. Dieser Fall ist aber nicht praktiziert worden. Mit dieser Außenrahmenlok begann man in Dahme mit der Nr. 1 eine neue Betriebsnummernreihe. Die in Dahme zurückgelassenen und bereits erwähnten Beutelokomotiven waren polnischer Herkunft, stammten aber wahrscheinlich von einer Bahn in der Sowjetunion. Die vier Maschinen sollten aufgearbeitet werden und die Betriebsnummern 2 bis 5 erhalten. Inzwischen wurden aber 1947 die ebenfalls schon erwähnten drei Baulokomotiven gemietet, die nicht eingereiht wurden, da sie nicht zum bahneigenen Bestand zählten. In der Werkstatt in Dahme wurden für sie zweiachsige Tender gebaut, um ihren Aktionsradius zu vergrößern. Von ihnen sollen aber nur zwei im Einsatz gewesen und 1948, nach der Inbetriebnahme der Lok Nr. 2, abgestellt worden sein. Schließlich wurden zwei in Dahme zerlegt, die dritte ging zur Werkbahn des Mansfelder Bergbaugebietes,

Inzwischen hatte es sich herausgestellt, daß von den polnischen Beutelokomotiven nur zwei aufgearbeitet werden konnten. Als es 1948 nochmals gelang, zwei ehemalige Heeresbahnloks gleicher Bauart wie die Nr. 1 zu beschaffen, wurden sie als Nr. 4 und 5 eingereiht.

Im Jahre 1950 mußten nach Klärung der Eigentumsverhältnisse die polnischen Maschinen kurz vor der Fertigstellung zurückgegeben werden. An „Fremdlok"-Einsätzen zur DR-Zeit nach 1949 sind bekannt die 99 4501, die 99 4502 und die 99 4541.

Aus einer der Grubenlokomotiven ist später nach dem Umbau zu einer Lok mit normalem Führerhaus eine Rangierdiesellokomotive entstanden (Kö 6004). Sie und die Diesellokomotive vom Flugplatz Reinsdorf (Köf 6001) sind erst nach 1950 betriebsfähig hergerichtet worden. In den folgenden Jahren kamen von der Strecke Nauen—Kriele (siehe Abschnitt 2.3.3.) zwei weitere Diesellokomotiven (Kö 6002 und Köf 6003) nach Dahme. Die Personenwagen waren vierachsige Durchgangswagen mit Petroleumbeleuchtung und Heberleinbremse. Die 1914 eintretende Ölknappheit zwang die Kleinbahnverwaltung zur Einführung der elektrischen Zugbeleuchtung. Es gab die 2. und 3. Klasse. Diese Fahrzeuge wie auch die vierachsigen kombinierten Gepäck-/Postwagen und die gedeckten Güterwagen hat die Sächsische Waggonfabrik in Werdau geliefert.

Vom Bochumer Verein kamen die offenen, vierachsigen Güterwagen. Die meisten hatten Seitenwände, die je nach Bedarf herauf- und herabzuklappen waren. Hierdurch wurden Umladevorgänge wesentlich erleichtert. Die Wagen hatten eine Lademasse von 6 t und einen Kastenraum von 8 m³. Vom gleichen Hersteller kamen noch 18 Schemelwagen zum Langholztransport. Von den offenen Güterwagen waren nur 30 Stück mit der Heberleinbremse ausgerüstet, die übrigen waren Wagen mit Bremsleitungen.

Einige der offenen Güterwagen hatte die Kleinbahnverwaltung in fakultative Sommerwagen verwandeln lassen, d. h., sie bekamen ein aufsetzbares Dach mit Stirnwänden und Planen und wurden im Ausflugsverkehr mit Bänken ausgerüstet. [105]

2.3.6. Salzwedeler Kleinbahnen (1 000 mm)

Ausgehend von Salzwedel gab es zwei Kleinbahnen mit 1 000-mm-Spur. Sie begannen beide im Bahnhof Salzwedel Neustadt, der sich gegenüber dem Staatsbahnhof in gesonderter Lage befand. Die eine Strecke führte in südwestliche Richtung nach Diesdorf. Der Bau erfolgte etappenweise, wobei die ersten 9,7 km bis Wallstawe am 24. Oktober 1900 fertiggestellt waren, die nächsten 10,9 km bis Dülseberg am 5. Dezember 1900 und das 5,4 km lange Reststück bis Diesdorf am 15. Oktober 1901. Während diese 30,2 km lange Strecke durch die Salzwedeler Kleinbahn GmbH betrieben wurde, gehörte die andere Strecke, die über 19,1 km in südöstliche Richtung nach Winterfeld führte, der Salzwedeler Kleinbahn Südost GmbH. Sie konnte das erste Teilstück bis Mahlsdorf (9,7 km) am 5. Dezember 1901 eröffnen, während die gesamte Strecke bis Winterfeld am 1. September 1902 dem Verkehr übergeben werden konnte. Auf einer Länge von 1,6 km bis Salzwedel Altperver Tor benutzte diese Kleinbahn die Diesdorfer Strecke mit, ehe das eigene Gleis begann.

Anfangs achtete man streng auf eine getrennte Betriebsführung, doch erwies sie sich als unzweckmäßig. Bereits am 25. November 1902 verschmolzen beide zur Salzwedeler Kleinbahnen GmbH. Lokomotiven und Wagen konnten jetzt freizügig eingesetzt werden. Man beschaffte für jede Strecke jeweils nur eine B-

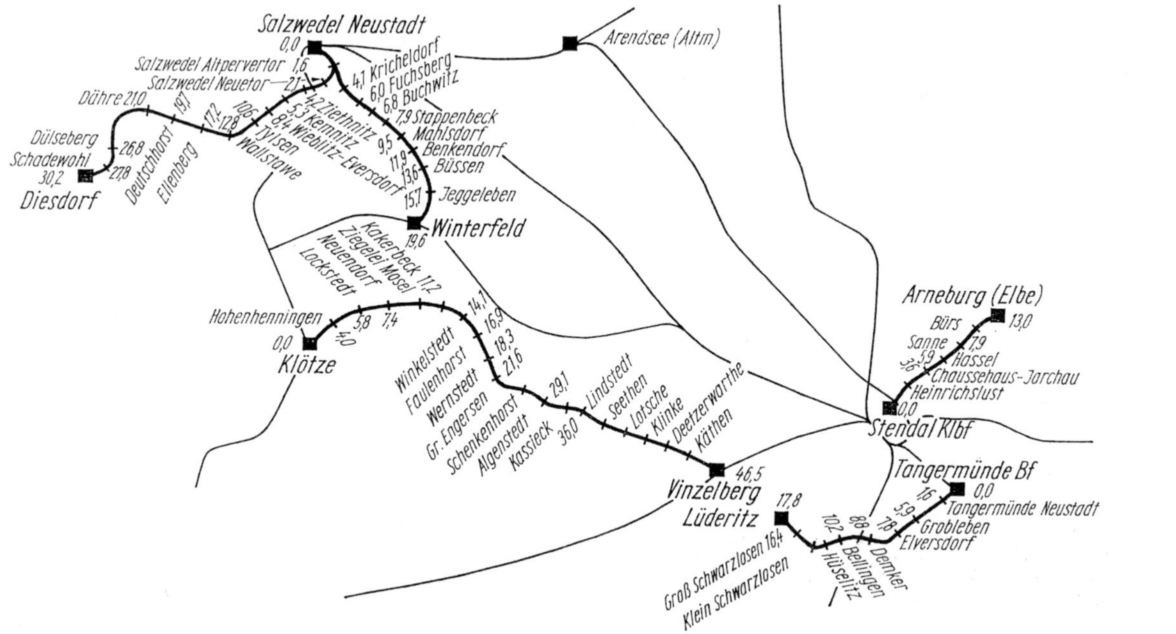

Tabelle 2.46
Statistische Angaben
zu den
Salzwedeler Kleinbahnen

Jahr	1901[1]	1901[2]	1906[1]	1906[2]	1911[1]	1911[2]
Lokomotiven gesamt	2	2	3	2	3	2
davon mit 2 Kuppelachsen	1	1	1	1	1	1
mit 3 Kuppelachsen	1	1	2	1	2	1
mit 4 Kuppelachsen	—	—	—	—	—	—
Personenwagen gesamt	3	3	3	3	3	3
davon zweiachsig	—	—	—	—	—	—
vierachsig	3	3	3	3	3	3
Gepäckwagen gesamt	1	—	1	1	1	1
davon Postabteil	—		—	0,4	—	0,4
davon zweiachsig	1		1		1	
vierachsig	—		—	1	—	1
Güterwagen gesamt	23	24	33	23	31	37
davon zweiachsig			8	8	8	22
vierachsig			25	15	25	15
Spezialwagen			—	10	2	26[3]
beförderte Personen			88400	40150	105746	47041
beförderte Güter in t			31150	40760	34654	49692
Lokomotivkilometer			99500	49300	115733	64667

1) Strecke Diesdorf
2) Strecke Winterfeld
3) Rollböcke

und eine C-gekuppelte Lokomotive, denn auf beiden Strecken wurde nur mäßiger Verkehr erwartet. Je nach Bedürfnis kam die kleinere oder die größere Maschine zum Einsatz.
Besondere Bedeutung für den Güterverkehr hatte während der Rübenkampagne der Anschluß zur Zuckerfabrik Salzwedel, in der sogar eine eigene Werklokomotive (Bn2t, Hanomag 1901/3751) eingesetzt war. Größeres Frachtaufkommen bestand zur Chemischen Fabrik Neukranz & Co. bei Krickeldorf, die an der Winterfelder Strecke 3 km von Salzwedel entfernt lag; dorthin wurden regelspurige Güterwagen auf Rollböcken befördert. Alle anderen Frachten mußten auf den Übergangsbahnhöfen Salzwedel (Staatsbahn) und Winterfeld, ab 1903 auch Diesdorf (Kleinbahn Bismark—Kalbe—Diesdorf) umgeladen werden. Hierunter litt die Wirtschaftlichkeit der Schmalspurbahn in starkem Maße.'
1925 wurde ein Dreischienengleis gelegt, wodurch sich der Rollbockverkehr erübrigte und die regelspurigen Güterwagen jetzt direkt der Fabrik zugeführt werden konnten. Im Frühjahr 1926 begann der Umbau der Südost-Strecke auf Regelspur, wobei der Endpunkt von Winterfeld nach Badel verlegt wurde. Bereits am 29. Oktober 1926 erfolgte die Eröffnung des regelspurigen Betriebes. Im Frühjahr des näch-

Bild 2.85
Lok 2
der Salzwedeler Kleinbahn
Foto: Sammlung DMV AG 7/32

Bild 2.86
Bahnhof Winterfeld
Foto: Sammlung DMV AG 7/32

Bild 2.87
Lok 3 rangiert aufgebockte regelspurige Güterwagen im Bahnhof Salzwedel
Foto: Sammlung DMV AG 7/32

sten Jahres begann auch der Umbau der Strecke in Richtung Diesdorf. Bis Dähre konnte der regelspurige Betrieb am 3. Oktober 1927 aufgenommen werden. Der restliche Abschnitt bis Diesdorf wurde neu trassiert, um die Ortschaft Bonese anzuschließen. Hierdurch verlängerte sich die Strecke um 6 km. Der gesamte Umbau war am 4. Oktober 1928 abgeschlossen.
Bei den von der Hanomag gelieferten zwei- und dreiachsigen Tenderlokomotiven waren die Achsen im Innenrahmen gelagert, der gleichzeitig als Wasserkasten diente. Die Achsen hatten Scheibenräder, über Exzenter wurde die Stephenson-Steuerung angetrieben. Die Bedienung des Reglers erfolgte über einen außenliegenden Handzug. Die 1903 von Henschel beschaffte Lokomotive Nr. 5 war am zugkräftigsten; besondere Merkmale waren Speichenräder, außenliegende Allan-Steuerung und der ebenfalls als Wasserkasten ausgeführte Innenrahmen. Diese Maschine kam 1928 zur Franzburger Kreisbahn.
Alle Personenwagen waren vierachsig, hatten offene Endbühnen und ein Dach mit Oberlichtaufbau. Es gab Sitzplätze in der 2. und 3. Klasse. Der von der Diesdorfer Strecke stammende Gepäckwagen war zweiachsig mit zwei offenen Endbühnen

Tabelle 2.47 Dampflokomotiven der Salzwedeler Kleinbahnen

Betriebs-nummer/ Name	Bauart	Hersteller	Baujahr	Fabriknummer	Bild	Bemerkungen
1	Bn2t	Hano	1900	3433		Strecke Diesdorf
2	Cn2t	Hano	1900	3432	2.90 h	Strecke Diesdorf
3	Bn2t	Hano	1901	3766		
4	Cn2t	Hano	1901	3767	2.90 h	
5	Cn2t	Hen	1903	6526	2.19 d	1928 an FKB verkauft

und flachem Dach, während der vierachsige Gepäckwagen der Winterfelder Strecke auch ein gesondertes Abteil für die Postbeförderung enthielt.
Der Güterwagenpark setzte sich aus zwei- und vierachsigen Fahrzeugen zusammen.

2.3.7. Kleinbahn Stendal—Arneburg (1 000 mm)

Die an der Elbe gelegene Stadt Arneburg war mit dem nahegelegenen Stendal lediglich durch eine Landstraße verbunden, auf der sich der gesamte Verkehr abspielte. Besonders an den Markttagen machte sich die aufwendige und unbequeme Verkehrsverbindung bemerkbar. So bildete sich in Arneburg ein Komitee, das sich mit dem Bau einer Eisenbahnverbindung befaßte. Die zu erwartenden Beförderungsleistungen und die sich daraus zu erhoffenden Gewinne ließen eine Kleinbahn mit der Spurweite von 1 000 mm als ausreichend erscheinen.
Der Bahnbetrieb konnte am 8. August 1899 eröffnet werden. Eigentümer und Betriebsunternehmer war die Kleinbahn AG Stendal-Arneburg mit dem Sitz in Arneburg. Die Strecke begann im östlichen Teil von Stendal in der heutigen Weinbergstraße nahe ihrer Einmündung in die Robert-Dittmann-Straße (ehemalige Gaststätte Kyffhäuser), wo sie zunächst auf etwa 300 m die Straße benutzte, bevor sie auf eigenem Bahnkörper fast geradlinig in nordöstlicher Richtung bis nach Arneburg führte. Die 12,97 km lange Strecke verlief dabei immer in der Nähe der Landstraße.
An Triebfahrzeugen beschaffte man zwei Tenderlokomotiven: als Nr. 1 eine Bn2t von Hanomag (1899/3215) und als Nr. 2 eine Cn2t, ebenfalls von Hanomag (1899/3214).
Von der Lokomotive 1 ist bekannt, daß sie den Namen „WOLFF" trug. Die Lokomotive 2 entsprach im Aufbau den später auf der Salzwedeler Kleinbahn eingesetzten C-gekuppelten Maschinen (siehe Bild 2.90 h).
Der Wagenpark setzte sich aus zwei vierachsigen Personenwagen mit zwei Wagenklassen und 18 kleinen zweiachsigen Güterwagen zusammen. Von den gedeckten Güterwagen diente offenbar einer als Gepäckwagen. Um 1906 vergrößerte sich der Fahrzeugpark um einen Personen- und zwei Güterwagen.
Bemerkenswert an dieser Schmalspurbahn war, daß sie ausschließlich der Verbindung der beiden Städte diente, denn sie berührte keine andere regelspurige Bahn und stellte somit keinen Anschluß zu den in Stendal sich kreuzenden Staatsbahnstrecken dar.
Erst mit dem 25. November 1908, als die regelspurige Kleinbahn von Stendal nach Arendsee eröffnet wurde, bot sich die Möglichkeit eines direkten Anschlusses. Der jetzt eintretende Verkehrsaufschwung brach-

Tabelle 2.48 Statistische Angaben zu den Kleinbahnen Stendal—Arneburg und Tangermünde—Lüderitz

Jahr	1906[1])	1906[2])	1911[1])	1911[2])
Lokomotiven gesamt	2	2	2	3
davon mit 2 Kuppelachsen	1	—	1	1
davon mit 3 Kuppelachsen	1	2	1	2
mit 4 Kuppelachsen	—		—	—
Triebwagen gesamt	—	—	—	—
davon zweiachsig				
vierachsig				
Personenwagen gesamt	3	2,5	3	2,5
davon zweiachsig	—	—	—	—
vierachsig	3	2,5	3	2,5
Gepäckwagen gesamt	—	0,5	—	0,5
davon Postabteil	—	0,2	—	0,2
davon zweiachsig				
vierachsig		0,5		0,5
Güterwagen gesamt	20	28	20	33
davon zweiachsig	20	26	20	26
vierachsig	—	2	—	7
Spezialwagen	2	7	2	7
beförderte Personen	67352	70826	68348	63055
beförderte Güter in t	12959	20423	16257	21330
Lokomotivkilometer	44592	51699	46693	52142

[1]) Stendal—Arneburg [2]) Tangermünde—Lüderitz

te der Schmalspurbahn, besonders im Güterverkehr, erhebliche Mehrleistungen, die einen weiteren Ausbau der Bahn erforderten. Nach längeren Erwägungen entschied man sich zum Umbau in eine regelspurige Kleinbahn. Mit der Errichtung des Gemeinschaftsbahnhofes Stendal Ost am Kreuzungspunkt mit der Strecke nach Arendsee war nun auch die direkte Zuführung von Güterwagen der Staatsbahn bis nach Arneburg möglich.
Bei dem Umbau der Bahn veränderte sich auch die Lage der beiden Endpunkte der Arneburger Strecke. In Stendal verkürzte sich die Strecke um etwa 500 m bis zur schienengleichen Kreuzung mit der Bahn nach Arendsee im Bahnhof Stendal Ost. In Arneburg wurde ein neuer Bahnhof mit günstigerer Lage zur Stadt gebaut, denn der ehemalige Schmalspurbahnhof lag etwa 1 km weiter westlich am nordwestlichen Stadtrand. Durch die Umbauten verringerte sich die Streckenlänge auf 12,1 km. Die Eröffnung der umgebauten Strecke erfolgte am 2. Mai 1914. Sie wurde gemeinsam mit der Bahn nach Arendsee durch die Stendaler Kleinbahn AG mit dem Sitz in Stendal betrieben.

2.3.8. Kleinbahn Tangermünde—Lüderitz (750 mm)

Bereits während des Baues der Altmärkischen Kleinbahn sah man eine Verlängerung der Strecke über Vinzelberg hinaus vor, die über Wittenmoor, Groß Schwarzlosen und Demker bis nach Tangermünde führen sollte. Die wirtschaftlich unbefriedigenden Berechnungen ließen jedoch diesen Bahnbau nicht zur Ausführung kommen. Dafür interessierte man sich einige Jahre später in Tangermünde für eine Eisenbahnverbindung zum nordwestlichen Teil der Altmark. Neben der Erschließung weiterer landwirtschaftlicher Gebiete erhoffte man sich vor allem zusätzliche Umschlaggeschäfte für den Elbehafen in Tangermünde.
Die am 30. April 1902 ins Leben gerufene Tangermünder Kleinbahn AG ließ einen Schienenweg über Demker bis nach Lüderitz bauen. In Erwartung einer voraussichtlich zustandekommenden Verbindung mit der Altmärkischen Kleinbahn wählte man ebenfalls eine Spurweite von 750 mm. Die Strecke verlief überwiegend neben der Landstraße, jedoch stets auf eigenem Bahnkörper. In Demker wurde die hier auf einem Damm liegende Staatsbahnstrekke Stendal—Magdeburg in einem Durchstich unterfahren. Auf der westlichen Dammseite führte ein Anschlußgleis zur Umladerampe des Bahnhofs Demker.
Die Eröffnung der Strecke erfolgte am 10. Oktober 1903, jedoch zu-

Bild 2.88 Bahnhof Lüderitz mit Borsig-Lokomotive *Foto: Sammlung Schütze*

nächst über 16,1 km ab Tangermünde-Neustadt. Das Reststück bis zum Bahnhof Tangermünde der bereits 1886 eröffneten privaten Lokalbahn Tangermünde—Stendal und der Anschluß zum Hafen konnten erst am 25. Februar 1904 dem Betrieb übergeben werden.
Für die gesamte 17,7 km lange Strecke wurden einschließlich aller Anschlüsse und Nebengleise 21,2 km Gleis verlegt. Die größte Neigung von 1:100 befand sich beim Anschluß zur Umladerampe im Bahnhof Demker. Auf der Strecke war eine Höchstgeschwindigkeit von 25 km/h zugelassen; die größte Zuglänge begrenzte die Aufsichtsbehörde auf 50 Achsen.
Die etwa 9 km lange Verbindung von Lüderitz bis zur Altmärkischen Kleinbahn in Vinzelberg ist nicht mehr verwirklicht worden.
In Tangermünde befand sich ein zweiständiger Lokomotivschuppen mit Werkstatt, während in Lüderitz nur ein kleiner Schuppen zur Unterstellung einer Lokomotive diente.
Nach anfänglich günstigen Betriebsergebnissen entstanden während des ersten Weltkrieges immer größer werdende Verluste, die zur Einstellung des Bahnbetriebes zwischen Tangermünde und Demker führten. Der restliche Abschnitt bis nach Lüderitz konnte sich trotz des Anschlusses an die Staatsbahn in Demker auch nicht lange behaupten; die Streckenlänge war zu kurz, als daß sich ein zweimaliges Umladen gelohnt hätte, so daß die Frachten gleich per Fuhrwerk nach Demker gebracht wurden. Die Auswirkungen der beginnenden Wirtschaftskrise zwangen auch hier zur Betriebseinstellung, die dann am 17. Juni 1920 erfolgte.
Die beiden zur Eröffnung der Kleinbahn beschafften Cn2t-Lokomotiven von Borsig (1903/5246 und 5247) mit einem Achsstand von 2000 mm (siehe Bild 2.90 d) wiesen große seitliche Wasserkästen auf. Die Heusinger-Steuerung erhielt ihren Antrieb über eine auffallend kurze Schwingenstange. Für die zeitweise erheblichen Rangierarbeiten im Tangermünder Hafen wurde 1910 eine kleine Bn2t-Lokomotive von Henschel (1910/10177) gekauft.
Zu den drei vierachsigen Personenwagen gehörte auch ein kombinierter Wagen, der neben Sitzplätzen für die 2. und 3. Klasse einen Gepäckraum sowie ein gesondertes Postabteil enthielt.
Für den Frachtenverkehr waren überwiegend zweiachsige Güterwagen vorhanden. Die Fahrzeuge der Kleinbahn waren mit der Heberlein-Bremse ausgerüstet. Die Bedienung erfolgte von der Lokomotive aus. Die erforderliche Bremsleine verlief unterhalb der Wagenkästen.

2.3.9. Altmärkische Kleinbahn (750 mm)

Ein großes Gebiet der Altmark, das durch Staatsbahnstrecken zwischen den Städten Salzwedel, Stendal und Oebisfelde umschlossen war, besaß vor 1895 keinen direkten Anschluß an dieses Schienennetz. Zur verkehrsmäßigen Erschließung bildete sich daher in Klötze eine Gesellschaft, die eine Kleinbahn mit 750 mm Spurweite quer durch dieses Dreieck bis Vinzelberg bauen ließ. Die gesamte 46,5 km lange Strecke entstand in mehreren Teilabschnitten und wurde nacheinander über einen Zeitraum von vier Jahren dem öffentlichen Verkehr übergeben:

21. August 1897	
Klötze—Faulenhorst	16,9 km
11. November 1897	
Faulenhorst—Wernstedt	1,4 km
16. Januar 1898	
Wernstedt—Gr. Engersen	3,3 km
29. September 1899	
Gr. Engersen—Algenstedt	7,5 km
22. November 1900	
Algenstedt—Lindstedt	6,9 km
14. Juli 1901	
Lindstedt—Vinzelberg	10,5 km

An beiden Endpunkten der Strecke bestanden Rampen zum Überladen der Frachten zwischen schmalspurigen und regelspurigen Güterwagen. Die gesamte Strecke verlief auf eigenem Bahnkörper und überwiegend parallel zu Landstraßen. Einschließlich aller Nebengleise waren 51,6 km Schienenweg verlegt.
Von den wenigen Gleisanschlüssen waren nur die Ziegelei Mosel und die Molkerei Kakerbeck von größerer Bedeutung. Trotz der schwach hügeligen Landschaftsform kamen kurze Neigungen von 1:70 vor; der kleinste Bogenhalbmesser betrug 100 m.
Die Beförderungsleistungen der Kleinbahn blieben in bescheidenen Grenzen; neben einem fast unbedeutenden Personenverkehr waren vor allem landwirtschaftliche Güter zu transportieren. Eine spürbare Konkurrenz entstand der Kleinbahn bereits 1899 durch eine fast parallel verlaufende regelspurige Kleinbahn von Bismark über Kalbe nach Beetzendorf sowie einem 1904 eröffneten Nebenzweig von Kalbe nach Gardelegen, der die Schmalspurbahn in Groß Engersen kreuzte.
Die Einengung des Einzuggebietes sowie die wirtschaftlichen Auswirkungen des ersten Weltkrieges zwangen 1921/1922 zum Umbau des Abschnittes von Klötze bis Groß Engersen in Regelspur, der schon einmal 1912 in Betracht gezogen worden war. Der Umbau bis Vinzelberg versprach keinen Nutzen; hier stellte man den Betrieb 1923 ein und baute

Bild 2.89 Lok 2 der Altmärkischen Kleinbahn *Foto: Sammlung DMV AG 7/32*

Tabelle 2.49
Statistische Angaben zu der Altmärkischen Kleinbahn

Jahr	1897	1898	1900	1902	1906	1911
Lokomotiven gesamt	2	2	3	4	4	4
davon mit 2 Kuppelachsen	—	—	—	—	1	—
davon mit 3 Kuppelachsen	2	2	3[1])	4[1])	3	4
mit 4 Kuppelachsen	—	—	—	—	—	—
Triebwagen gesamt	—	—	—	—	—	—
davon zweiachsig						
vierachsig						
Personenwagen gesamt	2	4	4	4	4	4
davon zweiachsig					2	2
vierachsig					2	2
Gepäckwagen gesamt	—	2	2	2	2	2
davon Postabteil					0,4	0,4
davon zweiachsig						
vierachsig						
Güterwagen gesamt	30	42	43	53	53	63
davon zweiachsig					52	52
vierachsig					1	11
Spezialwagen					—	—
beförderte Personen			65608	57400	62400	82873
beförderte Güter in t			77950	30300	36800	36890
Lokomotivkilometer					107200	52142

[1]) davon eine C1'n2t

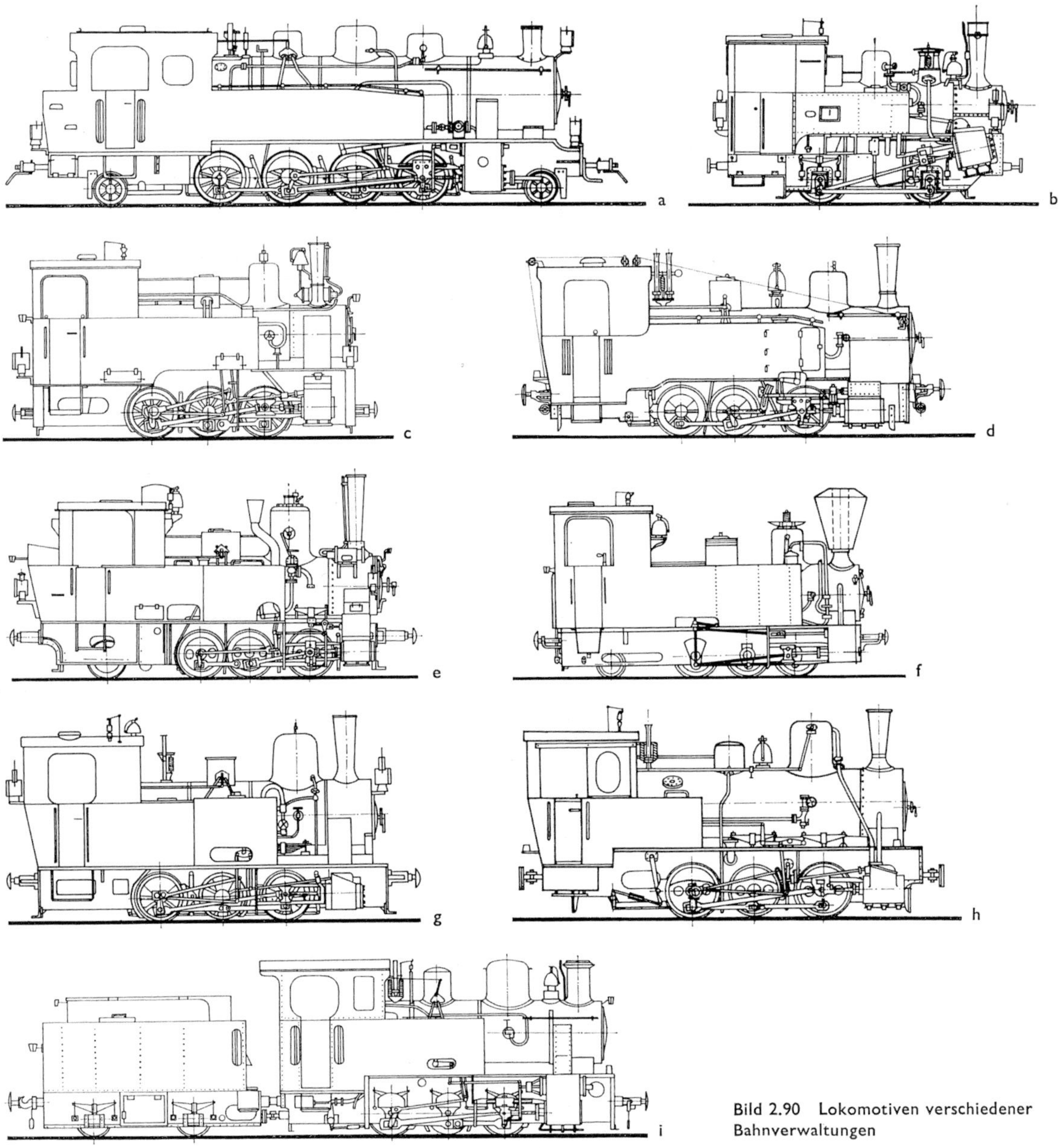

Bild 2.90 Lokomotiven verschiedener Bahnverwaltungen

Tabelle 2.50 Dampflokomotiven der Altmärkischen Kleinbahn

Betriebs-nummer/ Name	Bauart	Her-steller	Baujahr	Fabrik-nummer	Bild	Bemerkungen
1	Cn2t	Hano	1897	2935	—	
2	Cn2t	Hano	1897	2936	—	
3	C1'n2t	Kra	1900	4200	—	um 1904 verkauft an Klb Köslin-Bublitz
3"	Bn2t	Bor	1905	5684	—	um 1910 verkauft
4	Cn2t	Hano	1902	3809	2.10 e	1928 verkauft an RüKB
5	Cn2t	Hano	1910	5966	2.10 e	1928 verkauft an RüKB

die Strecke ab. Der umgespurte erste Abschnitt ging im Jahre 1927 an die vorgenannte regelspurige Kleinbahn über, wobei die Einmündung in die bestehende Stammstrecke Gardelegen—Kalbe bereits in Wernstedt erfolgte.

Zur Eröffnung des ersten Teilabschnittes standen zwei dreiachsige Tenderlokomotiven zur Verfügung, denen bis 1910 noch zwei weitere folgten (siehe Bild 2.10 e). Die letzten beiden wurden um 1928 an die Rü-

Tabelle 2.51 Technische Daten der Dampflokomotiven verschiedener Bahnverwaltungen

Bahnverwaltung		CPO	KGW	KKP	Tangerm.	RSN	RSN	JLKB	JLKB	Salzw.
Betriebsnummer		21	1m	1		3	5	8	4"	
Betriebsnummer DR		—	—	994612	—	994511	994512	—	994651	—
Bild 2.90		a	b	c	d	e	f	g	i	h
Bauart	—	1'D1'h2t	Bn2t	Cn2t	Cn2t	C1'n2t	C1'n2t	Cn2t	Cn2t+T	Cn2t
Höchstgeschwindigkeit	km/h	30		25		25	25	25	30	
Zylinderdurchmesser	mm	390		300		260	250	290	300	
Kolbenhub	mm	430		450		300	350	430	350	
Steuerung	—	Ha	Joy a	Aa	Ha	Ha	Lenker	Aa	Ha	Sta
Kesseldruck	kp/cm^2	13		12		12	12	12	13	
Rostfläche	mm^2	1,3		0,6		0,55	0,62	0,70	0,73	
Heizfläche Feuerbüchse	m^2			2,95		2,97	2,9		3,3	
gesamt	m^2	54,4		33,0		29,5	31,2	34,59	30,2	
Überhitzer	m^2	26	—	—	—	—	—	—	—	—
Wasservorrat	m^3	3		3,2		1,75	1,6	1,5 3)	0,6+6 1)	
Kohlevorrat	Mp	1,1		0,55		0,6	0,6	0,65 3)	0,5+2,5 1)	
Treibraddurchmesser	mm	850	750	750	750	680	700	800	700	850
Laufraddurchmesser	mm	500	—	—	—	560	450	—	—	—
Achsstand gesamt	mm	6900	1750	1800	2000	3300	2940	2000	1800	2100
Länge über Puffer	mm		5100	5880	6800	6530	6150	6810 3)	9938 2)	
Lokbreite	mm						2050		2100	
Lokhöhe	mm			3120			3200		2800	
Lokmasse leer	t	28,5				10,7	10,6	15 3)	14,5	
betriebsfähig	t	34,8		20,5		14,	13	18 3)	17,0	
Zugkraft	Mp	6		3,9		2,2	2,3		3,5	
Leistung	Psi	400		140		120	125		110	

1) Vorräte Lok und Tender 2) mit Tender 3) als „HELENE" bei der Jagsttalbahn

Bild 2.91 Wagen verschiedener Bahnverwaltungen

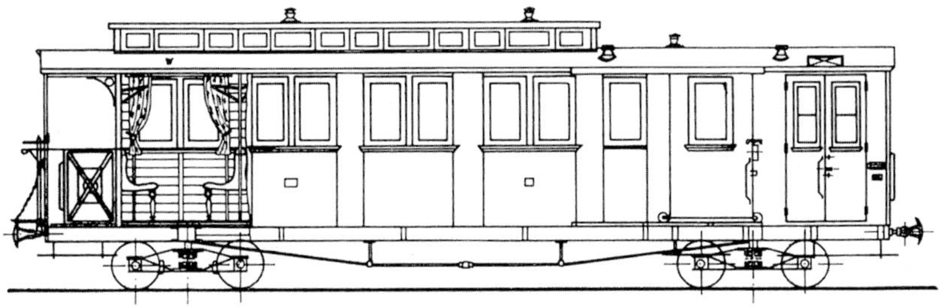
a

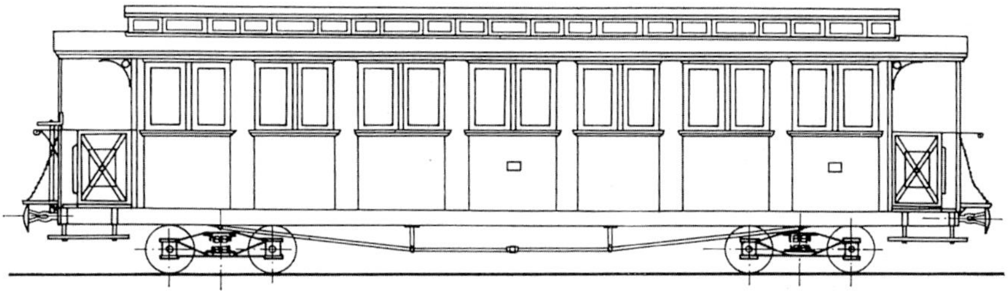
b

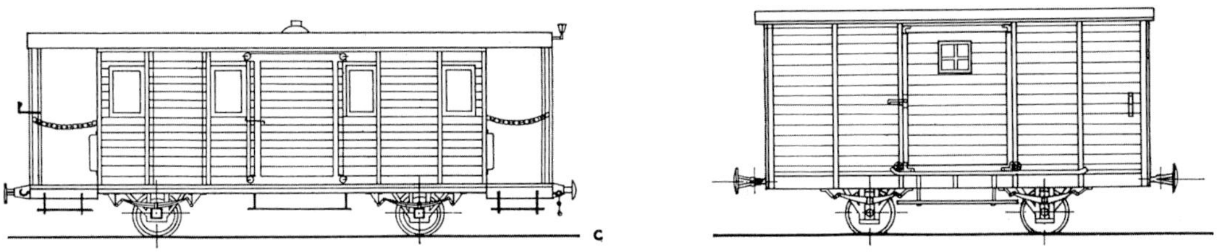
c d

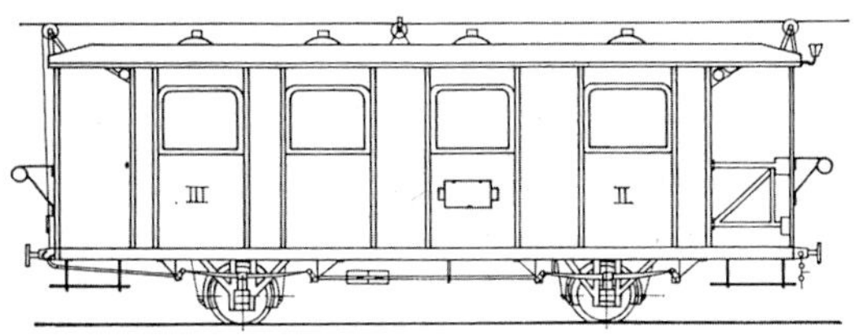
e

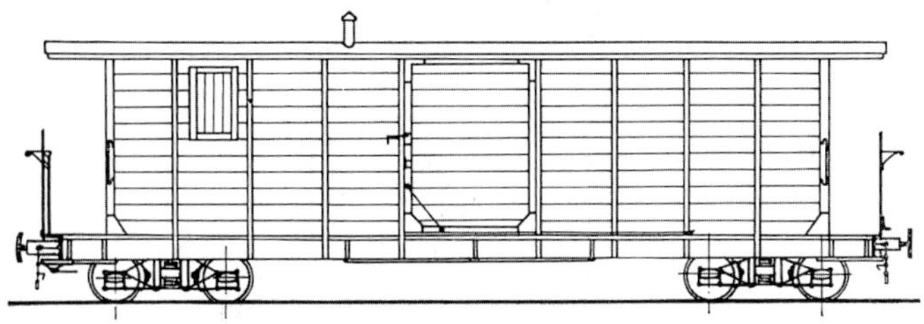
f

genschen Kleinbahnen verkauft. Die von Hanomag gelieferten Maschinen hatten Außenrahmen mit einem innenliegenden Wasserkasten sowie die selten angewendete Joy-Steuerung. Zwischenzeitlich war auch eine C1'-gekuppelte Tenderlokomotive von Krauss im Einsatz, die offenbar durch einen Gelegenheitskauf hierher gelangte. Nach knapp vier Jahren wurde sie an die Kleinbahn der Kreise Köslin-Bublitz—Belgard in Pommern weitergegeben. Dafür wurde eine kleinere B-gekuppelte Tenderlokomotive von Borsig beschafft, die jedoch schon 1911 nicht mehr zum Bestand gehörte.

Tabelle 2.52 Technische Daten der Wagen verschiedener Bahnverwaltungen

Bahnverwaltung		Salzwedel	Salzwedel	Salzwedel	KGW	DKBW	RSN
Gattung		BCPwPost4i¹)	BC4i	Gw	Gc	BC	GGw
Bild 2.88		a	b	d	c	e	f
Hersteller		LHW	LHW	LHW			
Baujahr		1898	1899	1898			
Anzahl	Stck.	1		4			
Länge über Puffer	mm	11450	12300	5800			9900
Wagenkastenlänge	mm	9800	9800	5000			
Wagenkastenbreite	mm	2500	2500	2000			1800
Achsstand/Drehzapfenabstand	mm	7200	7500	2300	3500	4000	6600
Drehgestellachsstand	mm	1300	1300	—	—	—	1200
Sitzplätze 2. Klasse	—	8	15	—	—	—	—
3. Klasse	—	24	39	—	²)	—	—
4. Klasse	—	—	—	—	—	—	—
Tragfähigkeit	Mp			5,25			

¹) 2. Klasseabteil zu 3. Klasseabteil um- und Postabteil ausgebaut ²) Klappsitze an den Längsseiten

Für den Personenverkehr setzte man erst zweiachsige Wagen ein, aber schon im nächsten Jahr kamen noch zwei vierachsige Wagen mit offenen Endbühnen sowie Plätzen der 2. und 3. Klasse hinzu. Dem Gepäckverkehr dienten zwei zweiachsige Gepäckwagen mit je einem Postabteil.

Dieser Bestand änderte sich bis zur Einstellung des schmalspurigen Betriebes nicht mehr.

Der Güterwagenpark bestand in ersten Betriebsjahren nur aus zweiachsigen Fahrzeugen. Er wurde um 1910 durch größere vierachsige Wagen erweitert.

2.4. Bahnen im Harz

2.4.0. Überblick

Die erste Schmalspurbahn des Harzes und zugleich auch die erste Bahn in das bis dahin als unüberwindlich geltende Verkehrshindernis war die Bahn der Gernrode-Harzgeroder Eisenbahngesellschaft (GHE). Der erste Streckenabschnitt wurde 1887 eröffnet. Als nächstes nahm ab 1899 die Südharzeisenbahn (SHE) den Betrieb auf. Sie führte von Braunlage (heute BRD) nach Tanne und Walkenried (heute BRD).

Den größten Anteil bei der verkehrlichen Erschließung des Harzes hatte die Nordhausen-Wernigeroder Eisenbahn (NWE), zu der auch die als Brockenbahn bezeichnete Strecke zum höchsten Harzgipfel (1141 m) gehörte.

Allen drei Privatbahnen ist gemeinsam, daß sie mit gleicher Spurweite und mit gleichem Bremssystem eingerichtet wurden. Dadurch war es im Laufe der Entwicklung trotz Eigenständigkeit der Bahnverwaltungen möglich, ein zusammenhängendes, 169 km langes Schmalspurnetz im Harz zu schaffen.

Übergabebahnhöfe waren Sorge und Eisfelder Talmühle (Bild 2.92). Der Austausch von Reisezug- und Güterwagen vollzog sich nach Fahrplan. Außerdem war der Übergang von zusätzlichen Wagen im Bedarfsfalle zugelassen. Auch hatten die drei Bahnverwaltungen vorgesehen, zur Bewältigung der gemeinschaftlichen Güterbeförderung im Falle des Wagenmangels sich mit Aushilfswagen zu unterstützen. Für den Übergang der Wagen waren Mietsätze verein-

Bild 2.92
Bahnhof Eisfelder Talmühle. Rechts der Lokomotivschuppen der GHE (um 1906)
Foto: Sammlung Zieglgänsberger

bart, z. B. für einen Personenwagen 3. Klasse die Bereitstellungsgebühr von 1 M je Tag und die Abnutzungsgebühr von 2 Pf je Kilometer, bei Aushilfswagen von 2 M und 3 Pf. [115]

Für die Verbindung zwischen NWE und GHE wurde der Bahnhof Eisfelder Talmühle als Gemeinschaftsbahnhof eingerichtet (Bild 2.93). Bei Gleisanlagen des Gemeinschaftsdienstes bestanden exakte Vorschriften, die ein einfaches und schnelles Umsetzen der Wagen von Zug zu Zug regelten. [116]

Die preußische NWE, die braunschweigische SHE und die überwiegend anhaltinische GHE waren keine Kleinbahnen nach dem preußischen Kleinbahngesetz, sondern fielen als schmalspurige Nebenbahnen unter das Eisenbahngesetz von 1838 und waren wie normale Eisenbahnen zu betreiben. Noch heute

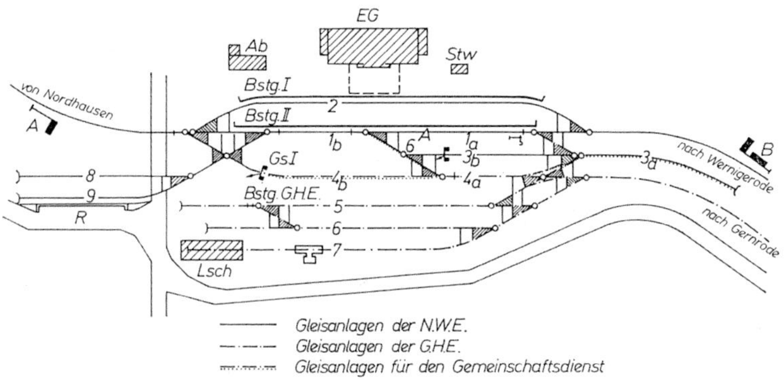

Bild 2.93 Lageplan des Bahnhofs Eisfelder Talmühle (vor 1945)

strahlt daher die Harzquerbahn die Atmosphäre einer „großen“ Eisenbahn aus.

2.4.1. Wernigerode—Nordhausen Nord/Brocken (Nordhausen-Wernigeröder Eisenbahn/ Harzquer- und Brockenbahn; 1000 mm)

Eine der reizvollsten Bahnen verbindet die beiden Kreisstädte Wernigerode und Nordhausen. Die Bahn hieß bis 1949 Nordhausen-Wernigeröder Eisenbahn (NWE) und besteht aus den Strecken Nordhausen Nord—Wernigerode (Harzquerbahn genannt) und Drei Annen Hohne—Brocken (Brockenbahn).

Seit 1866 war eine regelspurige Streckenführung von Erfurt über Nordhausen—Wernigerode—Halberstadt ins Auge gefaßt worden. Dabei ging es den Antragstellern vorwiegend um Möglichkeiten zur Erweiterung der Holzwarenindustrie, der Hammerwerke und zur weitgehenden Ausbeutung von Bodenschätzen. Nach mehreren vergeblichen Versuchen für das Bahnprojekt konnte endlich ein Komitee am 27. Mai 1896 eine Konzession für das braunschweigische Gebiet zum Bau einer Eisenbahn von 1 Meter Spurweite von Nordhausen über Ilfeld nach Wernigerode mit einer Abzweigung zum Brocken erhalten. Eine Aktiengesellschaft ließ sich am 3. Juli 1896 in das Handelsregister des Amtsgerichtes Nordhausen eintragen. Damit hatte die Bahn zunächst ihren Sitz in Nordhausen; in Wernigerode befand sich nur eine Betriebsleitung.

Den Bau übernahm die Vereinigte Eisenbahnbau- und Betriebsgesellschaft mbH Berlin. Die Eröffnungsdaten der einzelnen Streckenabschnitte enthält Tabelle 2.53. Der 27. März 1899 wird als offizielles Eröffnungsdatum angesehen.

Waren in den Denkschriften zur Förderung des Bahnbaues hauptsächlich Interessen für den Güterverkehr angeführt, konnte die Projektierung zusätzlich den sich neu entwickelnden Fremdenverkehr als weitere, nicht unbedeutende Einnahmequelle berücksichtigen. Dadurch kam es auch zum Anschluß einer Strecke auf den Brockengipfel. Für den Personenverkehr wurden 79,41 km Strecke, für den Güterverkehr 81,39 km freigegeben. Von der Gesamtlänge lagen 45,26 km in der preußischen Provinz Sachsen, 33,80 km in der preußischen Provinz Hannover und 2,33 km im Freistaat Braunschweig.

Der 1906 gestellte Antrag zur Verlängerung der NWE bis Blankenburg wurde zugunsten der Halberstadt-Blankenburger Eisenbahn, die

Bild 2.94
Der alte NWE-Bahnhof Wernigerode
Foto: Sammlung Preuß

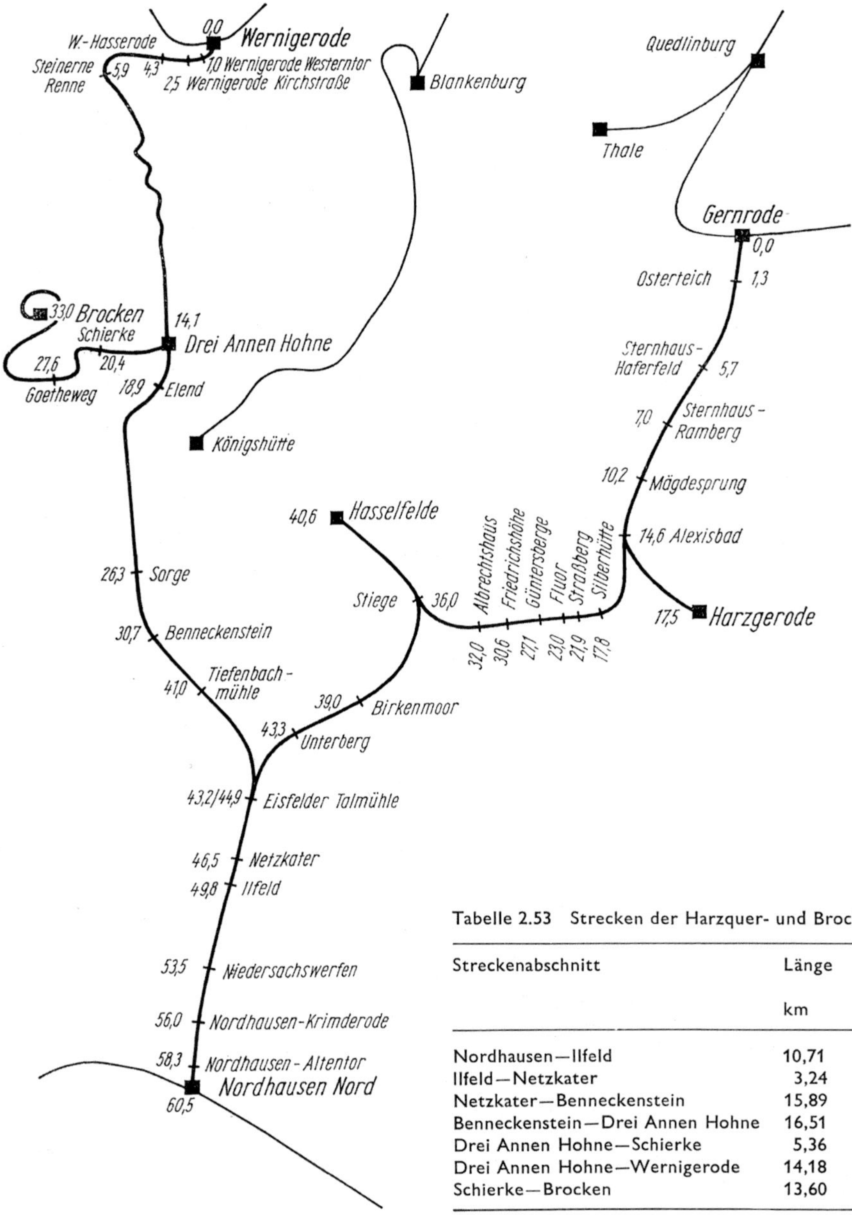

Tabelle 2.53 Strecken der Harzquer- und Brockenbahn (NWE/DR)

Streckenabschnitt	Länge	Eröffnung	
	km	Reiseverkehr	Güterverkehr
Nordhausen—Ilfeld	10,71	12. 7. 1897	7. 2. 1898
Ilfeld—Netzkater	3,24	1. 5. 1898	7. 2. 1898
Netzkater—Benneckenstein	15,89	15. 9. 1898	15. 9. 1898
Benneckenstein—Drei Annen Hohne	16,51	27. 3. 1899	27. 3. 1899
Drei Annen Hohne—Schierke	5,36	20. 6. 1898	20. 6. 1898
Drei Annen Hohne—Wernigerode	14,18	20. 6. 1898	20. 6. 1898
Schierke—Brocken	13,60	27. 3. 1899	27. 3. 1899

Bild 2.95 NWE-Autobus vor Abfahrt zur Walpurgisfeuer auf dem Brocken
Foto: Sammlung Röper

diese Strecke regelspurig ausbauen wollte, abgelehnt. Zu der geplanten Verbindung ist es aber nie gekommen.
Am 1. April 1909 gingen die Bahnanlagen formal von der Bau- und Betriebsgesellschaft an die NWE über. Im gleichen Jahr wurde die Blockstation Drängetal, ein Betriebsbahnhof zwischen Steinerne Renne und Drei Annen Hohne, gebaut. 1911 ist der Personenübergang zur SHE in Sorge eingerichtet worden. Auch wurde ein Gepäckaufzug gebaut. Schließlich kam es am 1. Mai 1913 zur direkten Gleisverbindung zur SHE in Sorge, wodurch die Gleisanlagen der NWE sich um 125,5 m verlängerten.
Mit dem Ausbruch des ersten Weltkrieges mußten von der NWE sieben

Bild 2.96
Zug mit T 2
im Bahnhof Wernigerode
Foto: Sammlung Röper

Bild 2.97
Der neue Brockenbahnhof (um 1935)
Foto: Sammlung Röper

Lokomotiven, 40 offene Güterwagen und 12 Paar Rollböcke an das Heer abgegeben werden. Davon erhielt die Bahn nach dem Kriege eine Lokomotive zurück.

Stärker, als ursprünglich erwartet, verlagerte sich der Schwerpunkt des Eisenbahnbetriebes nach Wernigerode. Das führte zur Verlagerung des Verwaltungssitzes und zum Zusammenschluß von Direktion und Betriebsleitung am 1. April 1916 in Wernigerode. Die Verwaltung der NWE hat es in ihrer gesamten Geschäftszeit gut verstanden, den Be-

Tabelle 2.54 Statistische Angaben zur Harzquer- und Brockenbahn (NWE/DR)

	1900	1905	1910	1913	1915	1920	1928	1930	1940	1942
Dampflokomotiven			17				15			
Motorlokomotiven			—				—			
Triebwagen			—				—			
Reisezugwagen			45				44			
Gepäckwagen			8				9			
Güterwagen			135				168			
Spezialwagen										
Rollböcke			32				58			
Rollwagen										
Beförderte Personen	507643	679169		1050038	731744	1002820		828243	1022044	1739678
Beförderte Güter in t	57348	126520		212514	160619	160837		177918	192197	195597
Beförderte Personen im Autobus								136893	257920	280608

[1]) Heizwagen [2]) davon 4 kombinierte Gepäck-/Personenwagen

Bild 2.98
Bahnhof Elend –
noch mit Bahnsteigdach
Foto: Sammlung Röper

trieb gewinnbringend zu führen. 1910 wurde ein Reingewinn von etwa 135 000 M erzielt. Während im Sommer die Züge auf der Brockenbahn und auch die Kaffeefahrten nach Schierke und Benneckenstein gut besetzt waren, ruhte vom 1. November bis 30. April der Zugverkehr zum Brocken nicht wegen der Schneeverhältnisse, sondern wegen des erheblichen Rückgangs der Fahrgastzahlen; das zerklüftete Brockengebiet galt als kein günstiges Wintersportgebiet. Die verkehrsschwache Zeit wurde jedoch seit 1901 zum Anlaß genommen, um als Auftakt für den Brockenverkehr am 30. April mit Walpurgisfahrten zum Gipfel Kunden zu gewinnen.
Nach dem ersten Weltkrieg kam es mehrmals zu Unterbrechungen des Zugverkehrs. Der Kohlemangel zwang, vom 27. April bis 4. Mai 1919 und vom 5. bis 15. November 1919 den Personenverkehr einzustellen. Vom 15. bis 19. März 1920 schlossen sich die Eisenbahner dem Generalstreik zur Niederschlagung des Kapp-Putsches an. 1921 folgte eine Betriebsunterbrechung von fünf Tagen, als die Nordhausen–Wernigeröder Eisenbahn bestreikt wurde.
Ab 1919 warb die Leitung der NWE besonders in Holland und in Dänemark für Reisen in den Harz. Gleichzeitig wurden für die Fahrkarten der Strecke Schierke—Brocken hohe Ausländerzuschläge erhoben.
Mit dem 22. Mai 1926 nahm die NWE mit acht Autobussen einen Schienenergänzungsverkehr auf einer Streckenlänge von 75 km auf. Es wurden vier Linien befahren: die Stadt- und Vorortlinie in Wernigerode, Nordhausen—Ilfeld—Benneckenstein, Nordhausen—Petersdorf—Ilfeld, Wernigerode—Hasserode—Drei Annen Hohne—Elend—Schierke (1938 insgesamt 156 916 beförderte Personen).
Die Attraktivität des Reiseverkehrs sollte ferner durch Eilzüge gesteigert werden. Dafür standen die Triebwagen T 1, T 2 und T 3 zur Verfügung, denen Sitzwagen beige-

1949	1960	1963	1975
14	21	18	20
—	—	—	1
3	3	2	1
49	61	73	71
10	7	7	11[2]
139	169	171	5
1[1]	1[1]	1[1]	—
64	72	72	40
		28	43

Tabelle 2.55 Triebfahrzeuge bei der Harzquer- und Brockenbahn (NWE/DR)

Betriebsnummer/Name				Bauart	Hersteller	Baujahr	Fabriknummer	Bild	Bemerkungen
NWE			DR						
vor 1918	ab 1918	ab 1927							
Dampflokomotiven									
1	1	1	99 5804	Bn2t	Güst	1896	163	2.103 a,c	+ 15. 5. 1965
2	2	2	—	Bn2t	Güst	1896	164	2.103 a	+ 1936
3	3	3	99 5803	Bn2t	Güst	1896	165	2.103 a	1961 nach Reichenbach (Vogtl)
6	6	6	99 6101	Ch2t	Hen	1914	12879	2.103 f	1917 von HF
—	7	7	99 6102	Cn2t	Hen	1914	12880	2.103 f	1921 von Nassausiche Klb
11	11	11	99 5901	B'Bn4vt	Jung	1897	258	2.103 b	Reserviert f. Verkehrsmuseum Dresden
12	—	—	—	B'Bn4vt	Jung	1897	259	2.103 b	1914 an HF (Kriegsverlust)
13	—	—	—	B'Bn4vt	Jung	1897	260	2.103 b	wie Nr. 12
14	14	12'''	99 5902	B'Bn4vt	Jung	1897	261	2.103 b	
15	—	—	—	B'Bn4vt	Güst	1897	184	2.103 b	wie Nr. 12
16	—	—	—	B'Bn4vt	Güst	1897	185	2.103 b	wie Nr. 12
17	17	—	—	B'Bn4vt	Güst	1897	186	2.103 b	+ zwischen 1918 und 1925
18	13''	13''	99 5903	B'Bn4vt	Jung	1898	345	2.103 b	
19	—	—	—	B'Bn4vt	Jung	1898	346	2.103 b	wie Nr. 12
20	12''	—	—	B'Bn4vt	Jung	1901	463	2.103 b	1927 verunglückt
21	15''	15''	99 5904	B'Bn4vt	Jung	1901	464	2.103 b	
—	—	21''	99 6001	1'C1'h2t	Krupp	1939	1875	2.103 d	
22	16''	14''	99 5905	B'Bn4vt	Jung	1901	465	2.103 b	+ 1975
31	31	—	—	C'Cn4vt	O & K	1909	3939	2.103 e	1921 nach Bolivien verkauft
32	32	—	—	C'Cn4vt	O & K	1910	3940	2.103 e	1921 nach Bolivien verkauft
41	—	—	—	1'D1'h2t	Hen	1915	13569	2.103 g	1914 an HF (Kriegsverlust)
42	—	—	—	1'D1'h2t	Hen	1915	13570	2.103 g	1918 an Lübeck-Büchener Eisenbahn verkauft (dort Umbau auf Regelspur)
—	41''	41''	99 5906	B'Bn4vt	Karl	1918	2052		1920 angekauft
—	51	51	99 6011	(1'B)'B1'h4vt	Bor	1922	11382	2.103 h	+ 16. 8. 1966
—	52	52	99 6012	(1'B)'B1'h4vt	Bor	1924	11831	2.103 h	+ 26. 4. 1966
—	61	61	—	Bn2t	Hoh	1899	1209	—	1925 von Stralsund—Tribsees; Regelspurlok; + 1925
—	—	61''	98 6213	Bn2t	Bor	1908	6947		1934 von Buxtehude-Harsefelder Eb; Regelspurlok; + 23. 8. 1960
			99 222[1])	1'E1'h2t	Schwa	1931	9921		1966 von Eisfeld
			99 231[1])	1'E1'h2t	LKM	1954	134008		1973 von Eisfeld
			99 232[1])	1'E1'h2t	LKM	1954	134009		
			99 233[1])	1'E1'h2t	LKM	1954	134010		
			99 234[1])	1'E1'h2t	LKM	1954	134011		
			99 235[1])	1'E1'h2t	LKM	1954	134012		1973 von Eisfeld
			99 236[1])	1'E1'h2t	LKM	1954	134013		1973 von Eisfeld
			99 237[1])	1'E1'h2t	LKM	1954	134014		1973 von Eisfeld
			99 238[1])	1'E1'h2t	LKM	1956	134015		
			99 239[1])	1'E1'h2t	LKM	1956	134016		
			99 240[1])	1'E1'h2t	LKM	1956	134017		
			99 241[1])	1'Ea'h2t	LKM	1956	134018		
			99 242[1])	1'E1'h2t	LKM	1956	134019		
			99 243[1])	1'E1'h2t	LKM	1956	134020		

noch Tabelle 2.55 Triebfahrzeuge bei der Harzquer- und Brockenbahn (NWE/DR)

Betriebsnummer/Name NWE vor 1918	NWE ab 1918	NWE ab 1927	DR	Bauart	Hersteller	Baujahr	Fabriknummer	Bild	Bemerkungen
noch Dampflokomotiven									
			99 244[1])	1'E1'h2t	LKM	1956	134021		1976 auf Ölhauptfeuerung umgestellt, 99 0244
			99 245[1])	1'E1'h2t	LKM	1956	134022		
			99 246[1])	1'E1'h2t	LKM	1956	134023		
			99 247[1])	1'E1'h2t	LKM	1956	134024		
			99 5631	C1'n2t	Schn	1890	?	2.19 e	1946 von Hildburghausen; 1952 aufgearbeitet; 1958 nach Barth
			99 5632	C1'n2t	Schn	1890	?	2.19 e	1946 von Hildburghausen; 1953 aufgearbeitet; + 6. 1. 1959
			99 5001	Bh2t	Bor	1925	11 870	2.223 l	1957 von Spremberg; 1973 an Museumsbahn Dunier-Saint Agreve (Frankreich)
			99 5201	Bn2t	O & K	1938	13187		1957 von Spremberg; + 6. 11. 1968
Triebwagen									
—	—	T 1	VT 137 561	Bo'Bo'	MAN/BBC	1934		1.40 j	1961 an Spreewaldbahn
—	—	T 2	VT 137 565	Bo'Bo'	Wis/MAN	1939		1.40 k	+ 1965
—	—	T 3	185 025	Bo'Bo'	Wis/MAN	1939		1.40 k	ex VT 137 566
Diesellokomotiven									
			199 301		LKM	1966	263001	1.38 i	ex V 30 001C; ex 103 901

[1]) nach dem 1. 6. 1970 ist vor die Ordnungsnummer eine 7 zu setzen, z. B. 99222 = 997222

stellt wurden. Diese Züge verkehrten zwischen Wernigerode und Nordhausen mit nur einem Zwischenhalt in Benneckenstein bei etwa 100 Minuten Fahrzeit. Die Jungfernfahrt des T 1 fand am 26. Januar 1936 statt. Regelmäßige Fahrten wurden am 1. Februar 1936 aufgenommen.
Den steigenden Betriebs- und Verkehrsleistungen Rechnung tragend, waren 1923 ein neues Empfangsgebäude auf dem Brocken eingerichtet und am 1. Juli 1936 der neue Bahnhof Wernigerode Westerntor sowie am 15. Dezember 1939 der umgestaltete Endbahnhof Wernigerode in Betrieb genommen worden. Bei Nordhausen war fünf Jahre vorher die Strecke verlegt und am 19. Mai 1934 der neue Bahnhof Altentor übergeben worden.
Zum Ende des zweiten Weltkrieges trat vom 11. April bis 31. Juli 1945 eine Betriebspause ein. Danach begann der Zugverkehr zwischen Nordhausen und Ilfeld, ab Oktober 1945 auf der gesamten Strecke. 1946 übernahm die NWE auch den Zugverkehr auf der GHE-Strecke Eisfelder Talmühle—Hasselfelde. Wegen des leichten Oberbaues auf dieser Strecke mußten die Züge zunächst mit den kleinen Bn2t-Lokomotiven gefahren werden.
Durch Hochwasser war 1948 die Behrebrücke zerstört worden. Die Streckenunterbrechung zwang vom 14. Januar 1948 bis zum 31. Dezember 1949 zum Umsteigeverkehr zwischen einer provisorischen Umsteigestelle bei Netzkater und einem neu errichteten Bahnsteig bei dem 1922 aufgehobenen Haltepunkt Talbrauerei.
Am 15. August 1948 wurde die Harzquer- und Brockenbahn verstaatlicht. Ab 1. Januar 1949 unterstand sie zunächst den Landeseisenbahnen Sachsen-Anhalt und später der DR. Zur gleichen Zeit wurden die Strecken Eisfelder Talmühle—Hasselfelde und

der Abschnitt Sorge—Tanne der SHE, der durch die Demarkationslinie auf dem Gebiet der sowjetischen besetzten Zone lag und nur noch von Güterzügen befahren wurde, der Harzquerbahn zugeordnet. Dadurch verlängerte sich die Gesamtstreckenlänge auf 100,10 km.

Am 13. August 1961 wurde der Reiseverkehr zwischen Schierke und Brokken eingestellt, sowie die Zugzahl zwischen Drei Annen Hohne und Schierke auf zwei Zugpaare reduziert. Als betriebliche Folgemaßnahme ist die Stillegung der regelspurigen Anschlußstrecke Elbingerode West—Drei Annen Hohne sowie die Auflassung des Betriebsbahnhofs Drängetal, die im Jahre 1969 erfolgte, zu sehen.

Höhepunkt des 75jährigen Bestehens der Bahn waren Fahrten mit einem historischen Zug, bespannt mit der Mallet-Lokomotive 99 5903 (ex NWE 13). Seit dieser Zeit werden damit regelmäßig Sonderfahrten für den FDGB-Feriendienst gefahren.

Die Bahn behält auch weiterhin als Verbindung zwischen zwei Kreisstädten und den Harzorten sowie für

Bild 2.99 Zug auf Fahrt nach Drei Annen Hohne *Foto: Preuß*

Bild 2.100
Sonderzug zum 75jährigen Jubiläum der Harzquerbahn mit Lokomotive 99 5903 in Wernigerode-Hasserode
Foto: Preuß

die Naherholung ihre Aufgaben. Seit 3. Juni 1973 werden zusätzlich zwei Wochenendzüge zwischen Wernigerode und Benneckenstein in den Fahrplan aufgenommen.
Die Harzquerbahn gehört mit zu den zu erhaltenden Touristikbahnen der DDR.
Die Überquerung des Harzes mit einer Reibungsbahn war eine technische Meisterleistung. Zur Überwindung des Höhenunterschiedes am Süd- und besonders am Nordrand wurden zahlreiche Kurven zum Ausfahren der Seitentäler angelegt. Auf der Strecke Wernigerode—Brocken mußten vier Kurven mit einem Radius von 60 m, eine

Bild 2.101 Höhenprofil der NWE

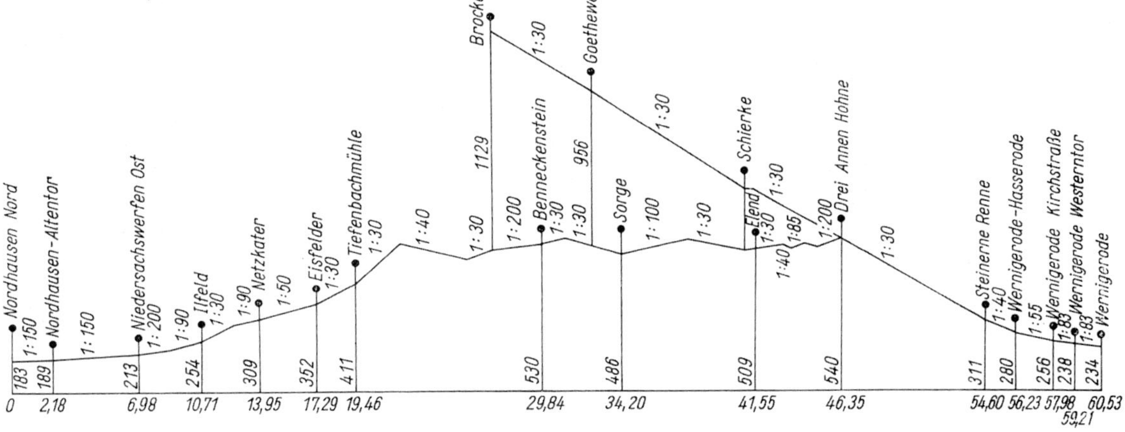

Tabelle 2.56 Technische Daten der Dampflokomotiven der Harzquer- und Brockenbahn (NWE/DR)

Betriebsnummer NWE		3	11	21″	41″	31	6	7	41
Betriebsnummer DR		995803	995901	996001	995906		996101	996102	—
Bild 2.103		a, c	b	d	—	e	f	f	g
Bauart	—	Bn2t	B′Bn4vt	1′C1′h2t	B′Bn4vt	C′Cn4vt	Ch2t	Cn2t	1′D1′h2t
Höchstgeschwindigkeit	km/h	30	30	50	30			30	
Zylinderdurchmesser	mm	300	2×285/425	420	2×280/425	2×380/600	430	400	500
Kolbenhub	mm	450	500	500	500	500	400	400	500
Steuerung	—	Ha	Ha	Ha	Ha	Ha	Ha	Ha	Ha
Kesseldruck	kp/cm²	10	14[1])	14	12	12		14	14
Rostfläche	m^2	0,7	1,388	1,56	1,356	1,9	1,4	1,5	2,0
Heizfläche Feuerbüchse	m^2	3,1	5,24	7,36	5,57	7,15	4,76	5,09	7,1
gesamt	m^2	38	61,34	72,00	67,87	110,6	51,35	69,65	87
Überhitzer	m^2	—	—	25,2	—	20,5	18,30	—	35
Wasservorrat	m^3	1,83	5	5	3,77	6		4,0	6
Kohlevorrat	t	0,75	1,5	2	1,1	2		1,1	1,6
Treibraddurchmesser	mm	900	1000	1000	1000	1000		800	1000
Laufraddurchmesser	mm	—	—	600	—	—	—	—	600
Achsstand gesamt	mm	1700	4600	6060	4670	6200		2500	7300
Länge über Puffer	mm	6250	8875	8910	9400	11300		7734	10400
Lokbreite	mm	2436	2600	2600	2700	2650		2500	2600
Lokhöhe über SO	mm	3270	3900	3650	3800	3740		3650	3750
Lokmasse leer	t	12,4	28	37,84	28,5	44		26	38,6
betriebsfähig	t	16	36	47,58	36	54		32	48
Zugkraft	Mp	2,7	5,69	7,4	4,87	13,0	7,76	6,72	10,5
Leistung	PSi	155	255	540	270	500	380	300	

[1]) 1924 neuer Kessel [2]) Regelspur

mit 65 m, sechs mit 70 m, fünf mit 75 m, zehn mit 80 m, drei mit 85 m, fünf mit 90 m, eine mit 95 m und fünfundzwanzig Kurven mit 100 m Radius angelegt werden. Markante Bogen sind die Kehre beim Bahnhof Steinerne Renne, der Bogen um den Königsberg und die Brockenspirale. Obwohl die Luftlinie zwischen Wernigerode und dem Brocken nur 13,3 km beträgt, mußte die Streckenlänge auf 33,0 km entwickelt werden. Auf dieser Strecke wurde auch der einzige Tunnel der Bahn angelegt (siehe Bild 1.18). Für den Dammbau durch das Brockenmoor war es notwendig, 90000 m^3 Erde bis auf den Felsgrund auszuheben.

Neben einer größeren Zahl verschiedener Lokomotivbaureihen sind für die Bahn zwei Lokomotivgattungen charakteristisch: die Mallet-Lokomotiven und die 1′E1′ des VEB Lokomotivbau „Karl Marx" Babelsberg (LKM). Die Mallet-Lokomotiven bewährten sich viele Jahrzehnte. Mehrere Lokomotiven wurden zwischen 1954 und 1963 zu anderen Bahnen (Gernrode, Gera-Pforten) umgesetzt.

1954 testete der VEB LKM drei neue Lokomotiven auf der Harzquerbahn, die aus der Baureihe 99^{22} weiterentwickelt waren. Nach Veränderungen des Laufwerkes, dem Entfernen des Spurkranzes bei der mittleren Treibachse und der Verstärkung des Oberbaues konnte diese Baureihe die bisherigen Zuglokomotiven ersetzen. Damit war zugleich der Rollwagenverkehr auf allen Strecken (auch bis zum Brocken) möglich. Im Sommer 1976 wurde die 997244 (ex 99244) auf Ölhauptfeuerung umgestellt.

51	61"	—
99 6011	98 6213[2])	99 231
j	—	—
(1'B)'B1'h4vt	Bn2t	1'E1'h2t
30		40
2×360/560	320	500
400		
Ha		Ha
14	12	14
1,99	0,95	1,4
9,05		10,4
85,89	56,2	95,5
22		30
6	3,5	8,0
2,5	1,4	4,0
850	1 000	1 000
600	—	550
7800	2500	8700
10350	7716	12500
2860	2600	2645
3800	3795	3650
43,5	18,5	48
53	24,0	61
13,1		10,5
650		700

Insgesamt waren drei Triebwagen im Einsatz. Während der erste (T 1) mit Sitzplätzen ausgestattet war, sind die T 2 und T 3 mit einem Gepäckraum an Stelle des Fahrgastraumes ausgeliefert worden. Der T 3 ist heute noch als 185025 für Arbeitszüge im Einsatz.
Das Gebäude des Bahnbetriebswerkes der Harzquerbahn wurde 1926 am Bahnhof Wernigerode Westerntor neu aufgebaut. Lokomotivschuppen stehen außerdem im Bahnhof Wernigerode, Benneckenstein, Hasselfelde, Ilfeld und Nordhausen Nord.
Auf der Harzquerbahn fanden wiederholt Versuchsfahrten mit Neubautriebfahrzeugen statt. So wurden hier ein AEG-Öltriebwagen und ein Triebwagen für Venezuela getestet. Die Probelokomotive V 30c, mit der hier Versuche für eine Lieferung an die Indonesische Staatsbahn gefahren wurden, kaufte die DR, rüstete sie mit Motor und Getriebe der DDR-Produktion aus und stationierte sie ab 1970 ständig beim Bw Wernigerode Westerntor für Arbeits- und Hilfszüge als V 30001c.
Auch Aufträge von Museumseisenbahnen zur Aufarbeitung, Erprobung und Auslieferung historisch wertvoller Dampflokomotiven wurden von diesem Bahnbetriebswerk ausgeführt.
Zweimal war eine Regelspurlokomotive im Besitz der NWE, die auf dem regelspurigen NWE-Gleis Nordhausen Nord—Altentor eingesetzt wurde. Da sich hier das Projekt für ein Dreischienengleis bis Ilfeld zerschlagen hatte, war 1922/1923 zur Bedienung von Anschlüssen das regelspurige Gleis verlegt worden.
Als Personenwagen hatte die NWE von Anfang an Wagen mit Drehgestellen beschafft. Es gab bis 1914 bei dem 4-Klassen-System sogar die 1. Klasse und bis 1950 einen Salonwagen (NWE Nr. 100). Mehrere Wagen wurden als seitlich offene Aussichtswagen beschafft. Die meisten der noch heute eingesetzten Personenwagen sind in den 20er Jahren von der Waggonfabrik Wismar gebaut. Die Reisezugwagen haben offene Bühnen und für das Zugpersonal Übergänge von Wagen zu Wagen. Sie sind mit Hardy- oder mit Körting-Saugluftbremse ausgerüstet.

Bild 2.102
Zug der Harzquerbahn mit Lok 99 7241 und rotweißen Wagen am Bahnhof Drei Annen Hohne (1974)
Foto: Böhme

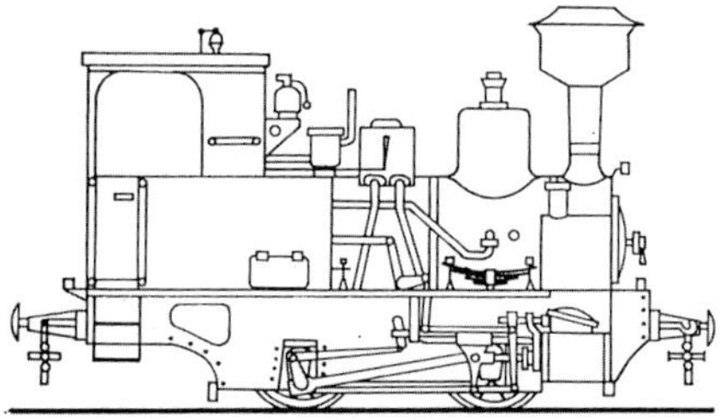

a

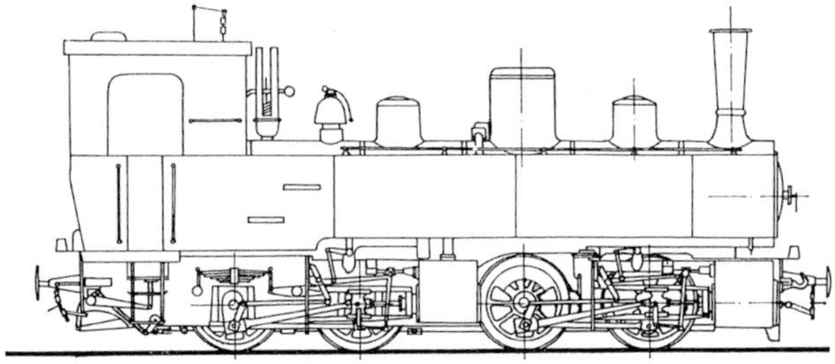

b

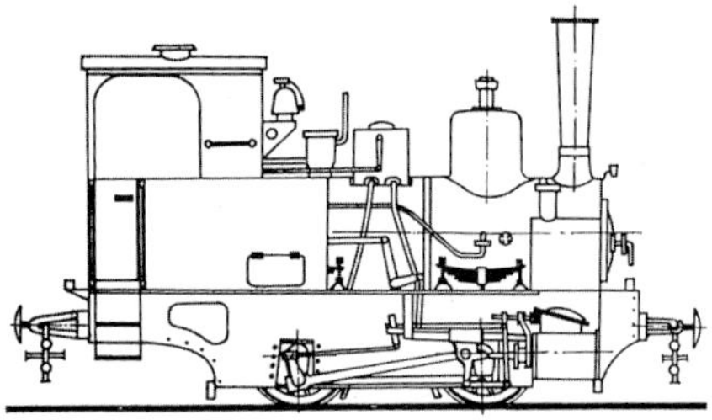

c

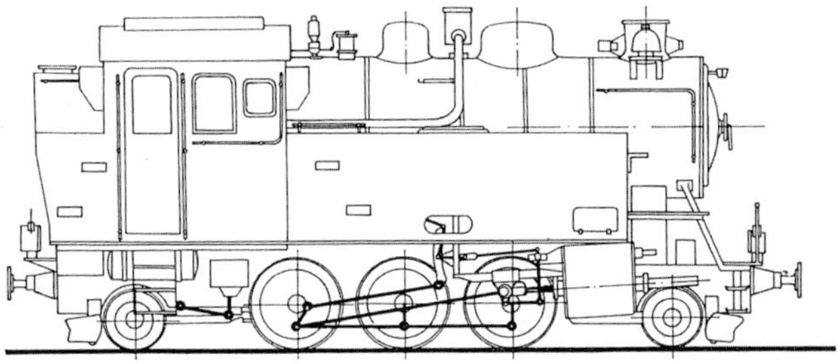

d

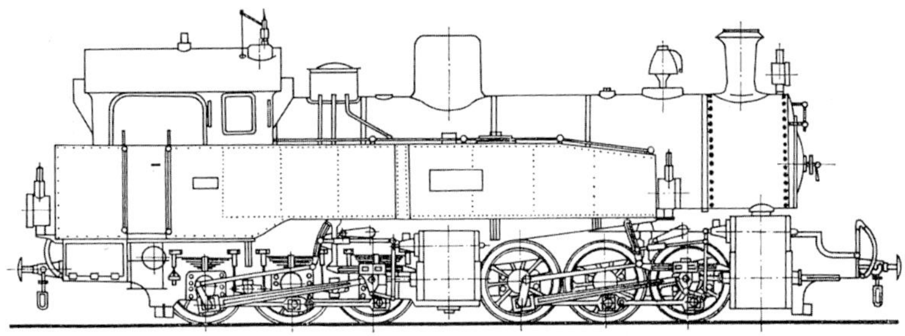

e

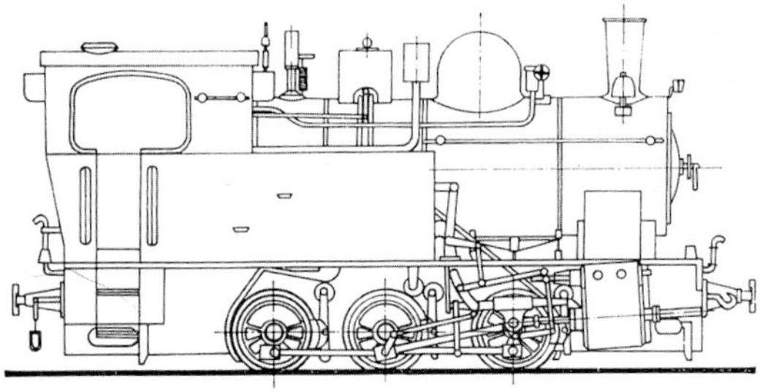

f

Bild 2.103 Lokomotiven der NWE und der Harzquerbahn (DR)

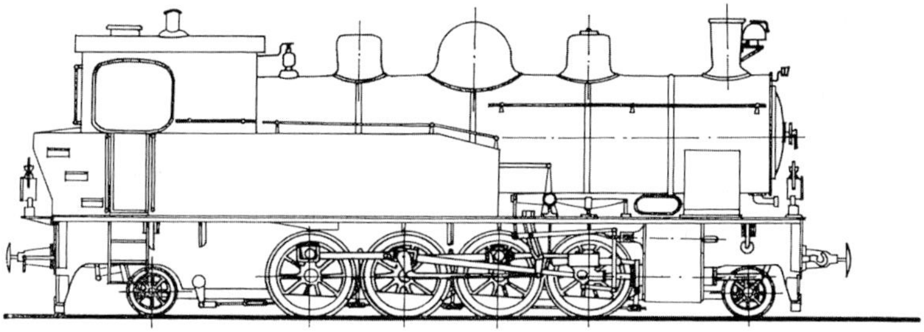

g

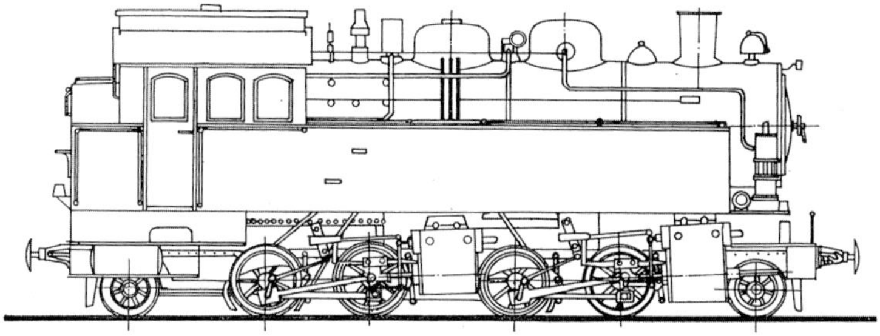

h

Fünf Personenwagen wurden Mitte der 50er Jahre zu kombinierten Gepäck-/Personenwagen umgebaut. Mehrere Wagen kamen nach 1950 von Eisfeld und von Zittau hierher. Bei den Zittauer Wagen war ein Umbau nach den Abmessungen der Meterspur erforderlich.

1897 lieferte Herbrandt sechs zweiachsige Gepäckwagen, teilweise auch mit Postabteil. Vier vierachsige Gepäckwagen, davon drei mit einem Postabteil, erhielt die NWE 1900 aus Köln. Die Postabteile wurden Ende der 30er Jahre ausgebaut. Von den zweiachsigen Gepäckwagen war Nr. 154 im Jahre 1934 zu einem Heizkesselwagen und nach 1945 zu einem Gerätewagen umgebaut worden.

Bei den Güterwagen gab es eine Vielfalt von Gattungen. Die gedeckten zweiachsigen Wagen – überwiegend von Görlitz beschafft –

Bild 2.104
Bahnhof Wernigerode mit den Lokomotiven 99 6102, 99 246 und 99 243 (1969)
Foto: Kieper

Tabelle 2.57 Technische Daten der Wagen der NWE

Gattung		PwPost	G	O	PwC	O	O	O	PwC	H
Bild 2.105		a	b	c	d	e	—	g	h	i
Hersteller	—		Hof						Gotha	
Baujahr	—		1896	1897		1896			1929	1897
Anzahl	Stck									
Länge über Puffer	mm	7500	5600	5600	6520	11100	10740	6700	12700	4100
Wagenkastenlänge	mm	5900	4500	4500	4700	10000		5520	10030	3000
Wagenkastenbreite	mm	2150	2300	2200	2300	2200		2520	2520	2300
Achsstand/Drehzapfenabstand	mm	3200	2200	2200	2220	7200	6630	3000	8800	1400
Drehgestellachsstand	mm	—	—	—	—	1200	—	—	1200	—
Sitzplätze 2. Klasse	—	—	—	—	—	—	—	—	—	—
3. Klasse	—	—	—	—	29	—	—	—	31	—
4. Klasse	—	—	—	—	—	—	—	—	—	—
Tragfähigkeit	Mp						15,0		1,1	
Ladefläche	m²	12,58	10,03	9,46	—	21,17			5,9	
Laderaum	m³		20,06						14,6	

noch Tabelle 2.57 Technische Daten der Wagen der NWE

Gattung		PwC	C	O[3]	Kübelwagen	off. Güterwagen[5]	BC	G[7]
Bild 2.105		u	v	w, k	x	z	b′	a′
Hersteller	—	Wis (Gotha)		Wei	Krupp	Gör		Hof
Baujahr	—	1928 (1926)		1899	1929	1906	1906	1896
Anzahl	Stck							
Länge über Puffer	mm	12730	11400	11290	6600	6600		6520
Wagenkastenlänge	mm	9520		11190	2050[4]	5430	8660	4700
Wagenkastenbreite	mm	2455		2300		2480	2520	2300
Achsstand/Drehzapfenabstand	mm	8800		7000	3000	3000	6400	2820
Drehgestallachsstand	mm	1200		1200	—	—	3250	—
Sitzplätze 2. Klasse	—	—	—	—	—	—	16	—
3. Klasse	—		44	48	—	—	32	29
4. Klasse	—	31	—	—	—	—	—	—
Tragfähigkeit	Mp	—	—	15,5	—	10,5	—	—
Ladefläche	m²	—	—	—	—	13,08	—	—
Laderaum	m³	—	—	—	4,0[4]	16,35/11,77[6]		

[1]) für Dreischienengleis und Rollbockbetrieb
[2]) für Rollbockbetrieb
[3]) mit Einrichtungen für Personenbeförderung (Sommerwagen)
[4]) je Kübel

Pw	Gw	Pw	Gw	C	Zwischenwagen[1])	Personenwagen	Zwischenwagen[2])	BC	C	C
j	f	l	m	n	p	o	q	r	s	t
Her	Gör	HLW	Wei	Her	Wis	Her	Wis	Wis	Ess	
1900	1912	1900	1899	1897	1922	1897	1922	1922	1934	1935
			2							
11000	7900	11200	6650	11810	7320	11810	7320	14700	12710	12250
9470	6000			8610	4750	8610	4750	11330	10870	9480
2460	2150	2410	2300	2360	2800	2360	2800	2750	2600	2655
6700	3200	7000	2800	8000	2500	8000	2500	9000	7075	7500
1200	—	1200	—	1200	—	1200	—	1450	2000	1300
—	—	—	—	—	—	—	—	16	—	—
—	—	—	—	46	—	48	—	36	50	48
—	—	—	—	—	—	—	—	—	—	—
	10,0	10,0	7,5	—	5,5	—	5,5	—	—	—
12,2	14,2	24,3	9,8	—	13,0	—	13,0	—	—	—
			30,25	—	—	—	—	—	—	—

G	Pw	O	O	Heizkesselwagen[8])	Personenwagen	off. Güterwagen	ABC	O	PwPost
	d′	e′	f′	i′	y	g′			—
Hof			Gör	Wis	Wis	Hof	Gör		
1899	1906	1899	1909	1934	1924	1899	1910	1897	1900
				1					
11100	7500	10670	6500	7430	14270	4500	14800	3300	11100
10000	6400	9570	5430		11000	3400		4500	9300
2410	2240	2400	2480	2210	2400	2400	2580	2200	2596
7000	3200	6600	3000	3150	9000	1800	9500	2200	6700
1200	—	1200	—	—	1400	—	1500	—	1200
—	—	—	—	—	46	—	6[9])/6	—	—
—	—	—	—	—	—	—	28	—	—
—	—	—	—	—	—	—	—	—	—
[illegible]5,5	10,5	15,5	10,5			10,5			
[illegible]3,3	14,1	23,0	13,08			8,0			
[illegible]8,9	20,0					7,2			

) mit Einrichtungen für Langholztransport
) ohne aufgesetzte Borde

7) mit Sitzplätzen
8) umgebaut aus Pw/Post Nr. 154

9) 1. Klasse; 1. und 2. Klasse mit Klapptischen

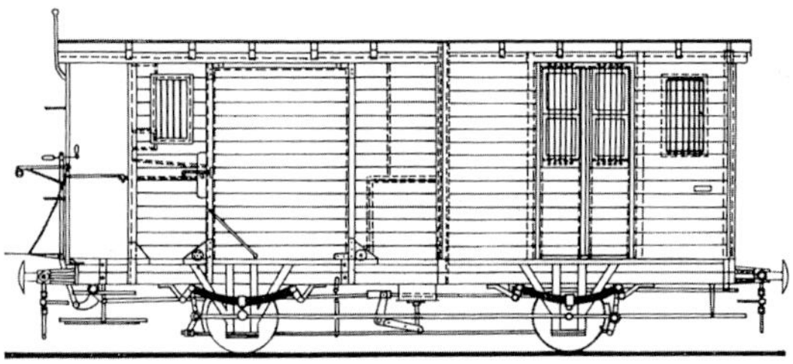
a

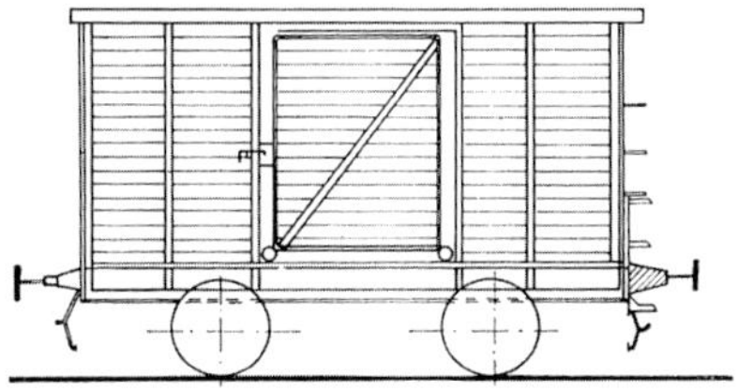
b

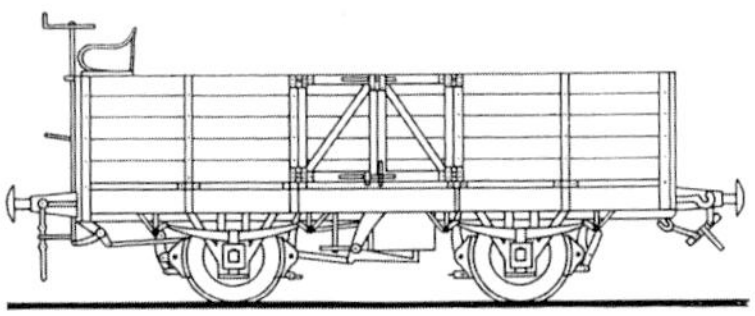
c

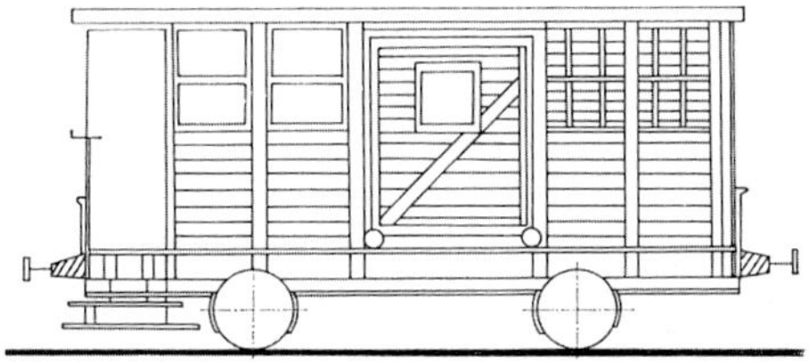
d

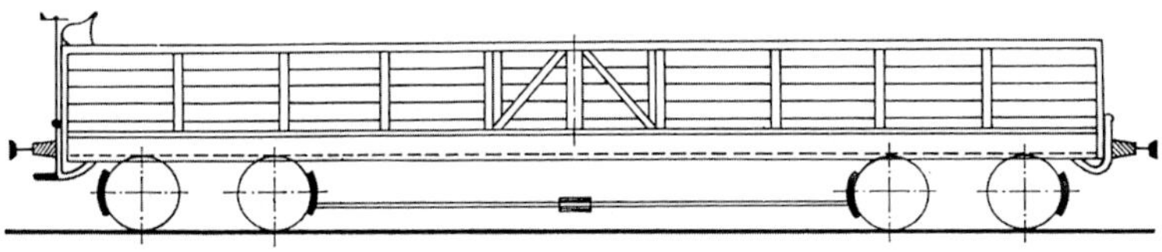
e

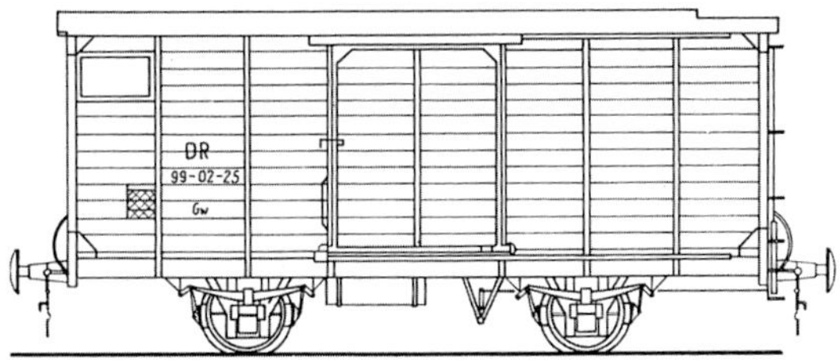

f

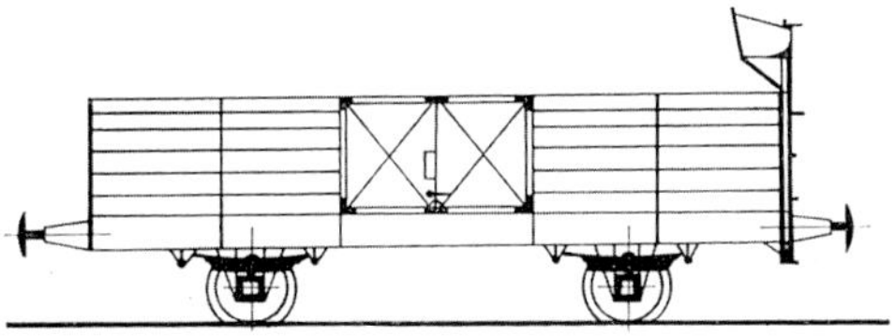
g

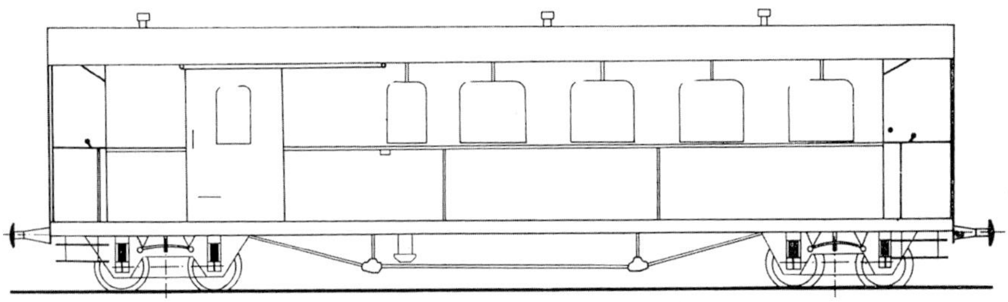
h

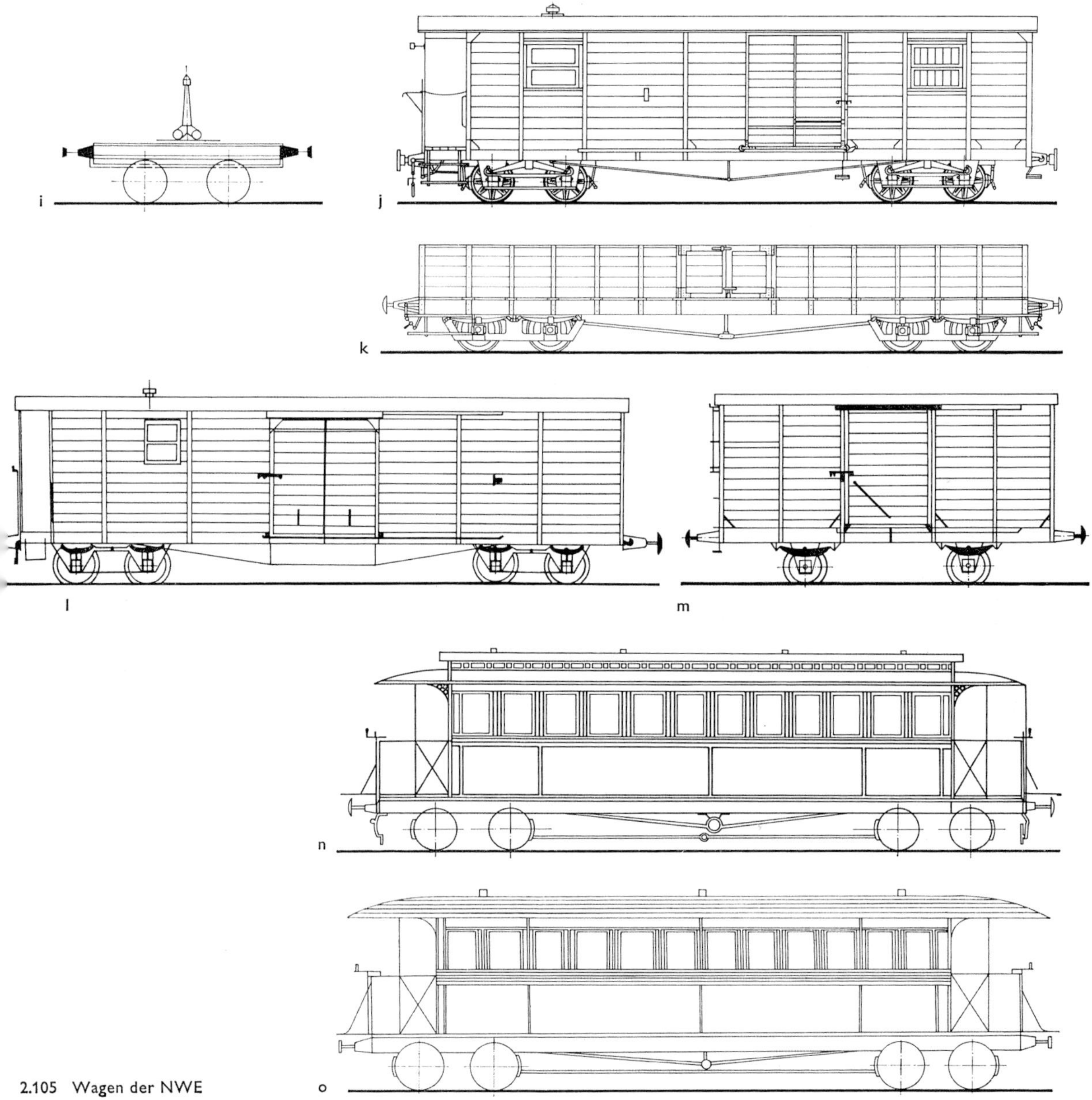

2.105 Wagen der NWE

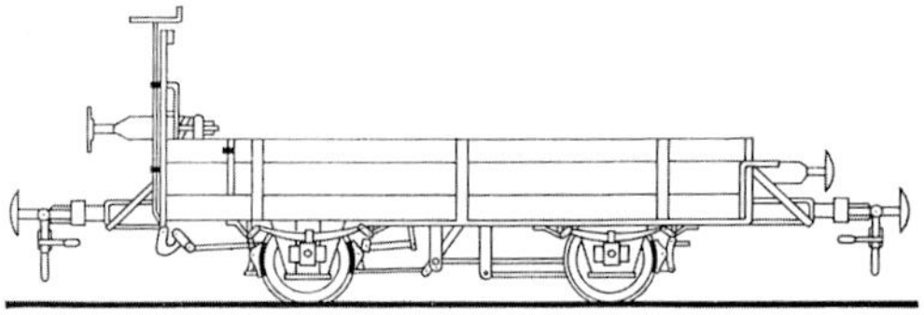

p

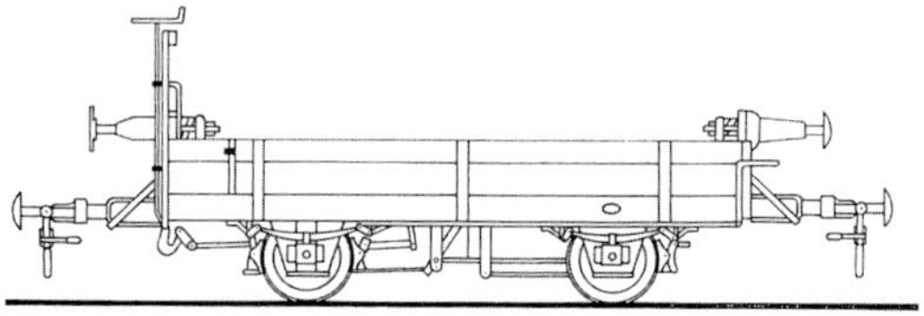

q

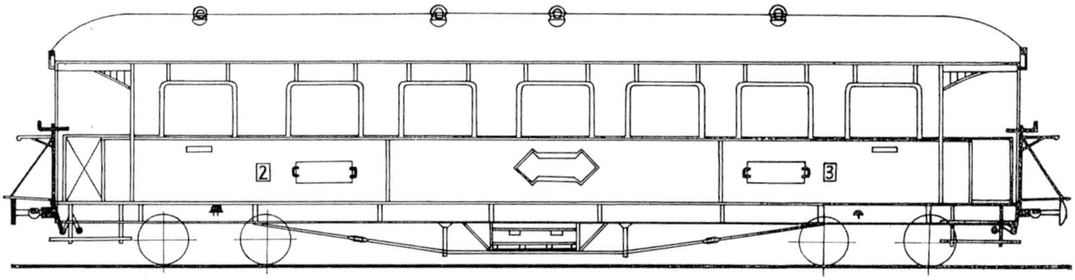

r

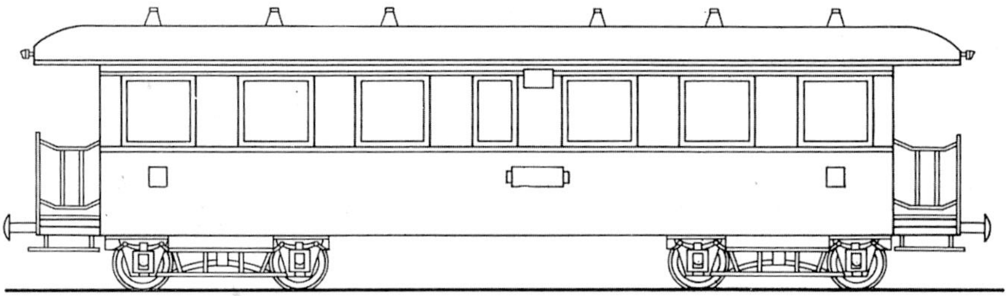

s

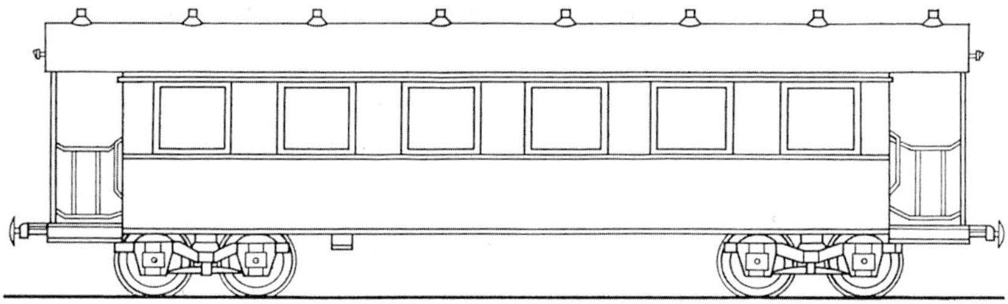

t

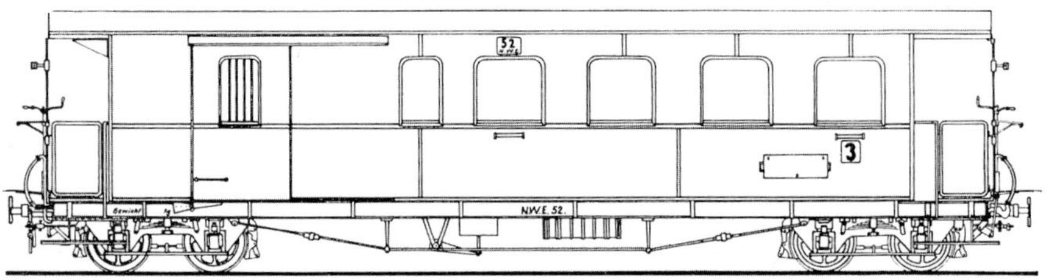

u

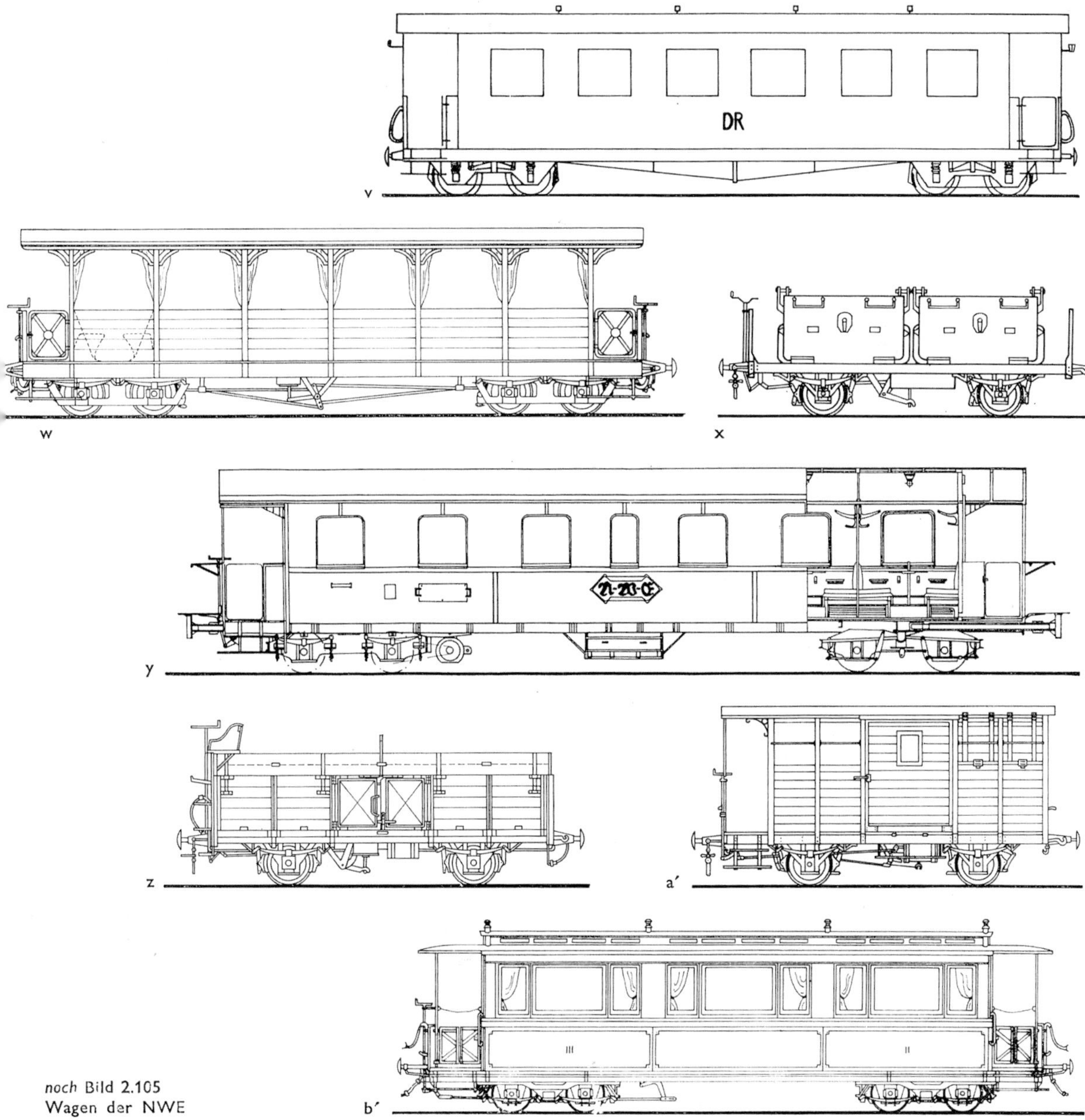

noch Bild 2.105
Wagen der NWE

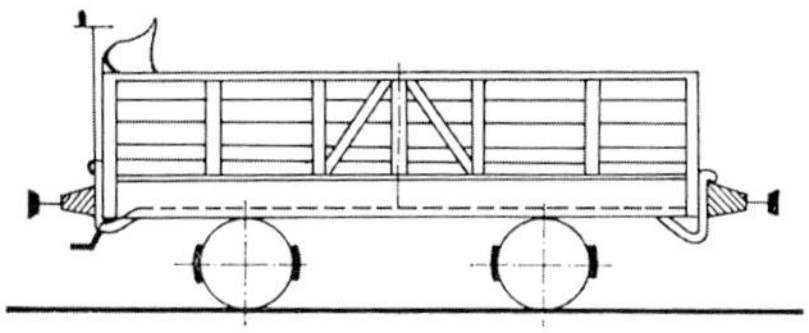
c′

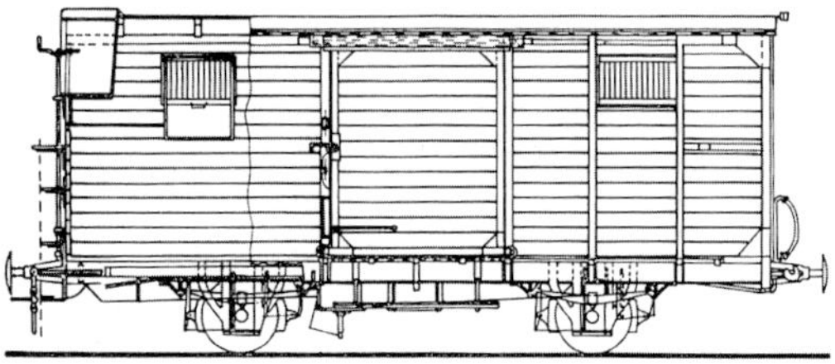
d′

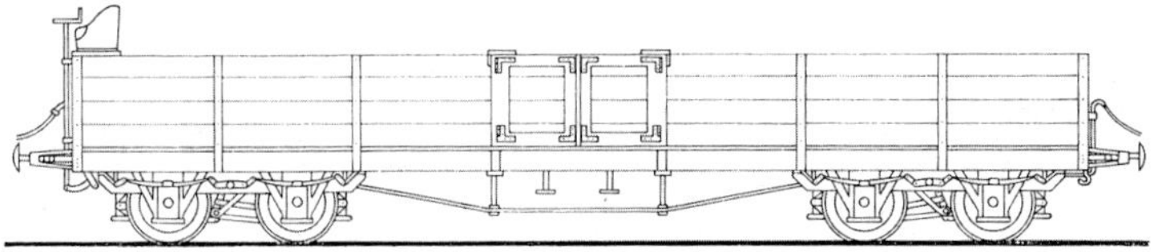
e′

noch Bild 2.105 Wagen der NWE

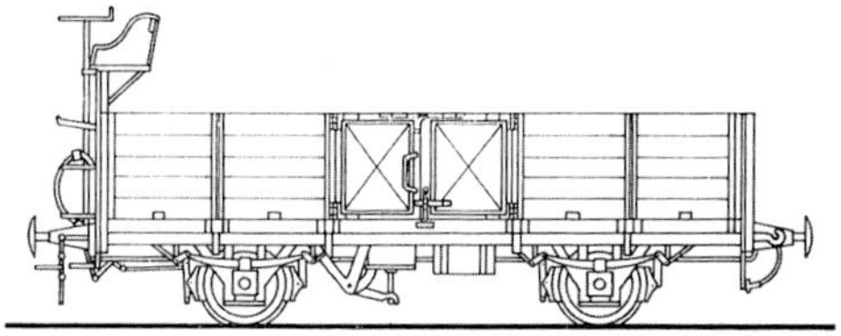
f′

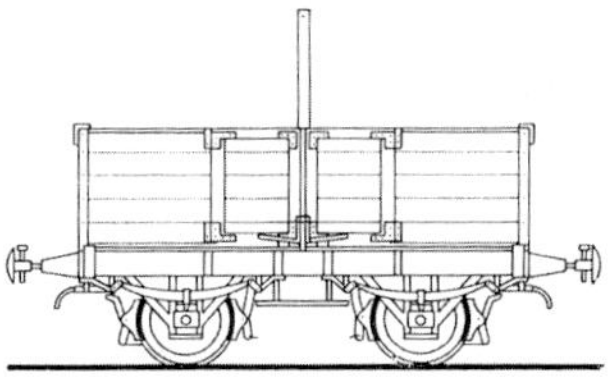
g′

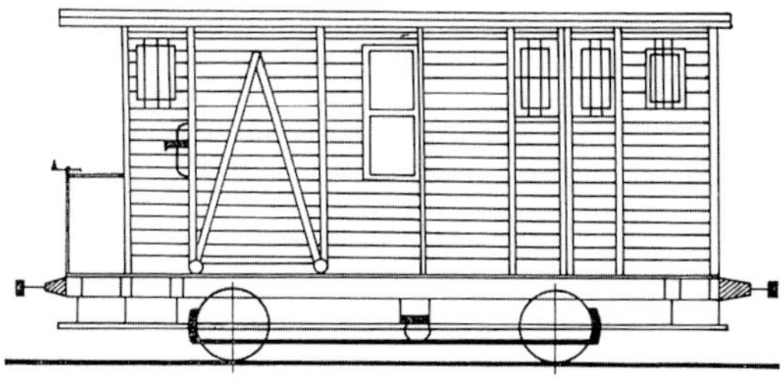
h′

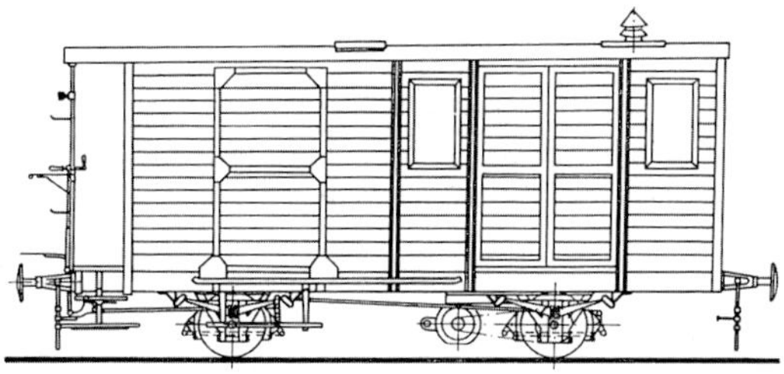
i′

hatten einen Bremsersitz oben am Dach (sogenannter Kutschersitz). Die vierachsigen offenen Wagen lieferte meist Herbrandt, die Drehschemelwagen für den Holztransport LHW.

15 Wagen für den Holztransport wurden 1930 in eigener Werkstatt zu Kübelwagen für den Schottertransport umgebaut. Diese Wagen pendelten hauptsächlich zwischen Birkenmoor und Nordhausen. Während des zweiten Weltkrieges beschaffte die NWE zum Steinetransport auch Rungenwagen mit einer Tragfähigkeit von 30 Mp und Lastabbremsung aus Wismar.

Auf den Streckenabschnitten Wernigerode Westerntor—Hasserode und Nordhausen Nord—Ilfeld werden die Güterwagen mit Rollböcken befördert. Für alle übrigen Bahnhöfe wurden 1960 Rollwagen (Raw Jena) beschafft, so daß 1963 der Umladebetrieb eingestellt werden konnte. Seit 1971 sind Rollwagen der Spreewaldbahn, seit 1973 auch von Eisfeld in Nordhausen und Wernigerode Westerntor für den erforderlichen Bremsumbau abgestellt.

Bild 2.106
Zwischen Lokomotive und auf Rollböcken aufgesetzten Güterwagen wird ein Zwischenwagen eingesetzt, der die Verbindung zu den unterschiedlichen Kupplungen herstellt
(1974)
Foto: Preuß

Für das Rangieren mit der Schmalspurlokomotive und regelspurigen Güterwagen auf dem Dreischienengleis in Wernigerode wurden Zwischenwagen eingesetzt. Andere Zwischenwagen gestatten durch die erhöhte Pufferstellung das Abstoßen beim Rangieren mit Wagen auf Rollböcken.

2.4.2. Gernrode—Harzgerode/ Hasselfelde (Gernrode-Harzgeroder Eisenbahngesellschaft; 1000 mm)

Ausgangspunkt der Bahn ist Gernrode an der regelspurigen Strecke Aschersleben—Quedlinburg. Die Bahn berührt die mit Laubwald umgebenen Orte des Ostharzes. Da die Strecke zum Teil an dem Flüßchen Selke entlang führt, hat sich seit

Tabelle 2.58 Strecken der GHE

Bahnhofsname	Entfernung km	Höhenlage über NN m	Eröffnung	Bemerkungen
Gernrode (Harz)	0,0	204		
Osterteich	1,3			1946 aufgelassen
Sternhaus-Haferfeld	5,7	381	7. 8. 1887	
Sternhaus-Ramberg	7,0	413		
Mägdesprung	10,2	295		
Drahtzug	11,7			
Alexisbad	14,6	325	1. 7. 1888	
Harzgerode	17,5	400		
Silberhütte (Anh)	17,8	336	1. 7. 1889	
Straßberg (Harz)	21,9	363		bis 1946 Lindenberg
Fluor	23,0		1. 6. 1890	Anschluß zu den Flußspatgruben
Güntersberge (Harz)	27,1	404		
Friedrichshöhe	30,6	454		
Albrechtshaus	32,0	467	1. 12. 1891	1946 aufgelassen
Stiege	36,0	485		
Hasselfelde	40,6	452	1. 5. 1892	seit 1946 nur über
Birkenmoor	39,0	520		Eisfelder Talmühle
Unterberg	43,3		15. 7. 1905	zu erreichen
Eisfelder Talmühle	44,9	352		

Bild 2.107
Am Bahnhof Alexisbad kurz nach Eröffnung der GHE: Der Personenzug (oben) fährt nach Harzgerode, während der Güterzug mit zwei besetzten Bremsen in Richtung Stiege abzweigt
Foto: Sammlung Zieglgänsberger

einigen Jahren auch der Name Selketalbahn eingebürgert. In Alexisbad verzweigt sich die Bahn nach Straßberg (Harz) und nach Harzgerode.
Ursprünglich war schon 1853 eine Bahn in diesen Teil des Gebirges geplant. Geländeschwierigkeiten und damit verbunden hohe Baukosten und die damals komplizierten Grenzverläufe (Preußen, Anhalt, Braunschweig) verhinderten das Vorhaben. Doch der Bau der regelspurigen Strecke von Ballenstedt nach Quedlinburg ermunterte die Wirtschaft zu erneuten Vorstößen, zumindest eine Verbindung von dieser Bahn nach Harzgerode für die umliegenden Erzbergwerke und Hütten zu schaffen. Schließlich wurde 1886 die Aktiengesellschaft „Gernrode-Harzgeroder Eisenbahngesellschaft" (GHE) gegründet. Die anhaltische Regierung erteilte am 14. Oktober 1886 die Baugenehmigung für eine Spurweite von 1 000 mm.
Trotz schwierigen Geländes konnte das erste Teilstück Gernrode—Mäg-

Tabelle 2.59

Jahr	1890	1900	1908	1928	1935	1942	1945	1967	1975
Dampflokomotiven	4		9		9		9	8	6
Triebwagen	—		—		1		1	1	1
Reisezugwagen	9		29		24		24	11	11
Gepäckwagen	3		7		6		6	3	2
Güterwagen	30		98		85		79	51	40
Spezialwagen	6		8		12		18		8
Beförderte Personen		507 643	854 046[1])	963 570	702 692	1 739 678			
Beförderte Güter (t)		57 348	159 049[1])	223 597	225 999	195 597			
Beförderte Personen im Autobus				233 148	107 294	280 608			

[1]) 1909

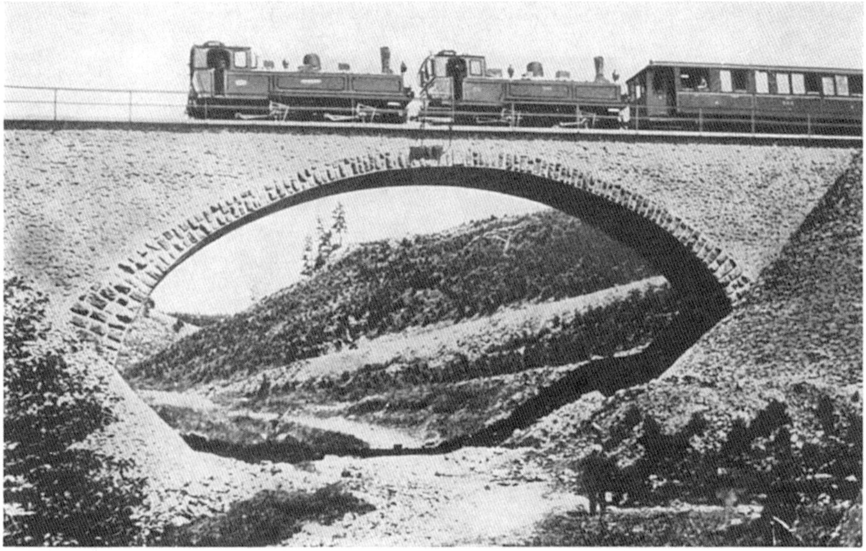

Bild 2.108
Am Zug die Lokomotiven BRAUNSCHWEIG und ANHALT, die nach dem 1. Weltkrieg nicht mehr zur GHE zurückkehrten
Foto: Sammlung Röper

desprung bereits nach 9monatiger Bauzeit am 7. August 1887 eröffnet werden. Eine längere Verbindung von hier nach Aschersleben kam aber nie zur Ausführung.
Bedeutende Einnahmen aus dem Gütertransport versprach auch das Gebiet westlich von Harzgerode, da sich bei Silberhütte eine Schmelzgrube für die benachbarten Erzgruben (Zink, Eisen, Kupfer, Blei, Silber, Schwefelkies) und Schächte bei Straßberg (Flußspat und Quarz) befanden. Ebenso war die Holzverarbeitung zu berücksichtigen. Deshalb wurde 1889 der Abschnitt Alexisbad—Silberhütte eröffnet. Hier bestand von 1882 bis 1912 die Erzbahn Neudorf—Silberhütte (Spurweite 750 mm).
Von der Station Fluor führt ein 1,5 km langes Anschlußgleis zum Flußspatschacht.
Nach Güntersberge durfte die Grenze von Anhalt und Braunschweig überquert werden, da am 5. August 1891 die Regierung von Braunschweig die Baukonzession erteilt hatte.
Um der Ostharzer Holzindustrie weitere Absatzmöglichkeiten zu erschließen und um die Einnahmen aus dem sich erweiternden Personenverkehr zu verbessern, wurde am 15. Juli 1905 der Anschluß im Bahnhof Eisfelder Talmühle an die NWE eröffnet. Dadurch waren mit der Schmalspurbahn nahezu Rundfahrten durch den Harz möglich. Die Linie von Gernrode nach Wernigerode hatte immerhin eine Länge von 88,1 km, von Gernrode zum Brocken 72,96 km!
Die ökonomischen Erwartungen der GHE wurden jedoch nicht erfüllt, deshalb unterbrach die Bahn 1924 ihren Betrieb zwischen Stiege und Eisfelder Talmühle vorübergehend. Dafür richtete sie ab 24. Februar 1925 mit drei Autobussen auf 122 km einen Ergänzungsverkehr ein mit Linien von Harzgerode nach Gernrode, nach Ballenstedt, nach Neudorf, nach Stiege, nach Abberode, nach Silberhütte und nach Stollberg.
Der zweite Weltkrieg zwang zu starken Einschränkungen im Personenverkehr, während der Güterverkehr anwuchs. Nach Kriegsende mußte die GHE als Reparationsleistung an die Sowjetunion fast vollständig abgebaut werden. Da die Industrie aber dringend einen Eisenbahnanschluß für die Abfuhr des Flußspates forderte, wurde der Wiederaufbau der Bahn durch die sowjetische Militäradministration genehmigt, 1947 begonnen und bis Harzgerode sowie Straßberg ausgeführt.
Die Bahn wurde als volkseigenes Unternehmen am 1. Januar 1949 der Regierung von Sachsen-Anhalt

Bild 2.109
Bahnhof Alexisbad
(vor 1945)
Foto: Sammlung Kieper

Tabelle 2.60 Triebfahrzeuge der GHE/DR

Betriebsnummer/Name GHE	DR	Bauart	Hersteller	Baujahr	Fabriknummer	Bild	Bemerkungen
Dampflokomotiven							
SELKE	—	Cn2t	Hen	1887	2226	2.111 a	1946 an UdSSR
GERNRODE	99 5811	Cn2t	Hen	1887	2227	2.111 a	+ 1967
HARZ-GERODE	—	Cn2t	Hen	1887	2228	2.111 a	1946 an UdSSR
GÜNTHERS-BERGE	—	Cn2t	Hen	1888	2703	2.111 a	1946 an UdSSR
ALEXISBAD	—	Cn2t	Hen	1890	3350	2.111 a	1946 an UdSSR
HASSEL-FELDE	—	Cn2t	Hen	1890	3351	2.111 a	1946 an UdSSR
ANHALT	—	B'Bn4vt	Bor	1905	5465	2.111 b	1914 an HF
BRAUN-SCHWEIG	—	B'Bn4vt	Bor	1905	5466	2.111 b	1914 an HF
PREUSSEN	—	B'Bn4vt	Bor	1905	5467	2.111 b	1914 an HF
20	—	Dn2t	O & K	1910	3826	2.111 c	1946 an UdSSR
21	—	Eh2t	O & K	1928	11746	2.111 d	1946 an UdSSR
22	—	Eh2t	O & K	1928	11747	2.111 d	1946 an UdSSR
Triebwagen							
T 1	VT 133 522	A 1	Dess	1933		1.40 c	Seit 1. 6. 1970: Nr. 187 001

noch Tabelle 2.60 Triebfahrzeuge der GHE/DR

Betriebsnummer/Name GHE	DR	Bauart	Hersteller	Baujahr	Fabriknummer	Bild	Bemerkungen
Vom Bw Wernigerode Westerntor zeitweilig in Gernrode eingesetze Dampflokomotiven							
—	99 5631	C1'n2t	Schn	1890		2.19 e	1954 in Wernigerode aufgearbeitet; 1958 nach Barth
—	99 5632	C1'n2t	Schn	1890		2.19 e	1954 in Wernigerode aufgearbeitet; + 1960
—	99 5901	B'Bn4vt	Jung	1897	258	2.103 b	Reserviert für Verkehrsmuseum Dresden
—	99 5902	B'Bn4vt	Jung	1897	261	2.103 b	
—	99 5903	B'Bn4vt	Jung	1898	345	2.103 b	
—	99 5904	B'Bn4vt	Jung	1901	464	2.103 b	
—	99 5905	B'Bn4vt	Jung	1901	465	2.103 b	
—	99 5906	B'Bn4vt	Karl	1918	2052		
—	99 6001	1'C1'h2t	Krupp	1939	1875	2.103 d	
	99 6011	(1'B)'B1'h4vt	Bor	1922	11382	2.103 h	+ 16. 8. 1966
—	99 6101	Ch2t	Hen	1914	12879	2.103 f	
—	99 6102	Cn2t	Hen	1914	12880	2.103 f	

Tabelle 2.61
Technische Daten der Dampflokomotiven der GHE

Betriebsnummer GHE		Ortsnamen	Ländernamen	20	21; 22
Betriebsnummer DR		99 5811	—	—	—
Bild 2.111		a	b	c	d
Bauart	—	Cn2t	B'Bn4vt	Dn2t[2])	Eh2t[3])
Höchstgeschwindigkeit	km/h	30			30
Zylinderdurchmesser	mm	300	2 × 295/400	430	500
Kolbenhub	mm	500	420	500	500
Steuerung	—	Aa	Ha	Ha	Ha
Kesseldruck	kp/cm²	12	12	12	14
Rostfläche	mm²	0,82	1,2	1,3	2
Heizfläche Feuerbüchse	m²			6,7	7,82
gesamt	m²	41,7[1])	70	67,8	69,3
Überhitzer	m²				25,5
Wasservorrat	m³	3	4	4	5
Kohlevorrat	t	0,5	1,5	2	2
Treibraddurchmesser	mm	910	900	950	900
Laufraddurchmesser	mm	—	—	—	—
Achsstand gesamt	mm	2250	4750	4350	4700
Länge über Puffer	mm	7800	9250	9065	
Lokbreite	mm	2500	2350	2650	2690
Lokhöhe über SO	mm	3700	3470	3650	3800
Lokmasse leer	t	20	24,5	33	42,5
betriebsfähig	t	23,8	32	42	53
Zugkraft	Mp	3,56	5,37	7,0	11,6
Leistung	Psi	200	300	340	530

[1]) nur Rohrheizfläche
[2]) Klien/Lindner-Hohlachsen
[3]) Luttermöller-Endachsen

Bild 2.110
Zug mit der Lok 99 5902 am höchsten Punkt der Bahn bei Sternhaus-Ramberg (1972)
Foto: Preuß

unterstellt und danach von der DR übernommen.
Eine Verbindung von Straßberg nach Hasselfelde ist seitdem nicht mehr zustande gekommen. Die Bahn hat heute noch einen bedeutenden Gütertransport zu bewältigen. Der Personenverkehr ist infolge günstiger Buslinien zwischen Quedlinburg, Ballenstedt und Harzgerode von untergeordneter Bedeutung.
Da jedoch immer mehr Touristen diese landschaftlich und auch technisch reizvolle Bahn Jahr für Jahr benutzen, gehört sie mit zu den Touristenbahnen, die von der DR weiterhin betrieben werden. So sieht eine Konzeption zur Rationalisierung der Schmalspurbahnen im Harz bis 1980 den Wiederaufbau der Strecke Straßberg (Harz)—Stiege vor. [110] Dabei wäre die traditionelle Verbindung zur Harzquerbahn hergestellt, der Einsatz von Rollfahrzeugen

Bild 2.111 Lokomotiven der GHE

Bild 2.112
Rangierfahrt
mit Lok 99 5904
im Bahnhof Alexisbad
(1974)
Foto: Preuß

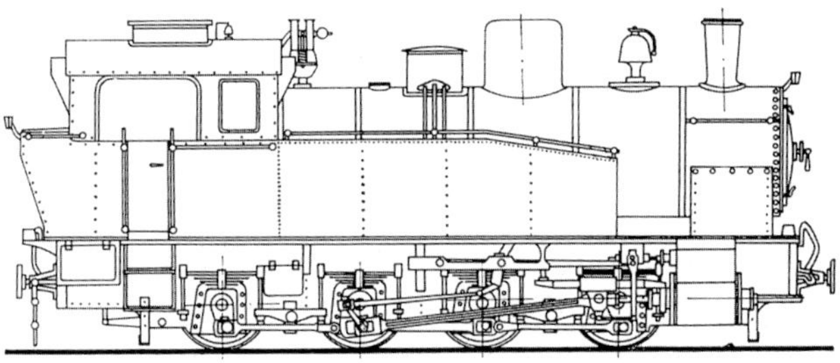

c

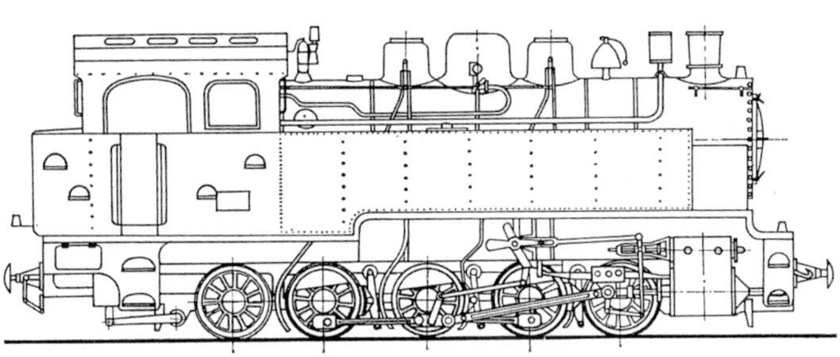

d

im Güterverkehr möglich, und der Umladebetrieb in Gernrode könnte entfallen.
Für die GHE wurde ein separater Bahnhof dicht am Staatsbahnhof Gernrode (Harz) angelegt. Im westlichen Teil sind die Rangiergleise und die Umladestelle eingerichtet. Hauptsächlich wegen der Krümmungsverhältnisse ist ein Wagenladungsverkehr mit Rollfahrzeugen bisher nicht möglich gewesen. So müssen alle Güter von und nach der Selketalbahn in Gernrode mit einer Krananlage umgeladen werden.
Die ersten Lokomotiven waren sechs Cn2-Tenderlokomotiven. Sie erhielten ihre Bezeichnung zunächst nach den Orten an der Strecke. Alle Maschinen hatten außenliegende Allan-Steuerung mit Flachschieber und Ramsbottom-Sicherheitsventil und sollen sich trotz der besonderen Anforderungen, die die Selketalbahn

Tabelle 2.62 Technische Daten der Wagen der GHE

Bezeichnung		A4	C4	BC4	BC4	BC4	BC4	PwPost	PwPost	CG4²	Z
Bild 2.114		a	g	c	d	f⁴)	e	—	b	i	—
Hersteller	—	Hof	Ess	Ess	Hof	Lin	Her	Hof	Gör	Gör	Lind
Baujahr	—	1891	1888	1887	1905	1911	1899	1886	1909	1898	1915
Anzahl	Stck	1	4	2	4	3	3	5	1	2	1
Länge über Puffer	mm	9000	8500	10900	12030	13060	12140	7200	7440	11150	5800
Wagenkastenlänge	mm	6340	6000	8000	9930	9900	8940	5840	6340	8870	4000³)
Wagenkastenbreite	mm	2500			2580	2580	2360	2500	2400		1400³)
Achsstand/Drehzapfenabstand	mm	4940	5260	5830	8750	8560	7380	3000	3500	6800	2500
Drehgestellachsstand	mm	1200	1100	1100	1425	1450	1200	—	—	1200	—
Sitzplätze 2. Klasse	—	24¹)	—	12	12	7	12	—	—	—	—
3. Klasse	—	—	32	24	28	28	28	—	—	52	—
4. Klasse	—	—	—	—	—	—	—	—	—	—	—
Tragfähigkeit	Mp	—	—	—	—	—	—	3,65	5,25	15,75	10,05
Ladefläche	m²	—	—	—	—	—	—		2×7,4	25,8	—

¹) Salon ²) Sommerwagen ³) Kesselmaße ⁴) Wagenzeichnung ist um ein Abteil zu kurz

mit ihren Neigungsverhältnissen und starken Krümmungen an eine Lokomotive stellt, ausgezeichnet bewährt haben. Sie waren bis zur Betriebseinstellung nach 1945 im Einsatz. Die „GERNRODE", als 995811 auf der wieder aufgebauten Strecke nach 1947 wieder eingesetzt, ist erst im Jahre 1967 im Raw Görlitz verschrottet worden.
Eine zweite Serie, nun mit Ländernamen, z. B. „ANHALT", bezeichnet, kaufte die GHE 1905 von Borsig (Bild 2.108). Sie sind vergleichbar mit den von Jung an die NWE gelieferten Mallet-Lokomotiven. 1914 mußten diese drei Maschinen an das Heer abgegeben werden und blieben seitdem verschollen.
Der zweiachsige Triebwagen T 1 stand 1945 in Eisfelder Talmühle. Er wird nicht mehr für den öffentlichen Verkehr eingesetzt, sondern dient als Gerätewagen mit eigenem An-

Bild 2.113
Der Personenzug schiebt Güterwagen von Alexisbad nach Harzgerode
Foto: Wünschmann

Z4	Gm	GGw	Ow	Ow	Hw	OOw	SS	Ow
h	—	j	k	—	m	l	n	—
Köln	Gör	Hof	Hof	Ess	Hof	Hof	Lind	Gör
1912	1907	1895/1907	1891		1905	1891	1908	1898
1		14	6		6	2	2	6
8200		8300	6600	6060	6600	10060	13100	8430
6390³)		7200	5500	5200	5500	9200	12000	7070
1650³)		2400	2510	2570		2570	2520	2515
3850	3500	4200	3000	2400	3000	6000	8000	4000
1100	—	1200	—	—	—	1200	1400	—
—	—	—	—	—	—	—	—	—
—	—	—	—	—	—	—	—	—
—	—	—	—	—	—	—	—	—
10,5	10,5	15,75	10,5	5,25	10,5	15,75	21	10,5
—	14,9	20	13,25		13,2			17,2

trieb für Arbeits- und Hilfszüge und hat seinen Standort in Gernrode.

Ab 1949 wurde das Bahnbetriebswerk Wernigerode Westerntor für den Lokomotiveinsatz auf der ehemaligen GHE zuständig. Da nur die 99 5811 zur Verfügung stand, mußten weitere Lokomotiven umgesetzt werden. Die 99 6102 bewährte sich bei den engen Kurven auf dieser Strecke jedoch nicht.

Dafür sind dann die 99 5631 und 5632 von der Harzquerbahn abgegeben worden. Es waren französische Lokomotiven, die im zweiten Weltkrieg nach Hildburghausen verschlagen worden waren und die nach einer Generalreparatur im Raw Blankenburg (Harz) mit neuen Kesseln bei der Harzquerbahn eingesetzt worden sind.

Als ab 1956 die Neubaulokomotiven von LKM auf der Harzquerbahn eingesetzt wurden, konnten von dort weitere Lokomotiven nach Gernrode übergeführt werden. Das System Mallet ermöglichte auf der Selketalbahn eine ausgezeichnete Kurvengängigkeit.

Lokomotivschuppen hatte die GHE in Gernrode (dreiständig), Harzgerode, Hasselfelde, Güntersberge und

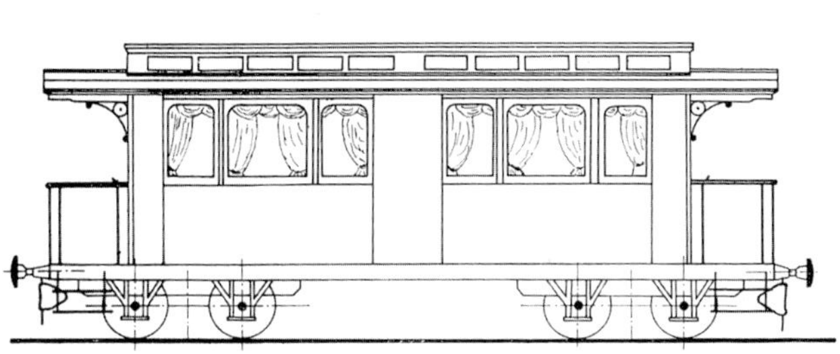

a

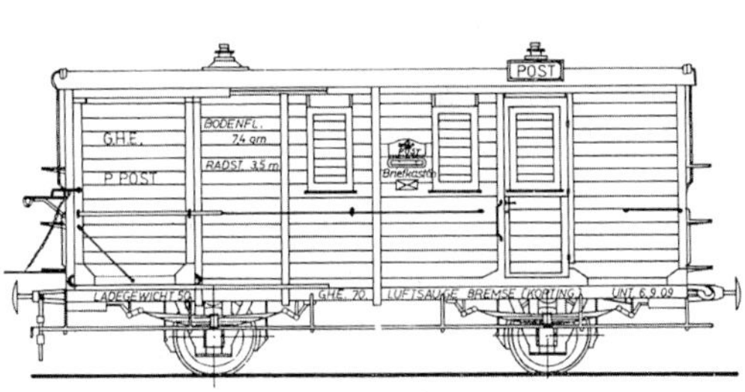

b

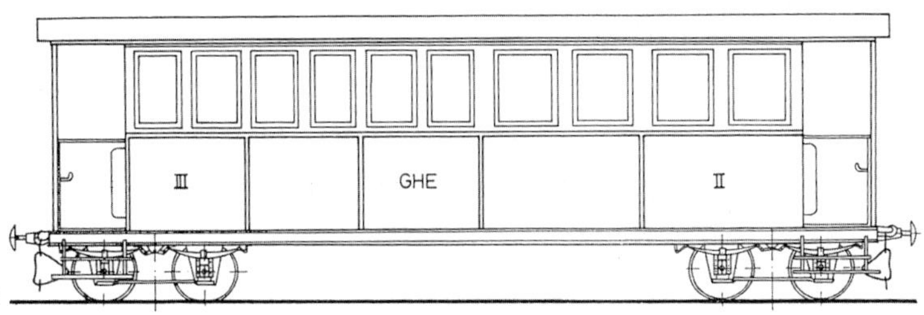

c

Bild 2.114 Wagen der GHE

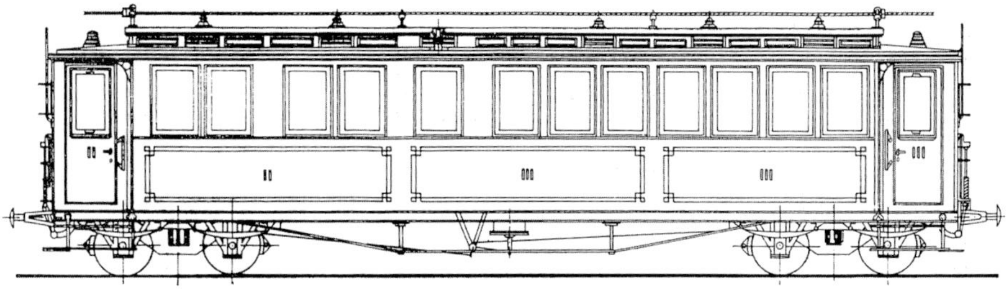

d

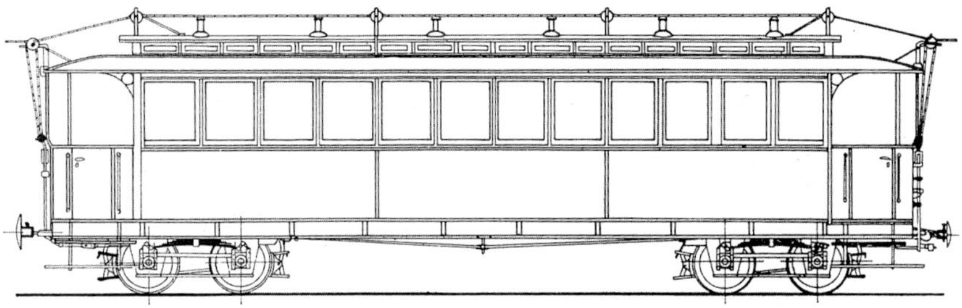

e

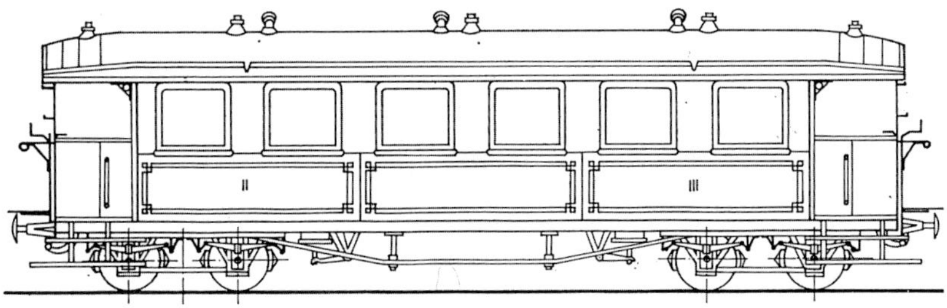

f

g

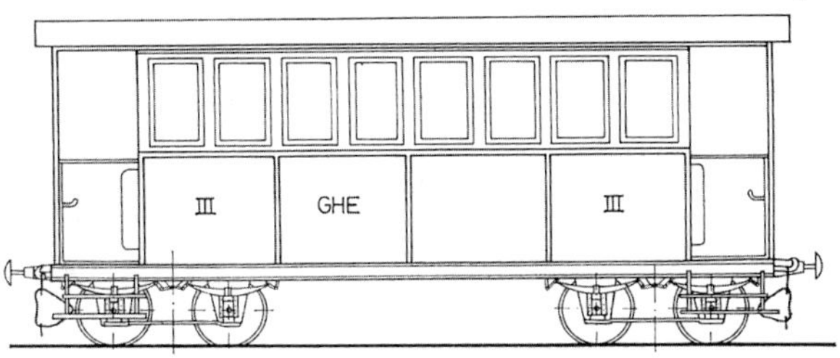

h

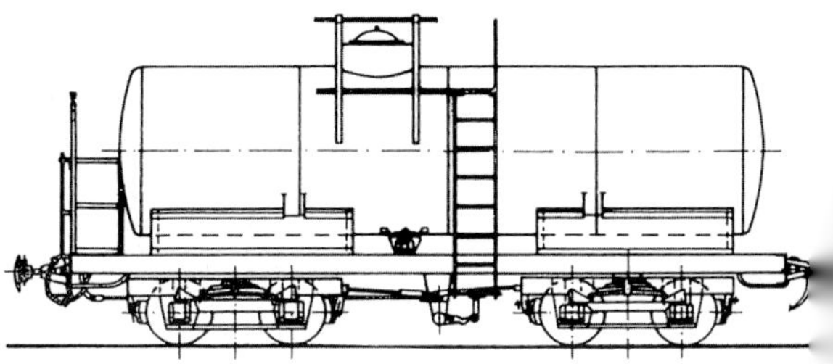

noch Bild 2.114 Wagen der GHE

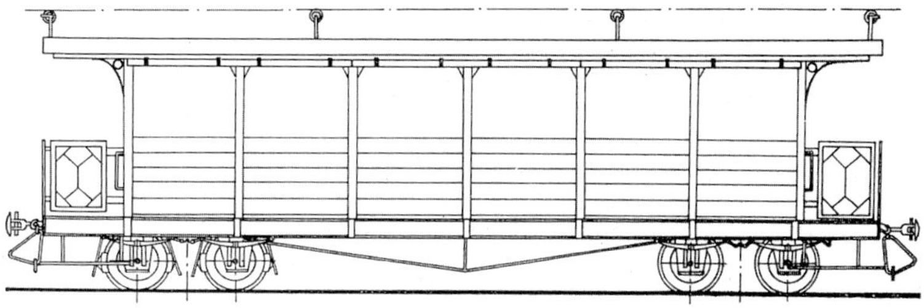

i

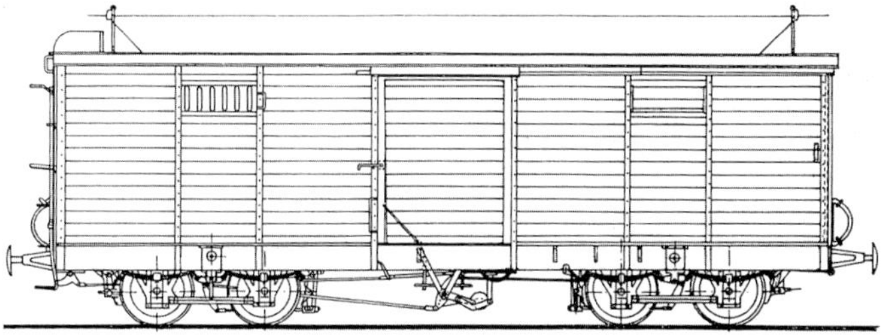

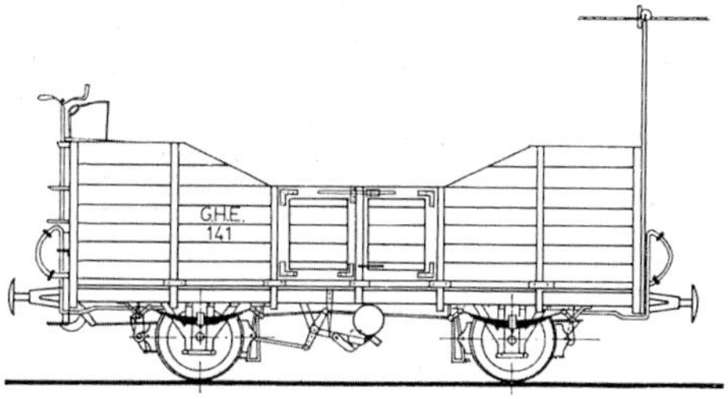

k

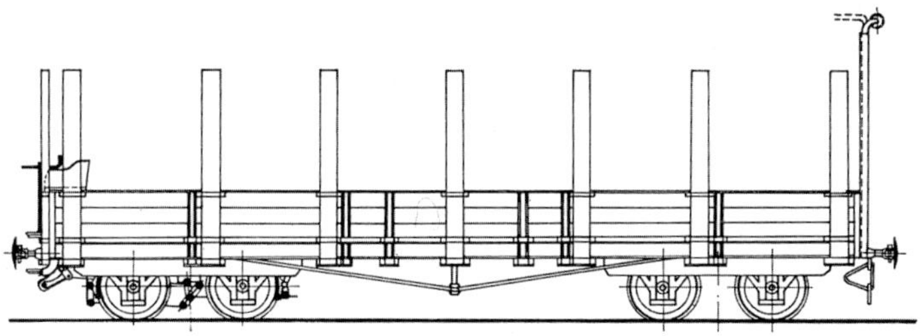

l

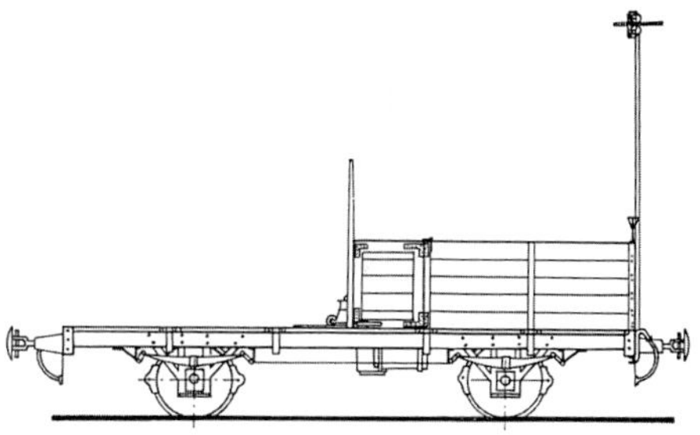

m

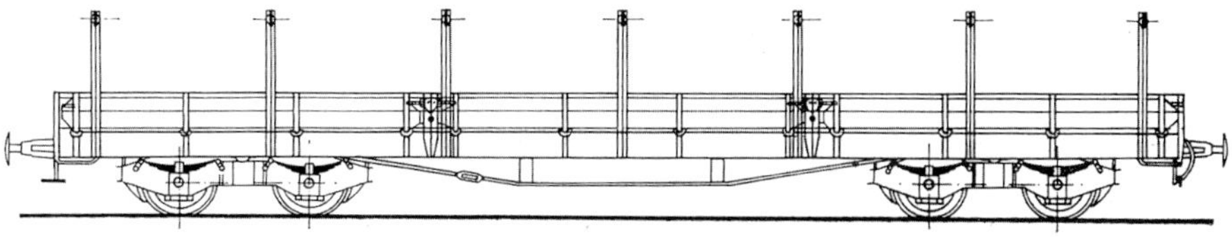

n

Eisfelder Talmühle (inzwischen nach einem Unfall abgetragen).
Weil bei der Selketalbahn kein Rollfahrzeugverkehr eingerichtet werden konnte und für alle Wagenladungen Schmalspurfahrzeuge benutzt werden müssen, war ein großer Park an Güterwagen bereitzuhalten. Für den Erztransport und das verarbeitete Holz dienen offene Wagen. Eine Besonderheit stellten zwei Kesselwagen dar. Ein Kesselwagen war bis 1945 zwischen Gernrode und Fluor eingesetzt und diente dann von 1955 bis 1975 als Wasserwagen im Feuerlöschzug der Harzquerbahn. Den anderen Kesselwagen benutzte ein Petroleumverteiler in Harzgerode.

Über die ersten und zweiachsigen Personenwagen ist wenig bekannt. Sie wurden bis etwa 1918 durch vierachsige Personenwagen mit offenen und gedeckten Bühnen ersetzt. Es existierten auch zwei gedeckte und acht offene zweiachsige Aussichtswagen. Die Personenwagen der GHE hatten bis zu ihrem letzten Einsatztag im Jahre 1946 Azetylengasbeleuchtung.
1946 blieben nur vier Güterwagen der GHE zurück, so daß der heutige Personen- und Güterwagenpark im wesentlichen aus ursprünglichen Wagen der NWE besteht. Überwiegend verkehren die Personen- und die Güterwagen in gemischten Zügen. [106, 108, 111, 112, 113, 121]

2.5. Bahnen bei Halle und Magdeburg

2.5.1. Netz von Burg (b Magdeburg) (Kleinbahn des Kreises Jerichow I; 750 mm)

Die Schmalspurstrecken Burg (b Magdeburg)—Ziesar Ost, Burg (b Magdeburg)—Lübars (Kr. Loburg), Loburg—Gommern/Magdeburgerforth—Loburg durchdrangen in Verbindung mit den Regelspurstrecken Biederitz—Loburg und Güsen (Kr. Genthin)—Ziesar Hbf harfenähnlich das Flachland zwischen den regelspurigen Bahnen Magdeburg—Genthin(—Berlin) und (Güsten—)Güterglück—Wiesenburg(—Berlin).
Der ehemalige Kreis Jerichow I östlich von Magdeburg erstreckte sich von der Elbe bis fast nach Brandenburg und südöstlich bis an die Bahnlinie Magdeburg—Dessau. Vier kleinere Städte und 95 Ortschaften gehörten zu dem großen Gebiet, das die Staatseisenbahn nur mit der Strecke Magdeburg—Potsdam streifte. Für die Abfuhr der land- und forstwirtschaftlichen Produkte (Roggen, Kartoffeln, Zuckerrüben, Holz) war eine Eisenbahn erforderlich. So beschloß der Kreistag in Burg nach längeren Verhandlungen, eine Schmalspurbahn von Burg über Magdeburgerforth und Ziesar nach Brandenburg zu bauen. Eine Zweiglinie sollte den südlichen Teil des Kreises erschließen und von Magdeburgerforth über Lübars nach Loburg führen.
Am 4. April 1896 konnten die ersten Teilstrecken der Kleinbahn des Kreises Jerichow I (KJI) dem Verkehr übergeben werden. Die Fortsetzung der Strecke zu einer Art Ringbahn ist in Tabelle 2.63 dargestellt.
Der Weiterbau von Ziesar in Richtung Brandenburg unterblieb. Aber in südlicher Richtung wurde weitergearbeitet; in Loburg endete von Magdeburg her eine Regelspurnebenbahn, und da sich in Altengrabow ein großer Truppenübungsplatz befand, baute die KJI 16,8 km von Loburg nach Altengrabow dreischienig aus. Hier wurden mit den Schmalspurlokomotiven der KJI auch regelspurige Züge, vorrangig für mili-

Tabelle 2.63 Strecken der KJI

Streckenabschnitt	Länge km	Eröffnung	Stillegung
Burg Umladebf—Magdeburgerforth	28,2	4. 4. 1896	25. 9. 1965
Magdeburgerforth—Ziesar West	7,1	19. 7. 1896	25. 9. 1965
Ziesar West—Ziesar Ost	1,8	19. 7. 1896	
Reiseverkehr			1930
Güterverkehr			1946
Burg Mitte—Stegelitz	9,6	4. 4. 1896	30. 6. 1965
Stegelitz—Lübars	16,8	19. 7. 1896	30. 6. 1965
Magdeburgerforth—Altengrabow	5,5	8. 10. 1896	25. 9. 1965
Altengrabow—Lübars	4,7	8. 10. 1896	25. 9. 1965[1])
Lübars—Loburg	12,1	20. 4. 1903	25. 9. 1965[1])
Hafenanschluß in Burg (Elbe-Havel-Kanal)	1,3	12. 12. 1896	1956
Loburg—Gommern	19,5	20. 4. 1903	28. 5. 1960

[1]) Strecke (Magdeburg—) Lohburg—Altengrabow wird regelspurig weiterbetrieben

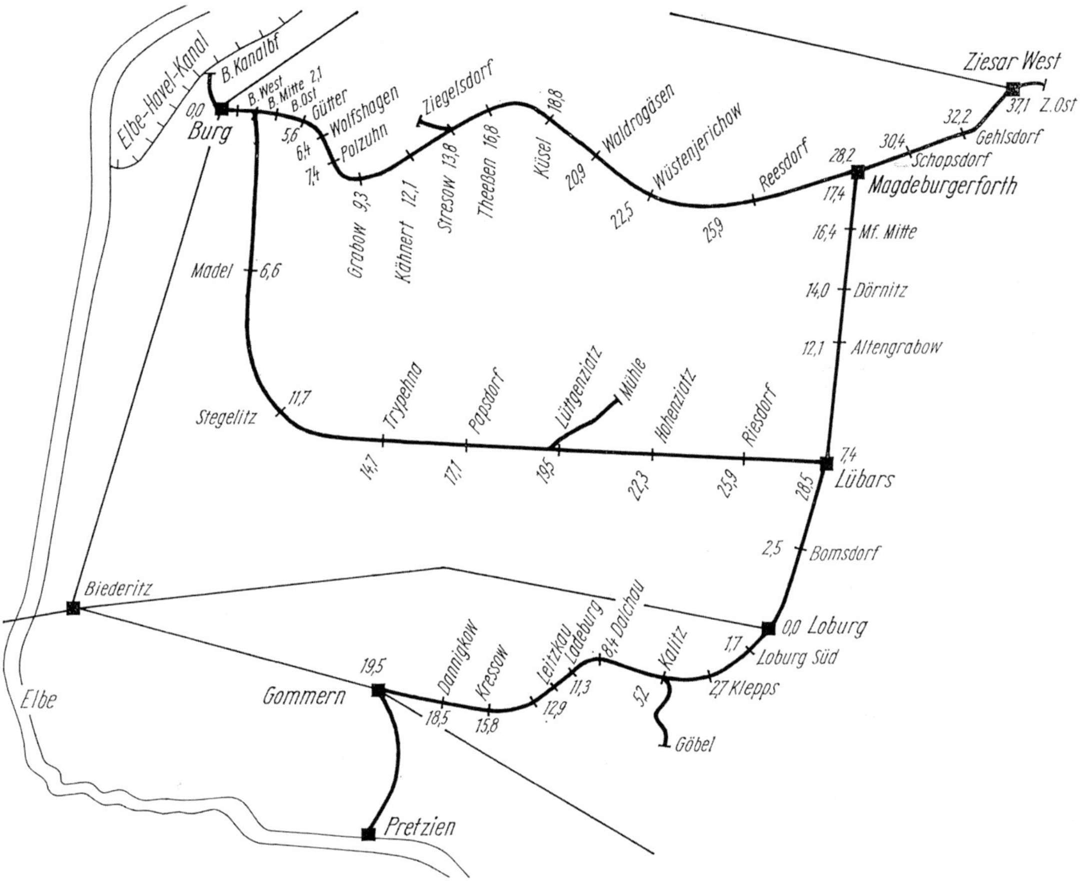

tärische Zwecke, unter Verwendung eines Zwischenwagens befördert.

Von Loburg aus wurde schmalspurig bis nach Gommern mit Anschluß zur Zuckerfabrik weitergebaut. In Burg entstand ein Anschlußgleis zum Elbe-Havel-Kanal. Dadurch konnten auch Binnenschiffe von der Kleinbahn erreicht werden.

Nach Abschluß aller Arbeiten hatte die KJI eine Streckenlänge von 101,64 km. Diese Netzlänge bestand ohne größere Veränderungen bis etwa 1960 mit 43 Bahnhöfen, Haltepunkten und Haltestellen.

Der Verkehr entwickelte sich sehr gut. Neben den landwirtschaftlichen Gütern waren Brikett, Dünger und Steine zu fahren. Eine stete Einnahmequelle waren auch die regelspurigen Militärzüge. Für den Güterumschlag von und zur KJI waren die Bahnhöfe Burg, Gommern und Ziesar eingerichtet. Während Ziesar Hbf für den Umschlag von untergeordneter Bedeutung war (lediglich im zweiten Weltkrieg wurde hier viel Munition und anderes Kriegsmaterial verladen), mußten in Gommern von Hand Sand, Steine, Kartoffeln und Rüben umgeladen werden. An der Kanalstraße wurden darüber hinaus Steine in die Binnenschiffe umgeschlagen. Die Umladerampe in Burg erhielt 1956 eine Krananlage für Massengüter (Kohle, Zucker-

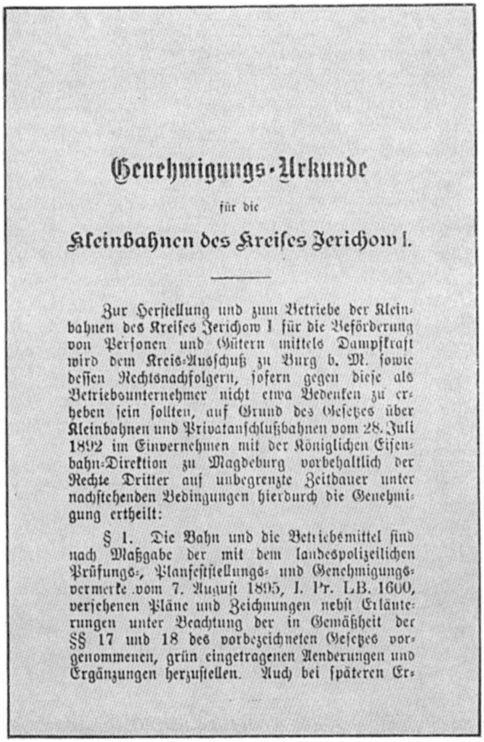

Genehmigungs-Urkunde

für die

Kleinbahnen des Kreises Jerichow I.

Zur Herstellung und zum Betriebe der Kleinbahnen des Kreises Jerichow I für die Beförderung von Personen und Gütern mittels Dampfkraft wird dem Kreis-Ausschuß zu Burg b. M. sowie dessen Rechtsnachfolgern, sofern gegen diese als Betriebsunternehmer nicht etwa Bedenken zu erheben sein sollten, auf Grund des Gesetzes über Kleinbahnen und Privatanschlußbahnen vom 28. Juli 1892 im Einvernehmen mit der Königlichen Eisenbahn-Direktion zu Magdeburg vorbehaltlich der Rechte Dritter auf unbegrenzte Zeitdauer unter nachstehenden Bedingungen hierdurch die Genehmigung ertheilt:

§ 1. Die Bahn und die Betriebsmittel sind nach Maßgabe der mit dem landespolizeilichen Prüfungs-, Planfeststellungs- und Genehmigungsvermerke vom 7. August 1895, I. Pr. LB. 1600, versehenen Pläne und Zeichnungen nebst Erläuterungen unter Beachtung der in Gemäßheit der §§ 17 und 18 des vorbezeichneten Gesetzes vorgenommenen, grün eingetragenen Aenderungen und Ergänzungen herzustellen. Auch bei späteren Er-

Bild 2.115
Aus der Genehmigungs-Urkunde für die KJI

rüben, Kartoffeln). Sie war zuletzt die einzige Umladestelle des Netzes.

Auch der Personenverkehr entwikkelte sich zufriedenstellend, und es gab einen bescheidenen Ausflugsverkehr in die Jerichower Schweiz, ein landschaftlich reizvolles Gebiet nahe Wüstenjerichow.

1926 war vom Kreistag beschlossen worden, die Kleinbahn auf Regelspur umzubauen. Die Finanzierungsverhandlungen zogen sich jedoch endlos hin, und da nach 1933 vorwiegend die Rüstung zu finanzieren war, blieb die KJI weiterhin schmalspurig. Um der Konkurrenz auf der Straße begegnen zu können, beschaffte die Bahnverwaltung drei Autobusse, mit denen ab 16. August 1934 die Linien Burg—Grabow—Ziesar—Groß Lübars—Loburg, Ziesar—Wollenthin, Burg—Möckern und Prödel—Zerbst (insgesamt 130 km) befahren wurden (1938 wurden z. B. 57 830 Personen befördert).

Der Autobahnbau Berlin—Magdeburg und die Kasernenbauten in Burg brachten der Bahn viel Arbeit. Um alle Transporte bewältigen zu können, mußte die Bahnverwaltung von anderen Kleinbahnen gebrauchte Betriebsmittel kaufen; neue Fahrzeuge wurden wegen des geplanten Umbaues nicht bewilligt. Erst 1938, als die Umspurung endgültig abgelehnt wurde, konnten neue Lokomotiven und Wagen bestellt werden. So kamen 1939 zwei moderne Heißdampflokomotiven zur KJI.

1949 wurde die Bahn der Landeseisenbahn Sachsen-Anhalt unterstellt und dann von der DR übernommen. Sie brachte das durch den Krieg vernachlässigte Streckennetz schrittweise wieder in Ordnung. Die Heberleinbremse wurde durch eine Druckluftbremse ersetzt, und auch die Lokomotiven der ehemaligen KJI wurden in das Rekonstruktionsprogramm der DR einbezogen.

Mit dem Aufbau des Kraftverkehrs wanderten jedoch immer mehr Reisende zu den schnelleren Bussen ab. Auch der Güterverkehr verlor an Bedeutung. So zeichnete sich die Stillegung des Netzes ab, an der auch der probeweise Einsatz eines Triebwagens nichts mehr ändern konnte.

Am 1. Juli 1965 wurde die Strecke Burg Mitte—Lübars stillgelegt, nachdem schon 1961/62 der Abschnitt Loburg—Gommern abgebaut worden war. Am 25. September 1965 fuhren nach fast 70jährigem Betrieb die letzten Züge von Burg nach Ziesar.

An Lokomotiven wurden für den Streckenbau fünf leichte Dreikuppler, die zwischen 1895 und 1897 von Jung beschafft worden sind, eingesetzt und dann für den Betrieb übernommen. Ab 1902 lieferte Hagans schwerere dreiachsige Tenderlokomotiven. Gut 25 Jahre bewältigten diese Maschinen den gesamten Betrieb. Mit steigendem Verkehrsaufkommen, besonders im Güterverkehr, fehlten aber stärkere Maschinen, und so kaufte die Bahn drei Lokomotiven von Orenstein & Koppel.

Bild 2.116 Zug im Bahnhof Magdeburgerforth mit Lok 4, wegen der Schornsteinform auch „Kaffeemühle" genannt (um 1910)
Foto: Sammlung Röper

Bild 2.117 Fahrplan von 1938/1939

2. Ziesar-Magdeburgerforth-Altengrabow-Großlübars-Loburg-Gommern

Fahrplannummer der amtlichen Kursbücher 183 f

Entfern. km	W 1	S 1		K 3	W 5	K S 15	S 5	K 7 Mi u Sa		K S 9			nS 2	K 4	S 6	W 6			K 10 Mi u. Sa	W 10	S 10	K S 10	W 24	S 24
0,0	W —	—	—	8,00	W —	S13,25	—	18,14	—	S18,42	—	ab Ziesar Ost (Rathaus) an		9,45	S —	W —	—	—	20,00	—	—	S20,24	W —	S —
1,8	4,48	—	—	8,03	12,47	13,28	—	18,17	—	18,45	—	„ West		9,42	11,24	12,06	—	—	19,57	—	—	20,21	21,48	23,40
4,9	4,56	—	—	—	12,55	—	—	—	—	—	—	Gehlsdorf		—	11,16	11,58	—	—	—	—	—	—	21,40	23,33
6,7	5,02	—	—	8,13	13,01	13,39	—	18,27	—	18,53	—	Schopsdof		9,32	11,11	11,52	—	—	19,47	—	—	20,13	21,34	23,28
8,9	5,08	—	—	8,17	13,07	S13,44	—	18,31	—	18,57	—	an Magdeburgerforth ab		9,27	11,05	11,45	—	—	19,42	—	—	20,08	21,27	23,22
8,9	5,10	S5,26	—	8,18	13,25	—	S13,52	18,32	—	18,58	—	ab Magdeburgerforth an		9,26	11,03	11,42	—	—	19,41	—	—	20,07	21,25	23,20
10,1	5,15	5,30	—	—	13,30	—	13,56	—	—	—	—	Magdeburgerforth [Haltestelle		—	10,59	11,37	—	—	—	—	—	—	21,21	23,16
—	—	—	—	8,23	—	—	—	Mi u. Sa 18,37	—	19,03	—	Drewitz	nS	9,22	—	—	—	—	Mi u. Sa 19,37	—	—	20,03	—	—
12,5	5,23	5,36	—	—	13,38	—	14,02	—	—	—	—	Dörnitz	an	—	10,53	11,30	—	—	—	an	—	—	21,14	23,11
14,4	5,30	5,41	—	8,31	13,49	—	14,07	18,45	—	19,11	—	Altengrabow	1,18	9,14	10,48	11,24	—	—	19,29	19,22	—	19,55	21,07	23,06
19,1	5,42	5,52	—	8,39	14,01	—	14,18	18,53	—	19,19	—	an Großlübars ab	1,08	9,06	10,36	11,10	—	—	19,21	u. Sa 19,10	—	19,48	W20,52	S22,55
19,1	5,47	5,53	—	8,40	14,06	—	14,19	18,54	—	19,20	—	ab Großlübars an	1,07	9,05	10,32	11,05	—	—	19,20	außer Mi 19,09	S 19,07	S19,47	—	—
24,0	6,00	6,04	—	—	14,19	—	14,30	—	—	—	—	Bomsdorf	—	—	10,21	10,53	—	—	—	18,57	18,56	—	—	—
26,5	W6,06	S6,10	—	8,50	W14,25	—	S14,36	19,04	—	S19,30	—	an Loburg Kleinbhf. ab	0,50	8,55	S10,15	W10,45	—	—	19,10	18,50	S 18,50	S19,35	—	—
	6,23	—	—	9,11	14,53			19,39				ab Loburg . . . . an	0,39		8,32		14,31		18,31			—	—	—
	7,24	—	—	10,10	15,52			20,40				an Magdeburg . . . ab	23,41		7,32		13,30		17,30			—	—	—
26,5	6,20	—	—	—	14,50		—	—	—	—	—	ab Loburg Kleinbhf. an	—	—	10,05		—	—	18,30		—	—	—	—
28,2	6,26	—	—	—	14,56		—	—	—	—	—	„ Haltestelle	—	—	10,00		—	—	18,25		—	—	—	—
29,2	6,30	—	—	—	15,00		—	—	—	—	—	Klepps	—	—	9,56		—	—	18,21		—	—	—	—
31,7	6,37	—	—	—	15,07		—	—	—	—	—	Kalitz (Göbel)	—	—	9,49		—	—	18,14		—	—	—	—
33,1	6,42	—	—	—	15,12		—	—	—	—	—	Brietzke	—	—	9,43		—	—	18,09		—	—	—	—
34,9	6,48	—	—	—	15,18		—	—	—	—	—	Dalchau	—	—	9,37		—	—	18,03		—	—	—	—
37,8	6 59	—	—	—	15,29		—	—	—	—	—	Ladeburg	—	—	9,29		—	—	17,55		—	—	—	—
39,4	7,04	—	—	—	15,34		—	—	—	—	—	Leitzkau	—	—	9,24		—	—	17,50		—	—	—	—
42,3	7,12	—	—	—	15,42		—	—	—	—	—	Cressow	—	—	9,16		—	—	17,41		—	—	—	—
45 0	7,20	—	—	—	15,50		—	—	—	—	—	Dannigkow	—	—	9,07		—	—	17,32		—	—	—	—
47,0	7,26	—	—	—	15,56		—	—	—	—	—	an Gommern Kleinbhf. ab	—	—	9,00		—	—	17,25		—	—	—	—
	7,44		—	—	16,48	17,13	—	—	—	—	—	ab Gommern . . . an	—	—	8,52	8,03	—	—	16,39		—	—	—	—
	8,11		—	—	17,09	17,43	—	—	—	—	—	an Magdeburg . . . ab	—	—	8,32	7,45	—	—	16,14		—	—	—	—
	8,04		—	—	16,40		—	—	—	—	—	ab Gommern . . . an	—	—	7,43		—	—	17,12		—	—	—	—
	8,19		—	—	17,07		—	—	—	—	—	an Zerbst . . . . ab	—	—	7,14		—	—	16,45		—	—	—	—

Tabelle 2.64 Triebfahrzeuge der KJI

Betriebsnummer/Name KJI	DR	Bauart	Hersteller	Baujahr	Fabriknummer	Bild	Bemerkungen
Dampflokomotiven							
1	—	Cn2t	Jung	1895	232	2.118 a	+ 1925
2	—	Cn2t	Jung	1895	233	2.118 a	+ 1935
3	—	Cn2t	Jung	1895	234	2.118 a	+ 1925
4	—	Cn2t	Jung	1897	254	2.118 a	+ 1925
5	—	Cn2t	Jung	1896	272	2.118 a	+ 1925
6	—	Cn2t	Hag	1902	468	2.118 c	+ 1926
7	—	Cn2t	Hag	1902	469	2.118 c	+ 1939
8	—	Cn2t	Hag	1902	470	2.118 c	+ 1938
9	99 4614	Cn2t	Hag	1909	611	2.118 c	+ 7. 5. 1963
10	99 4615	Cn2t	Hag	1910	651	2.118 c	+ 1957
11	99 4642	Dn2t	O & K	1922	9681	2.118 d	1946 bis 1956 mit Schlepptender, 1956 in 99 4551 umgezeichnet; + 2. 5. 1967
12	99 4643	Dn2t	O & K	1922	9682	2.118 d	1966 nach Perleberg[1])
13	vermutl.	Dn2t	O & K	1924	10861	—	—
14	99 4645	Dn2t	O & K	1924	10862	2.118 d	1966 nach Perleberg[1])
15	99 4644	Dn2t	O & K	1923	10501	2.118 b	1966 nach Perleberg[1])
16	99 4641	Dn2t	O & K	1912	5216	2.118 b	1966 nach Perleberg[1])
17	—	Dn2t	O & K	1907	2235	—	1939 an Wehrmacht
18	—	D1'n2t	Kra Li	1902	4716	—	+ vor 1939[2])
19	—	D1'n2t	Kra Li	1904	5211	—	+ vor 1939[3])
20	99 4801	1'Dh2t	Hen	1938	24367	2.118 e	1965 nach Putbus
21	89 4802	1'Dh2t	Hen	1938	24368	2.118 e	1965 nach Putbus
22	99 4721	Bn2t	Hen	1922	19514	2.118 f	99 4401 bis 1956; 1966 verkauft
23	99 4301	Cn2t	O & K	1920	9418	2.118 g	1966 verkauft
	99 4541	Dh2	Pod	1934	0042		1963 von Dahme; + 1965
—	99 4611	Cn2t	Jung	1891	110	2.145 c	1957 von Nauen; + 1965
—	99 574	B'B'n4vt	Hart	1910	3556	2.155 l	von Mulda nach Mügeln
—	99 586	B'B'n4vt	Hart	1913	3606	2.155 l	von und nach Mulda
Motorlokomotiven							
—	Kö 6004	FD 80	Schwa	1936	10699	1.38 c	
Triebwagen							
—	VT 137 600	2'(1A)'(A1)'2'	Lett	1944		1.40 a	1963 von Perleberg; + 1965

[1]) Reko [2]) ex Klb Schlawe 1'' [3]) ex Klb Schlawe 2''

Von der Kleinbahn Landsberg-Rosenberg im damaligen Oberschlesien (später Rosenberger Kreisbahn AG) wurden drei gebrauchte Lokomotiven gekauft. Diese Maschinen mit den Betriebsnummern 15 bis 17 waren vierfach gekuppelt, besaßen aber einen Außenrahmen. 1934/35 kamen von der Schlawer Kleinbahn (Pommern) nochmals zwei Lokomotiven, die sich aber nicht bewährten und 1939 verschrottet wurden.
Nach 1945 kamen eine dreiachsige Werklokomotive der Zuckerfabrik Gommern und eine zweiachsige Tenderlokomotive, die zuvor beim Autobahnbau eingesetzt war, zur KJI. Vier der Streckenlokomotiven (99 4641, 99 4643, 99 4644 und 99 4645) wurden in den Jahren 1963 bis 1965 rekonstruiert.

1937 kaufte die KJI noch eine dreiachsige Diesellokomotive mit 85 PS, die wegen ihrer Höchstgeschwindigkeit von 20 km/h nur zum Rangierdienst und für gelegentliche Einsätze vor Arbeitszügen verwendet werden konnte.
Die Bahn erhielt vom Düsseldorfer Eisenbahnbedarf zwischen 1895 und 1910 21 zweiachsige Personenwagen mit Tonnendach. Zehn davon hatten die 2. und 3. Klasse, vier waren Sommerwagen mit offenen Seitenwänden. Da sie bei dem wechselhaften Wetter nur selten eingesetzt werden konnten, wurden sie in eigener Werkstatt mit Seitenwänden und Mittelgang umgebaut.
Passend zu den Personenwagen wurden fünf kombinierte Post-/Gepäckwagen beschafft. Lange Zeit bewältigten diese kleinen Wagen den gesamten Personenverkehr; im Bedarfsfalle wurde mit geschlossenen Güterwagen ausgeholfen. Erst um 1930 sind sieben gebrauchte Vierachser aus Schlawe gekauft worden. Hinzu kam noch ein Vierachser von der Kleinbahn Phillipsheim-Binsfeld in der Eifel.
Die DR setzte später noch einmal neun Reisezugwagen aus Sachsen zur Verstärkung in das Burger Netz um. 1902 waren 132 Güterwagen im Bestand. Mitte der zwanziger Jahre kamen dann gebrauchte zwei- und vierachsige Güterwagen aus Schlawe und Rosenberg zur KJI, so daß 1928 204 Güterwagen zur Verfügung standen, davon etwa 40 gedeckte Wagen.
1939 lieferte Lindner, Ammendorf, 10 neue SS- und OO-Wagen, und als letzte Lieferung vor 1949 kamen 10 Fakultativ-Dreiachser mit 15 Mp Tragfähigkeit zur KJI. Sie waren ursprünglich für Österreich bestimmt, sind aber durch die Kriegsereig-

Tabelle 2.65 Technische Daten der Dampflokomotiven der KJI

Betriebsnummer KJI		1–5	6–10	11; 12; 14	15; 16	17	18; 19	20; 21	22	23
Betriebsnummer DR										
Bild 2.118		a	c	b	d	—	—	e	f	g
Bauart	—	Cn2t	Cn2t	Dn2t[2])	Dn2t[3])	Dn2t	D1'n2t	1'Dh2t	Bn2t	Cn2t
Höchstgeschwindigkeit	km/h		30	30	30	25	23	45	25	15
Zylinderdurchmesser	mm	255	300	330	340	300	300	360	280	210
Kolbenhub	mm	360	400	400	350	350	320	410	360	300
Steuerung	—	Aa	Sta	Ha	Ha	Ha	Ha	Ha	Aa	Ha
Kesseldruck	kp/cm²		12	12	12[4])	12	13	13	12	12
Rostfläche	m²	0,52	0,81	1,05	1,14[4])	0,8	0,95	0,9	0,8	0,76
Heizfläche Feuerbüchse	m²		2,48	3,96	5,3[4])	3,5	3,92	4,39	3,7	2,98
gesamt	m²	26,6	35,9	39,46	48,33[4])	32,7	52,8	44,6	35,2	17,63
Überhitzer	m²	—	—	—	—	—	—	21	—	—
Wasservorrat	m³	2	2,5	3	4	2,4	3	3,5	2,0	0,8
Kohlevorrat	t	0,8	0,6	1	1,1	1	1,6	1,25	0,5	0,5
Treibraddurchmesser	mm	720	800	800	800	700	680	850	700	600
Laufraddurchmesser	mm	—	—	—	—	—	560	500	—	—
Achsstand gesamt	mm	2000[1])	2000	3000	3300	3100[5])	4100[6])	5200	1600	1400
Länge über Puffer	mm		6160	8000	7770		6850[7])	9440	6360	5630
Lokbreite	mm				2100		2130	2250	2050	1600
Lokhöhe über SO	mm			3200	3200		3500	3400	2930	2820
Lokmasse leer	t	12	15,0		18,5	15,5		23,0	13,0	8,0
betriebsfähig	t		18,5	23,7	22,6	18,8	24,7	29,7	15,1	9,8
Zugkraft	Mp		3,24	3,91	3,65	3,24	3,52	4,89	2,9	1,59
Leistung	PSi		150	170	200	135	220	320	140	70

[1]) 900/1100 [2]) mit Innenrahmen [3]) mit Außenrahmen [4]) Rekokessel [5]) 1100/900/1100 [6]) fest: 2450 [7]) Rahmen

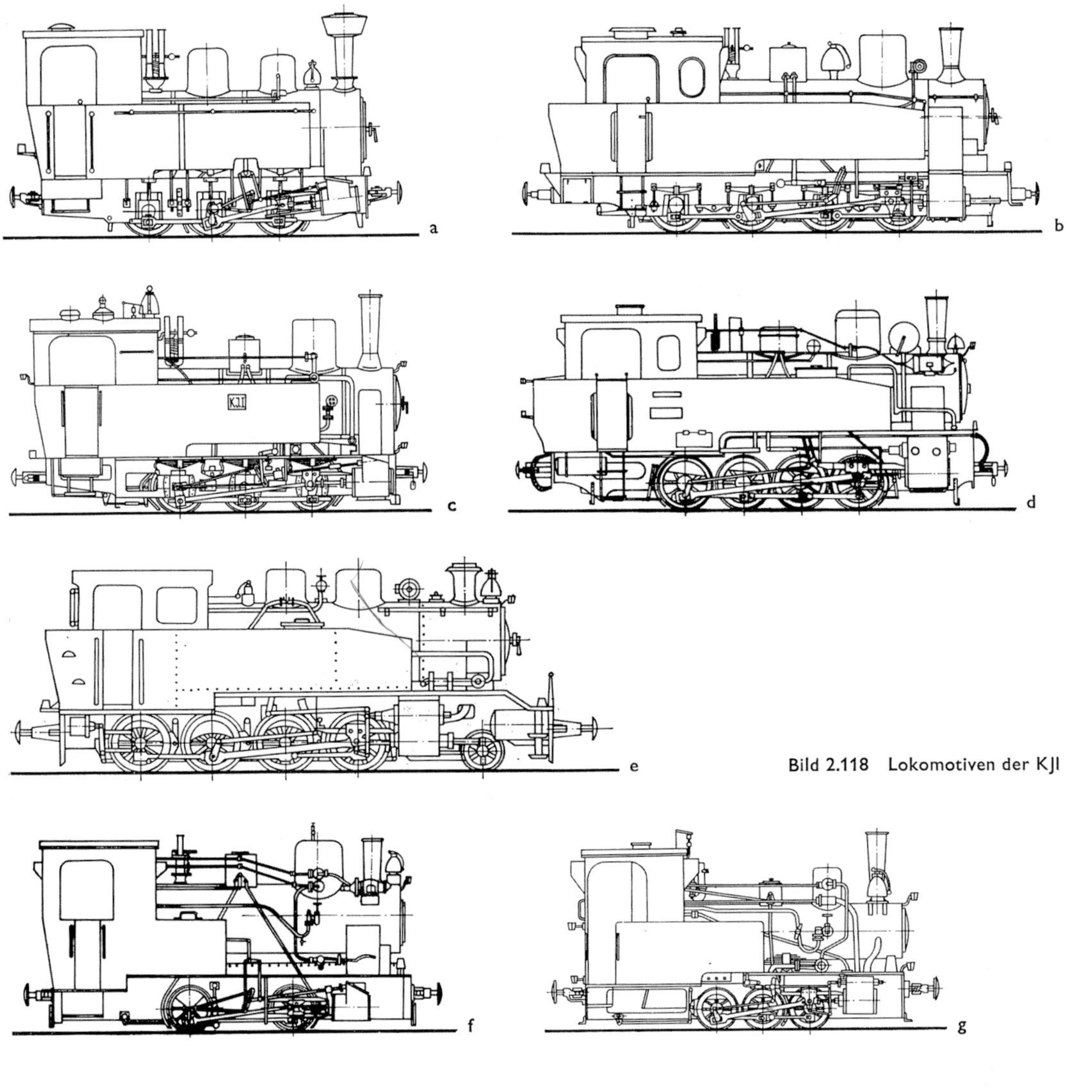

Bild 2.118 Lokomotiven der KJI

nisse nicht mehr dorthin gelangt. Die Wagen waren wahlweise als Hochbord- oder Schemelwagen einsetzbar.
Nach 1949 sind noch 10 Güterwagen der Gattung GGw aus Sachsen eingesetzt worden.
Als Spezialwagen besaß die KJI zwei regelspurige Zwischenwagen mit Regelspur- und seitlich versetzter Schmalspurmittelpuffer-Kupplung für den Dreischienenbetrieb. Diese Wagen hatten auch die Heberleinbremse. Außerdem gehörten zum Bestand ein Unkrautbekämpfungs-

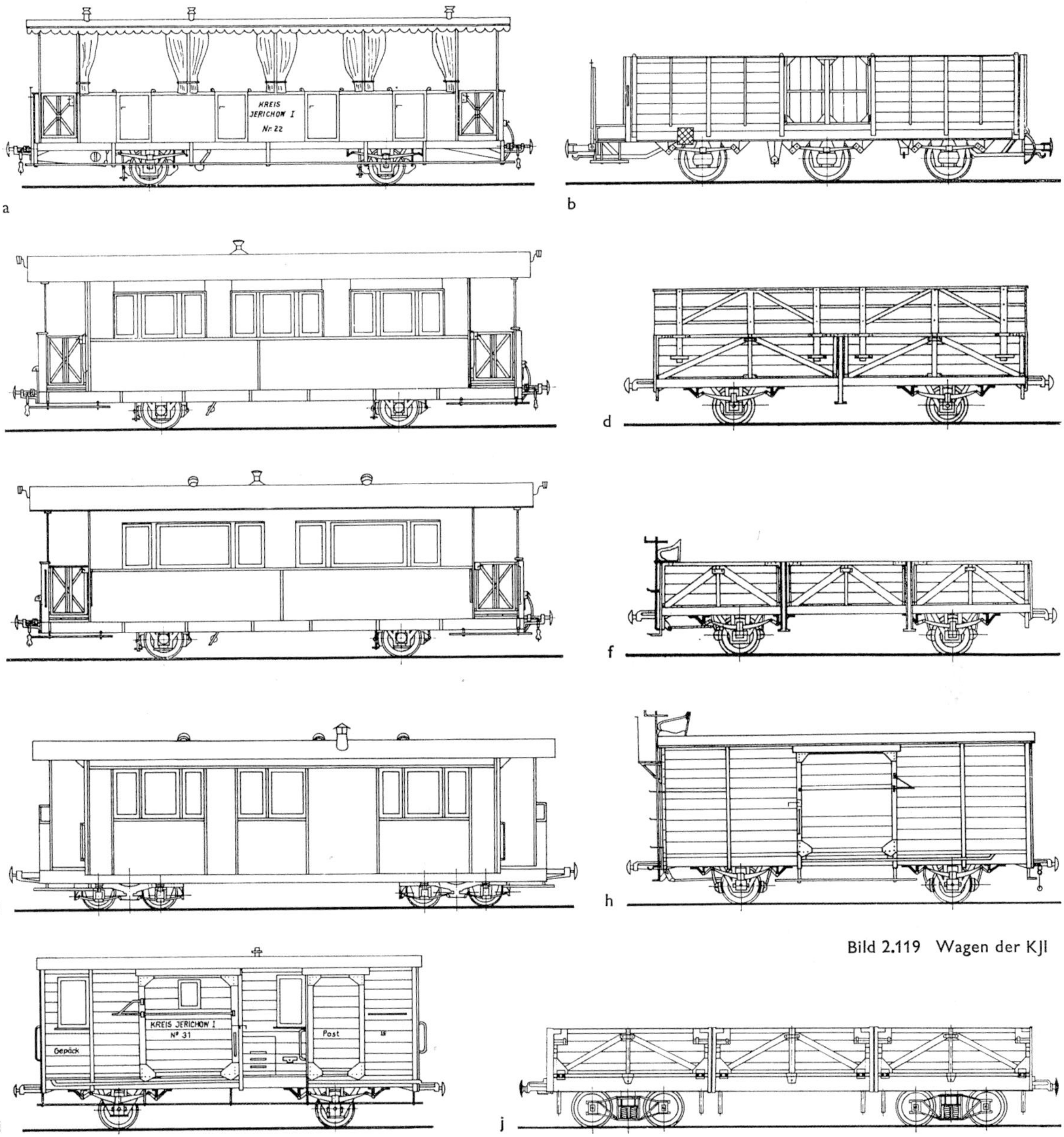

Bild 2.119 Wagen der KJI

Tabelle 2.66 Technische Daten der Wagen der KJI

Gattung		BC[1])	BC,C	BC	C4	PwPost	Gw	Ow	Ow	OH[2])	OOw
Bild 2.119		a	c	e	g	i	h	f	d	b	j
Hersteller	—	Düss	Düss	Düss	Düss	Düss	Hano	Düss	Düss		Lind
Baujahr	—	1896	1896—1900	1906—1910	1910	1895—1900	1895—1900	1895	1895	1944	1939
Anzahl	Stck	4	11	6	7	5	7	56	10	10	
Länge über Puffer	mm	8370	8650	8650	9400	6900	6900	6976	6976	7960	8970
Wagenkastenlänge	mm	6000	5670	5670	6750	6000	6000	6074	6074	6500	8000
Wagenkastenbreite	mm	1900	1900	1900				1900	1900	2100	1910
Achsstand/Drehzapfenabstand	mm	3800	3800	5300	3500	3500	3500	3500	3500	4000	5200
Drehgestellachsstand	mm	—	—	—	1000	—	—	—	—	—	1150
Sitzplätze 2. Klasse	—	6	6	6	—	—	—	—	—	—	—
3. Klasse	—	18	16/22	15/21	20			—	—	—	—
4. Klasse	—	—	—	—	—	—	—	—	—	—	—
Tragfähigkeit	Mp						5,25	7,75	7,75	15,75	10,5
Ladefläche	m²	—	—	—	—		10,8	10,8	10,8	13,6	14,7

[1]) 1902/03 zu geschlossenem Wagen umgebaut, + 1935 [2]) 3achsig

wagen, ein offener Wagen, der sich zum Schneepflug umrüsten ließ und einige gedeckte Wagen für den Hilfs- und den Feuerlöschzug. [117]

2.5.2. Gommern—Pretzien (750 mm)

Im vorigen Jahrhundert bestand in Gommern eine große Strafanstalt, deren Insassen in den Steinbrüchen des Gebietes zwischen Gommern, Dannigkow, Pretzien und Plötzky arbeiten mußten. Um die in großer Menge anfallenden Steine abtransportieren zu können, ließen private Unternehmer eine schmalspurige Werkbahn bauen, deren Wagen zunächst durch menschliche Kraft bewegt werden mußten. Anschließende Aufgabe der Bahn war der Steinetransport zur Elbe, wo über eine Brücke die Beladung der Kähne erfolgen konnte. Am 15. November 1889 wurde das Statut der Gommern-Pretziener Eisenbahn herausgegeben. Danach war die Bahn im Bedarfsfalle auch zu Transporten für die Forstverwaltung verpflichtet. Die Eröffnung erfolgte am 1. Dezember 1890, nunmehr mit Lokomotiven betrieben. Zur Gommern-Pretziener Eisenbahn gehören die Strecken von den Steinbrüchen der Gemarkung Dannigkow, vom Galgenfeld und von der Gemarkung Neues Land zum Verladeplatz an der Elbe bei Pretzien. Der Anschluß an die Regelspurstrecke Magdeburg—Zerbst wurde erst am 26. Juni 1900 in Betrieb genommen. Nun konnten auch Steine in Regelspurwagen umgeladen werden.

Für den Steinbruchbetrieb wurde 1904/1905 ein Dampfkraftwerk am Betriebshof in Pretzien gebaut, und am 12. Oktober 1911 erhielt die Bahn eine Konzession als nebenbahnähnliche Kleinbahn mit der Bezeichnung „Kleinbahn und Kraftwerk Pretzien GmbH". Der öffentliche Charakter der Bahn war aber wegen steuerrechtlicher Vorteile nur vorgetäuscht.

Die Bahn entwickelte sich gut. Zeitweise betrug die Gesamtstreckenlänge 12 km, je nach Lage der angeschlossenen Verladestellen. So sind zum Beispiel 1928 etwa 352000 t befördert und 170000 Mark eingenommen worden. Im gleichen Jahr standen 42 Eisenbahnbeschäftigte, die als Betriebsangehörige der Steinbrüche bezahlt wurden, im Dienst.

Während des zweiten Weltkrieges mußten Betriebsmittel abgegeben werden, und das Kraftwerk wurde 1944 demontiert. Am 1. Januar 1947 übernahm die Sächsische Provinzbahn GmbH die Verwaltung und die Betriebsführung. Das wurde am 30. September des gleichen Jahres wieder rückgängig gemacht, und die Bahn nannte sich nun Kleinbahn

und Kraftwerk Dümling & Ballerstedt, Pretzien, Kreis Jerichow I. Ob das Kraftwerk nach 1945 wieder im Betrieb war, ist nicht bekannt. 1949 wurde die Ballerstedt-Transport KG, Pretzien (Elbe) gegründet.
1972 änderte sich die Betriebsbezeichnung in VEB Transportbetrieb Pretzien und seit dem 1. Januar 1975 in VEB Sandgruben Pretzien.
Nach dem zweiten Weltkrieg wurden die Steinbrüche nach und nach geschlossen, der letzte 1963. Die Bahn transportiert nun überwiegend Kies, der ebenfalls zwischen Gommern und Pretzien gewonnen und auf einer Schüttrampe am Bahnhof Gommern in Regelspurwagen verladen wird.
Da sich durch den Stein- und Kiesabbau klare Badeseen gebildet haben, entwickelte sich dieses Gebiet zum Naherholungsgebiet, besonders für die Bewohner von Magdeburg. Die Schmalspurbahn soll in nächster Zeit ihren Betrieb einstellen, da sie für die Erholung ein Störfaktor geworden ist.
Bei der Eröffnung hatten drei zweiachsige Hagans-Lokomotiven und siebzig zweiachsige Güterwagen zur Verfügung gestanden. 1902 war der Wagenbestand auf 217 angestiegen. 1928 verkehrten hier 8 zweiachsige Dampflokomotiven und 350 Wagen. Jetzt fahren Kipploren aus Stahlblech; sie haben die hölzernen Kastenkipper ersetzt.
1965 wurde als letzte Dampflokomotive die 99 4301 von dem stillgelegten Burger Netz gekauft. Da wegen der Waldbrandgefahr der Dampflokomotivbetrieb zeitlich stark eingeschränkt werden mußte und die Züge mit Diesellokomotiven befördert werden konnten, verkehrte die 99 4301 nur etwa ein Jahr auf diesem Netz. Während alle Dampflokomotiven verschrottet wurden, richtete man die 99 4301 als Denkmal

Tabelle 2.67
Statistische Angaben zur Klb Gommern—Pretzien

Jahr	1897	1900	1906	1911	1928	1936	1939	1947
Dampflokomotiven	2	3	4	5	8	9	8	5
Güterwagen	171	204	237	286	350	280	280	296
Spezialwagen	—	3	3	3		4	4	4
Beschäftigte	4	20	21		42	36[1])		
Beförderte Güter (t)		108442	236201		352000	328351[1])		
Einnahmen (Mark)		43434	102854		170000	104752[1])		
Ausgaben (Mark)		46298	67351					

[1]) 1935

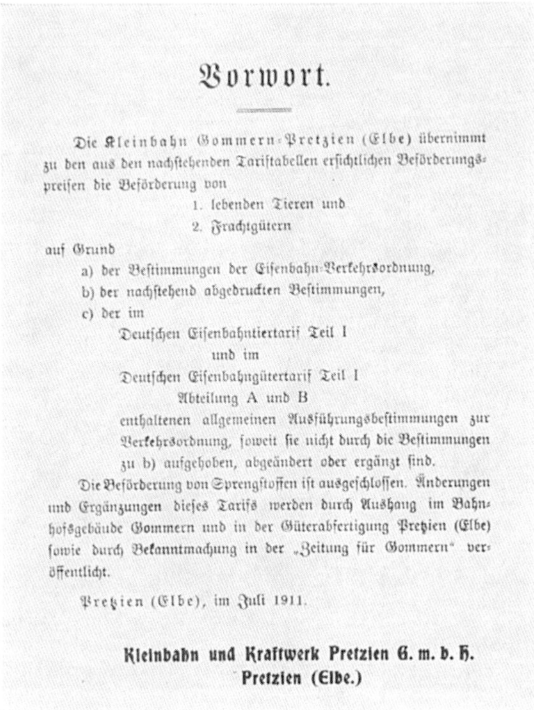
Vorwort.

Die Kleinbahn Gommern-Pretzien (Elbe) übernimmt zu den aus den nachstehenden Tariftabellen ersichtlichen Beförderungspreisen die Beförderung von

1. lebenden Tieren und
2. Frachtgütern

auf Grund

a) der Bestimmungen der Eisenbahn-Verkehrsordnung,
b) der nachstehend abgedruckten Bestimmungen,
c) der im
Deutschen Eisenbahntiertarif Teil I
und im
Deutschen Eisenbahngütertarif Teil I
Abteilung A und B
enthaltenen allgemeinen Ausführungsbestimmungen zur Verkehrsordnung, soweit sie nicht durch die Bestimmungen zu b) aufgehoben, abgeändert oder ergänzt sind.

Die Beförderung von Sprengstoffen ist ausgeschlossen. Änderungen und Ergänzungen dieses Tarifs werden durch Aushang im Bahnhofsgebäude Gommern und in der Güterabfertigung Pretzien (Elbe) sowie durch Bekanntmachung in der „Zeitung für Gommern" veröffentlicht.

Pretzien (Elbe), im Juli 1911.

Kleinbahn und Kraftwerk Pretzien G. m. b. H.
Pretzien (Elbe.)

Bild 2. 120
Aus dem Tarif der Kleinbahn Gommern—Pretzien

Bild 2.121 Lok 99 4301 in Pretzien
Foto: Rejke

Tabelle 2.68
Triebfahrzeuge
der Klb
Gommern—Pretzien

Bezeichnung[1])	Bauart	Hersteller	Baujahr	Fabriknummer	Bemerkungen
Dampflokomotiven					
	Bn2t	Hag	1890	231	
	Bn2t	Hag	1890	232	
	Bn2t	Hag	1890	236	
	Bn2t	Kra Mü	1898	3842	
ROON	Bn2t	Kra Mü	1900	4380	
MOLTKE	Bn2t	Kra Mü	1889	2193	um 1900 von A. Koppel gekauft
BLÜCHER	Bn2t	Hen	1902	6266	
KAISER	Bn2t	Hen	1912	11052	1942 Kriegseinsatz in der UdSSR
4	Bn2t	O & K	1921	9773	
5	Bn2t	O & K	1922	9775	+ 1964
6	Bn2t	O & K	1925	11049	
7	Bn2t	Hen	1925	20507	
8	Bn2t	Hen	1927	20782	Bild 2.122 a; + 1969
9	Bn2t	Hen	1935	22760	+ 1968
	Bn2t	LKM	1951	26002	Kessel: LOWA Übigau 1951/8581; + 1969
99 4301	Cn2t	O & K	1920	9418	1965 von DR (Burg) gekauft; DR-Nr. belassen; 1975 als Denkmalslok in Gommern aufgestellt; Bild 2.118 g
Diesellokomotiven					
	Bo	Deutz			75 Ps
dunkelgrün	Bo	Jung	1961	12390	40 PS; 1961 gekauft
blau	Bo	ČKD	1961	40095	30 PS; 1965 gekauft
			1942	1185 ?	1967 von DR gekauft; ex DR Kö 6004; Bild 1.38c
gelb	Bo	Škoda	1965	420424	30 PS; 1968 gekauft
braun	Bo	LKM	1959	262100	30 PS; 1971 gekauft
grün	Bo	LKM	1950	249259	60 PS; 1973 gekauft

[1]) bei Diesellok: Farbe

her und stellte sie 1975 vor dem Bahnhof Gommern auf.
Bei den Diesellokomotiven wird auf Betriebsnummern verzichtet. Sie unterscheiden sich durch die Farbgebung. Ausnahmsweise wird die schwarze Lok mit der Nr. 6004 bezeichnet; sie verkehrte zuletzt im Netz von Dahme und kam nach einer Generalreparatur im Raw Dessau im April 1967 nach Pretzien.
Die 40-PS-Diesellokomotive von Jung war 1961 ein Gelegenheitskauf auf der Leipziger Messe. [124]

2.5.3. Industriebahn Halle (Saale); (1000 mm)

Zur Halle-Hettstedter Eisenbahn gehörte eine vom Sophienhafen zum Staatsbahnhof Halle führende regelspurige Hafenbahn. Um die im Süden der Stadt Halle gelegenen Maschinenfabriken auch über diese Hafenbahn bedienen zu können, errichtete man an der Kreuzung Turmstraße einen Betriebsbahnhof mit einer schmalspurigen Anschlußbahn. Sie führte mit ihren Gleisen in sehr engen Bögen fast durch jedes Fabriktor und teilweise sogar bis in die Produktionshallen. Der Betrieb der Industriebahn wurde am 13. Februar 1895 eröffnet.
Die Länge der Strecke beträgt 1,21 km und umfaßte anfangs sieben Fabrikanschlüsse. 1950 wurde die Industriebahn von der DR übernommen, wodurch sie die einzige Schmalspurbahn der Rbd Halle wurde. Obwohl nur noch drei Werkanschlüsse zu bedienen sind, ist sie noch in Betrieb.
Es standen zwei kleine, gedrungene B-Naßdampf-Tenderlokomotiven von der Firma Hagans zur Verfügung. Da sie ausschließlich zur Beförderung von regelspurigen Güterwagen auf Rollböcken vorgesehen

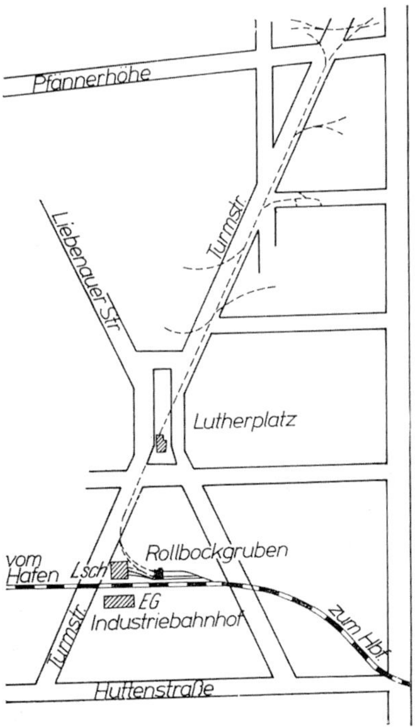

Tabelle 2.69
Technische Daten der Dampflokomotiven der Klb Gommern—Pretzien und der Schmalspurbahn Halle

Betriebsnummer		8[1]	
Betriebsnummer DR			99 5801[2]
Bild 2.122		a	d
Bauart	—	Bn2t	Bn2t
Höchstgeschwindigkeit	km/h	20	20
Zylinderdurchmesser	mm	235	265
Kolbenhub	mm	300	400
Steuerung	—	Ha	Sta
Kesseldruck	kp/cm²	12	12
Rostfläche	m²	0,45	0,66
Heizfläche Feuerbüchse	m²		2,9
gesamt	m²	22	28,2
Überhitzer	m²	—	—
Wasservorrat	m³	0,84	2,5
Kohlevorrat	t	0,6	0,8
Treibraddurchmesser	mm	630	800
Laufraddurchmesser	mm	—	—
Achsstand gesamt	mm	1400	1400
Länge über Puffer	mm	5491	4635[3]
Lokbreite	mm	1800	
Lokhöhe über SO	mm	3000	3280
Lokmasse leer	t	8,78	11,5
betriebsfähig	t	11,0	15,1
Zugkraft	Mp	1,93	2,53
Leistung	PSi	70	110

[1]) Gommern—Pretzien
[2]) Halle
[3]) ohne Puffer

Tabelle 2.70
Triebfahrzeuge der Schmalspurbahn Halle

Betriebs-nummer	Bauart	Her-steller	Baujahr	Fabrik-nummer	Bild	Bemerkungen
Dampflokomotiven						
99 5801	Bn2t	Hag	1894	302	2.122 d	+ 2. 5. 1967
99 5802	Bn2t	Hag	1894	303	2.122 d	+ 3. 8. 1966
Diesellokomotiven						
199 003	Bdm	LKM	1953		1.38 f	ex Kö 6501; ex V 100 903; 1965 von Barth
199 004	Bdm	LKM	1953		1.38 f	ex Kö 6502; ex V 100 904

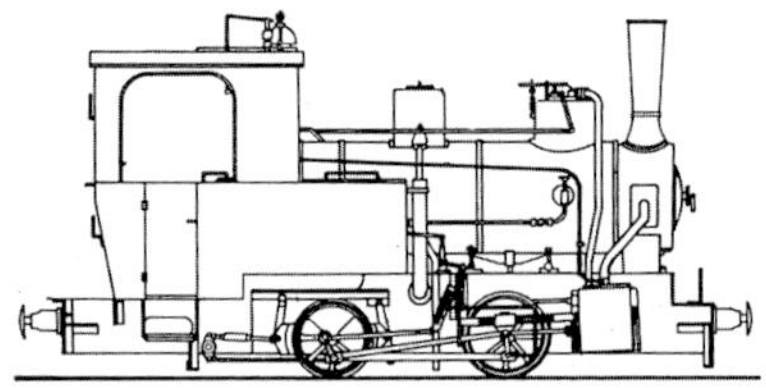
a

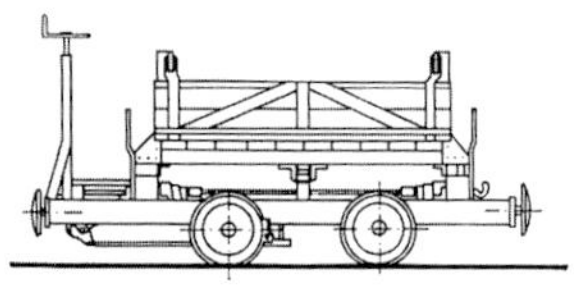
b

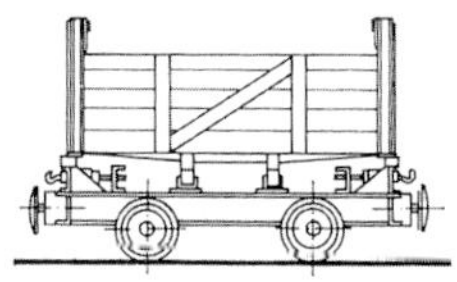
c

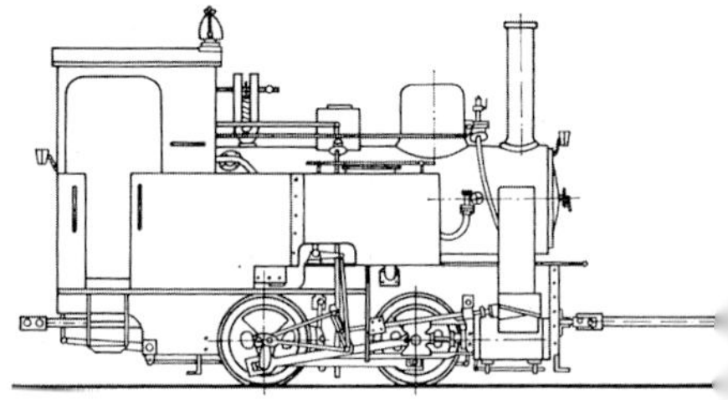
d

Bild 2.122 Fahrzeuge der Bahnen von Halle und von Gommern—Pretzien

Bild 2.123
Rangierfahrt in Halle mit Lok 99 5801 (1963)
Foto: Meyer

waren, besaßen die Maschinen keine Mittelpuffer-Kupplungen, sondern vorn und hinten je eine lange Kuppelstange; die vordere konnte bei Bedarf hochgeklappt werden.
Wegen der überalterten Kessel wurden beide Lokomotiven 1966 und 1967 anläßlich einer fälligen Kesselrevision ausgemustert und anschließend verschrottet. Ihren Dienst übernahmen zwei Diesellokomotiven, die bereits vorher in anderen Bereichen im Einsatz waren.

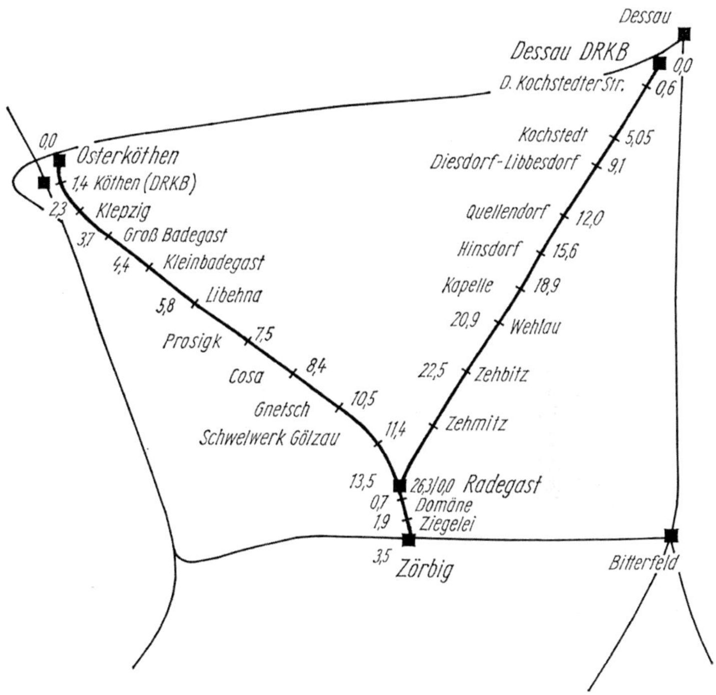

2.5.4. Dessau-Radegast-Köthener Bahn (DRKB; 750 mm)

Die Dessau-Radegast-Köthener Bahn (DRKB) entstand aus den zwei Nebenbahnen: Dessau-Radegaster Bahn und Köthen-Radegaster Bahn. Wegen der damaligen Schreibweise von Cöthen findet man auch die alte Abkürzung DRCB.
Interessierte Kreise der landwirtschaftlichen Industrie und der Landwirtschaft beabsichtigten bereits 1865 das ertragreiche Gebiet zwi-

Tabelle 2.71 Strecken der DRKB

Dessau — Radegast	
Gesamtentfernung:	26,10 km
Betriebsstellen	km
Dessau (Radegast Bf)	0,00
Dessau Kochstedter Str.	0,60
Kochstedt	5,05
Diesdorf-Libbesdorf	9,10
Quellendorf	12,00
Hinsdorf	15,55
Capelle	18,90
Wehlau	20,90
Zehbitz	22,45
Zehmitz	24,05
Radegast	26,10

Köthen — Radegast	
Gesamtentfernung:	13,50 km
Betriebsstellen	km
Ostercöthen	0,00
Köthen (DRKB)	1,40
Klepzig	2,30
Groß Badegast	3,70
Kleinbadegast	4,40
Libehna	5,80
Prosigk	7,50
Cosa	8,40
Gnetsch	10,50
Schwelwerk Gölzau	11,40
Radegast	13,50

Radegast — Zörbig	
Gesamtentfernung: 3,5 km	
Betriebsstellen	km
Domäne	0,70
Ziegelei	1,90
Zörbig	3,50

Bild 2.125
Im Bahnhof Radegast war im Dreischienengleis das Rangieren von Regelspurgüterwagen mit Schmalspurlokomotiven möglich
Foto: Sammlung Zieglgänsberger

schen Dessau, Radegast und Köthen verkehrstechnisch zu erschließen. Finanzielle Schwierigkeiten und entgegenstehende Konzessionsrechte der M-H. E. verhinderten jedoch den Bau einer regelspurigen Bahn, so daß man sich schließlich auch aus finanziellen Gründen für eine Schmalspurbahn mit 750 mm Spurweite entschied.

Anfang des Jahres 1896 begannen die Arbeiten durch die Firma Burchardt und Co., und am 30. Oktober 1896 zog die Lokomotive „Cöthen" den Eröffnungszug. Da die Bahn nach dem preußischen Kleinbahngesetz gebaut war, mußten noch Veränderungen an den Wegübergängen vorgenommen werden, ehe am 28. November 1896 auch der Personenverkehr aufgenommen werden konnte.

Von der preußischen Regierung wurde am 22. Oktober 1897 der Bau der Strecke Radegast—Zörbig (Preußen) als Kleinbahn konzessioniert. Am 9. August 1898 eröffnete ein fahrplanmäßiger Zug die Strecke von 3,5 km.

In Dessau verfolgte man die gleichen Gedanken wie in Köthen. Am 2. April 1897 erteilte die anhaltische Regierung die Konzession für den Bau einer Nebenbahn Dessau—Radegast. Die Firma Vehring und

Tabelle 2.72 Statistische Angaben zur DRKB

Jahr	1896	1902	1911	1935	1945
Lokomotiven gesamt	4	8	9	6	7
davon mit 2 Kuppelachsen	2	3	4		1
mit 3 Kuppelachsen	2	5	5		1
Personenwagen gesamt	4	7	7	12	12
davon zweiachsig	—	—	—	4	4
vierachsig	4	7	7	8	8
Gepäckwagen zweiachsig	2	2	3	3	3
Güterwagen gesamt	48	128	127	122	123
davon zweiachsig		93	92		
vierachsig		35	35		

Wächter vollendete am 9. Dezember 1897 den Bau. Mit der Lok „Zerbst“ fuhr der Eröffnungszug nach Radegast. Die Betriebsführung beider Strecken übernahm zunächst die Firma Burchardt & Co. mit Sitz in Köthen, gab sie 1898 an die Allgemeine Deutsche Kleinbahn-Gesellschaft ab, und am 1. Januar 1899 wurden beide Bahnen zur Dessau-Radegast-Cöthener Bahn (DRCB, später DRKB) vereinigt.

Nach Erweiterung des Bahnhofsgebäudes in Radegast im Jahre 1909 zog die Betriebsverwaltung von Köthen nach Radegast um. Die planmäßig eingesetzten Lokomotiven stationierte man ebenfalls in Radegast; in Köthen verblieben die Reservelokomotiven, Reparaturlokomotiven sowie regelspurige Lokomotiven. 1909 war die Strecke Radegast—Zörbig auf Dreischienenbetrieb umgestellt worden, so daß mit den regelspurigen Anschlußgleisen in Köthen etwa 5 km regelspurig betrieben werden konnten.

Der Hauptanteil des Güterverkehrs entfiel auf den Zuckerrübentransport. Der Personenverkehr entwickelte sich rückläufig, erholte sich aber Ende der 20er Jahre nach Bau des Schwelwerkes Gölzau und der Eröffnung eines neuen Haltepunktes geringfügig. Trotzdem wurde 1938 der Streckenabschnitt Dessau—Quellendorf stillgelegt und bis 1940 abgebaut. 1939 stellte man den Personenverkehr auf beiden Strecken ein, mußte ihn aber 1944 wegen Mangel an Kraftfahrzeugen erneut aufnehmen. Die Bahn war dann bis 1946 in Betrieb und wurde schließlich demontiert.

Die Strecke Dessau—Radegast begann am Stadtrand von Dessau nahe der ehemaligen Zuckerraffinerie und hielt sich fast immer parallel zur Landstraße.

Die Strecke Köthen—Radegast begann jenseits der umfangreichen Gleisanlagen des regelspurigen Bahnhofs (KPEV). Deshalb wurde der Personenhaltepunkt Ostercöthen errichtet, um näher an die Bahnsteige des Bahnhofs Köthen (KPEV) zu gelangen. Die Strecke nach Radegast hielt sich ebenfalls an die Straßenführung; Ortschaften wurden umgangen.

Die Gleise waren auf allen Strecken in Kiesbettung verlegt. Die Dessauer Strecke hatte Flußstahlschienen von 14 kg/m, die Köthener Strecke hatte Schienen bis 27 kg/m. 1925 wurden von Köthen bis Cosa neue 12 m lange Schienen eingebaut und von dort bis Radegast gebrauchte Schienen der privaten regelspurigen Nebenbahn Aschersleben – Schneidlingen – Nienhagen.

Die Streckenlänge der DRKB betrug 43,2 km, die Gesamtgleislänge etwa 50 km, die maximal zugelassene Geschwindigkeit 30 km/h. Nennenswerte Neigungen waren nicht vorhanden.

Die Empfangsgebäude und Lokschuppen waren als einfaches Ziegelmauerwerk errichtet. Zweigeschossig waren die Empfangsgebäude in Köthen (ab Juni 1945 Köthen Ost), Radegast, Quellendorf und Dessau. Kleinere Bahnhöfe hatten Fachwerkbauten wie z. B. Hinsdorf. An Kunstbauten ist die Stahlwandträgerbrücke von wenigen Metern Länge über die Fuhne bei Radegast erwähnenswert.

Die Fahrpläne der Strecken wurden gesondert aufgestellt, so daß die DRKB mit 3 Fahrplänen im Kursbuch zu finden war. Es fuhren entsprechend den Konzessionsbedingungen durchschnittlich 3 bis 4 gemischte Züge je Tag in jede Richtung, dazu zusätzliche Züge an den Markttagen. Die Fahrzeit von Dessau nach Radegast betrug anfangs 100 min, später 78 min. 1896 benötigte man von Köthen nach Radegast 47 min, in den 30er Jahren 40 min.

Die Anschlußbahnhöfe zur Regelspur in Köthen und Dessau sowie der Centralbahnhof Radegast waren mit Ladekränen (1,25 t), Gleiswaagen (10 t) sowie Materiallagern für Kohle, Öl usw. ausgerüstet. Die Unterwegsbahnhöfe hatten Anschlußgleise und Laderampen für die Verladung landwirtschaftlicher Güter. Die Desinfektion der zum Viehtransport benötigten G-Wagen erfolgte in Radegast.

1935 beschäftigte die DRKB 40 Eisenbahner; es wurden im gleichen Jahr 57680 t Güter befördert.

Die Triebfahrzeuge waren 2- und 3achsige Naßdampflokomotiven. Als Güterzuglokomotive diente besonders die zweiachsige Nr. 2, genannt Bulle. Erst zwischen 1921 und 1927 kam es zur Neubeschaffung von drei dreiachsigen Lokomotiven von Henschel (Nr. 3 bis 5). Sie hatten Mittelpuffer, Balancierkupplung und Handbremse. Die bei den Henschel-Lokomotiven vorhandenen Dampfbremsen wurden wegen Funktionsuntüchtigkeit ausgebaut. Die Regelspurlokomotiven erhielt die DRKB von der Allgemeinen Deutschen Eisenbahn Betriebsgesellschaft. Die Fahrzeuge wurden auch bisweilen ausgetauscht, so daß nur noch diejenigen bekannt sind, die länger auf der DRKB im Dienst standen.

Für die Personenbeförderung waren zu jedem Zug zwei vierachsige Wagen mit je 50 Plätzen und ein Gepäck- bzw. Post-/Gepäckwagen eingesetzt. Stets waren die 2. und die 3. Klasse, zeitweilig auch die 4. Klasse vorhanden. Die Wagen waren dampfbeheizt und hatten Petroleumbeleuchtung. In den 20er Jahren kamen zur Verstärkung im Berufs-

Tabelle 2.73
Triebfahrzeuge der DRKB

Bezeichnung	Bauart	Hersteller	Baujahr	Fabriknummer	Bemerkungen
Spurweite 750 mm					
CÖTHEN	Cn2t	Hoh	1895	830	+ ?
ZÖRBIG	Cn2t	Hoh	1896	949	+ ?
DESSAU	Cn2t	Hoh	1897	996	+ vor 1939
ZERBST	Cn2t	Hoh	1897	997	+ vor 1939
PROSIGK	Bn2t	Hag	?	333	+ vor 1939
RADEGAST	Bn2t	Hag	?	332	+ vor 1939
QUELLENDORF	Bn2t	?	?	?	+ vor 1939
KOCHSTEDT	Bn2t	O & K	?	?	+ vor 1939
1	Cn2t	Kra Mü	1898	3768	+ vor 1939
2	BnSt	O & K	1899	506	+ vor 1939
3	Cn2t	Hen	1921	17365	+ ?
4	Cn2t	Hen	1924	20397	+ ?
5	Cn2t	Hen	1927	20812	+ ?
Regelspur					
23	Cn2t	Hen			in Köthen eingesetzt; an ADEBG
5	Cn2t	?			in Köthen eingesetzt; von Teutoburger Waldbahn; + ?
JAKOB	Bn2t	?			in Radegast eingesetzt; + ?
GEORG	Bn2t	?			in Radegast eingesetzt; + vor 1939
COCHSTEDT	Bn2t	?			von Klb Aschersleben—Nienhagen; in Köthen eingesetzt; + 1916

Bild 2.124
Zug am Haltepunkt Osterköthen mit Lok 3 (um 1930)
Foto: Sammlung Zieglgänsberger

verkehr 4 zweiachsige Wagen mit Ofenheizung der ehemaligen Danzig-Marienburger Kleinbahn zur DRKB.
Nach Eröffnung der Bahn war auch der Bahnpostverkehr übernommen worden. Auf elf Stationen konnte Post angenommen und ausgeladen werden. Etwa 1930 erlosch die Bahnpostbeförderung.
Zwischen 1910 und 1912 wurde ein motorgetriebener vierachsiger Triebwagen eingesetzt, der aber technisch nicht befriedigte. Nach Ausbau des Antriebs wurde er als Personenwagen benutzt.
Für zwei regelspurige Anschlüsse in Köthen und die dreischienige Strecke von Zörbig nach Radegast waren auch Regelspurwagen zu befördern; dazu waren in Köthen eine regelspurige C-Lok und in Radegast eine regelspurige B-Lok stationiert. Um in Köthen Schmalspurwagen auf dem regelspurigen Anschlußgleis zur Zuckerfabrik Klepzig befördern zu können, bediente man sich sogenannter Trucks. Das waren regelspurige Rollwagen, auf die über eine Aufrollrampe die Schmalspurwagen geschoben wurden. In Radegast herrschte ebenso gemischter Betrieb. Hier lag das Dreischienengleis, das zum Betrieb mit Fahrzeugen ungleicher Spur einen regelspurigen Zwischenwagen erforderte. So konnten Schmalspur- und Regelspurwagen von schmalspurigen, wie von regelspurigen Lokomotiven befördert werden.
In Radegast war zum Entladen der schmalspurigen Spezialschüttwagen für Zuckerrüben ein Seitenwechsel im Dreischienengleis erforderlich. Dazu eignete sich der Zwischenwagen nicht. Deshalb hatte eine Schmalspurlok eine Bohle unterhalb der Rauchkammertür in Höhe der Puffer der Regelspurwagen. Beim Seitenwechsel glitten die Puffer dann auf der Bohle entlang. Die Kupplung erfolgte mit Ketten.
Die Fahrzeuge der DRKB hatten bis zur Betriebseinstellung keine durchgehende Bremse. [118, 119, 120, 122]

2.5.5. Klostermansfeld – Helfta (1000 mm)

Zur Lösung der Verkehrsprobleme im Mansfelder Bergrevier wurde am 27. Juni 1898 eine Gesellschaft zum Bau und Betrieb einer elektrischen Kleinbahn gegründet. Im August 1898 wurde die Gesellschaft in das Handelsregister eingetragen und am 30. September 1898 die Hauptgenehmigung zur Errichtung der Anlagen und zum Betrieb der Bahn für 87 Jahre erteilt.

In knapp zwei Jahren entstanden 31,81 km Strecke einschließlich Oberleitung. Davon entfielen etwa 24 km auf den Überlandabschnitt Hettstedt – Helfta, der Rest auf die Stadtlinie Eisleben Bahnhof – Eisleben Plan – Eisleben Friedhof. Am Plan (heute August-Bebel-Plan) bestand Verbindung zwischen beiden Streckenteilen. Die Eröffnungen erfolgten innerhalb des Jahres 1900 abschnittweise:
am 10. April
Klostermansfeld – Eisleben,
im Mai
Klostermansfeld – Hettstedt,
am 2. Juli
Stadtlinie Eisleben und
am 7. Oktober
Eisleben – Helfta.

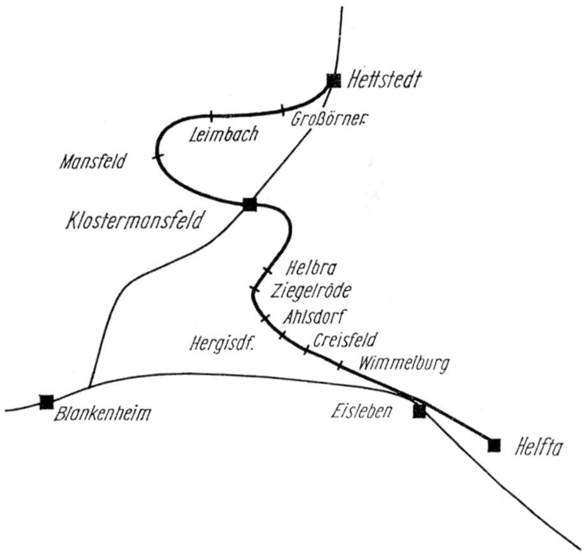

Bereits im Jahre 1901 wurden bei 748434 gefahrenen Wagenkilometern 6416700 Personen befördert.

Bild 2.126 Triebwagen am alten Verwaltungsgebäude in Klostermansfeld
Foto: Dönau

Die Verwaltung des Bahnbetriebswerks sowie das Kraftwerk befanden sich in Klostermansfeld; dort war auch der größte Teil des Personals beheimatet. Die Anlagen bestanden aus einer Wagenhalle, einem älteren und einem neueren Verwaltungsgebäude. Hierzu kamen Kessel- und Maschinenhaus des Kraftwerks.

Die Einrichtung dieser elektrischen Kleinbahn hatte eine rasche Erschließung des Südharzes mit Elektroenergie zur Folge; schon kurz nach der Inbetriebnahme der Bahn entschieden sich viele Anlieger für die Anwendung des elektrischen Stromes. Die Gesellschaft versorgte daraufhin verschiedene Abnehmer entlang der Strecke mit Gleichstrom. Diese Erweiterung der Energieversorgung war Anlaß, noch im Jahre 1900 das Kraftwerk auszubauen. Bis zum Ausbruch des ersten Weltkrieges wurden insgesamt 45 Orte an das Elektronetz angeschlossen.

Von 1914 bis 1920 stagnierte die Entwicklung des Bahnbetriebes und der Energieversorgung. Die Betriebsführung ging 1920 von der Allgemeinen Deutschen Kleinbahngesellschaft an die Elektrizitätswerk Sachsen-Anhalt Aktiengesellschaft Halle/S. (Esag) über. Nach der Erweiterung der Energieversorgung für weitere 70 Ortschaften zeichneten sich deutlich die Anzeichen der Inflation ab. Der dadurch bedingte jähe Rückgang bei der Anzahl von Fahrgästen ließ die Kosten des Bahnbetriebes wesentlich die Einnahmen überschreiten. Am 2. Dezember 1922 stellte man deshalb den Kleinbahnbetrieb ein und nahm den Kupferfahrdraht (etwa 9 t) ab, um Diebstählen vorzubeugen.

Für Ende 1929 war eine Wiederaufnahme des Kleinbahnbetriebes in sparsamster Art geplant. So sollten von den ursprünglich acht Ausweichstellen nur drei bestehen bleiben, und sechs neue Wagen sollten den gesamten Betrieb auf zum Teil veränderter Strecke bewältigen. Inzwischen hatte sich jedoch der Autobusbetrieb durchgesetzt, und die Gesellschaft führte ihn hier am 1. Juni 1929 zwischen Hettstedt und Eisleben ein. Dieses Unternehmen ging mit Wirkung vom 1. September 1932 auf die Reichspost über. So war das neue Kleinbahnprojekt endgültig gescheitert.

Die elektrische Kleinbahn hatte 20 vierachsige Triebwagen 2./3. Klasse mit jeweils 50 Sitzplätzen sowie zwei zweiachsige Triebwagen mit jeweils 32 Sitzplätzen in Betrieb. Ferner waren fünf zweiachsige Beiwagen mit je 30 Plätzen vorhanden.

Später folgten für den starken Schichtverkehr des Walzwerkes Hettstedt

noch zwei Vierachser mit je 60 Plätzen; sie erhielten den Spitznamen Langer Jakob.
Für den Güterverkehr gab es vier Gepäckwagen, acht Spezialwagen für Kies- und Aschetransporte sowie zu Montagezwecken und vier kleine Materialwagen.

Die Züge fuhren meist nur mit einem Triebwagen. Selten wurde ein Beiwagen mitgeführt. Es gab die 2. und 3. Klasse. Der Tarif betrug in der 3. Klasse für maximal 4 km 20 Pfennige, ein für damalige Verhältnisse ungewöhnlich hoher und kaum verständlicher Fahrpreis. [125]

2.6. Bahnen in Thüringen

2.6.0. Überblick

In Thüringen entwickelte sich kein einheitliches Schmalspurbahnnetz wie etwa in Sachsen. Die Meterspur war vorherrschend; von Wernshausen nach Brotterode gab es eine 600-mm-Bahn, die an gleicher Stelle, aber nur bis Herges-Vogtei geführte Trusebahn hatte 750 mm Spurweite.
1895 wurden die Hildburghausen-Heldburger Schmalspurbahn, die bis Lindenau-Friedrichshall führte, und die Eisfeld-Unterneubrunner Schmalspurbahn verstaatlicht. Sie gehörten damit zur KPEV und unterstanden der KED Erfurt. 1902 ist dann auch die Feldabahn verstaatlicht worden. Damit konnte die KPEV für diese drei Schmalspurbahnen in Thüringen einheitlich Lokomotiven und Wagen beschaffen. Auch wurden die Betriebsmittel nunmehr zwischen den drei Bahnen ausgetauscht. Da eine exakte Übersicht über jeden Wechsel der Betriebsmittel nicht mehr besteht, wird die Übersicht zu den Lokomotiven und Wagen der drei Bahnen an dieser Stelle in einer Darstellung (einschließlich Bilder und Tabellen) gegeben.

2.6.1. Salzungen–Vacha/Kaltennordheim (Feldabahn; 1000 mm)

Die als Feldabahn bezeichnete Schmalspurbahn bestand aus zwei Strecken und erschloß verkehrsmäßig am Nordhang der Rhön das Eisenacher Oberland. Anschluß an die Regelspurstrecke Eisenach–Meiningen hatte sie in Salzungen.
Lange versuchte in den sechziger Jahren des vorigen Jahrhunderts die Regierung von Sachsen-Weimar-Eisenach, in diesem Gebiet eine Eisenbahn aufzubauen. Eine Hauptstrecke war jedoch zu teuer, selbst eine Nebenbahn konnte nicht finanziert werden. Erst als die Firma Krauss & Co. in München ein Objekt zum Demonstrieren ihrer Erfahrungen auf dem Gebiet des Secundärbahnbaues suchte, konnte durch Vertrag im Juni 1878 ein Projekt mit annehmbaren Preisen durch die Regierung bestätigt werden.
Die Firma Krauss & Co. war auch bereit, den Betrieb und die Unterhaltung der Bahn zu übernehmen, wobei erst keine Übersicht über zu erwartende Profite oder Verluste bestand.
Die Bahn wurde abschnittsweise eröffnet:

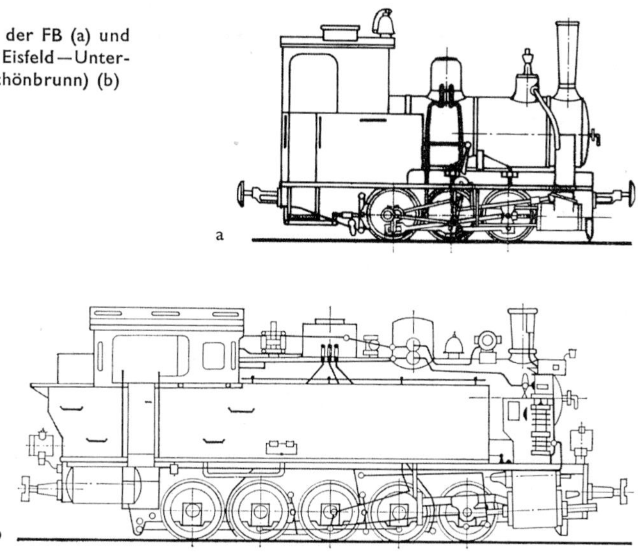

Bild 2.127
Lokomotiven der FB (a) und der Strecke Eisfeld–Unterneubrunn (Schönbrunn) (b)

Tabelle 2.74
Strecken der FB

Streckenabschnitt	Länge	Eröffnung		Umbau auf Regel-spur	max. Nei-gung	min. Krüm-mungs-radius
		Güterverkehr	Reiseverkehr			
	km				1:n	m
Salzungen—Dorndorf	11,23	1. 6. 1879	22. 6. 1879	1906	30	68
Dorndorf—Stadtlengsfeld	8,37	1. 6. 1879	22. 6. 1879	1934	45	77
Dorndorf—Vacha	4,90	10. 8. 1879	10. 8. 1879	1906	50	200
Stadtlengsfeld—Dermbach	8,65	6. 10. 1879	6. 10. 1879	1934	36	96
Dermbach—Kaltennordheim	10,78	22. 6. 1880	1. 7. 1880	1934	25	96

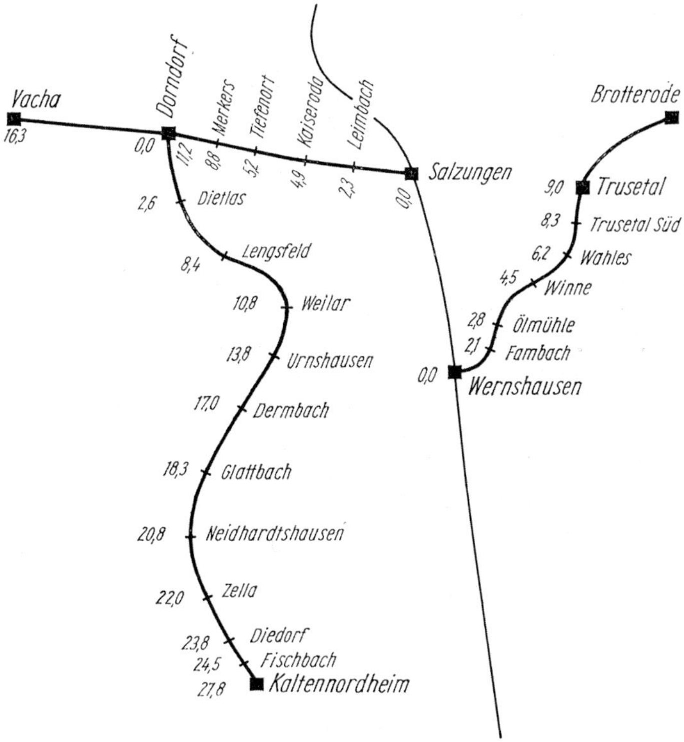

Zwischen 1. 6. 1879 und 10. 8. 1879
Salzungen—Dorndorf—Vacha 16,13 km
am 1. 6. 1879
Dorndorf—Stadtlengsfeld 8,33 km
zwischen 6. 10. 1879 und 24. 6. 1880
Stadtlengsfeld—Kaltennordheim 19,43 km

Auf dem heutigen Territorium der DDR war die Feldabahn somit die erste Schmalspurbahn.

Nach etwa 20 Jahren Betriebszeit stellte die in diesem Gebiet neu entstandene Kaliindustrie Anforderungen, die die Schmalspurbahn nicht mehr erfüllen konnte. Nach einem Staatsvertrag vom 20. Mai 1902 ging die Feldabahn durch Kauf am 1. April 1904 in das Eigentum Preußens über und unterstand nunmehr der KED Erfurt. Gleichzeitig wurde festgelegt, die Strecke Salzungen—Vacha regelspurig auszubauen.

Nach Inbetriebnahme der neuen Strecke am 1. Dezember 1906 verblieb nur auf der 27,76 km langen Strecke Dorndorf—Kaltennordheim Schmalspurbetrieb.

Aber auch bei dieser Strecke wurden Forderungen zum Umbau auf Regelspur erhoben. Der Verkehr war bis 1912 auf das Doppelte gestiegen. Das Umladen in Dorndorf wirkte sich nachteilig aus. An einen Rollfahrzeugverkehr war wegen des beschränkten Profils – bedingt durch die weitgehende Benutzung der Straße – nicht zu denken. Da die KPEV von der Landesregierung Weimar für eine Umgestaltung der Schmalspurbahn keine Genehmigung erhielt, kam nur der Umbau auf Regelspur in Betracht; daran war auch die Landesregierung interessiert.

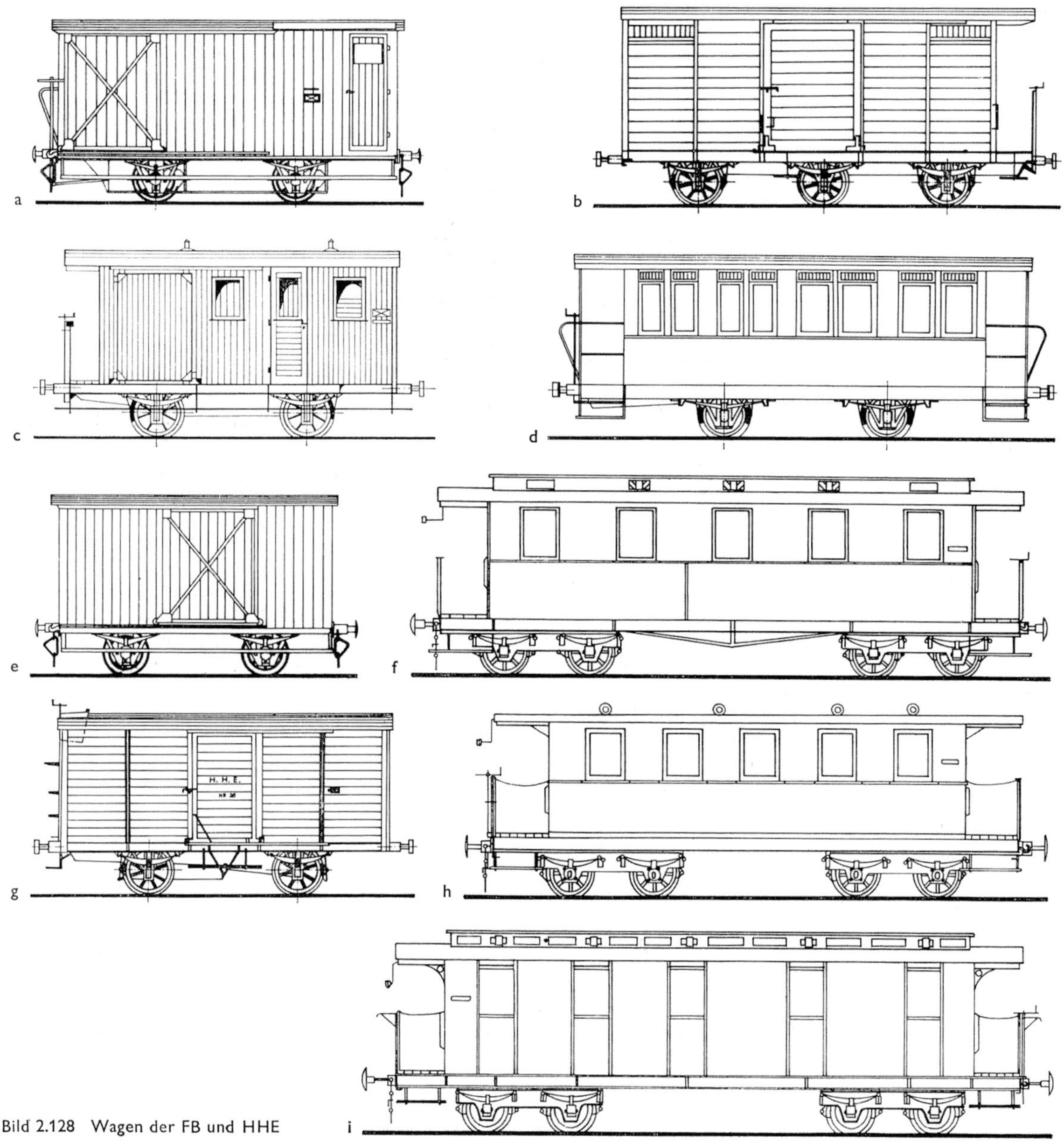

Bild 2.128 Wagen der FB und HHE

Tabelle 2.75
Übersicht zu den Triebfahrzeugumzeichnungen (KPEV)

bis 1906	ab 1906	ab 1909	ab 1910	ab 1911
1597	T28 9101	T28 9101	T28 9101	T31 1
1596	T28 9102	T28 9102	T28 9102	T31 2
1598	T28 9103	T28 9103	T28 9103	T31 3
1599	T28 9104	T28 9104	T28 9104	T31 4
1600	T28 9105	T28 9105	T28 9105	T31 5
1601	T28 9106	T28 9106	T28 9106	T31 7
1602	T28 9107	T28 9107	T28 9107	T31 8
1603	T29 9151	T29 9151	T28 9108	T31 6
1604	T29 9152	—	—	—
1605	T29 9153	T30 9153	T30 9153	T32 41
1606	T30 9201	T31 9201	T29 9151	T34 71
1607	T30 9202	T32 9202	T31 9154	T35 81
	9151	T30 9154	T32 9201	T33 51
	9155	T30 9155	T32 9202	T33 52

1916 kam ein Vertrag zustande, nach dem die Weimarsche Regierung einen Zuschuß von 350000 Mark zu zahlen sowie Grund und Boden unentgeltlich zur Verfügung zu stellen hatte. Der Umbau sollte nach

Bild 2.129 Verladearbeiten auf Bahnhof Kaltennordheim (1934)
Foto: Sammlung Gerlach

Tabelle 2.76 Triebfahrzeuge der FB, HHE und auf der Strecke von Eisfeld (Eis)

Betriebsnummer/Name KPEV	DR	Bauart	Hersteller	Baujahr	Fabriknummer	erster Einsatz	weiterer Einsatz	Bild	Bemerkungen
1	—	Cn2t	Kra Mü	1879	783	FB			ex „FELDA"; + ?
2	—	Cn2t	Kra Mü	1879	782	FB			ex „WERRA"; + ?
—	—	Cn2t	Kra Mü	1879	827	FB			ex „RHÖN"; 1884 an Kaysersberger Talbahn
3	—	Cn2t	Kra Mü	1882	922	FB		2.127 a	+ ?
4	—	Cn2t	Kra Mü	1883	1373	FB	HHE	2.127 a	ex „DERMBACH I"; + ?
5	—	Cn2t	Kra Mü	1887	1870	HHE			ex „HILDBURGHAUSEN"; 1915 an HF
6	(99 7102)[1]	Cn2t	Kra Mü	1889	2018	Eis[2]	HHE		+ 1924
7	(99 7101)[1]	Cn2t	Kra Mü	1887	1871	HHE			ex „HELDBURG"; 1916 an HF
8	—	Cn2t	Kra Mü	1887	1939	HHE			ex „FRIEDRICHSHALL" 1916 an HF
9152	—	Cn2t	Kra Mü	1889	2019	Eis			1906 an Grube Myslowitz (1921 als Nr. 63 weiter an Wallhallabahn verkauft)
41	—	Cn2t	Hag	1897	340	Eis	HHE		+ ?
51	99 031	Cn2t	Hag	1908	589	Eis	FB, HHE		+ 1935
52	99 032	Cn2t	Hag	1908	590	FB	Eis, HHE		+ ?
53	99 041	Cn2t	Hag	1912	689	FB ?	Eis, HHE		1935 nach Neustadt/Haardt (Pfalz)
54	99 042	Cn2t	Hag	1912	690	FB	Eis, HHE		+ 1935
55	99 043	Cn2t	Hag	1912	691	FB	Eis, HHE		+ 1935
56	99 044	Cn2t	Hag	1912	692	HHE	—		} 1935 (?) nach Neustadt/Haardt (Pfalz)
57	99 045	Cn2t	Hag	1912	693	FB	HHE		}
58	99 051	Cn2t	Hag	1912	722	HHE	FB		+ ?
59	99 052	Cn2t	Hag	1912	723	FB	HHE		+ 1935
60	99 061	Cn2t	Hag	1914	766	FB	—		+ ?
61	99 062	Cn2t	Hag	1914	767	FB	—		+ ?
62	99 063	Cn2t	Hag	1914	768	FB	—		+ ?
63	—	Cn2t	Hag	1914	769	FB	—		+ ?
71	—	C1n2t	Kra Mü	1899	4069	FB	HHE		ex „DERMBACH II"; + ?
81	(99 141)[1]	Dn2t	Hag	1902	458	FB	HHE		+ 1925
—	99 181	Eh2t	O & K	1923	8996	FB	HHE	2.127 b	1945 an UdSSR
—	99 182	Eh2t	O & K	1923	8997	FB	HHE	2.127 b	1945 an UdSSR
—	99 183	Eh2t	O & K	1923	8998	FB	HHE, Eis	2.127 b	1956 nach Straupitz
—	99 191	Eh2t	Essl	1927	4181	Eis			1944 von Altenstein; 1955 nach Gera-Pforten
—	99 221	1'E1'h2t	Schwa	1931	9920	Eis			1944 nach Norwegen
—	99 222	1'E1'h2t	Schwa	1931	9921	Eis	HHE[3]		1966 nach Wernigerode
—	99 223	1'E1'h2t	Schwa	1931	9922	Eis			1944 nach Norwegen
—	99 231[4]	1'E1'h2t	LKM	1954	134008	Eis			1973 nach Wernigerode
—	99 235[4]	1'E1'h2t	LKM	1954	134012	Eis			1973 nach Wernigerode
—	99 236[4]	1'E1'h2t	LKM	1955	134013	Eis			1974 an Raw Cottbus für Wernigerode
—	99 237[4]	1'E1'h2t	LKM	1955	134014	Eis			1973 an Raw Cottbus für Wernigerode

[1]) vorgesehene Nummer
[2]) Strecke Eisfeld—Unterneubrunn (Schönbrunn)
[3]) Probefahrt
[4]) ab 1. 6. 1970 ist der Ordnungsnummer eine 7 voranzustellen, z. B. 99231 = 997231

dem Kriege beginnen. Die Inflation verzögerte zunächst das Vorhaben. Als 1926 Pläne der Kaliindustrie zum Bau einer Grubenbahn mit öffentlichem Verkehr von Dietlas nach Merkers bekannt wurden, setzte die Landesregierung von Thüringen bei der DRG den Umbau erneut auf die Tagesordnung.

Die neue Bahn sollte im wesentlichen ohne Behinderung der schmalspurigen Feldabahn errichtet werden. Dennoch waren einige Beeinflussungen unumgänglich: Erhöhung der alten Strecke um 1,70 m bei Stadtlengsfeld infolge Kreuzung mit der Regelspur, Verschiebung bei Weilar zur Geländefreigabe für die neue Bahn, Verlegung bei Zella wegen Gleiskreuzung, Verlegung auf 1 km bei Umpfen zur Überlassung des bisherigen Bahnkörpers für die neue Strecke. Die Bauarbeiten erfolgten als Notstandsarbeiten. Im Dezember 1928 mußten sie wegen des strengen Winters unterbrochen werden. Dadurch verlängerte sich die Betriebszeit der Schmalspurbahn erneut. Weitere Verzögerungen traten durch Konkurs mehrerer Baubetriebe auf. Erst am 7. Oktober 1934 konnte die regelspurige Strecke Dorndorf—Kaltennordheim eingeweiht werden. Die schmalspurige Feldabahn stellte nun nach 54 Betriebsjahren endgültig ihren Betrieb ein.

Die Feldabahn begann im Herzogtum Meiningen, ging bei Kaiseroda (km 3,69) in das Großherzogtum Sachsen-Weimar über und durchzog vorübergehend bei Dietlas eine Meiningsche Enklave auf 2,5 km Länge. Für das Planum war weitgehend die Straße vorgeschrieben, die Gleismitte hatte 1,70 m von der mit Bäumen besetzten Straßenkante entfernt zu liegen. Dadurch mußte die Bahn erhebliche Geländeschwierigkeiten in Kauf nehmen, die der Straßenführung anhafteten. Nach der Projektnorm durfte nur dann die Straße

Tabelle 2.77 Technische Daten der Dampflokomotiven der FB, HHE und der Strecke von Eisfeld

Betriebsnummer		1	2	3	5	6	41	71	81	51
Betriebsnummer DR										
Bild 2.127		—	—	a	—	—	—	—	—	—
Bauart	—	Cn2t	Cn2t	Cn2t	Cn2t	Cn2t	Cn2t	C1'n2t	Dn2t	Cn2t
Höchstgeschwindigkeit	km/h			25		25	30	30	30	30
Zylinderdurchmesser	mm	260	240	260		260	280	300	320	350
Kolbenhub	mm	400	400	400		400	400	400	400	400
Steuerung	—	Aa	Aa	Aa	Aa	Ha	Sta	Ha	Ha	Ha
Kesseldruck	kp/cm²	12	12	12		12	12	12	12	12
Rostfläche	m²	0,43	0,43	0,52		0,94	0,82	1,04	0,94	0,86
Heizfläche Feuerbüchse	m²					3,88	3,09	3,53	3,64	3,81
gesamt	m²	23,48	23,48	35,0		50,77	47,2	36,68	50,77	50,53
Überhitzer	m²	—	—	—	—	—	—	—	—	—
Wasservorrat	m³	1,6	1,3	1,1		1,5	3,0	2,1	3,0	3,0
Kohlevorrat	t	0,8	0,6	0,795	—	0,65	1,0	0,8	1,0	1,0
Treibraddurchmesser	mm	800	800	800	800	895	910	800	800	875
Laufraddurchmesser	mm	—	—	—	—	—	—	530	—	—
Achsstand gesamt	mm	1800	1700	1800	1800	2250	2250	3800	3300	2250
Länge über Puffer	mm	5540	5905	5540	5630	6740	7000	7830	7190	7250
Lokbreite	mm	2000								
Lokhöhe über SO	mm	3420	3480	3420	3400	3700	3790	3500	3600	3700
Lokmasse leer	t					14,9	15,5	23,2	16,8	18,5
betriebsfähig	t	14,8	14,0	16,0	15,0	19,0	21,5	29,7	21,6	24,1
Zugkraft	Mp	2,43	2,07	2,43		2,17	2,48	3,24	3,69	4,025
Leistung	PSi	95	95	140		210	195	150	210	210

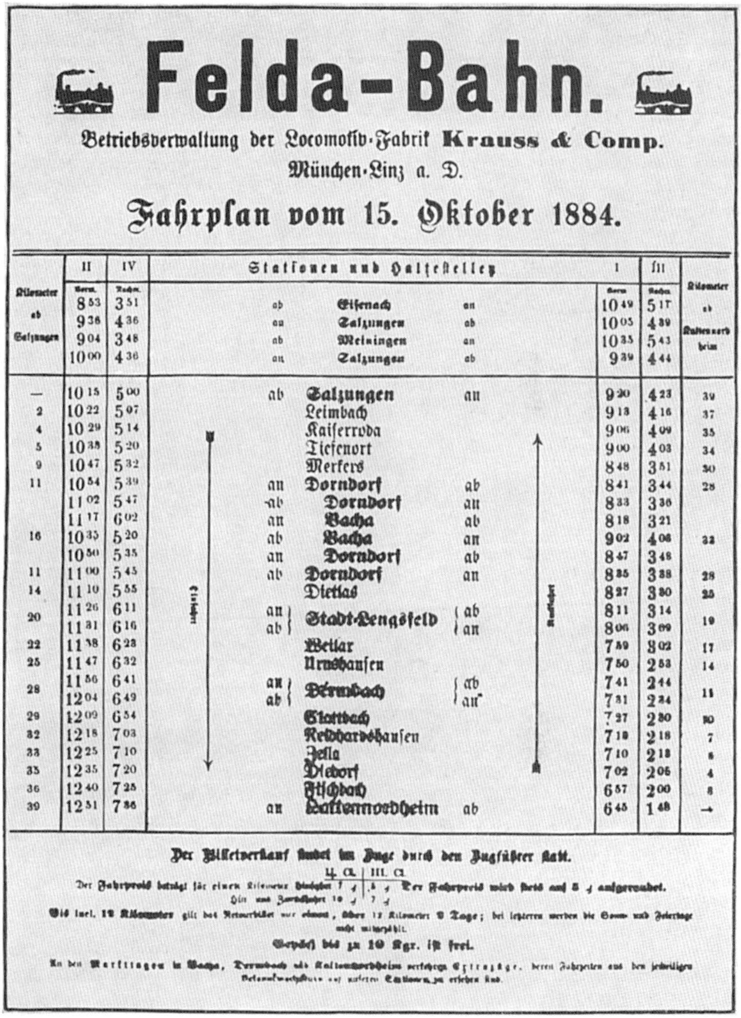

Kilometer ab Salzungen	II Vorm.	IV Nachm.		Stationen und Haltestellen		I Vorm.	III Nachm.	Kilometer ab Kaltennordheim
	8^{53}	3^{51}	ab	Eisenach	an	10^{49}	5^{17}	
	9^{38}	4^{36}	an	Salzungen	ab	10^{05}	4^{39}	
	9^{04}	3^{48}	ab	Meiningen	an	10^{35}	5^{43}	
	10^{00}	4^{36}	an	Salzungen	ab	9^{39}	4^{44}	
—	10^{15}	5^{00}	ab	Salzungen	an	9^{20}	4^{23}	39
2	10^{22}	5^{07}		Leimbach		9^{13}	4^{16}	37
4	10^{29}	5^{14}		Kaiserroda		9^{06}	4^{09}	35
5	10^{38}	5^{20}		Tiefenort		9^{00}	4^{03}	34
9	10^{47}	5^{32}		Merkers		8^{48}	3^{51}	30
11	10^{54}	5^{39}	an	Dorndorf	ab	8^{41}	3^{44}	28
	11^{02}	5^{47}	ab	Dorndorf	an	8^{33}	3^{36}	
	11^{17}	6^{02}	an	Vacha	ab	8^{18}	3^{21}	
16	10^{35}	5^{20}	ab	Vacha	an	9^{02}	4^{08}	23
	10^{50}	5^{35}	an	Dorndorf	ab	8^{47}	3^{48}	
11	11^{00}	5^{45}	ab	Dorndorf	an	8^{35}	3^{38}	28
14	11^{10}	5^{55}		Dietlas		8^{27}	3^{30}	25
20	11^{26}	6^{11}	an	Stadt-Lengsfeld	ab	8^{11}	3^{14}	19
	11^{31}	6^{16}	ab		an	8^{06}	3^{09}	
22	11^{38}	6^{23}		Weilar		7^{59}	3^{02}	17
25	11^{47}	6^{32}		Urnshausen		7^{50}	2^{53}	14
28	11^{56}	6^{41}	an	Dermbach	ab	7^{41}	2^{44}	11
	12^{04}	6^{49}	ab		an	7^{31}	2^{34}	
29	12^{09}	6^{54}		Glattbach		7^{27}	2^{30}	10
32	12^{18}	7^{03}		Neidhartshausen		7^{18}	2^{18}	7
33	12^{25}	7^{10}		Zella		7^{10}	2^{13}	6
35	12^{35}	7^{20}		Diedorf		7^{02}	2^{05}	4
36	12^{40}	7^{25}		Fischbach		6^{57}	2^{00}	3
39	12^{51}	7^{36}	an	Kaltennordheim	ab	6^{45}	1^{48}	→

Bild 2.130 Fahrplan der FB aus dem Jahre 1898

	53	—	—	—
	99041	99181	99191	99221
	—	b	—	—
	Cn2t	Eh2t	Eh2t	1'E1'h2t
	30	40	30	40
	350	400	430	500
	450	450	400	500
	Ha	Ha	Ha	Ha
	12	12	14	14
	0,90	1,01	1,60	1,78
	3,81	4,4	6,05	7,7
	51,02	36,00	64,20	95,90
	—	16,00	24,50	33,00
	3,0	5,0	4,66	8,0
	1,0	2,5	2,5	3,0
	875	850	800	1000
	—	—	—	550
	2250	4180	3720	8700
ca.	7470	9200	8670	11636
		2420		2550
ca.	3700	3560	3560	3650
	23	28,5	33,6	50,2
	29,7	37,3	43,5	65,8
	4,535	6,100	7,765	10,500
	215	250	480	735

verlassen werden, wenn auf der Strecke Salzungen—Vacha eine größere Neigung als 1:40, auf der Strecke Dorndorf—Kaltennordheim als 1:30 und ein kleinerer Krümmungshalbmesser als 100 m aufgetreten wären. 59 Prozent der gesamten Strecke lagen auf der Straße. Der kleinste Krümmungshalbmesser betrug – abweichend vom Projekt – nur 58 m. Mitunter mußten auf der Straße auch die Zwischengeraden

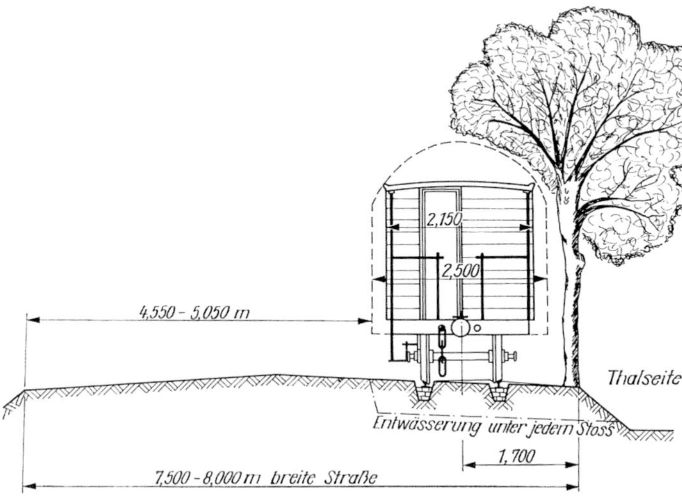

Bild 2.131 Typisch für die Streckenführung der FB war die Gleislage unmittelbar an der Straße

Bild 2.132 Lok 99 061 mit Selbstentladewagen in Dorndorf
Foto: Sammlung Fromm

knapp bemessen werden: in fünf Fällen waren sie nur 7 m lang, beispielsweise aus einer Kurve mit 120 m Radius in eine mit 150 m. Bei km 3,979 mußte auf eine Zwischengerade gänzlch verzichtet werden.

An Kunstbauten gab es drei größere Brücken zur Überquerung der Felda und 44 kleinere.

Die Strecke wurde nach dem Hartwich-System verlegt, das sich aber nicht bewährte: die Schiene lag direkt auf der Bettung, jede 7 m lange Schiene erhielt drei Spurstangen und am Stoß einen Entwässerungsschlitz. Auf Spurrinnen konnte verzichtet werden, da die Gleise nicht mit Pflaster, sondern nur mit Kies

Tabelle 2.78 Technische Daten der Wagen der FB und HHE

Gattung		C	PwPost	G	BC	O	PwPost	G	G	?
Bild 2.128		—	a	e	—	—	c	g	b	d
Hersteller	—	Nöll	Nöll	Nöll	Nöll	Nöll	Ess	Hof	Ess	
Baujahr	—	1880	1880	1880	1880	1880	1890	1890	1885	
Anzahl	Stck	4	3	6	2	10				
Länge über Puffer	mm	7770	6260	5280	7770	5280	6100	6100	7400	8090
Wagenkastenlänge	mm	5470	5450			4500		5200	6600	5790
Wagenkastenbreite	mm	2130	2150	2150	2100	2150	2550	2200	2230	2180
Achstand/Drehzapfenabstand	mm	2300	2300	2300	2300	2300	2400	2400	2000	2600
Drehgestellachsstand	mm	—	—	—	—	—	—	—	—	—
Sitzplätze 2. Klasse	—	—	—	—	6	—	—	—	—	?
3. Klasse	—	24	—	—	18	—	—	—	—	?
4. Klasse	—	—	—	—	—	—	—	—	—	—
Tragfähigkeit	Mp	—	5,0	5,0	—	5,0	—	5,0	10,0	—
Ladefläche	m²	—	11,4	9,3	—	9,3				
Laderaum	m³									

ausgefüllt wurden. Lediglich von Kilometer 29,6 bis 30,7 war probeweise voller Oberbau verlegt.
Die Gleisanlagen waren bald das Sorgenkind der Bahn: ohne Schwellen waren die Gleise zu schwach. Nach der Übernahme durch die KPEV wurde der Schwelleneinbau nachgeholt. Das erhöhte das Gleisniveau und führte zu Unfällen auf der Straße. Unzureichende Entwässerung verschlammte zudem Straße und Gleis.
Für die Lokomotiven wurden Schuppen in Salzungen, Vacha und Kaltennordheim gebaut. Zuerst setzte die Firma Krauss & Co. drei Lokomotiven mit je 80 PS und verkleidetem Triebwerk ein. Der Lokomotivpark wurde durch weitere Maschinen ergänzt, nach der Verstaatlichung auch durch Vier- und Fünfkuppler von Hagans sowie Orenstein & Koppel.
An Wagen wurden zehn offene, sechs gedeckte Güterwagen, drei Gepäckwagen mit Postabteil sowie sieben Personenwagen, teilweise auch mit 2. Klasse, beschafft. Auch der Wagenpark ist später erweitert worden auf 14 Personen-, vier Gepäck- und 114 Güterwagen.
Da die Züge dicht an Straßenbäumen und Häusern vorbeifuhren, mußten zur Sicherheit der Reisenden die Wagenfenster vergittert werden. Tritte waren zum Fahrgastwechsel nur an einer Wagenseite vorgesehen.
Für die spätere Schüttverladung in Dorndorf wurden von der Staatsbahn Selbstentladewagen eingesetzt.
Erstmals in Deutschland wurde bei der Feldabahn das Mittelpuffersystem angewendet. Die Kuppelkette bestand aus einem gleichschenkligen Dreieck (siehe Bild 1.59). [135, 137]

2.6.2. Hildburghausen-Heldburger Eisenbahn (HHE; 1000 mm)

Die Schmalspurbahn Hildburghausen—Heldburg—Lindenau verband das Gebiet um Heldburg, einer kleinen Landstadt im Südteil des Kreises Hildburghausen, mit der Werrabahn. Sie führte durch einen Teil des Grabfeldes und diente ausschließlich der Landwirtschaft. Die HHE begann im Bahnhof Hildburghausen und führte durch eine hügelige Landschaft direkt nach Süden bis Lindenau. Sie war als Stichbahn konzipiert und blieb ohne weitere Verbindung mit anderen Strecken.
Die Gegend um Heldburg war vor der Jahrhundertwende noch wenig erschlossen. Daher genehmigte die Regierung des Herzogtums Sachsen-Meiningen den Bau einer Schmalspurbahn nach dem Muster der Feldabahn. Der Grund und Boden wurde durch die herzogliche Re-

Bild 2.133
Bahnhof Heldburg
(um 1895)
Foto: Sammlung Recknagel

gierung zum Teil durch Enteignung erworben, der Bau aufgrund des Vertrages vom 12. Januar 1887 der Lokalbahn-Bau- und Betriebsgesellschaft Horstmann & Co. in Hannover übertragen. Die Mittel in Höhe von 850000 Mark stellten der Staat und die anliegenden Gemeinden zur Verfügung.

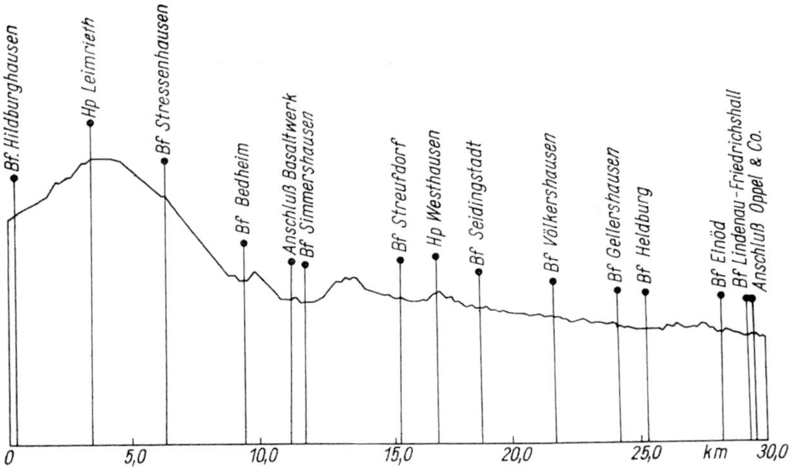

Bild 2.134
Höhenprofil der HHE

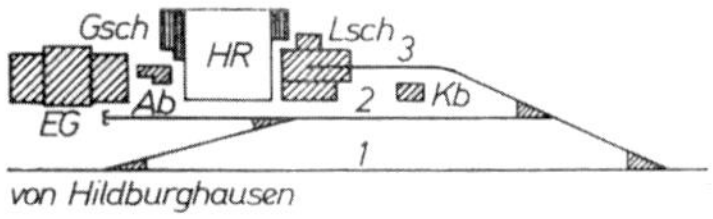

Bild 2.135 Lageplan des Bahnhofs Friedrichshall

Am 1. Juli 1888 erfolgte die Eröffnung der Teilstrecke Hildburghausen—Heldburg und am 1. Dezember 1888 die der gesamten Strecke. Ein Weiterbau der Bahn kam danach nicht mehr in Frage, da das Grabfeld von Bayern aus durch Regelspurbahnen günstiger erschlossen wurde.

Der Betrieb wurde anfangs von der Baufirma geleitet und ging dann an die Firma Vehring & Wächter über, die die Bahn bis zur Übernahme durch die preußische Staatsbahn betrieb. Die Verstaatlichung erfolgte am 16. Juli 1895, denn es war vertraglich festgelegt worden, daß bei einer Verstaatlichung der Werrabahn die HHE mit zu übernehmen sei. Die finanzielle Lage der Bahn scheint demnach von Anfang an nicht günstig gewesen zu sein. Als Kaufsumme wurde die Hälfte des Anlagenkapitals, etwa 425000 Mark, geboten.

Beim Zusammenschluß der Länderbahnen zur DRG im Jahre 1920 wurde auch die HHE einbezogen und der Betrieb ohne Einschränkung aufrechterhalten. Nach dem Ende des zweiten Weltkrieges wurde die Strecke noch bis zum 14. Mai 1946 betrieben. Dann wurde sie als Reparationsleistung abgebaut.

Den größeren Anteil am Gütertransport stellte ab 1908 das Basaltwerk Gleichamberg. Von hier führte eine 6 km lange Industriebahn mit 750 mm Spurweite zur Verladeanlage in Simmershausen. Zum Weitertransport des Steinschlages von Simmershausen nach Hildburghausen wurden Spezialgüterzüge eingesetzt. Das übrige Transportvolumen verteilte sich auf landwirtschaftliche Produkte, Schnittholz, Gips, Baumaterialien und Ziegelsteine. Obwohl sich im Laufe der Zeit ein Aufschwung bemerkbar machte, stand der Transportumfang in keinem Verhältnis zu dem anderer Bahnen.

Der Personenverkehr hatte während der gesamten Betriebszeit fast immer die gleiche Dichte. Es fuhren meist drei Personenzugpaare. Nur von 1912 bis 1914 verkehrten fünf Zugpaare. Die Zugmassen betrugen anfangs 60 t, die mit Einführung der Lokgattung T 33 auf 80 t anwuchsen. Als die T 40 verkehrten, wurden bis zu 140 t befördert.

Bild 2.136
Schotterzug
mit Lok 9153 der KPEV
in Simmershausen
(um 1910)
Foto: Sammlung Recknagel

Auf der gesamten Strecke kam man mit wenigen Kunstbauten aus. Die längste Brücke hatte eine Spannweite von etwa 5 m. Sonst wurden nur einfache Durchlässe errichtet.
Zur Überwindung von Hügelketten und Bergen wurden Neigungen bis 1:32 vorgesehen. Infolge der Lage in unmittelbarer Straßennähe mußten einschließlich der Ortsdurchfahrten die Straßen 55mal gekreuzt werden. Darin sind Forst- und Feldwege nicht einbezogen.
Anfangs war die Höchstgeschwindigkeit mit 15 km/h festgelegt, später wurde sie auf 25 km/h erhöht.
Der Oberbau war äußerst einfach. Ursprünglich wurden Langschwellen eingesetzt, die sich aber nicht bewährten. Daher erfolgte ein Umbau auf Querschwellen mit 980 mm Abstand und eine Verstärkung des Oberbaues.
Dienstgebäude wurden in Hildburghausen, Bedheim, Simmershausen, Heldburg und Lindenau errichtet. Güterschuppen hatten die Orte Hildburghausen, Bedheim, Simmershausen, Streufdorf, Seidingstadt, Heldburg und Lindenau.
Der Betrieb wurde mit drei Lokomotiven der späteren Gattung T 31 aufgenommen: es waren die Hildburghausen, Heldburg und Lindenau. Letztere wurde erst Ende 1888 geliefert. 1902 lieferte Hagans eine T 35 mit einer radial einstellbaren vierten Kuppelachse. Auch T 33 bekam die ehemalige HHE zugeteilt. Sie bewältigten bis zum Einsatz der frei gewordenen T 40 der umgespurten Feldabahn den gesamten Verkehr. Außer diesen Lokomotiven fuhren auch noch Eisfelder Maschinen zur Aushilfe. Zwei französische Beutelokomotiven (die späteren 99 5631 und 99 5632) waren 1945 nicht betriebsfähig in Hildburghausen abgestellt.

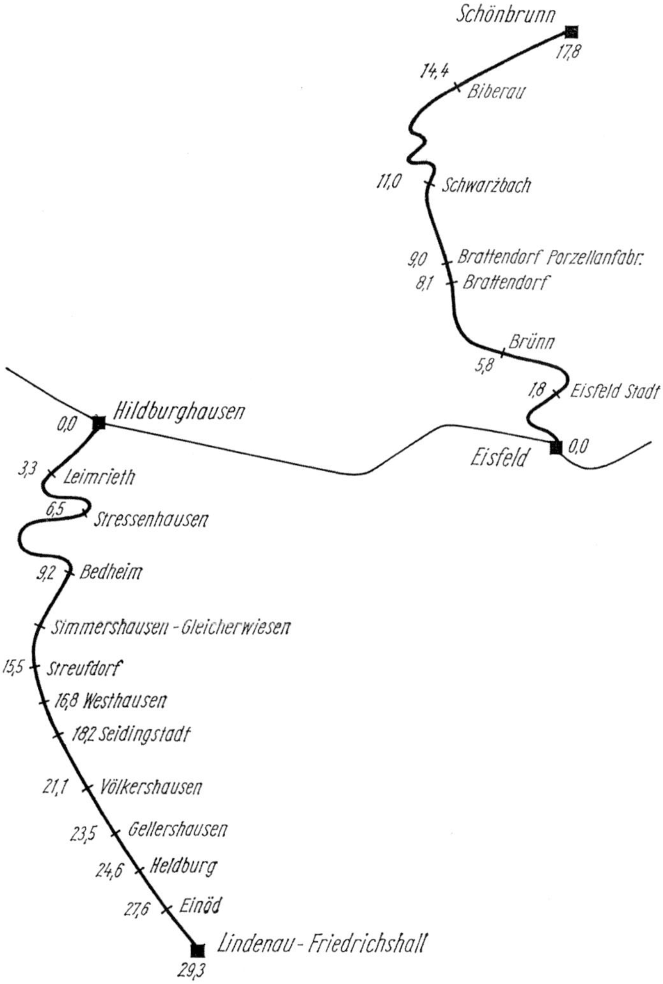

Lokomotivschuppen befanden sich in Hildburghausen, Heldburg und Lindenau.
Zur Betriebsaufnahme 1888 waren vier Personenwagen, zwei Gepäckwagen, vier gedeckte Güterwagen, vier offene Güterwagen, drei Viehwagen und sechs Langholzwagen beschafft worden. Alle Güterwagen waren zweiachsig und hatten eine Tragfähigkeit von 5 t. Mit der Übernahme durch die KPEV kam es zu einer Aufstockung des Wagenparkes. 1911 wurden zwei vierachsige Gepäckwagen beschafft. Auch der Güterwagenpark wurde erweitert.

Als 1908 der Schottertransport einsetzte, wurden Spezialkipper mit einer Tragfähigkeit von 10, 15 und 20 t eingesetzt. [126]

2.6.3. Eisfeld—Schönbrunn (Unterneubrunn) (1000 mm)

Die Schmalspurbahn Eisfeld—Schönbrunn (Unterneubrunn wurde 1950 in Schönbrunn umbenannt) verband die Gemeinden des oberen Schleusetales, den Nordteil des Kreises Hildburghausen, mit der regelspurigen Werrabahn. Sie begann am höchstgelegenen Bahnhof der Werrabahn und führte am Fuß des Thüringer Waldes bis ins Schleusetal. Die Bahn diente zum Abtransport der Erzeugnisse der Holz- und Glasindustrie. Sie war als Verbindung in Richtung Ilmenau geplant, blieb aber immer eine Stichbahn.
Nach dem Bau der Werrabahn im Jahre 1858 hatten das Hinterland von Eisfeld und das obere Schleusetal noch keinen Anschluß an das entstehende Eisenbahnnetz, obwohl gerade hier eine leistungsfähige Holz- und eine Glasindustrie im Entstehen waren. Wie schon bei der Hildburghausen-Heldburger Eisenbahn lehnte es die Werrabahngesellschaft ab, eine regelspurige Nebenbahn zu bauen. Daher entschloß sich der Meiningische Staat zum Bau in eigener Regie, und die Regierung schloß am 16. Juni 1886 einen Vertrag mit der Lokalbahnbau- und Betriebsgesellschaft Horstmann & Co. in Hannover ab, wonach diese Gesellschaft den Bau und später den Betrieb einer dem Staat gehörenden Schmalspurbahn von 1 m Spurweite übernehmen sollte. Für die Wahl der Spurweite dienten die Erfahrungen mit der Feldabahn.
Am 1. Mai 1890 konnte die Schmalspurbahn auf der gesamten Streckenlänge für den öffentlichen Verkehr freigegeben werden. Projekte, die eine Fortführung der Bahn durch den Bibergrund bis Fehrenbach bzw. durch den Schleusegrund bis Frauenwald zum Inhalt hatten, wurden zwar oft im Landtag diskutiert, aber es kam aus finanziellen Gründen zu keinen Erweiterungen.
Der Betrieb erfolgte zunächst durch die Baufirma, dann durch die Firma Vehring & Wächter bis zur Verstaatlichung. Bei der Verstaatlichung der Privatbahnen in Thüringen erwarb Preußen auch die Eisfeld-Unterneubrunner Bahn lt. Vertrag am 27. Mai 1895 für 781 262,50 Mark. Als die Länderbahnen sich zur DRG zusammenschlossen, wurde die Schmalspurbahn mit einbezogen.
Die Eisfeld-Unterneubrunner Schmalspurbahn stimulierte die Industrie im oberen Schleusetal wesentlich. Aufgrund der vorhandenen Rohstoffe, des Holzreichtums sowie der billigen Arbeitskräfte schossen die Glas- und Porzellanwerke sowie die holzverarbeitenden Betriebe wie Pilze aus dem Boden. Durch die Bahnverbindung war es wesentlich leichter und billiger geworden, die Rohstoffe anzufahren und die Produkte schnell auf den Markt zu bringen. Schon im Gründungsjahr der Bahn wurden 5344 t Güter befördert. 1891 war ein Anwachsen auf 11 834 t zu verzeichnen. Hauptprodukte waren über viele Jahrzehnte die Rohstoffe Glassand, Soda und Kohle sowie die Fertigprodukte der Glas- und Holzindustrie und Stückgüter. Der Charakter dieser Transporte hat sich bis zur Betriebseinstellung nicht verändert.
Der Personenverkehr entwickelte sich ähnlich wie der Güterverkehr. 1890 fuhren 26 516 Personen und 1891 41 627 Personen mit der Schmalspurbahn. Die Zugdichte betrug fast über die gesamte Betriebszeit drei Zugpaare je Tag. In den letzten Jahren vor der Betriebseinstellung verkehrten werktags ein Zugpaar, samstags und sonntags zwei Zugpaare.
Nach dem Ende des zweiten Weltkrieges unterlag zunächst auch diese Bahn den Reparationsleistungen. Der Abbau ist dann jedoch gestoppt worden; die Bahn wurde wieder restlos aufgebaut. Personen- und Güterzüge verkehrten bis zum 23. September 1967. Danach wurde auf der Strecke nur noch der Güterverkehr betrieben. Am 28. Februar 1973 kam es zur offiziellen Einstellung des gesamten Bahnbetriebes, 1973/1974 erfolgte der Abbau der gesamten Strecke.
Ausgangspunkt der Schmalspurbahn Eisfeld—Unterneubrunn war der Bahnhof Eisfeld. Der Schmalspurbahnhof lag nördlich der Regelspurgleise zwischen dem Güterschuppen und der Porzellanfabrik. Die Strecke verließ Eisfeld in westlicher Richtung, verlief etwa 1000 m parallel zur Werrabahn, bog dann nach Norden ab und umging so die Stadt.
Der Bahnhof Lichtenau (1950 umbenannt in Biberau) war als Kopfbahnhof ausgebildet. Die Züge nach Unterneubrunn fuhren jedoch nicht in den Bahnhof ein, da die Strecke vorher nach links abzweigte und auf der Dorfstraße durch den Ort führte. Ob dies topografisch bedingt war, oder ob schon die Fortführung nach Fehrenbach eingeplant war, ist heute nicht mehr feststellbar.
Als Kuriosum gilt die Streckenführung von Lichtenau nach Unterneubrunn. Hier zeigt sich deutlich der Einfluß der Kleinstaaterei: als Staatsbahn des Herzogtums Sachsen-

Bild 2.137 Personenzug in Eisfeld (um 1930) *Foto: Bellingrodt*

Meiningen durfte die Schmalspurbahn nur auf dessen Gebiet verlaufen. Obwohl der ebene Schleusegrund weit bessere Bauabschnitte bot, ist die Strecke links der Schleuse am Hang mit Stützmauern und diversen Kunstbauten entlang geführt worden, denn rechts der Schleuse lag Preußen!

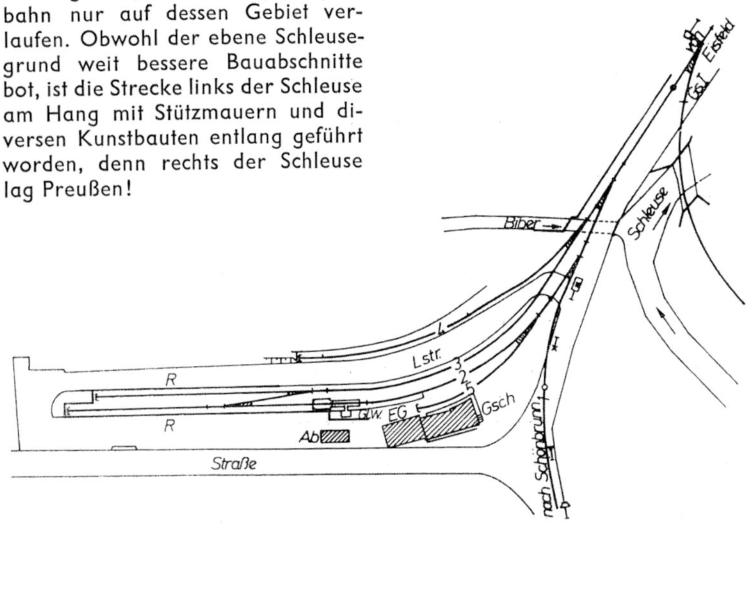

Bild 2.138 Lageplan des Bahnhofs Biberau

Bild 2.139 Zug in Brünn
Foto: Sammlung Recknagel

Der Unterneubrunner Bahnhof war der Endbahnhof mit einem Gleisanschluß ins Säge- und Glaswerk. Die Verlängerung des letztgenannten Anschlusses war als Fortführung der Strecke in Richtung Gabel—Frauenwald gedacht. Doch kam es nie zur Ausführung dieses Projektes.
Da das Profil dieser Bahn größer als das der Hildburghausen-Heldburger Eisenbahn gewählt wurde, war ein Betrieb mit Rollwagen möglich. Lediglich in den Ortsdurchfahrten war der lichte Raum stark eingeschränkt. Ein Sicherheitsabstand gegen Gebäude fehlte bei Rollwagenfahrten fast völlig.
Die Neigungen betrugen bis 1:40, der kleinste Krümmungshalbmesser 100 m. Obwohl die Strecke nicht immer an der Fernstraße und Ortsstraßen verlief, wurden sie etwa 25mal gekreuzt. Hinzu kommen noch Land- und Forstwege.
Innerhalb der Stadt Eisfeld sind drei Brücken mit einer Gesamtlänge von etwa 70 m gebaut worden. Im weiteren Verlauf bis Lichtenau kam man mit Durchlässen aus. Auf dem Abschnitt von Lichtenau nach Unterneubrunn waren eine Brücke von etwa 5 m und Stützmauern vorhanden.
In Brünn, Brattendorf, Schwarzbach, Lichtenau und Unterneubrunn waren Bahnhofsgebäude errichtet worden.
Der Betrieb auf der Schmalspurbahn wurde mit zwei Lokomotiven aufgenommen, der „Eisfeld" und „Unterneubrunn". 1897 kam noch eine dritte Lokomotive hinzu. Im Jahre 1909 erfolgte die Umsetzung nach

Hildburghausen. Eine weitere Lieferung brachte die Gattung T 33 auf die Strecke. Mit diesen Maschinen kam man bis 1931 aus. In diesem Jahr wurden von Schwartzkopff drei 1'E1'-Einheitslokomotiven geliefert. Im zweiten Weltkrieg kamen die 99221 und 99223 nach Norwegen und verblieben dort. Nach dem Krieg kamen die 99183 und 99191 auf die Strecke, so daß wieder drei Maschinen vorhanden waren. Aus dem Neubauprogramm der Deutschen Reichsbahn wurden Mitte der fünfziger Jahre vier 1'E1'-Einheitslokomotiven angeliefert, so daß die Lokomotiven 99183 und 99191 zurückgegeben werden konnten. Bei Betriebseinstellung waren noch vier Lokomotiven vorhanden.
In Eisfeld befand sich ein zweiständiger und in Unterneubrunn ein einständiger Lokomotivschuppen. Reparaturen wurden in Eisfeld ausgeführt. Hier waren auch alle übrigen Lokomotiven und Wagenbehandlungsanlagen vorhanden. Bis in die vierziger Jahre befand sich vor dem Schuppen in Eisfeld eine Drehscheibe.
Bei Betriebsaufnahme standen vier Personen-, zwei Gepäck- und 16 Güterwagen zur Verfügung. Nach der Übernahme durch die Preußische Staatsbahn kamen weitere Fahrzeuge hinzu. Auf dieser Strecke wurde die Janey-Kupplung angewendet.
Durch Verwendung von Rollböcken kam es zu einer Reduzierung von Güterwagen. Sie wurden nur noch vereinzelt für Stückgutverkehr benötigt. Die Rollböcke wurden Mitte der dreißiger Jahre durch Rollwagen ersetzt.
Bei Einstellung des Reisezugdienstes waren fünf Reisezugwagen und bei Betriebseinstellung 31 Rollwagen, drei Gepäckwagen, ein Hilfszugwagen, ein Schneepflug, ein GG-Wagen und ein SS-Wagen vorhanden. Alte Fahrzeuge wurden an Ort und Stelle zerlegt oder dem Raw als Ersatzteilspender zugeführt, noch verwendungsfähige Fahrzeuge auf die Harzquerbahn umgesetzt. [126, 128, 129]

2.6.4. Wernshausen—Brotterode (600 mm) Wernshausen—Trusetal (Herges-Vogtei) (TB; 750 mm)

Im Juli 1895 wurde der Marktflecken Brotterode von einer Feuersbrunst vollständig eingeäschert. Die große Armut der Bevölkerung machte den sofortigen Wiederaufbau des Ortes notwendig. Für die Anfuhr von Baumaterialien traten durch ungünstige Neigungsverhältnisse auf den Landstraßen und das Fehlen einer Eisenbahnverbindung erhebliche Schwierigkeiten und Kosten auf. Deshalb forderte Anfang Dezember 1895 der Landrat von Kassel das preußische Kriegsministerium auf, mit dem Bau einer Feldbahnverbindung Hilfe zu leisten.
Einem derartigen Antrag wurde nicht nur uneigennützig stattgegeben. Die besonderen Geländeverhältnisse versprachen eine wertvolle Übung. Erkundungen von Offizieren der Eisenbahnbrigade im Januar 1896 ergaben, daß am schnellsten eine Bahnlinie von Wernshausen über Herges nach Brotterode unter weitgehender Benutzung der Landstraße kriegsgemäß errichtet werden könne, wobei Probleme zwischen Herges und Brotterode wegen Neigungen von 1:24 bis 1:12, denen in dem engen

Tabelle 2.79 Strecken der 600-mm-Bahn Wernshausen—Brotterode

Streckenabschnitt	Länge km	max. Neigung 1:n	max. Geschwindigkeit km/h	Bemerkungen
Bergstrecke: Herges—Brotterode	5,50	13,6	10	Höhenunterschied 222,85 m Zulässige Zuglast 21,3 t
Talstrecke: Wernshausen—Herges	9,00	20	12	Höhenunterschied 74,0 m Zulässige Zuglast 113,6 t

Tabelle 2.80 Statistische Angaben zur 600-mm-Bahn Wernshausen—Brotterode

	11. 5. 1896 bis 30. 9. 1896	4. 4. 1897 bis 15. 6. 1897
Güterbeförderung		
Baustoffe	15000 t	
insgesamt	17000 t	3 500 t
Personen	10000	7000
Höchste Tagesleistung	64 Wagen mit 320 t Nutzlast	

Bild 2.140
Doppellokomotive 84 A/B (1894 Hen 3958/7) der Heeresfeldbahn auf einer provisorischen Brücke
Foto: Sammlung Preuß

Trusetal durch Kurvenentwicklung nicht begegnet werden könne, zu erwarten seien. Die Dorfstraße von Herges weise zudem Neigungen von 1:15 auf.
Für die endgültige Streckenführung der Feldbahn waren an Kunstbauten u. a. vorgesehen: eine eiserne Werrabrücke mit einer Länge von 48 m und einer maximalen Spannweite von 36 m, eine Pontonbrücke, ein 300 m langer Damm mit einer Höhe von 1,50 m, eine Pfahljochbrücke über die Truse von 44 m Länge. Nach den Absteckarbeiten ab 12. Februar 1896 trafen am 17. März 1896 eine Friedenskompagnie mit fünf Offizieren, 15 Unteroffizieren und 106 Soldaten, für den Brückenbau am 21. März 100 Soldaten ein. Die Brücken waren am 2. April 1896 fertiggestellt. Am 11. Mai 1896 wurde die 14,5 km lange Bahn mit einer Spurweite von 600 mm für den Güterverkehr freigegeben, am 15. Juni für den Personen- und Stückgutverkehr.
Diese Feldbahn wurde eingeteilt in die Bergstrecke Brotterode — Herges und die Talstrecke Herges — Wernshausen.
Auf der Talstrecke wurden die bei den Heeresfeldbahnen üblichen dreiachsigen Doppellokomotiven eingesetzt. Auf der Bergstrecke fuhren die gleichen Lokomotiven, jedoch getrennt und sämtlich mit Schornstein bergwärts, um ein Entblößen der Feuerbüchse vom Kesselwasser zu verhindern. Die Züge wurden mit Zug- und Schiebelokomotiven gefahren.
Wegen der geringen Wasservorräte erfolgte alle 2 km ein Lokomotivwechsel.
Zwei Ausweichstellen ermöglichten Dampfmachen, Zugkreuzungen und Maschinenwechsel zur Schonung der Triebfahrzeuge.
Bei der Talstrecke, die immerhin noch Neigungen auf 170 m von 1:24 und auf 100 m von 1:20 aufwies, wurden bei sechs bis acht Wagen Zugmassen bis zu 56 t, bei Vorspanndienst auch mit 16 Wagen bis zu 114 t gefahren.
Die Feldbahn war zunächst bis zum 30. September 1896 in Betrieb, wobei die Züge mit großer Pünktlichkeit und Sicherheit gefahren sind. Die provisorische Bauweise – die Gleise waren nur leicht bekiest und verfüllt – ließ höhere Geschwindigkeiten nicht zu.
Auf Wunsch der Gemeinde Brotterode wurde der Betrieb am 4. April 1897 noch einmal aufgenommen. Da nur noch wenige öffentliche Gebäude zu errichten waren, war der Güterverkehr gegenüber dem Vorjahr nur noch gering. Im Personenverkehr wurde die Bahn ebenfalls kaum noch beansprucht. Die 600-mm-Bahn, als eine militärische Übung gebaut, hatte ihre Aufgaben für den sofortigen Wiederaufbau von Brotterode erfüllt und wurde am 15. Juni 1897 endgültig stillgelegt und bis zum 22. Juni 1897 abgebaut.
Mit der Feldbahn hatte sich die Bevölkerung jedoch an einen Eisen-

Bild 2.141
Bahnhof Brotterode
Foto: Sammlung Malsch

Bild 2.142
Bahnhof Wernshausen mit Lokomotive HENNEBERG, dem kombinierten Personen-, Gepäck- und Postwagen, dem Fakultativwagen und dem gedeckten Güterwagen (um 1900)
Foto: Sammlung Liebaug

bahnanschluß gewöhnt. Es wurden daher sofort Stimmen laut, erneut eine Eisenbahn zwischen Brotterode und Wernshausen zu bauen. Da in der Zwischenzeit eine regelspurige Eisenbahn von Schmalkalden nach Brotterode den Betrieb aufgenommen hatte, konnte auf den schmalspurigen Anschluß von Brotterode verzichtet werden. Die neue Schmalspurbahn wurde von Wernshausen nach Herges-Vogtei (1950 in Trusetal umbenannt) gebaut und am 25. Juli 1899 eröffnet.
Die Bahn nannte sich Trusebahn (TB).

Bild 2.143
Bahnhof Herges-Vogtei, kurz nach Eröffnung der Trusebahn
Foto: Sammlung Liebaug

Sie wurde 1949 von der DR übernommen. Ihre überwiegende Aufgabe war die Abfuhr des im Trusetal abgebauten Eisenmanganerzes und Schwerspates. Von den 50er Jahren an wurde jedoch das Erz über eine werkeigene Hängeseilbahn zur Verladestelle Auwallenburg gebracht und dort in Regelspurwagen verladen. Als weitere Verladestelle stand Floh-Seligenthal zur Verfügung; die Anfuhr dorthin erfolgte

Tabelle 2.81 Lokomotiven der Trusetalbahn (TB/DR)

Betriebsnummer/Name TB	DR	Bauart	Hersteller	Baujahr	Fabriknummer	Bild	Bemerkungen
WALLENBURG	—	Bn2t	Hag	1899	388		
MOMMEL	—	Bn2t	Hag	1899	389		
HENNEBERG	—	Dn2t	Hag	1900	439		
GLÜCK AUF	99 4531	Dn2t	O & K	1908	3177	2.145 a	+ 1962
TRUSETAL	99 4532	Dn2t	O & K	1924	108044	2.145 c	1962 nach Putbus
6	99 4611	Cn2t	Jung	1891	110	2.145 a	1942 von Bröhltalbahn; 1957 nach Nauen
—	99 4052	Dh2	Kris	1934	0042	2.145 d	1953 von Rbd Dresden; Umzeichnung in 99 4541 1958 nach Nauen
—	99 772	1'E1'h2t	LKM	1952	32011	2.155 r	1969 an Rbd Dresden
—	99 786	1'E1'h2t	LKM	1954	32027	2.155 r	1969 an Rdb Dresden
—	99 794	1'E1'h2t	LKM	1956	132035	2.155 r	1969 an Rbd Dresden

Tabelle 2.82 Technische Daten der Dampflokomotiven der Strecken von Wernshausen, Gera und Weimar

Bahnverwaltung		TB	TB	TB	600-mm-Spur	Trusetalbahn	GMWE	GMWE	WRE
Betriebsnummer		MOMMEL	GLÜCK AUF	6	—	—	1	7	53
Betriebsnummer DR		—	99 4531	99 4611	—	99 4052	—	99 5911	—
Bild 2.145			a	c	b	d	e	f	g
Bauart	—	Bn2t	Dn2t	Cn2t	2×Cn2t	Dh2	B'Bn4vt	Dh2t	B'Bn4vt[3])
Höchstgeschwindigkeit	km/h		25	30	20	25	35	35	40
Zylinderdurchmesser	mm	215	300	300	180	285	2×265/400	400	2×285/425
Kolbenhub	mm	300	400	350	240	300	400	400	500
Steuerung	—	Sta	Ha	Aa	Sta	Ha	Ha	Ha	Ha
Kesseldruck	kp/cm²	12	12	12	15	12	12	12	12
Rostfläche	m²	0,4	0,8	0,68	0,423	0,72	1,1	1,6	1,20
Heizfläche Feuerbüchse	m²		3,26	3,55		3,22	4,34	7,33	
gesamt	m²	20,0	35,86	41,50	18,13[1])	33,31	49,4	63,93	64,83
Überhitzer	m²	—	—	—	—	8,50	—	16,5	—
Wasservorrat	m³	1,0	2,0	2,5	0,9[1])	/4,5/	2,5	3,5	5,0
Kohlevorrat	t	0,55	0,8	0,7	0,25[1])	/2,5/	1,4	1,2	1,5
Treibraddurchmesser	mm	750	750	720	580	600	820	850	1 000
Achsstand gesamt	mm	1 400	3 400	2100	1 300[1])	2250	4180	3 300	4600[4])
Länge über Puffer	mm	5450	6934	6534	8420	9450[2])	7400—8[illegible]00	8380	8870
Lokbreite	mm	1780	2100		1600		2665	2500	2600
Lokhöhe über SO	mm	2910	2880	3125	2700	2850	3300	3500	3500
Lokmasse leer	t	ca. 8	16,5	14,5	6,25[1])	ca. 11,5	22	27	28[4])
betriebsfähig	t	10,0	21,0	18,5	7,9[1])	13,9	28,0	34,0	36[4])
Zugkraft	Mp	1,33	3,45	3,15	1,21[1])	2,92	4,2	5,41	4,86
Leistung	PSi	80	150	170	50[1])	225	210	440	300

[1]) je Einzelmaschine [2]) einschließlich Tender [3]) von Februar 1939 bis September 1942 (1 B)'Bn4vt [4]) ohne Laufachse

über die Straße. Damit war die Schmalspurbahn nicht mehr rentabel. Am 25. September 1966 wurde der Personenverkehr, am 31. Dezember 1966 der Güterverkehr eingestellt.

Auf der 9,0 km langen Strecke betrug die stärkste Neigung 1:30 und der kleinste Krümmungshalbmesser 40 m.

Das Bild 2.142 zeigt die Lokomotive „Henneberg", die mit drei anderen als erste Lokomotive zwischen 1899 und 1901 von Hagans zur Trusebahn kam. Von den ersten beiden Lokomotiven, die Orenstein & Koppel lieferte, ist die „Trusetal" als 99 4532 bis heute bei der DR im Einsatz.

Eine während des zweiten Weltkrieges von Rumänien in den Rbd-Bezirk Dresden verschlagene Heißdampflokomotive mit Schlepptender kam 1953 als 99 4052 nach Wernshausen. Hier wurde sie in 99 4541 umgezeichnet und 1958 wieder abgegeben.

Von den 1'E1'-Lokomotiven, die ab 1952 der VEB Lokomotivbau „Karl Marx" Babelsberg für die Schmalspurstrecken in Sachsen lieferte, sind drei Maschinen auch hier eingesetzt worden.

Bei den ersten aus Görlitz gelieferten Wagen ist im Zug auf Bild 2.142 der an vorderster Stelle besonders interessant. Er war als Wagen 2. und 3. Klasse mit Gepäck- und Postabteil eingesetzt. Der zweite Wagen auf dem Bild – hier mit Stückgut beladen – konnte im Sommerverkehr auch als Sitzwagen eingerichtet werden.

Für die regelspurigen Güterwagen

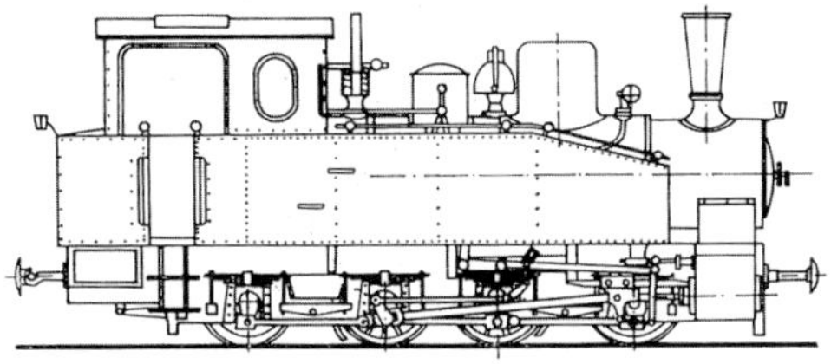

a

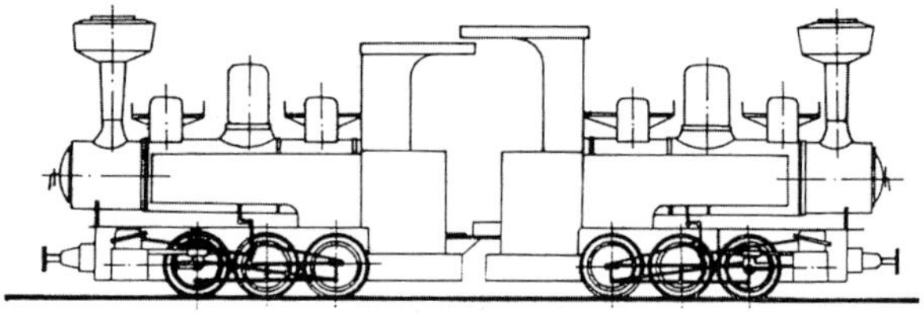

b

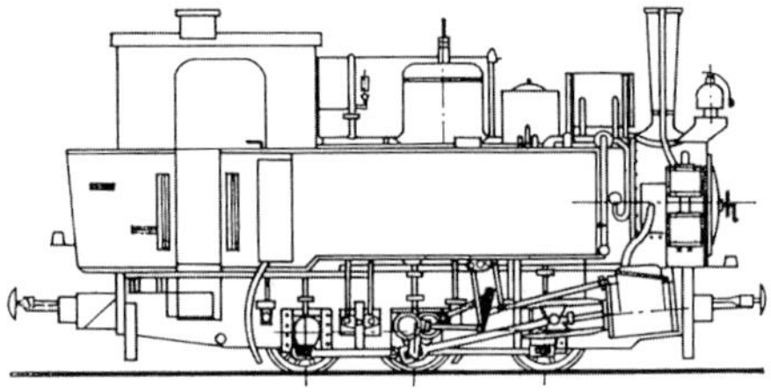

c

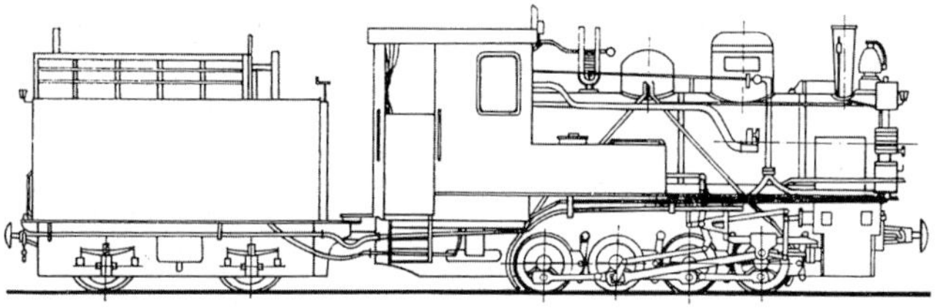

d

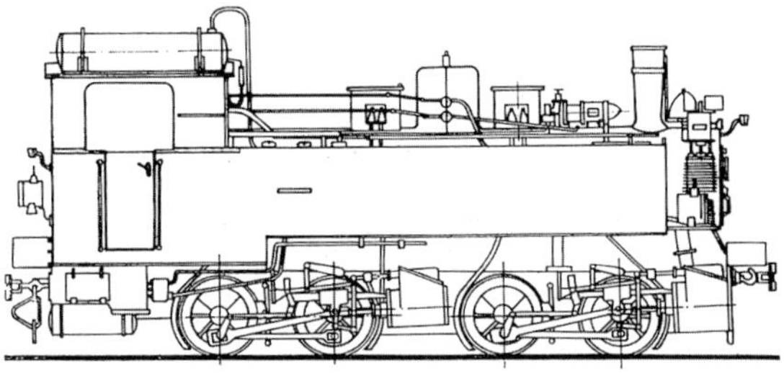

e

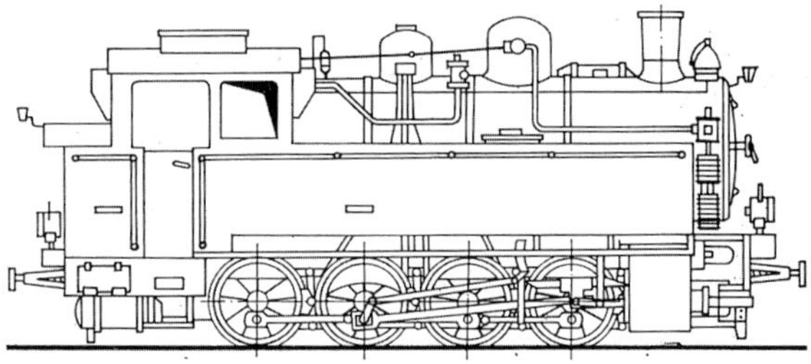

f

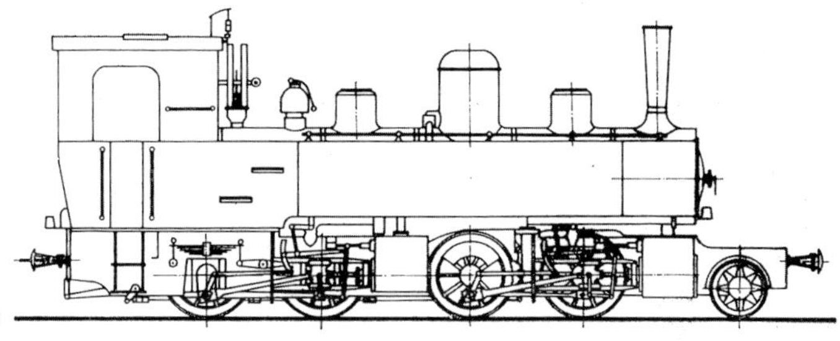

g

Bild 2.145 Lokomotiven und Wagen der Strecke Eisfeld—Unterneubrunn (Schönbrunn,) der TB, der WRE und der GMWE

Bild 2.144
Güterzug mit Lok 99 794
bei Trusen
(1968)
Foto: Wünschmann

Tabelle 2.83 Technische Daten der Wagen der Strecke Eisfeld—Unterneubrunn, der TB und WRE

Gattung		CD	BCPw Post	G	G	C	O²)	O	H			Pw
Bild 2.145		h	j	k	l	i	m	n	o	p	q	
Hersteller	—	Hof	Gör	Gör	Gör		Gör	Gör	Gör			
Baujahr	—		1898	1898	1898		1899	1898	1898			1899
Anzahl	Stck											1
Länge über Puffer	mm	9070	11340	6140	10840	6390	10950³)	6140	5640	5670	6300	10950
Wagenkastenlänge	mm	6210		4800	10000			4800	4800			9950
Wagenkastenbreite	mm	2600	2100	1800	1800	2100	1400	2800	1820			
Achsstand/Drehzapfenabstand	mm	5060	7500	2800	7000	2300	7000	2800	2800	2700	2790	7200
Drehgestellachsstand	mm	1250	1400	—	1400	—	?	—	—			1300
Sitzplätze 2. Klasse	—	—	6	—	—	—	—	—	—			—
3. Klasse	—	8	12	—	—	17		—	—			—
4. Klasse	—	24	—	—	—	—		—	—			—
Tragfähigkeit	Mp			5,5	10,5			5,5	5,5			
Ladefläche	m²		2,9/5,5¹)	8,3	16,3			8,2	8,2			
Laderaum	m³				31,4			6,9				—
Eigentümer	—	Eis	TB	TB	TB	WRE	TB	TB	TB	WRE	WRE	

¹) Post/Gepäckraum ²) Sommerwagen ³) etwa

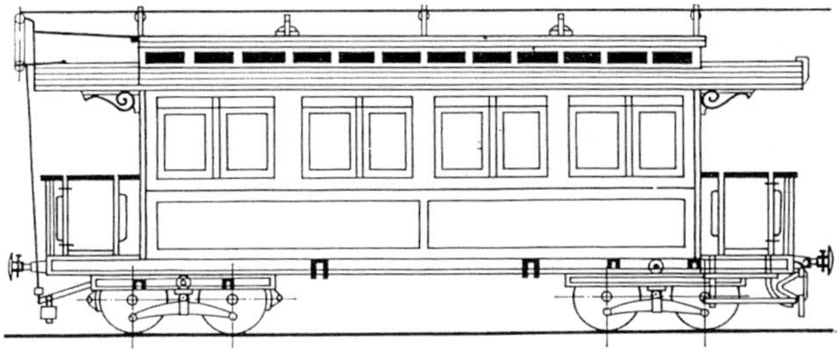

h

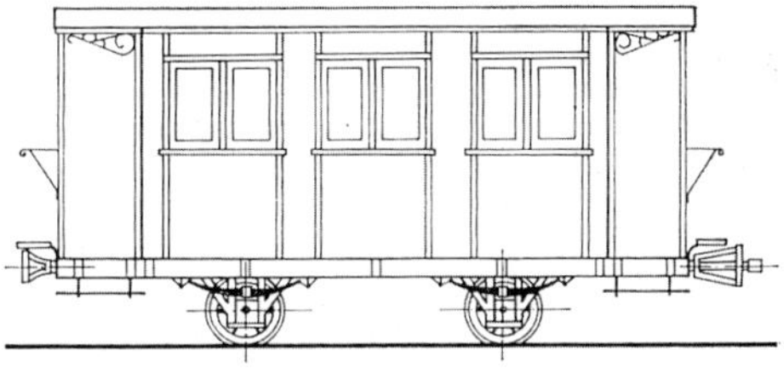

i

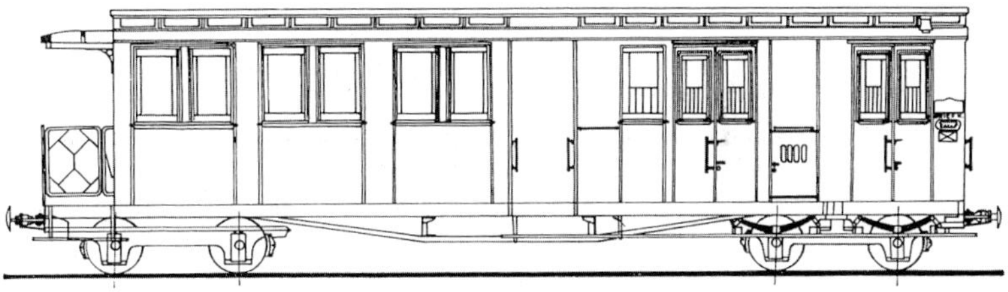

j

noch Bild 2.145

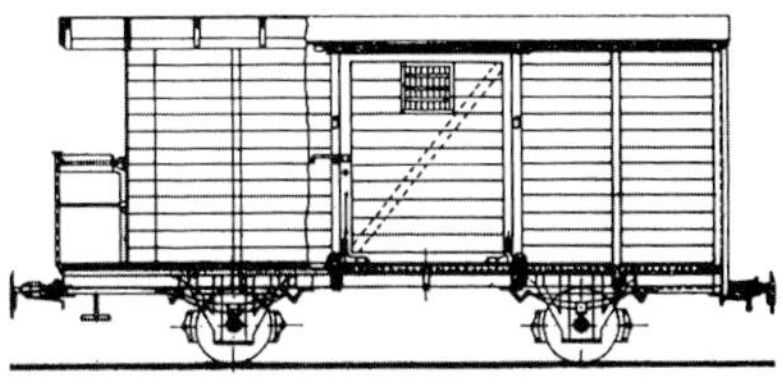

k

R	PwPost	BC	C	C
	r	2.128 f	2.128 h	2.128 i
	Gör			
	1899			
1				
7950	10600	10450	9600	11400
7000	8730	8000		8800
	2000	2600		2620
4500	6000	6000	5000	6000
1000	1400	1400	1400	1400
—	—	8		—
—	—	32		34
—	—	—		—
8,3	6,5		—	—
14			—	
—				—
	KPEV	Eis	Eis	FB

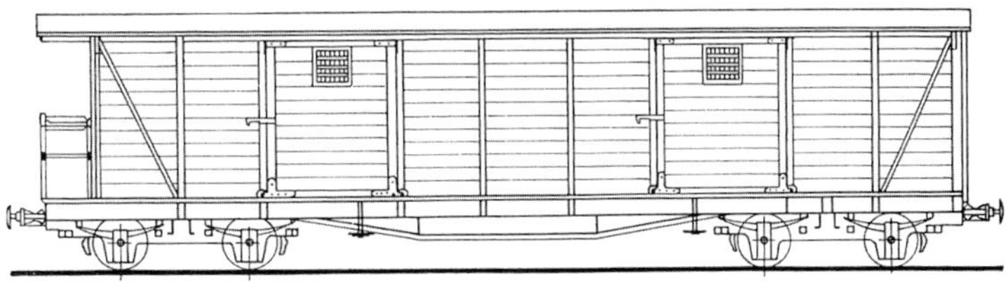

l

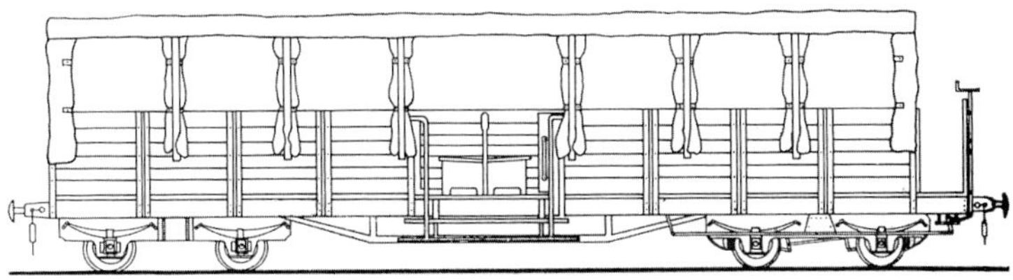

m

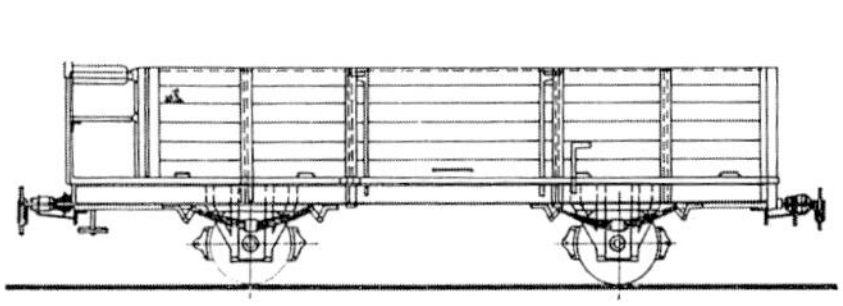
n

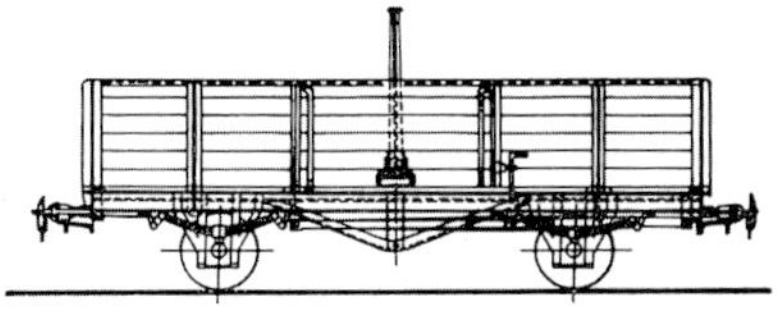
o

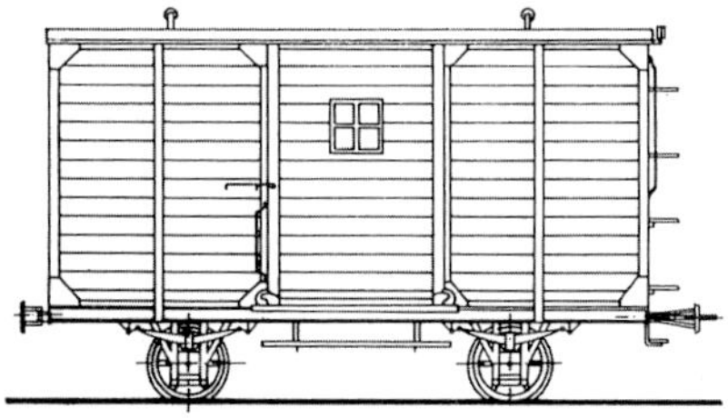
p

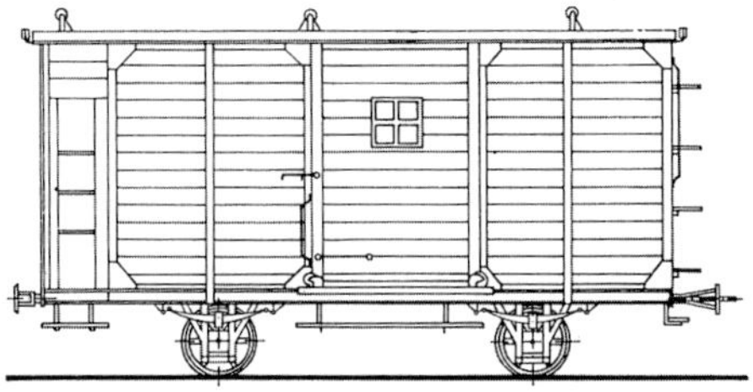
q

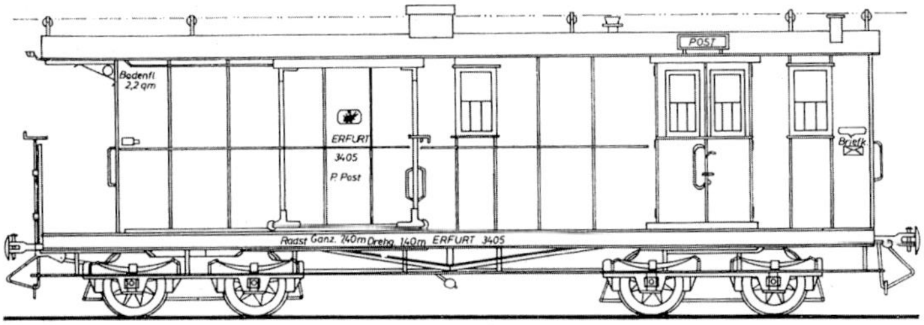

r

noch Bild 2.145

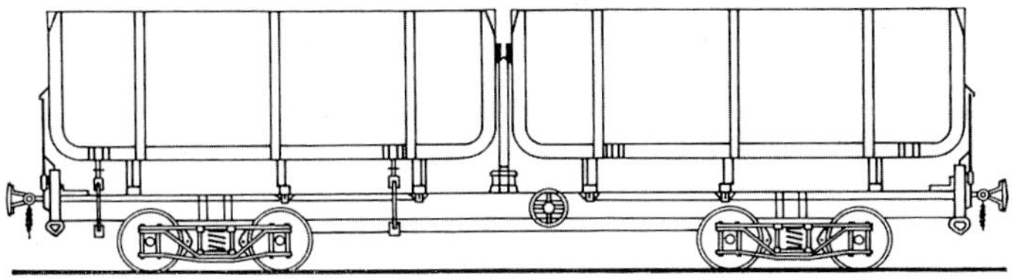
s

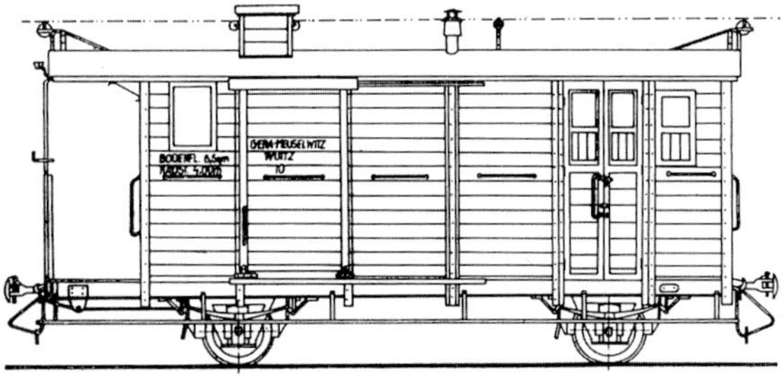
t

hatte die Trusebahn Rollböcke aus Görlitz beschafft. Während Lokomotiven und Wagen mit der Carpenter-Druckluftbremse ausgerüstet waren, besaßen die Rollböcke eine von der Lokomotive bediente Heberleinbremse. Bald nach Übernahme durch die DR wurden die Rollböcke durch Rollwagen ersetzt, um die Betriebssicherheit bei der Beförderung der schweren Erzwagen zu erhöhen und um die Druckluftbremse durchgehend anwenden zu können.

Der Personenwagenbestand wurde 1953 mit drei Personenwagen der Rbd Dresden aufgestockt. Außer den später ersetzten Rollböcken waren bei der Bahn insgesamt vier Personenwagen, zwei Personen-, Gepäck- und Postwagen, ein Gepäckwagen, sechs Güterwagen, ein Schneepflug, 16 vierachsige sowie sechs sechsachsige Rollwagen eingesetzt. [130, 131]

2.6.5. Weimar—Rastenberg/ Großrudestedt/Buttstädt (Weimar-Rastenberger Eisenbahn; 1000 mm)

Die Bahn befand sich am Rande Thüringens und erschloß das vorwiegend landwirtschaftlich genutzte Gebiet nördlich Weimars. Die Strecke führte von Weimar nach Rastenberg (31,6 km), von Buttelstedt nach Großrudestedt (19,6 km) und von einem Abzweig bei Mannstedt nach Buttstädt (2,83 km).

Das Gebiet nördlich von Weimar war bis 1880 hinter der allgemeinen Entwicklung in Deutschland zurückgeblieben. Um den wirtschaftlichen Anschluß zu erreichen, strebten die Einwohner der Ortschaften eine Eisenbahnverbindung zu den Städten Weimar und Erfurt an. Gutachten ergaben gute Voraussetzungen für den Bau einer schmalspurigen Eisenbahn. Nach wiederholten Verhandlungen erhielt die am 29. März 1886 gegründete Weimar-Rastenberger Eisenbahnaktiengesellschaft am 1. April 1886 die Konzession zum Bau und Betrieb einer Eisenbahn

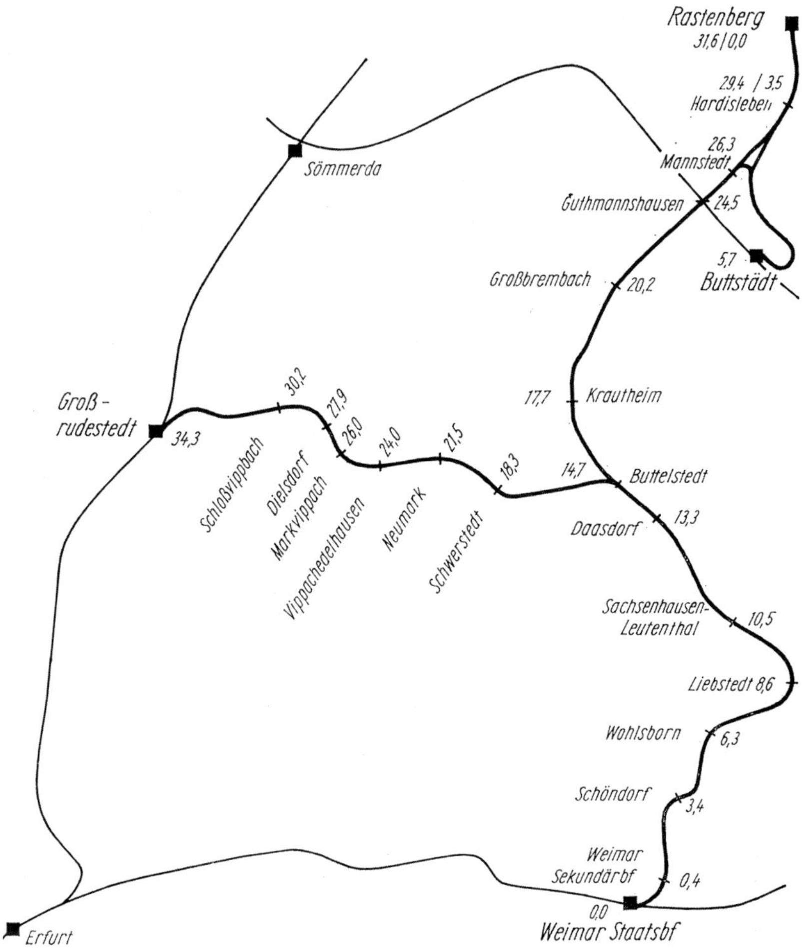

Bild 2.146 Bahnhof Buttstedt (1908)
Foto: Sammlung Becher

untergeordneter Bedeutung (Secundärbahn) nach dem Gesetz vom 12. Juni 1878. Am 26. Juni 1887 konnte der Personenverkehr und am 29. August 1887 der Güterverkehr von Weimar nach Rastenberg und Großrudestedt aufgenommen werden. Bald zeigte sich, daß die Rentabilität nicht gesichert war. Am 18. November 1891 wurde eine Strecke von einem Abzweig bei Mannstedt nach Buttstädt in Betrieb genommen.

Die Verschuldung der Weimar-Rastenberger Eisenbahn (WRE) stieg in den weiteren Jahren derartig an, daß die Gesellschaft die Bahn am 1. April 1898 an die Zentralverwaltung für Sekundärbahnen Herrmann Bachstein, Berlin, verkaufen mußte. Vom 30. Mai 1910 bestand dann grundsätzlich eine Regelspurverbindung von Buttstädt nach Rastenberg. Das Schmalspurgleis der 1891 eröffneten Stichbahn von Mannstedt nach Buttstädt wurde nach der Eröffnung des regelspurigen Betriebes abgebaut.

Da sich die wirtschaftliche Situation nach dem ersten Weltkrieg weiter verschlechterte, beabsichtigte die Zentralverwaltung für Sekundärbahnen die Stillegung aller Strecken der WRE. Auf dem Abschnitt Buttelstedt–Rastenberg erreichte sie auch die Betriebseinstellung; der letzte planmäßige Zug fuhr am 17. Juni 1923. Durch Zuschüsse und andauernde Proteste der anliegenden Gemeinden blieb der andere Abschnitt der Bahn in Betrieb.

Am 6. Oktober 1923 kam es zur Gründung der Thüringischen Eisen-

bahn AG (Theag), einer Betriebsabteilung der Zentralverwaltung für Sekundärbahnen, die alle Bachsteinschen Bahnen in Thüringen zusammenfaßte. Die noch vorhandene Schmalspurbahnstrecke Weimar—Buttelstedt—Großrudestedt – erhielt nunmehr die Bezeichnung Weimar-Großrudestedter Eisenbahn.
Im Juni 1943 wurde ein regelspuriger Bahnanschluß zum Konzentrationslager Buchenwald bei Weimar in Betrieb genommen, der von Weimar bis Schöndorf den Gleiskörper der Schmalspurbahn mitbenutzte.
Am 9. April 1946 fuhr der letzte Zug. Die Bahn zählte mit zu den Reparationsleistungen.
Die WRE durchzog ein leicht hügeliges Gebiet mit offener Feldlandschaft. Hinter Weimar führte die Strecke zu der am Hang des Ettersberges gelegenen Station Schöndorf hinauf und dann um den Berg herum. Zwischen Buttelstedt und Großrudestedt nutzte die Bahn zum großen Teil die günstige Lage des Vippachtales. Das Zentrum der WRE befand sich in Buttelstedt. Hier trafen sich die Züge aus allen drei Richtungen, wurden die Fahrzeuge repariert und abgestellt. Weitere Bahnhöfe gab es in Weimar (als Sekundärbahnhof), Guthmannshausen, Buttstädt, Rastenberg und Großrudestedt. Die übrigen Stationen besaßen nur ein kombiniertes Ausweich- und Ladegleis oder zwei Stumpfgleise.
Beim Gleisdreieck von Mannstedt (1891 bis 1910) wies der Zugverkehr eine Besonderheit auf. Kam der Zug von Mannstedt, dann bog er über das Gleisdreieck nach Buttstädt ab. Hier wendete er und fuhr die gleiche Strecke bis zum Gleisdreieck zurück, um dort den Schienenweg nach Rastenberg einzuschlagen. Der Teil des Dreiecks, der von Mannstedt direkt nach Rastenberg führte, wurde in der Regel nicht benutzt.
Die Anlagen zeigten die übliche Einfachheit der meisten Nebenbahnen, größere Kunstbauten gab es nicht. Der Bahnhof Buttelstedt besaß bis zur Betriebseinstellung des Abschnittes nach Rastenberg Einfahrsignale. Außerdem waren die schienengleichen Kreuzungen durch Hauptsignale gesichert. Außer den Bahnhöfen und dem Haltepunkt Weimar Staatsbahnhof hatten alle Stationen einheitliche Empfangsgebäude.
Dreischienengleise gab es von Hardisleben bis Rastenberg (1910 bis 1923) und von Weimar Staatsbahnhof bis Schöndorf (1943 bis 1946). Kurz hinter Guthmannshausen überquerte die WRE schienengleich die Regelspurstrecke und in Großrudestedt ebenfalls schienengleich ein regelspuriges Anschlußgleis.

Tabelle 2.84
Triebfahrzeuge der WRE

Betriebsnummer	Bauart	Hersteller	Baujahr	Fabriknummer	Bemerkungen
Dampflokomotiven					
1	Cn2t	Hart	1886	1458	
2	Cn2t	Hart	1886	1459	
3	Cn2t	Hart	1886	1460	
4	Cn2t	Hart	1886	1461	
5	Cn2t	Hart	1887	1462	
6	Cn2t	Hart	1888	1556	
7	Cn2t	Hart	1891	1828	
24	1'Cn2t				etwa 1943 von Polen; 1946 an UdSSR
25	1'Cn2t				etwa 1943 von Polen; 1946 an UdSSR
51	B'Bn4vt	Jung	1898	327	1928 (?)) von SHE; + 1938
52	B'Bn4vt	Jung	1898	328	1934 (?) von SHE; + 1936
53	B'Bn4vt	Jung	1898	329	1936 von SHE, von etwa 1941 bis 1943 als (1'B) Bn4vt; 1946 an UdSSR; Bild 2.145 g
54	B'Bn4vt	Jung	1901	544	1925 von SHE; 1946 an UdSSR
55	B'Bn4vt	Jung	1916	2389	1926 von SHE; 1946 an UdSSR
Triebwagen					
T 06	A1	Dess	1934		1946 an UdSSR
T 07	(1A)'(A1)'	Kiel	1926/27		1939 von SHE, 1945 an SHE

Bild 2.147
Entladung
des Triebwagens T 06
für die WRE in Weimar
(1934)
Foto: Sammlung Becher

Auf einigen Stationen besorgten statt der WRE-Angestellten Agenten den Fahrkartenverkauf und die Gepäckabfertigung. Im Durchschnitt verkehrten auf jeder der drei Teilstrecken täglich drei bis fünf Zugpaare, die an Markt- und Theatertagen durch Sonderzüge ergänzt wurden. In den ersten Betriebsjahren betrug die Höchstgeschwindigkeit der Züge 20 km/h. Mit dem Einsatz von Triebwagen ab 1934 wurden Höchstgeschwindigkeiten von 50 km/h zugelassen.
Die Umladung der Güter zwischen Schmal- und Regelspurwagen erfolgte in Weimar, Guthmannshausen und Großrudestedt.
Zu Beginn des Bahnbetriebes standen fünf dreiachsige Naßdampflokomotiven von Hartmann zur Verfügung. Ihre besonderen Merkmale waren die als Wasserkästen ausgebildeten Hauptrahmen und die Allan-Steuerung. Der Kohlevorrat befand sich seitlich der Kessel.
Von der Südharz-Eisenbahn wurden ab 1925 freigewordene Mallet-Lokomotiven zur WRE umgesetzt. Die Lokomotiven Nr. 51 bis 54 glichen den Lokomotiven Nr. 11 bis 14 und Nr. 18 bis 22 (ursprünglich tiefe Kessellage) der NWE. Die Nr. 55 entsprach im Grundaufbau den anderen Mallet-Maschinen, war aber etwas länger und schwerer. Der Kohlevorrat befand sich hinter dem Führerhaus.
Ab 1940 rüstete die Theag die noch vorhandenen drei Maschinen mit Druckluftbremseinrichtungen Bauart Knorr aus (bis dahin hatten die Wagen Heberleinbremse). Um das Schlingern der Mallet-Lokomotiven und damit die Oberbaubeanspruchung zu verringern, bekam die Nr. 53 im Jahre 1939 im Drehgestell eine führende Laufachse; der Drehgestellrahmen wurde dazu verlängert (Bild 2.145g). Damit ergab sich die neue Achsfolge (1'B)'B. Das Ergebnis des Umbaues war der gewünschte ruhigere Fahrzeuglauf. Gleichzeitig sank aber die Reibungszugkraft, auch neigte die Laufachse zum Entgleisen. Deshalb wurde das Drehgestell nach drei Jahren wieder in den alten Zustand rückgebaut.
Ungefähr 1944 erhielt die Bahn zwei gebrauchte 1'C-Naßdampflokomotiven. Der Wasservorrat befand sich im Lokomotivrahmen und der Kohlevorrat hinter dem Führerhaus. Vorher sind diese beiden Lokomotiven in Polen gefahren.
Um den Betrieb rentabler gestalten zu können, kaufte die Theag im Jahre 1934 einen zweiachsigen Triebwagen von der Waggonfabrik Dessau. Der Triebwagen (Nr. T 06) glich dem T 1 der Gernrode-Harzgeroder Eisenbahn (Abschnitt 1.5.3. und Bild 1.40 c) beschrieben. Einen weiteren, größeren Triebwagen (Nr. T 07) erhielt die Bahn 1939. Das vierachsige Fahrzeug besaß zwei Maschinenanlagen, die aus je einem 180-PS-Dieselmotor und einem pneumatisch gesteuerten Viergang-Getriebe bestanden. Der Wagen war von den Deutschen Werken Kiel mit

Benzolmotoren von je 120 PS für die Köln-Bonner Eisenbahn gebaut worden. Nachdem diese 1934 ihren Schmalspurbahnbetrieb eingestellt hatte, verkaufte sie ihn an die Bachsteinsche Südharz-Eisenbahn. Hier erhielt er nach kurzer Einsatzzeit neue Motoren. 1939 kam der T 07 nach Weimar. Hier blieb er bis zum Jahre 1946, um dann endgültig bei der Südharz-Eisenbahn zu verbleiben.

Die Wagen unterschieden sich kaum von denen der anderen privaten Schmalspurbahnen. Auffällig war jedoch der kurze Achsstand der zweiachsigen Personenwagen mit nur 2300 mm. Die zweiachsigen gedeckten Güterwagen hatten ebenfalls nur Achsstände von 2800 mm bis 2700 mm.

Die WRE besaß zwei Marktwagen, die im Jahre 1899 von der AG für Eisenbahn- und Militärbedarf in Weimar gebaut wurden. Äußerlich sahen diese vierachsigen Wagen wie Güterwagen mit zwei offenen Endbühnen aus, hatten aber winzige Fenster auf jeder Seite. An den Markttagen in Weimar oder Erfurt liefen sie in den planmäßigen Personenzügen mit, wobei innen die Längssitze heruntergeklappt wurden; für die Körbe der Marktfrauen war auch noch genügend Platz vorhanden. An den anderen Tagen dienten die Wagen für Getreidetransporte u. ä.

Ab Anfang 1940 verkehrten hier auch zwei zu Personenwagen umgebaute ehemalige vierachsige Triebwagen der Köln-Bonner Eisenbahn. Einen Rollbock- oder Rollwagenbetrieb gab es nicht. [126, 138, 139]

2.6.6. Gera-Pforten — Wuitz-Mumsdorf (Gera-Meuselwitz-Wuitzer Eisenbahn; 1000 mm)

Die Bahn begann im Bahnhof Gera-Pforten (früher Gera Reuß) und führte in nördlicher Richtung nach Wuitz-Mumsdorf. Ein Anschluß zur Regelspur bestand in Wuitz-Mumsdorf durch ein Dreischienengleis und in Gera Süd (früher Gera Reuß Sächs. Stb.) nur über die Städtische Straßenbahn.

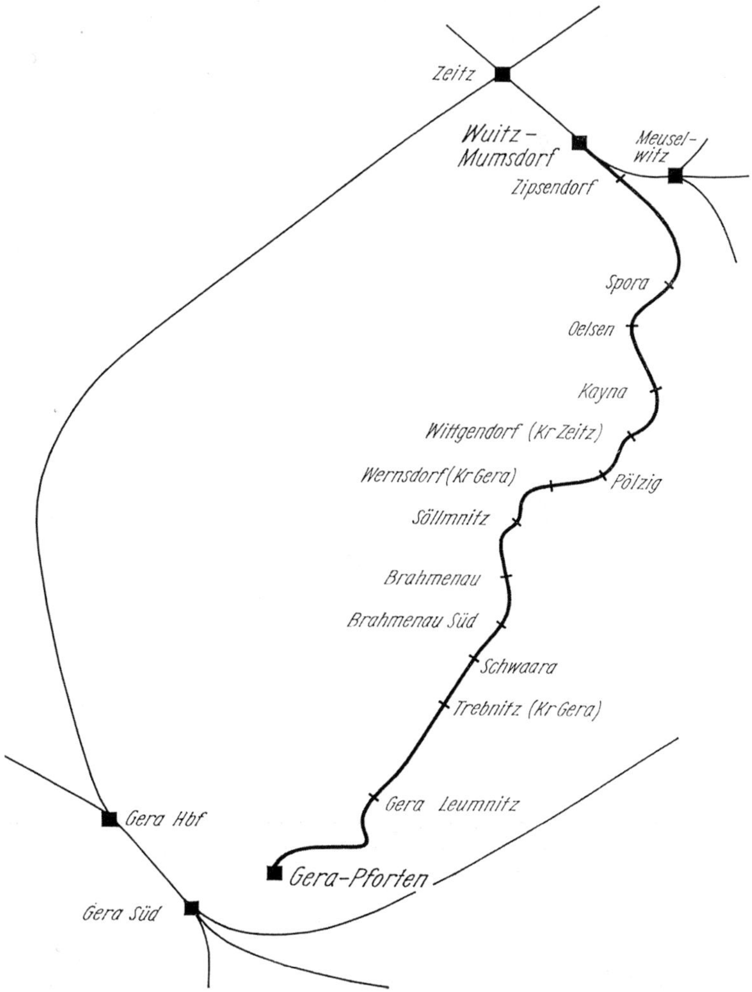

Bild 2.148
Personenzug auf der Strecke (1967)
Foto: Wünschmann

Bild 2.149
Die Ellok der Geraer Verkehrsbetriebe befördert einen Güterwagen der Schmalspurbahn zum Anschlußgleis innerhalb der Stadt (1954)
Foto: Reichenbach

Die Erschließung größerer Braunkohlevorkommen bei Meuselwitz um die Jahrhundertwende ließ den Bau einer Eisenbahnverbindung akut werden, da Gera als aufstrebende Industriestadt guten Absatz versprach. Für den Bau einer Eisenbahn bildete sich eine Aktiengesellschaft, in der die Schmalspurbahn, das Elektrizitätswerk und die Straßenbahn sowie Textilbetriebe und Kohlegruben vertreten waren, die bis zum Ende des zweiten Weltkrieges Eigentümer der Bahn blieb.

Als Fortsetzung der Bahn war von Anfang an eine Güterbeförderung innerhalb der Stadt Gera für etwa 25 Anschlüsse mit der Straßenbahn vorgesehen. Die Spurweite der 1892 in Betrieb genommenen Geraer Straßenbahn und die der Kohle-

bahnen im Meuselwitzer Revier bestimmte daher auch die Spurweite für die Schmalspurbahn.
Nach der Konzessionserteilung im Jahre 1900 für die Gera-Meuselwitz-Wuitzer Eisenbahn (GMWE) konnte schon am 12. November 1901 die Strecke eröffnet werden.
Die GMWE hatte fast ausschließlich Kohle für Heizwerke mehrerer Betriebe im Stadtgebiet von Gera zu transportieren. Zu einem geringen Teil waren auch Kies, Ton und Ziegel zu befördern. Die Güterwagen wurden bis 1963 am Bahnhof Gera-Pforten auf einem Übergabegleis an die Straßenbahn übergeben. Zunächst hatte dafür die Straßenbahn zwei zweiachsige Kastenlokomotiven aus Kassel im Einsatz. 1902 beschaffte sie dann zwei vierachsige elektrische Lokomotiven, 1928 eine weitere. In den 60er Jahren wurden aushilfsweise die Güterwagen mit einer DR-Lokomotive und mit zwei Straßenbahntriebwagen durch die Stadt befördert.
Regelspurgüterwagen wurden in Gera Süd und früher auch am Bahnhof Gera (Reuß) Pr. Stb. (jetzt Gera Hbf) übernommen. Für die Zuführung dieser Regelspurwagen zu den Anschließern in der Stadt über das Meterspurgleis waren Rollböcke zu benutzen. Die Beförderung der Regelspurwagen über die freie Strecke in Richtung Wuitz-Mumsdorf erfolgte dagegen mit Rollwagen, die mit der Übernahme der GMWE durch die DR eingesetzt wurden.
1901 ist auch der Personenverkehr aufgenommen worden, der seinen Schwerpunkt im Arbeiterberufsverkehr hatte. Der Personenverkehr blieb aber immer von geringer Bedeutung.
Das Vorhaben, die Strecke zu elektrifizieren, um so den Umlauf der elektrischen Grubenlokomotiven zu verbessern, scheiterte am zweiten Weltkrieg.
1949 wurde die GMWE von der DR übernommen. Ab 1955 gehörte die Bahn zum Rbd-Bezirk Dresden.
Jahrzehntelang konnte die Bahn ihre Aufgabe, Mittler zwischen den Kohlegruben und den Energieerzeugern der Industriebetriebe zu sein, erfüllen. Doch in den 60er Jahren verlor sie immer mehr an Bedeutung. Die Gruben um Wuitz-Mumsdorf waren erschöpft. Das bedingte eine Veränderung der Kohlezufuhr nach Gera über die Regelspurstrecke. Ferner sind aus Gründen des Umweltschutzes die vielen betriebseigenen Heizwerke in Gera durch ein zentrales Heizwerk ersetzt worden. Zahlreiche Anschlußgleise wurden überflüssig. Weiterhin führten die Benutzung der Straßenbahn für den Transport der Gü-

Tabelle 2.85 Triebfahrzeuge der GMWE einschl. der DR-Lokomotiven dieser Strecke

Betriebsnummer/Name GMWE	Betriebsnummer/Name DR	Bauart	Hersteller	Baujahr	Fabriknummer	Bild	Bemerkungen
Dampflokomotiven							
1	—	B'Bn4vt	Bor	1900	4797	2.145 e	+ vor 1921
2	99 5711	B'Bn4vt	Bor	1900	4798	2.145 e	+ 1965
3	—	B'Bn4vt	Bor	1900	4799	2.145 e	+ ?
4	99 5712	B'Bn4vt	Bor	1902	5107	2.145 e	+ 1966
5	—	B'Bn4vt	Bor	1902	5108	2.145 e	+ vor 1921
6	99 5713	B'Bn4vt	Bor	1907	6770	2.145 e	+ 1966
1''	99 5714	B'Bn4vt	Bor	1921	10853	2.145 e	+ 1968
7	99 5911	Dh2t	Bor	1922	11383	2.145 f	1976 Z in Görlitz
8	99 5912	Dh2t	Bor	1922	11384	2.145 f	1968 als Heizlok verkauft
—	99 183	Eh2t[1])	O & K	1923	8998	2.127 b	1962 von Straupitz
—	99 191	Eh2t	Essl	1927	4181		1955 von Eisfeld; 1970 an Geilenkirchener Kreisbahn (BRD) für Museumsbetrieb
Triebwagen							
VT 1	VT 133 521	1 A	Busch/Wer	1929		1.40 e	1951/52 nach Barth

[1]) wegen fehlender Zahnräder Einsatz als 1'C1'h2t

Bild 2.150
Bahnhof Gera-Pforten, im Hintergrund ein Straßenbahnwagen auf dem Übergabegleis (1967)
Foto: Kieper

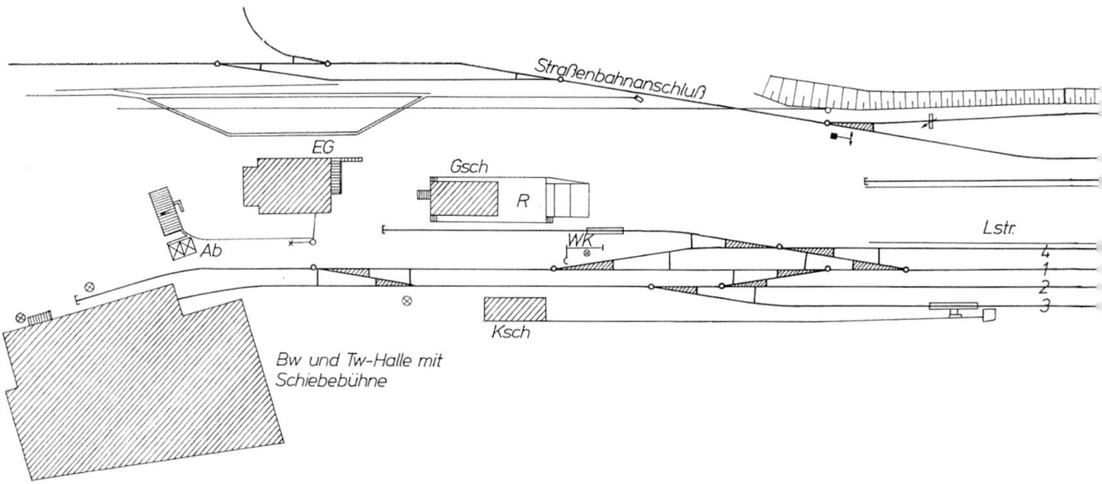

terwagen zwischen Gera Süd und den Anschließern und das Rangieren immer mehr zu Gefahren im Straßenverkehr und Behinderungen des Liniendienstes der Straßenbahn. Die Schmalspurbahn hatte zudem fast nur noch Quarzsande zwischen Kayna und Wuitz-Mumsdorf und eine geringe Anzahl Personen zu fahren. Aus diesen Gründen wurde die Einstellung des Bahnbetriebes vorbereitet.

Am 5. Mai 1969 ging im Stadtgebiet von Gera ein starkes Unwetter nieder, das Teile des Oberbaues zwischen den Bahnhöfen Gera-Pforten und Gera-Leumnitz unterspülte. Ein Wiederaufbau der Bahn war angesichts der bevorstehenden Schließung wenig sinnvoll. Es kam zur ersten Stillegung zwischen Gera-Pforten und Wittgendorf. Die Beförderung des Quarzes zwischen Kayna und Wuitz-Mumsdorf wurde aber noch aufrecht erhalten. Am 1. Januar 1970 ist schließlich auch das Reststück Wittgendorf—Wuitz-Mumsdorf stillgelegt worden.

Neben 73 einfachen und zwei doppelten Kreuzungsweichen hatte die GMWE im Bahnhof Wuitz-Mumsdorf auch fünf Zweispurweichen, da hier der größte Teil der Gleisanlagen zweispurig aufgebaut war. Dadurch konnten die Schmalspurlokomotiven das Rangieren der regelspurigen Wagen übernehmen. Hierfür besaßen die Lokomotiven eine starke Bohle an der Vorder- und auch an der Rückseite.

Tabelle 2.86 Technische Daten der Wagen der GMWE

Gattung		PwC	BC	C	PwPost	OOw
Bild 2.145		—	—	—	t	s
Hersteller	—	Gör	Gör	Gör	Gör	O & K
Baujahr	—	1902	1904	1901	1901	
Anzahl	Stck					
Länge über Puffer	mm	8900	8900	8900	8300[1])	10240
Wagenkastenlänge	mm					
Wagenkastenbreite	mm	2450	2450[1])	2450[1])		
Achsstand/Drehzapfenabstand	mm	4000	4000	4000	4000	6000
Drehgestellachsstand	mm	—	—	—	—	1350
Sitzplätze 2. Klasse	—	—	11	—	—	—
3. Klasse	—	8	12	32	—	—
4. Klasse	—	—	—	—	—	—
Tragfähigkeit	Mp					
Ladefläche	m	5,2			6,5	

[1]) geschätzter Wert

Bild 2.151 Lagep lan des Bahnhofs Gera-Pforten

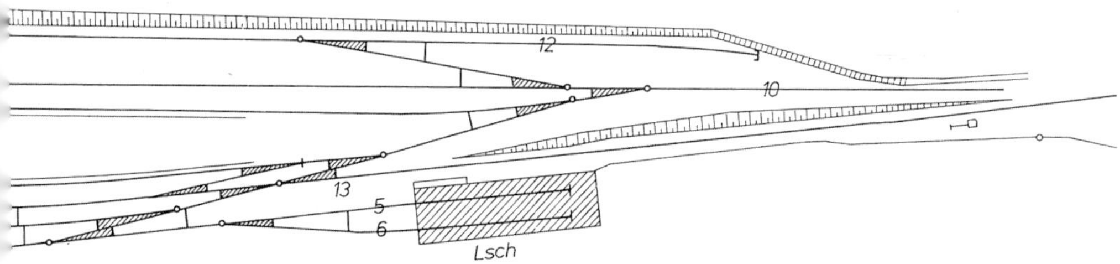

In Wuitz-Mumsdorf bestand kein Übergang für Regelspurwagen. Die Güter wurden auf die Regelspurwagen geschüttet. Dafür standen der Schmalspurbahn spezielle Schüttgutwagen zur Verfügung.

Die stärkste Neigung befand sich zwischen Gera-Pforten und Gera-Leumnitz mit 1:28. Ursprünglich hatte die GMWE eine Streckenlänge von 31,2 km. Sie berührte bis zum ersten Weltkrieg drei Staaten: das Fürstentum Reuß jüngere Linie, das Herzogtum Sachsen-Altenburg und das Königreich Preußen. Durch die Begradigung im Jahre 1967 wurde

Bild 2.152 Schienenautobus der GMWE (1929) *Foto: Sammlung Preuß*

die Streckenlänge auf 30,5 km verkürzt.

Zum Streckenbau hatte die GMWE zwei C-gekuppelte Lokomotiven im Einsatz; im Zugdienst setzte die GMWE Lokomotiven des Systems Mallet ein, die bis 1966 im Dienst standen. 1922 beschaffte die Bahn als eine der ersten Privatbahnen Heißdampflokomotiven. Es waren die Nr. 7 und Nr. 8.

Lokomotivschuppen gab es in Gera-Pforten mit Werkstatt und in Wuitz-Mumsdorf.

Nach dem zweiten Weltkrieg wurden mehrere Lokomotiven von anderen Thüringer Strecken und vom Harz nach Gera-Pforten umgesetzt.

1927 wurde von der Wumag ein Schienenautobus mit 38 Sitzplätzen gekauft und dafür in Wuitz-Mumsdorf ein Benzintank eingerichtet. Für das im Volksmund als Schienenzepp bezeichnete Fahrzeug hatte man in Meuselwitz, Pölzig und Gera eine Wendeeinrichtung gebaut: die Hinterräder wurden auf eine Scheibe gefahren, die Vorderräder mit einer Hydraulik angehoben und dann das Fahrzeug um 180 grd gedreht.

Die ersten offenen Güterwagen kamen aus Görlitz. 1901 beschaffte die GMWE auch gedeckte Wagen; sie blieben stets in der Minderzahl, da hauptsächlich Schüttgüter zu transportieren waren. Anfangs sind dafür zweiachsige Kippwagen eingesetzt worden, sie wurden 1935 durch Vierachser ersetzt. Weiterhin waren offene Hochbordwagen für Kohle, Drehschemel- und Klappdeckelwagen im Einsatz.

Die ersten Personenwagen kamen ebenfalls aus Görlitz. 1902 waren sechs Personenwagen vorhanden. Der Wagenpark wurde 1950 durch mehrere Personenwagen der Schmalspurbahn von Eisfeld verstärkt. [133, 134, 140]

2.7. Bahnen in Sachsen

Mit Ausnahme der Zittau-Oybin-Jonsdorfer Eisenbahn gehörten in Sachsen alle Schmalspurstrecken zur Königlich Sächsischen Staatseisenbahn (K. Sächs. Sts. E. B.). Die private Zittau-Oybin-Jonsdorfer Bahn ging 1906 in das Eigentum der Staatseisenbahn über.

Im Prinzip haben die sächsischen Strecken immer unter einer einheitlichen Leitung gestanden, nach dem ersten Weltkrieg und dem Sturz der Monarchie bezeichnete sich die Bahn als Sächsische Staatseisenbahn, und mit der Bildung der DRG gehörten die sächsischen Schmalspurbahnen zur Rbd Dresden.

Veränderungen gab es nur durch die Zuordnung der ostsächsischen Strecken zur Rbd Cottbus im Jahre 1955. Damit unterstand die sächsische Schmalspurbahn Zittau—Kurort Oybin/Kurort Jonsdorf nicht mehr der Rbd Dresden. Zum gleichen Zeitpunkt wurde eine nicht sächsische Schmalspurbahn, die von Gera-Pforten nach Wuitz-Mumsdorf, der Rbd Dresden unterstellt.

2.7.0. Überblick

Mit dem Bau der zweiten Schmalspurbahn auf dem heutigen Territorium der DDR im Jahre 1881 wurde eine beachtliche Entwicklung von Schmalspurstrecken in Sachsen eingeleitet, die zu den interessantesten Schmalspurnetzen führte. Sachsens Schmalspurbahnen hatten bereits 1920 eine Gesamtlänge von 520 km, 1939 von 541 km. Das waren 17 Prozent zur Regelspur in Sachsen. Ausgelöst wurde diese Entwicklung durch einen Beschluß des sächsischen Landtages vom 8. Dezember 1879, bei schwierigem Gelände und in Gegenden mit schwachem Verkehr nur schmalspurig zu bauen. Das schien notwendig zur Verminderung des Bauaufwandes. Gleichzeitig ist aber auch ein kostengünstigerer Betrieb der Bahn erwartet worden.

Obwohl sich die schmale Spur, die fast ausnahmslos mit 750 mm festgesetzt war, möglichst den gegebenen Bodenverhältnissen anzupassen hatte, sind in Sachsen beachtliche Kunstbauten für die Schmalspurstrecken geschaffen worden. Solche Bauten waren schon bei der ersten

Bild 2.153 Bahnhof Dippoldiswalde
Foto: Kluge

sächsischen Schmalspurstrecke Wilkau — Saupersdorf — Wilzschhaus notwendig.
In den Jahren 1881 bis 1893 wurden 19 Linien gebaut, von 1897 bis 1898 noch vier Linien. Weitere entstanden 1902, 1903, 1913, 1917 und 1921, meist als Verbindungsstrecken. Dadurch entstanden Schmalspurnetze, von denen das Mügelner und das Wilsdruffer Netz besonders auffällig sind.
Die Entwicklung des Netzes erstreckte sich über einen Zeitraum von 39 Jahren:

1882 Hainsberg—Kipsdorf
1884 Mügeln—Döbeln
1886 Freital-Potschappel—Wilsdruff—Nossen
1888 Oschatz—Neichen-Zöhda
1891 Oschatz—Strehla
1892 Anschluß Strehla—Elbkai
1898 Klingenberg-Colmnitz—Frauenstein
1903 Nebitzschen—Kroptewitz
1909 Meißen-Triebischtal—Wilsdruff
1909 Garsebach—Lommatzsch
1910 Mertitz Gabelstelle—Döbeln-Gärtitz; damit war die Verbindung zwischen dem Mügelner und dem Wilsdruffer Netz vollzogen.
1913 Verbindungsgleis Freital-Potschappel—Hainsberg; das hieß Erweiterung des Wilsdruffer Netzes bis in das Erzgebirge hinein. Gleichzeitig war dadurch eine schmalspurige Verbindung vom Elbhafen Strehla bis zum Osterzgebirge hergestellt.
1921 Oberdittmannsdorf—Klingenberg-Colmnitz; eine weitere Erzgebirgsstrecke (Frauenstein) wurde an das große Netz angeschlossen.

Das Doppelnetz hatte nunmehr acht Zugangsstellen zur Regelspur, in

Bild 2.154
Lok 6
der Gattung I K
Foto: Rbd Dresden

Oschatz, Neichen, Döbeln Nord, Nossen, Lommatzsch, Meißen-Triebischtal, Klingenberg-Colmnitz, Freital-Potschappel. Vor dem Bahnhof Neichen verlief später über die Schmalspurstrecke die Rbd-Grenze zur Reichsbahndirektion Halle, wohl eine einmalige Besonderheit.
Mit diesem Netz konnte nicht nur eine große und dichtbesiedelte Fläche erschlossen werden, sondern der Austausch von Betriebsmitteln zwischen den Strecken war außerordentlich leicht. Im Personenverkehr sind diese zusammenhängenden, langen Strecken wohl kaum ausgenutzt worden. Die Fahrt von Neichen bis Frauenstein hätte bei den gegebenen Fahrplanverbindungen auf der 152,7 km langen Strecke eine Reisedauer von 3 Tagen erfordert.
Die Entwicklung der sächsischen Schmalspurbahnen wurde mit dem Bau der Verbindungsbahn Oberdittmannsdorf — Klingenberg-Colmnitz abgeschlossen. Andere Strecken (Dresden—Possendorf) lieferten den Beweis, daß auch bei schwierigen Geländeverhältnissen regelspurige Bahnen mit vertretbaren Kosten gebaut werden konnten. Nachdem die Strecke Klotzsche—Königsbrück bereits 1897 auf Regelspur umgestellt worden war, ist 1938 auch die von Heidenau nach Altenberg umgespurt worden. Bei Wirtschaftlichkeitsuntersuchungen im Jahre 1939 [141] standen noch die Strecken von Reichenbach, Kohlmühle, Taubenheim und Mosel zur Kritik. Hier wurde die Stillegung und Verlagerung auf den Kraftverkehr empfohlen. Diese Pläne scheiterten durch die Vorbereitungen auf den zweiten Weltkrieg und durch den Krieg selbst. Erste Strecken, die nach dem zweiten Weltkrieg stillgelegt und abgebaut wurden, waren u.a. Herrnhut—Bernstadt (Oberlausitz), Taubenheim (Spree)—Dürrhennersdorf, Goßdorf-Kohlmühle—Hohnstein (Sächs Schweiz), Mosel—Ortmannsdorf. Wirtschaftlichkeitsuntersuchungen in der DDR im Jahre 1967 [57] führten zu dem Schluß, daß keine der sächsischen Strecken rentabel sei. So konnten weitere Strecken aufgelassen werden, sobald für den Kraftverkehr die Voraussetzungen (Straßen) zur Übernahme der Transporte gegeben waren. Das Doppelnetz von Wilsdruff und Mügeln wurde erstmals mit der Stillegung

Tabelle 2.87 Triebfahrzeuge der sächsischen Staatsbahn (750 mm Spurweite)

Betriebsnummer		Hersteller	Baujahr	Fabriknummer	Einsatzstrecken	Bild	Bemerkungen
K.Sächs.Sts.E.B.	DRG/DR						
Gattung VII TK (alt)	Bauart: Bn2t						
5	—	Hag	1872	1	Ki, Hai, Klo, Mü	2.155.a	Baulokomotive, 1897 verkauft
Gattung I K (ex V TK)	Bauart: Cn2t						
1	(99 7551)	Hart	1881	1134	Ki, Hai, Thu, Wi	2.155 c	+ 1925
2	99 7501	Hart	1881	1135	Ki, Mo, Zi	2.155 c	+ 1926
3	99 7502	Hart	1881	1136	Ki, Mo, Ki, Thu	2.155 c	+ 1927
4	(99 7551)	Hart	1882	1137	Ki, Hai, Thu, Wi	2.155 c	+ 1925
6	—	Hart	1883	1279	Hai, Thu, Epp, Thu	2.155 c	+ 1922
7	99 7503	Hart	1884	1329	Mü, Hai, Mü	2.155 b	+ 1927
8	—	Hart	1884	1330	Hai, Mü	2.155 b	+ 1923
9	—	Hart	1884	1331	Zi, Hai, Mü	2.155 b	1918 nach Polen[1])
10	—	Hart	1884	1332	Zi, Mü	2.155 b	+ 1924
11	99 7504	Hart	1884	1333	Ra, Ki, Thu, Epp, Ho	2.155 b	+ 1929
12	—	Hart	1884	1365	Ra, Mü	2.155 b	1923–1946 bei Gießerei Schmiedeberg (Erzgeb.)
13	—	Hart	1884	1366	Ra, Mü, Wi	2.155 b	+ 1922
14	99 7505	Hart	1884	1367	Klo, Be, Tbh, Zi	2.155 b	+ 1925
15	—	Hart	1884	1368	Klo, Be, Tbh	2.155 b	+ 1922
16	—	Hart	1884	1369	Zi, Wi, Tbh	2.155 b	+ 1922
17	99 7506	Hart	1884	1370	Zi, Tbh, Zi	2.155 b	+ 1926
20	99 7507	Hart	1885	1408	Wi, Ra	2.155 e	+ 1926
21	99 7508	Hart	1885	1409	Wi, Thu, Epp, ?	2.155 e	+ 1928
22	99 7509	Hart	1885	1410	Hai, Ra, Zi	2.155 e	+ 1927
23	99 7510	Hart	1886	1446	Hai, Ra, u. a.	2.155 e	+ 1926
24	99 7511	Hart	1886	1447	Thu, Mu, Epp	2.155 e	+ 1926
25	—	Hart	1886	1448	Thu, Mu, Epp	2.155 e	+ 1919
26	99 7512	Hart	1886	1449	Thu, Mu, Grü u. a.	2.155 e	+ 1926
27	99 7513	Hart	1886	1450	Thu, Grü	2.155 e	Gattung IbK; + 1927
28	99 7514	Hart	1888	1549	Gey, Grü	2.155 e	Gattung IbK; + 1926
29	—	Hart	1888	1550	Gey, Grü	2.155 e	Gattung IbK; + 1923
30	99 7515	Hart	1888	1551	Gey, Grü	2.155 e	Gattung IbK; + 1926
31	99 7516	Hart	1888	1552	Zi, Mü, Zi	2.155 e	+ 1928
32	99 7517	Hart	1888	1553	Mü	2.155 e	+ 1928
33	99 7518	Hart	1888	1554	Mü	2.155 e	+ 1928
34	99 7519	Hart	1888	1555	Grü, Thu	2.155 e	+ 1927
37	99 7523	Hart	1890	1660	Hai, Ki	2.155 e	+ 1927
38	—	Hart	1890	1661	Ki u. a.	2.155 e	1918 nach Polen
39	—	Hart	1890	1662	Ki	2.155 e	1918 Kriegsverlust
40	997524	Hart	1890	1663	Hai, Zi, Ki	2.155 e	+ 1927
41	—	Hart	1890	1664	Hai, Mü	2.155 e	1918 nach Polen
42	99 7526	Hart	1891	1818	Hei, Mü u. a.	2.155 d	+ 1927
47	99 7527	Hart	1892	1873	Thu, Ho	2.155 d	+ 1928
48	(99 7528)	Hart	1892	1874	Thu	2.155 d	+ 1923

noch Tabelle 2.87 Triebfahrzeuge der sächsischen Staatsbahn (750 mm Spurweite)

Betriebsnummer K.Sächs.Sts.E.B.	Betriebsnummer DRG/DR	Hersteller	Baujahr	Fabriknummer	Einsatzstrecken	Bild	Bemerkungen
noch **Gattung I K**	Bauart: Cn2t						
49	99 7520	Hart	1889	1580	Zi	2.155 e	ex ZOJE Nr. 1; + nach 1927
50	99 7521	Hart	1889	1581	Zi	2.155 e	ex ZOJE Nr. 2; + 1926
51	99 7522	Hart	1889	1582	Zi	2.155 e	ex ZOJE Nr. 3; + 1926
52	—	Hart	1889	1583	Zi	2.155 e	ex ZOJE Nr. 4; 1918 Kriegsverlust
53	99 7525	Hart	1891	1770	Zi	2.155 e	ex ZOJE Nr. 5; + 1925
Gattung II K (alt) (ex FTK)		Bauart: B'B'n4t					
18	—	Hawthorn	1885	2012	Hai	2.155 f,g	+ 1903
19	—	Hawthorn	1885	2013	Hai	2.155 f,g	+ 1909
Gattung II K (neu)	Bauart: 2 × Cn2t						
61 A/B	99 7551				Zi, Mu, Mü	2.155 h	Fügung aus Nr. 1 und 4, siehe dort
62 A/B	—				Thu, Ra	2.155 h	Fügung aus Nr. 2 und 3, siehe dort. Trennung 1914
Gattung III K (ex K2TK)	Bauart: C1'n2t						
35	99 7541	Kra, Mü	1889	2123	Hai, Osch[4]), Wo, Thu	2.155 i	+ 1925
36	99 7542	Kra Mü	1889	2124	Hai, Grü, Wo, Osch[4]), Thu	2.155 i	+ 1925
43	99 7543	Hart	1891	1781	Hai, Osch[4]), Wo, Thu		+ 1926
44	99 7544	Hart	1891	1782	Hei, Hai, Wo, Thu, Ra, Frei		+ 1926
45	99 7545	Hart	1891	1783	Hei, Hai, Wo Thu		+ 1925
46	99 7546	Hart	1891	1784	Hai, Osch[4]), Wo, Thu		+ 1926
Gattung IV K (ex MTK)	Bauart: B'B'n4vt						
103	99 511	Hart	1892	1774	Thu, Gey, Thu, Mü	2.155 j	+ vor 1940
104	99 512	Hart	1892	1775	Hei, Ho, Wi, Thu	2.155 j	
105	99 513	Hart	1892	1776	Wil, Hei, Wil	2.155 j	+ 1930
106	99 514	Hart	1892	1777	Frei, Wil	2.155 j	+ 1930
107	99 515	Hart	1892	1778	Hei, Grü, Ki	2.155 j	+ vor 1940
108	99 516[3])	Hart	1892	1779	Hei, Grü, Mü, Schö	2.155 j	1963 Reko; + 1975
109	99 517	Hart	1892	1780	Frei, Hei	2.155j	+ 1926
110	99 518	Hart	1893	1870	Hei, Ho, Epp	2.155j	1945 an UdSSR

noch Tabelle 2.87 Triebfahrzeuge der sächsischen Staatsbahn (750 mm Spurweite)

Betriebsnummer		Her-steller	Baujahr	Fabrik-nummer	Einsatzstrecken	Bild	Bemerkungen
K.Sächs.Sts.E.B.	DRG/DR						
noch **Gattung IV K (ex MTK)**		Bauart: B'B'n4vt					
111	99 519	Hart	1893	1871	Ki, Mo, Frei, Wil	2.155 j	+ 1933
112	99 520	Hart	1893	1872	Frei, Wil, Thu	2.155 j	1940 verschollen
113	99 521	Hart	1893	1934	Frei, Ra, Ho, Be, Tbh, Zi	2.155 j	1945 an UdSSR
114	99 522	Hart	1893	1935	Frei, Ho, Kli	2.155 j	1940 verschollen
115	99 523	Hart	1893	1936	Ki, Ra, Wil, Zi	2.155 j	1940 verschollen
116	99 524	Hart	1893	1937	Ra, Wil, Hai	2.155 j	1940 verschollen
117	99 525	Hart	1894	2030	Mü, Zi, Ho, Thu, Wo, Ki, Mo, Be, Thu, (Pu) Mü, (Nau), Mü	2.155 l	+ 22. 5. 1959
118	99 526	Hart	1894	2031	Ki, Mo	2.155 k	1940 verschollen
119	99 527	Hart	1896	2131	Ki, Epp, Thu	2.155 k	+ um 1933
120	99 528	Hart	1896	2132	Wil	2.155 k	+ um 1933
121	99 529	Hart	1896	2133	Ki	2.155 k	+ 1933
122	99 530	Hart	1896	2134	Frei, Wil, Epp, Mo, Mü (Pu), Epp, Mü	2.155 k	+ 1. 4. 1969
123	—	Hart	1896	2135	Ki, Mo	2.155 k	1918 Kriegsverlust
124	99 533	Hart	1896	2136	Gey, Thu, Mo, Ho	2.155 k	1941 Kriegsverlust
125	99 532	Hart	1896	2137	Mü, Mei	2.155 k	1940 verschollen
126	99 533	Hart	1898	2274	Mü	2.155 k	1940 verschollen
127	99 534[3])	Hart	1898	2275	Mü, Ki, Schö	2.155 k	1967 Reko; + 1976 Denkmalslok in Geyer (Erzgeb.)
128	99 535	Hart	1898	2276	Thu, Grü, Ki, Mo, Mü, Epp, Mü, Ki	2.155 k	1968 an Verkehrsmuseum Dresden
129	99 536	Hart	1898	2277	Thu, Ki	2.155 k	+ um 1933
130	99 537	Hart	1898	2278	Hei, Thu	2.155 k	+ um 1933
131	99 538	Hart	1899	2279	?	2.155 k	+ um 1933
132	99 539[3])	Hart	1899	2381	Thu, Mü, Osch, Wil, Mü, Epp, Mü, Ra	2.155 k	1963 Reko ab 1974 als 99 539 für Traditionszüge in Radebeul Ost
133	99 540	Hart	1899	2382	Ki, Thu	2.155 k	1940 verschollen
134	99 541	Hart	1899	2383	Thu, Gey, Mo	2.155 k	+ 1934
135	99 542[3])	Hart	1899	2384	Wil, No, Mü, (Nau, Pu) Mü	2.155 k	Reko
136	99 543	Hart	1899	2385	Mu, Mo, Ki	2.155 k	+ 1933
137	99 544	Hart	1899	2386	?	2.155 k	1940 verschollen
138	99 545	Hart	1904	2847	Thu, Mü, Osch (PU)	2.155 l	+ 20. 6. 1967
139	—	Hart	1904	2848	Thu	2.155 l	1918 Kriegsverlust
140	99 546	Hart	1904	2849	Thu, Be, Ho, Tbh	2.155 l	1946 an UdSSR
141	99 551	Hart	1908	3204	Ki, Grü, Mo, Frei, Epp, (Bu) Epp, Mü	2.155 l	+ 29. 7. 1968
142	99 552	Hart	1908	3205	No, Mü (Pu)	2.155 l	+ 22. 7. 1967
143	99 553	Hart	1908	3206	Wil, Ki, Mü (Pu)	2.155 l	+ 25. 3. 1968

noch Tabelle 2.87 Triebfahrzeuge der sächsischen Staatsbahn (750 mm Spurweite)

Betriebsnummer K.Sächs.Sts.E.B.	DRG/DR	Hersteller	Baujahr	Fabriknummer	Einsatzstrecken	Bild	Bemerkungen
noch **Gattung IV K (ex MTK)**		Bauart: B'B' n4vt					
144	99 554	Hart	1908	3207	Ra, Tbh	2.155 I	1945 an ČSR
145	99 555³)	Hart	1908	3208	Zi, Be, Epp, Ho, Frei, Mü, (Nau) Osch, Mü	2.155 I	Reko; + 1973
146	99 556	Hart	1908	3209	Tbh, Be, Ra, Mü (Pu)	2.155 I	+ 25. 3. 1968
147	—	Hart	1908	3210	Wil, Zi	2.155 I	1918 Kriegsverlust
148	—	Hart	1908	3211	Zi	2.155 I	1918 Kriegsverlust
149	99 557³)	Hart	1908	3212	Mü (Ky)	2.155 I	1965 Reko; + 1971
150	99 558	Hart	1908	3213	Tbh, Zi, Tbh	2.155 I	1916 in Jugoslawien; 1945 an ČSR
151	99 561³)	Hart	1909	3214	Wil, Lo, Ki, Mü, Mei, Mü, Lo, Ki, Schö	2.155 I	1967 Reko; + 1975
152	99 562³)	Hart	1909	3215	Mei, Lo, Mü (Pu)	2.155 I	1964 Reko
153	99 563³)	Hart	1909	3216	Wo, Epp, Mü	2.155 I	1964 Reko; 1975 an VEB Investbau Plauen als Heizlok
154	99 564³)	Hart	1909	3217	Ki, Nu, Mei, Mü	2.155 I	1964 Reko
155	99 565	Hart	1909	3319	Ra, Mu, Wil	2.155 I	+ 1933
156	99 566³)	Hart	1909	3320	Wo, Epp, Mü, Epp, Mü	2.155 I	1965 Reko
157	99 567	Hart	1910	3449	Wo, Epp, Thu, Ki, Mü, (Pu)	2.155 I	+ 17. 4. 1967
158	99 568³)	Hart	1910	3450	Mei, Wil, Ki, Ra, Wo, Ow, Mü, Grü, Wo, Schö	2.155 I	1965 Reko
159	99 569³)	Hart	1910	3419	Wil, Ki, Mo, Wo, Mü, Wo, Mü	2.155 I	Reko; + 1972
160	99 570	Hart	1910	3420	Ki, Wo, Mü, Lo (Pu)	2.155 I	+ 22. 7. 1967
161	99 571	Hart	1910	3421	Wil, Ki	2.155 I	1945 an UdSSR
162	99 572	Hart	1910	3422	Grü, Ki, Ho, Mü, Lo, Mü	2.155 I	+ 25. 3. 1968
163	99 573³)	Hart	1910	3423	Ki	2.155 I	1967 Reko; 1973 als Heizlok
164	99 574³)	Hart	1910	3556	Mei, Mü, Ra, Mu, (Bu) Mü	2.155 I	1964 Reko
165	99 575	Hart	1912	3557	Wil, Mü, Ra, Mü, (Pu) Wo, Mü, Mu, Mü	2.155 I	+ 14. 2. 1968
166	99 576³)	Hart	1912	3558	Ki, Mü, Ki, Lo (Pe)	2.155 I	1964 Reko; + 24. 7. 1969
167	99 577³)	Hart	1912	3559	Mei, Zi, Ki	2.155 I	+ 1971
168	99 578	Hart	1912	3560	Ra, Zi, Ho, Thu, Ki, Zi (Mf) Ra, Zi, Ki	2.155 I	+ 17. 4. 1967

noch Tabelle 2.87 Triebfahrzeuge der sächsischen Staatsbahn (750 mm Spurweite)

Betriebsnummer K.Sächs.Sts.E.B.	Betriebsnummer DRG/DR	Hersteller	Baujahr	Fabriknummer	Einsatzstrecken	Bild	Bemerkungen
noch **Gattung IV K (ex MTK)**		Bauart: B'B'n4vt					
169	99 578³)	Hart	1912	3561	Lo, Ra, Frei, Mü, Ra, Mo, Ki, Ow, Ki, Grü	2.155 l	1972 in Oberrittersgrün (Erzgeb.) als Denkmal aufgestellt
170	99 581³)	Hart	1912	3592	Ki, Grü, No, Zi, Mü, Ow, Ki, Grü, Schö, Ki	2.155 l	1974 in Kirchberg als Denkmal aufgestellt
171	99 582³)	Hart	1912	3593	Mü, Ki, Mo, Grü, Wo	2.155 l	1965 Reko
172	99 583³)	Hart	1912	3594	Ow, Thu, Wo, Epp, Ow, Epp, Ki, Grü, Ki, Wo	2.155 l	1965 Reko
173	99 584³)	Hart	1912	3595	Ra, Hei, Ki, Mü, Mu, Ki, Mü, Wo, Mü	2.155 l	1964 Reko
174	—	Hart	1912	3596	Wil	2.155 l	1918 Kriegsverlust Osten
175	99 585³)	Hart	1912	3597	Mu, Zi, Mu, Ki, Wo, Schö	2.155 l	1964 Reko
176	99 586³)	Hart	1913	3606	Mu (Bu), Mu, Ki, Wo, Grü, Wo	2.155 l	1965 Reko
177	99 587³)	Hart	1913	3607	Ow, Ki, Wo, Ra, Frei, Mü (Pu)	2.155 l	1965 Reko; + 1971
178	99 588	Hart	1913	3608	Zi, Mü, Mo, Grü, Ki, Mu, Ki	2.155 l	+ 3. 1. 1968
179	99 589	Hart	1913	3669	Zi, Be, Mei, Mu, Mü, Wo, Mu, No, Ki, Mü, (Pu) Ki	2.155 l	+ 6. 12. 1966
180	99 590³)	Hart	1913	3670	Zi, Epp, Ow, Ki, Schö	2.155 l	1967 Reko
181	99 591	Hart	1913	3671	Zi, Ki, (Pu) Ki	2.155 l	+ 27. 4. 1967
182	99 592³)	Hart	1913	3712	Thu, Ra, Hei, Ki, Ow, Mu, Epp, Ki, Mu, Ki, Schö	2.155 l	1965 Reko
183	99 593³)	Hart	1913	3713	Zi, Ki (Pe)	2.155 l	Reko; + 1971
184	99 594³)	Hart	1913	3714	Zi, Epp, Wo, Grü, Ow, Schö, Wo	2.155 l	1964 Reko
185	99 595	Hart	1914	3735	Thu, Zi, Mü (Pu)	2.155 l	+ 17. 4. 1967
186	99 596³)	Hart	1914	3736	Zi, Mo, Epp, Grü, Wo	2.155 l	+ 1971
187	99 597	Hart	1914	3737	Ra, Lo, Ra, Epp, Ow, Ki, Lo, Mu, Grü, Epp, Lo, Wo	2.155 l	1925 auf Verkehrsausstellung in München; + 1. 4. 1969
188	99 598	Hart	1914	3738	Wil, Ra	2.155 l	1940 verschollen
189	99 599³)	Hart	1914	3787	Ra, Epp, Ow, Ra, Ki, Wo	2.155 l	+ 1973
190	99 600³)	Hart	1914	3788	Ki, Grü, Mu, Mü, Lo	2.155 l	1973 nach Dresden als Heizlok

noch Tabelle 2.87 Triebfahrzeuge der sächsischen Staatsbahn (750 mm Spurweite)

Betriebsnummer K.Sächs.Sts.E.B.	Betriebsnummer DRG/DR	Hersteller	Baujahr	Fabriknummer	Einsatzstrecken	Bild	Bemerkungen
noch **Gattung IV K (ex MTK)**		Bauart: B'B'n4vt					
191	99 601[3])	Hart	1914	3789	Ra, Mo, Ki, Wo, Epp, Mü, (Mf) Wo, Mu, Ki Schö	2.155 l	1967 Reko; 1974 verkauft an Ziegelei Buchholz bei Weißenberg als Heizlok
192	99 602	Hart	1914	3790	Ra, Grü, Ki, Ra	2.155 l	+ 1934
193	99 603	Hart	1914	3791	Ki, Mo, Epp, Ki, Zi, Ki, Mü	2.155 l	+ 16. 1. 1967
194	99 604	Hart	1914	3792	Ki, Ow, Ki, Wo, Mu, Wo, (Pu) Mü, Grü	2.155 l	+ 6. 11. 1968; 7. 1970 verkauft an Deutsche Gesellschaft für Eisenbahn-Geschichte, Bochum/BRD, als Museumslok
195	99 605	Hart	1916	3906	Grü, Ow, Epp, Thu, Ra, Ki, Grü	2.155 l	+ 12, 3. 1968
196	99 606[3])	Hart	1916	3907	Wil, Lo, Mü, Ki, Mu, Ho, Ra, Mü, Ki, Schö	2.155 l	1965 Reko
197	99 607	Hart	1916	3908	Ki, Ow, Mü, Ki, Mu, Ki	2.155 l	+ 27. 4. 67
198	99 608	Hart	1922	4521	Ki, Thu, Wo, Mü, Lo, Mü	2.155 l	1964 Reko
Gattung VK	Bauart: Dn2vt						
201	99 611	Hart	1901	2466	Hei, Mü, Hei	2.155 m	+ 1934
202	99 612	Hart	1901	2645	Hei, Thu	2.155 m	+ 1942
203	99 613	Hart	1901	2646	Hei	2.155 m	+ 1934
204	99 614	Hart	1905	2915	Hei, Mü, Thu		+ 1942
205	99 615	Hart	1905	2916	Hei, Thu, Epp, Thu		+ 1942
206	99 616	Hart	1906	2917	Hei, Thu, Epp, Thu		+ 1942
207	99 617	Hart	1908	3156	Hei		+ 1934
208	99 618	Hart	1908	3157	Hei, Mü, Thu		+ 1942
209	99 619	Hart	1908	3158	Hei		+ 1934
Gattung VI K	Bauart: Eh2t						
210	99 641	Hen	1918	16122	Wi, Lo, Mei	2.155 n	1946 an UdSSR
211	99 642	Hen	1918	16123	Wi, Zi, Frst, Wi	2.155 n	6. 2. 1969 verkauft an VEB (K) Zschopau (Erzgeb.)
212	99 643	Hen	1918	16124	Wi, Lo	2.155 n	1942 an Waldviertelbahn/ Österreich
213	99 644	Hen	1918	16125	Wi, Lo, Wi, Zi, Frst	2.155 n	+ 26. 7. 1968
214	99 645	Hen	1918	16126	Wi, Mei	2.155 n	1946 an UdSSR
215	99 646	Hen	1918	16127	Wi, Lo, Zi, Kli	e.155 n	+ 1969

noch Tabelle 2.87 Triebfahrzeuge der sächsischen Staatsbahn (750 mm Spurweite)

Betriebsnummer K.Sächs.Sts.E.B.	Betriebsnummer DRG/DR	Hersteller	Baujahr	Fabriknummer	Einsatzstrecken	Bild	Bemerkungen
Gattung VI K	Bauart: Eh 2t						
216	99 647	Hen	1918	16128	Wi	2.155 n	1942 an Waldviertelbahn Österreich
217	99 648³)	Hen	1918	16129	Wi, Kli, Frei	2.155 n	1965 Reko; + 1972
218	99 649	Hen	1918	16130	Wi, Thu	2.155 n	1945 an UdSSR
219	99 650	Hen	1918	16131	Wi	2.155 n	1930 nach Heilbronn
220	99 651³)	Hen	1918	16132	Hei	2.155 n	1930 nach Heilbronn;⁵)
221	99 652	Hen	1918	16133	Wi, Lo	2.155 n	1945 an UdSSR
222	99 653³)	Hen	1918	16134	Frst, Hei, Zi, No	2.155 n	1966 Reko; + 1974
223	99 654³)	Hen	1918	16135	Wi	2.155 n	1966 Reko; + 1974
224	99 655³)	Hen	1918	16136	Wi	2.155 n	+ 1970

Fortsetzung der Bauart mit Tabelle 2.88

1) 1941 als DRG 99 2504 eingereiht
2) 1941 als DRG 99 2505 eingereiht
3) ab 1. 6. 1970 ist der Ordnungsnummer eine 1 voranzustellen, z. B. 99 655 = 99 1655
4) für die Strecke Oschatz—Strehla
5) Denkmal in Steinheim/Murr (BRD)

Tabelle 2.88 Triebfahrzeuge der DR auf den sächsischen Strecken (750 mm Spurweite)

Betriebsnummer	Hersteller	Baujahr	Fabriknummer	Einsatzstrecken	Bild	Bemerkungen
Dampflokomotiven						
Baureihe 99^{67-71}	Bauart: Eh2t					
99 671	Hen	1923	19749	Hei	2.155 o	1938 nach Heilbronn
99 672	Hen	1923	19750	Wi, Hei	2.155 o	1938 nach Heilbronn
99 673¹)	Hen	1923	19751	Wi	2.155 o	+ 1971
99 674	Hen	1923	19752	Wi	2.155 o	1944 zerstört
99 675	Hen	1923	19753	Wi	2.155 o	1945 an UdSSR
99 676	Hen	1923	19754	Hai, Wi	2.155 o	1945 an UdSSR
99 677	Hen	1923	19755	Hai, Wi	2.155 o	1945 an UdSSR
99 678¹)	Hen	1923	19756	Hai, Wi	2.155 o	etwa 1966 Reko; + 1971
99 684¹)	Hart	1925	4646	Thu, Wi, Ra	2.155 o	+ 1973
99 685¹)	Hart	1925	4647	Thu, No, Zi, Wi	2.155 o	+ 1973
99 686	Hart	1925	4648	Thu, Wi	2.155 o	+ 25. 1. 1951
99 687	Hart	1925	4649	Thu, Wi, Zi, Ra	2.155 o	1964 Reko; + 1974
99 688	Hart	1925	4650	Gey, Wi	2.155 o	+ 12. 7. 1967
99 689	Hart	1925	4651	Wi	2.155 o	+ 3. 1. 1968
99 690	Hart	1925	4652	Hei, Thu	2.155 o	verschollen
99 691	Hart	1925	4653	Hei, Thu	2.155 o	1945 an UdSSR
99 692¹)	Hart	1925	4654	Hei, Wi, Ra	2.155 o	1963 Neubaukessel; + 1973
99 693	Hart	1926	4655	Hei, Hai, Zi, Hei, Ra	2.155 o	+ 12. 7. 1967
99 694¹)	Hart	1926	4656	Hei, Wi, Zi, Ra, No	2.155 o	1965 Reko; + 1973
99 695	Hart	1926	4657	Hei, Wi, Ra	2.155 o	1945 an UdSSR

noch Tabelle 2.88 Triebfahrzeuge der DR auf den sächsischen Strecken (750 mm Spurweite)

noch **Dampflokomotiven**

noch **Baureihe 99$^{67-71}$** Bauart: Eh2t

Betriebs-nummer	Her-steller	Baujahr	Fabrik-nummer	Einsatzstrecken	Bild	Bemerkungen
99 696[1]	Kar	1925	2323	Zi, Hei, Wi, Ra	2.155 o	1966 Reko; + 1973
99 697	Kar	1925	2324	Hei, Ra	2.155 o	+ 3. 1. 1968
99 698	Kar	1925	2325	Ra, Zi	2.155 o	1936 nach Aulendorf
99 699[1]	Kar	1925	2326	Zi, Hei, Dö, Ra	2.155 o	1969 Heizlok in Jöhstadt; + 1972
99 700	Kar	1926	2327	Zi, Wi	2.155 o	1946 an ČSR
99 701	Kar	1926	2328	Zi, Hei	2.155 o	1938 nach Heilbronn
99 702	Kar	1926	2329	Hei, Zi	2.155 o	1944 an ČSR
99 703[1]	Kar	1926	2330	Wi, Thu, Ra	2.155 o	+1973
99 704	Kar	1926	2331	Hei, Thu, Wi, Zi	2.155 o	1938 nach Heilbronn
99 705[1]	Kar	1926	2332	Wi, SchöW	2.155 o	+ 1973
99 706[1]	Kar	1926	2333	Thu, Wi	2.155 o	1967 Reko; + 1973
99 707	Kar	1926	2334	Thu, Wi	2.155 o	+ ?
99 708	Hart	1927	4665	Thu, Wi	2.155 o	+ ?
99 709	Hart	1927	4666	Wi, Thu	2.155 o	1945 an UdSSR
99 710	Hart	1927	4667	Mo, Wi	2.155 o	+ ?
99 711	Hart	1927	4668	Zi	2.155 o	+ ?
99 712	Hart	1927	4669	Thu, Zi	2.155 o	+ ?
99 713[1]	Hart	1927	4670	Zi, Wil, Ra	2.155 o	1975 aufgearbeitet für Einsatz mit Traditionszügen in Radebeul Ost
99 714[1]	Hart	1927	4671	Thu, Hei, Wil, Frst	2.155 o	+ 1974
99 715[1]	Hart	1927	4672	Thu, Hei, Wil, Frst, Hai, Thu	2.155 o	Museumslok, 1973 in Radebeul Ost aufgestellt
99 716	Hart	1927	4673	Hei	2.155 o	1973 nach Aulendorf[2]
99 717	Hart	1927	4674	Thu	2.155 o	1946 an UdSSR

Baureihe 99$^{73-76}$ Bauart: 1'E1'h2t

Betriebs-nummer	Her-steller	Baujahr	Fabrik-nummer	Einsatzstrecken	Bild	Bemerkungen
99 731[1]	Hart	1928	4678	Ki, Zi, Hai, Zi	2.155 q	1966 Reko
99 732[1]	Hart	1928	4679	Ow, Zi	2.155 q	+ 1974
99 733	Hart	1928	4680	Thu, Ow	2.155 q	1946 an UdSSR
99 734[1]	Hart	1928	4681	Kli, Hai, Zi, Thu, Hai	2.155 q	1966 Reko
99 735[1]	Hart	1928	4682	Ow, Zi	2.155 q	1966 Reko
99 736	Hart	1928	4683	Thu, Ow	2.155 q	1945 an UdSSR
99 737	Hart	1928	4684	Thu, Ow	2.155 q	1945 an UdSSR
99 738	Hart	1928	4685	Zi, Hai	2.155 q	+ 12. 6. 1968
99 739	Hart	1928	4686	Kli, Hai	2.155 q	+ 12. 6. 1968
99 740[1]	Hart	1928	4687	Zi, Hai	2.155 q	+ 1973
99 741[1]	Hart	1928	4691	Zi, Hai, Ow, Zi	2.155 q	
99 742	Hart	1928	4692	Zi, Hai, Thu, Zi, Hai	2.155 q	+ 7. 8. 1967
99 743	Hart	1928	4693	Wi, Hai	2.155 q	+ 6. 11. 1968
99 744	Schw	1929	9533	Zi, Hai	2.155 q	1946 an UdSSR
99 745[1]	Schw	1929	9534	Ow, Hai	2.155 q	+ 1974
99 746[1]	Schw	1929	9535	Ow, Zi	2.155 q	1966 Reko
99 747[1]	Schw	1929	9536	Thu, Hai	2.155 q	1965 Reko
99 748	Schw	1929	9537	Zi	2.155 q	1946 an UdSSR

noch Tabelle 2.88 Triebfahrzeuge der DR auf den sächsischen Strecken (750 mm Spurweite)

Betriebs-nummer	Her-steller	Baujahr	Fabrik-nummer	Einsatzstrecken	Bild	Bemerkungen
noch **Dampflokomotiven**						
noch **Baureihe 99$^{73-76}$**		Bauart: 1'1E'h2t				
99 749[1])	Schw	1929	9538	Zi, Ow, Thu, Zi	2.155 q	1966 Reko
99 750[1])	Schw	1929	9539	Zi, Ow, Hai, Zi	2.155 q	1965 Reko
99 751	Schw	1933	10142	Thu	2.155 q	1946 an UdSSR
99 752	Schw	1933	10143	Thu	2.155 q	1946 an UdSSR
99 753	Schw	1933	10144	Zi, Thu	2.155 q	1945 an UdSSR
99 754	Schw	1933	10145	Hai, Thu	2.155 q	+ 12. 6. 1968
99 755	Schw	1933	10146	Hai, Thu	2.155 q	1945 an UdSSR
99 756	Schw	1933	10147	Zi	2.155 q	1945 an UdSSR
99 757[1])	Schw	1933	10148	Thu, Zi, Thu, Hai, Zi	2.155 q	1965 Reko
99 758[1])	Schw	1933	10149	Thu, Zi	2.155 q	1965 Reko
99 759[1])	Schw	1933	10150	Thu, Ow, Zi	2.155 q	1965 Reko
99 760[1])	Schw	1933	10151	Thu, Ow, Zi	2.155 q	
99 761[1])	Schw	1933	10152	Thu, Hai	2.155 q	1966 Reko
99 762[1])	Schw	1933	10153	Thu, Ow, Thu, Zi	2.155 q	
Baureihe 99$^{77-79}$[1])		Bauart: 1'E1'h2t				
99 771	LKM	1952	32010	Thu, Ow	2.155 r	
99 772	LKM	1952	32011	(Tr, Mf, Tr) Ra, Hai, Ra	2.155 r	
99 773	LKM	1952	32012	Thu, Hai	2.155 r	
99 774	LKM	1953	32013	(Tr) Thu, Ow, Thu, SchöW	2.155 r	
99 775	LKM	1953	32014	Thu, Ow, Ra, Ow	2.155 r	
99 776	LKM	1953	32015	Thu, Hai	2.155 r	
99 777	LKM	1953	32016	Thu, SchöW, Thu	2.155 r	
99 778	LKM	1953	32017	Ow, Thu, Ra, SchöW, Thu,	2.155 r	
99 779	LKM	1953	32018	Thu, Hai, SchöW	2.155 r	
99 780	LKM	1953	32019	Ow, SchöW, Thu	2.155 r	
99 781	LKM	1953	32022	Thu, Ow, Hai, Ra	2.155 r	
99 782	LKM	1953	32023	Thu, Ow	2.155 r	
99 783	LKM	1953	32024	Thu, Hai, Ra	2.155 r	
99 784	LKM	1953	32025	Thu, (Mf) Thu, Hai, Ra	2.155 r	
99 785	LKM	1954	32026	Thu, Ow	2.155 r	
99 786	LKM	1954	32027	(Tr) Thu, Hai, Ra	2.155 r	
99 787	LKM	1955	132028	Thu, Ow, Thu	2.155 r	
99 788	LKM	1955	132029	Ow, Thu, Ow	2.155 r	
99 789	LKM	1955	132030	Ow, Thu, Hai	2.155 r	
99 790	LKM	1955	132031	Thu, Ow	2.155 r	
99 791	LKM	1956	132032	Thu, Ow	2.155 r	
99 792	LKM	1956	132033	Thu, SchöW	2.155 r	+ 1973; verkauft an Schuhfabrik Panther in Ehrenfriedersdorf (Erzgeb.) als Heizlok
99 793	LKM	1956	132034	Thu, Ra, Hai	2.155 r	
99 794	LKM	1956	132035	(Tr) Hai, Ra	2.155 r	
99 4532[3])	O & K	1924	10844	(Tr, Pu) Zi	2.145 a	

noch Tabelle 2.88 Triebfahrzeuge der DR auf den sächsischen Strecken (750 mm Spurweite)

Betriebs-nummer	Her-steller	Baujahr	Fabrik-nummer	Einsatzstrecken	Bild	Bemerkungen
Triebwagen						
VT 137 322	Busch	1938		Zi	1.40 h	+ 1964; in Bertsdorf abgestellt
VT 137 323	Busch	1938		Zi	1.40 h	im 2. Weltkrieg verschollen
VT 137 324	Busch	1938		Zi	1.40 h	im 2. Weltkrieg verschollen
VT 137 325	Busch	1938		Zi	1.40 h	im 2. Weltkrieg verschollen
VT 137 600		1951		Frei, Zi	1.40 a	ex Lettische Staatsbahn; DR-Umbau 1951; 1957 nach Putbus
Diesellokomotiven						
V 36 4801	LKM	1960	656014/I	Wi, Zi	1.38 g	1964 in Zittau zerlegt
V 36 4802	LKM	1960	656014/II	Wi, Zi	1.38 g	1964 in Zittau zerlegt
199 007	LKM (?)	1954	249109	Wil	1.38 e	1973 von VEB Feinspinnerei Venusberg (Erzgeb.)

1) ab 1. 6. 1970 ist der Ordnungsnummer eine 1 voranzustellen, z. B. 99 687 = 99 1687
2) Denkmal in Güglingen im Zabergäu (BRD)
3) die Ordnungsnummer wurde ab 1. 6. 1970 nicht verändert. Bauart: Dn 2t

der Strecke Wilsdruff—Garsebach—Meißen-Triebischtal/Löthain 1966 reduziert. Damit war zugleich nach 56 Jahren die Verbindung zwischen beiden Netzen getrennt. Abgesehen von der Strecke Hainsberg—Kipsdorf existiert von dem Doppelnetz heute nur noch der Güterverkehr zwischen Oschatz und Kemlitz.
Inzwischen gibt es den Beschluß des Ministeriums für Verkehrswesen der DDR [144] über die zu erhaltenden Schmalspurstrecken. Vom ehemaligen sächsischen Schmalspurnetz werden 76,1 km bestehen bleiben. Die Strecken von Cranzahl, Hainsberg, Radebeul Ost und Zittau behalten ihre Transportaufgaben vor allem für den Touristenverkehr. Die Strecke Radebeul Ost—Radeburg hat zusätzlich als Traditionsbahn verkehrsgeschichtliche Aufgaben zu erfüllen.
Die erste Schmalspurlokomotive in Sachsen war die von Hagans 1882 aus Schlesien beschaffte und von 785-mm-Spur umgerüstete zweiachsige Baulokomotive (Bild 2.155a). Sie diente nur zur Beförderung von Bauzügen und wurde 1897 wieder verkauft.
Die erste Serie dreiachsiger Tenderlokomotiven für Sachsen lieferte Hartmann in Chemnitz aus. Damit wurden erstmals für Schmalspurbahnen serienmäßig Lokomotiven hergestellt. Im Prinzip sind die Lokomotiven für die Strecken der K. Sächs. Sts. E. B. einheitlich beschafft worden, und grundsätzlich hat sich bis heute der gattungsreine Einsatz auf den Strecken erhalten. In den Tabellen 2.87 und 2.88 ist angestrebt worden, den Bestand und Verbleib der Lokomotiven darzustellen. Es ist außerordentlich schwierig, über einen derartig langen Zeitraum exakte Daten zu ermitteln, zumal offizielle Angaben nur lückenhaft veröffentlicht wurden. Ergänzungen sind daher aus zur Zeit nicht bekannten Quellen denkbar.
Die K. Sächs. Sts. E. B. bezeichnete ihre Lokomotivengattungen mit römischen Ziffern. Lokomotiven der Spurweite von 750 mm erhielten als weiteres Unterscheidungszeichen ein K, die der Meterspur ein M.
Die Gattung I K (Bilder 2.155b bis e) waren dreifach gekuppelte Naßdampfmaschinen mit Außenrahmen und Allan-Steuerung. In der zehnjährigen Beschaffungszeit ergaben sich einige Änderungen: Ersatz des kegeligen Schornsteins (Bilder 2.155. c) durch einen Kobelschornstein (Bilder 2.155d, 2.172), Vergrößerung des Führerhauses zur Erleichterung der Arbeit des Heizers ab Nr. 6 (Bild 2.155b), nachträglich auch bei Nr. 1 bis 4, Verlängerung der Rauchkammer (Nr. 42, 47 und 48) und Vorbereitung für den Schneepfluganbau (Bild 2.155c).
Die Lokomotiven der Zittau-Oybin-Jonsdorfer Eisenbahn sind 1906 in die Gattung IK eingereiht worden (Bild 2.155e).

Die Nr. 27 bis 30 erhielten als erste Kuppelachse eine lenkbare Achse nach Bauart Klien-Lindner, um die Radreifen zu schonen. Diese Loks wurden als Gattung IbK bezeichnet. In den späteren Betriebsjahren der IK wurde auch der Kobel entfernt. Die letzten IK waren in Goßdorf-Kohlmühle und Thum beheimatet.

27 Maschinen der Gattung I K kamen noch zur DRG, von denen 25 Prozent umgezeichnet wurden. Von den im ersten Weltkrieg in Polen verbliebenen IK-Lokomotiven wurden 1940 zwei wieder in den Bestand der DRG eingereiht; ihr Schicksal nach 1945 ist nicht bekannt.

Für eine Strecke mit Meterspur baute Hartmann Lokomotiven der Bauart Fairlie, die als Gattung I M eingesetzt wurden. Einzelheiten dieser Lokomotivgattung wurden auf Seite 31 vorgestellt.

Da die Zugkraft der I K auf einigen Strecken nicht ausreichte, beschaffte man zwei vierachsige Fairlie-Lokomotiven von R & W. Hawthorn in

Tabelle 2.89 Triebfahrzeuge fremder Bahnen im Rbd-Bezirk Dresden (750 mm Spurweite)

Betriebsnummer/Name		Bauart	Hersteller	Baujahr	Fabriknummer	Aufenthaltszeit	Aufenthaltsort	Bemerkungen
DRG/DR	Original							
—	PKP 680	Cn2t	Kolomna	1914	?	1942—1956	Mügeln	ohne Einsatz; + 30. 11. 1955
99 2532	PKP 614	Cn2t	O & K	1913	5185	1942—1945	Dresden	ohne Einsatz
99 2527	PKP 1453	Cn2t	Kolomna	1914	4680	1943—1945	?	ohne Einsatz
99 2529	PKP 1455	Cn2t	Kolomna	1914	4681	1943—1950	?	ohne Einsatz
99 2530	PKP 1459	Cn2t	Kolomna	1916	5034	1942—1945	?	ohne Einsatz
99 2563	PKP 1690	Dn2t	Budapest	1916	4275	1943—1955	Mügeln	ohne Einsatz; ex MÁV 490.045; + 30. 11. 1955
(99 2571)[1]	PKP 4312	Dn2v	STEG	1907	3453	1942—1955	Wilsdruff	ex österr. HF 3.09; 1947 hier aufgearbeitet; Rangierlok; 1953 Umzeichnung in 99 4051; + 12. 10. 1957; Bild 2.155 s
99 4001	PKP 132-K1		O & K	1916	7833	1943—1950	Mügeln	6. 11. 1950 verkauft an Maxhütte
99 791	ČSD U 37.007	C1'n2t	Kra Li	1899	4183	1939—1965	Eppendorf	ex Friedländer Bezirksbahn Nr. 11 „Ehrlich"; 1939 an DR (99 791); 1953 nach Perleberg
—	Rum. 159-334	Dh2	Podolsk	1936	0334	1943—1955	Mügeln	ohne Einsatz; + 30. 11. 1955
—	Rum. 159-331	Dh2	Podolsk	1936	0331	1943—1955	Mügeln	ohne Einsatz; + 30. 11. 1955
—	UdSSR 149/152	?	?	?	?	1944—1948	Freital	ohne Einsatz; + 30. 11. 1955
99 1401	—	Dh2	LKM	1947	15101			ex Tp 001; 15. 9. 1947—20. 10. 1947 Versuchsfahrten Hainsberg—Kipsdorf; 1947 an Generaldirektion der Landesbahnen Brandenburg[2]) Bild 2.71 g
99 4052	UdSSR/Rum. 159-420	Dh2	Podolsk	1934	0042	1949—1966		Aufarbeitung 1949 in Zittau; Einsatz in Wilsdruff, Hohnstein (1950), Thum (1952); abg. nach Trusetal; (Bild 2.145 d)

1) vorgesehene Nummer 2) 1953 als 99 1401 von DR übernommen (Perleberg)

Tabelle 2.90 Triebfahrzeuge auf sächsischen Strecken der Meterspur

Betriebsnummer K. Sächs. Sts. E. B.	Betriebsnummer DR	Bauart	Hersteller	Baujahr	Fabriknummer	Bild	Bemerkungen
Dampflokomotiven							
251[1])	99 161	B'B'n4vt	Hart	1902	2647	2.156 a, b	+ 9. 9. 1963
252[1])	99 162	B'B'n4vt	Hart	1902	2648	2.156 a, b	1939—1941 in Mosbach (Baden) eingesetzt; 1969 an Verkehrsmuseum Dresden
253[1])	99 163	B'B'n4vt	Hart	1902	2649	2.156 a, b	1942 versenkt
—	99 5803	Bn2t	Güst	1896	165	2.103 c	1961 von Wernigerode; + 12. 7. 1967
Elektrische Lokomotiven[2])							
1	E 191 01[3])	BBg2t	Hart	1916	3759	2.156 c	+ 1967
2	E 191 02[3])	BBg2t	Hart	1916	3760	2.156 c	+ 1967
Elektrische Triebwagen							
1	ET 197 01[4])	Bo	Hart	1917		2.214 d	+ 1956
2	ET 197 02[4])	Bo	Hart	1917		2.214 d	+ 1956
—	ET 198 01	Bo	Graz	1903		2.114 a	1938 von Mödling (Österreich) (ex Nr. 20); + 1956
—	ET 198 02	Bo	Graz	1903		2.114 a	1938 von Mödling (Österreich) (ex Nr. 21); 1964 nach Hinterbrühl (Österreich) als Denkmals-Triebwagen
—	ET 198 03	Bo	Gotha	1956			1964 an Verkehrsbetriebe Plauen
—	ET 198 04	Bo	Gotha	1956			1964 an Verkehrsbetriebe Plauen
—	ET 198 05	Bo	Gotha	1958			1964 an Verkehrsbetriebe Plauen
—	ET 198 06	Bo	Gotha	1958			1964 an Verkehrsbetriebe Plauen

[1]) sächsische Gattung IM [2]) sächsische Gattung IME [3]) Nummer ab 1949 [4]) sächsische Gattung IMET

Newcastle/England als Gattung II K (alt) (Bilder 2.155 f, 1.26). Hier hatte das Personal seinen Arbeitsplatz am Stehkessel in der Mitte der Lokomotive. Die für die damaligen Verhältnisse großen Achslasten von etwa 7,3 t und ungünstige Arbeitsplatzanordnung ließen die K. Sächs. Sts. E. B. vorerst davon absehen, weitere dieser Lokomotiven einzusetzen.

1913 sind die Lokomotiven Nr. 1 und 4 der Gattung I K zur 61 A/B und die Nr. 2 und 3 zur 62 A/B zusammengestellt worden als Gattung II K (neu) (Bild 2.155 h).

Während die 62 A/B bald wieder getrennt wurde, blieb die 61 A/B bis 1926 im Einsatz. Nach erfolgreichen Einsätzen von Stütztenderlokomotiven der Bauart Klose von Krauss & Co. in Bosnien kaufte die sächsische Staatsbahn zwei Maschinen und setzte sie als Gattung III K ein (Bild 2.155 i). Wenn auch Hartmann vier Stück dieser Gattung auslieferte, so war immer noch nicht die für die sächsischen Strecken ideale Lokomotive gefunden.

Eine solche war endlich die Gattung IV K (Bild 2.158). Hartmann lieferte die ersten Maschinen 1892 aus. Diese Lokomotive der Bauart Günther-Meyer (siehe Abschnitt 1.5.1.) haben sich außerordentlich gut bewährt und bildeten jahrzehntelang das Rückgrat des Schmalspurlokomotivbetriebes in Sachsen. Von den insgesamt 96 ausgelieferten Maschinen sind mehrere noch heute im Einsatz (Oschatz, Wolkenstein, Schönheide). Diese Naßdampf-Vierzylinder-Tenderlokomotiven der Achsfolge B'B' sind durch die zwei zweiachsigen Triebdrehgestelle hervorragend für die kurvenreichen Strecken geeignet und bildeten zugleich die erste wirksame Zugkraftverstärkung auf den sächsischen Strecken. Als Besonderheiten sind weiter zu nennen: Pulsometer-Anschlüsse und Ejektoren zum direkten Wasserfassen, Dampfbremse für das vordere Drehgestell, Einrichtung zur Betätigung der Heberlein-Zugbremse, und ab dem Jahre 1912 erfolgte noch die Ausrüstung mit der Körtingbremse (Bild 2.155 l).

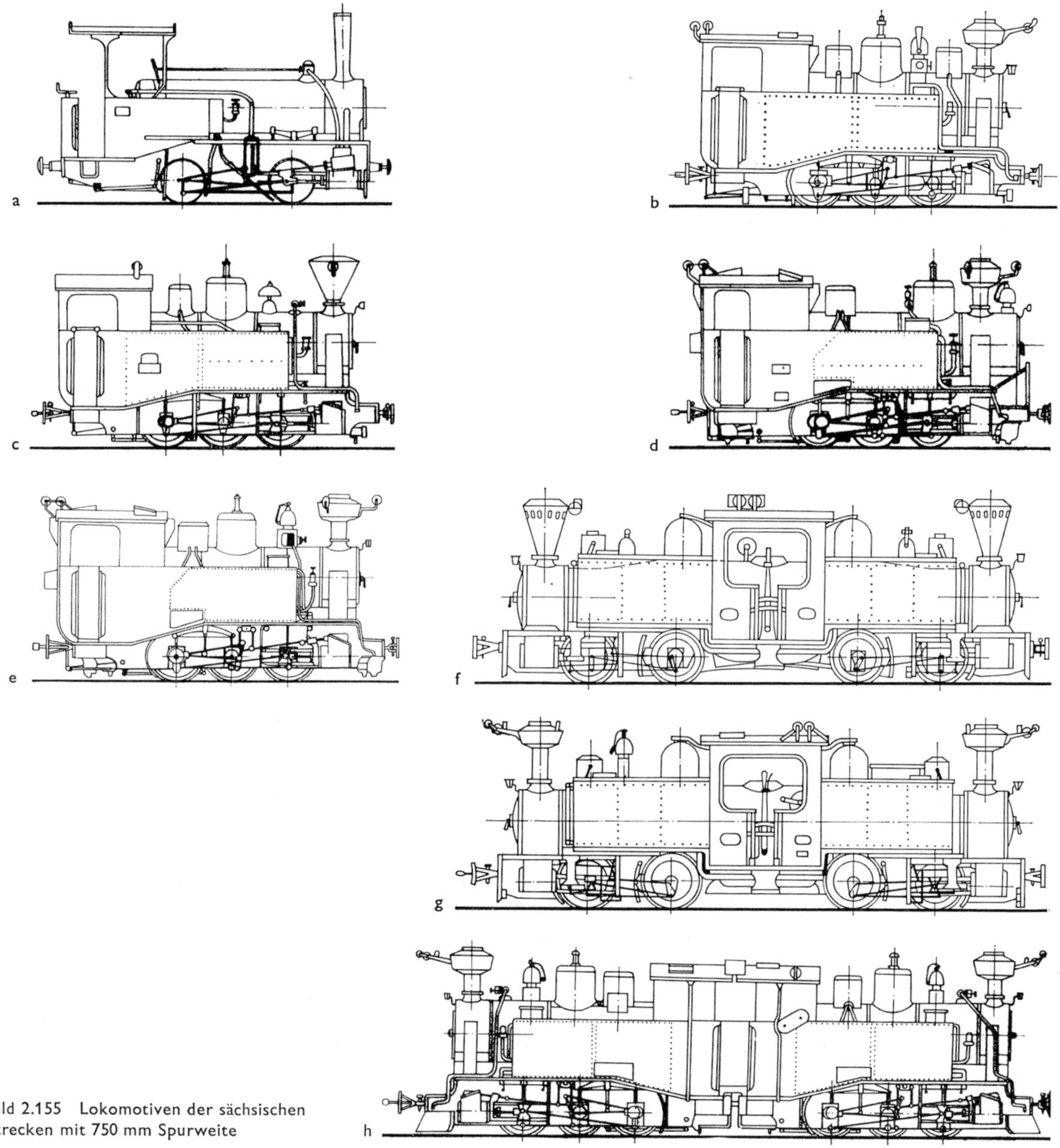

Bild 2.155 Lokomotiven der sächsischen Strecken mit 750 mm Spurweite

Tabelle 2.91
Technische Daten
der Dampflokomotiven

Gattung/Betriebsnummer		Nr. 5	I K	Ib K	II K (alt)	III K
Bild 2.155		a	b–d	e	f,g	i
Bauart	—	Bn2t	Cn2t	Cn2t	B'B'n4t	C1'n2
Höchstgeschwindigkeit	km/h	30	30	30	30	30
Zylinderdurchmesser	mm	200	240	240	216	324
Kolbenhub	mm	300	380	380	355	400
Steuerung	—	Aa	Aa	Aa	Ha	Klose
Kesseldruck	kp/cm²	12	12	12	10	10
Rostfläche	m²	0,34	0,66	0,66	1,16	0,9
Heizfläche Feuerbüchse	m²	1,98	3,11	3,11	5,96	3,82
gesamt	m²	24,08	29,72	29,72	57,74	46,26
Überhitzer	m²					
Wasservorrat	m³	1,50	1,50	1,42	2,86	2,00
Kohlevorrat	t	0,45	0,50	0,50	0,95	1,70
Treibraddurchmesser	mm	650	760	760	813	855
Laufraddurchmesser	mm	—	—	—	—	760
Achsstand gesamt	mm	1700	1800	1800	5690	5750
Länge über Puffer	mm	5530	5280–5740	5630	9200	8980
Lokbreite	mm				2140	1986
Lokhöhe über SO	mm		2985	2985	3000	3000
Lokmasse leer	t	8,05	11,90–13,25	12,85	22,30	19,70
betriebsfähig	t	10,80	15,45–16,80	16,32	28,90	25,60
Zugkraft	Mp	1,33	2,1	2,1	2,45	2,95
Leistung	PSi	95	120	120	235	195

¹) bei 99 679 bis 99 683: 8436
²) ab 99 551: 4,30

Ab 1962 wurden mehrere ehemalige IV K rekonstruiert. Sie erhielten neue Kessel, wobei der Dampfdom etwas höher ausfiel. Die alten großen Sicherheitsventile wichen den kleineren auf dem Dampfdom, der viereckige Sandkasten oberhalb des Kessels entfiel, und die Kesselspeiseventile wurden oben liegend angeordnet. Teilweise erhielten die Maschinen auch neue Rahmen (Bild 2.159). Ausschließlich für die Strecke Heidenau–Altenberg lieferte Hartmann neun Tenderlokomotiven, die von der K. Sächs. Sts. E. B. als Gattung V K (Bild 2.155 m) eingereiht wurden. Sie erhielten Hohlachsen nach System Klien-Lindner (siehe

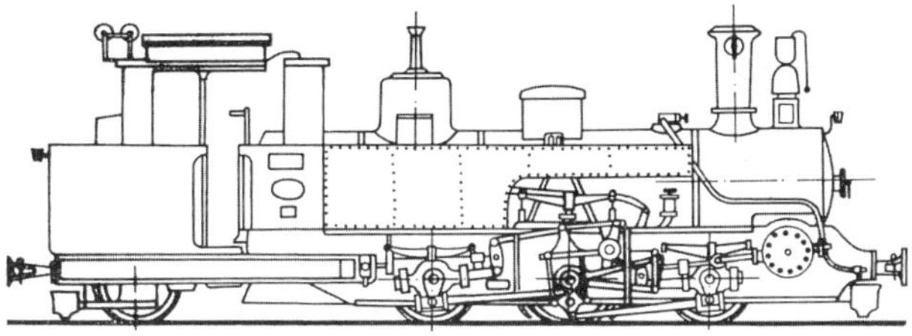
i

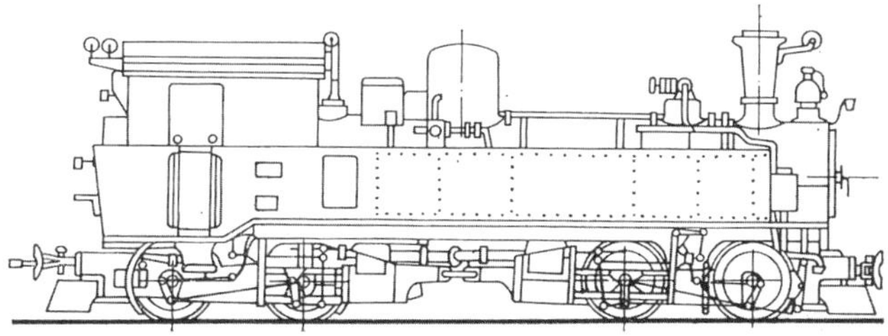
j

III K	IV K	VK	VI K	99 671	99 731	99 771	I M
	j-l	m	n	o,p	q	r	Bild 2.156 a,b
C1'n2t	B'B'n4vt	Dn2vt	Eh2t	Eh2t	1'E1'h2t	1'E1'h2t	B'B'n4vt
30	30	30	30	30	30	30	30
324	240/370—400	340/530	430	430	450	450	280/430
400	380	430	400	400	400	400	380
Klose	Ha	Ha	Ha	Ha	Ha	Ha	Ha
10	12—15	14	14	14	14	14	14
0,9	0,97	0,97	1,6	1,6	1,74	2,57	1,89
3,82	4,07	4,22	6,06	6,05	6,7	8,5	7,77
46,29	49,87	49,96	64,32	64,31	80,30	76,1	79,06
			24,50	24,50	29,0	27,0	
2,00	2,40	2,40	4,50	4,50	5,80	5,80	3,20
1,7	0,85/1,02	0,96	2,0	2,5	2,5	4,0	1,36
855	760	855	800	800	800	800	760
760	—	—	—	—	550	550	—
5750	6200	3900	3720	3720	7600	7600	7600
9000	9000	8950	8660	8990[1])	10540	11300	10480
1986	1980	2170	2400	2400			2900
3000	3150	3080	3550	3550	3550	3550	3750
20,40	21,70—22,40	22,80	30,40	32,50	43,0	44,0	33,1
26,30	26,80—28,60	28,80	40,40	42,15	56,70	58,00	41,80
2,95	3,70[2])	4,45	7,77	7,77	8,50	8,50	5,82
195	210	215	480	480	600	565	330

Abschnitt 1.5.1.) und Anfahrvorrichtung Lindner für das Verbundtriebwerk. Die neu gegründete DRG hat alle neun Maschinen übernommen (siehe Bild 2.203).

Die nächste Gattung war die Gattung VI K (Bild 2.155 n). Diese fünfachsigen Lokomotiven wurden 1919 von Henschel für die Heeresfeldbahn gebaut, dann aber von der Sächs. Sts. E. B. gekauft. Die VI K hatte einen leistungsfähigen Kessel, Achsanordnung nach Gölsdorf mit Seitenspiel der 1., 3. und 5. Achse, Hand-, Dampf- und Körtingbremse sowie eine Einrichtung zur Betätigung der Heberlein-Zugbremse. Mit dieser Gattung wurde der Heißdampf bei den sächsischen Schmalspurbahnen eingeführt. Wegen der höheren Achsmasse von 8 t war sie nicht auf allen Strecken einsetzbar, löste aber die IV K in Zittau und Hainsberg und die V K in Heidenau ab und wurde noch auf weiteren Strecken (Thum, Cranzahl, Wilsdruff) beheimatet.

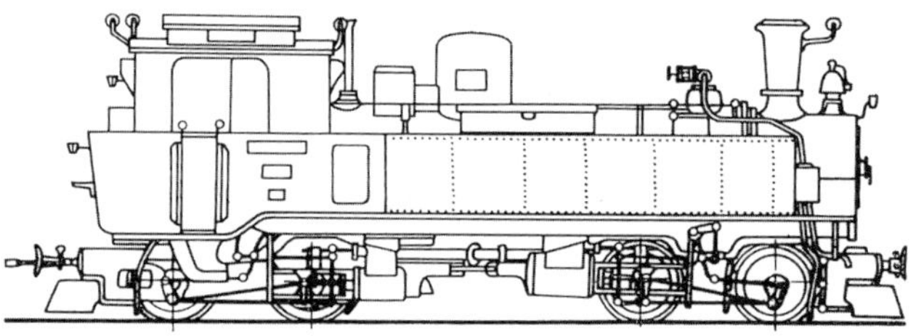

k

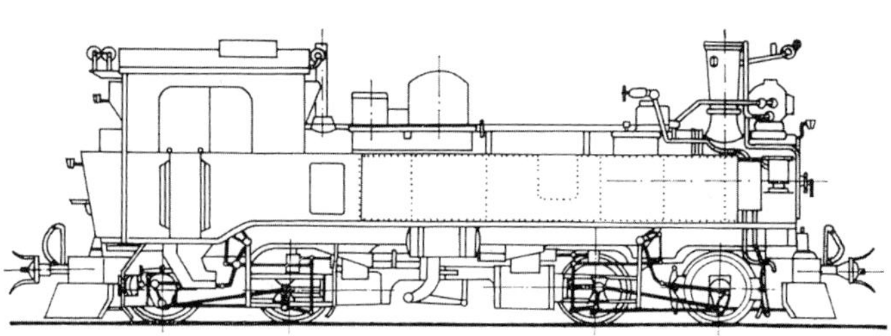

l

noch Bild 2.155 Lokomotiven der sächsischen Strecken mit 750 mm Spurweite

Die guten Erfahrungen bei den VI K veranlaßten die DRG 1923, weitere Maschinen als Baureihe 99^{67-71} (Bilder 2.155 o, 1.32) mit kleinen Veränderungen nachzubauen. Am auffälligsten unterschied sie sich zur ehemaligen VI K durch den abgeflachten Dampfdom. Die Achsmasse betrug nun 9 t.
Nach 1963 sind mehrere Lokomotiven rekonstruiert worden; sie erhielten neue Kessel, Führerhäuser und Vorratsbehälter in anderer Form. Statt der 4. wurde die 3. Achse als Treibachse ausgebildet (Bilder 2.155 p, 2.160).
Die letzten der Gattung VI K und Baureihe 99^{67-71} waren 1972 in Wilsdruff stationiert. Beide Gattungen sind ausgemustert. Die 99713 wurde wieder aufgearbeitet und steht für den Traditionsbetrieb in Radebeul Ost zur Verfügung.
Nach der Übernahme der Sächs. Sts. E. B. durch die DRG wurden erneut Forderungen erhoben, eine noch leistungsfähigere Lokomotive für die sächsischen Strecken zu entwickeln. Nach dem Vereinheitlichungsprogramm bauten Hartmann und Schwartzkopff 1'E1'h2-Tenderlokomotiven, die als Baureihe 99^{73-76} (Bilder 2.155 q, u, 2.208) eingereiht wurden. Diese Lokomotiven besitzen Speisewasserkolbenpumpen und einen Knorr-Abdampfvorwärmer (einige hatten anfangs Friedmann-Abdampf-Injektoren), doppelwandigen Schornstein zum Ableiten des Abdampfes von Lichtmaschine und Kolbenpumpe, Barrenrahmen, Bissel-Laufachsen, Saugluftbremse sowie eine Einrichtung zum Bedienen der Heberlein-Zugbremse und eine Druckluftbremse für die Maschine. Die Lokomotiven haben sich hervorragend bewährt. Ihr Einsatz wird gegenwärtig auf das Bw Zittau konzentriert.

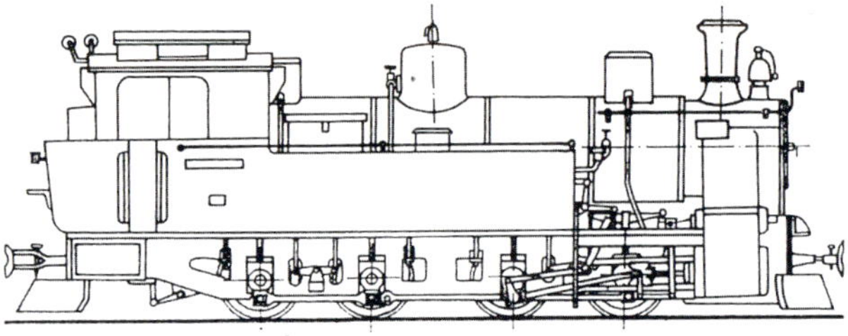

m

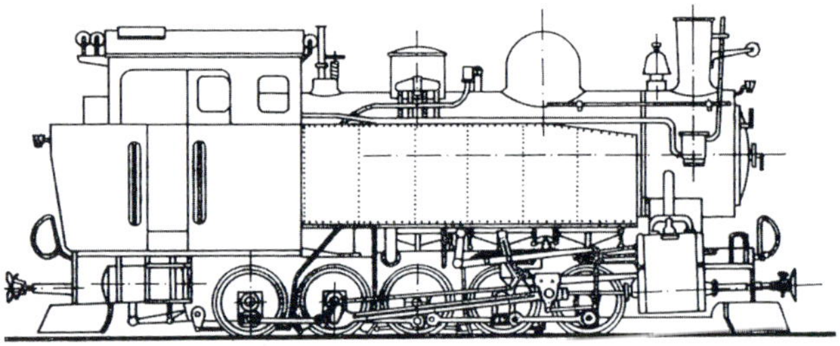

n

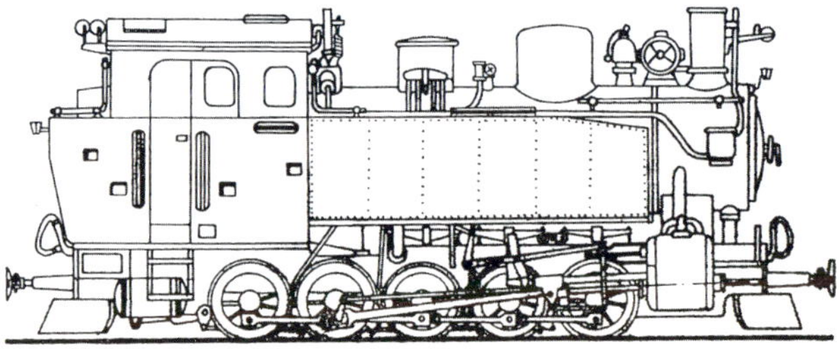

o

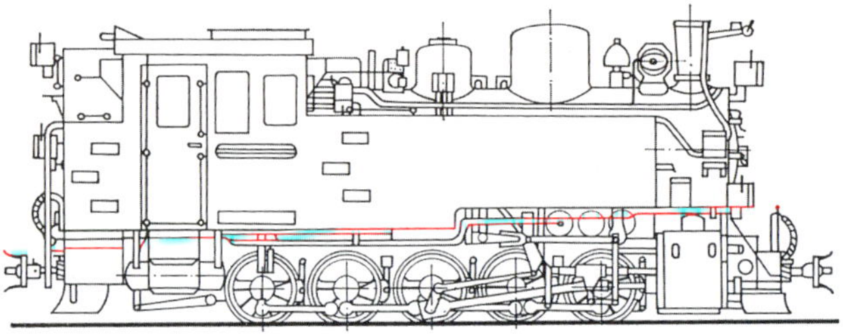

p

q

r

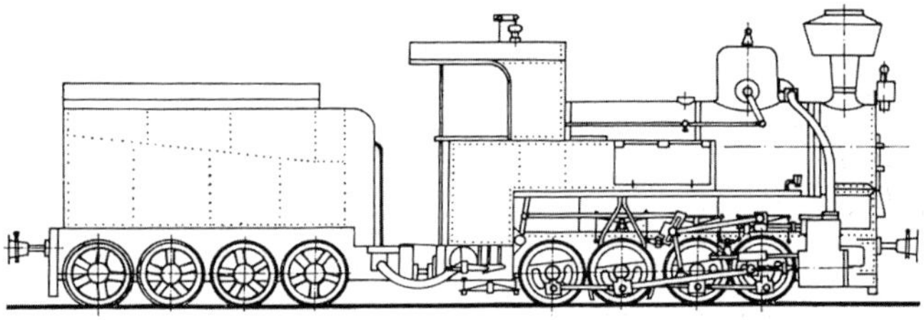

s

noch Bild 2.155 Lokomotiven der sächsischen Strecken mit 750 mm Spurweite

Da nach dem zweiten Weltkrieg weitere leistungsfähige Lokomotiven benötigt wurden, mußte eine neue Serie der außerordentlich gelungenen Einheitslokomotive in Auftrag gegeben werden. Diese sogenannte Neubaulokomotive, Baureihe 99^{77-79} (Bilder 2.155 r, 2.166), weist als technische Veränderungen den vollständig geschweißten Kessel, die für Braunkohlefeuerung geeignete größere Rostfläche, zwei saugende Dampfstrahlpumpen als Speiseeinrichtung und einen Blechrahmen auf. Diese Maschinen sind zwar hauptsächlich für die sächsischen Strecken gebaut worden, waren jedoch auch über die Grenzen Sachsens hinaus eingesetzt (Trusetal). Sie fahren heute u. a. nach Kipsdorf, Oberwiesenthal und Radeburg. [143, 165, 175]

Die Diesellokomotiven und -triebwagen wurden in den Abschnitten 1.5.2. und 1.5.3. beschrieben.

In ihren Hauptwerkstätten im damaligen Chemnitz stellte die K. Sächs. Sts. E. B. die ersten Wagen selbst her. Später sind mehrere Firmen, u. a. Görlitz, Bautzen, Werdau, zum Wagenbau herangezogen worden. Für die sächsischen Strecken ist trotz des großen Netzes nur eine geringe Anzahl von Wagengattungen beschafft worden, so daß die Instandhaltung nicht durch eine Typenvielfalt erschwert wurde. Grundsätzlich haben die Personenwagen bis heute zwei Plattformen, über die die Abteile zugänglich sind. Die Plattformen sind durch klappbare Stangengitter abgeschlossen. Die Schaffner hatten mittels der Seitenauftritte die Möglichkeit, den Wagen während der Fahrt zu wechseln; in der DDR ist das durch Arbeitsschutzanordnung verboten.

Doppelwagen (Bild 2.162b) bildete die K. Sächs. Sts. E. B. aus der ersten fünffenstrigen Bauart (28 Wa-

gen), indem unter Verzicht auf zwei Plattformen zwei Wagen durch Drehbolzen miteinander verbunden wurden.
Weitere Personenwagen ausschließlich mit Drehgestellen sind 1906 in Dienst gestellt worden. Zunächst besaßen die neuen vierachsigen Wagen Übergänge von Plattform zu Plattform, die aber später geschlossen wurden. Die letzte Entwicklung begann 1929 (Bild 2.162 p). Diese Einheitswagen waren grundsätzlich als C4- oder B4-Wagen bei gleichen Außenmaßen hergestellt. Sie unterschieden sich nur durch die Anzahl der Fenster (C4: 7 große Fenster, B4: 6 große Fenster). Charakteristisch für den sächsischen Schmalspurpersonenzug sind mehrere Traglastenwagen (Bild 2.162 m). Während einfache Bänke über die Hälfte des Wagens zu Abteilen aufgestellt sind, ist das Traglastenabteil mit der Toilettenkabine und zwei Längsbänken ausgestattet. Durch das große Platzangebot für Traglasten sind diese Schmalspurzüge unter anderem für die Beförderung von Wintersportgerät sehr beliebt.
Um 1930 erhielten einige Personenzüge Aussichtswagen (Bild 2.162 n). Sie wurden auf den Strecken von Hainsberg, Meißen-Triebischtal, Grünstädtel und Zittau eingesetzt. Die Farbgebung war rot oder grün; die Umbauung wurde bis auf die untere Wagenwand entfernt. Solche Wagen erfreuten sich außerordentlicher Beliebtheit. Nach 1945 unterblieb ihr regelmäßiger Einsatz, da wegen der Braunkohlefeuerung die Reisenden durch Funkenflug belästigt wurden. Bei den Traditionszügen auf der Strecke Radebeul—Radeburg ist ein solcher Wagen wieder eingesetzt (Bild 2.163).
Die ersten Wagen hatten in der Mehrzahl Oberlichtaufbau und her-

Bild 2.156 Lokomotiven der sächsischen Strecken mit 1000 mm Spurweite

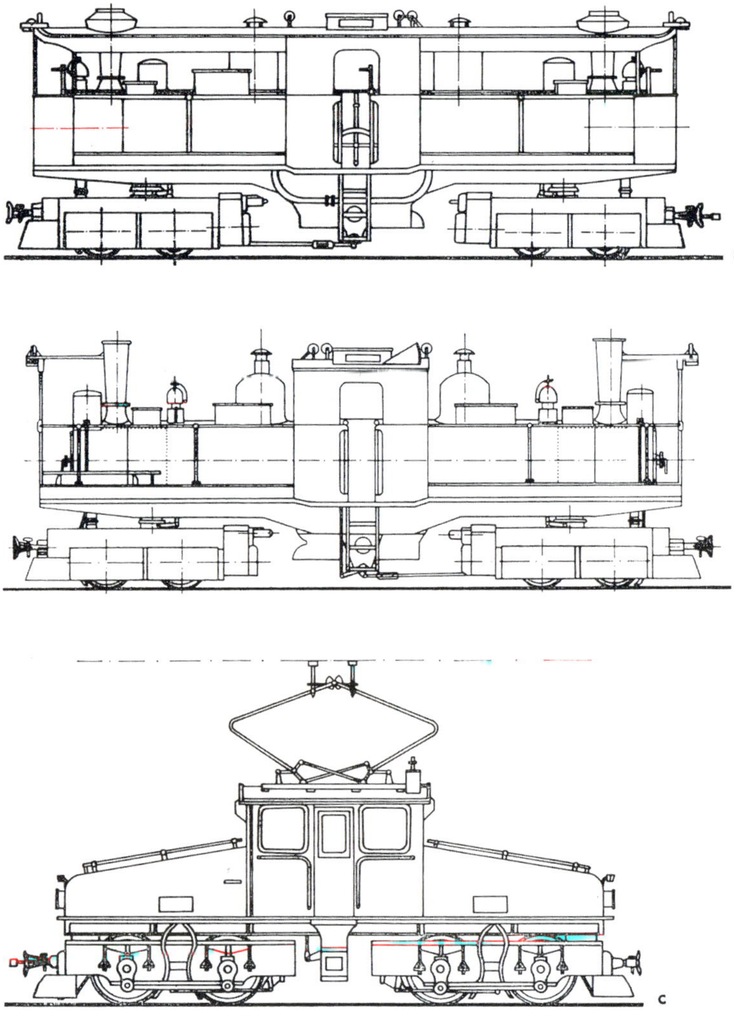
a
b
c

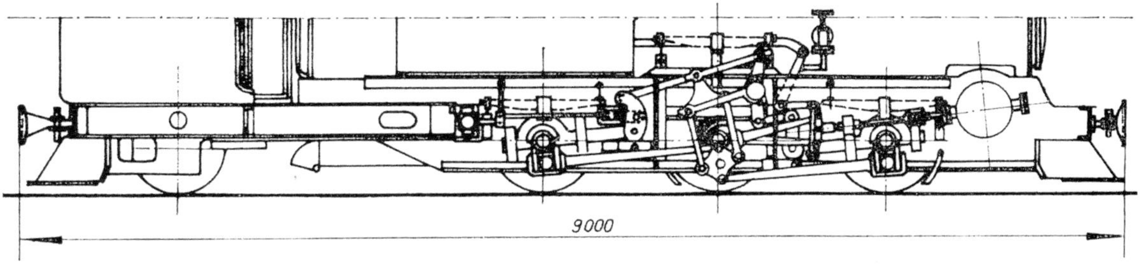

Bild 2.157 Antrieb der Gattung III K

Bild 2.158 Lok 99 600 der ehemaligen Gattung IV K (1971) *Foto: Preuß*

ablaßbare Fenster. Anfangs besaßen die damaligen 2.-Klasse-Wagen längs der Seitenwand angeordnete Sitze und als Komfort lose Roßhaarkissen. Später wurden die Sitze quer zur Seitenwand gebaut. Die Petroleumbeleuchtung konnte anfangs durch Gas-, später bei 70 Prozent aller Wagen durch elektrische Zugbeleuchtung ersetzt werden.

1923/24 begann auf den meisten Strecken die Umstellung von Heberlein- auf Körting-Bremse. Im Mügelner Netz wird jedoch bis zu-

Bild 2.159 Rekonstruierte Lokomotive der ehemaligen Gattung IV K
Foto: Wünschmann

letzt mit der Heberleinbremse gefahren.
Anfangs genügte die Trichterkupplung, die zugleich als Puffer benutzt wurde. Der kurze Trichter mußte aus Gründen der Einheitlichkeit bergan stehen. Nach 1930 wurde die Scharfenbergkupplung an Personenwagen, zu der jedoch Brems-, Licht- und Heizkupplungen besonders zu verbinden sind, eingeführt. Dafür war 1930 ein Versuchszug auf der Strecke Hainsberg—Kipsdorf eingesetzt worden.
Im wesentlichen verdrängte die Niederdruckumlaufheizung (Nuhz) die Kohleöfen in den Wagen. Nur dort, wo Personenwagen in gemischten Zügen hinter Güterwagen laufen müssen, ist der Kohleofen zusätzlich noch notwendig.
Bei den neuen 3.-Klasse-Wagen (Bild 2.162 l) konnte die Sitzplatzzahl je Abteil durch Hochklappen eines Notsitzes am Gang auf acht Plätze erhöht werden. Die Innenausstattung ist bei fast allen Wagen durch Hartpolsterung verbessert worden.
Etwa vom Jahre 1950 an wurden die holzbeplankten Wagen (Bild 2.162 k) mit Blech verkleidet.
Im Jahre 1895 waren auf Staatsbahnstrecken 255 Personenwagen im Einsatz, zwischen 1906 und 1924 wurden etwa 250 Personenwagen gebaut. 1939 hatte die DRG in Sachsen 578 Personen-, 128 Gepäck- (Zugführer-), 1625 Güter- und 963 Rollwagen sowie 37 Paar Rollböcke. Der Bestand an Reisezugwagen im Jahre 1966 wird in Tabelle 2.94 dargestellt.
Die Zugführerwagen (oder Gepäck-/Dienstwagen) waren mit einem Fahrkartenschrank, einer Federwaage für das Gepäck und einem Schreibpult ausgestattet. Heute gibt

Bild 2.160 Zwei rekonstruierte Lokomotiven der ehemaligen Gattung VI K (99 1648 rechts, 99 1653) vor einem Zug im Bahnhof Mohorn (1971) *Foto: Preuß*

Bild 2.161 Zunächst als Tp Nr. 001 wurde diese Lokomotive 1947 für Versuchsfahrten nach Kipsdorf eingesetzt
Foto: Rbd Dresden

es zwei Typen (Bilder 2.162 j, q). Sie werden zur Gepäckbeförderung und bei Güterzügen zur Mitfahrt des Zugpersonals und Mitnahme der Kuppelbäume benutzt. Für das Personal ist an einem Wagenende ein beheizbares Abteil eingebaut. Die Toilette befindet sich am anderen Ende des Wagens.

Die ersten Güterwagen waren zweiachsig. Während es bei den gedeckten und bei den Schemelwagen zunächst nur einen Typ gab, sind die offenen durch Bordwandhöhe und Lage der Tür variiert worden. Kesselwagen (Bild 2.201) waren nicht

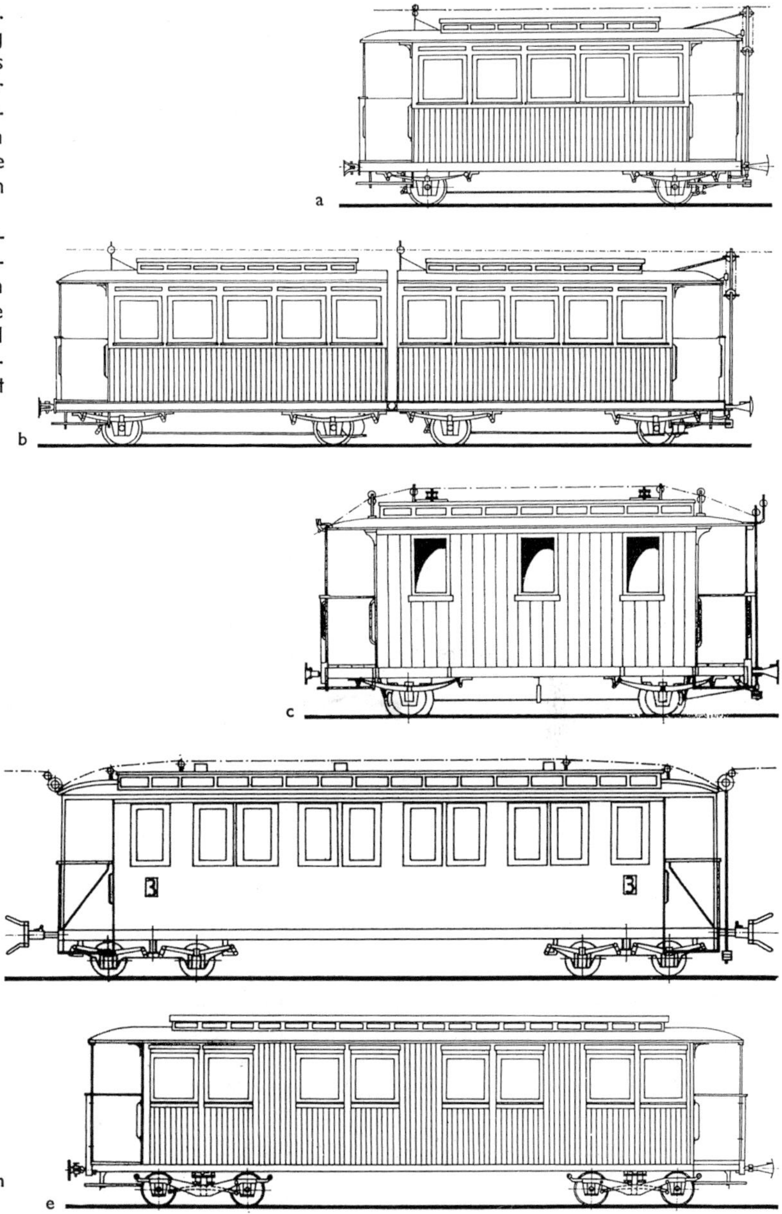

Bild 2.162 Personen- und Gepäckwagen der sächsischen Strecken

Tabelle 2.92 Technische Daten der sächsischen Personen- und Gepäckwagen

Gattung		B	BC	B[1])	BC	BC	BC	C	BC
Bild 2.162		a	a	a	b	—	—	c	e
Hersteller	—	EW	EW	EW	EW	EW	EW	EW	EW
Baujahr	—	1888	1884	1886	1881	1881	1881	1890	1883
Anzahl	Stck	1	62	1		4	12	9	
Länge über Puffer	mm	6520	6520	6520	10670	10850	11030	7110	10620
Wagenkastenlänge	mm	4060	4060	4060	2×4200	2×4200	2×4200	4650	8160
Wagenkastenbreite	mm	1620	1620	1620	1620	1620	1620	1884	1620
Achsstand/Drehzapfenabstand	mm	3800	3800	3800	3300	3300	3300	3800	6500
Drehgestellachsstand	mm	—	—	—	—	—	—	—	1300
Sitzplätze 2. Klasse	—	14	6	6	12	6	—	6	6
3. Klasse	—	—	10	—	20	26	32	12	28
4. Klasse	—	—	—	—	—	—	—	—	—

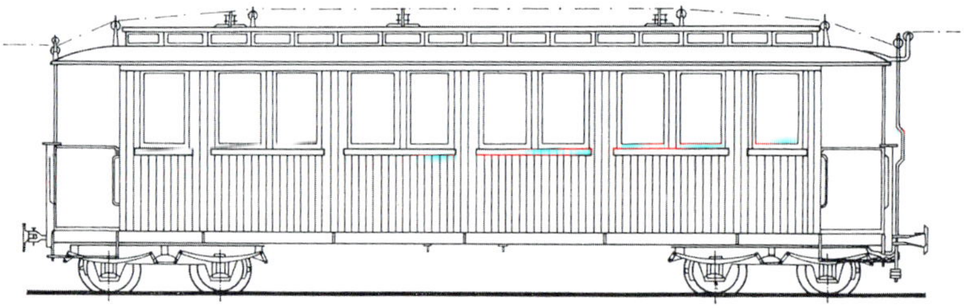

f

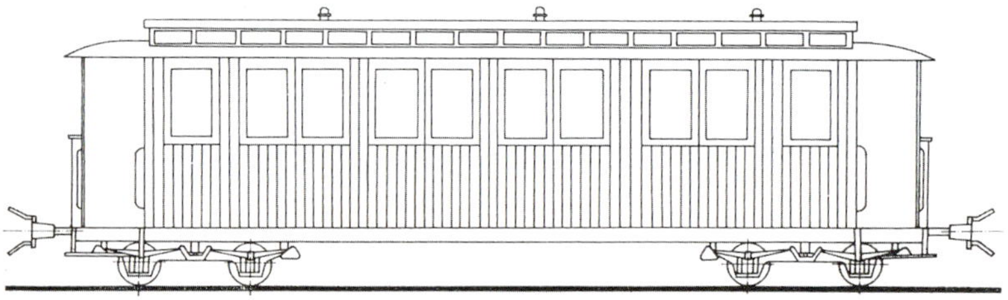

g

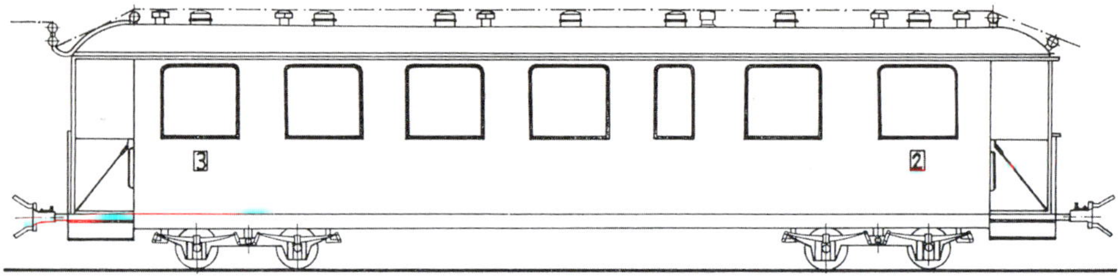

h

noch Bild 2.162 Personen- und Gepäckwagen der sächsischen Strecken

BC	BC	C²)	C²)	B	C	C²)	BC	BC	C	Pw	BC
e	e	d	f	—	g	—	—	h	—	i,j	l,k
EW	EW	EW	EW	EW	EW	EW	EW	Busch	Busch	EW u. a.	
1885	1891	1891	1892	1890	1898	1899		1907	1907	1910	1928
1	13		7	15	70			66	91	70	2
10620	10620	10840	10620	7110	10820	10820	13710	13360—13580	13360	11800	13360
8160	8160	8400	8160	4650	8400	8400	12880	11040	10800	9500	11040
1620	1884	1990	1884	1884	2166	2166	2260	2206	2220	2200	2206
8400	8400	8400	7100	3800	7100	7100	9400	8100	8100	6700	8100
1300	1300	1300	1300	—	1300	1300	1300	1300	1300	1300	1300
20	9	—	—	18	—	—	11	11	—	—	11
8	21	21	30	—	29	25	30	23	34	—	34
—	—	—	—	—	—	—	—	—	—	—	—

¹) mit Postabteil ²) Traglasten

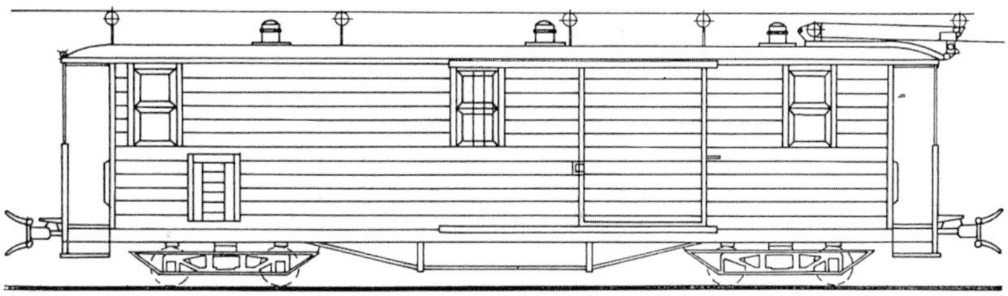
i

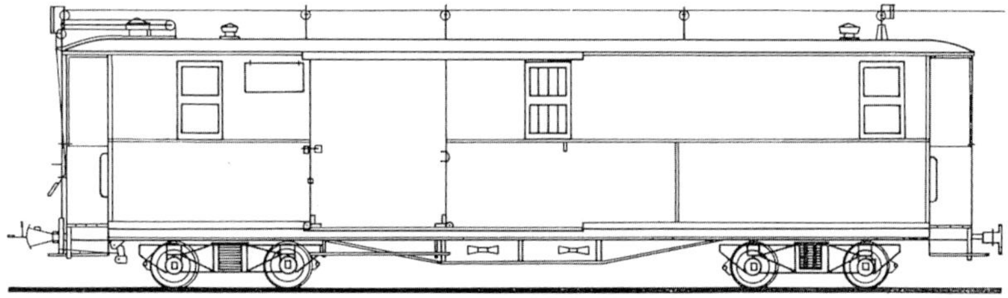
j

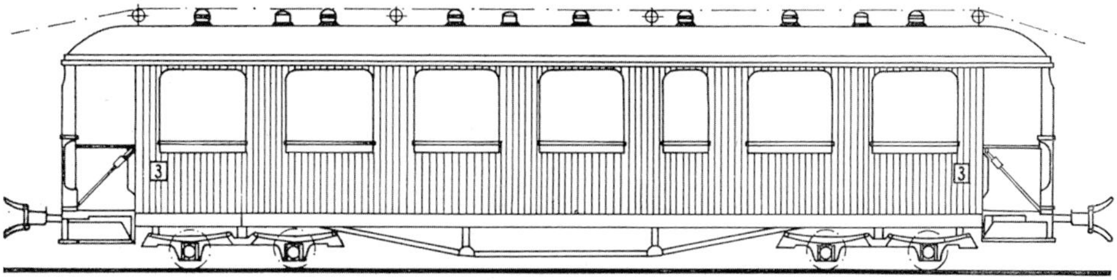
k

noch Tabelle 2.92 Technische Daten der sächsischen Personen- und Gepäckwagen

Gattung		C	C	C	C	C	B	C[2]	D[2]
Bild 2.162		—	—	—	—	—	p	m	m
Hersteller	—		EW			EW			versch.
Baujahr	—		1881	1884	1890	1888	1930		1913
Anzahl	Stck		19			2			230
Länge über Puffer	mm	10600	6520	6520	7110	7020	14460	12260	12580
Wagenkastenlänge	mm	8280	4060	4060	4650	4560	13560	9940	1000
Wagenkastenbreite	mm	2166	1610	1620	1884	1750	2266	2060	2400
Achsstand/Drehzapfenabstand	mm	8400	3800	3800	3800	3800	10300	7500	7500
Drehgestellachsstand	mm	1300	—	—	—	—	1300	1300	1300
Sitzplätze 2. Klasse	—	—	—	—	—	—	35	—	—
3. Klasse	—	26	16	18	16	24	—	25	—
4. Klasse	—	—	—	—	—	—	—	—	50

[2]) Traglasten [3]) Meterspur

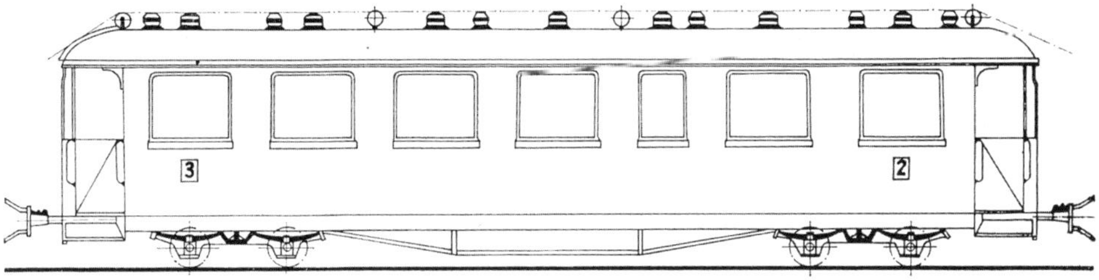

l

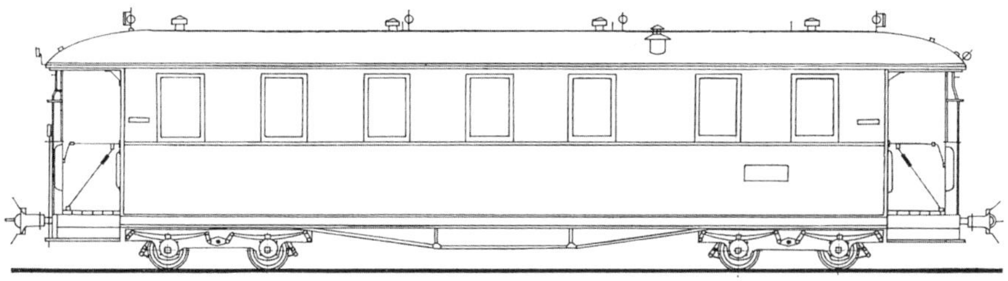

m

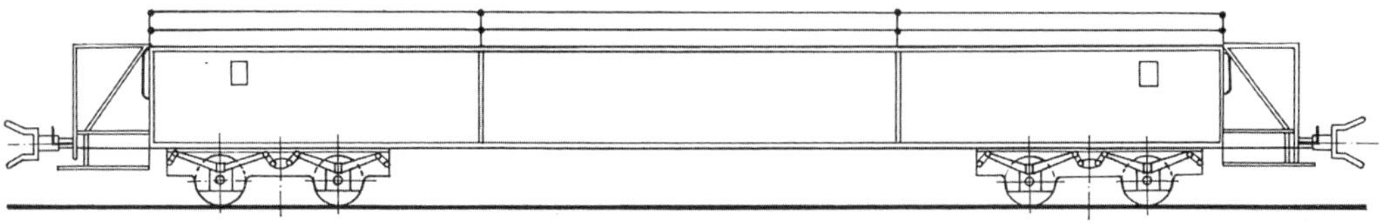

n

C	Pw	Pw	C[3])
—	q	—	o
Busch	Busch	EW	
1930	1930	1883	1903
34	24	30	
14460	13520	6480	10420
13560	12620	5836	7860
2266	2453	1690	2500
10300	8500	3800	5800
1300	1300	—	1000
—	—	—	—
51	—	—	?
—	—	—	—

Bild 2.163 Aussichtswagen auf der Strecke Radebeul—Radeburg (1976)
Foto: Preuß

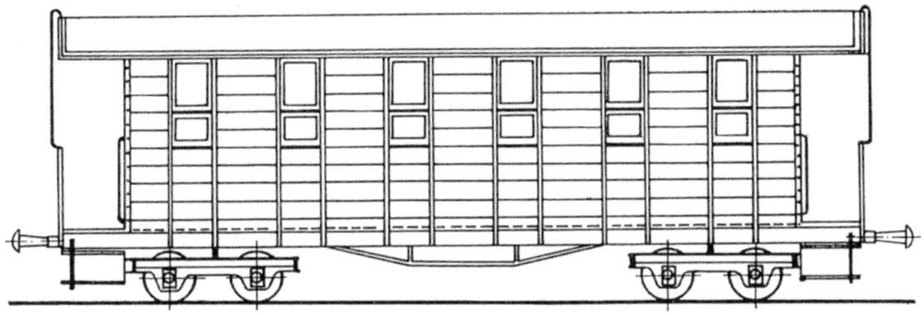

o

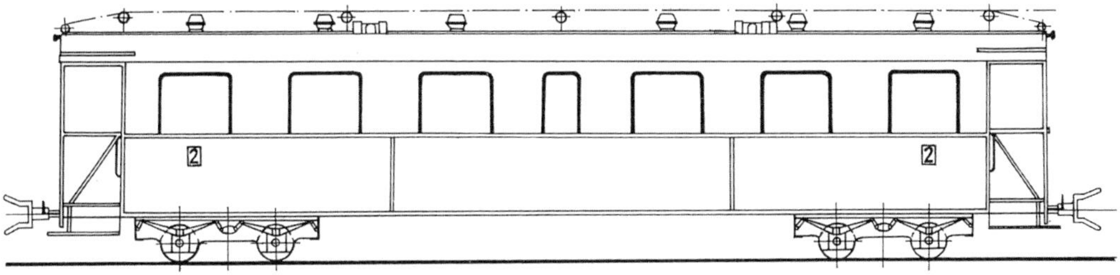

p

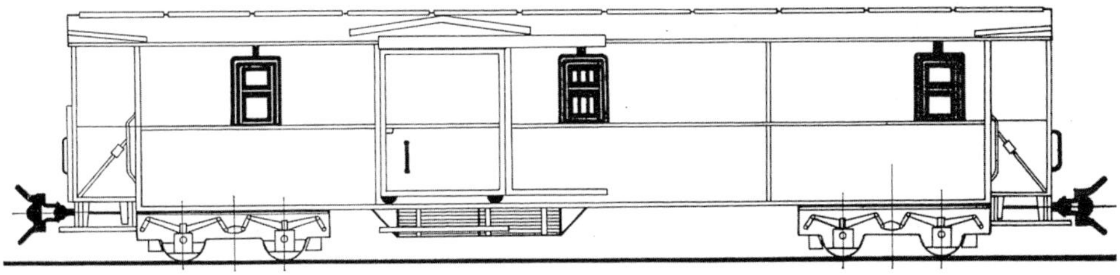

q

noch Bild 2.162 Personen- und Gepäckwagen der sächsischen Strecken

Tabelle 2.93 Technische Daten der sächsischen Güter-, Spezial- und Postwagen

Bezeichnung		Umsetz-kasten	Umsetz-kasten	KKw	Ow	Hw[1])	Hw	Ow	Ow	OOw[2])
Bild 2.164		b	c	f	—	—	—	—	—	—
Hersteller	—	EW	EW	Wei	EW	EW	EW	EW	EW	
Baujahr	—	1884	1884	1930	1882	1890	1884	1881	1884	1884
Anzahl	Stck	1	1	20	350	62	8	210	70	
Länge über Puffer	mm	9680	9680	8482	6480	4780	2980	4780	4180	6480
Wagenkastenlänge	mm	8920	8920	7569	5750	4050	2300	4040	3440	5740
Wagenkastenbreite	mm	2360	2330	1827	1610	1640	1050	1640	1640	1610
Achsstand/Drehzapfenabstand	mm	6700	6700	6000	3800	2700	1200			?
Drehgestellachsstand	mm	1200	1200	1300	—	—	—	—	—	—
Sitzplätze 2. Klasse	—	—	—	—	—	—	—	—	—	—
3. Klasse	—	—	—	—	—	—	—	—	—	—
4. Klasse	—	—	—	—	—	—	—	—	—	—
Tragfähigkeit	Mp	10,5	10,5	10,5	5,5	5.25	5,5	5,5	5,5	5,5
Ladefläche	m²	21,0	20,7		9,3	6,6	—	6,6	5,6	9,2
Laderaum	m³	40,41	39,78		6,94	6,97	—	6,96	7,61	13,86

[1]) aufbordfähig [2]) für Vieh geeignet [3]) Privatwagen [4]) auch als Gepäckwagen verwendet

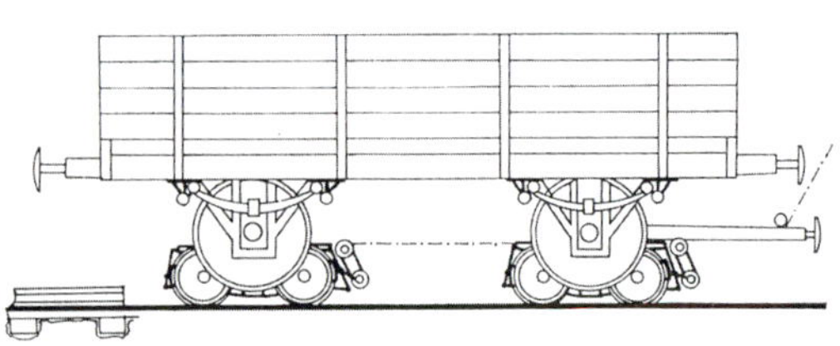

a

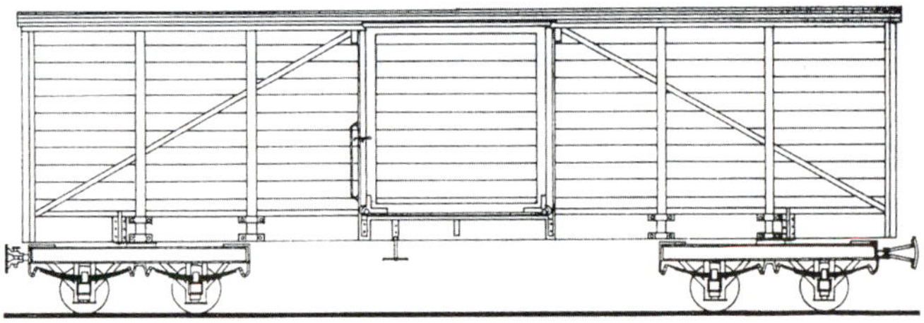

b

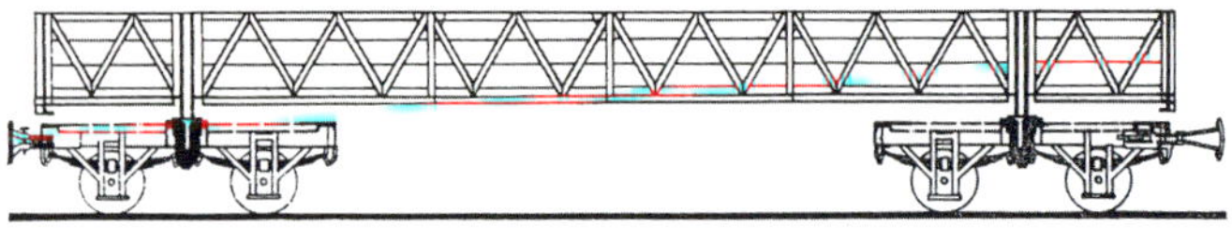

c

Ow	Zw	Zw³)	Gw⁴)	Gw⁵)	Profil-meßwagen	GGw	GGw	OOw	OO	Post	HH⁶)	ZZ
g	—	—	e	e	h	—	k	—	—	l	i	m
EW	Görl											
1894	1881	1882	1883	1881	1897					1908		1932
115	2		175	4	1							2
4980	4780	4980	6480	4780	6500	10235	10950	10236	10220	10630	8750	9900[7])
4240	4100	4300	5800	4050	2780	9505	9500	9480	9480		8000—8060	7550[8])
1850	1840	1840	1655	1655	2000	1892	1870	1850	1850		1850	1840[8])
2100	?	2700			3800	8000	8300	8000	8000	6800	6500	5800
—	—	—	—	—	—	1300	1300	1300	1300	1300	1300	1300
—	—	—	—	—	—	—	—	—	—	—	—	—
—	—	—	—	—	—	—	—	—	—	—	—	—
—	—	—	—	—	—	—	—	—	—	—	—	—
5,5	5,5	5,5	5,5	5,5	—	10,5	10,5	10,5	15,75		15,75	
7,8	—	—	9,0	6,4	—							
7,06	—	—	15,74	11,17								

⁵) auch als Gepäck- und Postwagen verwendet ⁶) mit 4 Aufsatzborden ⁷) etwa ⁸) Kesselmaße

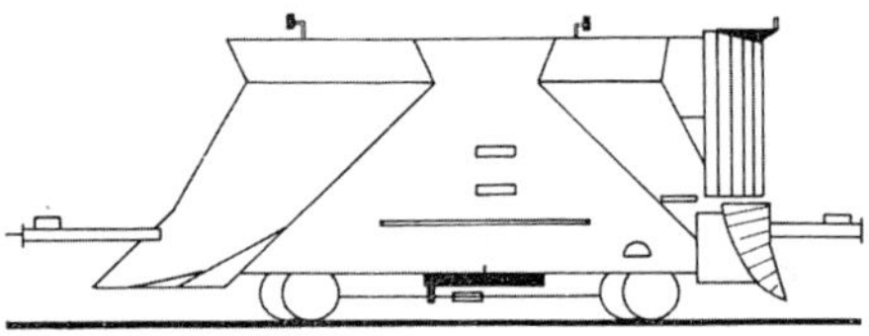

d

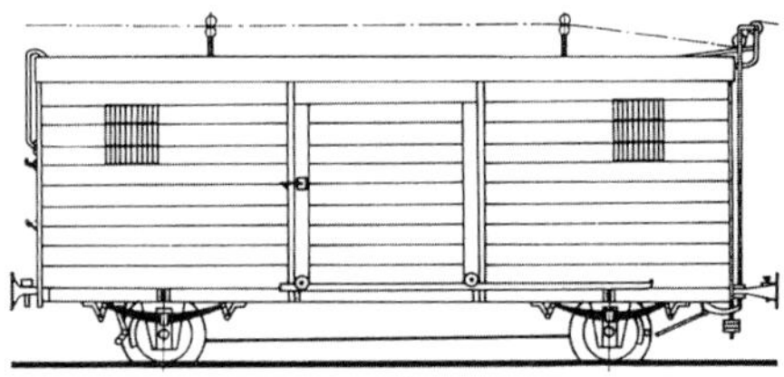

e

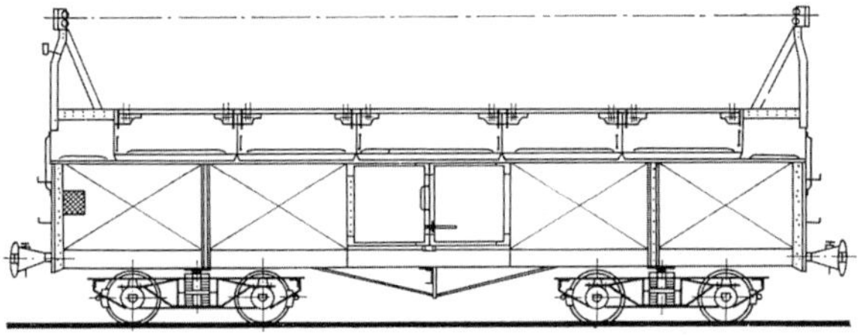

g

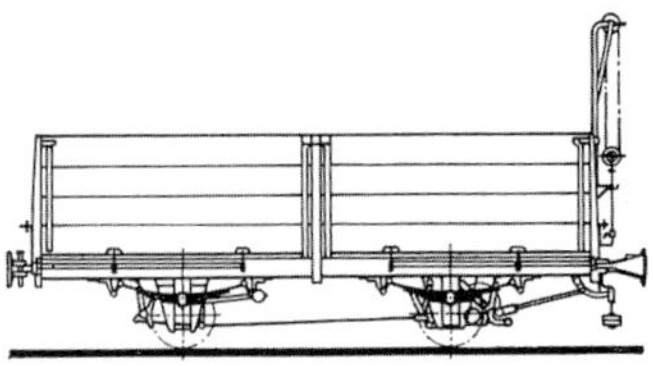

Bild 2.164
Güterwagen
der sächsichen
Strecken

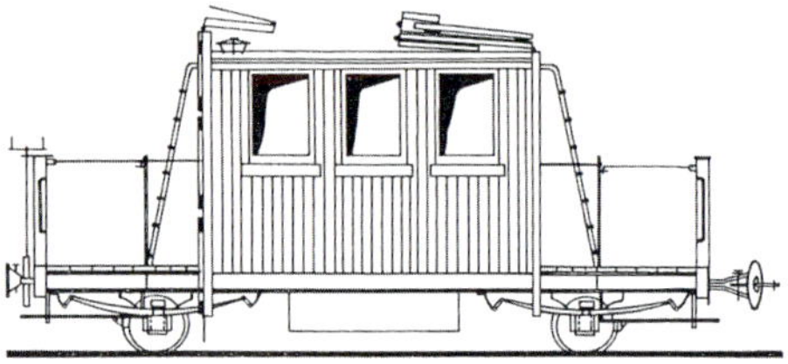
h

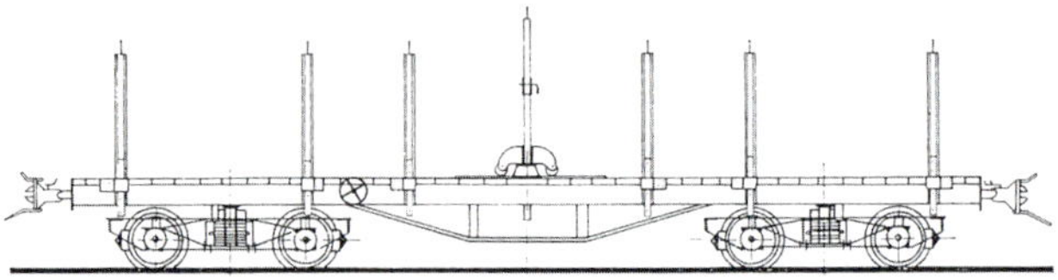
i

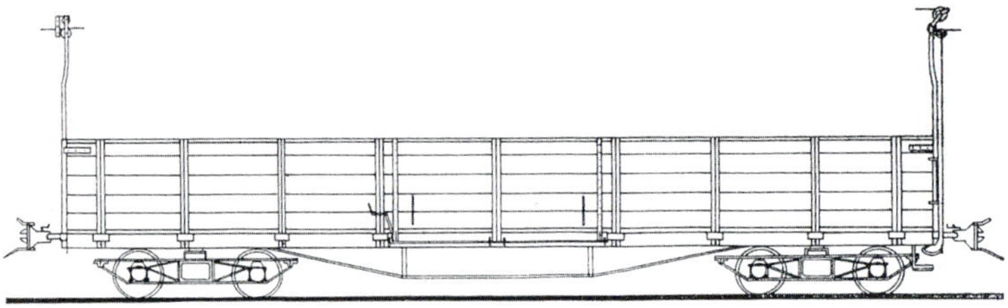
j

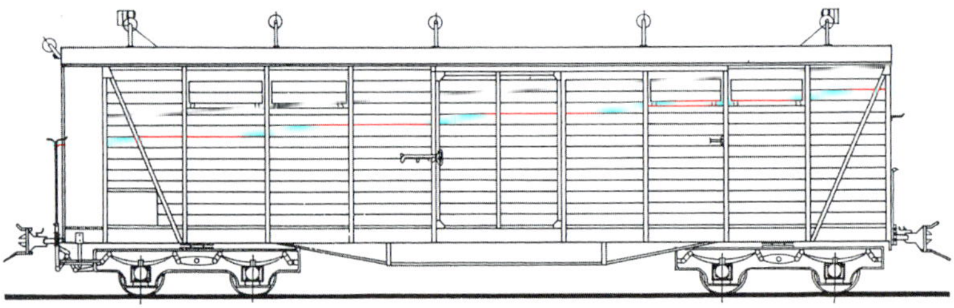
k

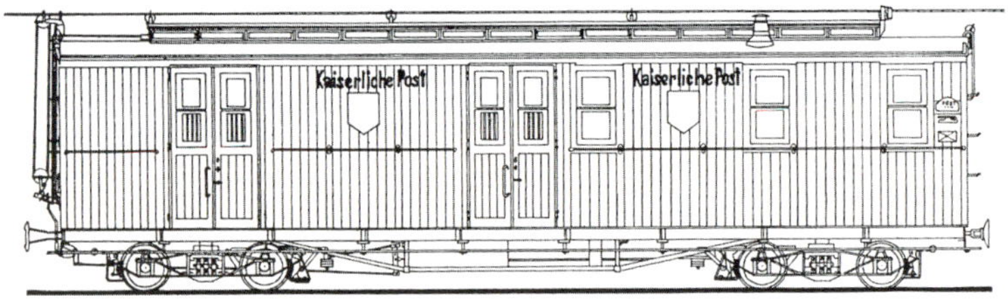

l

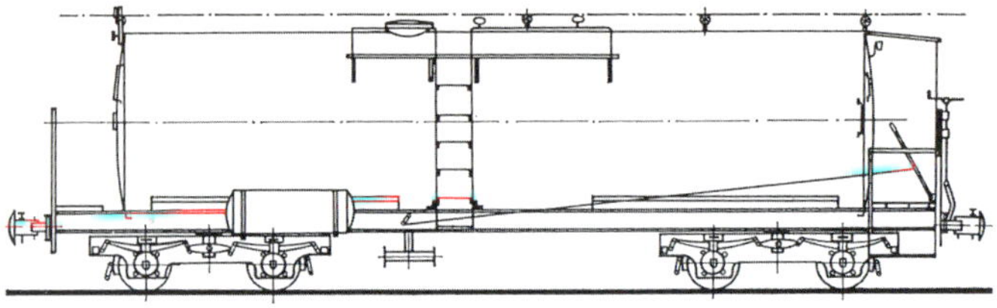
m

noch Bild 2.164 Güterwagen der sächsischen Strecken

Eigentum der K. Sächs. Sts. E. B. Sie wurden auf den Strecken von Klotzsche und von Radebeul eingesetzt.
Auch mit der Verwendung der Drehgestelle bei den neuen Güterwagen blieb die Einheitlichkeit innerhalb der Wagengattungen gewahrt. Als neue Gattung kamen die Klappdeckelwagen hinzu. Die Postwagen entsprachen im Aussehen nahezu den gedeckten Wagen und trugen neben dem Postwagen die Anschrift Kaiserliche Post.
Spezialwagen wurden in Sachsen nur wenige in Dienst gestellt. Der Profilmeßwagen war im Wilsdruffer Netz eingesetzt. Für die Unkrautbekämpfung wurden 1932 zwei vierachsige Kesselwagen gebaut, von denen einer in Oschatz beheimatet war. Verschiedene Schneepflüge standen auf mehreren Strecken.
Die schmalspurigen Güterwagen verloren durch den Rollfahrzeugverkehr überall dort an Bedeutung, wo der Binnenverkehr innerhalb der Schmalspurbahn rückläufig war. Im Stückgutverkehr konnte auf die Wagen verzichtet werden, als sich nach 1950 der Stückgutverkehr über die Straße von Haus zu Haus entwickelte.
Schon zeitig befaßte sich die K. Sächs. Sts. E. B. damit, bei der Beförderung der Güter den Umladebetrieb zu vermeiden. Auf der Strecke Klotzsche—Königsbrück zwang die Beförderung zerbrechlicher Töpfereiwaren zu einer neuen Lösung; zunächst wurden vor 1895 ein gedeckter und ein offener Wagen eingesetzt (Bild 2.164b, c), deren Wagenkästen sich abheben ließen. Dieses Verfahren befriedigte nicht, weil es zu Leerläufen der Tragwagen kam. Ab 1885 war der Langbeinsche Rollblock (Bild 2.164a) eingeführt, der sich zunächst durchsetzte. Damit war es auf den meisten sächsischen Schmalspurstrecken möglich, nahezu alle regelspurigen Güterwagen zu befördern, ohne die Güter umladen zu müssen. Nur dort, wo der Regellichtraum nicht vergrößert werden konnte, mußte der Umladebetrieb beibehalten werden.
Diese Beförderungsvorteile wurden mit Folgeinvestitionen erkauft, indem nunmehr die Schmalspurzüge eine größere Zugmasse bekamen, die Meterlasten höher wurden, Oberbau und Brücken zu verstärken waren. Die Forderung nach stärkeren Lokomotiven hat hier ihre Ursache. Der Charakter der Schmalspurbahn wandelte sich. Ihre ursprüngliche Aufgabe, mit einfachen Betriebsmitteln billige Verbindungen herzustellen, stand nicht mehr so sehr im Vordergrund.
1901 beschaffte die K. Sächs. Sts. E. B. von der Görlitzer Waggonfabrik zwei sechsachsige Rollwagen, die probeweise in Hetzdorf und Mügeln (dem späteren Heidenau) eingesetzt wurden. Sie hatten eine Bühnenlänge von 11,0 m und eine Tragfähigkeit von 36 t. Ab 1906 waren weitere vier- und sechsachsige Rollwagen von verschiedenen Firmen mit einer Bühnenlänge von 5,50 m bzw. 7,80 m und einer Tragfähigkeit von 28 t im Einsatz. Insgesamt waren in Sachsen bis 1921 etwa 30 vierachsige und bis 1923 etwa 200 sechsachsige Rollwagen auf die Strecken verteilt.
Mit dem Rollwagen konnte auf den

Tabelle 2.94
Bestand an Personen- und Gepäckwagen 1966 auf den sächsischen Strecken

Baujahr	KB ex KC4 Gattungsnummer 970	KBtr ex KC4 tr Gattungsnummer 970	KD ex KPw 4 Gattungsnummer 974
1899	5		
1900	6		
1901	1		
1907	7		
1908	7		
1909	6		
1910	15		6
1912	14	6	10
1913	27	31	
1914		18	11
1915		2	
1920	5	2	2
1922	36	42	22
1924		3	
1925		21	
1926		49	
1927		2	
1928		13	
1929	14	3	
1930	24		4
1932	10		2

Strecken mit 750-mm-Spur schrittweise der Rollbockbetrieb abgelöst werden. Damit wurde ein wesentlicher Teil des Güterverkehrs auf den sächsischen Schmalspurstrecken bewältigt. [141, 142, 143, 148, 165, 169, 175, 180]

2.7.1. Radebeul Ost—Radeburg (750 mm)

Die Schmalspurstrecke beginnt an dem Bündel von Hauptstrecken, die von Dresden nach Berlin, Leipzig, Falkenberg, Cottbus und Döbeln führen.

1881 wurde erstmals der königlich-sächsischen Staatsregierung ein Plan über den Bau der Schmalspurbahn vorgelegt. Die Bahn sollte für den Transport von Braunkohle, Schamottesteinen, Dünger, Sand, Hohlglas, Getreide und Mühlenerzeugnisse eingerichtet werden. Gleichzeitig setzte man auch große Erwartungen in den Ausflugsverkehr nach dem Schloß Moritzburg.

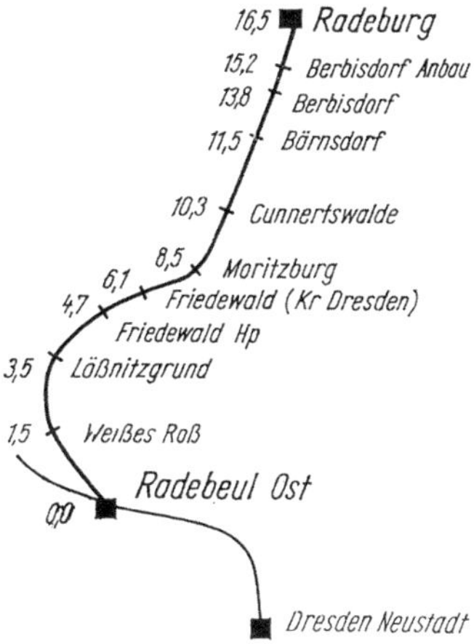

Am 16. September 1884 wurde die Strecke von Radebeul bis Radeburg eröffnet, nachdem am 13. August die ersten Baulokomotiven „ELLA" und „ADOLF" Radeburg erreicht hatten.

Personen- und Güterverkehr entwickelten sich lebhaft. 1901 wurde eine 2,5 km lange Anschlußbahn zu dem über dem Bahnhof liegenden Schamottewerk Radeburg eingerichtet. Für diese Fabriken hat der Güterverkehr noch heute Bedeutung. 1924 ist hier der Rollwagenverkehr eingeführt worden. Die damit notwendige Verstärkung von Brücken und Oberbau ließ zu, daß die Lokomotiven der Gattung VI K auch hier eingesetzt werden konnten.

Ab 1914 wurde die Streckenverlängerung nach dem Bahnhof Böhla als Verbindung zur Hauptbahn Dresden—Berlin erwogen. Erste Baumaßnahmen setzten 1927 ein.

Bild 2.165
Zug im Lößnitzgrund
im Haltepunkt Friedewald
(1936)
Foto:
Deutsche Fotothek Dresden/ Möbius

Gleise lagen bis zum neuen Bahnhof Radeburg Süd. Die Arbeiten sind aber wieder unterbrochen worden, bis von 1937 bis 1939 das brachliegende Stück bis Radeburg Süd für Bautransporte zum Bau des Autobahnabschnitts Radeburg—Ruhland benötigt wurde. In 24 Stunden fuhren 7 Lokomotiven 48 Güterzüge!

Der zweite Weltkrieg machte dem Weiterbau endgültig ein Ende, das Streckenstück wurde wieder abgebrochen.

Der Güterverkehr ist heute ausschließlich dem Bahnhof Radeburg (Schamottewerke) vorbehalten. Deshalb fahren die Güterzüge ohne Unterwegshalt von Radebeul Ost bis dorthin durch.

Besonderen Wert jedoch hat die 16,55 km lange Bahn für den Ausflugsverkehr. Das Naherholungsgebiet Dippelsdorfer Teiche, der Friedewald, vor allem jedoch die Wald- und Teichlandschaft um Moritzburg und Moritzburg mit dem Jagdmuseum selbst ziehen viele Tausende an. Die Schmalspurbahn ist wegen günstiger Anschlüsse vom S-Bahn-Netz und von der Straßenbahn (Weißes Roß) für die Touristen aus dem gesamten Dresdner Raum ein attraktives Verkehrsmittel. Diese Schmalspurbahn wurde mit in die zu erhaltenden Bahnen eingestuft. Darüber hinaus wird hier schrittweise der sogenannte Traditionsbetrieb entwickelt. Dabei sollen traditionelle

Tabelle 2.95 In Radebeul Ost aufgestellte, nicht mehr betriebsfähige Wagen des Verkehrsmuseums Dresden

Nummer	Baujahr	Wagenart	Bild 2.164
1703	1892	Postwagen, zweiachsig	e
1439	1899	Gepäckwagen, zweiachsig	e
121	1888	Sitzwagen, zweiachsig	c
207	1892	Sitzwagen, zweiachsig	c
3301	1888	Güterwagen, zweiachsig, offen	g
3458	1898	Güterwagen, zweiachsig, offen	g
5038	1917	Drehschemelwagen, zweiachsig	—
13	1885	Güterwagen, zweiachsig, gedeckt	e
Dre 18000	1897	Profilmeßwagen, zweiachsig	h
9406	1930	Klappdeckelwagen. vierachsig	f
97—12—48	1929	Güterwagen, vierachsig, gedeckt	k

Bild 2.166
Am Bahnsteig
in Radebeul Ost
(1975)
Foto: Preuß

Tabelle 2.96
Wagen der
Traditionsbahn Radebeul Ost—Radeburg

Nummer	Baujahr	Wagenart		Klasse	Bild 2.162
970—006	1930	Sitzwagen	Polstersitze	2.	p
970—236	1913	Sitzwagen	Holzsitze	3.	h
970—237	1913	Sitzwagen	Holzsitze	3.	h
970—252	1922	Sitzwagen	Holzsitze	3.	h
970—269	1911	Sitzwagen	Holzsitze, Traglasten	4.	m
970—312	1900	Aussichtswagen			n
970—316	1898	Sitzwagen	mit Oberlicht	3.	g
970—369	1913	Sitzwagen	Holzwände	3.	h
970—376	1913	Sitzwagen	Holzsitze	3.	h
970—405	1922	Sitzwagen	Holzsitze	3.	h
970—459	1932	Sitzwagen	Stahlwände	3.	p
974—354	1926	Gepäckwagen			j
979—014	1898	Sitzwagen	mit Oberlicht	3.	g
979—024	1898	Sitzwagen	mit Oberlicht	3.	g

Fahrzeuge der Schmalspurbahnen nicht nur als Ausstellungsobjekt gezeigt, sondern in Gemeinschaft mit dem Regelverkehr vorgeführt werden (Bild 2.167). Damit sind berechtigte Forderungen zur Denkmalspflege in der Verkehrsgeschichte erfüllt, zugleich kann anschaulich die Fahrt eines Zuges mit historischen Betriebsmitteln noch erlebt werden. Als Ausstellungsobjekte und für den Einsatz sind zahlreiche Fahrzeuge bereits sichergestellt worden (Tabellen 2.95 und 2.96). Gegenwärtig verkehren die Traditionszüge mit den Lokomotiven 99539 und 99713, teilweise in Doppelbespannung. Die Fahrzeuge sind im Bahnhof Radebeul

Bild 2.167
Der erste Sonderzug der Traditionsbahn in Radeburg (10. August 1974)
Foto: Preuß

Ost ausgestellt. Für die Erhaltung der Fahrzeuge wenden Mitglieder des Deutschen Modelleisenbahn-Verbandes der DDR und die Deutsche Reichsbahn wesentliche Mittel auf. Der rege Besucherverkehr und die große Fahrgastzahl in den Traditionszügen beweist das außerordentliche Interesse breiter Kreise der Bevölkerung für diese Art der Geschichtspflege.

Der Bahnhof Radebeul Ost besitzt recht ausgedehnte Gleisanlagen und eine Umsetzanlage für den Rollwagenverkehr. Der zweiständige Lokomotivschuppen (einen weiteren hat der Bahnhof Radeburg) steht in der Nähe des teilweise überdachten Bahnsteigs. Hinter dem Bahnhof liegen die Gleise bis zum Haltepunkt Weißes Roß an der Seite einer Nebenstraße. Nach Weißes Roß führt die Strecke durch den Lößnitzgrund vorbei an Weinbergen bergan zu einer Hochebene und zum Bahnhof Friedewald (Kr Dresden). Die Station hieß ursprünglich Dippelsdorf. Ein schmaler Damm ermöglicht den Übergang durch die Dippelsdorfer Teiche (Badestelle). Fortan geht es wieder bergab, zunächst zum Bahnhof Moritzburg, der früher Moritzburg-Eisenberg hieß. Die weitere Strecke führt um die Moritzburger Teiche herum bis Bärnsdorf und weiter nach Radeburg.

Als Sicherungsanlagen sind die Halbschrankenanlage am Haltepunkt Weißes Roß, wo die Bahn die Straßenbahngleise kreuzt, und die Einfahrsignale der Bahnhöfe Radebeul Ost, Moritzburg und Radeburg eingebaut.

Durch den Rückgang des Güterverkehrs konnten die Gleisanlagen reduziert werden. Zugkreuzungen sind im Bahnhof Moritzburg möglich.

Beim Bau der Strecke wurden 39256 Meter Stahlschienen und 22651 Holzschwellen verlegt, 17 Brücken und 17 Durchlässe errichtet.

Die ersten Lokomotiven waren die Nr. 12 und Nr. 13 der Gattung I K. Ihnen folgten Lokomotiven der Gattung IV K, II K (neu), III K und bis 1969 VI K. Sie sind abgelöst worden durch die Baureihe 99^{77-79}. [145, 146]

2.7.2. Wolkenstein—Jöhstadt (750 mm)

Die Strecke beginnt beim Bahnhof Wolkenstein an der Hauptbahn Flöha—Bärenstein (Kr Annaberg) und führt in südlicher Richtung bis an die Grenze zur ČSSR. Sie wurde am 31. Mai 1892 eröffnet und hatte ihre Bedeutung vorwiegend im Güterverkehr für die Filz- und Papierfabriken. Für einen Anschluß an der damaligen sächsisch-böhmischen Landesgrenze wurde eine Verlängerung von 1,38 km am 5. Mai 1893 freigegeben (1972 abgebaut).

Die Schmalspurgleise in Wolkenstein, wo sich die Umsetzanlage des Rollwagenbetriebes befindet, sind in zwei Teilen angeordnet: dicht am Empfangsgebäude sind die Bahnsteige für den Personenverkehr und die Abstellgleise eingerichtet, während jenseits der Regelspurgleise, gewissermaßen also „eine Etage höher" die Güterzüge abgefertigt werden.

Die Strecke ist in Wolkenstein als Dreischienengleis mit der Hauptbahn verbunden, überquert dann die Zschopau und windet sich im Tal der Preßnitz ständig steigend nach Jöhstadt. Auf der 23,0 km langen Strecke werden 49 Stahlbrükken und drei steinerne Brücken befahren sowie 293 m Höhe gewonnen. Eine Fahrt von Wolkenstein nach Jöhstadt führt durch das landschaftlich reizvolle Gebiet des Erzgebirges.

Zwei Unterwegsbahnhöfe haben eine größere Ausdehnung: Niederschmiedeberg (km 9,4) und Steinbach (b Jöhstadt) (km 15,0). Steinbach wird beim Zwischenhalt bergwärts zum Wasserfassen genutzt. Niederschmiedeberg hat für die Bahn große Bedeutung, da ein Werkteil des VEB DKK Scharfenstein die Schmalspurbahn für den Kühlschranktransport benutzt (Rollwagenverkehr).

An Lokomotiven waren 1892 vier Maschinen der Gattung I K, 1970 die 99582, 99568, 99597 und 99599 eingesetzt.

Für den Lokbahnhof Jöhstadt wurde ein dreiständiger Schuppen gebaut. In Wolkenstein war ein Lokschuppen und eine Bekohlungsanlage in Betrieb.

Auf dieser Bahn fahren meist gemischte Züge. Die durch Rangieraufenthalte bedingt verlängerten Reisezeiten (Wolkenstein—Jöhstadt bis 95 Minuten) haben dem Reiseverkehr eine untergeordnete Rolle zugewiesen.
Solange der Kühlschranktransport noch nicht über die Straße betrieben werden kann, wird die Bahn bestehen bleiben. Sie ist jedoch nicht in die Liste der Touristikbahnen aufgenommen worden. [149]

2.7.3. Wilkau-Haßlau—Carlsfeld (750 mm)

Die Schmalspurbahn hatte ihren Ausgangspunkt an der regelspurigen Hauptstrecke Zwickau (Sachs)—Aue, führte an der Grenze zwischen Westerzgebirge und Vogtland entlang und überquerte in Schönheide Süd die Hauptstrecke Aue — Adorf. Sie wurde wegen besonderer Bauschwierigkeiten innerhalb von 16 Jahren in vier Abschnitten eröffnet:

am 17. Oktober 1881
von Wilkau bis Kirchberg,
am 1. November 1882
von Kirchberg bis Saupersdorf,
am 16. Dezember 1893
von Saupersdorf bis Wilzschhaus
und am 22. Juni 1897
von Wilzschhaus bis Carlsfeld.

Die Station Wilkau wurde 1937 in Wilkau-Haßlau und Wilzschhaus 1950 in Schönheide Süd umbenannt. Mit dem Abschnitt Wilkau—Kirchberg war auch die erste Schmal-

Bild 2.168 Bahnhof Jöhstadt
Foto: Preuß

spurbahn Sachsens hergestellt. Eine Entscheidung für die schmale Spur war gefallen, da wegen der von Wilkau nach Kirchberg bereits ausgebauten Straße keine Kostendeckung mit einer Regelspurstrecke erwartet werden konnte. Die Schmalspurbahn hatte zunächst die Aufgabe, Kohletransporte in das Innere der Stadt Kirchberg hineinzufahren und dort Anschlüsse zu bedienen. Weiterhin war von Anfang an der Weiterbau zu den Saupersdorfer Granitbrüchen vorgesehen. Bei den Geländeschwierigkeiten um Saupersdorf hielt man auch da nur eine Schmalspurbahn für möglich.
Die Weiterführung der Strecke von Saupersdorf über Schönheide nach Carlsfeld war in die Planung mit aufgenommen worden. Das industriereiche Schönheide lag zur eigenen Bahnstation der Strecke Aue—

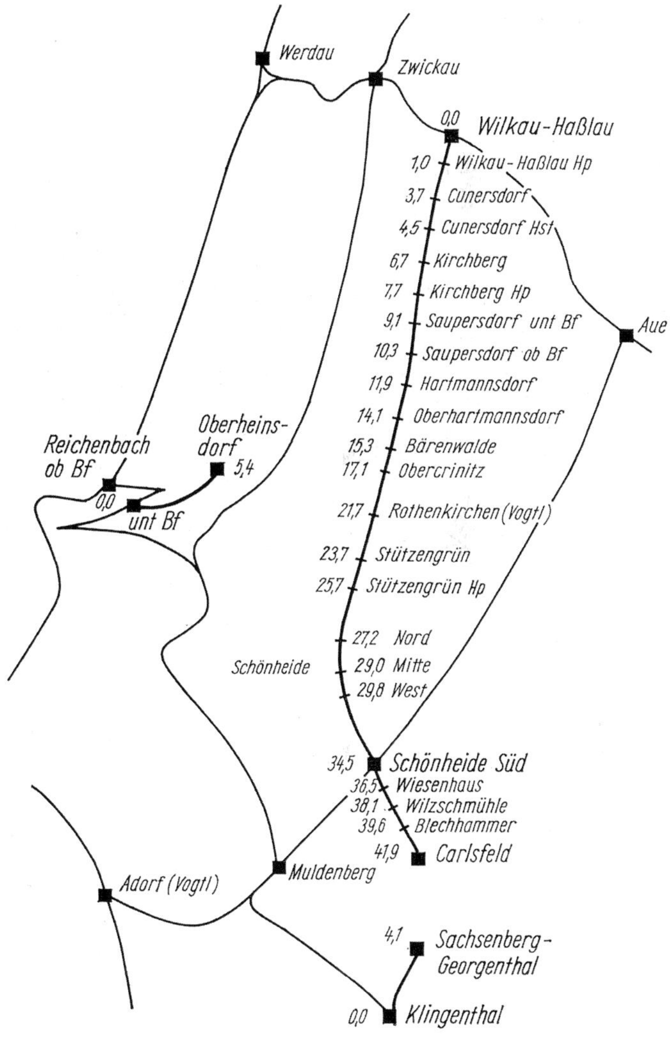

Bild 2.170
Bei Wilkau-Haßlau unter der Autobahnbrücke
Foto: Preuß

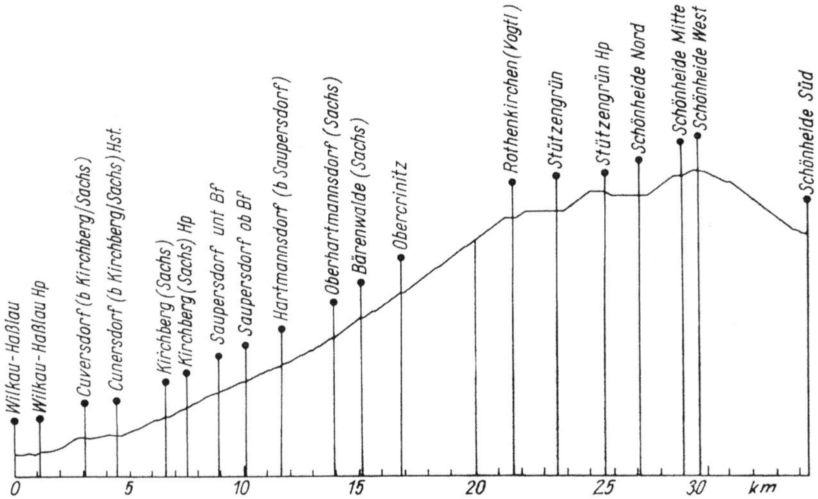

Bild 2.169
Höhenprofil der Strecke Wilkau-Haßlau – Schönheide Süd

Bild 2.171
Der große Viadukt
bei Stützengrün
Foto: K.-J. Wohllebe

Adorf 5 km entfernt; ein Höhenunterschied von 150 m war außerdem zu bewältigen. Deshalb wurde nicht nur der Anschluß Schönheides an die Wilkauer Schmalspurstrekke, sondern die Verbindung nach Wilzschhaus mit Übergang zur Regelspur vorgesehen. Damit war gleichzeitig ein günstiger Bezug der Braunkohle aus dem Falkenauer Becken und des Holzes aus dem Eibenstocker und Auerbacher Forstrevier gegeben. Die Fortsetzung nach Carlsfeld war schon vorbereitet.
Die wirtschaftlichen Erträge der Bahn waren zunächst sehr mäßig. Erst mit der vollen Streckenlänge setzte eine Belebung ein, die bis in die 50er Jahre anhielt. Mit dem Ausbau des Straßenverkehrs ging das Verkehrsaufkommen im Reise- und Güterverkehr zurück. So kam es schrittweise zu Betriebseinstellungen:

22. Mai 1966
Einstellung Personenverkehr Schönheide Süd—Carlsfeld,

9. November 1967
Stillegung Schönheide Süd—Carlsfeld,

15. Juli 1967
Einstellung Personenverkehr Kirchberg—Saupersdorf ob Bf, Stillegung Kirchberg—Saupersdorf,

29. Mai 1970
Einstellung Personenverkehr Saupersdorf—Rothenkirchen,

1. Januar 1971
Stillegung Saupersdorf ob Bf—Rothenkirchen,

2. Juni 1973
Stillegung Wilkau-Haßlau—Kirchberg,

28. September 1975
Einstellung Personenverkehr Rothenkirchen—Schönheide Süd,

1. Dezember 1975
Stillegung Rothenkirchen—Stützengrün und

1. Februar 1976
Stillegung km 23,2 bis 24,9.

Die Unterbrechung der Bahn zwischen Kirchberg und Schönheide Süd wurde durch die Baufälligkeit zweier Brücken in Kirchberg veranlaßt, zu deren Reparatur man sich nicht mehr entschließen konnte. Das führte ebenfalls zu einem erheblichen Rückgang im Güterverkehr, da die meisten Anschlußgleise im stillgelegten Streckenabschnitt lagen. Nur im oberen Teil wird vor allem wegen der Konsum-Bürstenfabrik Stützengrün noch ein Güterzugbetrieb aufrechterhalten. Der Personenverkehr war hier stets gering, so daß darauf ab 1975 verzichtet wurde.

Die Schmalspurbahn von Wilkau nach Carlsfeld war mit 42 km die längste in Sachsen. Der Bf Wilkau-Haßlau liegt 279,35 m ü. NN, der Bf Carlsfeld lag 856 m ü. NN. Die Bahn, die sich bis Oberschönheide (686,39 m ü. NN) in ständiger Steigung befand und dann bis Schönheide Süd im Gefälle liegt, war landschaftlich äußerst reizvoll. Die größte Neigung beträgt 1:40, der kleinste Krümmungsradius 50 m. Da einige Täler nicht mit Kehren ausgefahren werden sollten, mußten mehrere für Schmalspurbahnen außergewöhnliche Brücken gebaut werden. Die Brücke bei Schönheide Süd überspannt das breite Muldental und die Strecke nach Adorf. Besonders eindrucksvoll sind auch die beiden Stahlbrücken bei Stützengrün. Große Schwierigkeiten gab es beim Streckenbau durch Kirchberg, wo längere Stützmauern und zur Überquerung des Rödelbaches zwei Brükken errichtet werden mußten. Dadurch waren trotz geringer Spurweite erhebliche Baukosten entstanden.

Umladehallen bestanden in Wilkau und Wilzschhaus. Hier wurden auch später Umsetzanlagen für Rollfahrzeuge eingerichtet. Der Rollwagenverkehr war wegen Profileinschränkung durch Brücken nur von Wilkau bis Kirchberg und von Schönheide Süd bis Obercrinitz möglich. Für die Wagenladungen außerhalb dieser Abschnitte blieb das Umladen bestehen.

Für die Lokomotiven waren Schuppen in Wilkau, Kirchberg, Schönheide Mitte und Carlsfeld gebaut worden. Als der Betrieb auf den letzten zwei Streckenteilen (Wilkau-Haßlau—Kirchberg und Schönheide Süd—Rothenkirchen) abgewickelt werden mußte, wurden die Lokomotiven von Kirchberg und von Schönheide Mitte aus eingesetzt. Bis 1892 fuhren hier ausschließlich Lokomotiven der Gattung I K, ab 1896 zeitweise auch der Gattung III K (z. B. Nr. 43). Mit den Lokomotiven Nr. 111 und Nr. 115 kamen 1893 die ersten der Gattung IV K auf diese Strecke. In den dreißiger Jahren waren 12 dieser Meyer-Lokomotiven hier beheimatet. Die Zahl der Lokomotiven blieb bis zur ersten Streckenreduzierung bestehen. Von 1949 bis 1967 hatte Kirchberg ein selbständiges Bahnbetriebswerk.

Die Lokomotiven der ehemaligen Gattung IV K haben sich bei den besonderen Anforderungen bewährt. Sie wurden bei dieser Bahn vermutlich wegen Achslastbeschränkungen nicht durch Lokomotiven der nachfolgenden Gattungen ersetzt und werden hier bis zuletzt im Einsatz bleiben. [142, 150, 173]

2.7.4. Grünstädtel—Oberrittersgrün (750 mm)

Die 9,36 km lange Strecke begann an der regelspurigen Nebenbahn Schwarzenberg (Erzgeb)—Annaberg-Buchholz Süd und führte in die südliche Richtung. Ursprünglich war eine Schmalspurbahn von Schwarzenberg nach Hammer-Rittersgrün geplant. Doch die Entscheidung fiel schließlich anders aus, und nach einer Bauzeit von über einem Jahr wurde dann am 1. Juli 1889 die Strecke Grünstädtel—Oberrittersgrün eröffnet. Der Betrieb auf der Regelspurstrecke Grünstädtel—Buchholz ist jedoch erst am 1. Dezember 1889 aufgenommen worden.

Güter- und Personenverkehr waren stets mäßig. Durch Profilbegrenzung und enge Kurven war ein Rollfahrzeugverkehr nicht möglich. Die Güter mußten während der gesamten Betriebszeit in Grünstädtel umgeladen werden.

1910 fuhren 73281 Fahrgäste auf dieser Strecke, 1963 waren es 319176. Die Fahrzeiten hatten sich in den dazwischen liegenden 50 Jahren kaum verändert.

Am 25. September 1971 fuhr der letzte Zug von Oberrittersgrün nach Grünstädtel.

Vom Ausgangspunkt Grünstädtel (441,38 m ü. NN) überwand die Strecke einen Höhenunterschied von 166 m, wobei 86,4 Prozent in der Neigung lagen. Mehrfach betrug die maximale Neigung 33,4‰. Der kleinste Radius war 80 m. Mehrere Anschlußgleise führten zu holzverarbeitenden Betrieben, durch die Bahn mit Kohle und bis 1971 mit Rohholz versorgt.

An Lokomotiven waren anfangs solche der Gattung I K/IbK, ab 1916 bis zuletzt der Gattung IV K eingesetzt. In der Regel standen drei Maschinen unter Dampf. Nur kurze Zeit fuhr hier die Nr. 36 der Gattung III K. Lokomotivschuppen standen in Grünstädtel und in Oberrittersgrün.

Bei der Betriebseinstellung waren 19 Güter-, drei Gepäck- und elf Personenwagen vorhanden. Zur Eröffnung der Strecke waren es die Lokomotiven Nr. 26 und Nr. 34, fünf Personenwagen mit je 22 Plätzen, fünf gedeckte und 26 offene Güterwagen gewesen.

Die Lokomotive 99579, drei Personen-, fünf Güter- und ein Gepäckwagen werden zur Erinnerung an die Schmalspurbahn im ehemaligen Lokomotivschuppen Oberrittersgrün als Denkmal erhalten. Weitere zwei-

Bild 2.172
Zug am Haltepunkt Siegelhof
Foto: Sammlung DMV AG Rittersgrün

Bild 2.173
Fahrt von Oberrittersgrün
Foto: Preuß

Bild 2.174
Zug
bei Hammerunterwiesenthal
Foto: K.-J. Wohllebe

achsige Wagen sind zur Aufbewahrung vorgesehen. [161]

2.7.5. Cranzahl—Kurort Oberwiesenthal (750 mm)

Die Strecke beginnt kurz vor Ende der regelspurigen Hauptbahn Flöha—Bärenstein (Kr Annaberg) in 654 m Höhe ü. NN und führt in großen Windungen, zuletzt an der Grenze zur ČSSR durch das Pöhlbachtal bis unterhalb des Fichtelberges (1214 m).
Die Schmalspurbahn wurde hauptsächlich im Interesse der Industriebetriebe in und um Annaberg geplant, damit weitere Arbeitskräfte aus den obersten Lagen des Erzgebirges zu den Fabriken gelangen können. Auch sollte der in Mode gekommene Ausflugsverkehr berücksichtigt werden.
Die Bauarbeiten begannen am 1. April 1896. Die Streckenanbindung machte sich in Cranzahl notwendig, um auch den Gemeinden Neudorf und Niederschlag einen Eisenbahnanschluß zu ermöglichen. Am 20. Juli 1897 wurde der Zugbetrieb aufgenommen und brachte für die Orte an der Bahnstrecke eine spürbare Wende. Den Bewohnern an der Strecke war es nunmehr leichter möglich, zu den Fabriken zu gelangen. Die Schmalspurbahn wurde auch vom Güterverkehr, teilweise mit Gütern aus Böhmen, die in Oberwiesenthal aufgegeben wurden, stark beansprucht. Bis 1906 mußten alle Güter in Cranzahl umgeladen werden. Danach wurden Rollfahrzeuge für die regelspurigen Güterwagen eingesetzt.
Durch den Touristenverkehr, der von der Bahn außerordentlich gefördert wurde (Oberwiesenthal hatte sich zum begehrten Touristenziel erst nach dem Bahnbau entwickelt), stieg der Reiseverkehr sprunghaft an. Während in den ersten Jahren täglich drei Zugpaare verkehrten, mußten beispielsweise 1911 zwölf und sonntags sogar sechzehn Züge eingesetzt werden. Der am Bau der Schmalspurbahn beteiligte Norweger Ohlsen führte die ersten Schneeschuhe im Erzgebirge ein. Der sich darauf entwickelnde rege Wintersport im oberen Erzgebirge ist mittelbar auch auf diese Bahn zurückzuführen.
1912 mußten die Bahnanlagen wesentlich erweitert werden. Allein in Oberwiesenthal wurden 1911 35000 Reisende abgefertigt. 1926 erforderte der ständig wachsende Reiseverkehr eine erneute Erweiterung der Bahnanlagen. Mehrere Male stand auch der Umbau auf Regelspur zur Diskussion.
Die SDAG Wismut, die ihre Schürfarbeiten nach dem zweiten Weltkrieg im oberen Erzgebirge aufnahm, stellte an die Bahn, bei der im und nach dem Krieg ein allgemeiner Verkehrsrückgang eingetreten war, neue Aufgaben im Berufsverkehr. Zu den Planzügen verkehrten täglich sechs Zugpaare mit insgesamt

1000 Bergarbeitern. Als die SDAG Wismut hier ihre Tätigkeit einstellte, kamen neue Anforderungen im Güterverkehr: durch ein Splitt- und Schotterwerk in Hammerunterwiesenthal war die achtfache Menge an Gütern zu befördern. Noch heute ist die Splitt- und Schotterabfuhr von dieser Station bedeutend.
Besondere Leistungen im Güterverkehr waren auch zu erbringen, als 1963 das Fichtelberghaus abbrannte und ab 1965 in zweijähriger Bauzeit ein neues Gebäude errichtet wurde. So waren im Sommer täglich bis zu 30 Wagen Baumaterial nach Oberwiesenthal zu befördern.
Durch eine Totalsperrung der Fernverkehrsstraße für Erneuerungsarbeiten im Jahre 1973 wurde die Schmalspurbahn für den Straßenersatzverkehr herangezogen. Dabei verkehrten Personenzüge alle 20 Minuten.
Da die Landschaft um den Fichtelberg ein besonderes Erholungs- und Wintersportgebiet für die DDR ist und die Bahn nicht nur die Verbindung zwischen der Hauptbahn und der Stadt Oberwiesenthal herstellt, sondern auch Zubringer für zahlreiche Feriengäste der an der Strekke liegenden Orte ist, wurde auch sie in die Gruppe der zu erhaltenden Touristikbahnen aufgenommen. [144]
Die 17,1 km lange Bahn überwindet einen Höhenunterschied von 287 m. Der Bahnhof Kurort Oberwiesenthal, der mit 914 m höchstgelegenen

Bild 2.175 Bahnhof Kurort Oberwiesenthal
Foto: Preuß

Stadt der DDR, befindet sich 893,9 m ü. NN, mithin nur 4 m niedriger als der Alpenbahnhof Semmering in Österreich.

Die durchschnittliche Neigung der Strecke beträgt 1:75, die stärkste 1:30, der kleinste Halbmesser 100 m. Die Strecke weist fünf Brücken auf, die längste liegt an der Einfahrt des Bahnhofs Oberwiesenthal (siehe Bild 1.17 d). Kreuzungsbahnhöfe sind Hammerunterwiesenthal, Niederschlag und Neudorf. In Cranzahl sind die Schmalspurgleise durch die Hauptbahn in zwei Teile getrennt: in die Reisezuganlage und die Umsetzanlage.

Anfangs wurden Lokomotiven der Gattung IV K eingesetzt. 1929 kamen neu ausgelieferte Maschinen der Gattung 99^{73-76} auf diese Strecke. Heute verkehren ausnahmslos Lokomotiven der Gattung 99^{77-79}. Der Lokomotivschuppen befindet sich in Oberwiesenthal, ein weiterer in Cranzahl. [164]

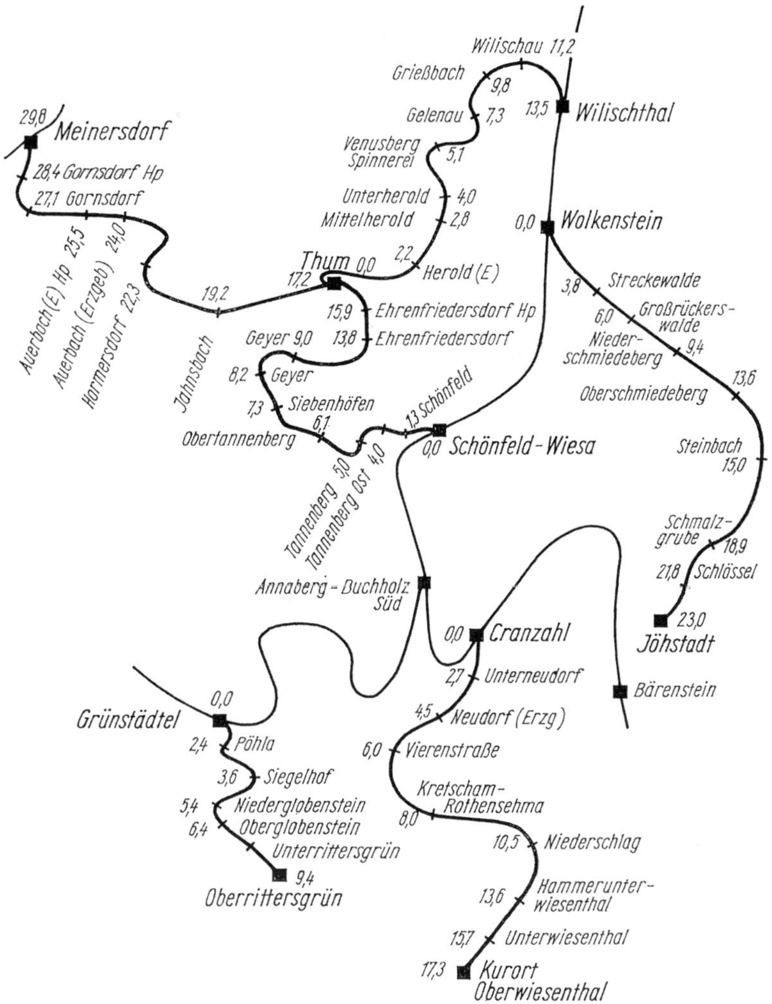

2.7.6. Netz von Thum (750 mm)

Die zum Thumer Netz gehörenden Strecken wurden eröffnet:

15. 12. 1886
Wilischthal—Oberherold—Ehrenfriedersdorf,
Oberherold—Thum 13,9 km
(Wilischthalbahn) 1,9 km

1. 12. 1888
Schönfeld—Tannenberg—Geyer 9,0 km
(Schönfeld heute Schönfeld-Wiesa)

1. 5. 1906
Geyer—Ehrenfriedersdorf—Thum 8,2 km

1. 10. 1911
Thum—Meinersdorf 12,6 km

Einen Tag vor Eröffnung des Abschnittes Geyer—Ehrenfriedersdorf—Thum wurde der Abschnitt Oberherold—Ehrenfriedersdorf stillgelegt, so daß ab 1. Mai 1906 die Wilischthalbahn von Wilischthal über Oberherold bis Thum mit 13,5 km Streckenlänge führte.

Die Strecken des Thumer Schmalspurnetzes lagen südlich der heutigen Bezirkshauptstadt Karl-Marx-Stadt im mittleren und westlichen Erzgebirge. Sie verbanden die im

Bild 2.176 Brücke in Gornsdorf
Foto: Preuß

Zschopau- und Zwönitztal vorhandenen regelspurigen Strecken Karl-Marx-Stadt—Bärenstein (Kr Annaberg) und Karl-Marx-Stadt—Aue (Sachs) miteinander und erschlossen verkehrsmäßig das landschaftlich reizvolle Greifensteingebiet um Geyer und Thum mit dem Thumer Forst sowie dem oberen Zschopautal. In diesem Gebiet waren in der zweiten Hälfte des 19. Jahrhunderts eine große Zahl von Textil- und Papierfabriken entstanden.
Nach mehreren anderen Projekten genehmigten die Kammern des sächsischen Landtages im Jahre 1885 die Bahnlinie von Wilischthal nach Ehrenfriedersdorf mit dem Abzweig von Oberherold nach Thum. Die Bauarbeiten begannen im September des gleichen Jahres. Danach ist auch noch dem Bau der Schmalspurbahn von Schönfeld über Tannenberg nach Geyer zugestimmt worden.
In den folgenden Jahren verstärkten sich die Bestrebungen für einen Zusammenschluß der beiden Strecken im Thumer Gebiet. Anfang 1888 beantragte auch das Thumer Eisenbahnkomitee den Bau einer Schmalspurbahn von Thum nach Meinersdorf im Zwönitztal. Die Gemeindeverwaltungen von Geyer und Ehrenfriedersdorf forderten dagegen eine Verbindung von Grünhain über Elterlein und Zwönitz. Nach längeren Diskussionen kam es zur Einigung über eine Verbindung von Geyer nach Oberjahnsbach an der geplanten Strecke von Thum nach Meinersdorf. Die Zustimmung des

Landtages für dieses Projekt erfolgte jedoch erst, als das Verkehrsaufkommen weiter angestiegen war und die Forderung begründete.
Mit der Verordnung vom 20. Mai 1898 wurde der Bau einer Verbindung von Geyer nach Thum über Ehrenfriedersdorf entsprochen. Die Bauarbeiten begannen im August 1904. Zum Anschluß an die Wilischthalbahn wurde in Thum eine 340 m lange Verbindung am alten zum neuen (zuletzt bestehenden) Bahnhof gebaut und der Streckenteil von Oberherold nach Ehrenfriedersdorf stillgelegt und später abgebaut.
Im April 1910 begannen schließlich die Bauarbeiten für die Fortsetzung der Bahnlinie von Thum nach Meinersdorf, die bereits mit einer Verordnung vom 14. Juni 1900 genehmigt worden war. Mit der Inbetriebnahme dieser Strecke am 1. Oktober 1911 wurde der Bahnhof Thum zum einzigen Schmalspurknotenpunkt im Erzgebirge, und das Thumer Netz erreichte mit 43,32 km Streckenlänge seine größte Ausdehnung.
In über 80 Jahren hat die Schmalspurbahn im Raume Thum zur wirtschaftlichen Entwicklung beigetragen. Im Mai 1967 jedoch beschloß der Kreistag von Zschopau die Stillegung der Strecke Schönfeld-Wiesa—Thum, weil ihre Wirtschaftlichkeit nicht mehr gegeben war. Die Betriebseinstellung erfolgte am 15. August 1967. Im Zuge einer Straßenerneuerung wurde in den Jahren 1969/71 das Gleis zwischen dem Abzweig zur Papierfabrik und dem Bahnhof Thum abgebaut.
Als nächstes wurde die Strecke im Wilischthal am 27. Mai 1972 stillgelegt und das Gleis anschließend von Thum aus bis zum Anschluß der Papierfabrik Wilischthal in Etappen abgebaut. Die Anschlüsse der Papierfabriken in Schönfeld und Wilischthal werden seit den Streckenstillegungen noch als Anschlußbahn betrieben. In Schönfeld-Wiesa sind dafür zwei Lokomotiven der Gattung 99^{77-79} und in Wilischthal eine 100-PS-Diesellokomotive (siehe Bild 1.38 e) eingesetzt.
Am 28. September 1974 wurde der Personenverkehr zwischen Thum und Meinersdorf (Erzgeb) eingestellt. Der verbliebene Güterverkehr hat sich seitdem ständig reduziert und ist am 31. Dezember 1975 ganz aufgegeben worden. Damit hat das

Bild 2.177 Zschopaubrücke Wilischthal
Foto: Bäzold

Thumer Schmalspurnetz zu bestehen aufgehört.

Von den 43,32 km Strecke lagen 35 km (81 Prozent) in Neigungen. Mit 11,21 km hat der Streckenteil Thum—Meinersdorf den größten Anteil an den Neigungsstrecken. Im Gleisbogen lagen 18,67 km (43,3 Prozent) der Strecken, davon hatten 14,39 km einen Radius kleiner als 300 m. Auch hier lag der Streckenteil Thum—Meinersdorf mit 5,81 km über dem Durchschnitt des gesamten Netzes. Die Gleislänge veränderte sich mehrmals. Sie betrug 1920 55,54 km. Bis 1930 kamen noch 2,24 km hinzu.

Die Strecke der Wilischthalbahn führte vom Bahnhof Wilischthal am rechten Talhang das Wilischthal aufwärts und überwand bis Bahnhof Thum einen Höhenunterschied von 167 m. Der längste Abschnitt mit maximaler Streckenneigung 1:30 befand sich zwischen Herold und Thum. Größter Unterwegsbahnhof dieses Streckenteils war Gelenau.

Für den Streckenteil Schönfeld-Wiesa—Meinersdorf wurde die Haltestelle Schönfeld an der Staatsbahnstrecke Chemnitz—Bärenstein Ausgangspunkt und gleichzeitig zu einem Bahnhof erweitert. Zunächst das obere Zschopautal aufwärts führte die Trasse ins Greifensteingebiet. Hier mußten zwischen Tannenberg und Hp Geyer Abschnitte mit einer Neigung 1:30 vor Siebenhöfen auf 1185 m Länge und vor Geyer Hp auf 943 m Länge vorgesehen werden. Von Geyer Hp aus führte die Strecke mit einem Halbkreisbogen durch einen großen Teil der Stadt hinauf zu dem am Ortsausgang liegenden Bahnhof, einem der größten des Thumer Schmalspurnetzes. Bei der Herstellung des Einschnittes am Bahnhof Geyer waren 40000 m³ Erdmasse abzufahren, die zur Erweiterung des Bahnhofs Schönfeld-Wiesa verwendet wurden.

Auf dem Abschnitt Thum—Meinersdorf wurde bei Jahnsbach die Hormersdorfer Höhe mit 617 m ü. NN als höchster Punkt des Thumer Netzes erreicht. Bei Gornsdorf wurde eine Mehrbogenbrücke überquert. Am Ortsausgang von Gornsdorf erreichte die Strecke das Regelspurgleis der Strecke Aue—Karl-Marx-Stadt. Sie führten beide nebeneinander bis in Höhe der Einfahrsignale, anschließend verzweigten sie sich wieder, und das Schmalspurgleis führte in den erst durch die Schmalspurbahn ausgebauten Bahnhof.

Auf den Anschlußbahnhöfen waren eine oder zwei Rollfahrzeuggruben für das Aufsatteln der Regelspurwagen vorhanden. Die Gruben in Wilischthal und Schönfeld-Wiesa entstanden durch Umbau der bereits vorhandenen Rollbockgruben. Verladerampen für Schmalspurfahrzeuge waren ebenfalls vorhanden.

Die Anschlußbahnhöfe hatten massive Empfangsgebäude, eine Ladestraße, einen Güterschuppen mit Feuergutrampe, eine Umladehalle für Stückgut. Die Bahnhöfe Gelenau, Geyer, Ehrenfriedersdorf (alt und neu) und Thum besaßen ebenfalls massive, teils zweigeschossige Empfangsgebäude. Den Gebäuden in Thum und Ehrenfriedersdorf (neu) lag der gleiche Entwurf zugrunde. Die Holzwartehäuschen der Haltepunkte hatten alle nahezu gleiche Ausführung.

Lokomotivbehandlungsanlagen und Lokomotivschuppen befanden sich auf den Anschlußbahnhöfen, in Geyer, ab 1906 in Thum und bis 1906 auch in Oberherold und Ehrenfriedersdorf. Infolge Baufälligkeit und wegen der Indienststellung neuer Lokomotiven kam es 1934 in Thum zum Neubau eines viergleisigen Schuppens mit Werkstatteil und anschließender Wagenausbesserungsstelle.

Die drei besonders auffälligen Brükken wurden im Abschnitt 1.3. beschrieben. Die Streckenhöchstgeschwindigkeit betrug bis gegen Ende des zweiten Weltkrieges 30 km/h. Infolge des ständig schlechter werdenden Oberbau- und Brückenzustandes ergaben sich in den letzten zehn Betriebsjahren zunehmend Geschwindigkeitsbeschränkungen, teilweise bis auf 5 km/h.

Ein Höhepunkt, speziell im Personenverkehr, war vor dem ersten Weltkrieg erreicht. Die Kriegs- und Nachkriegsjahre mit der Inflation hatten auch im Thumer Netz ihre Auswirkungen. Die vernachlässig-

Bild 2.178
Bahnhof
Venusberg Spinnerei
Foto: Bäzold

ten Fahrzeuge und Anlagen waren den Anforderungen der sich erholenden Wirtschaft nicht mehr gewachsen. Es kam zu einer Reihe Beschwerden der Stadträte und Gemeindeverwaltungen. Erst mit der Indienststellung leistungsfähigerer Lokomotiven und Wagen konnte ab Mitte der zwanziger Jahre wieder ein zufriedenstellender Betrieb erreicht werden. Weitere Verkehrshöhepunkte waren die Jahre 1938/39 sowie die fünfziger Jahre.
Auf der Wilischthalbahn waren ab 1886 die Lokomotiven Nr. 25, Nr. 26 und Nr. 27 der Gattung I K eingesetzt. Für die Strecke Schönfeld—Geyer wurden von der gleichen Reihe die Nr. 28, Nr. 29 und Nr. 30 in Dienst gestellt. Die durch Kupplung der I K-Lokomotiven Nr. 2 und Nr. 3 hergestellte Lokomotive Nr. 62 A/B (II K neu) war in den Jahren vor und während des ersten Weltkrieges in Thum und vorwiegend auf der Wilischthalbahn eingesetzt. Lokomotiven der Gattung III K waren ebenfalls hier zu finden, u. a. vor 1906 die Lokomotive Nr. 43 auf der Strecke Schönfeld—Geyer. Auf dieser Strecke trat im September 1896 mit der Lokomotive Nr. 124 die erste der Gattung IV K an die Öffentlichkeit. Nach Verstärkung des Oberbaues und der Brücken kamen mit der 99684 und der 99688 die ersten Heißdampflokomotiven fabrikneu nach Thum. Dafür wurden dann Lokomotiven der Reihen I K, III K und IV K abgegeben oder ausgemustert.
Im Sommer 1933 erhielt Thum acht Lokomotiven der Baureihe 99^{73-76}, und Lokomotiven der Reihe 99^{67-72} wurden abgegeben. Von 1936/37 bis zum Herbst 1942 waren Lokomotiven der Gattung V K, die durch den Umbau der Strecke Heidenau—Altenberg frei geworden waren, in Thum. Die Lokomotiven 99707 und 99717 waren die letzten dieser Gattung in Thum.
Vom 5. August 1951 bis zum 5. Februar 1953 war die 994052 in Thum stationiert (Bild 2.145 d) und vorwiegend für die Bedienung des Anschlusses der Papierfabrik in Wilischthal eingesetzt, wenn die werkseigene Diesellokomotive ausfiel.
In der zweiten Hälfte des Jahres 1953 kamen die ersten Lokomotiven der Baureihe 99^{77-79} mit 99776 bis 99785 zum Bw Thum, und die Lokomotiven der Baureihe 99^{73-76} wurden abgegeben, zuletzt die 99757. Im Jahre 1957 erhielt das Bw Thum noch die 99791 und 792 aus der Neulieferung. In der ersten Hälfte der sechziger Jahre waren 13 Lokomotiven der BR^{77-79} in Thum stationiert.
Bis zum Jahre 1905 waren für den Personenverkehr auf beiden Teilstrecken 15 zwei- und zwei vierachsige Personenwagen und für den Güterverkehr 77 offene und 32 gedeckte zweiachsige Güterwagen mit 5 t Tragfähigkeit vorhanden. Später betrug die Tragfähigkeit vierachsiger Güterwagen 10 t und 15 t.
In den neunziger Jahren des vorigen Jahrhunderts wurde zuerst auf der

Bild 2.179
Zug von Wilischthal nach Thum
Foto: Kluge

Wilischthalbahn der Rollbockverkehr eingeführt, der dann kurz vor dem ersten Weltkrieg vom Rollwagenverkehr abgelöst wurde. Bis zum Betriebsende wurde der Güterverkehr mit vier- und sechsachsigen Rollfahrzeugen abgewickelt.
Der letzte noch betriebsfähige sächsische Personenwagen mit Holzbeplankung (970-369; Bild 2.162 k) befand sich im Thumer Netz.

2.7.7. Hetzdorf (Flöhatal)—Großwaltersdorf (750 mm)

Am nördlichen Rande des Erzgebirges an der Strecke Flöha—Reitzenhain begann im Bahnhof Hetzdorf (Flöhatal) die Schmalspurstrecke und führte bergan nach Großwaltersdorf.
Durch die steigende Produktion der Holzindustrie im bewaldeten Tal der Lößnitz und die größere Ausmaße annehmende Textilindustrie wurde ein Anschluß an das Eisenbahnnetz verlangt. 1892 begann der Bahnbau, und am 1. Dezember 1893 konnte die Strecke zwischen Hetzdorf und Eppendorf eröffnet werden. Damit hatten Spinnereien, Parkett- und Spielwarenfabriken einen Gleisanschluß, zugleich war für die Anwohner eine Eisenbahnverbindung in die Richtungen Reitzenhain und Chemnitz hergestellt. Steigenden Ertrag brachte vor allem der Güterverkehr durch die Beförderung von Holzwaren, später auch Textilien, Spitzen und Lacke. Für die Beförderung landwirtschaftlicher Produkte war die Streckenverlängerung um 4 Kilometer nach Großwaltersdorf 1913 genehmigt worden. Nach dem Baubeginn im Jahre 1914 wurde dieser Abschnitt am 1. November 1916 in Betrieb genommen. Damit hatte die Bahn eine Gesamtstreckenlänge von 13,56 km.
Der Personenverkehr war stets mäßig, aber konstant. Durch den zunehmenden Straßenverkehr wurde die Bahn jedoch unrentabel. Zunächst mußte 1951 der Abschnitt Eppendorf—Großwaltersdorf geschlossen werden, am 6. November 1967 wurde auf der verbliebenen Strecke der Personenverkehr und am 1. Januar 1968 auch der Güterverkehr eingestellt.
Die Bahn begann unter dem Viadukt der Strecke Flöha—Reitzenhain, führte zunächst parallel zu dieser Strecke, um dann in vielen Windungen langsam aufsteigend durch das Lößnitztal nach Eppendorf und weiter nach Großwaltersdorf zu gelangen. Bis Eppendorf mußte der Zug auf 9,77 km einen Höhenunterschied von 136,56 Metern überwinden. Bis Eppendorf hatte man zur Eröffnung 25 stählerne Brücken und 25 meist in Neigungen liegende Weichen gebaut.
Für den Personenverkehr waren drei Zugpaare eingesetzt. Bis in die 20er Jahre standen Lokomotiven der Gattung I K, danach IV K, die Güterzüge bis zu 150 t zogen, zur Verfügung. Von 1937 bis 1943 waren

Bild 2.180
Bahnhof Eppendorf
(1967)
Foto: Uhlemann

hier auch Lokomotiven der ehemaligen Gattung V K beheimatet. Die regelspurigen Güterwagen wurden ab 1900 auf Rollböcken, später mit Rollwagen befördert.
Alle Fahrzeuge hatten die Heberleinbremse.

2.7.8. Mosel—Ortmannsdorf (750 mm)

Die Strecke begann an der regelspurigen Hauptbahn Dresden—Zwickau und führte in östlicher Richtung durch den Mülsengrund.

Im Kriegsjahr 1870 hatte eine Privatgesellschaft Enteignungsrechte für eine Eisenbahn von Zwickau über Mülsen und Lichtenstein nach St. Egidien erworben. Die Krise nach den Gründerjahren verhinderte jedoch den Bahnbau. Später

Bild 2.181
Brücke mit Zug
in Ortmannsdorf
(1951)
Foto: Finzel

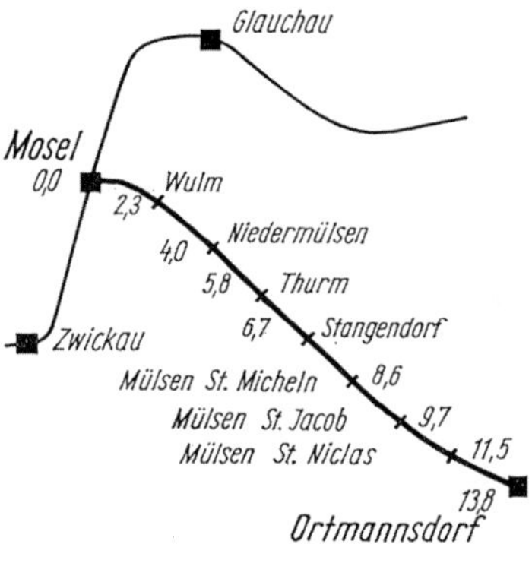

sah hier der sächsische Staat durch eine Eisenbahn die Möglichkeit gegeben, Bewohner des Mülsengrundes, die bisher nur von der häuslichen Handweberei leben konnten, an die Industriezentren Zwickau und Chemnitz heranzuführen. Eine Schmalspurbahn schien als ausreichend, weil von vornherein kein großer Verkehrsumfang erwartet wurde und außerdem das enge und dicht bebaute Tal einer regelspurigen Bahn Schwierigkeiten bereitet hätte.

Die Strecke wurde am 1. November 1885 eröffnet. Der Umfang des Personen- und Güterverkehrs war stets bescheiden. Eine wesentliche Einnahmequelle ging der Bahn bereits im Jahre 1893 verloren, als ein längeres Industriegleis, das der Bahn erhebliche Zuführungs- und Abholegebühren brachte, durch den Ausbau der regelspurigen Industriebahn Zwickau—Crossen—Mosel abgerissen werden mußte. Die Einnahmen im Güterverkehr gingen von 24365 M im Jahre 1892 auf 7721 M im Jahre 1894 zurück.

Am 14. Mai 1939 kam es zur Einstellung des Reiseverkehrs. Er wurde 1945 zum Autobustarif wieder aufgenommen. Am 1. August 1951 ist der Gesamtbetrieb endgültig eingestellt worden.

Auf der 13,94 km langen Strecke war ein Höhenunterschied von 81,9 m zu überwinden. 61 Prozent der Strecke befanden sich in der Neigung; die stärkste betrug 1:60. Der kleinste Krümmungshalbmesser betrug auf freier Strecke 150 m.

Für die Lokomotiven hatte man Schuppen in Ortmannsdorf und Mosel (dreiständig) eingerichtet. In den ersten Jahren waren drei Maschinen der Gattung I K stationiert, ferner gab es sieben Personenwagen, elf gedeckte und zwölf offene Güterwagen. Später wurden hier Lokomotiven der Gattung IV K, zuletzt die 99535, eingesetzt.

2.7.9. Mulda (Sachs)—Sayda (750 mm)

Die Strecke Mulda (Sachs)—Sayda lag an der regelspurigen Nebenbahn Freiberg—Hermsdorf-Rehefeld und hatte eine Länge von 15,5 km. Der Bau einer Schmalspurbahn war 1894 genehmigt worden, am 1. Juli 1897 wurde sie eröffnet. Diese Bahn sollten die 6000 Einwohner, die in der Nähe der Strecke wohnten, benutzen. Ein Güterverkehr, der sich durch eine neu aufstrebende Indu-

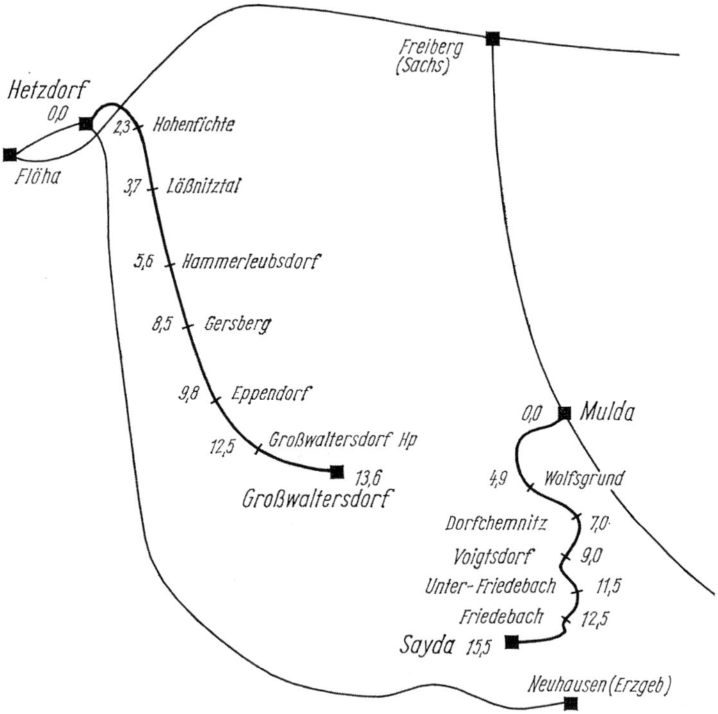

Bild 2.182
Ausfahrt aus Sayda
Foto: Sammlung Preuß

strie entwickeln sollte, würde – so wurde erwartet – weitere Gewinne bringen.
Die optimistischen Berechnungen gingen nicht auf; für die Entwicklung größerer Fabriken war die schmale Spur sogar hinderlich. Bergwärts wurden in geringem Umfang Kohle, Dünger und Stückgut, talwärts Vieh, Holzgut und Textilien befördert.
1966 ist die Güterbeförderung eingestellt worden. Am 17. Juli 1966 fuhr mit der Lokomotive 99585 auch der letzte Personenzug. Abgebaut wurde die Strecke 1967 mit der Lokomotive 99601.
An Lokomotiven waren zu Beginn die Gattung I K, ab 1913 die Gattung IV K eingesetzt. Kurze Zeit kam 1916 eine Maschine der Gattung II K (neu) und in den 20er Jahren eine Lokomotive der Gattung III K hierher.
1961 waren neun Personenwagen, drei Gepäck-, elf gedeckte, vierzehn offene, sechs Schemel- und drei Klappdeckelwagen im Bestand.

2.7.10. Netz von Mügeln (750 mm)

Zum Netz von Mügeln gehörten die Strecken

Döbeln Nord—Mügeln (b Oschatz)	18,7 km
Oschatz—Mügeln (b Oschatz)]	11,6 km
Mügeln (b Oschatz)—Neichen	24,4 km
Nebitzschen—Kroptewitz	6,3 km
Lommatzsch—Garsebach	15,7 km
Gärtitz—Mertitz Gabelstelle	18,6 km
Oschatz—Strehla	11,8 km.

Innerhalb dieses Netzes konzentrierte sich der Zugverkehr auf die beiden Bahnhöfe Mügeln und Lommatzsch.
Das Mügelner Netz erschloß die Landschaft zwischen den Regelspurstrecken Leipzig—Oschatz—Dresden, Leipzig—Döbeln—Meißen—Dresden, Wurzen—Grimma unt Bf sowie dem schmalspurigen Wilsdruffer Netz, zu dem im Bf Garsebach eine Verbindung bestand.
Das für Zuckerrüben, Getreide, Kartoffeln und Obst äußerst fruchtbare Gebiet (Lommatzscher Pflege, Döllnitz) war der Anlaß für den Bau mehrerer Schmalspurstrecken. Ursprünglich war eine Regelspurstrecke von Döbeln über Dahlen bis Torgau geplant. Diese Strecke wäre mit zahlreichen Kunstbauten vorwiegend auf dem Höhenzuge angelegt worden und hätte viele Dörfer im Tale nicht erreicht. Da auch das Gutaufkommen aus der Landwirtschaft um

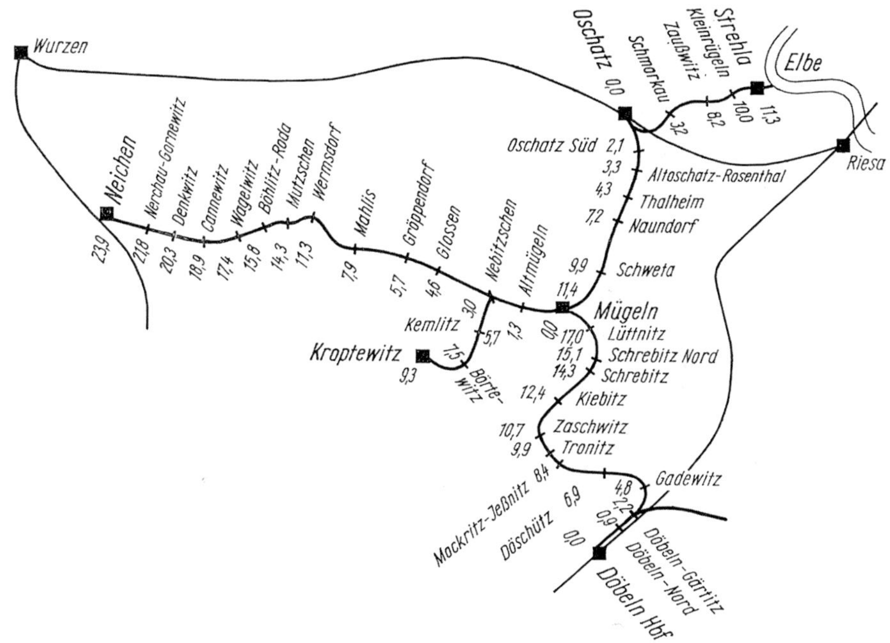

Mügeln in nächster Nähe wieder verarbeitet wurde, fiel die Entscheidung für eine Schmalspurbahn vorerst von Döbeln über Mügeln nach Oschatz. Die Strecke wurde in Teilen eröffnet, und zwar

15. September 1884
Mügeln—Großbauchlitz (später Döbeln Nord),

1. November 1884
Großbauchlitz—Döbeln,

7. Januar 1885
Oschatz—Mügeln.

Gleichzeitig wurde als Zweigstrecke Mügeln—Wermsdorf geplant. Zur Weiterführung dieser Bahn waren noch eingehende Untersuchungen notwendig, da die verschiedenen Interessen der Städte Mutzschen, Grimma sowie der Gemeinde Wermsdorf und der Landesanstalt Hubertusburg zu berücksichtigen waren. Schließlich wurde von der

Tabelle 2.97 Strecken Oschatz—Döbeln/Nerchau-Trebsen/Strehla

	Strecke		
	Oschatz—Döbeln	Mügeln—Nerchau-Trebsen	Oschatz—Strehla
Höhenlage:			
Bf Oschatz	128,71 m		
Bf Döbeln	176,10 m		
Bf Mügeln		148,11 m	
Bf Nerchau-Trebsen		126,47 m	
Strehla Elbkai			90,72 m
Maximale Höhenunterschiede auf der Gesamtstrecke:			
Steigung	119,90 m	31,87 m	22,06 m
Gefälle	72,51 m	53,51 m	56,84 m
Steigungslänge insgesamt	13,30 km	5,95 km	1,98 km
Gefällelänge insgesamt	9,87 km	6,46 km	6,55 km
Horizontallänge insgesamt	7,74 km	11,53 km	3,28 km

Bild 2.183
Bahnhof Mutzschen
(1966)
Foto: Wünschmann

Ständeversammlung die Linienführung über Wermsdorf, Mutzschen zum Anschluß an die Regelspurstrecke Wurzen—Grimma in Nerchau-Trebsen genehmigt. Am 1. November 1888 konnte die Strecke Mügeln—Nerchau-Trebsen (später umbenannt in Neichen) eröffnet werden.

Nach der Inbetriebnahme dieser Strecken wurde ein weiteres Projekt in Angriff genommen. Es ging um den Eisenbahnanschluß für die Stadt Strehla und um eine direkte Verbindung mit der Elbe. Für einen schmalspurigen Ausbau fielen ins Gewicht: keine Erweiterungen von Anlagen des Schmalspurbahnhofs Oschatz notwendig, Mitbenutzung eines kurzen Abschnittes der Strecke Oschatz—Döbeln, durchgängige Abfertigung der Schmalspurwagen aus Richtung Döbeln und Nerchau-Trebsen, geringe Kosten für eine kleinere Kaianlage und die nicht zu hohen Erwartungen für das Gutaufkommen. Die Strecke Oschatz—Strehla wurde am 31. Dezember 1891 und der 730 m lange Anschluß zum Elbkai am 20. April 1892 eröffnet.

Am 3. August 1903 konnte die Strecke Nebitzschen—Kroptewitz, die von der Strecke Mügeln—Nerchau-Trebsen abzweigte, dem Güterverkehr übergeben werden. Hier ging es vorwiegend um die Abfuhr des Kaolins in Richtung Strehla zum Schiffsumschlag und um die Kohlezufuhr für die Kaolinwerke.

Der sächsische Staat hatte währenddessen zwischen Wilsdruff und Meißen ebenfalls eine Schmalspurstrecke bauen lassen (siehe Abschnitt 2.7.11.). Tonfunde bei Löthain waren Anlaß, von Meißen aus eine Verbindung herzustellen. Sie wurde am 1. Oktober 1909 eröffnet. Am 1. Dezember 1909 konnte der Anschluß bis Lommatzsch fortgesetzt werden.

Als nächstes wurde eine Verbindung zwischen Döbeln und Lommatzsch und damit zum Wilsdruffer Netz in Angriff genommen. Hier sollte der in diesem Gebiet durch ungünstige Wege umständliche Straßentransport von Zuckerrüben durch die Eisenbahn übernommen werden. Es gelang, bestehende Strecken auszunutzen, indem die neue Strecke in Gärtitz und in Mertitz eingebunden wurde. Gleichzeitig wurde das 4,3 km lange Gemeinschaftsgleis zwischen Döbeln und Großbauchlitz durch zwei getrennte Gleise verschiedener Spurweiten ersetzt. Die neue Strecke wurde am 27. November 1911 eröffnet.

Neben Garsebach entstanden nun zwei neue Gabelstellen, wie in diesem Gebiet die Abzweigbahnhöfe

Bild 2.184 Typisch für das Mügelner Netz: Lokomotiven der ehemaligen Gattung IV K, hier im Bahnhof Mügeln (1971)
Foto: Preuß

genannt wurden. Somit war das umfassendste Netz in Sachsen vollendet.

Im Mügelner Netz wurden im wesentlichen landwirtschaftliche Erzeugnisse, im Herbst Zuckerrüben, Kohle, Dünger, Kaolin und anfangs auch Tiere befördert. Das saisonbedingte Aufkommen an Zuckerrüben wurde u. a. durch reine Rübenzüge zwischen Mertitz-Gabelstelle und Döbeln bewältigt. Von Glossen aus gelangten Quarzitsteine zu Hochofenanlagen in den Gebieten der Schwerindustrie.

Der Personenverkehr, der meist gemeinsam mit Güterwagen in gemischten Zügen erfolgte, hatte keine besondere Bedeutung. Er bestand aus dem Schüler- und Berufsverkehr; in geringem Maße ergab sich auch ein Ausflugsverkehr nach Wermsdorf mit dem Horstsee und der Hubertusburg, zwischen Lommatzsch und Meißen sowie zum Strehlaer Lorenzmarkt im August. Wesentlich stärker trat der Personenverkehr zwischen Oschatz und Mügeln in Erscheinung.

Bis 1964 hatte die Gütertransportmenge eine stets steigende Tendenz: 1886 – 44800 t, 1911 – 212453 t und 1964 370000 t. Mitunter mußten zwischen 1950 und 1960 Lokpersonale anderer Strecken (z. B. von Kirchberg, Annaberg, Reichenbach) im Mügelner Netz für zusätzliche Güterzüge aushelfen. Ferner wurde für die Relation Mügeln—Kroptewitz von 1950 bis zum 13. Dezember 1964 zusätzlich ein Personenverkehr eingerichtet.

Nach der Mitte der sechziger Jahre verlor jedoch mit der Verlagerung der Gütertransporte auf die Straße das Netz immer mehr an Bedeutung. Als erstes wurden der Personenverkehr und der planmäßige

67

Gmp 11353 ⁘ (72,1) 3. Klasse

Neichen—Mügeln (b Oschatz)

Höchstgeschwindigkeit 20 km/h
K 44. 7 u 8 (99^{51-60})

Mindestbremshundertstel Hbbr 43
Köbr 31

Last
- **Nei—Ner-G 150 t**
- **Ner-G—Wag 200 t**
- **Wag—Mutzsch 125 t**
- **Mutzsch—Müg 200 t**

Fahrplan an W:

1	2	3	4	5	6	7	8	9	10	11	12	13
Entfernung km	Beschränkung der Höchstgeschw im Gefälle km/h	Bahnhöfe und Haltepunkte	Ankunft	Aufenthalt M	Abfahrt	planmäßige Fahrzeiten M	kürzeste Fahrzeiten M	Kreuzung mit Zug	überholt / wird überholt durch Zug	Einfahrt in Gleis	bei Einf: Halt od Höchstgeschw km/h	Zuglaufmeldung durch
.		**Neichen**	—	—	7 29			11352				
2,1		Nerchau-Gornewitz (u)	7 37	3	40	8,0	6,7			2		
1,5		Denkwitz (u)	46	1	47	5,6	4,9			1		
1,4		Cannewitz (u)	53	4	57	5,6	4,6			1		
1,5		Wagelwitz (u)	8 03	3	8 06	5,8	4,9			1		
1,6		Böhlitz-Roda (u)	—	×	15	8,4	5,2			1		
1,5		Mutzschen	22	6	28	6,6	4,9			2		
3,0		Wermsdorf (b Oschatz)	39	7	46	10,6	9,5			2		
3,4		Mahlis (u)	58	4	9 02	11,9	10,7			1		
2,2		Gröppendorf (u)	9 10	1	11	7,9	7,0			1		
0,2		Anschl Dr Richter	—	×	13	1,3	1,0					
0,9		Glossen (b Oschatz) (u)	17	7	24	3,7	3,2			1		
1,6		**Nebitzschen** (u)	30	10	40	5,9	5,2	1422		4	Halt	Z
1,3		Anschl Lipsia VEB	—	×	45	4,9	4,3					
0,4		Altmügeln (u)	47	1	48	1,9	1,6			1		
1,3		**Mügeln (b Oschatz)**	9 54	—	—	5,6	4,7					
23,9				47,0		93,7	78,4					

⁘ Fahrplan an S siehe nächste Seite

Rangiermin nach Rangierdienstart 2 : 25

Bild 2.185 a
Aus dem Buchfahrplan 1952

N 11398 (70,3) B — 83

Oschatz—Mügeln (b Oschatz)

Verkehrt nur, wenn N 11366 ausfällt

Höchstgeschwindigkeit 20 km/h
K 44. 7 u 8 (99^{51-60})

Last 200 t

Mindestbremshundertstel Hbbr 43
Köbr 31

1 Entfernung km	2 Beschränkung der Höchstgeschw im Gefälle km/h	3 Bahnhöfe und Haltepunkte	4 Ankunft	5 Aufenthalt M	6 Abfahrt	7 planmäßige Fahrzeiten M	8 kürzeste Fahrzeiten M	9 Kreuzung mit Zug	10 überholt / wird überholt durch Zug	11 Einfahrt in Gleis	12 bei Einf: Halt od Höchstgeschw km/h	13 Zuglaufmeldung durch
		Oschatz	—	—	**23**30							
2,1		Oschatz Süd	**23**45	+ 3	48	14,3	12,9					
1,2		Altoschatz-Rosenthal (u)	—	×	53	4,8	4,3			1		
1,0		Thalheim (b Oschatz) (u)	58	2	**0**00	4,3	3,5			1		Z
2,9		Naundorf (b Oschatz) (u)	**0**11	6	**0**17	10,5	9,2			1		Z
2,7		Schweta (b Oschatz) (u)	—	×	27	9,5	8,6			1		
1,5		**Mügeln (b Oschatz)** ...	**0**33	—	—	6,2	5,0					
11,4				11,0		49,6	43,5					

Rangiermin nach Rangierdienstart 2: 5

Gmp 11400 (72,1) 3. Klasse W

Mügeln (b Oschatz)—Kroptewitz

Höchstgeschwindigkeit Müg—Neb 20 km/h
Neb—Krop 15 km/h
K 44. 7 u 8 (99^{51-60})

Last { bis Neb 200 t / ab Neb 95 t

Mindestbremshundertstel Hbbr 50
Köbr 31

1	2	3	4	5	6	7	8	9	10	11	12	13
		Mügeln (b Oschatz) ...	—	—	**4**30							
1,3		Altmügeln ....(u)	**4**36	1	37	5,9	5,4			1		
0,4		Anschl Lipsia VEB	—	×	39	2,1	1,9					
1,3		**Nebitzschen**........(u)	44	3	47	5,1	4,6			4	Halt	Z
2,7		Kemmlitz (b Oschatz) (u)	**5**01	65	**6**06	13,6	11,5			1		Z
1,8		Börtewitz ....(u)	**6**16	2	18	9,5	8,1			2		
1,2		Anschl Kaolinwerke (vorm Baensch)	—	×	24	6,1	5,5					
0,6		**Kroptewitz** ....(u)	**6**28	—	—	3,4	3,1			3		
9,3				71,0		45,7	40,1					

Rangiermin nach Rangierdienstart 2: 60

Bild 2.185 b
Aus dem Buchfahrplan 1952

Bild 2.186
Tägliches Bild bei Güterzügen vor Einfahrt in den Bahnhof Oschatz: Lok 99 1564 setzt als zweite Maschine an den Zug, und mit doppelter Kraft geht es über den Berg in den Bahnhof
Foto: Preuß

Güterverkehr zwischen Döbeln Nord und Mügeln am 13. Dezember 1964, der Bedarfs-Güterverkehr am 13. Oktober 1966 eingestellt. Mit der Stillegung des Abschnittes Garsebach—Löthain am 21. Mai 1966 wurde die Verbindung zum Wilsdruffer Netz aufgelöst, der Restabschnitt bis Lommatzsch verblieb noch zur Abfuhr der Tonvorkommen bei Löthain bis zum 28. Oktober 1972 in Betrieb. Seitdem wird der Ton mit Lkw zum Bahnhof Deutschenbora gefahren.
Zur Stillegung des Streckenabschnittes Kemlitz—Kroptewitz kam es am 30. November 1967. Eingestellt wurder der Zugverkehr zwischen Döbeln-Gärtitz und Kleinmockritz am 31. Mai 1969, zwischen Kleinmockritz und Mertitz Gabelstelle am 30. Mai 1970.
Durch die Zuordnung von Strehla zum Kreis Riesa ging der Personenverkehr nach Oschatz stark zurück, da die Bahn vorher für die Fahrten zu den Behörden benutzt wurde. Die Stillegung der Strecke Oschatz—Strehla war deshalb bereits für 1967 vorgesehen, den Elbkaianschluß hatte man schon 1956 abgebaut. Ab 1965 erwarteten in Strehla nur noch eine Leimfabrik und die Bäuerliche Handelsgenossenschaft Güterwagen. Am 31. Januar 1972 fuhr der letzte Zug.
Dieser Stillegung folgte eine des Streckenabschnitts Wermsdorf (b Oschatz)—Nebitzschen am 30. September 1972. Aus dem Netz von 108 km blieb 1975 die Strecke Oschatz—Kemlitz mit 17,6 km übrig. Sie wird zur Kaolinabfuhr noch genutzt. Der Personenverkehr zwischen Oschatz und Mügeln war am 28. September 1975 eingestellt worden.
Die Strecken des Mügelner Netzes lagen am Rande der Leipziger Tieflandbucht und hatten keine besonderen Höhenzüge zu überwinden. Durch Heranführung möglichst an jeden Ort und Anpassung an die hügelige Landschaft kam es zu recht kurvenreichen Gleisanlagen. Von den wenigen Brücken war die Garsebacher Brücke über die Triebisch am bekanntesten.
Der Gedanke, zur Fortsetzung der Strecke von Nerchau-Trebsen nach Wurzen eine dritte Schiene in das Regelspurgleis einzulegen, war schon beim Bau der Schmalspurstrecke aufgegeben worden. Mehrspurig wurde anfangs der Abschnitt Döbeln—Signalstation (4,3 km) genutzt. Eine verzogene Kreuzung durch Weichen und Mischspur besteht noch in Oschatz.
Unabhängig von der Entstehung des Streckennetzes entwickelten sich an Zugverbindungen:

Bild 2.187
Zugfahrt durch Oschatz
Foto: Kluge

Bild 2.188
Zug von Strehla
nach Oschatz
am Schmorkauer Berg
(1971)
Foto: K.-J. Wohllebe

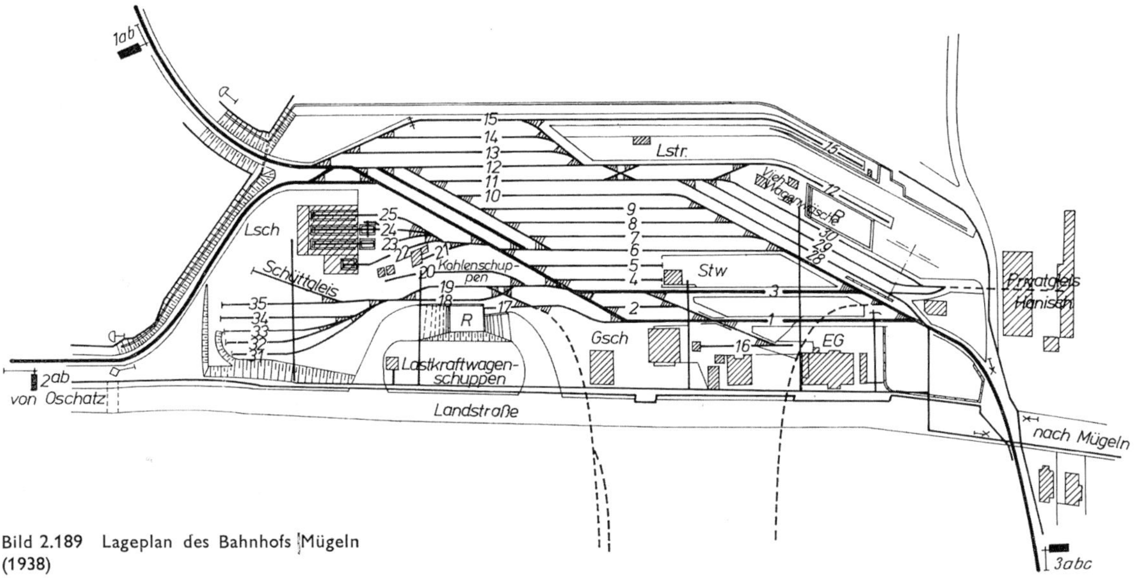

Bild 2.189 Lageplan des Bahnhofs Mügeln (1938)

Oschatz—Neichen
Döbeln—Lommatzsch
Döbeln—Mügeln
Lommatzsch—Meißen-Triebischtal
Mügeln—Kroptewitz.

Vielfach wurden auch planmäßig Personenzüge zwischen Gärtitz und Döbeln vereinigt, wobei die freiwerdende Lokomotive die Rangierarbeiten in Gärtitz übernahm.

Die drei Gabelstellen waren besetzte Bahnhöfe mit Einfahrsignalen.

Der wichtigste Bahnhof des Netzes und der wohl größte Schmalspurbahnhof Mitteleuropas war Mügeln mit einer Länge von etwa 500 m als Ausgangspunkt zu vier Strecken (die Verbindung nach Kroptewitz zugerechnet). Zahlreiche Gleise für Zug- und Rangierfahrten, aber auch für Nebenanlagen und sechs Anschlußgleise ermöglichten einen regen Betrieb. An drei Bahnsteigen wurden in den 50er Jahren 30 Personenzugpaare je Tag abgefertigt. Etwa 20 Güterzüge befuhren in dieser Zeit täglich den Bahnhof Mügeln.

Für die Lokomotiven steht in Mügeln ein vierständiger Schuppen, in dem bis zu 24 Maschinen stationiert waren. Vom 1. April 1951 bis 1. Mai 1967 war Mügeln ein selbständiges Bahnbetriebswerk.

Weitere Lokomotivschuppen für das Netz befanden sich in Oschatz, Strehla, Wermsdorf, Neichen, Lommatzsch und Döbeln.

Bis in die neunziger Jahre des vorigen Jahrhunderts sind Lokomotiven der Gattung I K, die mitunter in Doppelbespannung fahren mußten, eingesetzt worden. Lokomotiven der Gattung IV K erhielt das Netz 1894, zuerst die Nr. 117. In den dreißiger Jahren waren von der Gattung IV etwa 15 Lokomotiven und leihweise Maschinen der BR 99^{64-72}, letztere für den starken Rübenverkehr zwischen Lommatzsch und Döbeln, eingesetzt.

Abgesehen von den Aushilfen zum Rübenverkehr aus Wilsdruff, Eppendorf, Jöhstadt und Kirchberg, dem Versuch mit einer Lokomotive der Gattung III K, dem Einsatz von Maschinen der ehemaligen Gattung V K zuerst 1923 und dann von 1927 bis 1940 sowie den Fremdlokomotiven (Tabelle 2.89) sind seit 1915 bis heute ausnahmslos nur Maschinen der Gattung IV K eingesetzt. Auch hier hat sie sich bewährt.

Für ein solches Netz mußte eine beträchtliche Anzahl an Wagen vorgehalten werden. Noch in den 50er Jahren, als der Einsatz von Rollwagen nicht gering war, bestand der schmalspurige Wagenpark aus etwa 150 gedeckten, 470 offenen, 30 Gepäckwagen (alle zwei- und vierachsig) sowie 100 Personenwa-

Bild 2.190
Zug im Bahnhof Lommatzsch (1962)
Foto: Sammlung Krause

gen. Bis zum heutigen Tage wird mit Heberleinbremse gefahren.
Der Rollwagenverkehr ist in den zwanziger Jahren nach Verstärkung des Oberbaues an Stelle des Rollbockverkehrs eingeführt worden. Umsetzmöglichkeiten für Regelspurwagen wurden in Döbeln, Nerchau-Trebsen und Oschatz eingerichtet. [142, 156, 158]

2.7.11. Netz von Wilsdruff (750 mm)

Zum Netz von Wilsdruff wurden die Strecken

Freital-Potschappel—Wilsdruff	10,9 km
Wilsdruff—Nossen	27,9 km
Wilsdruff—Meißen-Triebischtal	17,5 km
Klingenberg-Colmnitz—Oberdittmannsdorf	18,5 km

gerechnet. Im weiteren Sinne gehörten dazu die Strecken Hainsberg—Kipsdorf (siehe Abschnitt 2.7.12.) und Klingenberg-Colmnitz—Frauenstein (siehe Abschnitt 2.7.13.).
Das Netz lag zwischen den Regelspurstrecken Dresden—Freiberg (—Zwickau), Freiberg—Nossen und Dresden—Meißen(—Leipzig). Es war mit dem Mügelner Netz (siehe Abschnitt 2.7.10.) durch die Gabelstelle (Abzweigstelle) Garsebach verbunden.
Für die Lösung der Verkehrsprobleme im Raume Wilsdruff hatte es zahlreiche Pläne gegeben. Sie zielten meist auf eine direkte Verbindung mit Dresden ab. Weil aber auch ein kurzer Anschluß zu den damaligen Kohlebergwerken im Plauenschen Grund notwendig war, fiel die Entscheidung für die Einbindung in Potschappel. Dem erwarteten Verkehrsumfang entsprechend war eine Schmalspurbahn ausreichend.
Für den Bau bis Wilsdruff wurde von Potschappel bis Niederhermsdorf auf 2,38 km die bereits bestehende regelspurige Kohlebahn durch Einlegen einer dritten Schiene ausgenutzt. Am 1. Oktober 1886 konnte die erste Strecke des Netzes eröffnet werden. Die Fortsetzung von Wilsdruff über Mohorn nach Nossen wurde am 31. Januar 1899 freigegeben.
Die alten Forderungen nach einer Regelspurstrecke von Wilsdruff nach Meißen verstummten währenddessen nie. Der Sächsische Landtag hatte am 14. Juni 1898 jedoch nur eine Schmalspurbahn genehmigt. Sie wurde am 1. Oktober 1909 zwischen Wilsdruff und Meißen-Triebischtal eröffnet.
1913 ist die Verbindungsstrecke zwischen dem Bahnhof Freital-Potschap-

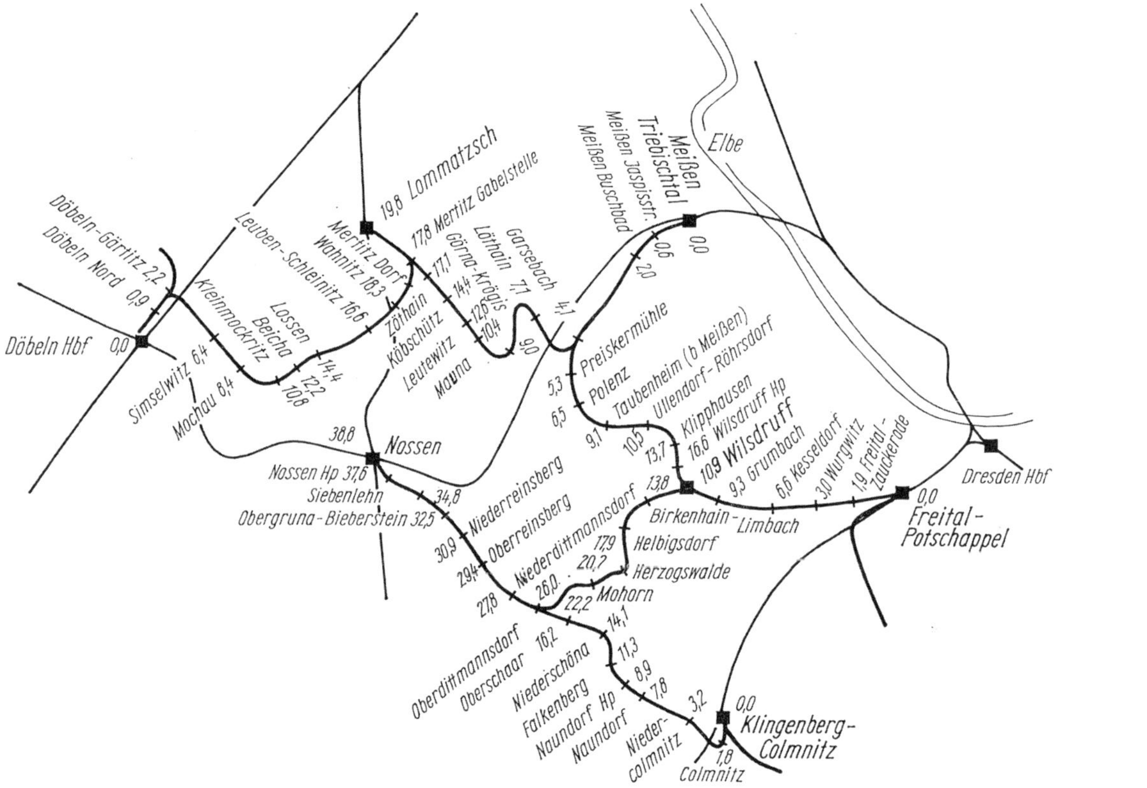

pel und Hainsberg als Dreischienengleis hergestellt worden. Es wurde für den Austausch von Lokomotiven und Wagen zwischen dem Netz und der Kipsdorfer Strecke genutzt, jedoch nicht für den öffentlichen Verkehr. Eine weitere Verbindungsstrecke, die hauptsächlich für den Betriebsmittelaustausch zwischen dem Netz und der Frauensteiner Strecke vorgesehen war, aber auch dem öffentlichen Zugverkehr diente, wurde zwischen Klingenberg-Colmnitz und Oberdittmannsdorf am 1. November 1923 in Betrieb genommen, nachdem der Abschnitt bis Naundorf schon am 1. Oktober 1921 eröffnet war.

Das „innere" Wilsdruffer Netz hatte nun mit einer Gesamtstreckenlänge von 74,8 km Anschluß zu vier Regelspurbahnhöfen und Anschluß zu drei weiteren Schmalspurstrecken.

Das Erzgebirgsvorland bot den Reisenden in diesem Netz eine abwechslungsreiche Fahrt. Zahlreiche Höhenzüge und Flußläufe waren zu überqueren. Etwa 150 Ortschaften wurden berührt. Die Strecken wurden jedoch nie besonders beansprucht.

Ähnlich wie in anderen Gebieten setzte die Streckenschrumpfung in den letzten 60er Jahren ein, als immer mehr Güter auf den Straßenverkehr verlagert wurden und die an sich schon nicht große Anzahl der Reisenden durch Abgänge zum Autobus noch geringer wurde. Die Stillegungen begannen mit der Strecke Wilsdruff—Meißen-Triebischtal am 21. Mai 1966 (letzter Zug mit 99713), wobei Güterzüge zwischen Wilsdruff und Ullendorf-Röhrs-

Bild 2.191
Güterzug mit Lok 99 685 bei Nossen (1969)
Foto: Wünschmann

dorf noch bis zum 1. Juli 1969 gefahren sind.
Die Einstellung des Güterverkehrs folgte am 1. Juni 1971 zwischen Klingenberg-Colmnitz und Oberdittmannsdorf. Die Personenbeförderung wurde auf dieser Strecke am 27. Mai 1972 beendet.
Zwischen Freital-Potschappel und Wilsdruff war am 1. Februar 1972 der Güterverkehr aufgegeben worden; der Personenverkehr ging am 27. Mai 1972 auf der Fortsetzungsstrecke nach Nossen zur gleichen Zeit zu Ende. Schon Wochen vorher war der Reiseverkehr im Schienenersatzverkehr gefahren worden. Für eine Papierfabrik mußte der Güterverkehr zwischen Nossen und Biberstein noch bis zum 3. Dezember 1973 aufrechterhalten bleiben. Am 1. Oktober 1972 war der Abschnitt Freital-Potschappel—Mohorn endgültig stillgelegt worden.
Die Strecken wiesen zahlreiche Neigungen auf. Allein zwischen Freital-Potschappel und Wilsdruff lagen 88 Prozent der Strecke in Neigungen. Als stärkste Neigung kam 1:40 vor. Der kleinste Krümmungshalbmesser betrug 80 m.
Ein besonderer Bahnsteig mit Gleisunterführung und Bahnsteigtunnel war in Freital-Potschappel vorhanden.
Der Einsatz der Lokomotiven erfolgte von Wilsdruff aus. Von 1951 bis 1968 bestand hier ein selbständiges Bahnbetriebswerk. Weitere Lokomotivschuppen befanden sich in Mohorn, Meißen-Triebischtal und Nossen. Wilsdruff war auch für den Einsatz der Lokomotiven auf den Strecken nach Kipsdorf, Radeburg und nach dem zweiten Weltkrieg nach Hohnstein zuständig.
Im „inneren" Netz versah anfangs die Gattung I K und IV K den Dienst. Mit der Auslieferung der Gattung VI K und der BR 99^{67-71} wurden die I K und die IV K abgezogen, so daß Wilsdruff das Zentrum der neuen Lokomotivgattung wurde. Bis zur Schließung des Streckennetzes ist keine andere Gattung im Wilsdruffer Netz beheimatet worden. Maschinen der ehemaligen Gattung IV K wurden nur noch aushilfsweise eingesetzt oder kamen mit Zügen aus dem Mügelner Netz nach Meißen-Triebischtal.
In dem Wilsdruffer Netz war auch erstmals der VT 137 600 eingesetzt. Versuche mit den beiden Neubau-Diesellokomotiven V 36 4801/4802 brachten kein befriedigendes Ergebnis.
Für die regelspurigen Güterwagen bestand Umsetzmöglichkeit in Freital-Potschappel und Nossen, auch der Übergang vom Mügelner Netz wurde genutzt, soweit es die Brems-

Bild 2.192
Zug mit Lok 99 1706
beim Haltepunkt Siebenlehn
(1971)
Foto: Preuß

Bild 2.193
Von Löthain
nach Lommatzsch
mit Lok 99 1600 (1971)
Foto: Preuß

29

P 1808 (11176) **(30,1)** 3. Klasse **W**

Lommatzsch—Meißen Triebischtal

Höchstgeschwindigkeit 25 km/h
K 44. 7 u 8 (99^{55-60})

Last 70 t

Mindestbremshundertstel Köbr 54
Hbbr 76

1	2	3	4	5	6	7	8	9	10	11
.		**Lommatzsch**	—	—	**1520**					
2,0		**Mertitz Gabelstelle**	**1526**$_5$	2	**1528**$_5$	6,3	5,6			

Mertitz Gabelstelle—Garsebach vereinfachter Nebenbahndienst

1	2	3	4	5	6	7	8	9	10	11	12	13
Entfernung km	Beschränkung der Höchstgeschw im Gefälle km/h	Bahnhöfe und Haltepunkte	Ankunft	Aufenthalt M	Abfahrt	planmäßige Fahrzeiten M	kürzeste Fahrzeiten M	Kreuzung mit Zug	überholt / wird überholt durch Zug	Einfahrt in Gleis	bei Einf.: Halt od Höchstgeschw km/h	Zuglaufmeldung durch
		Mertitz Gabelstelle	**1526**$_5$	2	**1528**$_5$			1805				
0,7		Zöthain ....(u)	31$_5$	1	32$_5$	2,9	2,5			1		
2,7		Käbschütz ....(u)	41	1	42	8,3	7,3			1		
1,8		Leutewitz ....(u)	47$_5$	1	48$_5$	5,3	4,8	(11173)		1	Halt ◻	
2,2		Mauna ....(u)	55	2	57	6,7	5,8			1		
1,4		Görna-Krögis ....(u)	**1603**	1	**1604**	6,0	4,8			1		
1,9		Löthain ....(u)	10	1	11	6,0	5,1			3		Z
3,0		**Garsebach**	**1621**$_5$	1	**1622**$_5$	10,7	9,4					

1	2	3	4	5	6	7	8	9	10	11
		Garsebach	**1621**$_5$	1	**1622**$_5$					
2,0		Meißen Buschbad ...(u)	30	1	31	7,4	6,3			
1,5		Meißen Jaspisstraße .(u)	35$_5$	1	36$_5$	4,3	3,8			
0,6		**Meißen Triebischtal** ...	**1639**	—	—	2,6	2,3			
19,8				12,0		66,5	57,7			

◻ Wenn N 11173 B verkehrt

Rangiermin nach Rangierdienstart 2: 5

Bild 2.194
Aus dem Buchfahrplan 1952

Bild 2.195
Bahnhof Wilsdruff (1971)
Foto: Preuß

systeme (Heberlein, Körting) zuließen. Im Raume Wilsdruff war der Profilmeßwagen beheimatet. [142, 143]

2.7.12. Freital-Hainsberg—Kurort Kipsdorf (750 mm)

Die Bahn beginnt an der Hauptbahn Dresden—Zwickau und führt in südlicher Richtung ins Erzgebirge. Sie verbindet außerdem die beiden Kreisstädte Freital und Dippoldiswalde.
Schon 1872 wurde der Bau einer Eisenbahn von Freiberg über Dippoldiswalde nach Pirna geprüft. Die Geländeschwierigkeiten um Dippoldiswalde ließen den Bau einer

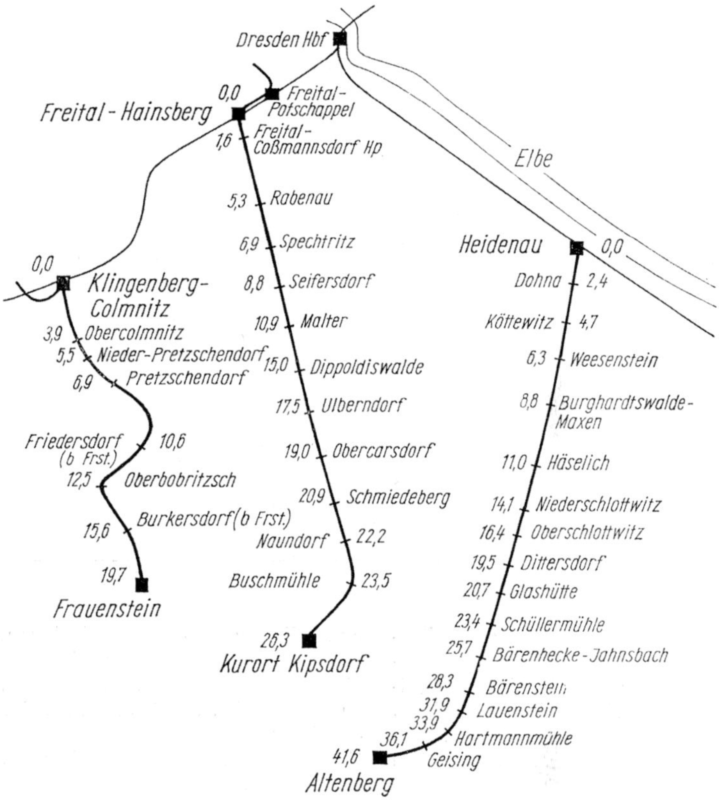

Schmalspurbahn durch das enge Tal der Roten Weißeritz als geraten erscheinen. Diese Strecke sollte auch Industriezweige anregen, für die Nutzung der Wasserkräfte Betriebe anzusiedeln und sich der Bahn zu bedienen.
Nach dem 1. Spatenstich am 16. Juli 1881 im Rabenauer Grund wurde am 1. November 1882 die Bahn als 2. sächsische Schmalspurbahn zunächst bis Schmiedeberg eröffnet; das Reststück bis Kipsdorf ging am 3. September 1883 in Betrieb.

Der Plan, eine Strecke in Schmiedeberg für die Weiterführung über Bärenfels nach Moldau abzuzweigen, wurde nicht verwirklicht, doch war 1910 der Bau der Industriebahn Schmiedeberg—Bärenfels im Gange.
Durch den Bau eines 3 km langen Verbindungsgleises von Hainsberg nach Freital-Potschappel im Jahre 1913 wurde der Übergang von Lokomotiven und Wagen zwischen dieser Strecke und dem Wilsdruffer Netz ermöglicht.

Bild 2.196 Bahnhof Schmiedeberg (um 1930)
Foto: Deutsche Fotothek Dresden/Möbius

Bild 2.197
Bahnhof Kipsdorf (1975)
Foto: Scholz †

Mit der Schmalspurbahn wurde Kipsdorf schlagartig Erholungsort. Zahlreiche Villen und Landhäuser entstanden in Kipsdorf wie auch in Bärenfels und Oberbärenburg. Neu entstand Tal-Kipsdorf. Die Bahn hat auch hier die Verbreitung des Wintersports erheblich gefördert. Der Ausflugsverkehr orientiert sich auf drei Gebiete: Rabenauer Grund, Malter-Talsperre, oberes Erzgebirge.
Zahlreiche Industriebetriebe mit einem hohen Transportbedarf gaben und geben der Bahn ihre Berechtigung. Die größten Nutzer im Güterverkehr sind eine Möbelfabrik in Rabenau, mehrere Betriebe in Dippoldiswalde und vor allem eine Eisengießerei in Schmiedeberg (größte Tempergießerei der DDR).
Die in letzten Jahren geäußerte Absicht, die Teilstrecke von Schmiedeberg nach Kurort Kipsdorf zugunsten des Ausbaus der Transitstraße nach Zinnwald Prag stillzulegen, ist bisher nicht bestätigt worden. Die Gesamtstrecke gehört mit zu den zu erhaltenden Touristikbahnen der DR. [144]
Von Freital-Hainsberg bis Kipsdorf (533,48 m ü. NN) überwindet die Bahn einen Höhenunterschied von 351 m. Die 26,3 km lange Strecke befindet sich zu 93 Prozent in der Neigung. Die größte Neigung beträgt 1:33, der kleinste Krümmungshalbmesser auf freier Strecke 50 m. 32 Prozent der Strecke liegen in der Krümmung. Die Strecke hat 40 Brücken zu überqueren. Bis 1904 bestand ein Tunnel im Rabenauer Grund, der für den Rollbockverkehr aufgeschlitzt werden mußte.
Einige Anlagen des Bf Rabenau mußten aus Platzmangel und teilweise freitragend mit Stützmauern über die Weißeritz errichtet werden. 1903/04 wurde ein neuer Bf Hainsberg gebaut; das hatte eine Streckenverlängerung von 630 m zur Folge. Durch Eingemeindung heißt der Bahnhof ab 1964 Freital-Hainsberg und der Haltepunkt Hainsberg (Sachs) Süd nun Freital-Coßmannsdorf.
Zu einer kurzen Betriebsunterbrechung führte die Hochwasserkatastrophe am 31. Juli 1897, die durch eine meterhohe Flutwelle zahlreiche Eisenbahnbrücken im Rabenauer Grund zerstört hatte.
Durch den Stau der Roten Weißeritz in der Malter-Talsperre machte sich 1912 bis 1914 eine Erhöhung der Strecke um 35 m sowie der Neubau des Bf Malter notwendig. 1932 bis 1935 wurde der Bf Kipsdorf erweitert. Er erhielt u. a. ein hochgebautes Stellwerk und ein repräsentatives Empfangsgebäude; die Gepäckwagen können bis in das Bahnhofsgebäude gefahren werden, so daß

Bild 2.198
Zug von Kipsdorf auf der Schmiedeberger Brücke
Foto: Neumann

ein bequemer Transport des Urlaubergepäcks mit dem Aufzug zu den höhergelegenen Abfertigungsräumen möglich ist.
Diese Strecke hat sämtliche Lokomotivbaureihen Sachsens der 750-mm-Spur gesehen. Die Baulokomotive Nr. 5 von Hagans war die erste Lokomotive. Mit der I K wurden auch die englischen Lokomotiven der Gattung II K (alt) eingesetzt. Gegenwärtig sind hier die Baureihen 99^{73-76} und 99^{77-79} im Einsatz. Lokomotivschuppen stehen am Anfang und Ende der Strecke.
Zu den üblichen Wagen Sachsens wurde einst den Personenzügen dreimal täglich ein Wagen der Post beigestellt, der von Postbeamten begleitet wurde. Der Güterverkehr konnte ab 1906 im wesentlichen auf Rollböcken, später auf Rollwagen abgewickelt werden. [151, 152, 162, 174]

2.7.13. Klingenberg-Colmnitz—Frauenstein (750 mm)

Die Strecke begann an der Hauptbahn Dresden—Zwickau und führte in südlicher Richtung zum Erzgebirgskamm. Durch die 1921 gebaute Verbindungsstrecke nach Oberdittmannsdorf ist sie mit dem Wilsdruffer Schmalspurnetz verbunden worden.
Pläne sahen bereits 1865 eine Eisenbahnstrecke von der böhmischen Stadt Dux über Frauenstein nach Klingenberg vor. Doch erst 1896 bewilligte der sächsische Landtag die Mittel für eine Schmalspurbahn von Klingenberg-Colmnitz nach Frauenstein.
Am 15. September 1898 wurde die Strecke eröffnet. Das Aufkommen an Gütern und Reisenden war nie besonders stark. Es ist nach dem zweiten Weltkrieg immer weiter zurückgegangen. Im Personenverkehr hatten die durch schlechten Oberbauzustand immer länger werdenden Fahrzeiten den Rückgang von Reisenden und in der Folge die Reduzierung der Personenzüge beschleunigt. Nachdem im Jahre 1969 die Gütertransporte auf den Kraftverkehr verlagert wurden, war die Einstellung des Betriebes für Oktober 1971 vorgesehen. Eine Entgleisung am 20. September 1971, bei der die Zuglokomotive 991715 (ex 99715) stürzte, ohne daß Personen zu Schaden kamen, war für die Rbd Dresden Anlaß, bereits an diesem Tage die Strecke stillzulegen.
Die 19,7 km lange Strecke begann in Klingenberg-Colmnitz 435,5 m ü. NN und führte, bis auf eine Talfahrt mit einem Höhenunterschied von 48 m ins Bobritzschtal, immer bergan. Der Bahnhof Frauenstein lag 654,5 m ü. NN. Wegen der Gebirgslage mußte der Betrieb infolge

Bild 2.199
Bahnhof
Klingenberg-Colmnitz;
Lok 99 703 (links)
fährt den Zug nach Oberdittmannsdorf,
Lok 99 714 (rechts)
fährt den nach Frauenstein
(1969)
Foto: Krause

Bild 2.200
Bahnhof Frauenstein
Foto: Wünschmann

starker Schneeverwehungen mehrere Male eingestellt werden.
Für die Lokomotiven hatte man außer dem Schuppen in Klingenberg-Colmnitz einen zweiständigen Schuppen in Frauenstein gebaut. Die ersten Lokomotiven der Gattung I K wurden von der Gattung VI K und der Baureihe 99^{64-72} abgelöst.
Trotz Drängens anliegender Fabrikbesitzer ist es nicht zum Rollfahrzeugverkehr gekommen. Alle Güter mußten in Klingenberg-Colmnitz, wo 1962 eine neue Krananlage aufgestellt wurde, zur Weiterbeförderung von oder auf Regelspurwagen umgeladen werden. Für die Güterbeförderung stand daher ein umfangreicher Park an gedeckten und offenen Schmalspurgüterwagen, auch Klappdeckelwagen, bereit. [155, 160, 163]

2.7.14 Klotzsche–Königsbrück (750 mm)

Um der Land- und Forstwirtschaft, den Glas- und Sägewerken in Moritzdorf und Schwepnitz und der in diesem Gebiet noch gering entwickelten Industrie Entwicklungsmöglichkeiten durch bessere Verkehrsverhältnisse zu bieten, wurde am 17. Oktober 1884 die Strecke in einer Länge von 19,49 km eröffnet. Die der Landschaft entsprechende Trassenführung stellte dem Bahnbau keine Schwierigkeiten entgegen, so daß die Strecke meist in Geländehöhe angelegt werden konnte. Eingerichtet wurden u. a. fünf Anschlußgleise für Fabriken, zwei Gleisbrückenwaagen, drei Wasserstationen.
Der Güterverkehr entwickelte sich in den ersten Jahren weit über den Erwartungen. Nach der Eröffnung der Bahn entstanden acht neue Fabriken. Der Bau umfangreicher Kasernen und die Einrichtung eines Truppenübungsplatzes bei Königsbrück zwangen zu einer neuen Verkehrslösung. Gleichzeitig forderte die keramische Industrie eine Verlängerung der Schmalspurlinie um 9,66 km bis Schwepnitz.

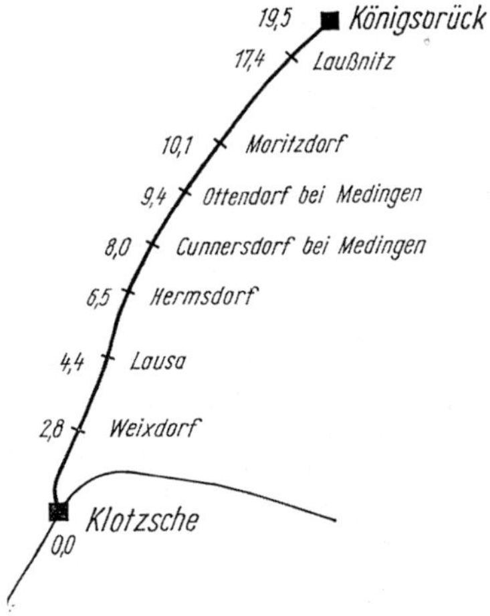

Auf Drängen des sächsischen Kriegsministeriums beschloß 1896 der sächsische Landtag den Umbau der Schmalspurbahn mit einem Kostenaufwand von 1 Million Mark und die regelspurige Verlängerung bis Schwepnitz vor allem aus militärischen Gründen.
Der Umbau der Bahn, der im August 1896 begann, war leicht. Nur an 15 Stellen auf einer Gesamtlänge von 800 Metern war wegen Änderung der Krümmungen und zur Gleisabrückung von der Dorfstraße ein neuer Bahnkörper anzulegen. Beim Aufbau der Regelspurschienen und beim Neuverlegen von Regelspurschwellen konnte der Schmalspurbetrieb aufrechterhalten werden. Zugleich fuhren die Schmalspurzüge die für den späteren regelspurigen Betrieb neu verlegten Schwellen fest. Zum größten Teil beließ man die Hochbauten (z. B. Lokomotivschuppen in Königsbrück). Am 25. November 1896 waren die Umbauarbeiten beendet. Für die Vervollständigung der Regelspurgleise mußten schrittweise die entbehrlichen Schmalspuranlagen abgebrochen werden. Der Rückbau geschah mit Schmalspurzügen. Am 31. März 1897 wurde der Betrieb auf der Schmalspurbahn eingestellt und der Regelspurbetrieb aufgenommen.
Die Bahn begann in Klotzsche (191,65 m ü. NN) und verlief in kurzer und geringer Steigung mit anschließendem Gefälle nordwärts am Haltepunkt Weixdorf vorbei über Lausa, Hermsdorf (164,84 ü. NN). Nun stieg die Strecke geringfügig, um ab Moritzdorf 7 km durch die Laußnitzer Heide nach Laußnitz zu

Bild 2.201 Kessel auf zweiachsigem Tragwagen der Dünger-Export-Gesellschaft zu Dresden für den Fäkalientransport auf der Strecke Klotzsche—Königsbrück (1892)
Werkfoto: Sammlung Preuß

führen. Königsbrück (185,32 m ü. NN) war bei km 19,49 Endstation.
Bemerkenswert für die Bahn war der Fäkalientransport von Dresden durch die Dünger-Export-Gesellschaft. Dafür waren Kessel vorgesehen, die von Dresden nach Klotzsche zu zweit auf einem Regelspurwagen befördert und dort – je Schmalspurwagen 1 Kessel – mit Hebezug auf mit Böken ausgerüstete Fahrzeuge umgesetzt wurden. [171]

2.7.15. Heidenau — Altenberg (750 mm)

Die Strecke begann an der regelspurigen Hauptbahn Dresden—Schöna und führte auf den Kamm des Erzgebirges in südlicher Richtung.
Seit 1866 war eine Eisenbahnverbindung vom Elbtal zum böhmischen Kohlerevier durch das Müglitztal erörtert worden. Die Pläne für einen über das Gebirge kostspieligen Durchgangsverkehr sind aber wieder aufgegeben worden, bestand doch schon eine sächsisch-böhmische Eisenbahnverbindung entlang des Elbtales. Für die Erzgebirgsorte war aber eine Eisenbahnverbindung dringend nötig.
Von den vorgeschlagenen Anschlußbahnhöfen an der Regelspurstrecke Pirna, Niedersedlitz und Mügeln wurde der letzte ausgewählt, weil nur so die Industrieanlagen im unteren Müglitztal berührt werden konnten.
Die Entscheidung für eine Schmalspurbahn fiel, um weitestgehend unter Verzicht kostspieliger Kunstbauten die windungsreiche Talsohle des Müglitztales ausnutzen sowie zahlreiche Anschlußgleise und Haltestellen in Fabrik- und Ortsnähe anlegen zu können. 14 Anschlußgleise sicherten die Verbindung zwischen Fabriken und Bahn.
Zunächst wurde die Strecke auf einer Länge von 36,10 km zwischen dem Bahnhof Mügeln (119,9 m ü. NN) und dem Bahnhof Geising-Altenberg (590,01 m ü. NN) mit 14 dazwischen liegenden Verkehrsstellen gebaut. Die Strecke befand sich vom Elbtal aus in ständiger Steigung. Die stärkste Steigung betrug auf 1782 m 1:30, der kleinste Radius 80 m. 40,33 Prozent der Strecke lag in Krümmungen.
Obwohl durch die Schmalspur die natürlichen Geländeverhältnisse ausgenutzt werden konnten, mußten 56 Brücken und ein Viadukt von 65 m Länge gebaut werden. Erd-, Fels- und Böschungsarbeiten sowie der Bau von Futtermauern erforderten mit 838545 Mark die größten Ausgaben.
Die 248 schienengleichen Wegübergänge haben das Schicksal der Bahn später noch maßgeblich beeinflußt.
Am 18. November 1890 konnte der Betrieb zwischen Mügeln und Geising-Altenberg eröffnet werden. Die Bahn wurde sofort außerordentlich beansprucht. Im unteren Teil des Müglitztales lagen viele Papier-, Zellstoff-, Gußstahl- und Chemiefabriken. In der Mitte in Glashütte ist die Uhrenindustrie zu Hause. Der obere Teil mit den Orten Geising, Altenberg, Zinnwald, Oberbärenburg und Schellerhau war stets ein beliebtes Ausflugsgebiet der Bevölkerung aus Dresden und Umgebung. Das Osterzgebirge mit der

Bild 2.202
Zug mit Doppeltraktion bei Geising (um 1930)
Foto: Deutsche Fotothek Dresden/Hahn

Höhenlage von 850 m ist im Winter ein ideales Sportgebiet. Bei solchen Bedingungen hatte die Bahn die größten Gewinne aller Schmalspurbahnen Sachsens zu verzeichnen. 1920 wurde der Anfangsbahnhof durch die Eingemeindung von Mügeln in Heidenau umbenannt. Mit Notstandsarbeitern ist die Strecke bis Altenberg (755 m ü. NN) auf 41,7 km erweitert worden, um ein noch günstigeres Wintersportgebiet anzuschließen.
Täglich verkehrten drei Güterzüge, für die die Zahl der Anschlußgleise auf 22 wuchs. Vier Personenzugpaare wurden wochentags um ein Berufszugpaar für das untere Tal und drei Zugpaare an Sonntagen ergänzt. Bei günstigen Wintersporttagen mußten zum Wochenende bis zu 4000 Personen nach Geising oder Altenberg befördert werden. Für die Rückfahrten an Sonntagen zwischen 15 und 18 Uhr wurden bis zu 10 Sonderzüge eingesetzt.
Diese Betriebsamkeit ist durch eine große Katastrophe plötzlich unterbrochen worden. In der Nacht vom 8. zum 9. Juli 1927 entlud sich im oberen Erzgebirge ein besonders schweres Gewitter. Das Erzgebirge, das zu jener Zeit in diesem Gebiet nahezu abgeholzt und ohne Stau- oder Rückhaltespeicher war, konnte das Regenwasser nicht aufhalten. Am Rande der Müglitz lagerndes Holz bildete mehrfach eine Verbauung, die mitunter zu Wasserhöhen von 8 m führte; nach Bruch des Holzes wurde die Katastrophe immer größer. Sturzwellen bis zu 4 m Höhe durchrasten das Tal.
Die Schmalspurbahn, an den Lauf der Müglitz angelehnt, wurde fast vollständig zerstört. Ein Zug nach Altenberg, den man am 8. Juli 1927 in Glashütte zurückhalten konnte, wurde von den Wassermassen um 100 m versetzt, rettete aber den zehn Reisenden, die über Nacht eingeschlossen waren, das Leben.
Die meisten Brücken und Gebäude der Bahn waren zerstört, die Bahnhöfe verschlammt. Die Wassermassen spülten sogar Wagen vom Gleiskörper und einzelne Gleisteile bis zur Elbe. Von den Lokomotiven ist jedoch nur eine beschädigt worden. Am meisten war der Abschnitt Köttewitz—Lauenstein betroffen. Hier stürzten von 28 Eisenbahnbrücken 24 ein. Insgesamt sind 20 km Strecke vollständig zerstört worden.
Der dadurch unterbrochene Verkehr wurde folgenderweise fortgesetzt: Der Personenverkehr konnte sehr bald von Heidenau bis Dohna, bis Köttewitz am 26. Juli und bis Weesenstein am 18. August 1927 wieder aufgenommen werden. Zwischen Lauenstein und Altenberg fuhren ab 15. August 1927 die Züge. Für den durchgehenden Personenverkehr wurde Schienenersatzverkehr eingerichtet, wobei das aber später der Postlinie Heidenau—Altenberg—Teplitz (ČSR) überlassen werden konnte.

Stückgüter und Wagenladungen mußten auf die Schmalspurbahn Hainsberg—Kipsdorf abgeleitet werden, von wo man sie über Umwegstraßen den Fabriken zuführte.
Gleichzeitig wurde der Umbau auf Regelspur diskutiert, was aber wegen der Kostenhöhe, die dem Fünffachen der Baukosten von 1890 entsprach, nicht verwirklicht werden konnte. Der Schmalspurbetrieb ging also ab 1. Dezember 1927 wieder voll weiter.
1933 wurde der Gedanke zum Umbau auf Regelspur erneut aufgenommen. Als Gründe wurden der Abbau der Arbeitslosigkeit, die Zunahme der Unfälle an den zahlreichen schienengleichen Überwegen der Schmalspurbahn sowie die starke Frequentierung der Bahn, die eine Verkürzung der Reisezeiten (auch mit durchgehenden Zügen von Dresden) erforderte, genannt. [141]
Um mit einer Regelspurstrecke nach Altenberg zu gelangen, mußten zahlreiche Kunstbauten, wie Brücken und Tunnel, angelegt werden, waren spezielle Wagen und Lokomotiven zu entwickeln. Grundsätzlich sollte während der Bauarbeiten der Schmalspurbetrieb aufrechterhalten werden. Die Schmalspurbahn hatte den üblichen Verkehr abzuwickeln, Baustoffe heranzufahren und auch zum Teil Gelände für die Regelspur freizugeben. Der Umbau begann 1935.
Wegen zwei Brückenbauten auf der neuen Strecke mußte der Transport von aufgebockten Regelspurgüterwagen auf der Schmalspurbahn aufgegeben werden. Dafür wurde der regelspurige Güterverkehr für

Bild 2.203 Zug mit Wintersportlern in Altenberg. Lok 99 618 (vorn) gehört zur Gattung V K (um 1930)
Foto: Deutsche Fotothek Dresden

Bild 2.204 Bahnhof Glashütte nach der Hochwasserkatastrophe im Juli 1927
Foto: Deutsche Fotothek Dresden

die Anschlußgleise bis Weesenstein schon vorzeitig aufgenommen. Für den parallelen Betrieb zwischen Heidenau und Weesenstein war im Bf Heidenau eine gemischtspurige Kreuzung einzubauen. In den Bahnhöfen Dohna und Glashütte beispielsweise wurden Schmalspurgleise teilweise zugunsten der Regelspur zurückgebaut. Beim schrittweisen Umbau von Glashütte zur Haltestelle mußte der benachbarte Bf Schüllermühle als Entlastungsbahnhof herangezogen werden.

Für neue Brückenbauten war in sieben Fällen die Verlegung der Schmalspurstrecke auf Hilfsbrücken erforderlich, z. B. an der Bärensteiner Schloßmühle. Beim Wittigschloßfelsen zwischen Oberschlottwitz und Glashütte wurde die Schmalspurstrecke auf einer Länge von 600 m neu verlegt, um der Regelspurstrecke Platz zu machen.

So wie die Arbeiten, die parallel zum Schmalspurbetrieb ausgeführt werden konnten, beendet waren, wurde Schienenersatzverkehr eingerichtet und mit dem Abbau der Schmalspuranlagen begonnen. Um vor Einbruch eines zeitigen Winters noch Zeit für den Umbau in den oberen Lagen des Erzgebirges zur Verfügung zu haben, wurde die Reststrecke Lauenstein—Altenberg bereits am 15. August 1938 stillgelegt. Damit war diese Schmalspurbahn endgültig eingestellt. Hatte die alte Strecke zuletzt für das Heranfahren der Baustoffe genützt, wurde sie nach Stillegung durch Umnageln auf 600 mm Spurweite als Baugleis benutzt.

Die zuerst eingesetzten Lokomotiven der Gattung I K und IV K waren schon nach den ersten Betriebsjahren

für die stark beanspruchte Bahn nicht mehr ausreichend. Eigens für die Strecke Mügeln–Altenberg-Geising entwickelte Hartmann eine leistungsfähigere Lokomotive, die die K. Sächs. Sts. E. B. als Gattung V K hier einsetzte (siehe Seite 344). Die Gattung V K ist dann schließlich noch von Maschinen der Gattung VI K und der Baureihe 99^{67-71} abgelöst worden. [141, 154, 172, 174]

2.7.16. Goßdorf-Kohlmühle–Hohnstein (Sächs Schweiz) (750 mm)

Die einzige Schmalspurbahn des Elbsandsteingebirges begann im Bahnhof Goßdorf-Kohlmühle an der Strecke Bad Schandau–Sebnitz (Sachs) mit 146,37 m ü. NN und

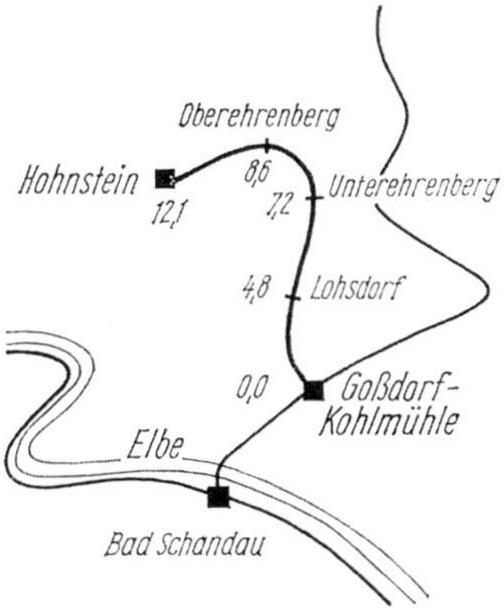

endete nach einer Streckenlänge von 12,50 km im Bahnhof Hohnstein (Sächs Schweiz) bei 330,00 m ü. NN. Die Bahnlinie durchschnitt die Ortsfluren Rathmannsdorf, Goßdorf, Altendorf, Ulbersdorf, Lohsdorf, Ehrenberg und Hohnstein.

Der Bahnbau begann im April 1896; am 1. Mai 1897 konnte der Betrieb eröffnet werden.

Vom Bahnhof Kohlmühle, der 1936 in Goßdorf-Kohlmühle umbenannt wurde, führte die Strecke von der Straßenseite des Empfangsgebäudes zur Regelspurstrecke heran und überquerte danach die Sebnitz, verlief durch den ersten Tunnel zum Schwarzbachtal. Nach mehreren Brücken und einem zweiten Tunnel gewann sie in ständiger Steigung den Bahnhof Lohsdorf, verlief durch Wiesen und Wald zum Bahnhof Unterehrenberg und Oberehrenberg, über die Hohnsteiner Höhe, dann im Gefälle und über eine Steinbogenbrücke nach Hohnstein.

Bild 2.205
Bahnhof Hohnstein
(um 1900)
Foto: Sammlung König

Die Gebäude der Unterwegsbahnhöfe waren in Holzbauweise, das Empfangsgebäude des Bahnhofs Hohnstein aus Ziegelmauerwerk errichtet. Im Bahnhof Goßdorf-Kohlmühle gehörten zu den Betriebsanlagen ein einständiger Lokomotivschuppen, eine Güterumladehalle, eine Verladerampe für Schmalspurfahrzeuge und mehrere Abstellgleise. Hohnstein besaß einen zweiständigen Lokomotivschuppen und einen Güterschuppen. Es wurden insgesamt 13598 m Gleis mit 34 Weichen verlegt. Der kleinste Krümmungshalbmesser auf freier Strecke betrug 100 m, die stärkste Neigung 1 : 30.

Während die ersten Züge von einer Lokomotive der Gattung IV K (Nr. 110) geführt wurden, war für den regelmäßigen Betrieb danach bis etwa 1927 die I K-Lokomotive Nr. 11 (spätere 99 7504) eingesetzt, der dann (bis zuletzt) wieder die Gattung IV K folgte. Bekannt dafür sind die Lokomotiven 99 512, 99 521, 99 531, 99 546, 99 572 und 99 578. Stammlokomotive der letzten Jahre war die 99 555.

Rollfahrzeugverkehr war hier nicht eingeführt. Der Personen- und Güterverkehr ist stets mäßig gewesen, und die Aufrechterhaltung des Betriebes stand schon lange unter Kritik.

Mit der Begründung, daß das Gleismaterial zum Ausbau einer anderen Strecke benötigt würde, wurde der Betrieb am 28. Mai 1951 eingestellt und die Strecke bis Mai 1952 vollständig abgebaut. Beim Streckenabbau wurde zeitweise zur 99 555 auch die 99 4052 (Bild 2.145 d) verwendet. Der größte Teil der Trasse ist heute noch erkennbar.

2.7.17. Zittau—Kurort Oybin/Kurort Jonsdorf (750 mm)

Die Bahn beginnt beim Eisenbahnknoten in Zittau und führt in südlicher Richtung bergan in das Zittauer Gebirge. Hier reifte durch die unzulängliche Postkutschenverbindung für die Gebirgsorte und die touristische Erschließung des Zittauer Gebirges vor 1890 der Gedanke zum Bau einer Eisenbahnverbindung zwischen Zittau und Oybin. Ein tatkräftiges Bürgerkomitee setzte schließlich den Bau einer Bahn nicht nur nach Oybin, sondern zugleich mit einer Zweigstrecke nach Jonsdorf durch. Im Juni 1889 wurde mit dem Bau bei Zittau begonnen. Dabei konnten Anlagen (Bahnhof Zittau, Zittau Haltepunkt und das Strecken-

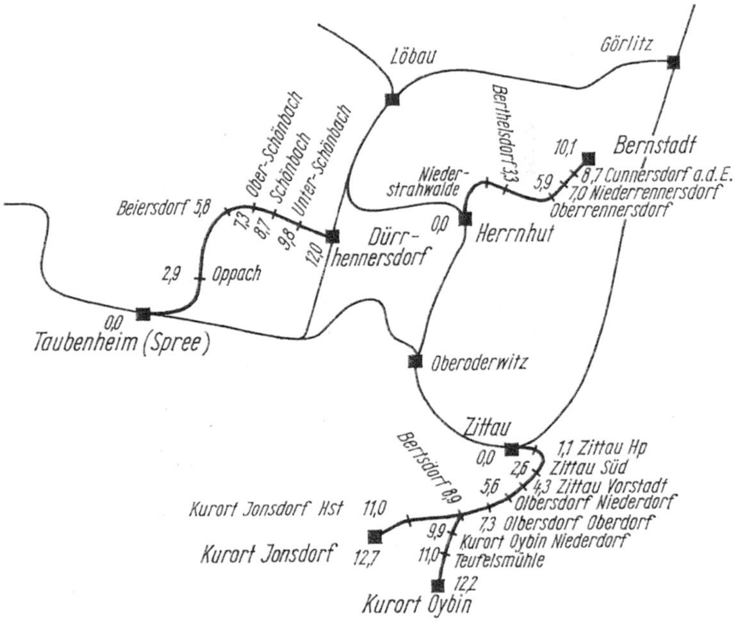

Bild 2.206
Zug mit Lok 4 der ZOJE
im Bahnhof Oybin
(um 1900)
Foto: Sammlung Preuß

gleis bis zur Abzweigung) der bereits seit 11. November 1884 bestehenden Staatsbahnstrecke Zittau—Markersdorf mitbenutzt werden, so daß die „Zittau-Oybin-Jonsdorfer Eisenbahn" (ZOJE) bei der neuen Abzweigstelle Neißebrücke ihren Ausgangspunkt hatte.
Am 5. November 1890 war auch die 12,2 km lange Strecke von Zittau nach Oybin und das 3,9 km lange Zweiggleis von Bertsdorf nach Jonsdorf fertiggestellt. Am 25. November 1890 wurde die Strecke freigegeben. Der offizielle Betrieb konnte wegen der durch Unwetter erforderlichen Nacharbeiten erst am 15. Dezember 1890 aufgenommen werden.
Die ZOJE war die einzige schmalspurige Privatbahn Sachsens. Die Betriebsführung oblag der K. Sächs. Sts. E. B. Hauptsächlich für den Personenverkehr gebaut, wurde sie auch für Gütertransporte genutzt. Die bescheidene Anzahl an Personenwagen reichte schon am Anfang nicht aus, so daß immer wieder Güterwagen für den Personenverkehr eingesetzt und auch weitere Personenwagen beschafft werden mußten. Die ZOJE erfreute sich bei der Bevölkerung außerordentlichen Zuspruchs, wobei Klagen über mangelhafte Abwicklung des Personenverkehrs nicht verstummten. Der weitere Ankauf von Wagen löste das Problem nicht, da Betriebsanlagen und Betriebsführung für den außerordentlich starken Personenverkehr viel zu bescheiden eingerichtet waren.
Am 1. Juli 1906 ging die ZOJE durch Kauf in das Eigentum der K. Sächs. Sts. E. B. über. Damit waren alle sächsischen Schmalspurbahnen Staatsbesitz. In den Folgejahren wurden mehrere Maßnahmen zur Erhöhung der Leistungsfähigkeit getroffen: Bau mehrerer Bahnhofsgebäude und Wegfall der Abfertigung im Zuge, Herauslösung des Güterverkehrs aus dem Reiseverkehr, Einlegen von Eilzügen (!) mit wenig Unterwegshalten, Beschaffung weiterer Fahrzeuge. Zu einem Umbau auf Regelspur konnte man sich nicht entschließen, stattdessen wurde der am stärksten belastete Streckenabschnitt Zittau Vorstadt—Oybin zweigleisig ausgebaut. Damit verbunden war die Erweiterung von Betriebsstellen durch Umwandlung in Bahnhöfe (Olbersdorf Niederdorf, Oybin Niederdorf), Bau von Gleisen (z. B. in Oybin) sowie Verlegung der Strecke in Olbersdorf zur Vermeidung schienengleicher Überwege.
Am 15. April 1913 wurde der zweigleisige Betrieb aufgenommen. Er gestattete an Wochenenden einen recht dichten Zugverkehr. Die zweigleisige Streckenführung wurde bis kurz vor Ende des zweiten Weltkrieges beibehalten.
Der Bau der Stellwerke in Bertsdorf, in Zittau Schießhaus (jetzt Zittau Süd) und Kurort Jonsdorf im Jahre 1938 war eine weitere Maßnahme

Bild 2.207
Triebwagenzug auf der Fahrt nach Oybin (um 1935)
Foto: Rbd Dresden

zur Beschleunigung des Zugverkehrs.
Der erste einschneidende Rückgang wurde durch den zweiten Weltkrieg ausgelöst. Der Urlauber- und Ausflugsverkehr begann erst wieder in den 50er Jahren, als der Feriendienst der Gewerkschaften eingerichtet wurde. An Wochenenden konnte mitunter nur durch Vor- und Nachzüge, die zusätzlich bei Schönwetter nach einem Bedarfsfahrplan fuhren, der Andrang bewältigt werden.
Zunehmender Straßenverkehr führte ab 1960 wieder zu Rückgängen. Dadurch konnten Gleisanlagen rückgebaut werden, und zwischen dem Bf Zittau Vorstadt und den Endbahnhöfen Kurort Oybin und Jonsdorf wurde der vereinfachte Nebenbahndienst eingeführt.
Für den Güterverkehr waren zunächst zweiachsige, später vierachsige Fahrzeuge bereitgestellt. Rollböcke wurden in den 20er Jahren durch Rollwagen ersetzt. Der Güterverkehr war durch ein Holzimprägnierwerk und die Braunkohlegrube in Olbersdorf, aber auch durch mehrere Gleisanschlüsse im Stadtgebiet von Zittau sehr lebhaft. Nur an Sonntagen unterblieb die Güterbeförderung zugunsten des Personenverkehrs.
Durch Verlagerung auf die Straße ist inzwischen der Güterverkehr stark zurückgegangen. Güterzüge fahren seit 1969 nur noch bis Olbersdorf Oberdorf.
Die Bahn bleibt auch in Zukunft von Bedeutung, da für eine Eisenbahnverbindung zwischen dem dichtbesiedelten Kreis Zittau und dem Zittauer Gebirge als bedeutenden Naherholungsgebiet ein großes Bedürfnis besteht. Die 11 Zugpaare (1975) sind an den Wochenenden stark besetzt. Die Beförderung der großen Anzahl von Wochenendtouristen mit Kraftfahrzeugen würde hier eine unvertretbare Umweltbelastung bedeuten. Die Schmalspurstrecke Zittau—Kurort Oybin/Jonsdorf ist daher in die Gruppe der zu erhaltenden Touristikbahnen aufgenommen worden. [144]
Die Strecke befindet sich überwiegend in der Neigung, wobei die stärkste auf mehreren Abschnitten 1:30 beträgt. Der geringste Krümmungsradius ist 45 m. In den 50er Jahren bestanden 12 Anschlußgleise; sie wurden bis 1976 auf fünf zurückgebaut. 1936 waren von Betriebsstellen neun als Bahnhof, eine als Haltestelle, zwei als Haltepunkt und eine als Abzweigstelle eingerichtet.

Bild 2.208 Zug vor dem Ameisenberg in Oybin (1976) *Foto: Preuß*

1976 besteht die Bahn aus sieben Bahnhöfen und vier Haltepunkten. In Zittau wird die Regelspurstrecke nach Liberec (ČSSR) gekreuzt. Drei Anlagen zur Wegübergangssicherung sind zwischen Zittau und Zittau Vorstadt eingebaut worden, wobei eine mit dem Licht-Einfahrsignal des Bf Zittau Süd gekoppelt ist. Einfahrsignale hatten vor der teilweisen Einführung des vereinfachten Nebenbahndienstes alle Bahnhöfe; die Signale von Zittau, Zittau Vorstadt, Kurort Oybin und Kurort Jonsdorf waren wegen unterschiedlicher Einfahrmöglichkeiten zweiflügelig ausgerüstet.

Die Betriebsmittel der ZOJE unterschieden sich von denen der K. Sächs. Sts. E. B. nur durch das Eigentumsmerkmal und die Benummerung. Die Lokomotiven, die der Gattung I K entsprachen, waren ebenfalls von Hartmann beschafft und bereits beim Bau der Strecke eingesetzt. Sie erhielten zur Nummer noch Namen:

Nr. 1 zunächst „MANDAU", danach „ALEXANDER THIEMER" (Vorsitzender des Bahnkomitees)
Nr. 2 „LAUSCHE"
Nr. 3 „TÖPFER"
Nr. 4 „HOCHWALD"
Nr. 5 „ZITTAU"

Die Sächsische Staatsbahn reihte sie 1906 in ihr Nummernschema ein.

Der starke Reise- und Güterverkehr zwang bald zu stärkeren Lokomotiven. 1909 wurden Maschinen der Gattung IV K eingesetzt. Ab 1913 verkehrte hier die Doppellokomotive Nr. 61 A/B, später wurde nach Verstärkung des Oberbaues die Gattung VI K stationiert, und ab 1928 bewältigte die BR $99^{73\text{-}76}$ die schweren Züge. In den 50er Jahren konnte man Lokomotiven der ehemaligen Gattungen IV K, VI K und der Baureihe $99^{73\text{-}76}$ antreffen, wobei jetzt nur noch die letztgenannte Baureihe fährt.

Der Lokomotivschuppen war von der ZOJE in Bertsdorf gebaut worden,

Bild 2.209 Bahnhof Bernstadt (um 1910)
Foto: Sammlung Preuß

ab 1910 wurden die Lokomotiven in Zittau untergestellt.
Ab 1938 fuhren hier die Triebwagen VT 137 322 bis VT 137 325 im Verband. Die hohe Geschwindigkeit von anfangs 50 km/h mußte zurückgenommen werden, da die Schlingerbewegungen zu groß waren. Diese Triebwagen wurden im zweiten Weltkrieg wegen Treibstoffmangels abgestellt und dann zu anderen Bahnen abgegeben. Nur der VT 137 322 blieb als entgleistes Fahrzeug in Zittau. Er wurde ab 1946 wieder eingesetzt und verkehrte bis 1964. Als Beiwagen wurden drei Personenwagen auf Druckluftbremse umgerüstet und mit einem rot-gelben Anstrich gekennzeichnet.
Der Versuch, die neu entwickelten Diesellokomotiven der BR V 36480 hier einzusetzen, schlug fehl. Auch der VT 137 600 bewährte sich nicht. Er kam Ende 1957 nach Putbus.
Während jahrzehntelang zum Rangierdienst in Zittau Lokomotiven der Gattung I K und IV K verwendet wurden, gelangte ab 1963 die 99 4532 der ehemaligen Trusebahn über Putbus nach Zittau. Sie war die erste Fremdlokomotive auf Dauer in Sachsen. Die Klien-Lindner-Achsen wurden durch normale Achsen ersetzt, die Lokomotive hat sich seither gut bewährt. [167, 168]

2.7.18. Herrnhut—Bernstadt (Oberlausitz) (750 mm)

Die Strecke begann an der regelspurigen Nebenbahn Zittau—Löbau

(Sachs) und führte in östliche Richtung.
Lange Zeit war debattiert worden, ob eine Verbindung nach Bernstadt regelspurig von der Hauptbahn Löbau—Görlitz oder schmalspurig unter Ausnutzung des Tales der Pließnitz hergestellt werden sollte. Weil eine schmalspurige Strecke kürzer, der Anschluß nicht nur zu Löbau und Görlitz, sondern auch zu Zittau günstiger war und somit fast ausnahmslos durch besiedeltes Gebiet gefahren werden konnte, fiel die Entscheidung zugunsten des Anschlusses in Herrnhut.
Nach der Konzessionserteilung am 30. August 1892 wurde die Strecke am 1. Dezember 1893 eröffnet.
Über alle Jahre hinweg waren werktags drei Zugpaare, sonntags vier (in der Woche im gemischten Personen- und Güterzugdienst) vorgesehen. In Herrnhut bestand der Übergang von Regelspurgüterwagen.
Die Eisenbahner unterstanden dem Bf Herrnhut, ab 1936 dem Bf Bernstadt.
Nach dem zweiten Weltkrieg wurde die Bahn als Reparationsleistung abgebaut. Der letzte Zug ist am 1. Oktober 1945 gefahren.
Die 10,10 km lange Strecke führte fast ständig am Pließnitzbach durch Dörfer mit kleinen Tuchfabriken und Getreidemühlen entlang und hatte sieben Stationen. Die Gleise des Bf Bernstadt waren so seitlich aller Gebäude verlegt, daß eine Streckenverlängerung nach Hagenwerder (Regelspurstrecke Görlitz—Zittau), wie es ursprünglich vorgesehen war, ohne Umstände möglich gewesen wäre.
Seit der Eröffnung waren zwei Lokomotiven der Gattung I K stationiert, eine davon zur Reserve. Ein zweiständiger Lokomotivschuppen befand sich in Bernstadt. Nach der Verstärkung des Oberbaues im Jahre 1926 wurden bis zuletzt Maschinen der Gattung IV K eingesetzt.

2.7.19. Taubenheim (Spree)—Dürrhennersdorf (750 mm)

Die Strecke begann an der Hauptbahn Zittau—Bischofswerda, endete an der regelspurigen Nebenbahn Ebersbach (Sachs)—Löbau (Sachs) und führte durch das hügelige Oberlausitzer Bergland.
Die am 1. November 1892 eröffnete Schmalspurbahn sollte weitestgehend alle Siedlungen und Fabriken erreichen und den Anschluß für neue Betriebe ermöglichen. Mit einer regelspurigen Bahn wäre eine Anpassung an die Straßendörfer nicht möglich gewesen, auch schienen dem sächsischen Staat dafür die Baukosten zu hoch.
Die Strecke befuhren täglich bis zu vier Zugpaare. Ab 1930 wurden sie durch einen Sonntagszug zwischen Taubenheim und Oppach ergänzt.
Nach dem zweiten Weltkrieg mußte der Zugverkehr im August 1945 ein-

gestellt werden. Die Schmalspurbahn gehörte mit zu den Reparationsleistungen.
Die 12,04 km lange Strecke befand sich auf 75 Prozent ihrer Längenentwicklung in Neigungen. Sie stieg bis Oberschönbach an und fiel dann bis Dürrhennersdorf (348,89 m ü. NN) ab. Die stärkste Neigung betrug 1:40. In der Krümmung lagen 30 Prozent. Sieben industriereiche Dörfer mit Kleinbetrieben (Steinbrüche, Steinverarbeitung, Eisengießereien, Mühlen, Webereien) wurden berührt. In Taubenheim (Spree) (308,99 m ü. NN) und in Dürrhennersdorf befand sich die Umsetzanlage für Rollbock-, später Rollwagenbetrieb.
Bis 1927 waren zwei Lokomotiven der Gattung I K, eine als Betriebs- und eine als Reservemaschine, stationiert. Später fuhren hier Lokomotiven der Gattung IV K, eine weitere Reservemaschine stand im Austausch mit der Bahn von Goßdorf-Kohlmühle. Je ein Lokomotivschuppen befand sich in Taubenheim (Spree) und in Dürrhennersdorf.

Bild 2.210 Bei Oppach (um 1943)
Foto: Paul

2.7.20. Reichenbach (Vogtl) unt Bf—Oberheinsdorf (1000 mm)

Die Strecke begann im Bahnhof Reichenbach (Vogtl) unt Bf. Anlaß für den Bau war die Entwicklung der Textilindustrie um Reichenbach. Die für Sachsen nicht übliche Meterspur ist darauf zurückzuführen, daß der Güterverkehr ausschließlich auf Rollböcken abgewickelt werden sollte und daß die meterspurigen Rollböcke eine sichere Beförderung größerer Lasten garantierten.
Wenn auch die Bevölkerung an einer Personenbeförderung stark interessiert war, wurde zunächst am Bau einer reinen Güterbahn festgehalten. Mittel und Baugrund stellte der Staat zur Verfügung. Von den Fabrikanten waren nur die Anschlußgleise herzurichten.
Da die Strecke durch bebautes Stadtgebiet führen sollte, waren 1901/02 umfangreiche Vorbereitungen notwendig: Abbruch mehrerer Häuser, Straßenverbreiterungen, Brückenerweiterungen, Neupflasterungen.
Am 3. Dezember 1902 konnte die Probefahrt mit aufgebockten Wagen, einem Gepäckwagen und den neuen Lokomotiven stattfinden. Für den Übergang der Regelspurgüterwagen dienten in Reichenbach (Vogtl) unt Bf zwei Rollbockgruben.
Am 15. Dezember 1902 wurde die Strecke für den Güterverkehr eröffnet, der Personenverkehr folgte 1909. Bis 1957 verkehrten täglich drei Personenzugpaare, vorwiegend im Berufsverkehr. Dieser Personenverkehr wies die höchsten Kosten aller sächsischen Schmalspurstrecken auf. Das und die Unwirtschaftlichkeit des Güterverkehrs führte schon in den 30er Jahren zu Überlegungen, die Strecke stillzulegen. [141] Dazu kam es aber erst zwei Jahrzehnte später. Wirtschaftliche Erwägungen und die Behinderung des nun stärker gewordenen innerstädtischen Straßenverkehrs durch die Rollbockbahn führten dazu, daß am 17. November 1957 der Personenverkehr und am 1. Juni 1962 der Güterverkehr eingestellt wurde. Bis zum 6. Januar 1964 war die Strecke abgebrochen.
Die 5,41 km lange Bahn hatte die stärkste Neigung mit 1:25 und den kleinsten Kurvenhalbmesser mit 30 m auf der Strecke und mit 15 m im Anschlußgleis. Es bestanden zunächst neun Anschlußgleise, zu denen nach dem ersten Weltkrieg drei sowie nach 1945 ein weiterer hinzukamen, sowie je eine Ladestelle in Unterheinsdorf Hst und Oberheinsdorf und 10 Stationen für den Personenverkehr. Von Reichenbach (Vogtl) unt Bf aus war die Strecke 600 m als Dreischienengleis verlegt.
Die drei von Hartmann gebauten Lokomotiven (siehe auch Abschnitt 1.5.1.) hatten eine hervorragende Kurvenläufigkeit durch die beiden Drehgestelle und waren ideal für die Reichenbacher Strecke. Sie wurden von der K. Sächs. Sts. E. B. mit Nr. 251 bis Nr. 253 bezeichnet. In den 20er Jahren ist das Dach, das die Wärme zu stark gestaut hatte, entfernt worden. Ein Führerhaus als nun einzige Bedienungsstelle der Lok kam in die Mitte, die Funkenkobel entfielen. Die verkleideten Triebwerke waren seitlich mittels Klappen zugänglich (siehe Bilder 2.156a, b).
Die von der DR als 99 161 bezeichnete Lokomotive ist sofort nach der Streckenstillegung verschrottet worden.
Die 99 162 war während des ersten Weltkrieges aushilfsweise auf der

Bild 2.211
Personenzug am Bahnsteig in Reichenbach (Vogtl) unt Bf. Vor der Lokomotive ist das Dreischienengleis zu erkennen
Foto: Frohs

Bild 2.212
Fahrt auf den Straßen von Reichenbach
Foto: Reichenbach

Klingenthaler Strecke eingesetzt worden. Von 1939 bis 1941 war sie auf die badische Strecke Mosbach—Mudau gekommen und erhielt in der Werkstatt Neckarsburken u. a. die Druckluft- und Saugluftbremsausrüstung. Nach 1962 sollte sie als Denkmal in Klingenthal aufgestellt werden, doch davon sah die Stadt Klingenthal ab. Mit Initiative des Staatlichen Instituts für Denkmalspflege blieb sie aber erhalten und konnte in den Bestand des Verkehrsmuseums Dresden übergehen. Zuvor hatte 1968 das Raw Görlitz die Lokomotive wieder in den Ursprungszustand versetzt.
Die 99 163 sollte 1942 nach Griechenland übergeführt werden. Auf dem Seetransport wurde sie mit dem Schiff versenkt.
Für die Güterbeförderung wurden außer dem Gepäckwagen keine Wagen beschafft. Es standen 40 Rollböcke bereit. Für die Personenzüge wurden 1909 fünf Personenwagen in Dienst gestellt. Alle Fahrzeuge waren mit der Heberleinbremse ausgerüstet. Ein Güterzug durfte höchstens 20 Schmalspurachsen führen. Aus Sicherheitsgründen wurde die Bahn bei Dunkelheit nicht betrieben. [159, 166, 170, 176]

2.7.21. Klingenthal—Sachsenberg-Georgenthal (1000 mm)

Die Bahn verband Klingenthal mit dem nördlich gelegenen Ortsteil Sachsenberg-Georgenthal und bediente dabei mehrere Verkehrsstellen innerhalb der Stadt. In Klingenthal bestand Anschluß zur regelspurigen Nebenbahn Zwotental—Klingenthal.
Den Vorschlag zum Bau einer Eisenbahn zunächst von Untersachsenberg nach Muldenberg gab es schon Ende des vorigen Jahrhunderts. Die zu hohen Kosten (u. a. wären zwei komplizierte Tunnelbauten erforderlich gewesen) führten zur Planung einer Schmalspurbahn für 750 mm Spurweite.
Die Vorarbeiten begannen im Juli 1910. Doch inzwischen lag ein Vorschlag für eine elektrisch betriebene Bahn vor, deren Fahrzeuge nur in Meterspur beschafft werden konnten. Der Baukostenvergleich fiel zugunsten der elektrischen Bahn mit 1000 mm Spurweite aus, da man bei einer Ausführung in Art der Straßenbahn Erdarbeiten und Kunstbauten einsparen konnte.
Die Bauausführung übernahm eine Firma aus Schönheide. Zunächst war die Aufnahme des Güterverkehrs im Jahre 1911 vorgesehen, der Personenverkehr sollte nach der Elektrifizierung und der Beschaffung von Triebwagen erfolgen. Die Bauarbeiten begannen jedoch erst am 1. Juli 1913, die Eröffnung war für den 1. Oktober 1914 geplant. Der Krieg verzögerte den Bahnbau. Da aber andererseits die Pferde im Kriegseinsatz waren, wurde es für die Fabriken immer schwieriger, den Verkehr zum Bahnhof Klingenthal aufrecht zu erhalten. So wurde die Inbetriebnahme der Schmalspurbahn immer dringlicher.
Am 4. Oktober 1916 fand schließlich die Probefahrt mit einer in Belgien erbeuteten Dampflokomotive und einem Wagen Kohle statt. Im weiteren mußte beim Güterverkehr die Dampflokomotive Nr. 251 (spätere 99 161) von Reichenbach (Vogtl) aushelfen.
Als die Kupferdrähte für die Fahrleitung beschafft werden konnten, wurde der Personenverkehr mit elektrischen Triebwagen am 17. Mai 1917 aufgenommen und auch der Güterverkehr elektrisch betrieben.
Den Gleichstrom (650 V, 300 A) lieferte das Elektrizitätswerk Klingenthal. Bei Ausfall mußte das Umformerwerk am Haltepunkt Mittelberg die Energielieferung übernehmen.
Wenn auch grundsätzlich die Forderungen für einen Bahnanschluß erfüllt waren, zeigte sich schon in den 20er Jahren, daß die Verkehrsprobleme in Klingenthal ebenso mit Kraftwagen gelöst werden konnten. Besonders aber wurde die Bahn nach dem zweiten Weltkrieg in dem engen Tal zum Verkehrshindernis. Aus diesem Grund stellte man am 4. April 1964 den Betrieb ein; das Omnibusunternehmen E. Schlott übernahm am nächsten Tag den Personenverkehr. Der Stückgutverkehr war schon 1960, der Wagenladungsverkehr am 9. April 1963 eingestellt worden.
Die 4,96 km lange eingleisige Strecke (davon 0,42 km nur für den Perso-

Bild 2.213
ET 198 01 mit Beiwagen vor dem Bahnhofsgebäude Klingenthal (1955)
Foto: Reichenbach

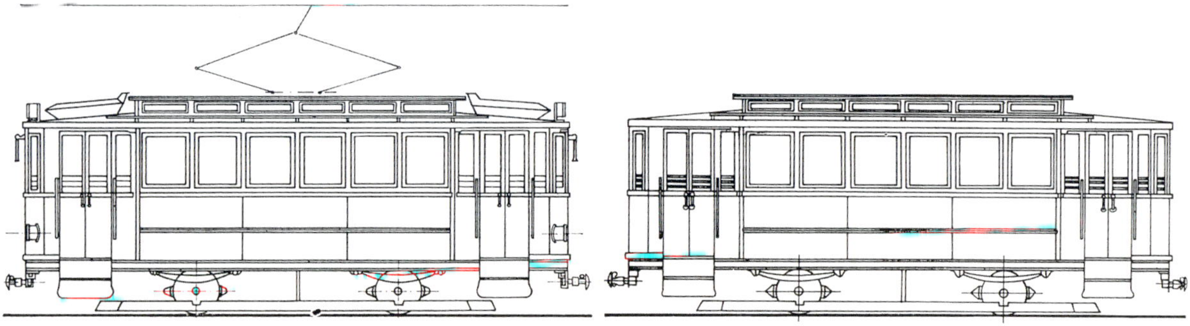

a b

Bild 2.214 Elektrische Triebwagen und die Beiwagen von Klingenthal

nenverkehr und 0,85 km nur für den Güterverkehr) führte vom im unteren Zwotental gelegenen Klingenthal in nordöstliche Richtung durch das Stadtgebiet bis zum Ortsteil Sachsenberg-Georgenthal und bediente im Personenverkehr 12 Stationen. Die Zustiege waren stets auf einer Seite. Die Züge wurden aus zwei bis drei Wagen gebildet und trugen das Zugschlußsignal. Sie wurden mit Druckluft gebremst. In der Stadt und am Bahnhof Sachsenberg-Georgenthal waren Kohleladestellen eingerichtet. Schuppen zum Abstellen der Fahrzeuge waren in Klingenthal

Tabelle 2.98
Technische Daten der elektrischen Triebfahrzeuge von Klingenthal

Betriebsnummer		ET 19801	ET 19701	ET 19803	ET 19805	E 19101
Bild 2.214		a	d	—	—	Bild 2.156 c
Bauart	—	Bo	Bo	Bo	Bo	B'B'
Höchstgeschwindigkeit	km/h		30	40	50	20
Anzahl der Fahrmotoren	—		2	2	2	2
Stundenleistung bei Geschw.	kW (km/h)		66/30	60/40	60/50	150/20
Dauerleistung bei Geschw.	kW/ (km/h)		48/30	42/40	42/50	130/20
Fahrstufen	—		11	18	18	10
davon Dauerstufen	—		9			2
Art der Bremse	—	Kzpbr	Wbr	el	el	Wbr
Raddurchmesser	mm		800	760	760	1000
Achsstand gesamt	mm	3000	2200	3000	3200	6200
Drehzapfenabstand	mm	—	—			1500
Länge über Kupplung	mm	8570	8280	11600	12000	9275
Wagenkastenlänge	mm	7930	7600	10900	10900	8110
Wagenkastenbreite	mm	2125	2140	2200	2200	
Wagenkastenhöhe über SO	mm	3250	3100	3150	3150	3300
Dienstmasse	t	9,2	10,5	12,5	14	30
Sitzplätze 3. Klasse	—	18	21	22	22	—

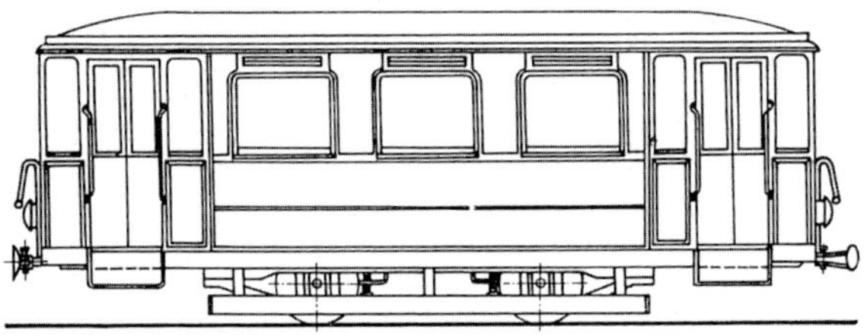
c

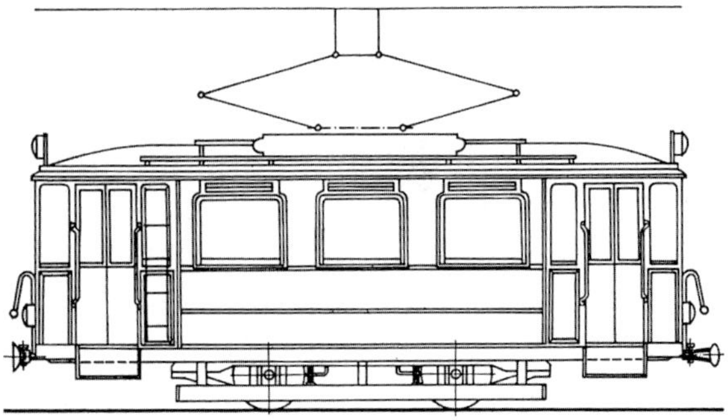
d

und Sachsenberg-Georgenthal vorhanden.
Der Bahnhof Klingenthal liegt 553 m ü. NN, die Bahn mußte einen Höhenunterschied von 59 m überwinden. Die größte Neigung betrug 1:20. In den ersten Betriebsjahren ist nach den Vorschriften für den Nebenbahndienst im Raumabstand gefahren worden. 1937 wurde zur Personaleinsparung der vereinfachte Nebenbahndienst eingeführt. Zugleitbahnhof war Klingenthal. Seit 1944 galt das beim Straßenbahnbetrieb übliche Fahren auf Sicht.
Für den Güterverkehr, der fast ausschließlich auf Rollwagen vorgesehen war, bezog die K. Sächs. Sts. E. B. von der Firma Hartmann zwei vierachsige elektrische Lokomotiven. Sie hatten je Drehgestell nur eine durch einen Tatzlagermotor angetriebene Achse; die andere Achse erhielt ihren Antrieb über außenliegende Kuppel-

Bild 2.215
Zug
mit Triebwagen ET 198 05
oder ET 198 06
(1960)
Foto:
Zentrale Bildstelle DR

stangen. Jede Lokomotive besaß eine Anfahrzugkraft von 6120 Mp. Ihre ursprüngliche Bezeichnung IME trugen die Maschinen bis 1950. Danach erfolgte die Umzeichnung nach dem DR-Schema (siehe Bild 2.156c).

Die Triebwagen entsprachen Straßenbahnwagen; statt Warnglocke waren sie jedoch mit Hupe und Druckluft-Signalpfeife ausgestattet. Sie trugen auch die typischen Eisenbahn-Anschriften. Die ersten zwei Triebwagen (Bild 2.214 d) hatten Querbänke mit Mittelgang bei einer Platzaufteilung von 1 + 2. Die drei Fenster waren je 1000 mm breit. Im Aussehen und in den Abmessungen entsprachen die drei dazugehörigen Beiwagen (Bild 2.214c) den Triebwagen, ihnen fehlte nur das Zuglaufschild mit den Streckenangaben seitlich am Dach.
1939 wurden weitere vier Triebwagen aus Mödling (Österreich) in Klingenthal eingesetzt. Am 31. März 1932 hatte die erste Straßenbahn Österreichs Mödling—Hinterbrühl ihren Betrieb ein- und die Fahrzeuge abgestellt. Nach der Besetzung Österreichs wurden sie von der DRG übernommen und ins Vogtland übergeführt. Aus den Triebwagen Nr. 22 und Nr. 23 wurde die elektrische Ausrüstung entfernt. Sie gingen dann

Tabelle 2.99 Technische Daten der Beiwagen von Klingenthal

Betriebsnummer		EB 19801	EB 19701	EB 19803	EB 19805
Bild 2.214		b	c	—	—
Hersteller	—	Graz	Hart	Gotha	Gotha
Baujahr	—	1903	1917	1956	1958
Anzahl	Stck.	2	3	2	3
Achsstand	mm	3000	2200	3000	3200
Länge über Kupplung	mm	8570	8280		
Wagenkastenlänge	mm	7930	7600	10900	10900
Wagenkastenbreite	mm	2125	2140	2200	2200
Sitzplätze 3. Klasse	—	21	18	22	22

als Beiwagen EB 198 01 und EB 198 02 in Betrieb.
Die Mödling-Triebwagen (Bild 2.214a) unterschieden sich von den sächsischen durch die Anzahl der Fenster (Breite 590 mm), die Sitzanordnung (Querbänke und eine Seitenbank, Sitzteilung 4 + 3) und den Oberlichtaufbau.
1946 mußte infolge Kriegsbeschädigung der ET 198 02 erneuert werden. Dabei blieben nur Rahmen und Fahrwerk erhalten.
Als 1956 bis 1958 neue Straßenbahnzüge von Gotha beschafft wurden, schieden die bisher verwendeten aus. Nur der ET 198 02 blieb für Aushilfen erhalten.
Nach der Stillegung der Bahn wurden die noch vorhandenen Trieb- und Beiwagen zur Straßenbahn Plauen umgesetzt. Den ehemaligen ET 198 02 übergab die Stadt Plauen 1967 der Gemeinde Hinterbrühl als Museumsstück.
Im Güterverkehr wurden 1916 Rollwagen eingesetzt. Daneben waren vier gedeckte, zwei umgebaute offene Güterwagen und ein Salzwagen im Bestand. [177, 178, 181]

2.8. Bahnen bei Cottbus

2.8.1. Spreewaldbahn (1000 mm)

Die Strecken der Spreewaldbahn lagen nordwestlich von Cottbus und wurden von den regelspurigen Eisenbahnstrecken Cottbus—Berlin, Cottbus—Frankfurt (Oder) und Falkenberg—Beeskow begrenzt.
Es bestanden folgende Strecken:

29. Mai 1898	
Straupitz—Lübben (bis zur Brückenfertigstellung Abfahrt der Züge zunächst nur bis und ab Lübben Ost)	20,38 km
Straupitz—Burg	13,50 km
Straupitz—Goyatz	13,88 km
Byhlen—Lieberose	19,10 km
20. Mai 1899	
Burg—Cottbus West (Cottbus West = später Cottbus Flughafen)	16,00 km
1. Dezember 1899	
Cottbus West—Cottbus Anschlußbf (Cottbus Anschlußbf = später Cottbus-Spreewaldbf)	1,90 km
14. Mai 1904	
Goyatz—Schwielochsee (nur Güterverkehr)	0,70 km

Damit verfügte die Lübben-Cottbuser Kreisbahn (LCKB) – den Namen Spreewaldbahn nahm sie erst 1924 an – über ein Streckennetz von 84,66 km.
Die Betriebsleitung hatte ihren Sitz bis zur Übernahme durch die Generaldirektion Brandenburg in Lübben.
Die Spreewaldbahn ging aus einer Strecke hervor, die der Graf von Schulenburg zwischen Lieberose (jetzt Jamlitz) und Straupitz anlegen ließ und die für den Abtransport von Kies und Raseneisenerz gedacht war. Ihre Trassierung folgte zum Teil der bis 1879 zwischen Cottbus und Goyatz bestehenden Pferdebahn.
Da sich die Landtage in Lübben und Cottbus schon geraume Zeit vorher eine Bahnverbindung zwischen Cottbus oder Lübbenau zu den Spreewaldgemeinden gedacht hatten, aus Kostengründen sich jedoch eine regelspurige Nebenbahn mit Anschluß in Briescht an die Niederlausitzer Eisenbahn nicht verwirklichen ließ, beantragte man die Konzession für eine Schmalspurbahn beim Regierungsbezirk Frankfurt (Oder). Sie wurde am 21. Dezember 1896 erteilt.
Die Bahn erfreute sich rasch großer Beliebtheit, kam sie doch dem um 1890 einsetzenden Tourismus im Spreewald entgegen. Weiter profitierten die Gemeinden in den Landkreisen von der Bahn, weil sie Baustoffe, Dünger und Brennmaterial

Bild 2.216
Bahnhof Straupitz, rechts
Triebwagen VT 133 523 (1966)
Foto: Kieper

Tabelle 2.100 Triebfahrzeuge der Spreewaldbahn

Betriebsnummer/Name LCKB	DR	Bauart	Hersteller	Baujahr	Fabriknummer	Bild	Bemerkungen
Dampflokomotiven							
09-20	99 5701	Cn2t	Hoh	1897	938	2.220 a	„Lieberose"; + 1968
09-21	99 5702	Cn2t	Hoh	1897	939	2.220 a	„Straupitz"; + 1967
09-22	99 5703	Cn2t	Hoh	1897	940	2.220 a	„Lübben"; 1971 zum Spreewaldmuseum Lübbenau
09-23	99 5704	Cn2t	Hoh	1897	941	2.220 a	„Burg"; + 1970
09-24	99 5705	Cn2t	Hoh	1897	942	2.220 a	„Cottbus"; ab 1967 als Bauart 1 B; + 1969
09-25	99 5706	Cn2t	Hoh	1899	1211	2.220 a	„Goyatz"; + 1971
09-26	99 5707	Cn2t	Hoh	1903	1212	2.220 a	„Werben"; + 1970
09-27	99 5633	1'Cn2t	Jung	1917	2519	2.220 b	bis 1954 als 99 5631; 1971 über Wernigerode zur Museumsbahn Bruchhausen—Vilsen (BRD)
—	99 183	1'C1'h2t	O & K	1923	8998	2.127 b	1956 von Eisfeld; 1962 nach Gera-Pforten (früher Eh2t, Ausbau der verschlissenen Zahnradachse)
Triebwagen							
501	VT 133 523	A1	Talbot	1934	78689	1.40 e	+ 1969
—	VT 137 561	Bo'Bo'	MAN	1936		1.40 j	1962 von Wernigerode; 1963 zum Raw Wittenberge
Motorlokomotiven							
100 905[1])	199 005	C	LKM	1964	250 352	1.38 h	1970 von Spanplattenwerk Gotha
100 906[1])	199 006	C	LKM	1964	250 353	1.38 h	1970 von Spanplattenwerk-Gotha

[1]) DR-Nummer vor 1. 6. 1970

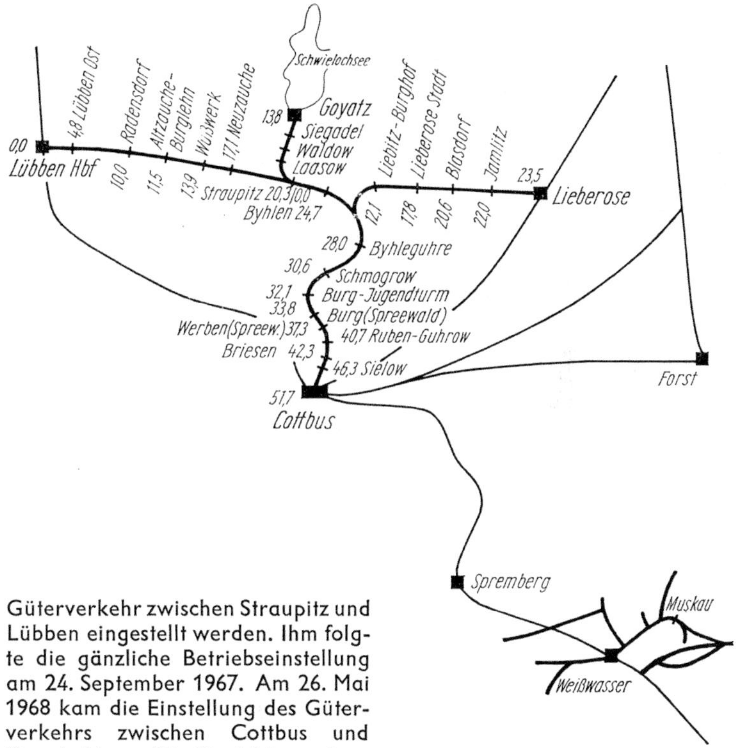

durch die Bahn erhielten und mit ihr die Landprodukte in den Städten günstig absetzen konnten.
Mit Wirkung vom 30. Oktober 1946 wurde die Spreewaldbahn verstaatlicht und der Generaldirektion der Provinzbahnen der Mark Brandenburg unterstellt, im Jahre 1950 der Deutschen Reichsbahn.
Die erste Streckenreduzierung gab es bereits 1929, als der Abschnitt Goyatz—Goyatz Hafen (am Schwielochsee) aufgegeben wurde. Seit 1952 fuhren die Züge nicht mehr bis Lieberose, sondern nur bis Lieberose Stadt. Am 18. Oktober 1964 wurde dann der Zugverkehr auf dieser nie verkehrsreichen Strecke völlig eingestellt. Bahnhof Lieberose erhielt den Namen Jamlitz.
Der Ausbau des Straßennetzes der Spreewaldgemeinden und Landkreise brachte die Verlagerung des Güterverkehrs auf den Kraftverkehr mit sich. So konnte am 26. Mai 1967 der Güterverkehr zwischen Straupitz und Lübben eingestellt werden. Ihm folgte die gänzliche Betriebseinstellung am 24. September 1967. Am 26. Mai 1968 kam die Einstellung des Güterverkehrs zwischen Cottbus und Goyatz hinzu. Die Einrichtung einer Autobuslinie zwischen Lübben und Cottbus über Straupitz—Burg ergab schließlich die Gesamteinstellung des Zugbetriebs am 3. Januar 1970.
In Straupitz, Lieberose Stadt und Burg sowie in Cottbus und Goyatz gab es einheitliche und der Landschaft angepaßte Empfangsgebäude. Kleinere Lokomotivschuppen befanden sich früher in Burg, Lübben und Cottbus, während sich das Bahnbetriebswerk und die Werkstätten bis zuletzt in Straupitz konzentrierten.
Die Strecken waren meist parallel zu den Landstraßen verlegt. Hinter Burg war es notwendig, die Spree auf einer Kastenbrücke zu überqueren und den archäologisch bedeutenden Schloßberg im Einschnitt zu durchfahren.
Die größten Neigungen betrugen 1:80 zwischen Byhlen und Byhleguhre sowie zwischen Byhlen und Lieberose. Als Zugmasse war 300 t festgesetzt. Die Höchstgeschwindigkeit betrug 30 km/h, mit Einführung des vereinfachten Nebenbahndienstes am 1. April 1954 zwischen Lübben und Cottbus 40 km/h. Der kleinste Radius auf der Strecke hatte 100 m.
Bis zur Übernahme durch die DR blieb die Bahn mit der Ausnahme, daß ein Triebwagen beschafft wurde,

P 446-II.6 (30,1) **Cottbus** Spreewaldbahn – **Straupitz** – **Goyatz**

Hg 35 km/h, Spz–Goy 30 km/h **Last 100 t** Mbr 16

Lok 99

1	2	3	4	5	6	7	8	9	10	11	12
51,8		**Cottbus** Spreewaldbf ▼			11^{37}		70278				Zf
49,8		Anschl Cottb Flugh Hp	11^{42}	0,5	43	4,7					
46,4		Sielow **Hst**	49	0,5	49	5,3					
42,4		Briesen (b Cottb) Hst	57	0,5	57	6,7					
40,8		Ruben-Guhrow Hp	12^{01}	0,5	12^{02}	2,8					
37,4		Werben (Spreew) Hst	09	1	10	6,0					
33,9		**Burg** (Spreewald)	18	1	19	6,0					
32,3		Burg Jugendturm Hp	23	0,5	24	3,0					
30,6		Schmogrow Hp	27	0,5	28	2,6					
28,1		Byhleguhre Hst	33	1	34	4,4	447		1	Halt	Zf
24,8		**Byhlen** Hst	41	0,5	42	5,6					
20,4 / 0,0		**Straupitz**	51	9	13^{00}	7,5					
3,3		Laasow Hst	13^{07}	0,5	07	6,5					
5,5		Waldow Hst	14	1	15	4,5					
9,9		Siegadel Hst		×	13^{25}	8,9					
13,8		**Goyatz** Hst ▼	13^{36}			7,8					Zf

Bild 2.217
Aus dem Buchfahrplan 1969

auf ihrem technischen Stand seit der Gründung stehen. Kriegsschäden erlitt sie durch die Beschädigung oder Vernichtung von zwei Lokomotiven und mehreren Wagen.

Die Lokomotivfabrik Hohenzollern lieferte 1897 bis 1903 sieben dreifach gekuppelte Tenderlokomotiven, die anfangs mit Namen der Spreewaldgemeinden, später mit den Betriebsnummern der Landesbahnen Brandenburg versehen und 1950 von der DR als 99 5701 bis 99 5707 bezeichnet worden waren. Von diesen Lokomotiven bleibt die 99 5703 im Spreewaldmuseum Lübbenau der Nachwelt erhalten.

Anfang der fünfziger Jahre baute man, außer bei der 99 5705, die Jahre vorher entfernten Kuppelstangen an der vorderen Achse wieder an.

Mit Ausgang des zweiten Weltkrieges waren mehrere fremde Lokomotiven zur Spreewaldbahn gelangt, u. a. die spätere 99 5633, die 1971 verkauft worden ist. Aus einer von den sieben 1945 betriebsuntauglich vorgefundenen Lokomotiven, einem Lenz-Typ i, ist ein Schneepflug mit beweglichen Scharen gebaut worden.

1935 setzte die Spreewaldbahn einen Triebwagen ein, der anfangs die Be-

Bild 2.218
Rangierfahrt:
Regelspurwagen
auf Rollwagen (1966)
Foto: Kieper

Bild 2.219
Vor dem Lokomotivschuppen
in Straupitz
(1970)
Foto: E. Preuß

Tabelle 2.101 Technische Daten der Wagen der Spreewaldbahn

Gattung		C	PwC	G	O	C	PwC	Schneepflug	R
Bild 2.220		g	h	c	d	e	f	—	i
Hersteller	—	Wer	LHW		LHW		Wer		
Baujahr	—	1924	1897		1897	1924	1897		1897
Anzahl	Stck							1	10
Länge über Puffer	mm	13300	14700		6700	13300		3460	6900
Wagenkastenlänge	mm		12000	5400	5700	10500		3100	6000
Wagenkastenbreite	mm	2450	2300	2300	2700	2450	2500		2200
Achsstand/Drehzapfenabstand	mm	8100	9000	2700	2700	9000	4600	1700	3000
Drehgestellachsstand	mm	1400	1300			1250			
Sitzplätze 2. Klasse	—	—	—	—	—	—	—	—	—
3. Klasse	—	48	30	—	—	—	8	—	—
4. Klasse	—	—	—	—	—	—	—	—	—
Tragfähigkeit	Mp				5,2				
Ladefläche	m²				11,8				7,875
Laderaum	m³								13,2

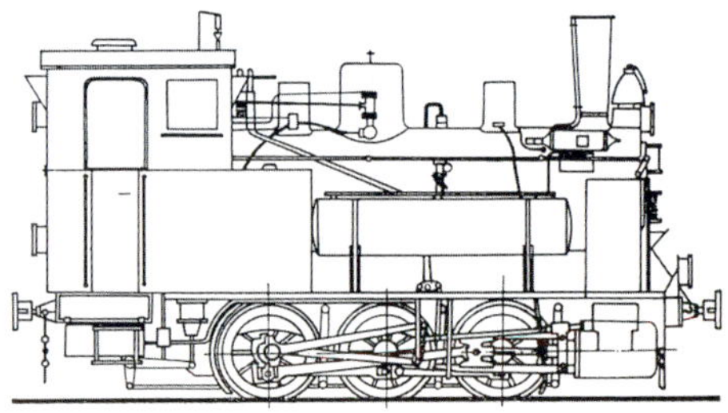
a

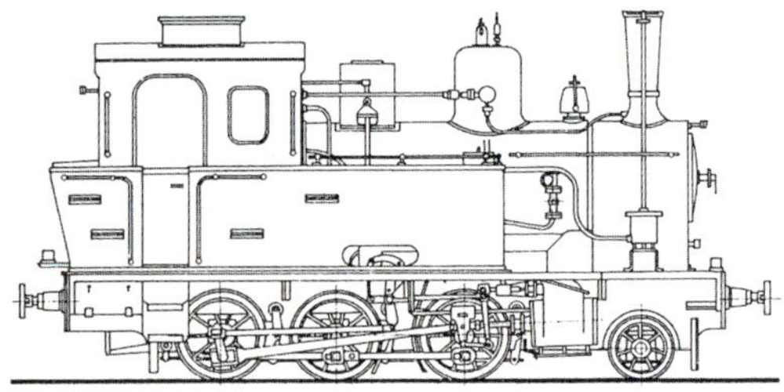
b

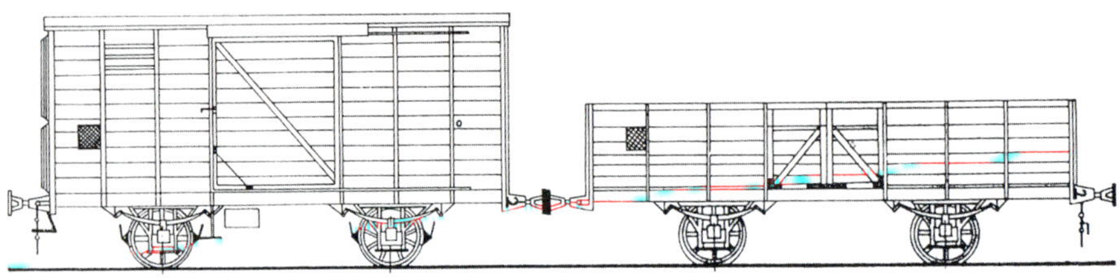
c, d

O	H	C	PwC	C	G	G	G	C	C	C	O
j	k	—	n	—	—	s	t	u	r	—	m
LHW 1897	LHW	LHW	LHW		LHW			LHW 1897	Both 1928		LHW
6300	3450	8330	8700	14410	6530	10730	8850		10400	10420	5730
5400	2620	5600	7070	11200	5800	10000	7900				5000
2200	1200	2500	2500	2500	2350			2550	2900		
2400		4400	4400	11200	2700	6400		4500	4500	9500	2700
				1250	—	1300		—	—	—	—
—	—	—	—	—	—	—	—	—	—	—	—
—	—	32	16	50	—	—	—	34	26	40	—
—	—	—	—	—	—	—	—	—	—	—	—
10,5											
11,4											

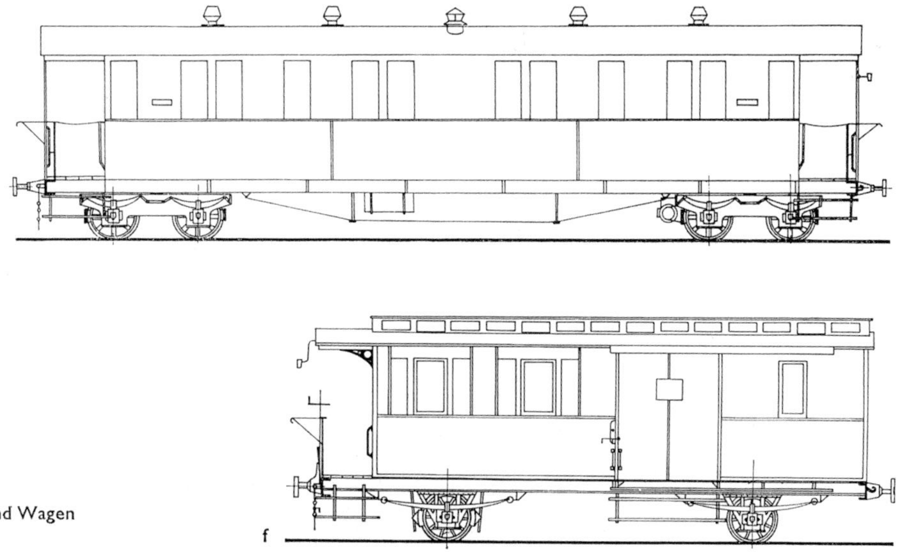

e

f

Bild 2.220 Lokomotiven und Wagen der Spreewaldbahn

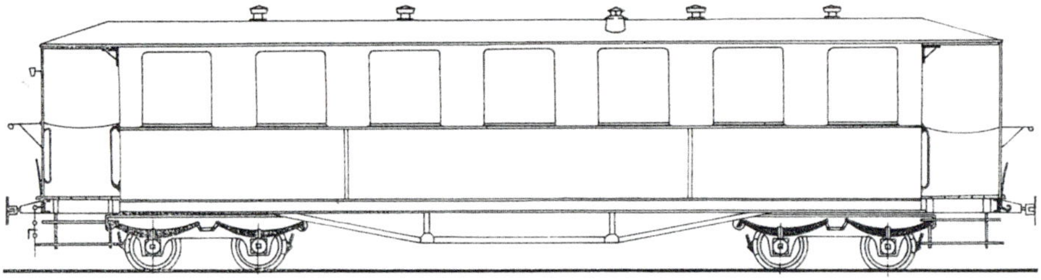

g

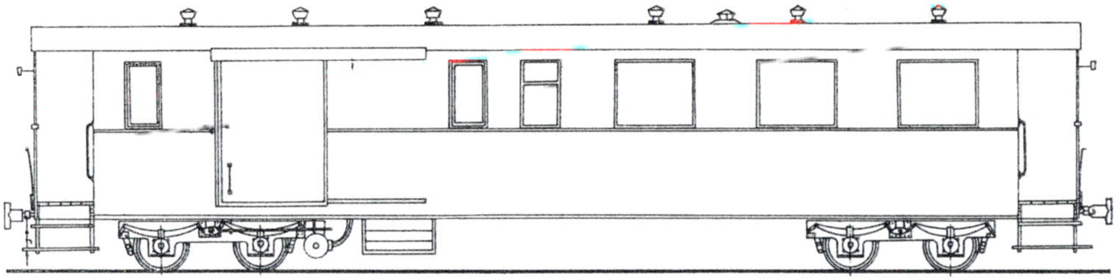

h

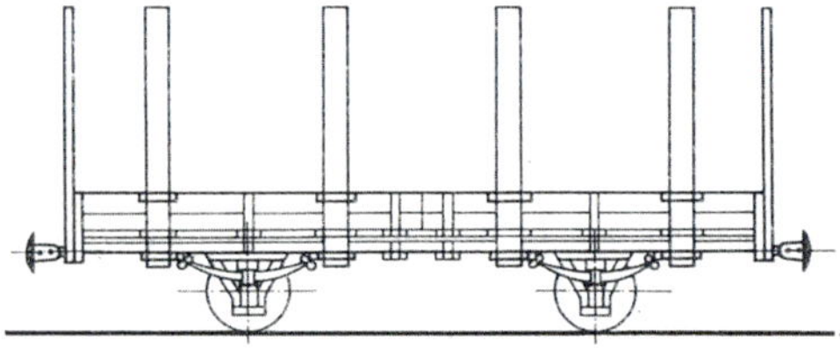

i

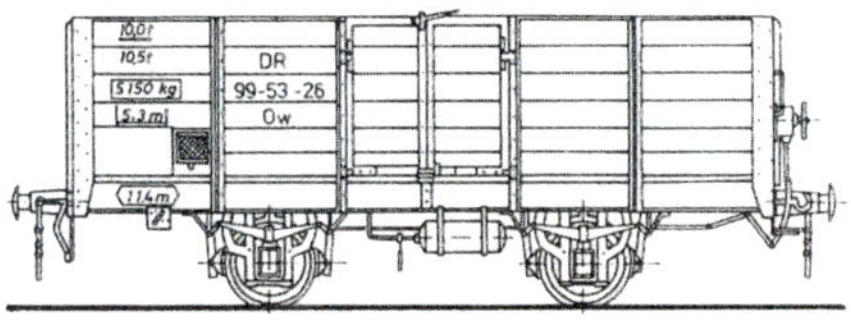

j

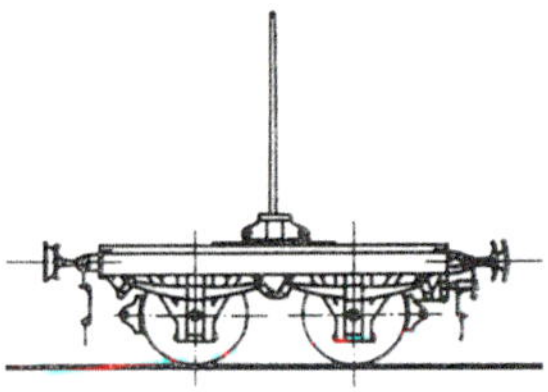

k

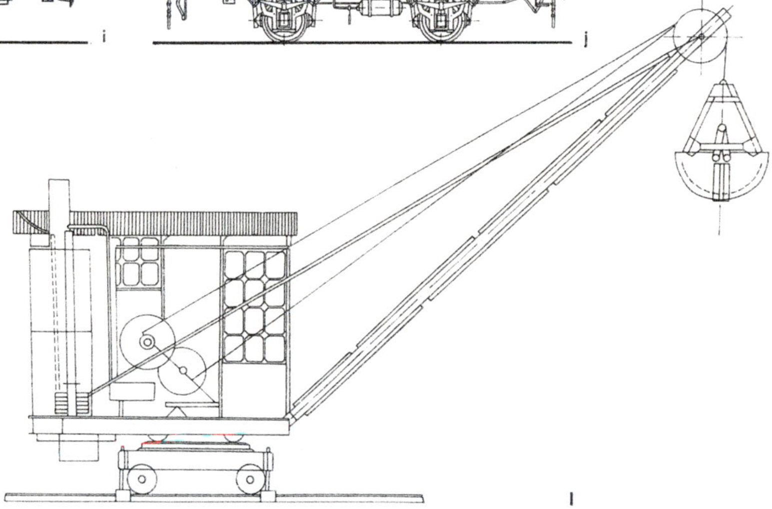

l

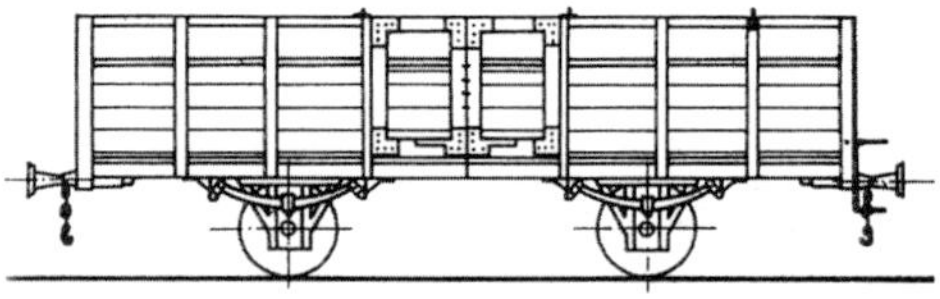

m

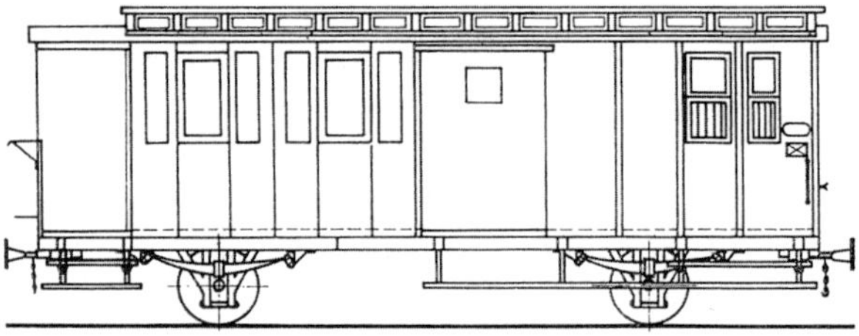

n

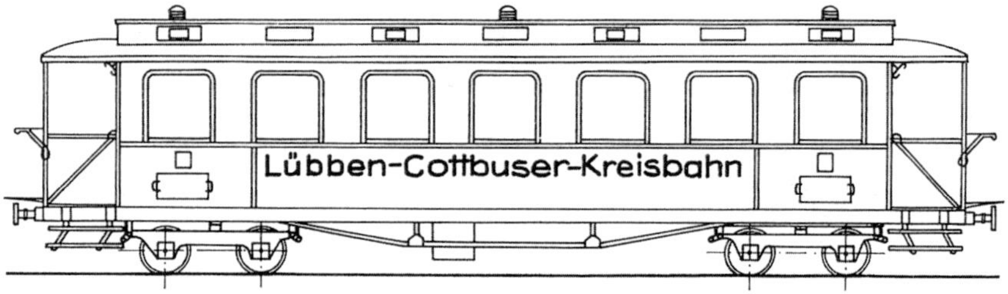

o

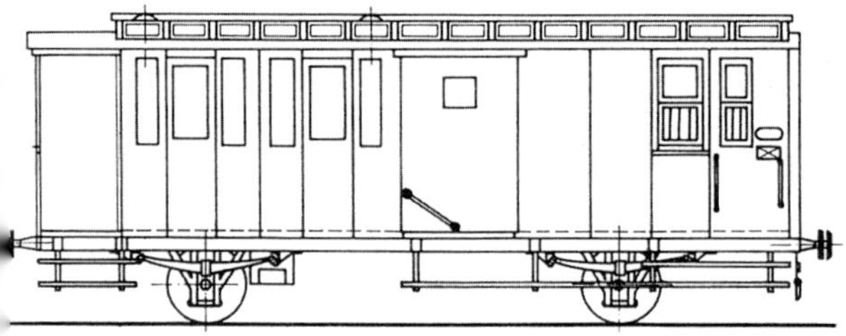

p

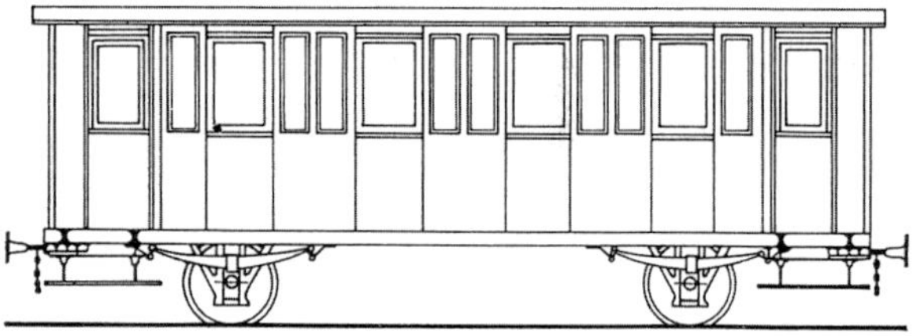

q

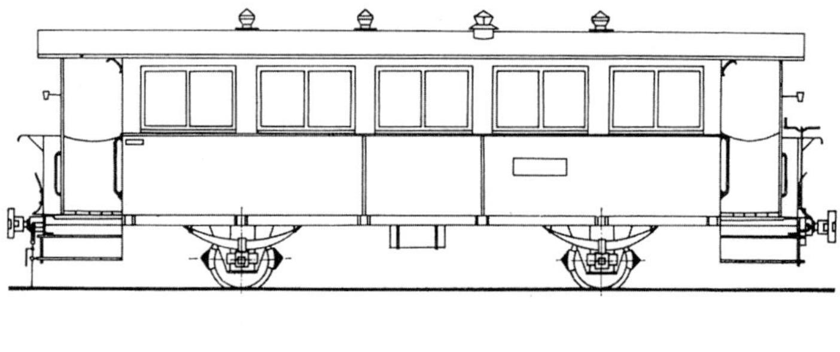

r

noch Bild 2.220 Lokomotiven und Wagen der Spreewaldbahn

noch Bild 2.220 Lokomotiven und Wagen der Spreewaldbahn

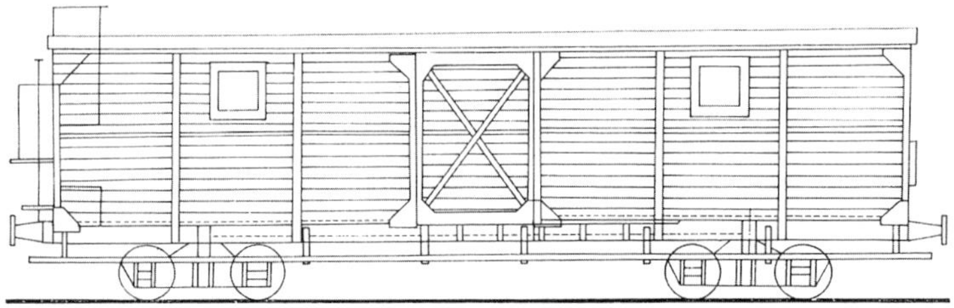

s

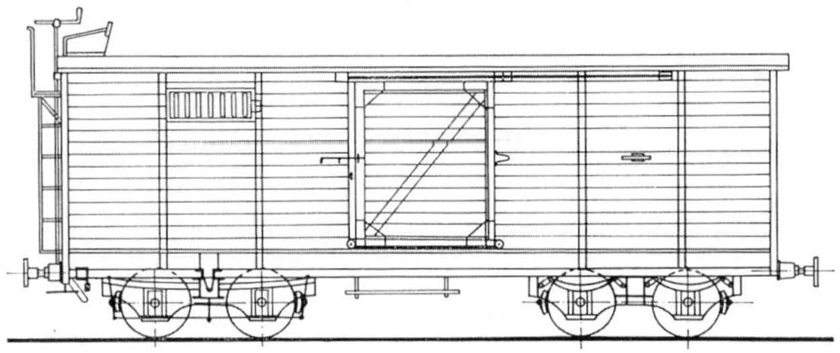

t

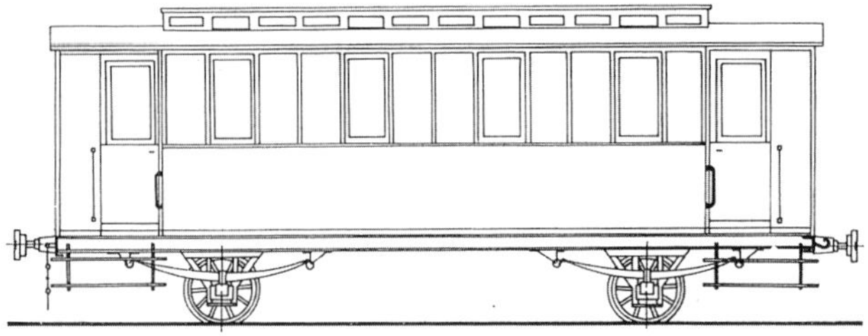

u

zeichnung „Fliegender Spreewälder" erhielt und eine Fahrzeitverkürzung ermöglichte. Er war bis zuletzt betriebsfähig. Ein anderer Triebwagen kam von der Harzquerbahn nach Straupitz, wurde aber wegen seiner hohen Leistung als Lokomotive im Reisezugdienst eingesetzt. Nach weniger als einem Jahr machten sich größere Reparaturen erforderlich, die zu seiner Ausmusterung im Raw Wittenberge führten.

Die Lübben-Cottbuser Kreisbahn hatte die Wagen von verschiedenen Firmen bezogen, vorwiegend von LHW. Für die unterschiedlichen Bedürfnisse im Personenverkehr standen Wagen für den Marktverkehr mit Quer- und Längssitzen für 50 Personen und 12 Stehplätzen auf den Plattformen und mehrere Ausflugswagen mit breiten Fenstern (1470 mm) und ohne Toilette bereit.

Die DR verfügte nach Übernahme der Bahn die Umsetzung von vierachsigen Reisezugwagen aus dem Rbd-Bezirk Dresden (Cranzahl, Hainsberg), einen vierachsigen Gepäck- und zweiachsigen Reisezugwagen von den Salzwedeler Kleinbahnen, um wenigstens die Wagen der Gründerzeit abzulösen. So gab es bis zuletzt ein buntes Bild im Fahrzeugpark.

Im Raw Karl-Marx-Stadt wurden an Umbauten vorgenommen: Verbreiterung der Drehgestelle auf Meterspur, Einbau des Pufferstandes auf 810 mm, Umbau der Kupplungen, Einbau der Druckluftbremse sowie einer unabhängigen elektrischen Beleuchtung durch Anbau achsgetrie-

bener Generatoren und Batterien, Veränderung der Plattformen für den Übergang von Wagen zu Wagen, Modernisierung der Inneneinrichtung.
Außerdem wurden die schon vorhandenen Fahrzeuge von Heberlein- auf Druckluftbremse umgestellt. 1955 hatte die Petroleumbeleuchtung der Wagen und Karbidbeleuchtung der Lokomotiven endgültig ausgedient.
Erhalten blieben der Gepäck- und Personenwagen 903-201, der in Lübbenau aufgestellt ist, und der Personenwagen 908-001, der nach Umbau zur Museumsbahn Bruchhausen-Vilsen (BRD) kam. Beide Wagen sind 1897 gebaut worden.
Ein Teil der Reisezugwagen ging nach der Betriebseinstellung zur Harzquerbahn über.
Die Güterwagen blieben in den letzten Jahren fast unbenutzt, da fast ausschließlich Regelspurwagen auf Rollböcken und später auf Rollwagen befördert wurden. Umsetzanlagen befanden sich in Cottbus, Lübben und Lieberose. [182, 184]

2.8.2. Spremberger Stadtbahn (1000 mm)

Beim Bau der Staatsbahnstrecke Berlin—Cottbus—Görlitz im Jahre 1867 führte man die Trasse in einen weiten Bogen, um auch die Stadt Spremberg zu erreichen. Durch die Geländeverhältnisse (die Eisenbahn liegt 25 m höher als die im Spreetal liegende Stadt) verblieb der Bahnhof dennoch etwa 3 km abseits der Stadt. Lediglich eine schmale, enge Straße mit starken Neigungen verband die Stadt mit dem Bahnhof (die heute zur Stadt führende Straße entstand erst 1928). Für die in Spremberg zahlreich vertretenen Tuchfabriken war diese Verbindung zur Eisenbahn äußerst ungünstig. Mühsam war auch das Heranbringen der in den Fabriken benötigten Kohle mit Pferdefuhrwerken aus den benachbarten Gruben.
Diese Verhältnisse führten zum Bau einer Eisenbahn, die sich aus drei verschiedenen Bahnarten zusammensetzte:
- einer regelspurigen Bahn von der Stadt zum Staatsbahnhof,
- einer meterspurigen Stadtbahn als Verbindung der regelspurigen Bahn mit den Fabriken
- einer meterspurigen Kohlebahn als Verbindung mit den umliegenden Gruben.

Den Bahnbau begann die Firma Vehring & Wächter im Mai 1896; nach einigen Teileröffnungen erfolgte am 21. Januar 1898 die Betriebseröffnung der gesamten Anlage. Trotz der Verschiedenheiten bestand stets eine einheitliche Betriebsführung als Spremberger Stadtbahn. Eigentümer war die Stadt.
Die regelspurige Bahn diente dem Personen- und Güterverkehr. Ihre Anlagen befanden sich an der Staatsbahn direkt neben dem Bahnhof Spremberg. Zu den Zügen der Staatsbahn bestand ein problemloser Übergang über eine einfache Gleisverbindung mit Übergabegleis. Von hier führte die Strecke, meist im Gefälle liegend, bis zum Stadtbahnhof in der Neustadt. Die Länge betrug 3,25 km, als Höchstgeschwindigkeit waren 30 km/h zugelassen. Im Stadtbahnhof befand sich ein zweigeschossiges Empfangsgebäude mit anschließendem Güterschuppen, daneben ein zweiständiger Lokomotivschuppen. Neben einigen Abstellgleisen dienten hier noch zwei Rollbockgruben zur Übergabe der regelspurigen Güter an die meterspurige Stadtbahn.
Als im Jahre 1907 die Staatsbahn eine regelspurige Nebenbahn aus westlicher Richtung von Proschim-Haidemühl über Jessen und Roitz (Niederlausitz) nach Spremberg bauen ließ, endete sie im neuen Westbahnhof in unmittelbarer Nähe des Stadtbahnhofes. Besaß die Westbahn für den Reiseverkehr weniger Bedeutung, so kamen aber jetzt fast alle für Spremberg bestimmten Güterwagen über diese Strecke. Eine Gleisverbindung ermöglichte die Übergabe der Güterwagen an den Stadtbahnhof mit den Rollbockgruben.
Den Personenverkehr zum Staatsbahnhof, jetzt als Hauptbahnhof bezeichnet, erhielt die Spremberger Stadtbahn aufrecht und setzte dafür ab 1925 sogar einen Triebwagen ein. Als jedoch eine direkte Straße von der Stadt zum Hauptbahnhof gebaut wurde, bedeutete das einen rapiden Verkehrsrückgang, der am 15. Oktober 1932 zur Einstellung des regelspurigen Verkehrs führte.
Der meterspurigen Stadtbahn oblag die Zufuhr der regelspurigen Güterwagen und der schmalspurigen Wagen der Kohlebahn zu den Anschließern. Die Übernahme der Güterwagen erfolgte im Stadtbahnhof in zwei Rollbockgruben, deren Länge das gleichzeitige Auf- bzw. Abbocken von 4 Wagen gestattete. Etwa 1932 verlegte man diese Gruben auf den Westbahnhof.
Die von der meterspurigen Kohlebahn kommenden Wagen wurden im sogenannten Kohlebahnhof am südöstlichen Stadtrand in der Nähe der Hoyerswerdaer Chaussee übernommen. Von hier wurden die Wagen direkt den Anschließern zugeführt. Die Gleise durchzogen fast alle Straßen in der Neustadt. Bei der Eröffnung der Stadtbahn bestanden 41 Gleisanschlüsse, zu denen bis 1930 noch weitere 11 hinzukamen. Bei 12

Bild 2.221
Borsig-Lokomotive der Spremberger Stadtbahn und Regelspurwagen auf Rollbock bei einem Werkanschluß
Foto: Sammlung Kieper

Tabelle 2.102 Triebfahrzeuge der Spremberger Stadtbahn

Betriebs-nummer	Bauart	Her-steller	Baujahr	Fabrik-nummer	Bild	Bemerkungen
Spurweite 1 000 mm						
4	Bn2t	Bor	1896	4541		+ 1926–1938
5	Bn2t	Bor	1896	4542		+ 1926–1938
6	Bn2t	Bor	1895	4474		1898 von Müllheim-Badenweiler; 1957 verkauft als Heizlok
7	Bn2t	Bor	1903	5182		1957 verkauft als Heizlok
8	B'B'n4vt	Jung¹)	1896	252¹)		+ 1923
9	Bn2t	Bor	1907	6651		1956 verkauft als Heizlok
10	Bn2t	O & K	1922	10321		1957 Fahrgestell verschrottet, Kessel verkauft
11	Bh2t	Bor	1925	11870	2.223 I	1956 nach Wernigerode Westerntor als DR 99 5001
12	Bn2t	O & K	1938	13178	2.223 I	1956 nach Wernigerode Westerntor als DR 99 5201
Regelspur						
Dampflokomotiven						
1	Bn2t	Han	1896	2785		+ 1932
2	Bn2t	Han	1896	2786		+ 1932
3	Bn2t	Bor	1903	5262		1932 verkauft als Werklok
Triebwagen						
–	VT 4	Nies	1925			+ 1933

¹) Angaben nicht gesichert

Bild 2.222
Rangierfahrt in Spremberg mit Güterwagen des Braunkohlenwerkes Spreetal
Foto: Sammlung Kieper

Anschlüssen war das Gleis bis in die Kesselhäuser geführt.
Der Oberbau bestand fast ausschließlich aus Rillenschienen mit einer Masse von 42,8 kg/m. Zur Verbindung der einzelnen Gleise dienten etwa 80 Weichen; in einigen Anschlüssen gab es auch Drehscheiben. Die gesamte Gleislänge betrug etwa 10 km. Da sich der Betrieb überwiegend auf öffentlichen Straßen vollzog, war die Höchstgeschwindigkeit 6 km/h. Die Zuglänge war auf zwei aufgebockte regelspurige Güterwagen oder 12 schmalspurige Kohlewagen begrenzt.
Die Kohlebahn war an sich eine Fortsetzung der Stadtbahn und mit ihr organisch verbunden. Betrieblich wich sie jedoch ab, denn hier verkehrten geschlossene Züge. Vom Kohlebahnhof führte das Gleis zu den Kohlegruben bei Terppe und Pulsberg; einschließlich einer Gabelung war die gesamte Strecke 7,5 km lang. Im Jahre 1924 erfolgte eine Verlängerung der Strecke um weitere 7,5 km bis zur Grube Clara bei Haidemühl. Die zulässige Höchstgeschwindigkeit betrug 10 km/h, da die Wagenzüge keine durchgehende Bremse hatten. Zwar waren die ersten Lokomotiven mit einer Vakuumbremse ausgerüstet, aber sie fand bei dieser Bahn keine Anwendung. Die Zugmassen richteten sich nach den einzelnen Lokomotiven, wodurch sich Zuglängen von 15 Wagen bis 20 Wagen ergaben. Täglich wurden 300 t bis 400 t Kohle befördert.
Betrieblicher Mittelpunkt des meterspurigen Teils der Spremberger Stadtbahn war immer der Kohlebahnhof. Hier befanden sich neben mehreren Abstell- und Übergabegleisen auch der Lokomotivschuppen mit der Werkstatt. Ein Schuppengleis war dreischienig und diente zur Reparatur der Lokomotiven vom regelspurigen Abschnitt; in dem kleinen Schuppen am Stadtbahnhof erfolgten nur die täglichen Pflegearbeiten und das Auswaschen der Lokomotivkessel. War eine größere Ausbesserung notwendig, so wurde die regelspurige Lokomotive auf Rollböcken über die meterspurige Stadtbahn zur Werkstatt im Kohlebahnhof befördert, wo sie auf einem Gleisstummel abgesetzt werden konnte.
Nach dem Ende des zweiten Weltkrieges diente die Stadtbahn neben dem Kohletransport auch zur Abfuhr des Trümmerschuttes aus der Stadt. Ihre Bedeutung wuchs, als am 30. September 1947 der Betrieb auf der Westbahn nach Proschim-Haidemühl eingestellt wurde. Um den Mangel an Verkehrsmitteln überwinden zu helfen, richtete die Stadtbahn zum gleichen Zeitpunkt einen behelfsmäßigen Personenverkehr ein. Hierzu

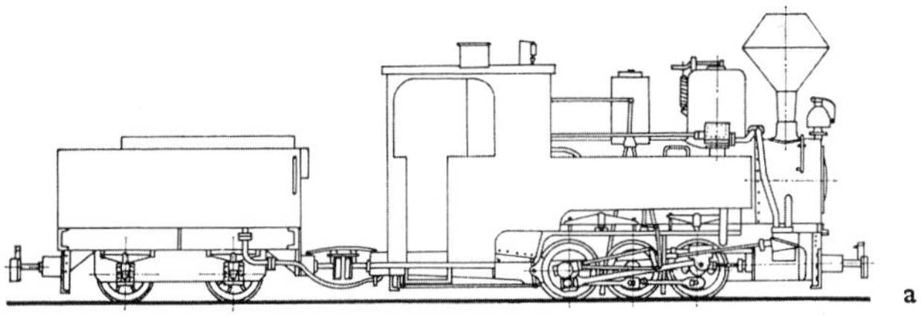

Bild 2.223 Lokomotiven der WEM, der Spremberger Stadtbahn, der Forster Stadtbahn und Wagen der WEM und der Spremberger Stadtbahn

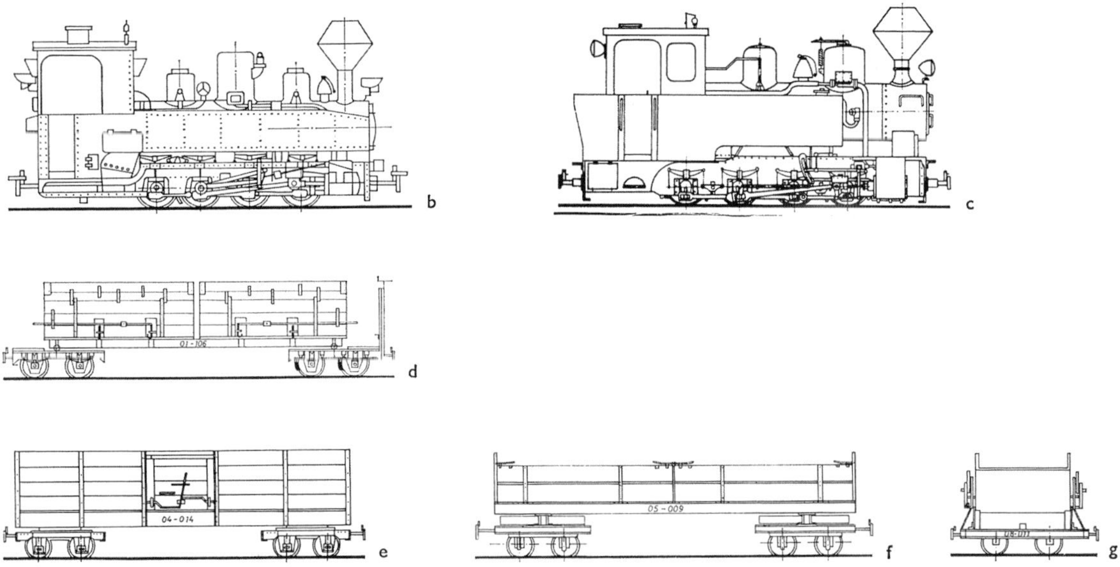

rüstete man vier große Kohlewagen um. In Haidemühl endeten die Züge an der Brikettfabrik; der Bahnhof Proschim-Haidemühl der DR wurde nicht erreicht. Durch die Betriebseinstellung auf der Westbahn entfielen aber auch die Rollbockgruben auf dem Westbahnhof. Zur Aufrechterhaltung des Rollbockbetriebes entstand daher im Süden von Spremberg ein Anschluß an die dortige Werkbahn des Braunkohlewerkes Spreetal, die ihrerseits mit der DR verbunden war. Der Verkehr auf der Stadtbahn konnte somit weiterhin aufrechterhalten werden, doch war die Wirtschaftlichkeit bald in Frage gestellt. Die Betriebe stellten ihre Maschinen auf elektrischen Antrieb um und wurden damit, von der Kohlezufuhr unabhängig; auch übernahm der Kraftverkehr ständig mehr Transportleistungen. Der Personenverkehr nach Haidemühl kam Ende 1952 zum Erliegen, im nächsten Jahr auch der Kohleverkehr. Der verbliebene Rollbockverkehr bildete in den Straßen ein immer größer werdendes Verkehrshindernis, so daß die Stadtverwaltung beschloß, ihn am 31. Dezember 1956 einzustellen.

Die Lokomotiven und Wagen des regelspurigen Abschnittes entsprachen der Bauart, wie sie auf Neben- und Kleinbahnen häufig eingesetzt wurden. Ausgerüstet waren die Fahrzeuge mit der Luftsaugbremse System Hardy. Der Triebwagen besaß einen Benzolmotor und ein mecha-

h

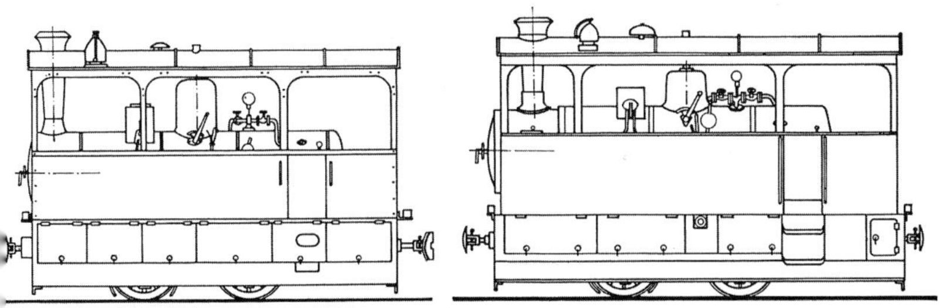
j

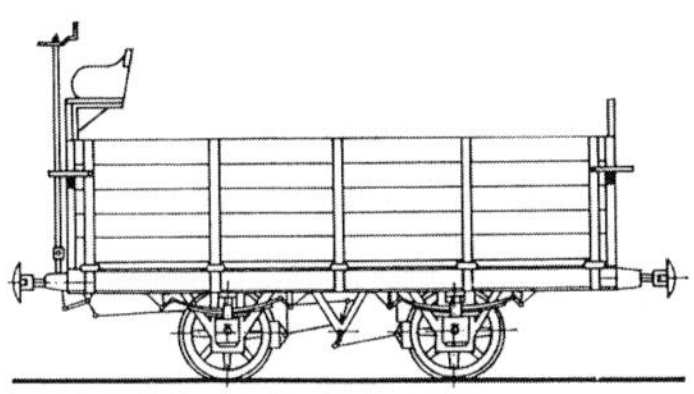

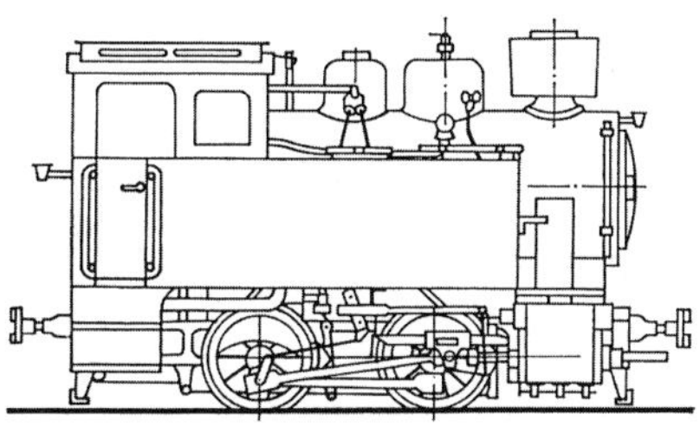
l

nisches Getriebe; beide Maschinenanlagen leisteten 75 PS.'
Auf der meterspurigen Stadt- und Kohlebahn waren zweiachsige Tenderlokomotiven eingesetzt. Anfangs stand noch eine vierachsige Verbundtenderlokomotive Bauart Meyer zur Verfügung. Die 1925 beschaffte Lokomotive Nr. 11 war eine moderne Heißdampfmaschine und am leistungsstärksten.
Außer den zahlreichen Rollböcken gehörten noch zweiachsige offene Güterwagen, die ersten mit 6 t, spätere mit 10 t Tragfähigkeit, zum Bestand. Von den großen Wagen gelangten noch 10 Wagen zur Spreewaldbahn.

2.8.3. Forster Stadteisenbahn (1000 mm)

Die Stadt Forst an der Neiße besaß mit etwa 200 Tuchfabriken bereits frühzeitig einen starken Güterverkehr. Schon um 1890 fielen durchschnittlich täglich 130 Güterwagen auf dem Bahnhof Forst zur Be- bzw. Entladung an. Das Umladen der Güter, vor allem der Kohle, auf Pferdefuhrwerke und der Transport durch die Stadt bis in die Fabriken erforderte erheblichen Aufwand. Eine wesentliche Erleichterung brachte daher die am 1. Juni 1893 eröffnete Güterbahn, die den Transport von Wagenladungen im Rollbockbetrieb ohne Umladung ermöglichte. Die Verlegung der Gleise in den Straßen hatte sehr kleine Gleisbögen erfordert, die aber mit einer Spurweite von 1000 mm noch bewältigt werden konnten. Bauunternehmer war die Localbahn A. G. in München; sie betrieb die Güterbahn auch, bis sie mit Wirkung vom 1. Januar 1920 von der Stadt Forst durch Kauf übernommen wurde.
Die Güterbahn hatte ihren Ausgang im Stadtbahnhof, der sich neben dem Bahnhof der Staatsbahn befand. Die Güterwagen wurden durch eigene regelspurige Lokomotiven der Rollbockanlage zugeführt und dann von den schmalspurigen Stadtbahnlokomotiven übernommen. Der regelspurige Teil des Stadtbahnhofes umfaßte 1,74 km Gleis und 13 Weichen, der schmalspurige Teil 1,65 km Gleis und 15 Weichen. Im Stadtbahnhof befanden sich neben einem Verwaltungsgebäude noch drei Lagerhäuser, eine Güterhalle und das Betriebswerk mit zwei Lokomotivschuppen für beide Spurweiten. An den Stadtbahnhof schloß sich ein weit verzweigtes Streckennetz an mit 24 km Länge. Die Rillenschienen mit einer Masse von 46,5 t/m ließen eine Achslast von 9 t zu. In einem Stadtbahnzug durften drei beladene oder fünf leere aufgebockte Güterwagen befördert werden, da es keine durchgehende Bremse gab. Die zugelas-

Bild 2.224
Fahrt durch die Stadt Forst (1965)
Foto: Zentrale Bildstelle DR

Tabelle 2.103 Triebfahrzeuge der Forster Stadtbahn

Betriebs-nummer	Bauart	Her-steller	Baujahr	Fabrik-nummer	Bild	Bemerkungen
Spurweite 1 000 mm						
32	Bn2t	Kra Mü	1893	2792		
33	Bn2t	Kra Mü	1893	2793		
34	Bn2t	Kra Mü	1893	2794		
35	Bn2t	Kra Mü	1893	2795		
36	Bn2t	Kra Mü	1893	2796	2.223 i	1938 neuer Kessel Kra Mü 1938/15 659; 1966 an Verkehrsmuseum Dresden
37	Bn2t	Kra Mü	1893	2797		
1	Bn2t	Kra Mü	1922	7990		+ nach 1965
2	Bn2t	Kra Mü	1925	8328	2.223 j	+ nach 1971
3	Bn2t	Kra Mü	1925	8329		+ nach 1965
Regelspur						
30	Bn2t	Kra Mü	1888	1690		? von Thalkirchen; + um 1920
31	Bn2t	Kra Mü	1881	939		? von Thalkirchen; + um 1920
38	Cn2t	Kra Mü	1891	2417		Neuer Kessel Kra Mü 1937/15 601; 1966 an Kiesgrube Zeischa
6	Cn2t	Kra Mü	1889	2050	2.223 h	um 1920 von Markt Oberdorf/Füssen; neuer Kessel Kra Mü 1939/15 664
	Bn2t	Kra Mü	1920	7635		? von AEG Innwerk Töging; 1965 verkauft an Werkbahn bei Hoyerswerda

Bild 2.225 Auf Rollböcke aufgesetzte Wagen werden mit Lok 3 von der Rollbockgrube abgezogen (1965)
Foto: Zentrale Bildstelle DR

sene Höchstgeschwindigkeit betrug zwischen 10 km/h und 15 km/h.
Bei der Eröffnung der Stadteisenbahn waren 60 Werkanschlüsse zu bedienen; ihre Zahl stieg auf 98 im Jahre 1934. Täglich waren 25 bis 30 Fahrten auszuführen. Jeder Zug wurde von einem Zugführer begleitet, der neben allen Rangierarbeiten auch alle Wagenpapiere zu behandeln hatte.
Nach dem zweiten Weltkrieg diente die weitverzweigte Stadteisenbahn zunächst als Trümmerbahn. Während im Jahre 1949 die ehemaligen Privatbahnen von der Deutschen Reichsbahn übernommen wurden, verblieb die Stadteisenbahn als kommunaler Dienstleistungsbetrieb weiterhin der Stadt Forst. Anfang der sechziger Jahre ließ das Verkehrsaufkommen nach, da der Kraftverkehr ständig mehr Transportleistungen übernahm. Im August 1965 wurde daher der Betrieb der Forster Stadteisenbahn eingestellt.
Die regelspurigen Lokomotiven entsprachen der üblichen zwei- und dreiachsigen Bauart. Die schmalspurigen Stadtbahnlokomotiven waren vollständig umkleidet. Ein gewölbtes Dach überspannte das Fahrzeug in seiner ganzen Länge. Das Triebwerk war über Klappen zugänglich. Gegenüber den ersten Lokomotiven aus dem Jahre 1893 mit 1400 mm Achsstand (Bild 2.223i) waren die ab 1920 gelieferten drei Maschinen (Bild 2.223j) länger. Der Achsstand betrug jetzt 1500 mm, und der Kessel lag 250 mm höher. Jede Lokomotive leistete 100 PS. Bedient

wurden die Lokomotiven nur von einem Lokomotivführer, der auch heizte. Nach der Betriebseinstellung überführte man die Lokomotive mit der Betriebsnummer 36 als älteste erhaltene Stadtbahnlok in das Verkehrsmuseum Dresden.
Bei den Wagen bildeten die Rollböcke den größten Anteil des Parks. Sie hatten eine Eigenmasse von 1,2 t. Daneben gab es noch einige schmalspurige offene und gedeckte Güterwagen mit je 5 t Lademasse und einem Achsstand von 1400 mm.

2.8.4. Waldeisenbahn Muskau (600 mm)

Das Netz der Waldeisenbahn Muskau (WEM) wurde im Osten von der Neiße, im Süden von der regelspurigen Strecke Cottbus—Görlitz, im Westen von den Ortsteilen Ruhlmühle und Tzschelln an der Spree und im Norden von den Gemeinden Mühlrose und Köbeln begrenzt. Zur Zeit der größten Ausdehnung lagen 80 km Streckengleis.
Der Betrieb begann mit einer 5 km langen Pferdeeisenbahn für den Kohletransport zwischen der Braunkohlengrube Karoline bei Krauschwitz und einer Schütt-Ladestelle bei Muskau. Von dort wurde die Kohle zu mehreren Betrieben der Standesherrschaft des Grafen Arnim von Muskau und zu anderen Stellen mit Pferdewagen auf der Straße gefahren. Der Pferdebetrieb reichte bei den Neigungen und dem wachsenden Kohlebedarf der Betriebe bald nicht mehr aus. Der Bau von Straßen erschien zu kostspielig. Eine schmalspurige Eisenbahn bot die Möglichkeit, schnell zu neuen Gruben oder Ladestellen vorzustoßen. Deshalb entschloß sich 1896 Graf Arnim, seine Betriebe und zwei weitere Fabriken mit einer Eisenbahn zu verbinden. Zum Überladen der Güter in Staatsbahnwagen war der Bahnhof Muskau vorgesehen.
1898 hatte die Bahn eine Betriebslänge von 29 km. Nach und nach entstand jedoch ein ganzes Netz von Strecken:

Strecke Nr. 1
Krauschwitz—Ladestelle Weißkeisel (11,6 km)
seit 1896, 1974 endgültig stillgelegt

Strecke Nr. 2
Ladestelle Reichwalde—Gleisdreieck (6,1 km)
mit Verbindungsgleis zur Papierfabrik Pechern (3,3 km)
eröffnet 1896, schrittweise ab 1968 stillgelegt

Strecke Nr. 3
Krauschwitz—Bad Muskau (2,1 km)
eröffnet 1896, 1976 noch in Betrieb

Strecke Nr. 4
Bad Muskau—Mühlrose (14 km)
1896 bis Weißwasser eröffnet, um 1950 zum Tagebau verlängert, 1969 stillgelegt, seit 1967 Anschluß von Halbendorf nach Mühlrose, 1976 noch in Betrieb

Strecke Nr. 5
Gora-Weiche—Köbeln (6,7 km)
1926 eröffnet, 1976 noch in Betrieb

Strecke Nr. 6
Weißwasser—Ruhlmühle/Tzschelln und Lokschuppen

und Strecke Nr. 6a
Tiergarten—Sägewerk Weißwasser mit Anschluß nach Jagdschloß (14,4 km)
seit 1926 vom Hauptnetz abgetrennt durch Unterbrechung in der Stadt Weißwasser, 1968 stillgelegt.

Durch Auf- und Rückbau von Stich- und Verbindungsgleisen schwankte die Streckenlänge häufig. An der Strecke waren mehrere Verladeeinrichtungen und Anschlußgleise zu Betrieben und Kiesgruben eingerichtet.
Da die Bahn nicht dem öffentlichen Güterverkehr und auch nicht der Personenbeförderung diente, war sie nicht den Bestimmungen des preußischen Kleinbahngesetzes unterworfen. Ihr Betrieb regelte sich nach einer Polizeiverordnung der königlichen Regierung in Liegnitz vom 19. März 1892.
Bis 1945 nannte sich diese Bahn offiziell Graf Arnimsche Kleinbahn. Durch den Standort der Betriebsleitung bis 1926 war ihr vom Volksmund der Name Waldeisenbahn Muskau beigelegt worden.
1945 ist die WEM dem Rat der Stadt Muskau unterstellt worden, 1946 der Hauptverwaltung Land- und Forstwirtschaft und 1949 der VVB Kraftverkehr (!) Land Sachsen. Seit 1951 gehört sie zur DR und ist der Reichsbahndirektion Cottbus unterstellt.
Nach 1945 soll es über zwei Jahre einen provisorischen Personenverkehr gegeben haben.
Durch Stillegungen von Betrieben und Kohlegruben, Umstellung einiger Betriebe auf Ferngasversorgung, Motorisierung in der Forstwirtschaft und den zunehmenden Landabsatz der Brikettfabriken ging seit 1965 der Güterverkehr immer mehr zurück. Deshalb sollte die WEM bereits 1974 stillgelegt werden. Den Tontransport von Mühlrose sollten anschlußeigene Diesellokomotiven übernehmen. Die fehlenden Diesellokomotiven, das Frachtenaufkommen in Mühlrose und für die Papierfabrik in Köbeln führten dazu, daß die Betriebseinstellung immer weiter hinausgeschoben werden mußte. So

Bild 2.226
Lok 99 3314 mit Kohlewagen bei Weißwasser (1973)
Foto: Kluge

Tabelle 2.104 Triebfahrzeuge der WEM

Betriebsnummer/Name WEM	Betriebsnummer/Name DR	Bauart	Hersteller	Baujahr	Fabriknummer	Bild	Bemerkungen
GRAF ARNIM	99 3301	Cn2t¹)	Kra Mü	1895	3311	2.223 a	1967 an Pionierbahn Cottbus
	—	Cn2t	Kra Mü	1895	3489		+ 1945 (?)
	—	Cn2t	Kra Mü	1899	3968		+ 1945 (?)
DIANA	99 3312	Dn2t	Bor	1912	8472	2.223 c	
ELEFANT	—	C1n2t¹)	Kra Mü	1919	7251	—	1945 an UdSSR
	99 3313	Dn2t	Bor	1914	8836	2.223 b	1921 von HF; ex HF 312
	99 3314	Dn2t	Hen	1914	15226	2.223 b	1921 von HF; ex HF 1487
	99 3311	Dn2t	Kra Mü	1917	7349	2.223 b	? von HF²) ex HF 1575
	99 3315	Dn2t	Hen	1917	15307	2.223 b	? von HF²); ex HF 1547
	99 3316	Dn2t	Bor	1916	9757	2.223 b	? von HF³); ex HF 634
	99 3317	Dn2t	Bor	1918	10306	2.223 b	1952 von BKW „Frieden"; ex HF 1914; ex PKP 4241
	99 3318	Dn2t	Bor	1918	10364	2.223 b	1953 von BKW „Frieden"; ex HF 2301; ex PKP 4243; ⁴)
	99 3310	Dn2t	O & K	1917	8338	2.223 b	1956 von BKW „Frieden"; ex HF 1638; ex Lettische Staatsbahn UL 631

¹) mit Hilfstender ²) erster Eintrag im Betriebsbuch 1945 ³) erster Eintrag im Betriebsbuch 1950
⁴) 1974 verkauft an Dampfkleinbahn Mühlenstroth (BRD); dort als Nr. 3 „Fürst Pückler" eingesetzt

Tabelle 2.105 Technische Daten der Dampflokomotiven der WEM, der Forster Stadtbahn, der Spremberger Stadtbahn und der Spreewaldbahn

Bahnverwaltung		WEM	WEM	WEM	Fo	Fo	Fo	Sp	Sp	Sp
Betriebsnummer		Graf Arnim		Diana	6²)	36	2	5	7	11
Betriebsnummer DR		993301	993310	993312	—	—	—	—	—	—
Bild 2.223		a	b	c	h	i	j	—	—	l
Bauart		Cn2	Dn2t	Dn2t	Cn2t	Bn2t	Bn2t	Bn2t	Bn2t	Bh2t
Höchstgeschwindigkeit	km/h	15	15	15		20	20			25
Zylinderdurchmesser	mm	200	240	240						340
Kolbenhub	mm	300	240	300		350		460³)	380³)	400
Steuerung		Sta	Sta	Ha		Ha	Ha	Aa	Aa	Ha
Kesseldruck	kp/cm^2	12	13	12		13				13
Rostfläche	m^2	0,39	0,42	0,45						1,2
Heizfläche Feuerbüchse	m^2	1,93	1,49	2,38						4,7
gesamt	m^2	18,76	16,40	23,60						40,3
Wasservorrat	m^3	1,9	1,1	1,4						1,4
Kohlevorrat	t	0,7	0,7	0,6						0,85
Treibraddurchmesser	mm	560	560	560	920	830	830	840	850	850
Laufraddurchmesser	mm									
Achsstand gesamt	mm	1300	2260	2400	2600	1400	1500	1400	1500	1500
Länge über Puffer	mm	8720¹)	5980	5895	7224	5600	5870	5500³)	5800³)	6150
Lokbreite	mm	1500	1780	1700	2500	2310	2310			2200
Lokhöhe über SO	mm	2880	2850	2950	3850	3600	3600	3200³)	3150³)	3270
Lokmasse leer	t	6,15	10,5	12,5		14,5				17,8
betriebsfähig	t	8,15	12,0	14,0		18,0				20,25
Zugkraft	Mp	1,545	2,075	2,070						4,250
Leistung	PSi	75	65	85		100³)	100³)			290

¹) mit Tender ²) Regelspur ³) aus unvollständigen Unterlagen rekonstruiert

Tabelle 2.106
Technische Daten
der Wagen der WEM

Gattung		01	02	03	03	04	05
Bild 2.223		d				e	f
Anzahl	Stck	110	87	16	78	26¹)	
Länge über Puffer	mm	5895	6600	5750	6900	5450	6000
Wagenkastenlänge	mm	2×2230	2×2425	5100	4800	5100	5000
Wagenkastenbreite	mm	1550	1550	1520	1660	1400	1400
Achstand/Drehzapfenabstand	mm	4600	4000	3800	4600	3850	3850
Drehgestellachsstand	mm	750	750	750	750	600	600
Tragfähigkeit	Mp	5,0	5,0	5,0	5,0	5,0	5,0

¹) mit Gattung 05

Sp 12	Spree	Spree
—	99 5701	99 5633
—	Bild 2.220 a	Bild 2.220 b
Bn2t	Cn2t	1'Cn2t
30	35	35
340	300	300
400	400	400
Ha	Aa	Ha
13	14	12
1,2	0,70	0,75
4,3	3,4	3,31
45,8	34,9	38,27
3,0	2,4	2,4
0,9	1,0	1,0
860	900	900
		650
1 500	2 200	3 900
6 750	6 600	7 000
2 250	2 320	
3 410	3 070	
19,0	18,0	18,0
22,5	20,0	22,0
4,200		
195		

06	07	07	08 g	08
26	8	4	42	23
2150	6 900	6 000	2 205	2 559
—		4 950	1 460	2 350
1000	1 400	1 550	1 600	1 900
750	4 850	3 250	820	900
—		900		
2,5	7,0	5,25	1,7	3,5

bestand bei Redaktionsschluß dieses Buches immer noch Fahrbetrieb auf der WEM.

Im überwiegend flachen Gelände treten Neigungen von 1:32 (Köbeln —Jämlitz, Muskau—Gora-Weiche) auf. Für die Gleisbettung genügte Kies. Teilweise wurde als Gleisplanum die Straße benutzt. Dafür war ein spezieller Oberbau, bei dem z. B. die Schiene im Beton versenkt war, vorgesehen. Zwischen 1920 und 1930 wurden die Gleise von der Straße auf eigenen Bahnkörper verlegt.

Bei der Gleisanlage von 1898 mußte ein Höhenunterschied von insgesamt 52,47 m überwunden werden. Auf freier Strecke kommt als kleinster Halbmesser 35 m vor. 190 unbeschrankte Überwege wurden befahren.

Der Betrieb lief nie nach einem Fahrplan und Zugmeldeverfahren ab, sondern entsprechend den jeweiligen Transportanforderungen nach Absprache. Zum Kreuzen der Züge bestanden mehrere Ausweichstellen. Anfang der 60er Jahre ist wegen des großen Transportbedarfs der Ausbau von zweigleisigen Streckenabschnitten erwogen worden.

Eine durchgehende Bremse war nie vorgesehen, die Züge werden handgebremst gefahren. Die Bremser stehen auf offenen Bühnen. Als Höchstmasse sind 245 t und als Höchstgeschwindigkeit 15 km/h festgesetzt.

Für Betriebsleitung, Abstellen und Reparatur von Lokomotiven und Wagen wurde seit 1926 der Betriebshof in Krauschwitz benutzt.

Zwischen Halbendorf und der Wasserstelle Trebendorf wurde die regelspurige Strecke Cottbus—Görlitz über- und zwischen Weißwasser und Halbendorf die Strecke Weißwasser —Forst unterquert. Bei Muskau führte außerdem die ehemalige Privatbahn

Bild 2.227
Durchfahrt durch Weißwasser mit einer Schlepptenderlokomotive (1936)
Foto: Sammlung Koschitza

Muskau—Sommerfeld über die WEM. In Weißwasser gab es eine weitere Überführung über den Bahnhof. Wegen angeblicher Qualmbelästigung in der Stadt mußte 1926 der Betrieb eingestellt werden, so daß es westlich von Weißwasser ein Rumpfstück gab, das mittels Lkw-Verkehr mit dem Stammnetz verbunden wurde.

An Lokomotiven wurden in den Jahren 1895 und 1899 von der Firma Krauss drei C-gekuppelte Tenderlokomotiven für je 10000 Mark gekauft. Die erste von ihnen trug den Namen „Graf Arnim". Um längere Strecken durchfahren zu können, erhielt sie einen Zusatztender. Sie wurde von der DR als 99 3301 übernommen und war zuletzt auf der Torsostrecke Ruhlmühle/Tzschelln—Weißwasser im Einsatz. Die 99 3301 gelangte 1967 zur Pioniereisenbahn Cottbus, wo sie noch heute eingesetzt ist. Die 1912 von Borsig gelieferte vierachsige Tenderlokomotive Diana besaß größere Kohlevorräte, die hinter dem Führerhaus Platz fanden, und fuhr stets ohne Tender. Die letzte neu gekaufte Lokomotive war die C1'-gekuppelte Halbtenderlokomotive „Elephant"; sie zählte bis 1945 zum Bestand der Waldeisenbahn Muskau.

Nach 1918 gelangten mehrere sogenannte Brigadelokomotiven zur

Bild 2.229 Betriebshof Krauschwitz mit Lok 99 3312, 99 3314, 99 3316 und 99 3313 (von links) (1974)
Foto: Preuß

Bild 2.228 Lok 99 3317 vor Wagen der Gattung 02 (1972) *Foto: Preuß*

WEM, einige von ihnen sogar erst nach Übernahme durch die DR. Alle waren von gleicher Konstruktion. Die ursprünglich eingebauten Klien-Lindner-Hohlachsen ersetzte man bald durch normale feste Achsen, wodurch eine bessere Laufruhe erreicht wurde.
Sämtliche Lokomotiven der WEM besaßen wegen der großen Waldbrandgefahr einen Schornstein mit Kobelaufsatz. Die DR numerierte bei Übernahme der WEM die vorhandenen Dampflokomotiven als 99 3301 und 99 3310 bis 99 3318.
Alle Lokomotiven wurden in Einmannbesetzung gefahren.
Bei der WEM waren auch zweiachsige Diesellokomotiven im Rangierdienst oder auf Anschlußbahnen im Einsatz dabei handelte es sich z. T. um Eigenbauten.
Die Wagen (zeitweise waren etwa 500 Stück im Bestand) kamen zuerst von LHW, von der Firma Friedländer & Josephson, Berlin, und von der Georgs-Marienhütte Osnabrück. Zumeist wurden Drehgestellwagen mit einem etwa 5 m langen hölzernen oder eisernen Rahmendrehgestell eingesetzt, teils mit einem Holzkasten versehen, teils mit zwei Holzkästen. Für den Kohletransport verwendete man in den ersten Betriebsjahren einfache Kipploren, später Wagen, die mit einem Doppelkasten eingerichtet waren, der einseitig gekippt werden konnte.

Tabelle 2.107 Übersicht der Wagen der WEM

Gattungsnummer	Alte Bezeichnung	Anzahl der Achsen	Unterbau (Langträger)	Wagenart	Bild
01	OOkk	4	Stahl	Offener Wagen mit zwei einseitig kippbaren Kästen	2,223 d
02	OOkk	4	Holz	wie 01	
03	SS (OO)	4	Stahl	Flachwagen mit Steckrungen (kann mit einem offenen Kasten ausgerüstet werden OO)	
04	OO	4	Holz	Offener Wagen, ein fester Kasten mit einer Mittelklappe	2.223 e
05	OO	4	Holz	Offener Wagen, ein fester Kasten mit je zwei Längsklappen	2.223 f
06	H	2	Stahl	Schemelwagen, ein Drehschemel, für Langholz	
07	GG	4	Stahl	Gedeckter Güterwagen	
08	Ot	2	Stahl	Muldenkipper, zwei Arten mit 1 m³ oder 2 m³ Laderaum	2.223 g

1898 waren 40 Kipploren, 22 Drehschemelwagen und 15 Plattformwagen im Bestand.
Bis nach 1968 wurde das Langholz auf einfachen Drehschemelwagen (Achsstand 600 mm!) gefahren.
Ein Teil der Wagen war mit Doppelspurkranzrädern ausgerüstet; sie sollten Entgleisungen auf den beweglichen und nur lose zusammengefügten Stichgleisen zu den Holzeinschlagplätzen verhindern. Wegen dieser Räder hatte man Schleppweichen einbauen müssen.
Einige Wagen waren mit verbreitertem Radreifen versehen, damit sie auf die Werkbahn Keulahütte übergehen konnten, deren Spurweite aus steuerpolitischen Gründen mit 630 mm bemessen war und nicht verändert worden ist.
Die ersten Wagen waren ohne Federung und teilweise mit einer Seilbremse, sonst mit Spindelbremse, ausgerüstet. Die Seilbremse wirkte nur auf einen Wagen; über die Wirkungsweise ist nichts bekannt.
Die Kupplung bestand aus einem Puffer mit einem Kupplungsdorn, über dem eine lose Öse gehängt wurde.
Nach Stillegung der ehemaligen Mecklenburg-Pommerschen Schmalspurbahn sind einige Wagen von dort zur Waldeisenbahn Muskau umgesetzt worden.
Ein Umsetzen von Regelspurwagen kam bei der Spurweite von 600 mm nicht in Frage. Der Güteraustausch fand zwischen den Werken und bei der Umschlagstelle am Betriebshof in Krauschwitz auf Straßenfahrzeugen statt. Z. B. entlud ab 1968 die WEM Kohle von Regelspurwagen und fuhr sie in die Anschlußbahnen, ferner bis 1972 auch Moor vom Moorstich bei Pechern, das zum Moorbad in den Schmalspurwagen auf Straßenfahrzeuge (Art Kuhlemeyer) befördert wurde. [183, 185, 186]

3. Besondere Ereignisse

Die Schmalspurbahnen waren durch ihre oft intime Nähe zu den Wohn- und Wirtschaftsstätten in das Leben und den Tagesablauf der Bevölkerung stärker einbezogen als die großen Staatsbahnen: Wenn der Frühzug fuhr, waren die Milchkannen herauszustellen, läutete der Mittagszug, so spannte man aus; wenn der Nachmittagszug pfiff, war Vesperzeit, und war der Abendzug vorbei, kam die Zeit, sich zur Ruhe zu legen.
Diese gleichsame „Duzfreundschaft" hatte schon meist mit der Inbetriebnahme begonnen, denn viele Schmalspurbahnen sind in Zeiten wirtschaftlicher Krisen gebaut worden oder ihr Bau war Anlaß für die Beschaffung von Notstandsarbeiten (Geising—Altenberg). Der Bau der Eisenbahn zog Arbeitskräfte von weit her an, die zwar für geringen Lohn harte Handarbeit leisten mußten, aber auf eine ständige Anstellung bei der neuen Bahn hofften. Ferner war damit zu rechnen, daß mit dem Bahnanschluß neue Industrien gefördert würden, die für mehr Menschen Lohn und Brot bringen könnten.
So nimmt es nicht wunder, wenn an den Eröffnungsfeierlichkeiten große Teile der Bevölkerung Anteil nahmen. Zudem waren in Zeitungsartikeln die oft jahre- oder gar jahrzehntelangen Bemühungen um die Konzession ausführlich kommentiert worden, um dann von Berichten über den Baufortschritt, die Ankunft der neuen Lokomotiven und Wagen und schließlich die bevorstehenden Fahrzeiten abgelöst zu werden.
Den Eröffnungszug selbst bevölkerten nur geladene Gäste: die Finanziers und Ökonomen aus der Stadt nebst ihren Damen sowie örtliche Honoratioren: Bürgermeister, Apotheker, Posthalter. Der Redakteur hatte das fällige Lobgedicht verfaßt, der Lehrer das Begrüßungslied komponiert und mit den Kindern einstudiert, und die Gendarmen sorgten für den respektierlichen Abstand. Drei zeitgenössische Darstellungen mögen die Situation illustrieren.
Über die Feierlichkeiten in Radeburg im Jahre 1884 heißt es:
„Dem Festzug von Radebeul nach Radeburg am 15. September mit den Dresdner Herren folgte ein Bankett im Hotel Stadt Dresden, bei dem es Bouillon mit Pastete, Rindfleisch mit Sauce, Huhn mit Potage, Rheinlachs mit Butter und Sauce, Rehbraten mit Kompott und Salat, Eis sowie Butter und Käse gab. Die zehnteilige Tafelmusik endete mit einem Eisenbahn-Galopp. Der Stimmung des Eröffnungstages entsprach auch das Einweihungslied, mit dem man sang:
Das Hinterland, fast unbekannt,
Wird rasch sich neu erschließen.
Auf Dippelsdorf und Moritzburg,
Auf Bärns und Berb'sdorf, Radeburg
Wird sich alsbald mit Allgewalt
Der Reisestrom ergießen."
Von der Eröffnung der Strecke Köthen—Radegast wird berichtet:
„Der Güterbahnhof hatte ein überaus festliches Gewand angelegt, und auch der bereitstehende, aus Lokomotive, einem Pack- respektive Post- und zwei Personenwagen kombinierte Festzug zeigte eine außergewöhnliche Dekoration. Die Lokomotive „Cöthen" war mit Girlanden und Blumen und mit zahlreichen Fähnchen von deutschen, anhaltischen und städtischen Farben reichlich geschmückt, und auch den Wagen hatte man ein Gepräge gegeben, das einen feierlichen Anlaß ohne Frage herausblicken ließ. Den ersten Zug begrüßte an der Straße nach Prosigk eine große Menge jubelnder Zuschauer."
Bei der Eröffnung der Strecke Klingenberg-Colmnitz—Frauenstein waren Neugier und Interesse für die neue Bahn so groß, daß drei Sonderzüge vorgesehen werden mußten: ein Sammelzug fuhr früh um 8.53 Uhr ab Frauenstein, der Festzug folgte um 10.45 Uhr ab Klingenberg-Colmnitz, und ein Sonderzug schloß 7.16 Uhr abends ab Frauenstein den ersten Betriebstag. Die Fahrgäste waren um 1 Uhr nachmittags durch eine Speisenfolge von sechs Gängen

Bild 3.1 Sonderzug zum 75jährigen Jubiläum der Strecke Cranzahl—Oberwiesenthal *Foto: Kluge*

im Gasthof „Zum goldenen Löwen" in Frauenstein gelabt worden.
Neben den freudigen Ereignissen waren auf den Schmalspurbahnen auch Unfälle zu verzeichnen, wenngleich große Zugkatastrophen wie auf regelspurigen Bahnen nie vorgekommen sind. Meist waren es Entgleisungen, die wegen der niedrigen Fahrgeschwindigkeiten selten größere Schäden zur Folge hatten. Mitunter führten die Lokomotiven eine Winde mit, so daß die Wagen sofort wieder eingegleist werden konnten.
Schwerer waren schon die Unfälle an Kreuzungen von Bahn und Straße, denn hier bildeten Sicherungsanlagen eine Ausnahme, wenn man von den letzten Jahren seit Übernahme der Schmalspurbahnen durch die DR absieht.
Nicht selten waren Unglücksfälle, die durch das Umkippen von Regelspurwagen auf Rollfahrzeugen entstanden; die Standsicherheit solcher Ladungen ist, besonders bei starkem Wind, mitunter recht kritisch. Die DR hat deshalb für Wagen, die auf Rollfahrzeuge übergehen, besondere Beladevorschriften erlassen. Sie schreiben eine gleichmäßige Achsbelastung und bei Kesselwagen zur Verhinderung eines starken Schwalls eine Füllung von mindestens 90 Prozent vor.
Von den schweren Unfällen, die mit

Bild 3.2 Bahnhof Oberbobritzsch zur Eröffnung der Strecke Klingenberg-Colmnitz—Frauenstein. Besonders interessant ist der Doppelwagen
Foto: Sammlung Preuß

Bild 3.3
Festkarte für Teilnehmer
der Eröffnungsfahrt

Bild 3.4 Aufräumungsarbeiten nach dem Unglück der NWE im Thumkuhlental (1927) *Foto: Sammlung Röper*

dem Verlust von Menschenleben endeten, seien hier fünf genannt:
Am 16. August 1903 fuhr der Lokomotivführer den Personenzug von Carlsfeld nach Wilkau mit überhöhter Geschwindigkeit, um eine Verspätung aufzuholen. In einer scharfen Krümmung bei Obercrinitz entgleiste der Zug, wobei Lokomotive und neun Wagen den Damm hinunterstürzten. Danach standen die Wagen 8 m vom Gleis entfernt im Zickzack gegeneinander und zum größten Teil zerstört. Unter den Reisenden waren vier Tote zu beklagen. Das Lokomotivpersonal kam mit Verletzungen davon.
Zwei Unfälle bei der Nordhausen-Wernigeröder Eisenbahn hatten ebenfalls tragische Folgen. Am 1. Dezember 1920 entgleiste die Lokomotive Nr. 32 beim Drängetal, kippte um, zerquetschte den Lokomotivführer und verbrühte den Heizer tödlich. Die Unglücksmaschine ist danach von der NWE aus dem Dienst genommen und nach Bolivien verkauft worden.

Bild 3.5
Unfall bei der KGW in Greifswald an der Wolgaster Ecke Georgenstraße am 9. März 1921. Ein bei Dunkelheit im Gleis stehender Langholzwagen wurde durch den Zug 4 gerammt, wobei der Fuhrmann tödlich verunglückte
Foto: Sammlung Dobbert

Bild 3.6
Am 25. Dezember 1931 entgleisten bei km 2,8 zwischen Brünn und Eisfeld aus ungeklärter Ursache Lok 99 223 und zwei Personenwagen. Die Lokomotive stürzte um. Bei dem Unfall gab es zwei Verletzte
Foto: Sammlung Recknagel

Das zweite Unglück geschah am 6. Juli 1927. An diesem Tag ging über dem Harz ein schweres Gewitter nieder. In der Kurve beim Thumkuhlental zwischen Drei Annen Hohne und Steinerne Renne wurde der Bahndamm durch die vom Berg herabstürzenden Wassermassen weggespült. Vom Lokomotivpersonal des vollbesetzten Personenzuges, der sich zu dieser Zeit auf der Strecke befand, wurde der Schaden in der Dunkelheit nicht bemerkt, so daß die Lokomotive und zwei Wagen vom Damm abstürzten. Sechs Menschen fanden den Tod.

Auf der Garsebacher Brücke bei Meißen ereigneten sich ebenfalls zwei schwere Unfälle. Am 9. Januar 1949 rollte nach einer mangelhaften Bremsprobe infolge Überlast ein Zug von Löthain das Gefälle von 1:35 herab mit 60 km/h Geschwindigkeit auf die in einer Kurve liegende Brücke zu und stürzte von der Brücke ab. Das Zugpersonal kam dabei ums Leben.

Der zweite Unfall ereignete sich hier am 25. Dezember 1962. Auch in diesem Fall führte eine durch Fahrlässigkeit unbemerkt gebliebene schadhafte Bremse zum Absturz des Güterzuges. Ein Toter und ein Schwerverletzter waren die Folge.

Wenn schon die Eröffnung der Schmalspurbahnen von den Würden-

Bild 3.8 Abschiedsfahrt von Wilkau-Haßlau nach Kirchberg am 2. Juni 1973
Foto: Wünschmann

trägern vor den festtäglich geputzten braven Mitbürgern gebührend gefeiert worden war, so verlief die Betriebseinstellung meist als fröhliches Volksfest, allerdings nicht ohne eine leise Wehmut des Abschieds. Die Bahn war inzwischen Gemeinbesitz geworden; Wagen und Lokomotiven wurden mit Girlanden und Blumen geschmückt, zahlreiche Freunde der kleinen Eisenbahn reisten von weither an, um ihr das letzte Geleit zu geben, hunderte Meter Film und Tonband wurden verbraucht zur Konservierung der letzten Lebensäußerungen. Auch hier mögen zwei Beispiele die Szene verdeutlichen.

Am 27. Mai 1967 fuhr P 1443 als letzter Zug auf dem Abschnitt Neichen—Wermsdorf im Mügelner Netz. Der Train war festlich geschmückt wie am Eröffnungstag. Ein Wagen trug die Losung „Das Alte weicht, das Neue bricht sich Bahn. Durch sozialistische Rationalisierungsmaßnahmen zu erhöhtem Wohlstand für alle Werktätigen". Die Fahrgäste wurden von der Mitropa betreut, und die Blaskapelle der Freiwilligen Feuerwehr verabschiedete die Bahn mit Musik auf jeder Unterwegsstation. In Neichen begründete vor vielen Einwohnern, die zum Bahnhof gekommen waren, der Stellvertretende Vorsitzende des Rates des Bezirkes Leipzig den Verkehrsträgerwechsel. Dann dankte er den Eisenbahnern mit Auszeichnungen für die Arbeit bei der Schmalspurbahn. Der aus Mitropawagen, Gepäckwagen und acht Personenwagen bestehende Zug war völlig überfüllt. In Wermsdorf schließlich wurde dem Fahrer des bereitstehenden Busses, der von jetzt ab den Personenverkehr übernahm, symbolisch das Zugführerband überreicht.

Bild 3.7 Verkehrsträgerwechsel in Mulda am 17. Juni 1966 *Foto: Scheffler*

Die Betriebseinstellung der Strecke Wilkau-Haßlau—Kirchberg am 2. Juni 1973 wurde ebenfalls zu einem Fest. Hier reichten mehrere voll besetzte Züge nicht, um alle Abschiedsgäste mitzunehmen. Selbst die parallel zur Strecke verlaufende Straße mußte zeitweise für die Fotofreunde, die aus allen Himmelsrichtungen herbeigeeilt waren und die letzte Fahrt im Bild festhalten wollten, gesperrt werden. Schweren Herzens trennte man sich von der Schmalspurbahn, die hier acht Jahrzehnte für Bevölkerung und Industrie unentbehrlich gewesen war.

4. Literatur

4.1. Allgemeine Literatur

[1] Blum, Borries u. a.: Lokomotiven und Triebwagen für Schmalspur-, Förder-, Straßen- und Zahnradbahnen, und: Eisenbahntechnik der Gegenwart, IV. Band, Wiesbaden 1914

[2] Boshart, A., Eisenbahnmaschinenwesen, München–Berlin 1909

[3] Brandt, Vom feurigen Elias und der sanften Elise, Albis Verlag Düsseldorf 1968

[4] Dietrich, E., Oberbau und Betriebsmittel der Schmalspurbahnen, Berlin 1914

[5] Deutsche Reichsbahn, Hv M, Merkbuch für Triebfahrzeuge 939 Tr, Ausgabe 1964

[6] Haarmann, Die Kleinbahnen, Berlin 1896

[7] Henschel & Sohn, Sonderkatalog Bau-, Feld-, Kleinbahn- und Industrielokomotiven, Kassel 1936

[8] Holzborn; Kieper, Unsere Dampflokomotiven; Zahnrad-Lokalbahn-Schmalspur, transpress-Albis Verlag Berlin/Düsseldorf 1968

[9] Ledig; Ulbricht, Die schmalspurigen Staatseisenbahnen im Königreich Sachsen, Leipzig 1895

[10] Liebmann, Die Klein- und Straßenbahnen, Leipzig 1910

[11] Loewe, F.; Zimmermann, H., Schmalspurbahnen – Handbuch der Ingenieurwissenschaften, Leipzig 1910

[12] Merkbuch für Fahrzeuge der Reichsbahn, II. Schmalspurfahrzeuge, Ausgaben 1927 und 1931

[13] Müller, F., Grundzüge des Kleinbahnwesens, Berlin 1895

[14] Pohl; Strommenger, Handbuch der öffentlichen Verkehrsbetriebe, Berlin 1936

[15] Töpelmann, Skizzensammlungen Schmalspurlokomotiven Preußen und Sachsen

[16] Statistik der Kleinbahnen im Deutschen Reich, Ergänzungshefte der Zeitschrift für Kleinbahnen 1906 und 1911

[17] Waechter, M., Die Kleinbahnen in Preußen, Berlin 1902

[18] Zezula, Im Reiche der Schmalspur, Sarajewo 1893

[19] Statistik der Kleinbahnen im Deutschen Reich, Ergänzungshefte der Zeitschrift für Kleinbahnen, Berlin, Jahrgänge 1903 bis 1913

[20] Statistik der im Betriebe befindlichen Eisenbahnen Deutschlands nach den Angaben der Eisenbahnverwaltungen, Berlin, Jahrgang 1 (1880/1881) bis 44 (1923)

[21] Zeitschrift für Kleinbahnen, Berlin, Jahrgang 1 (1894) bis 27 (1920)

[22] Die Schmalspurbahn, Berlin, Jahrgang 1 (1894) bis 3 (1897)

[23] Archiv für Eisenbahnwesen: Beilage zum Eisenbahnverordnungsblatt, Berlin, Jahrgang 1 (1878) bis 75 (1965)

[24] Eisenbahntechnische Zeitschrift für das Gesamtgebiet der Vollbahn, Kleinbahn und Straßenbahn, Berlin, Jahrgang 1 (1895) bis 13 (1907)

[25] Illustrierte Zeitschrift für Klein- und Straßenbahnen, Berlin, Jahrgang 1 (1895) bis 10 (1904)

[26] Lok Magazin, Stuttgart, Nr. 1

[27] Der Modelleisenbahner, Berlin, Jahrgänge 1 (1952) bis 25 (1976)

[28] Kleinbahnberichte (später: Die Kleinbahn)

[29] Die Reichsbahn: Mitteilungen der Deutschen Reichsbahngesellschaft in Berlin, Berlin Jahrg. 1924 bis 1944 (später: Die Bundesbahn, ab Jahrg. 1945)

4.2. Quellenangaben

[30] 1863 betrug das durchschnittliche Anlagenkapital je km normalspuriger Eisenbahn 111 362 M, je km der Bröltaler Eisenbahn dagegen (nach Angaben aus dem Jahre 1880) nur 23 085 M. Vgl.: Deutsche Eisenbahn-Statistik für das Betriebs-Jahr 1863, Berlin 1865 und Statistik der im Betriebe befindlichen Eisenbahnen Deutschlands, Betriebsjahr 1880/81, Berlin 1882, Tabelle 34

[31] siehe [17], S. 12/13

[32] Trautvetter, K., Die Notlage der deutschen Kleinbahnen und Privateisenbahnen und Mittel zu ihrer Behebung, Berlin 1921, S. 7

[33] Statistik der im Betriebe befindlichen Eisenbahnen Deutschlands für die Betriebsjahre 1880/81 bis 1918

[34] Zeitschrift für Kleinbahnen, Februar 1915, S. 96 ff.

[35] Im Durchschnitt rechnete man in „mittelgünstigem Gelände" für 1000 mm Spurweite mit 70 000 M Baukosten, für 750 mm mit 60 000 M, für 600 mm mit 40 000 M.

[36] Statistik der im Betriebe befindlichen Eisenbahnen Deutschlands, a. a. O.

[37] Zeitschrift für Kleinbahnen, Ergänzungsheft 1914
Im Jahre 1912 schwankte der Kapitalbedarf zwischen 65 000 M für 1000 mm Spurweite und 27 000 M für 600 mm Spurweite

[38] Festschrift des Verbandes öffentliche Verkehrsbetriebe und des Verbandes Deutscher Nichtbundeseigener Eisenbahnen „60 Jahre Arbeit für den öffentlichen Verkehr", Essen–Köln 1955, S. 24

[39] siehe [30], S. 12, a. a. O.

[40] 1913 transportierten z. B. die der allgemeinen Eisenbahngesetzgebung unterliegenden Schmalspurbahnen 11,3 Mio t Güter; davon entfielen 4,0 Mio t auf Preußen und 1,9 Mio t auf Sachsen.
Statistik der im Betriebe befindlichen Eisenbahnen Deutschlands, a. a. O.

[41] siehe [9] Seite 156

[42] siehe [9] Seite 159, a. a. O.

[43] Entwicklung der Kleinbahnen in Preußen, in: Archiv für Eisenbahnwesen 1921, Berlin 1921, S. 609

[44] Statistik der im Betriebe befindlichen Eisenbahnen Deutschlands, Jahrgang 1919

[45] Statistik der im Betriebe befindlichen Eisenbahnen Deutschlands, Jahrgänge 1913–1923

[46] Archiv für Eisenbahnwesen, a. a. O., S. 613

[47] Statistik der im Betriebe befindlichen Eisenbahnen Deutschlands, Jahrgang 1927, Statistik der dem allgemeinen Verkehr dienenden Eisenbahnen im Deutschen Reiche, Jahrgang 1932 und Statistik der Eisenbahnen im Deutschen Reiche, Jahrgang 1933, Teil III: Nebenbahnähnliche Kleinbahnen.

[48] Schon vor dem ersten Weltkrieg betrieb die Post Kraftpostlinien mit einer Länge von 3 248 km. Vgl. Handwörterbuch des Postwesens, Berlin 1927, S. 320

[49] Deutsche Reichsport, Geschäftsberichte über die Geschäftsjahre 1924–1932

[50] Statistik der im Betriebe befindlichen Eisenbahnen Deutschlands, Jahrgang 1929

[51] Statistisches Jahrbuch des Deutschen Reiches, Jahrgänge 1932 und 1938

[52] Neuhoff-von der Ley, Der Güterfernverkehr mit Kraftfahrzeugen im Jahre 1937, Archiv für Eisenbahnwesen, Berlin 1939, S. 124 ff.

[53] Neuhoff-von der Ley, Die Entwicklung des Personenlinienverkehrs mit Kraftfahrzeugen, Archiv für Eisenbahnwesen, Berlin 1939, S. 1411

[54] Statistik der Eisenbahnen im Deutschen Reiche, Abschnitt III, Nebenbahnähnliche Kleinbahnen, Jahrgänge 1933–1942

[55] Statistisches Jahrbuch der DDR, Jahrgänge 1951 ff.

[56] Statistische Angaben über die Deutsche Reichsbahn (Hauptbuchhaltung der DR Az: Pl/St/50)

[57] Autorenkollektiv, die Arbeitsteilung der Verkehrsträger Eisenbahn und Kraftverkehr in den Einzugsbereichen der Schmalspurbahnen, Wissenschaftliche Schriftenreihe des Instituts für Verkehrsforschung, Heft 11, Berlin 1967

[58] Betriebsleistungsstatistik der Hauptbuchhaltung der Deutschen Reichsbahn

[59] Vgl.: Spranger, Schmalspurbahnen in den Nordbezirken der DDR, in: Eisenbahn-Jahrbuch, Berlin 1973, S. 150

[60] Betriebsleistungsstatistik der Hauptbuchhaltung der Deutschen Reichsbahn

[61] Lexikon Modelleisenbahn, (1972), S. 113

[62] Fahrdienstvorschriften der DR, (1961), S. 12/13

[63] Blum; v. Borries; Barkhausen, Die Eisenbahn – Technik der Gegenwart, Wiesbaden 1902, S. 461 ff; S. 466 ff.

[64] Bauordnung für Bahnanlagen und Fahrzeuge der Schmalspurbahnen des allgemeinen Verkehrs, RGBl. 1934 Teil II, Seite 67

[65] Born, E., Lokomotiven und Wagen der deutschen Eisenbahn, Mainz und Heidelberg 1958, S. 35

[66] Büttner, H., Die Beleuchtung von Eisenbahn-Personenwagen, Berlin 1930

[67] Dienstvorschrift 934 für die Erhaltung der Wagen in den Reichsbahn-Ausbesserungswerken, Teilheft 13, Elektrische Beleuchtung, vom 1. April 1936

[68] Entwurf der Vorschriften für den Bremsdienst der Deutschen Reichsbahn, Teil IV – Bremsvorschrift für Schmalspurbahnen – vom 1. Januar 1965

[69] Dienstvorschrift 926 – Heizung der Züge – Ausgabe 1953

[70] Dienstvorschrift 457 für die Benutzung der Schmalspur-Rollfahrzeuge vom 1. Mai 1956

[71] Bode, Gut Fest – die Luftbremsen, Der praktische Lokomotivbeamte, Teil II [Berlin] 1911

[72] Deinert, W., Eisenbahnwagen, Berlin 1967

[73] Merkbuch für die Fahrzeuge der Reichsbahn (DV 939 b), II. Schmalspurfahrzeuge, Ausgabe 1932

[74] Siebert, Ist die Heberleinbremse veraltet? Wissenschaftliche Zeitschrift der Hochschule für Verkehrswesen „Friedrich List" Dresden 12 (1965) H. I

[75] Harder, K. J., Die Vulcan-Kleinbahnlokomotiven für die Eisenbahngesellschaft Lenz & Co, Lok-Magazin Nr. 23, April 1967

[76] Rudolph, W., Die Insel Rügen, Hinstorff Verlag Rostock, 1954

[77] Uhlemann, K. H., Schmalspurwagen auf der Insel Rügen, Der Modelleisenbahner 24 (1975) 8, S. 222 ff., 9, S. 264 ff.

[78] Verkehrstechnik, 1926, S. 293

[79] AG Verkehrsgeschichte Berlin, 75 Jahre mit dem rasenden Roland durch die Insel Rügen, Broschüre des DMV, Bezirksvorstand Greifswald, 1974

[80] Ergänzungsmeldung, Der Modelleisenbahner 24 (1975) 12, S. 367

[81] Pommersche Landesbahnen, Strecken- und Bahnhofspläne, Stand 1938

[82] Harder, K. J., Die Mecklenburg-Pommersche Schmalspurbahn, Böttchers Kleiner Ergänzungsbrief Nr. 45, 1948

[83] Kieper, K.; Nickel, L, Die meterspurige Kleinbahn Stralsund—Barth, Der Modelleisenbahner 17 (1968) 2, S. 32 ff.

[84] Kosbath, H., Die Franzburger Kreisbahn – ein Beitrag zur Erkenntnis der volkswirtschaftlichen Bedeutung des Kleinbahn-Wesens, Greifswald 1924, Dissertation

[85] Harder, K. J., Die Franzburger Kreisbahnen, Kleinbahnberichte Nr. 33, 1964, S. 4 ff.

[86] siehe [18], S. 103 und 104

[87] Spranger, F., Old-Timer in 900-mm-Spur, Der Modelleisenbahner 24 (1975), 9, S. 270 ff.

[88] Schadow, F., Die Mecklenburgische Friedrich-Franz-Eisenbahn und ihre Lokomotiven, Lokmagazin 1969 Nr. 35, S. 90 ff.

[89] Betriebsordnung der Rübenbahn Neubukow—Ow—Bastorf vom September 1897

[90] Kieper, K.; Nickel, L., MPSB – Pionier auf schmaler Spur, Der Modelleisenbahner 16 (1967), 8, S. 239 ff., 9, S. 277 ff.

[91] Froitzheim, C., Der Wahrheit die Ehre, Die Schmalspurbahn 1895, S. 28 ff.

[92] Froitzheim, C., Einwirkungen des Windes auf die Wagen schmalspuriger Kleinbahnen, Zeitschrift für Kleinbahnen 1894, S. 199 ff.

[93] Peters, Die Mecklenburg-Pommerschen Schmalspurbahnen, Zeitschrift für Kleinbahnen 1895, S. 8 ff., 61 ff., 107 ff.

[94] Barthel, G. u. G., Wo die Uhlen horsten, Der Modelleisenbahner 13 (1964), 8, S. 240 ff.

[95] Harder, K. J., Skizzensammlung der Lokomotiven und Wagen der MPSB, unveröffentlicht

[96] Sammlung Dobbert, Diverse Geschäftsberichte der MPSB

[97] Archiv Rbd Schwerin, Akten 7723–7725

[98] Kohlmetz, C., Das Eisenbahnnetz der Prignitz und seine Entwicklung, Heimatkunde für die Prignitz 1927, S. 77 ff.

[99] Geschäftsberichte der Kreiskleinbahnen, Lindenberg-Kreuzweg, Betriebsjahre 1924–1928, Lindenberg-Pritzwalk, Betriebsjahre 1924–1928, 1929–1931, Kyritz-Hoppenrade, Betriebsjahre 1924–1927 und 1929–1931

[100] C1-Tenderlok der Ostprignitzer Kreiskleinbahnen, Kleinbahn-Berichte 1964, Nr. 34

[101] 50 Jahre Prignitzer Eisenbahn, in: Prignitzer Nachrichten, Perleberg 1935

[102] Stadtkus, E., 60 Jahre Pollobahn, Unsere Heimat 1957, Heft 20

[103] Brückner, 71 Jahre Prignitzer Schmalspurbahn, Broschüre des DMV BV Schwerin anläßlich der Betriebseinstellung 1971

[104] Jünemann, K.; Kieper, K.; Nickel, L., Die Kleinbahnen der Kreise Ost- und Westprignitz, Der Modelleisenbahner 18 (1969), 2, S. 57 ff.

[105] Techow, Die Kreis-Kleinbahnen im Kreise Jüterbog–Luckenwalde, Zeitschrift für Kleinbahnen 1901, S. 234 ff.

[106] Griebens Reiseführer Harz, Berlin 1908–1909

[107] 75 Jahre Harzquerbahn 1899–1974, Wernigerode 1974

[108] Kleinbahn (1965) 20, S. 2 ff., (1968) 35, S. 176 ff.

[109] Der Harz, Wernigerode (1924) S. 288 ff.

[110] Mitteilungen der Rbd Magdeburg RN-II-2–3/73/74/75 vom 15. Januar 1976 an die Verfasser

[111] Schochardt, A., Die Selketalbahn – ihre Geschichte und Lokomotiven, Ort und Jahr unbekannt

[112] Bäzold, D., Eine Eisenbahnreise in den Ostharz, Der Modelleisenbahner 21 (1972) 2, S. 42 ff.

[113] Winkelmann, K., Der Modelleisenbahner 22 (1973) 4, S. 118

[114] Dörschel, W., Verkehrsgeographie – Eisenbahnverkehr der DDR, Lehrbrief 3 der Ingenieurschule für Eisenbahnwesen, Dresden (1960) S. 48 ff.

[115] Übereinkommen über die gegenseitige Benutzung von Personen-Gepäck- und Güterwagen im Bereich der Schmalspurbahnen des Harzes (WÜH) vom 1. Juli 1943

[116] Dienstanweisung für den Zug- und Rangierdienst auf Bahnhof Eisfelder Talmühle der Nordhausen-Wernigeroder Eisenbahn und Gernrode-Harzgeroder Eisenbahn vom 1. April 1933

[117] Burger Neueste Nachrichten Jg. 1894–1896

[118] Cöthener Tageblatt 14, 15 (1896, 1897)

[119] Cöthensche Zeitung 128, 129 (1896, 1897)

[120] Schultz; Nieborn, Die Eisenbahnen im Herzogthum Anhalt bei Beginn des 20. Jahrhunderts, Magdeburg 1900

[121] In den Harz mit der Gernrode-Harzgeroder Eisenbahn. Industriebibliothek 1926, Band X, S. 13 ff.

[122] Glässel, D., Statistik der deutschen Kleinbahnen (1902)

[123] Voigt, A., Schnaufender Rübenexpreß, Liberal-Demokratische Zeitung vom 19. August 1971

[124] Jünemann; Machel; Nickel, Dokumentation der Arbeitsgemeinschaft Verkehrsgeschichte Berlin im DMV der DDR (1976), unveröffentlicht

[125] Festschrift zum 1000jährigen Geburtstag der Gemeinde Klostermansfeld Kreis Eisleben (1974)

[126] Luis, W., Die thüringschen Eisenbahnverhältnisse in ihrer geschichtlichen Entwicklung und gegenwärtigen Lage, Jena 1910

[127] Röll, Encyklopädie des gesamten Eisenbahnwesens Band 6, Wien 1894

[128] Eisfelder Zeitung (1888 bis 1890)

[129] Winkelmann, H. und K., Dampfbetrieb im Schleusetal des Thüringer Waldes – 1000-mm-Schmalspurbahn Eisfeld—Schönbrunn, Der Modelleisenbahner 21 (1972) 6, S. 171 ff.

[130] Die Feldbahn Wernshausen—Brotterode in den Jahren 1896–1897, Zeitschrift für Kleinbahnen 5 (1898), April, S. 214 ff.

[131] Fromm, G., Die Trusetalbahn, Der Modelleisenbahner 11 (1962) 70, S. 265 ff.

[132] Fromm, G., Rosinen für Schmalspurliebhaber, Der Modelleisenbahner 13 (1964) 7, S. 214 ff.

[133] Winkelmann, K. und H., Schmalspurbahn Gera–Pforten—Wuitz-Mumsdorf, Der Modelleisenbahner 17 (1968) 12, S. 359 ff.

[134] Uhlemann, K., Wagen der ehemaligen Schmalspurbahn Gera-Pforten—Wuitz-Mumsdorf, Der Modelleisenbahner 19 (1970) 12, S. 361 ff.

[135] Die Felda-Bahn. Schmalspurige Secundärbahn im Großherzogthum Sachsen–Weimar, München 1882

[136] Zetzsche, H., Das Eisenbahnsystem des Thüringer Waldes und seiner Randgebiete, Würzburg-Aumühle 1940

[137] Fromm, G., Die Feldabahn, Der Modelleisenbahner 13 (1964) 1, S. 15 ff.

[138] Wallraf, L., Die Weimarischen Sekundärbahnen, Der Heimatfreund Weimar (1958), 8

[139] Statistik der im Betrieb befindlichen Eisenbahnen Deutschlands nach den Angaben der Eisenbahnverwaltungen, bearbeitet im Reichsverkehrsministerium, Berlin 1887 bis 1942

[140] Steinbrück, K., Schienenbus der ehemaligen Gera-Meuselwitz-Wuitzer Eisenbahn, Der Modelleisenbahner 25 (1976) 10, S. 302

[141] Frohne, Die sächsischen Schmalspurbahnen, Organ für die Fortschritte des Eisenbahnwesens 94 (1939), 8/9, S. 141 ff.

[142] Rau, W., Schmalspursterben in Sachsen geht weiter!, Eisenbahn-Magazin (1973), 10, S. 12 ff.

[143] Meereis, W., Besuch bei den sächsischen Schmalspurbahnen, Solingen 1972

[144] Die Weltbühne (1975) 43, S. 1369

[145] Krause, D., 90 Jahre Schmalspurbahn Radebeul—Radeburg, Dresden 1974

[146] Wanderbuch, Meißen Stadt und Land, Leipzig 1954, S. 301

[147] Mitteilung der Rbd Dresden an das Raw Wittenberge vom 10. 4. 1968

[148] Uhlemann, K., Drei vierachsige sächsische Schmalspurwagen für den Reiseverkehr (750 mm Spurweite), Der Modelleisenbahner 21 (1972) 8, S. 238 ff.

[149] Ilgner, W., Auch die „Kleine" tut noch ihre Pflicht, Der Modelleisenbahner 16 (1967) 8, S. 222 ff.

[150] Keller, B., Zum letzten Male zwischen Wilkau-Haßlau und Kirchberg mit der Schmalspurbahn unterwegs, Der Modelleisenbahner 23 (1974) 2, S. 48

[151] Sächsischer Kurier (1932) Nr. 255

[152] Mäde, R., 75 Jahre Kleinbahn Hainsberg—Kipsdorf, Kulturleben Kreis Freital (1957) S. 7 ff.

[153] Rasender Roland noch gern benutzt, Die Union Dresden vom 9. Februar 1974

[154] Wie Spielzeug auseinandergerissen, Die Union Dresden vom 16. Februar 1974

[155] Seitensprung einer Dampflok, Die Union Dresden vom 23. Februar 1974

[156] Scheffler, R., Die Schmalspurbahn von Oschatz nach Strehla, Rundblick Oschatz (1961) 3, S. 421 ff.

[157] Patzschke, J., Reise mit der Bimmelbahn, Der Modelleisenbahner 10 (1961) 7, S. 185 ff.

[158] Saumsiegel, K.-H., Mügeln – größter Schmalspurbahnhof Europas, Der Modelleisenbahner 5 (1956) 3, S. 83 ff.

[159] Ein Leckerbissen von der Fahrzeugausstellung in Radebeul Ost, Schmalspurlokomotive Bauart Fairlie für 1000 mm Spurweite, Der Modelleisenbahner 20 (1971) 8, S. 251

[160] Uhlemann, K., Klingenberg-Colmnitz – heute nur noch ein Normalspurbahnhof, Der Modelleisenbahner 22 (1973) 12, S. 349 ff.

[161] Bäzold, D., 82 Jahre mit Dampf durchs Pöhlatal, Der Modelleisenbahner 21 (1972) 4, S. 114 ff.

[162] Schindler, R., 85 Jahre Schmalspurbahn Hainsberg—Kurort Kipsdorf, Der Modelleisenbahner 17 (1968) 10, S. 297 ff.

[163] Ende einer Kleinbahn, Sächsische Neueste Nachrichten Dresden vom 8. Dezember 1971

[164] Schmalspurbahn Cranzahl—Kurort Oberwiesenthal – Vergangenheit und Gegenwart, Oberwiesenthal, 1972

[165] Glässel, D., Sächsische Schmalspurbahnen, Dortmund 1969

[166] Jaeger, Ein Kulturdenkmal mußte Klingenthal verlassen, Kulturbote für den Musikwinkel 15 (1968) 11, S. 287 ff.

[167] Bauer, H.; Preuß, E.; Preuß, R., 80 Jahre nach den Kurorten Oybin und Jonsdorf mit der Schmalspurbahn, Cottbus 1970

[168] Preuß, R., Die Schmalspurbahn Zittau—Kurort Oybin/Kurort Jonsdorf – 85 Jahre alt, Der Modelleisenbahner 24 (1975) 11, S. 321 ff.

[169] Scheffler, R., Besetzungslisten der sächsischen Schmalspurlokomotiven, unveröffentlichtes Manuskript

[170] Nitzschke, W., Aus dem Stadtbild verschwunden – doch nicht vergessen: Unsere Rollbockbahn, Reichenbacher Kalender (1976), S. 58 ff.

[171] Müller, C. F. R., Der Umbau der schmalspurigen Nebenbahn Klotzsche—Königsbrück, Zeitschrift für Kleinbahnen 4 (1897) August, S. 440 ff.

[172] Hildebrand, Die Hochwasserkatastrophe im Osterzgebirge und ihre Einwirkungen auf Reichsbahnanlagen, Die Reichsbahn 3 (1927) 38, 39, S. 659 ff., 684 ff.

[173] Merkel, P., Die Schmalspurstrecke Wilkau-Haßlau—Kirchberg —Schönheide—Carlsfeld, Der Modelleisenbahner 21 (1972) 5, S. 146 ff.

[174] Städte und Landschaften, Leipzig (1968) 26, S. 38 ff.

[175] Wohllebe, E., Die sächsischen Schmalspurlokomotiven der Gattung I K, Ib K, II K und III K, Lok-Magazin (1966) 18, S. 8 ff.

[176] Thümmler, W., Die Rollbockbahn Reichenbach (V) unt Bf—Oberheinsdorf, Der operative Dienst 3 (1959) 8, S. 187 ff.

[177] Spranger, F., Klingenthal—Sachsenberg-Georgenthal, eine elektrisch betriebene Schmalspurbahn der DR, Der Modelleisenbahner 11 (19) 3, 62 S. 76 ff.

[178] Geschichte der Orte des Amtsgerichtsbezirkes Klingenthal, Klingenthal 1930

[179] Bartsch, H., Betriebsstudien auf Spurwechselbahnhöfen, Verkehrstechnische Woche 25 (1931) 28, S. 371 ff.

[180] Fromm, G.; Patschke, J., Die sächsischen Schmalspurbahnen, Der Modelleisenbahner 12 (1963) 4, S. 98 ff.

[181] Kießling, U., Entstehung und Bedeutung der Klingenthaler Straßenbahn, Kulturbote für den Musikwinkel 10 (1963) 7, S. 11 ff.

[182] Uhlemann, K., Der Fahrzeugpark der ehemaligen Spreewaldbahn, Der Modelleisenbahner 21 (1972) 11, S. 328 ff., 12 S. 365 ff.

[183] Massmann, Die Wald- und Industriebahn des Grafen Arnim-Muskau, Zeitschrift für Kleinbahnen 5 (1898) S. 430 ff.

[184] Dürlich, J., Ein Schmalspur-Schneepflug, Der Modelleisenbahner 17 (1968) 11, S. 334

[185] Preuß, E., WEM – Waldeisenbahn Muskau, Kleine Bahn auf schmaler Spur, Cottbus 1974

[186] Spranger, F., Die Waldeisenbahn Muskau, Der Modelleisenbahner 10 (1961) 5, S. 118 ff.

5. Ortsverzeichnis

Die Ziffer gibt den Abschnitt an, in dem die für die Station zutreffende Strecke beschrieben wird. Umlaute wurden als a, o, u angesehen. Ortsnamen mit dem Zusatz Bad, Kurort usw. sind unter dem Namen ohne Zusatz zu suchen.